Aktivhaus

Aktivhaus

Das Grundlagenwerk

Vom Passivhaus zum Energieplushaus

Manfred Hegger
Caroline Fafflok
Johannes Hegger
Isabell Passig

Callwey

Inhaltsverzeichnis

Vorwort	8

Positionen — 10

Politik für energieeffizientes Bauen und Wohnen Dr. Peter Ramsauer	12
Das Prinzip Aktivhaus Prof. Dr. Dr. E.h. Werner Sobek	15
Architektur und Verantwortung Interview mit Prof. Thomas Herzog	18
Pionierleistungen solarer Architektur Interview mit Rolf Disch	23
Zehnkampf für die Zukunft Prof. Anett-Maud Joppien	29
Kraftwerk statt Verschwender Prof. Dr. Steffen Lehmann	34
Ressourcen nachhaltig nutzen Roland Stulz	40
Die Psychophysik des Wohnens Prof. Dr. Dr. h. c. Bernd Wegener	43
Konzept Model Home 2020 Interview mit Lone Feifer, VELUX Gruppe	47
Energieeffizienz im Wärmemarkt Interview mit Dr. Martin Viessmann, Viessmann Group	50
Nachhaltigkeit in der Wohnungswirtschaft Interview mit Kruno Crepulja, Hochtief Solutions AG	52

Planung — 56

Grundlagen

Grundbedürfnisse Bauen und Wohnen	58
Die Rolle der Energie	59
Folgen des Energieeinsatzes	60
Bevölkerungswachstum und Ressourcenschonung	61
Der Preis der Energie	62
Energie im Bausektor	64
Gebäudeenergie-Standards in ausgewählten Ländern	65
Energie weiter gefasst	66
Elektrische Energie	66
Graue Energie	66
Ein Beitrag zur nachhaltigen Entwicklung	68
Effizienz	68
Konsistenz	68
Suffizienz	68
Aktivhaus	70
Handlungsstrategien	71
Programm	71
Bauliche Maßnahmen	71
Gebäudetechnik	71
Energieerzeugung	71
Eine Planungsstrategie – kein Energiestandard	72
Emotion	73

Bilanzierung — 74

Entwicklung der Gebäudebilanzierung	74
Grundlagen der Bilanzierung	75
Bilanzraum	76
Bilanzkriterium	78
Bilanzgrenze	80
Bilanzintervall	81
Bilanzregelwerk	83
Gebäudeenergie-Standards im Überblick	84
Effizienzhäuser	84
Passivhaus	85
Niedrigstenergie- und Nullenergie-Haus	88
Effizienzhaus Plus	90
Active House	92
Minergie-Standard	94
Über die Energie hinaus	98
Lebenszyklusbetrachtungen	98
2000-Watt-Gesellschaft	98
Weitere mögliche Bilanzbereiche	100
Nachhaltigkeitsbewertung	101

Aktivhäuser entwickeln — 102

Grundlegende Anforderungen an die Bauaufgabe	103
Innere Anforderungen	103
Äußere Rahmenbedingungen	108
Entwicklung einer Konzeptidee	116
Planungsstrategien	118
Baukörperentwicklung	119
Hüllflächenentwicklung	122

Energieversorgung	123
Beispiele integraler Planung	**124**
Neubau	124
Sanierung	138
Instrumentarium	**142**
Gebäudehülle	**142**
Wärme erhalten und gewinnen	144
Dämmung	145
Fenster und Verglasungen	150
Lüftung	154
Sonnenschutz	154
Qualitäten der Hülle	156
Minimierung von Wärmebrücken	156
Luftdichtheit	157
Speichermasse	158
Energie gewinnen	160
Photovoltaik	160
Solarthermie	160
Geothermie	161
Wärmepumpe	161
Beleuchtung	161
Natürliche Beleuchtung	161
Künstliche Beleuchtung	162
Qualitäten und Details	163
Gebäudetechnik	**164**
Erneuerbare Energien sammeln und umwandeln	164
Solarstrahlung	164
Biomasse	169
Wasser, Grundwasser, Erdreich	170
Wind	171
Außenluft	172
Abwärme	177
Gewinnung von elektrischer Energie, Wärme und Kälte	178
Speichern und Verteilen	182
Wärme	182
Kälte	183
Feuchte	183
Strom	184
Übertragung	185
Steuern und Regeln	190
Installationssysteme	192
Nutzereingriffe	193
Lastmanagement, Smart Grid	196
Monitoring	198

Projekte   200

Darstellungsweise der Projekte	202
Einfamilienhäuser	
Effizienzhaus Plus P., Steinbach im Taunus	204
Energieplushaus Luchliweg, CH-Münsingen	208
LichtAktiv Haus, Hamburg	212
energy+Home, Darmstadt/Mühltal	216
Nullenergiehaus, NL-Driebergen	220
Mehrfamilienhäuser	
Wohn- und Geschäftshäuser, CH-Zürich	224
Kraftwerk B, CH-Bennau	228
Mehrfamilienhaus, CH-Dübendorf	232
Nichtwohngebäude	
+Energiehaus, Kasel	236
Halle design.s, Freising-Pulling	240
Solar Academy, Niestetal	244
Gemeindezentrum, A-Ludesch	248
Solar-Werk 01, Kassel	252
Umwelt Arena, CH-Spreitenbach	256
Perspektiven	**264**
Performance	265
Nutzer und Betrieb	267
Aktivhäuser im Bestand	268
Vom Aktivhaus zur Aktivstadt	269
Leitbild Nachhaltiges Bauen	271
Materialwahl	271
Konstruktion	272
Standortwahl	272
Bauprogramm	272
Entwurf und Gestaltung	272
Zum Schluss	273

Anhang   274

Glossar	276
Literatur- und Abbildungsnachweis	284
Stichwortverzeichnis	286
Autoren	287
Impressum	288

Vorwort

Es ist inzwischen allgemein bekannt: Gebäude in Mitteleuropa wie auch anderswo sind für mehr als 40 Prozent des Energieverbrauchs verantwortlich. Entsprechend groß sind die Umweltbelastungen, die aus der Beheizung, Kühlung, Lüftung, Beleuchtung und der Elektrizitätsversorgung der Gebäude ausgehen. Während in anderen Lebensbereichen die Kompensation und die Kosten solcher Umweltbeeinträchtigungen dem Verursacher auferlegt werden, bleiben Gebäude und seine Benutzer bislang davon ausgenommen. Doch das ändert sich. Die Energiesparverordnung (EnEV) verlangt inzwischen, dass das Haus einen (wenn auch noch geringen) Anteil seines Energiebedarfs regenerativ selbst erzeugt. Die Forderungen der neuen EU-Gebäuderichtlinie 2020 gehen deutlich weiter. Energieautonomie – so lautet die politische Forderung für Gebäude der Zukunft. Dieses Kriterium soll von Gebäuden in absehbarer Zeit nahezu erfüllt werden, der öffentliche Sektor soll voranschreiten.

Exakte rechtliche Anforderungen zur Umsetzung gibt es derzeit noch nicht. Nicht alle Bauaufgaben werden das ehrgeizige Ziel einer Energieautonomie schon heute erfüllen können. Aber die Methoden, Technologien und Werkzeuge, extrem energiesparende oder in vielen Fällen in der Bilanz Energieüberschuss erzeugende Häuser zu planen und zu bauen, sind schon heute vorhanden. Dieses Buch stellt sie vor und zeigt Pionierprojekte.

Gelingen kann der Wandel hin zu klimaneutralen Gebäuden nur, weil Gebäude gegenüber den meisten anderen Gütern Eigenschaften haben, die sie zur Selbstständigkeit prädestinieren. Sie schützen den Menschen vor den Unbilden der Natur und des Wetters. Ein effizienter Schutz ist die erste und wichtigste Grundlage, um Gebäude von externer Energiezufuhr unabhängiger zu machen. Eine geschickte Formgebung, ein ausgewogenes Verhältnis von Offenheit und Abschluss, von Transparenz und Masse sowie von Dämm- und Speichereigenschaften tragen dazu bei. Dies ist der erste notwendige Schritt: alle passiven Eigenschaften auszunutzen, die ein Gebäude und seine Hülle bieten können. Der Passivhaus-Standard und die entsprechenden Technologien haben hierzu wesentliche Voraussetzungen geschaffen. Die zugrunde liegenden starren Benchmarks berücksichtigen die Unterschiedlichkeit von Bauaufgaben jedoch nur unzureichend. Im Ergebnis können sie Zwänge hervorrufen, die die Wohn- oder Arbeitsatmosphäre beeinträchtigen oder zu hohen Mehrkosten ohne spürbare wirtschaftliche Vorteile führen: beispielsweise überdicke Wände, schachtartige Fenster, die Behaglichkeit beeinträchtigende Heizsysteme oder andere negative Eigenschaften.

Hier kommen die aktiven Potenziale ins Spiel. Denn Gebäude stehen im Freien. Sie können sich deshalb natürliche Energiequellen zunutze machen: aus dem Boden, auf dem sie stehen, dem Wind, der um sie streift und dem Tageslicht, das sie umgibt. Gebäude ermöglichen die direkte aktive Nutzung regenerativer Energiequellen, soweit sie auf das Haus oder das Grundstück treffen. Sonneneinstrahlung, Umgebungswärme, Windströmung oder Erdwärme können in Wärmeenergie und Elektrizität umgewandelt werden. Diese Quellen sind kostenlos und zukunftssicher, vergleicht man sie mit unseren klassischen Energieträgern. Die Technologien zur Nutzung dieser Energiequellen werden immer kostengünstiger. In der Gesamtbetrachtung wird die regenerative Energieerzeugung am Gebäude zunehmend wirtschaftlich und macht den passiven Maßnahmen Konkurrenz.

Das Aktivhaus ist die zeitgemäße Weiterentwicklung bisheriger Gebäudeenergie-Standards. Es baut auf den Prinzipien einer Minimierung der Energieverluste und des gebäudeinternen Energieverbrauchs sowie der direkten (passiven) Nutzung der Sonneneinstrahlung durch das Gebäude selbst auf.

Das Aktivhaus spart nicht nur Energie. Es ist zusätzlich auf die Energieerzeugung über seine Gebäudehülle, seine erdberührten Bauteile und seine unmittelbare Umgebung ausgerichtet. Das Aktivhaus nutzt die Selbstversorgungspotenziale der nahen Umgebung.

Für Architekten ist das eine neue Herausforderung. Der kreative Entwurfsprozess erfährt durch diese energetische Dimension neue Impulse. Der Genius Loci, der Bezug zum besonderen Ort der Bauaufgabe und zum spezifischen Programm, erweitert sich um einen geschickten Umgang mit den besonderen Umwelt-, Witterungs- und Versorgungsbedingungen. Während es in der Vergangenheit primär um den Schutz vor solchen Einflüssen ging, sollen diese nun zum Vorteil des

Vorwort

Nutzers, zu seinem Wohlbefinden, seiner Sicherheit und zur Verringerung seiner wirtschaftlichen Belastung durch Betriebskosten eingesetzt werden.

Die Komplexität der Planungskriterien erhöht sich damit. Es gibt hierzu keine Standardlösungen. Vielmehr sind standortgerechte und wirtschaftliche Lösungen gefragt, die eine intensive Zusammenarbeit von Architekten und Ingenieuren erfordern. Dies bedeutet einen Abschied von lieb gewonnenen Gewohnheiten. Es erfordert die gemeinsame Entwicklung einer Lösung von Beginn der Planung an. Der Ingenieur soll's nicht hinrechnen, er wird zum kreativen Partner des Architekten. Die neuen Herausforderungen verlangen nach einem Abschied von jahrzehntelang eingeübten Verhaltensmustern, Standards und Sicherheiten. Doch die Veränderung ist unumgänglich, betrachtet man die Herausforderungen der Energiewende, des Klimaschutzes und der Versorgungssicherheit.

Die vorliegende Publikation begleitet Bauherren, Architekten und Ingenieure auf dem Weg vom Passiv- zum Energieplushaus. Das Grundlagenwerk spannt den Bogen von allgemeinen Regeln des energieeffizienten Bauens über zukunftsfähige Standards und von der aktuellen Diskussion durch Positionen unterschiedlicher Experten bis hin zu detaillierten Hilfestellungen im Planungsprozess.

Welchen Stellenwert nachhaltiges und ressourcenschonendes Bauen hat und welche Rolle Konzepte wie das Aktivhaus dabei spielen, wird ebenso erläutert wie die derzeit im deutschsprachigen Raum üblichen Regelwerke.

Wie man Aktivhäuser plant und welche Abhängigkeiten zwischen passiven und aktiven Maßnahmen bestehen, wird im Kapitel „Aktivhäuser entwickeln" thematisiert. Anhand eines jeweils überschaubar großen realen Neubau- und eines Sanierungsprojekts wird beispielhaft eine integrale Planung Schritt für Schritt nachvollzogen: vom Beginn der Konzeptidee über die Baukörper- und Hüllflächenentwicklung bis hin zur Energieversorgung durch aktive Systeme.

Im Anschluss daran sind die Werkzeuge und die einzelnen Technologien beschrieben und ihre Einsatzmöglichkeiten dargestellt. Neben Maßnahmen zur Energiebewahrung und zur passiven Energiegewinnung geht es dort vor allem um aktive Systeme, die erneuerbare Energie sammeln und umwandeln, speichern und letztendlich auf sinnvolle Weise an das Gebäude abgeben.

Die 14 gezeigten Praxisbeispiele sind im mitteleuropäischen Raum verortet und damit – wie die Inhalte dieser Publikation insgesamt – auf die gemäßigte Klimazone bezogen. Sie dokumentieren beispielhaft, wie die zuvor beschriebenen theoretischen Ansätze sinnvoll miteinander verknüpft werden können. Die Projekte reichen von Einfamilien- über Mehrfamilienhäuser bis hin zu Nichtwohngebäuden. Es handelt sich sowohl um Neubauten wie auch um Sanierungsprojekte; um kleine und größere Bauaufgaben, die zeigen, dass die Umsetzung eines Aktivhauskonzepts in jedem Maßstab realisierbar und folgerichtig ist.

Der Ausblick zeigt weitere Entwicklungsmöglichkeiten. Neben der Weiterentwicklung baulicher Standards rückt der städtebauliche Zusammenhang von Gebäuden in den Fokus. Denn der energetische Verbund urbaner Bausteine, die Energieautonomie von Nachbarschaften und letztlich Städten, setzt ungeahnte neue Bilder einer Stadt der Zukunft frei.

Ergänzt durch ein umfangreiches Glossar dient die Publikation als umfassendes Nachschlagewerk. Sie soll zur Nachahmung anregen und liefert hierzu detaillierte Informationen.

Warum haben wir dieses Buch verfasst? Wir wollen zeigen, dass über nachhaltiges und energieeffizientes Bauen, über die technische und ästhetische Integration von energieerzeugenden Bauelementen in die Architektur, ein wesentlicher Beitrag zur Energiewende geleistet werden kann. Gebäude und ihre Nutzer befreien sich damit aus ihrer Rolle als Verbraucher und werden zu Erzeugern von Energie dort, wo sie auch benötigt wird. Das erfordert neue Lösungen, die das Bauen bereichern und die Bauwirtschaft von ihrem konservativen Ruf befreien können. Sie zeigen, dass die Architektur und der Bausektor wieder in der Lage sind, sich gesellschaftlichen Aufgaben nicht nur zu stellen, sondern zukünftig wieder eine führende Rolle übernehmen können: bei der Gestaltung einer nachhaltig ausgeprägten gesellschaftlichen Entwicklung und der Energiewende.

Prof. Manfred Hegger, TU Darmstadt

Diese Publikation wurde mit freundlicher Unterstützung von VELUX, Viessmann Group und Hochtief Solutions AG formart erstellt.

Positio

Positionen

Um einen Einblick in die aktuelle fachliche Diskussion zu geben, beleuchten Experten in Essays, Fachbeiträgen und Interviews durch das Autorenteam unterschiedliche Aspekte des energieeffizienten Bauens. Neben grundsätzlichen Aussagen von Pionieren des solaren Bauens zeigen die Beiträge aktuelle Entwicklungen.

Aufgrund der Vielfalt der Akteure, die sich mit Themen des Klimawandels und der Energiewende beschäftigen, kommen nicht nur Bauexperten wie Architekten, Stadtplaner und Ingenieure, sondern auch Unternehmer sowie Vertreter aus Politik und Gesellschaftswissenschaften zu Wort. Gleichzeitig gestatten die Expertenbeiträge auch räumlich einen Blick über den Tellerrand. So dokumentieren Autoren aus der Schweiz und Australien die internationale Relevanz des energieeffizienten Bauens. Auch thematisieren die Aufsätze Energieeffizienz nicht nur auf der Gebäudeebene, sondern gehen weit darüber hinaus, vom Plusenergie-Stadtteil bis hin zur Betrachtung des Nutzerverhaltens.

Die Diskussion politischer und soziologischer Ansätze verdeutlicht die gesellschaftliche Bedeutung der Thematik. Neben den Aufgaben der Bundesregierung und energiepolitischen Problemen beschäftigen sich die Autoren mit der Psychophysik des Wohnens. Sie soll die persönlichen Empfindungen beim Bewohnen energieeffizienter Architektur sichtbar machen.
Alle Beiträge widmen sich aus sehr verschiedenen Blickwinkeln der Kernfrage, wie zukünftige Bauaufgaben im Alltag und im Selbstverständnis aller Beteiligten etabliert werden können.

Politik für energieeffizientes Bauen und Wohnen

DR. PETER RAMSAUER

Der Anspruch, ressourcenschonend zu planen und zu bauen, ist heute gesellschaftlicher Konsens und Verpflichtung zugleich. Innovationen für energiesparende Bauweisen prägen Architektur und Baukultur und gehören zur guten Praxis. Und doch stehen wir erst am Beginn eines neuen energiepolitischen Zeitalters in der Architektur. Es wird im Zeichen der Energiewende stehen.

Eigenständiges kleines Kraftwerk: das Effizienzhaus Plus.

In meinen politischen Verantwortungsbereichen liegen mit dem Mobilitäts- und Immobiliensektor zwei zentrale Handlungsfelder, die wesentliche Impulsgeber für den Erfolg der Energiewende sein werden. Auf diese Schlüsselbereiche entfallen etwa 70 Prozent der verbrauchten Endenergie und 40 Prozent der CO_2-Emissionen. Hier verfügen wir über große Potenziale für Klimaschutz und Energieeinsparung, die wir mit differenzierten Instrumenten zielorientiert erschließen müssen. Bereits im September 2010 hat die Bundesregierung mit ihrem Energiekonzept wegweisende Leitlinien für eine umweltschonende und zukunftsfähige Energiearchitektur aufgezeigt. Die Reaktorkatastrophe im Atomkraftwerk Fukushima im März 2011 hat die Bundesregierung dann zum Anlass genommen, den bereits eingeschlagenen Umstieg auf erneuerbare Energien zu beschleunigen. Unsere dabei gesetzten Ziele sind zweifelsohne so ehrgeizig wie notwendig. Fragen der Bau-, Wohnungs- und Stadtentwicklungspolitik haben deshalb ein erhebliches Gewicht bei energiepolitischen Aufgaben. Zusammen mit dem Grundbedürfnis Mobilität repräsentieren Bauen und Wohnen ganz zentrale Lebensbereiche jedes einzelnen Menschen und unserer gesamten Gesellschaft.

Der Immobiliensektor hat sich in den Jahren der Wirtschafts- und Finanzkrise als tragende Säule des wirtschaftlichen Wohlstands unseres Landes erwiesen. Mit Blick auf die dort liegenden Klimaschutzpotenziale ist dieser Schlüsselbereich von ausschlaggebender Bedeutung bei der Entwicklung von langfristigen Strategien für eine kluge Gestaltung der Energiewende. Die Bundesregierung hat sich im Immobilienbereich ehrgeizige Ziele gesetzt. So streben wir bis 2050 einen nahezu klimaneutralen Gebäudebestand an. Bereits ab 2020 sollen alle Neubauten klimaneutral sein. Auf dem Weg hin zu dieser nachhaltigen Energiearchitektur werden wir umso erfolgreicher sein, je besser es uns gelingt, diese Ziele zu erreichen. Der bewusste Umgang mit der knappen Ressource Energie und die intelligente und innovative Verzahnung von Wohnen und Mobilität sind wesentliche Voraussetzungen dafür. Mein Hauptaugenmerk als Bundesminister für Verkehr, Bau und Stadtentwicklung ist deshalb darauf gerichtet, dafür pragmatisch die politischen Rahmenbedingungen zu schaffen.

Ein wichtiger Schritt auf diesem Weg ist die Umsetzung der EU-Gebäuderichtlinie in deutsches Recht. Gemeinsam mit dem Bundesministerium für Wirtschaft und Technologie haben wir die Novelle der Energieeinsparverordnung in Angriff genommen. Seit der letzten umfassenden Novelle sind gerade einmal knapp drei Jahre verstrichen, die Spielräume für eine Verschärfung sind begrenzt. Pragmatisch vorzugehen heißt hierbei für mich, mit Augenmaß zwischen dem technisch Sinnvollen, wirtschaftlich Machbaren und energiepolitisch Wünschenswerten abzuwägen. Tragender Eckpfeiler muss für uns der Grundsatz der Wirtschaftlichkeit sein. Investitionsfreundlichkeit statt Sanierungszwänge sind unsere Leitplanken. Allzu strenge Vorgaben wären kontraproduktiv, da sie sinnvolle Investitionen für energieeffiziente Gebäude verhindern würden. In seiner Rolle als öffentlicher Bauherr geht der Bund mit gutem Beispiel voran. Für uns sind die energierechtlichen Anforderungen nicht nur Maßstab, sondern zugleich Ansporn, mehr zu tun. So haben wir uns im März 2011 als erster öffentlicher Bauherr verpflichtet, die Anforderungen der Energieeinsparverordnung deutlich zu unterschreiten.

Ordnungspolitische Forderungen sind eine wichtige Grundlage für mehr Klimaschutz und Energieeinsparung im Gebäudesektor. Mindestens ebenso wichtig ist aber, Investoren zu ermuntern, über das Geforderte hinaus zu gehen. Deshalb setzen wir neben dem Fordern bewusst auf das Fördern in Form wirksamer finanzieller Anreize. Die gezielte Förderung von Investitionen hat enorme Anstoßeffekte, die wir brauchen, um die energetische Qualität von Immobilien in absehbarer Zeit deutlich zu erhöhen. Angesichts von Sanierungszyklen von 25 und mehr Jahren müssen wir die Chancen einer Sanierung oder eines Neubaus bestmöglich nutzen. Genau dort setzen die Förderprogramme an, die die KfW Bankengruppe und mein Ressort seit 2006 gemeinsam erfolgreich auflegen. In den Jahren von 2012 bis einschließlich 2014 stellt die Bundesregierung für die Förderung des energieeffizienten Bauens und Sanierens jährlich 1,5 Milliarden Euro aus dem Energie- und Klimafonds bereit. Diese Mittel bewirken Beachtliches: Jeder Euro öffentliche Förderung zieht 12 Euro an privaten Investitionen nach sich. Die Investitionen mindern die Wohnnebenkosten und sichern jährlich bis zu 300 000

Das Effizienzhaus Plus verknüpft Wohnen und Elektromobilität.

Positionen

In Neu-Ulm werden Bestandsgebäude zu Plusenergiehäusern saniert: Eines von zwei Gewinnerkonzepten eines vom BMVBS in Kooperation mit der Wohnungsbaugesellschaft Neu-Ulm ausgelobten Wettbewerbs.

Bundesminister Dr. Peter Ramsauer MdB absolvierte eine Ausbildung zum Müllermeister, bevor er Wirtschaftswissenschaften an der Ludwig-Maximilians-Universität München studierte. Der Diplom-Kaufmann promovierte 1985. Seit 1990 ist er Mitglied des Deutschen Bundestages. Von 1998 bis 2005 war er Parlamentarischer Geschäftsführer der CSU-Landesgruppe im Deutschen Bundestag, 2005 bis 2009 Vorsitzender der CSU-Landesgruppe. Seit 2008 ist Dr. Peter Ramsauer stellvertretender CSU-Vorsitzender und seit Oktober 2009 Bundesminister für Verkehr, Bau- und Stadtentwicklung.

Arbeitsplätze. Jahr für Jahr werden durch qualitätsvollere Gebäude etwa 4,8 Millionen Tonnen weniger CO_2 ausgestoßen – das ist etwa der jährliche CO_2-Ausstoß einer Stadt wie Berlin. Die Menge der eingesparten Energie entspricht der Energieproduktion von zwei Kernkraftwerken. Entscheidender Erfolgsfaktor der KfW-Programme ist dabei auch ihre Flexibilität. Dieser Instrumentenkasten ist so angelegt, dass er rasch an neue Aufgaben angepasst werden kann. Zum Beispiel beim Denkmalschutz: Beim klimagerechten Stadtumbau kommt es einmal mehr darauf an, das einzigartige Erscheinungsbild unserer Städte zu bewahren und behutsam weiterzuentwickeln. Gesichts- und geschichtslose Lösungen von der Stange können diesem Anspruch von Identität und Heimat nicht gerecht werden. Der Förderbaustein „Effizienzhaus Denkmal" für denkmalgeschützte Gebäude und besonders erhaltenswerte Bausubstanz beweist, wie sachgerechte Lösungen entwickelt werden können. Einen neuen Weg in der Förderung beschreiten wir zudem mit dem Programm „Energetische Stadtsanierung". Auf einer breiten städtebaulichen Basis löst dieses Programm neue Impulse für mehr Energieeffizienz in den Kommunen aus.

Wenn wir zukunftstaugliche Immobilien schaffen wollen, brauchen wir Kreativität und Innovationen. Ich bin fest davon überzeugt, dass die Zukunft der intelligenten Vernetzung von Wohnen und Mobilität gehört. Neue Technologien und Baustoffe sind wichtige Katalysatoren für mehr Energieeffizienz. Aber mehr noch: Sie bieten auch erhebliche Chancen und Potenziale für die Bauwirtschaft. In der Forschungsinitiative „Zukunft Bau" meines Ressorts ist seit 2006 eine Fülle von Projekten gebündelt. Seit 2011 unterstützen wir mit einem eigenen Förderbaustein Modellhäuser, die als „Effizienzhäuser Plus" den Plus-Energie-Standard erfüllen. Wir wollen, dass vielversprechende Ideen schneller einen Weg in die Praxis finden. Dafür brauchen wir marktfähige und vor allem alltagstaugliche Produkte. Ein herausragendes Beispiel ist das „Effizienzhaus Plus mit Elektromobilität", das als innovatives Forschungs-und Modellvorhaben in Berlin einer breiten Öffentlichkeit vorgestellt wurde. „Mein Haus – meine Tankstelle" – unter dieser Überschrift ist das Haus Anschauungs-, Informations-, Lernobjekt und Testlabor gleichermaßen. Dieses Haus steht für Ressourcenschonung, die sinnvolle Nutzung von Synergieeffekten und für die intelligente Verknüpfung von Mobilität und Wohnen. Überschüssige Stromerträge können Elektrofahrzeuge speisen oder in das Stromnetz fließen. Denn dieses Haus gewinnt mehr Energie, als es selbst verbraucht. Leichte Rückbaubarkeit, die vollständige Wiederverwertbarkeit aller Materialien, Barrierefreiheit, nutzerfreundliche Bedienung, höchste Flexibilität bei der Umbaubarkeit und ästhetische Architektur – das sind nur einige seiner wegweisenden Eigenschaften. Gerade stellt das Effizienzhaus Plus mit Elektromobilität seine Alltagstauglichkeit unter Beweis: Eine vierköpfige Familie hat es für ein Jahr bezogen und dokumentiert ihre Erfahrungen mit wissenschaftlicher Unterstützung. Es liegt noch viel Arbeit vor uns, damit diese vorbildhaften und anspruchsvollen Pioniere der aktiven Häuser ihre breite Resonanz in der Praxis finden können.

Der überwiegende Teil der Gebäude, die wir in Zukunft nutzen, ist bereits gebaut. Umso wichtiger erscheint es, die Forschungen und Möglichkeiten für möglichst effiziente Gebäude im Bestand voranzubringen. Und: Energieeffizienz muss am Ende bezahlbar bleiben.

Ich bin sehr dankbar für die gute Zusammenarbeit mit den Universitäten und den führenden Praktikern auf dem Gebiet der energieeffizienten Architektur und natürlich bei unseren gemeinsamen Projekten. Ausbildung, Weiterbildung, Forschung, der Zugang zu Wissen und Informationen und das Teilen von Erfahrungen sind die Grundlagen dafür, die Energiewende auch im planerischen und architektonischen Bewusstsein fest zu verankern, intelligent weiterzuentwickeln und Wirklichkeit werden zu lassen. Was also zeichnet Baukultur und Architektur in Zeiten der Energiewende aus, und wie schaffen sie Identität und Akzeptanz? Eine neue Generation des Entwerfens, Planens und Bauens gehört ebenso dazu wie das konsequente Eintreten für Qualität. Die Energiewende kann nur erfolgreich werden, wenn jeder in seinen Entscheidungsbereichen Verantwortung wahrnimmt – für eine zukunftsfähige Architektur der Energieeffizienz.

Das Prinzip Aktivhaus

Das Passivhaus ist heute eine Standardtechnologie des energiesparenden Bauens. Dennoch birgt es systemisch bedingte Nachteile, die in der Konsequenz zur Entwicklung des Aktivhauses führten. Mit ihm lassen sich die Mängel der Passivhaus-Technologie überwinden.

PROF. DR. DR. E.H. WERNER SOBEK

Insbesondere die ersten Ölkrisen zu Anfang der 70er Jahre des vergangenen Jahrhunderts sowie der kurz zuvor erschienene erste Bericht des Club of Rome [001], veränderten das Verhältnis zwischen Mensch und Umwelt auf breiterer Ebene als je zuvor. Die natürliche Umwelt wurde zunehmend weniger als eine vom Menschen zur Ausbeutung freigegebene Ressource angesehen. Vielmehr griff mehr und mehr die Erkenntnis um sich, dass der Mensch Teil eines komplizierten, auch von der Wissenschaft teilweise kaum zu durchschauenden Gesamtsystems ist. Lebenswichtige Ressourcen und Rohstoffe wie beispielsweise Erdöl wurden als endlich erkannt und das Problem der Importabhängigkeit von Industrienationen wie Deutschland rückte in das Bewusstsein. Diese Erkenntnis und das Wissen über die klimaverändernden Auswirkungen der Verbrennung von Kohle, Öl und Gas veranlassten den Gesetzgeber in den Folgejahren, Maßnahmen zu ergreifen, um den Energieverbrauch und die damit einhergehenden Emissionen zu reduzieren. Im Bauwesen führte dies unter anderem zur Einführung der Energieeinsparverordnungen (EnEV), die, retrospektiv gesehen, wichtige und richtige Maßnahmen waren.

Passivhaus versus Aktivhaus

Das Bauwesen wurde von diesen Entwicklungen mehr oder weniger überrascht. Das zeigte sich auch dadurch, dass es zum Zeitpunkt der EnEV-Einführung keinen umfassenden Methodenansatz zur Umsetzung des Geforderten in ein Bauwerk gab. Das zunächst vielfältige Suchen nach Lösungsansätzen mündete alsbald, auch infolge des entstandenen Umsetzungsdrucks, in die Entwicklung der so genannten Passivhaustechnologie. Die Passivhaustechnologie ist in ihren Grundzügen durch

D10 südlich von Ulm: Dieses Aktivhaus zeigt, wie nachhaltiges Bauen und Ästhetik Hand in Hand gehen können.

die absolute Luftdichtigkeit der Gebäude und einer sich daraus ergebenden Zwangsbelüftung, durch eine massive Außendämmung sowie durch eine Reduktion der Verlustflächen (also typischerweise der Fensterflächen) beschreibbar. Sie kann heute als Standardtechnologie des energiesparenden Bauens bezeichnet werden. Der Erfolg der Passivhaustechnologie basiert auch auf einer Reihe zunächst als sinnvoll, bei näherem Hinsehen jedoch als innovationshemmend erkennbarer Gesetzes- und Förderungsmaßnahmen. Insbesondere wurde weder von der Bauindustrie noch vom Gesetzgeber noch von den Planern erkannt, dass ein Passivhaus, bedingt durch seinen systemischen Ansatz, stets als suboptimales Ergebnis zu bewerten ist. Der wesentliche Grund hierfür liegt darin, dass das Passivhaus über konstante, also invariante physikalische Eigenschaften verfügt. Es kann damit weder auf Veränderungen von außen (wie z.B. tages- oder jahreszeitabhängige solare Einstrahlungsintensitäten, Temperaturänderungen, Regen- und Windverhältnisse) noch auf Veränderungen von innen (z.B. anwesende oder abwesende Bewohner) reagieren. Die auf dieser Erkenntnis basierende Kritik führte Ende der 90er Jahre des 20. Jahrhunderts zur Entwicklung der Aktivhaus-Technologie, die mit dem Gebäude R128 in Stuttgart ihre erste konsequente Umsetzung fand [002].

Die Aktivhaus-Technologie ist mit der Implementierung von Steuerungs- beziehungsweise Regelungssystemen verbunden. Diese sind selbstverständlich deaktivierbar, sodass jedes Aktivhaus jederzeit als traditionell bedienbares Haus genutzt werden kann. Im Normalfall jedoch ist dem Wohnalltag ein Steuerungs- beziehungsweise Regelungsmechanismus unterlegt, der vom Benutzer nur bedingt beeinflusst werden sollte. Die Implementierung von Steuerungs- und Regelungssystemen bedeutet auch die Integration von Sensor- sowie Aktuatorqualitäten, die zwischenzeitlich auch auf Wohnungsebene typischerweise durch ein Gebäude-Automationssystem abgebildet beziehungsweise integriert werden. Der Einführung von Gebäude-Automationssystemen im Wohnbereich standen – zunehmend schwindende – Widerstände seitens der Planer, der ausführenden Firmen und der Benutzer entgegen. Diese beruhten einerseits auf der Scheu, bisher nicht angewandte und im Detail häufig auch nicht verstandene, oft auch noch nicht robuste und kostengünstig ausgearbeitete Technologien einzusetzen. Andererseits stand die Furcht vor einer Beherrschung der menschlichen All-

F87 in Berlin: Das Gebäude produziert aus erneuerbaren Quellen genügend Strom für die gesamte Nutzung einschließlich Elektromobilität.

R128 in Stuttgart: Das erste Triple Zero Gebäude weltweit demonstrierte bereits 2000 das Potenzial von Steuerungssystemen für Komfort und Energieeffizienz.

tagswelt durch einen, umgangssprachlich ausgedrückt, „Computer" im Raum. Das letztgenannte Argument ist im Zeitalter einer rasant zunehmenden Penetration der privaten Datensphäre mehr als verständlich. So greifen beispielsweise regierungsamtliches Handeln im Sinne von *war against terrorism* oder auch konsequent ungefragtes Abschöpfen, Aufbereiten und Weiterveräußern persönlicher Daten durch so genannte soziale Netzwerke und ähnliche Unternehmungen immer stärker in persönliche Lebensbereiche ein. Zum Argument des Verlusts der Privatheit des persönlichen Datenraums gesellte sich zusätzlich noch die Sorge um den Verlust vertrauter Elemente im Wohnumfeld selbst. In der Diskussion „Sobeks Sensor oder Wittgensteins Griff" [003] trat das eindrucksvoll zutage.

Sinnvoller Energieeinsatz

Die Kritik an der Passivhaustechnologie geht jedoch über die Kritik des elementaren Trugschlusses, auf ein sich permanent veränderndes Außen und Innen mit einer Gebäudehülle invarianter physikalischer Eigenschaften zu antworten, hinaus. Anzusprechen sind dabei einerseits das Verhältnis zwischen Energieverbrauch in der Begin-of-life-Phase, der Nutzungsphase und der End-of-life-Phase, sowie andererseits der zur Herstellung von Passivhäusern erforderliche Ressourcenverbrauch und die Recyclingqualitäten von Passivhäusern. Beide Aspekte wurden bisher weder vom Gesetzgeber noch von der Bauforschung hinreichend intensiv betrachtet oder diskutiert. Insbesondere die Größenordnung des in der Begin-of-life-Phase aufzuwendenden Energieeintrags ist, im Verhältnis zum Energieverbrauch während der Nutzungsphase, bemerkenswert. Während ein in den 80er Jahren des 20. Jahrhunderts in Deutschland gebautes Wohnhaus noch eine *embodied energy* aufweist, die das zirka 20- bis 30fache des jährlichen Heizenergiebedarfs umfasst, strebt dieses Verhältnis immer mehr ins Unendliche, je weniger moderne Gebäude in der Nutzungsphase an Energie verbrauchen. Damit aber stellt sich die Frage, ob es überhaupt sinnvoll ist, heute auf der Basis einer vornehmlich auf fossilen Trägern basierten Energieerzeugung ein Mehr an Dämmstoffen einzubauen, das Gros der eingesetzten Energie also bereits vor Bezug des Hauses zu verbrauchen. Oder ob es nicht vielmehr sinnvoll ist, die Minimierung der Summe aus *embodied energy*, Energieverbrauch in der Nutzungsphase und Energieverbrauch in der End-of-life-Phase zu fordern. Neben der Tatsache, dass diese Minimierung des Gesamtenergieverbrauchs über alle Lebensphasen eines Gebäudes der einzige wissenschaftlich akzeptable Ansatz ist, stellt sich bei näherer Betrachtung auch heraus, dass er der einzige volkswirtschaftlich sinnvolle Ansatz ist: In einer Periode des Übergangs von einer fossilen hin zu einer solaren Energiewirtschaft macht es sehr wohl Sinn, Energieverbräuche auf später zu verschieben. Auch schon deshalb, weil die Menschheit im Zeitalter der solaren Energieerzeugung kein Energieproblem mehr haben wird.

Ein Vergleich der zur Herstellung einer Wärmedämmung erforderlichen Energie mit der Energiemenge, die diese Wärmedämmung über einen längeren Zeitraum einspart, zeigt: Es wird immer häufiger mehr Energie in die Herstellung der Wärmedämmung gesteckt als mit ihr kurzfristig eingespart werden kann. Es kommt also darauf an, Wärmedämmsysteme mit niedriger grauer Energie einzusetzen. Ansonsten erweisen sich die heutigen Dämmanforderungen bereits als zu hoch. Hinzu kommt ein zweiter Aspekt: Die heute in rasant steigendem Volumen eingesetzten Wärmedämm-Verbundsysteme bestehen nicht nur zu einem erheblichen Teil aus erdölbasierten Stoffen. Sie sind aufgrund des üblicherweise nicht mehr auftrennbaren Verbunds unterschiedlicher Lagen aus unterschiedlichen Materialien aus heutiger Sicht nichts anderes als späterer Sondermüll. Letzteres Problem folgt zwar nicht zwingend aus der Anwendung der Passivhaus-Technologie. Wegen des massiven Mangels an geeigneten alternativen Technologien und der deshalb zunehmenden Anzahl von Passivhäusern und entsprechend umgerüsteten Bestandsbauten tritt es aber immer häufiger auf.

Mit der Aktivhaus-Technologie lassen sich die Mängel der Passivhaus-Technologie überwinden. Die heute erweiterte Betrachtungsweise fordert aber auch hier nicht nur die Minimierung des Gesamtenergieverbrauchs über alle Lebensphasen eines Gebäudes. Zusätzlich ist eine mit einer Reduzierung der verbrauchten Baustoffmenge einhergehende Konstruktionsweise nötig, die eine vollständige Rückführbarkeit aller eingebauten Materialien entweder in technische oder natürliche Kreisläufe garantiert [004]. Ein Beispiel für ein derartiges Gebäude ist das Haus F87, das der Autor mit seinen Mitarbeitern als Effizienzhaus Plus in Verbindung mit Elektromobilität im Auftrag der Bundesregierung 2011 in Berlin geplant hat [005,006].

Bodenaufbau in F87: exzellente Wärme- und Schallschutzeigenschaften bei vollkommener Rezyklierbarkeit aller verwendeten Baustoffe.

Prof. Dr.-Ing. Dr.-Ing. E.h. Werner Sobek ist Architekt und beratender Ingenieur. Er leitet das Institut für Leichtbau Entwerfen und Konstruieren der Universität Stuttgart und ist außerdem Mies van der Rohe Professor am Illinois Institute of Technology in Chicago. Sein 1992 gegründetes Büro mit mehr als 200 Mitarbeitern bearbeitet alle Typen von Bauwerken und Materialien. Die Firmengruppe arbeitet weltweit und hat Niederlassungen in Stuttgart, Dubai, Frankfurt, Istanbul, Kairo, Moskau, New York und São Paulo. Seit Juli 2007 ist Werner Sobek auch Mitglied des Präsidiums der Deutschen Gesellschaft für Nachhaltiges Bauen DGNB.

Architektur und Verantwortung

Interview mit Prof. Thomas Herzog

Herr Prof. Herzog, Sie sind Mitverfasser der Solarcharta, der europäischen Charta für Solarenergie in Architektur und Stadtplanung, die 1996 die Grundlage für eine solare Architektur der Zukunft gelegt hat. Wie sehen Sie diesen Aufruf heute, würden Sie aus der aktuellen Situation heraus etwas ändern oder ergänzen wollen?

Prof. Herzog: Gliederung und Konzept der Charta stammen weitgehend von mir, es gab jedoch von etlichen der Mitunterzeichner sehr wesentliche Ergänzungen und Korrekturen, bevor sie den Stand erreicht hatte, 1996 bei dem Kongress gleichen Namens in Berlin offizielles europäisches Dokument zu werden.

Im Nachhinein zeigt sich, dass es richtig war, sich um einen Wortlaut zu bemühen, der Langzeitgültigkeit haben sollte. Deshalb keine Aussagen zu Produkten und Lösungsansätzen, die dem momentanen Stand der Erkenntnis bei technischen Systemen entsprachen. Weil der Wortlaut internationale Gültigkeit haben sollte, von Aussagen zu den Besonderheiten einzelner Klimazonen unabhängig war, konnten wir – nun unter dem nach dem Gesichtspunkt der Nutzung von Umweltenergie hinzugekommenen Aspekt des Klimawandels – rund ein Jahrzehnt später den gleichen Text in einer zweiten Auflage erneut drucken, ohne dass die

Design Center Linz
gläsernes Dach mit retroreflektierendem Sonnenschutzraster
(mit Schrade, Stögmüller 1989-93)

Blick vom Rauminneren auf das gläserne Lichtdach

Das zusammen mit Christian Bartenbach entwickelte Sonnenschutz- und Lichtlenkraster lässt nur von der nördlichen Hemisphäre Tageslicht eindringen

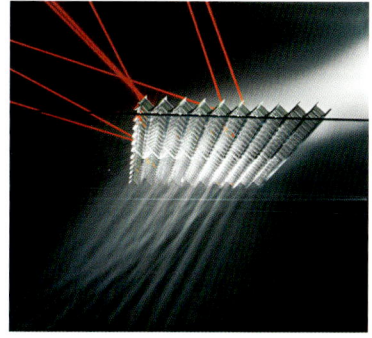

Formulierungen korrekturbedürftig gewesen wären. Allerdings konnte bei dieser Gelegenheit der Text in insgesamt zehn Sprachen übertragen werden, wodurch die globale Sicht entsprechend deutlich wurde. Kritik gab es lediglich von Seiten einiger Besserwisser, die erklärten, die englische Übersetzung wäre völlig ausreichend gewesen.

Uns – das heißt Prof. Klaus Töpfer, der seinerzeit Schirmherr des Berliner Kongresses gewesen war – und mir, sowie den weiteren Unterstützern des Vorhabens ging es gerade darum, durch die Form der Aufmachung und die Vielsprachigkeit des kleinen Büchleins die weltweite Bedeutung und Gültigkeit seines Gegenstands und der Textformulierung bewusst zu machen. So konnte der Text zu einem Moment der solidarischen, die Grenzen von Nationen und Kulturräumen überschreitenden Thematik werden (prompt war die Ausgabe nach wenigen Monaten vergriffen und musste nachgedruckt werden).

Zu bedenken wäre allerdings heutzutage der Aspekt, dass in den *emerging countries* auch die rasant wachsenden Riesenstädte liegen und diese bekanntlich alle nicht in Europa, sondern in anderen Kontinenten. Beide Umstände hätte man zu würdigen, wie auch das Thema des Transports, der Speicherung und des Eigenverbrauchs von Strom und Wärme.

Bereits vor mehr als 25 Jahren haben Sie ein Aktivhaus in München gebaut, das über seine Gebäudehülle solare Energie in Haushaltsstrom umsetzt. Ein weiteres Projekt in Windberg erzeugt Wärme für den Gebäudebetrieb. Warum dauert es so lange, bis sich diese naheliegende Idee durchsetzt und mehr architektonisch gelungene Lösungen hervorbringt?

Architekten haben zunächst die Aufgabe, mangelfreie Gebäude entsprechend den Vorgaben des Programms nach dem Stand der Technik zu realisieren. Als Hochschullehrer aber bin ich verpflichtet – und ich war immer willens dies zu tun –, Forschung und Entwicklung in dem von mir fachlich verantworteten Bereich wahrzunehmen und die Resultate dieser Arbeiten publik zu machen. So kam es zu einer ganzen Reihe von Erstanwendungen bei Prototypen, deren Realisierung oft sehr aufregend war, die aber auch zeigen konnten, was zum jeweiligen Zeitpunkt bereits möglich war. Dabei ging es sowohl um das Konzept für die Gebäude als Ganzes, als auch um die Entwicklung und Erstanwendung neuartiger Produkte zur Nutzung von solarer Energie. Das wiederum erfolgte in enger Zusammenarbeit mit dem Institut für Solare Energiesysteme der Fraunhofer Gesellschaft in Freiburg.

Meine Situation war verglichen mit dem Gros der Kollegenschaft in sofern eine andere. Für deren anfängliches Zögern und ihre Zurückhaltung sehe ich diverse Gründe:

Häufigster Kommentar zum Thema war „das rechnet sich nicht", weil man nicht den baulichen Gesamtorganismus in den Blick nahm, sondern lediglich zu mehr oder weniger konventionellen Gebäuden Systeme und Komponenten addierte. Es bedurfte auch etlicher Jahrzehnte, bis die heute allgemein verfügbaren Sicherheiten bei den Produkten, was Lebensdauer und Effizienz angeht, erreicht waren. Zunächst war also die Unsicherheit ziemlich groß. Häufig fürchtete man ein vergleichsweise hohes Risiko, hatte selbst keinerlei Erfahrung – oft auch nur sehr lückenhaftes Verständnis der technisch-physikalischen Zusammenhänge. Auch waren die Ingenieure zwar schon lange Partner für die Gebäudetechnik, aber meist keineswegs Energiespezialisten. Hinzu kam die Angst von Mehrkosten bei zu schwachen Produktgarantien und manch anderes.

Die jetzige Situation kontrastiert dazu erheblich: So wird beispielsweise im Jahr 2013 bereits zum zehnten Mal der International Prize for Sustainable Architecture weltweit verliehen; unter immer mehr auch architektonisch herausragenden Beispielen, mit Beiträgen aus allen Erdteilen und Anwendungen aus allen Bereichen des Bauens. Erst ganz wenige, in Einzelfällen durchaus erfolgreiche Beispiele aus Deutschland sind dabei.

Ich würde mir allerdings mehr Offenheit und Toleranz auch bei den Festlegungen von Komfortbedingungen wünschen. Aus meiner Sicht führen bei uns eine zu geringe Flexibilität in der Handhabung und eine Art von formaler Fixierung derzeit mit steigender Tendenz zu ganz übertriebenen Aufrüstungen mit Technik, ohne dass dies in einem gesunden Verhältnis zum notwendigen Effekt steht.

Häufig werden Landschaften und Stadtlandschaften durch die nachträgliche Ergänzung von Photovoltaik verunstaltet. Gute Beispiele solarer Architektur sind selten. Wieso ist das der Fall und welche Lösungen gibt es?

Es ist tatsächlich eine Schande, wie gedankenlos und unsensibel teilweise sehr schöner historischer Baubestand gerade in Kulturlandschaften entstellt wird. Aber man darf Menschen, die in guter Absicht handeln, einen Beitrag für den Schutz der Umwelt leisten wollen – sei es in der Rolle des Nutzers oder des Installateurs – nicht vorwerfen, dass sie im Bereich architektonischer Gestaltung, wofür sie nicht ausgebildet wurden, gelegentlich massive Defizite haben.

Viel zu wenig haben Hochschulen und auch einschlägige öffentliche Institutionen mit entsprechendem Ausbildungsauftrag Handreichungen gegeben. Etwa in Form von Gestaltungsprinzipien, die man in Anwenderfibeln mit Positiv- und Negativbeispielen mit entsprechender Begründung bestückt hätte. Und dies ist eben nicht marginal, weil es durchaus auch auf andere abschreckend wirkt, wie so genannte ökologisch orientierte Bauten oft ästhetisch misslungen, beziehungsweise bei Änderung des Bestands grob verunstaltet wirken.

Erste Bauten von Sozialwohnungen im solaren Quartier von Linz /Pichling. Flachkollektoren als Teil der architektonischen Komposition (Partner Schrade, Stögmüller, Konzept 1995, fertiggestellt bis 2005)

Erschließungsraum mit Innenloggien

Mit der Energiewende sind Energieeffizienz und der Ausbau der erneuerbaren Energien nun Regierungsprogramm. Im Grundsatz müsste das doch eigentlich genau in die Richtung dieser Überlegungen zur Architektur gehen. Was fehlt der Politik, dem Berufsstand der Architekten und den Ausbildungsstätten, um solares Bauen in die Breite zu bringen?

Bei dem Ziel der Energiewende muss man im Bereich des Hochbaus differenzieren: Ein nur sehr geringer Prozentsatz betrifft Neubauten. 95 bis 98 Prozent betrifft den Bestand. Der wiederum ist höchst unterschiedlich charakterisiert. Dominant ist deshalb die Verbrauchsreduktion, was Heizungssysteme und Warmwassererzeugung angeht.

Das Großthema Gebäudehülle mit seiner zentralen Bedeutung im Bereich der Fassaden, die in ihrem Zusammenwirken die Qualität des öffentlichen Raumes bestimmen, bedeutet zumeist einen Eingriff in ein Gebiet, das besonders ambitioniert das Aussehen von Gebäuden charakterisiert – und dies über die Jahrhunderte hin. Ebenfalls grundlegend sind Eigentumsverhältnisse und damit die limitierte Berechtigung zum Eingriff in Verbindung mit Investitionen und Renditen.

Bedauerlich ist auch die geringe Breite in der Systembetrachtung. Allenthalben wird lamentiert über die begrenzte Kapazität der elektrischen Netze. Milliarden an Investitionen werden als unabdingbar zu ihrer Ertüchtigung beziehungsweise Erneuerung und Ausweitung gefordert. Dabei müsste man das Management der Stromversorgung deutlich flexibler gestalten und prinzipielle Alternativen wie – unter Einsatz solar gewonnenen Stroms – die Nutzung des vorhandenen Erdgasnetzes in Verbindung mit Elektrolyse als ernsthafte und wohl deutlich kostengünstigere Alternative forcieren. Was die Glaubwürdigkeit der Strom-Großversorger in Deutschland angeht, so ist durchaus pikant, dass eben diese Unternehmen bereits im ersten Halbjahr 2012 mehrere Milliarden Euro Gewinn ausweisen!

Sie haben sich entschieden, in China Ihre Architekturauffassung zu vertreten und machen dies mit großem Erfolg, sicher auch mit der Möglichkeit einer erheblich größeren Hebelwirkung für unsere Umwelt. Wie kommt das solare Bauen in China an, können wir bald mit vielen positiven Überraschungen rechnen?

Der Grund für mein Engagement seit etlichen Jahren ist die Einsicht in die Bedeutung, die das Land sowohl für den Energieverbrauch als auch für die Wirkung von Verbrennungs-Emissionen hat. Was dort richtig oder falsch gemacht wird, hat um ein Vielfaches höhere Auswirkungen, als dies in unseren kleinen europäischen Staaten der Fall ist.

Wann sich allerdings echter Erfolg im Sinne großer Beispiele, an denen man sich als Leitprojekten orientiert, einstellen wird, wage ich nicht zu prognostizieren. Noch wird zu wenig verstanden, dass im Fall eines jeden Projekts Optimierung notwendig ist, die Bezug nimmt auf die lokale Situation, und dass dies intensiv genutzter Zeit bedarf.

Statt dessen geht es häufig vor allem um Tempo, motiviert durch die ernste Absicht, kurzfristig möglichst viel zu verdienen. Die Einschaltung von Experten soll dieser Zielsetzung auf effiziente Weise dienen. Bedauerlicherweise nimmt man dafür eine ganze Reihe technischer Risiken und ästhetischer Mißgriffe in Kauf.

Hohe Priorität wird der grünen Agenda allerdings von den politisch Verantwortlichen in der Zentralregierung zugewiesen. Bekanntlich ist die leistungsfähigste Produktion von Aktivtechnik wie thermischen Kollektoren und Photovoltaik bereits in Asien zu finden. Neuinstallationen geschehen millionenfach. Es herrscht aber ein durchgängiges Defizit beim Konsens über moderne Gestaltung. Andererseits sind Wahrnehmung und Kommunikation, viel mehr als dies im Westen der Fall ist, auf Bilder orientiert. So kommt es auch, dass vor Beginn eines Projekts in der Regel umfangreiche und äußerst anspruchsvolle Darstellungen gefordert werden (Renderings, gelegentlich Videofilme von innen und außen) ohne dass die notwendige Entwurfs- und Entwicklungsarbeit geleistet wäre. Zudem dürfen Ausländer in China – jedenfalls bisher – offiziell keine Ausführungs- und Detailplanung vornehmen. Es bleibt vorerst schwierig, doch zeigt die Entwicklung des letzten Jahrzehnts, wie ungeheuer schnell Anpassungen vor sich gehen und wie effizient man häufig in der Lage ist, gestellte Forderungen auch unter hohem Termindruck zu erfüllen.

Das Thema ist auch deshalb brisant, weil man genau weiß und auch darauf hinweist, dass der pro Kopf

Jugendhaus Kloster Windberg mit früher Anwendung von transluzenter Wärmedämmung und Röhrenkollektoren.
(Mit P. Bonfig, W. Götz 1987-1991)

Prof. (EoE) Dipl.-Ing. Thomas Herzog BDA studierte Architektur an der TU München und promovierte 1972 an der Universität Rom. Er ist Dr. h.c. der Universität Ferrara.
Nach Mitarbeit bei Prof. Peter C. von Seidlein in München von 1965 bis 1969 war er von
1969 bis 1973 wissenschaftlicher Assistent an der Universität Stuttgart.
Seit 1972 betreibt Prof. Herzog ein eigenes Architekturbüro. Er war Universitätsprofessor an der Gesamthochschule Kassel, an der Technischen Hochschule Darmstadt und an der Technischen Universität München (2000 bis 2006 als Dekan der Fakultät für Architektur).
Als Gastprofessor wirkte er an der Ecole Polytechnique Féderale de Lausanne EPFL, an der Royal Danish Academy Copenhagen, an der University of Pennsylvania (PENN) als Graham Professor und seit 2003 an der Tsinghua Universität in Peking.

Energieverbrauch in China im statistischen Mittel derzeit nur ein Bruchteil dessen ist, was man im Westen praktiziert. Und dies gilt keineswegs nur für die oft zu Recht gescholtenen USA, sondern auch für die sich häufig als Schulmeister gebenden Europäer, sehr wohl auch für uns Deutsche.

Es ist aber auch Zeichen der allgemeinen Aufbruchsstimmung, laufend nach Steigerungsmöglichkeiten zu verlangen. So gerät Architektur leider gerade in den maßstabprägenden Metropolen zum Event, zur Show, zum Aktionsfeld für internationale Individualisten. In Übereinstimmung mit ihren Auftraggebern ist ihnen oft die formale Besonderheit ihres Beitrags erheblich wichtiger, als beispielgebend durch eindringliche Gestaltung Architektur in ihrem grundsätzlichen Verantwortlichkeiten und Möglichkeiten zu entwickeln; wozu natürlich auch der Einsatz solarer Technologie gehört – ohne Frage eine deutlich anspruchsvollere Operation. Die Nutzungsmöglichkeiten sind ja gewaltig: Immerhin liegen die chinesischen Millionenstädte zwischen den Breitengraden von Norditalien und weit südlich von Ägypten.

Was würden Sie heute jungen Architekten und Architekturstudenten empfehlen?

Konzentriert euch auf den Kern unseres Berufs. Es geht um die Mitwirkung an einer öffentlichen Aufgabe mit hoher sozialer Relevanz. Macht euch klar, wie enorm komplex und vielseitig die Aufgabenstellungen sind, wenn man als Treuhänder großer Geldsummen für Auftraggeber, Nutzer und die allgemeine Öffentlichkeit wirksam wird.

Es geht um das Schaffen von Raum, worüber man viel wissen muss. Es geht aber auch darum, Materialien, Konstruktionen und Technologien nicht nur zu kennen, sondern sie auf professionellem Niveau zu beherrschen, wenn ein neues technisches Repertoire weiterzuentwickeln ist, durch das Umweltenergien zentraler Bestandteil des Energiehaushalts von Bauten werden. Unverzichtbare Voraussetzung ist dies gerade dann, wenn man mit den eingesetzten Mitteln ästhetisch anspruchsvolle Architektur machen will. Nur wer Technik souverän beherrscht, kann anderen sagen, was sie wie ausführen sollen, und hat die Chance, künstlerisch Anspruchsvolles eventuell auch zu realisieren.

Die Welt der Elektronik ist dafür kein Ersatz. Sie ist ein wesentliches operationales Mittel. Doch geht es eigentlich darum, hochwertige und langlebige Bauten bis in ihre Einzelheiten zu entwickeln. Sie sollen möglichst zerstörungsfrei und anpassungsfähig an wechselnde Ansprüche bleiben und ihren Energiebedarf weitestgehend aus Umweltenergien decken. Geht damit offensiv um. Beschränkt euch nicht darauf, Häuser einzupacken, sodass ihre strukturelle Ordnung zugunsten dicker Pullover verschwindet.

Bauten sind keine Bilder. Es geht um das Schaffen von Raum. Wir erleben ihn in der dritten Dimension, körperlich, von außen und von innen und nicht im Maßstab 1:100, sondern im Maßstab 1:1.

Kloster Windberg, Blick auf die Gesamtanlage von Südosten mit dem Neubau des Jugendhauses

Pionierleistungen solarer Architektur
Interview mit Rolf Disch

Herr Disch, Sie haben bereits in den 80er Jahren die Bedeutung des Einsatzes von Photovoltaik in der Architektur erkannt – zunächst als aufgeständerter Tracker auf Ihrem Wohnhaus, später integriert in Dachflächen. Was hat Sie dazu motiviert, woher nahmen Sie Ihre Überzeugung für diesen Weg?

Rolf Disch: Schon lange vor der nachgeführten PV-Anlage auf meinem Wohnhaus haben wir große Aufdachanlagen installiert, etwa auf dem Verlagsgebäude der Badischen Zeitung in Freiburg, auf dem Fußballstadion des Freiburger SC oder den Werkshallen der Firma Hansgrohe in Offenburg. Und auch Wohnsiedlungen haben wir so ausgelegt, dass die Häuser optional mit Photovoltaik-Anlagen zu Plusenergiehäusern ausgebaut werden konnten und auch wurden. Ein für mich wichtiger Schritt war außerdem die Konstruktion von PV-getriebenen Elektromobilen. Das Heliotrop mit der nachgeführten PV-Anlage haben wir übrigens dreimal realisiert, einmal als mein Wohnhaus, einmal als Besucherzentrum der Firma Hansgrohe und ein drittes Mal für ein Zahntechnik-Labor in Bayern.

Meine Motivation erklärt sich ganz einfach: Da unsere Gebäude immer noch 40 Prozent unserer Energie verbrauchen, stehen alle Architekten in der Verantwortung, das zu ändern. Ich selbst habe in der Antiatomkraft-Bewegung gegen das hergebrachte Energiesystem gekämpft, habe aber auch immer gesagt: Es genügt nicht, etwas abzulehnen, sondern man muss eine Alternative aufzeigen. Mit dem Plusenergiehaus®, das mehr Energie erzeugt als es verbraucht, ist diese Alternative da. Und die Solar Decathlon-Erfolge haben neuen und erfreulichen Auftrieb gegeben mit neuen und frischen Prototypen. Allein, wir machen das schon seit 20 Jahren. Alles ist längst marktreif, fertig für den Einsatz in der Breite, im Wohnungs- und Siedlungsbau, im Gewerbe- und Bürobau et cetera.

Warum dauert es Ihrer Auffassung nach so lange, bis sich diese naheliegende Idee durchsetzt?

Lange Zeit lag das an den unzureichenden politisch gesetzten Rahmenbedingungen. Mit dem Erneuerbare-Energien-Gesetz, verschiedenen Vorschriften zur Energieeffizienz und einigen Förderrichtlinien waren diese Bedingungen da: PV auf dem Dach und das Plusenergiehaus insgesamt wurden für Hausbesitzer wirtschaftlich. Im Moment steht zu befürchten, dass das wieder zurückgenommen wird. Ausgehöhlt von einer Politik, die die Energiewende zwar propagiert, aber nicht energisch betreibt, teilweise sogar hintertreibt.

Aber es ist nicht nur die Politik. Der Markt ist nicht sehr beweglich. Viele Bauträger-Gesellschaften zum Beispiel sträuben sich, in neues Knowhow zu investieren und ihren Vertrieb entsprechend zu schulen. Sie machen

Das Heliotrop in Freiburg

business as usual so lange sie irgend können. Vielleicht realisieren sie einmal ein Vorzeigeprojekt – aber über die Zeit der Leuchtturmprojekte sind wir längst hinaus, das überzeugt nicht mehr. Auch scheint es den Bauherren häufig immer noch schwierig, die anfängliche Mehrinvestition für ein Plusenergiehaus aufzubringen, obwohl ihnen bei geschickter Finanzierung sogar vom ersten Jahr an mehr Geld zur Verfügung stehen kann. Das ist allerdings mancherorts dem Kreditgeber immer noch schwer zu vermitteln.

Vielleicht mit Ausnahme Ihres eigenen Hauses war die Solararchitektur aus Ihrer Feder immer stark orientiert an Einfachheit und Schlichtheit, an der Erfüllung von Grundbedürfnissen.

Wenn Sie lichtdurchflutete Räume, durchweg gesunde Baustoffe und ein heilsames Raumklima, eine vom fahrenden und ruhenden Autoverkehr weitgehend befreite und deshalb kinder- und kommunikationsfreundliche Nachbarschaft mit viel Grün so wie ich zu den Grundbedürfnissen zähle, bin ich mit Ihrer Beschreibung fast einverstanden. Im Übrigen gilt heute: *Form follows energy.* Das heißt zum Beispiel auch, aus Gründen der Energieeffizienz auf Vor- und Rücksprünge und einige andere ornamentale Schnörkel zu verzichten. Gesamtentwurf und Details sind natürlich trotzdem sehr sorgfältig und anspruchsvoll zu gestalten.

Ihre Frage wird ganz ähnlich immer wieder von Delegationen etwa aus Russland, China, Afrika oder Lateinamerika gestellt: Für die Politiker oder Architekten oder Baufirmen-CEOs aus diesen Ländern scheinen die Häuser der Solarsiedlung in Freiburg häufig einfach und schlicht. Das hat eine gesellschaftliche Komponente: Hier in Deutschland und in ganz Mitteleuropa stehen die Mittelschichten als sozial treibende Kraft hinter der Bewegung zu mehr Nachhaltigkeit. Während man sich in Russland, China, Afrika oder Lateinamerika nur vorstellen kann, so etwas für die Oberschichten zu bauen; luxuriös und aufwendig, mit Nachhaltigkeit als noch einem Luxuselement mehr. Es ging hier gar nicht anders, als die ersten Projekte für eine entsprechende, aufgeschlossene Klientel zu bauen. Also zum Beispiel als Reihenhaus-Siedlung wie in Freiburg. Aber natürlich ist architektonisch auch ganz anderes möglich.

Sie haben damit Bauherren gut erreicht und schon früh viel umsetzen können. Eine große Gruppe der Architektenschaft dagegen ging zunächst auf Distanz. Hat Sie das verletzt?

Private Bauherren haben wir damit gut erreicht, mit institutionellen Bauherren war es allerdings lange Zeit schwieriger. Deswegen haben wir etwa für das Pionierprojekt Solarsiedlung in Freiburg eine eigene Bauträgergesellschaft gegründet und Finanzierung, Realisierung und Vermarktung selbst durchgeführt – zum Beispiel mithilfe der ersten solaren Immobilienfonds in Deutschland. Wie bei den Bauträgern waren damals auch sämtliche Banken skeptisch, keine Einzige wollte das Projekt finanzieren. Dann macht man es eben selbst, und wir machen das nach wie vor gelegentlich so, im Moment mit zwei Plusenergiehaus-Siedlungen in Grenzach-Wyhlen, an der Stadtgrenze zu Basel.

Schopenhauer hat geschrieben, eine neue Idee werde stets anfangs verlacht, dann bekämpft, schließlich imitiert. Wer dafür zu dünnhäutig ist, sollte sich besser nicht auf so etwas einlassen. Skepsis von dritter Seite gehört einfach dazu, bis heute. Aber wir werden fast täglich angeschrieben und besucht von jungen Architekten und Studenten aus aller Welt, die genau wissen wollen, wie wir das machen, um es in ihren Ländern genauso zu halten. Das freut mich sehr.

Ihre Arbeit war nach unserer Wahrnehmung immer auf ihre engere Heimat, den Freiburger Raum, konzentriert. Damit haben Sie dem Ruf von Freiburg als Solar Valley sehr genutzt. Sehen Sie sich weiterhin in der Rolle des Neighbourhood Architect mit starker lokaler Verankerung und Verantwortungsgefühl, oder handeln Sie heute eher global?

Die Wahrnehmung ist nicht ganz richtig. Wir haben durchaus schon früh auch Projekte im übrigen Deutschland realisiert. Allerdings ist es mit Pionierprojekten so,

Luftbild Solarsiedlung am Schlierberg, Freiburg

Penthaus auf dem Gewerbegebäude
Sonnenschiff, Solarsiedlung am Schlierberg,
Freiburg

dass man es sich einfacher macht, wenn man sie gleichsam vor der eigenen Haustür anpackt. Man kennt die ambitionierten Handwerksbetriebe, die Entscheider in Politik und Verwaltung. Man kann sehr viel einfacher die Bauaufsicht gewährleisten, was entscheidend ist, wenn Sie viele Neuerungen ausführen.

Ich bin Freiburger, und ich leiste gern meinen Beitrag zur Entwicklung der Stadt und der Region. Aber wir haben zum Beispiel vor zwei Jahren alle 11000 Bürgermeister in Deutschland angeschrieben, um sie von den Vorteilen des Plusenergiehauses zu überzeugen. Das Echo war groß, erste Projekte in ganz unterschiedlichen Städten und Gemeinden sind heute in Verhandlung oder in Planung. Wir sind beispielsweise derzeit am Plusenergie-Projekt Möckernkiez in Berlin-Kreuzberg beteiligt, mit zirka 50000 m² Nutzfläche. In Göttingen haben wir eine Planung für ein weiteres Plusenergie-Wohnungsbauprojekt vorgelegt mit acht Geschosswohnungsbauten. Im Burgund realisieren wir das erste Plusenergiehaus Frankreichs, und zwar im ersten Bauabschnitt als Renovierung eines denkmalgeschützten Stadthauses, das im zweiten Abschnitt um einen Neubau ergänzt wird – mit insgesamt 12 Wohnungen. Meine Mitarbeiter und ich sind ständig in ganz Deutschland und im Ausland unterwegs zu Vorträgen, Konferenzen, Schulungen. Es bahnen sich Projekte in Asien, Afrika und Lateinamerika an.

Die meisten Beispiele solaren Bauens sind abschreckend: Tausende von Scheunen- und Altbaudächern mit lieblos aufgeschraubter Photovoltaik verschandeln Landschafts- und Ortsbilder. Architekturen dagegen mit gut integrierten solaren Systemen muss man lange suchen. Wie ist das zu erklären?

Viele fangen erst an, ein Photovoltaikmodul nicht nur als technische Anlage, sondern auch als Material zu sehen, mit dem man gestalten kann. Es wird nur noch ein paar Jahre dauern, bis Photovoltaik dezentral den bei Weitem preiswertesten Strom liefern kann, und wir werden dann das solare Potenzial der Dach- und Fassadenflächen sehr weitgehend ausnutzen wollen. Damit es dabei nicht zu berechtigten Gegenreaktionen kommt – die

Generationen verbindende Wohnanlage:
Modellprojekt Initiative Möckernkiez, Berlin

sich ja bereits abzeichnen – ist es tatsächlich sehr wichtig, dass nicht einfach die Solarteure ohne architektonische Planer zum Zuge kommen. Ich glaube, dass wir Architekten, zum Beispiel über unsere verschiedenen Verbände und Kammern, mit der Installationsbranche ins Gespräch kommen müssen. Es muss ein ästhetisches Bewusstsein geschaffen werden in diesem Punkt. Dasselbe gilt genauso für die Gebäudesanierung oder für energieeffiziente Fassadengestaltung beim Neubau. Sonst verbündet sich der ästhetische Vorbehalt mit den alten Interessenslagen gegen die Energiewende. Und das wäre eine starke Gegnerschaft.

Wie wäre das zu ändern?
DGNB, dena, Werkbund, BDA, Architektenkammern in Zusammenarbeit mit Handwerkskammern und der Politik müssen mit Programmen aktiv werden, mit hoch dotierten Auszeichnungen. Die Verwaltung des Bauwesens auf Bundes- und Kommunalebene kann Zeichen setzen, bei Bauprojekten der öffentlichen Hand müssten in Ausschreibungen entsprechende Vorgaben gemacht werden.

Und wir müssen, wenn wir mit Photovoltaik in die Innenstädte wollen, zusammen mit den Stadtplanungs- und Denkmalschutzbehörden Konzepte und Projekte entwickeln. Die Denkmalschützer müssen sich bewegen. Mit ihnen müssen wir an tausend Stellen Allianzen schmieden und sie überzeugen, dass wir mit Photovoltaik-Installationen und Sanierungen den Gebäudebestand zugleich energetisch und gestalterisch aufwerten, statt ihn zu verschandeln. Mit den neuen Möglichkeiten werten wir ihn auch wirtschaftlich auf. Damit helfen wir, die Bestandsgebäude für weitere Jahrzehnte zu nutzen und zu erhalten. Mit dem erwähnten Projekt in Frankreich ist uns das gelungen, und wir kooperieren dort nicht zufällig mit einem renommierten Büro aus Paris, das auf sehr anspruchsvolle Sanierungen und Umnutzungen von historischen Gebäuden spezialisiert ist.

Es braucht einfach viel mehr überzeugende architektonische Beispiele, bei denen Architekten und Investoren zusammenspielen müssen. Zur Erhaltung der Stadtbahnbrücke über die Gleise am Hauptbahnhof in Freiburg haben wir zum Beispiel ein Photovoltaik-Dach entworfen, das Wetterschutz und Bestandsschutz gewährleistet und ein eindringliches solares Symbol beim Entree der Stadt setzen kann. Für die Bergstation der Seilbahn auf den Freiburger Hausberg Schauinsland – das gestalterisch sehr ansprechende alte Gebäude trägt nach heutigen Vorgaben die Schneelast nicht – haben wir ein weiteres frei tragendes Photovoltaik-Dach vorgeschlagen. Und im Moment arbeiten wir an einem ganz wunderbaren Projekt: dem Theater Freiburg, dessen Dach demnächst zur Sanierung ansteht, eine Dachhaut aus goldenen kristallinen Photovoltaik-Modulen zu geben. Das wird märchenhaft schön: das Theater mit dem goldenen Dach!

Wir beraten auch Kommunen auf ihrem Weg zur Klimaneutralität, und regelmäßig machen wir folgenden Vorschlag: Legt ein Programm zur Dachsanierung auf, unter Rückgriff auch auf Förderprogramme des Landes und des Bundes. Die energetische Dachsanierung soll dabei mit der solaren Dachnutzung durch Photovoltaik kombiniert werden. Und sie kann eventuell zusätzlich kombiniert werden mit Dachausbau und Aufstockung, was wegen der Binnenverdichtung ohnehin ökologisch wünschenswert ist. Aber so, dass man nicht um die vorhandenen zahlreichen Dachdurchstöße herumbasteln muss, sondern so, dass man die Durchstöße reduziert und in der Gesamtanmutung mit den technischen Anlagen aus einem Guss planen kann. Im Übrigen kann das ein Einstieg, ein erster Bauabschnitt und ein erstes Investment für die Gesamtsanierung eines Gebäudes sein.

Eine andere interessante Entwicklung: Seit einiger Zeit sind wir in Kontakt mit einem indischen Hersteller von Elementen für Steinfassaden. Die Firma bietet Marmor, Granit, Sandstein et cetera an. Die kamen auf

Lageplan Solarsiedlung Grenzacher Horn, Grenzach-Wyhlen

uns zu, weil aus der Kundschaft vermehrt Anfragen kommen, ob man ebensogut Solarfassaden machen könne. Bei den Materialien, die diese Firma verkauft, geht es um das Gebäudeimage, und mit einer Photovoltaik-Fassade oder einer Kombination der Materialien kann man ein noch viel besseres Image kreieren. Neben der Lösung des Problems ständiger Elektrizitäts-Blackouts in Indien, das mit Photovoltaik auf dem Dach und an den Fassaden gut abzufedern ist, bekommen die Bauherren eine superbe Gestaltung und ein grünes Image. Wie gesagt: Ein Patentrezept habe ich nicht, aber es gibt 1000 Möglichkeiten.

Mit der Energiewende sind Energieeffizienz und Ausbau der erneuerbaren Energien in Deutschland nun Regierungsprogramm. Im Grundsatz müsste das doch genau in die Richtung dieser Überlegungen zur Architektur gehen. Was fehlt der Politik, dem Berufsstand der Architekten und den Ausbildungsstätten, um solares Bauen in die Breite zu bringen?

Es ist ja tatsächlich vom Bundesbauministerium auch ein erstes Programm zur Förderung von Plusenergie-Gebäuden aufgelegt worden. Das muss über den Pilotstatus hinaus weiterfinanziert werden. Was der Bundespolitik an konkreten Vorstößen im derzeitigen Bekenntnis zur Energiewende fehlt ist:

Erstens ein klares Programm zur dezentralen Umgestaltung des Energiesystems: Wir brauchen weder die Mega-Infrastrukturen von Offshore-Windstromanlagen, die nur dem althergebrachten Versorgungssystem nützen, weil sich dadurch die Energiewende weiter verzögern lässt. Sie können nie – und alle wissen das – wirtschaftlich sein. Und die Umsetzung der gigantomanen Desertec-Fantasien mit Strom für Europa aus der Sahara brauchen wir erst recht nicht. Dort kann man wunderbar Strom für Nordafrika erzeugen und womöglich die neuen Regimes in ihrer wirtschaftlichen Entwicklung stützen, aber sicher ist das keine Lösung für Europa und Deutschland. Verabschieden wir das und konzentrieren uns auf das Wesentliche und Naheliegende: Regiotec vor Desertec! Die Stadtwerke müssen

Lageplan Bettina-von-Arnim-Terrassen, Göttingen

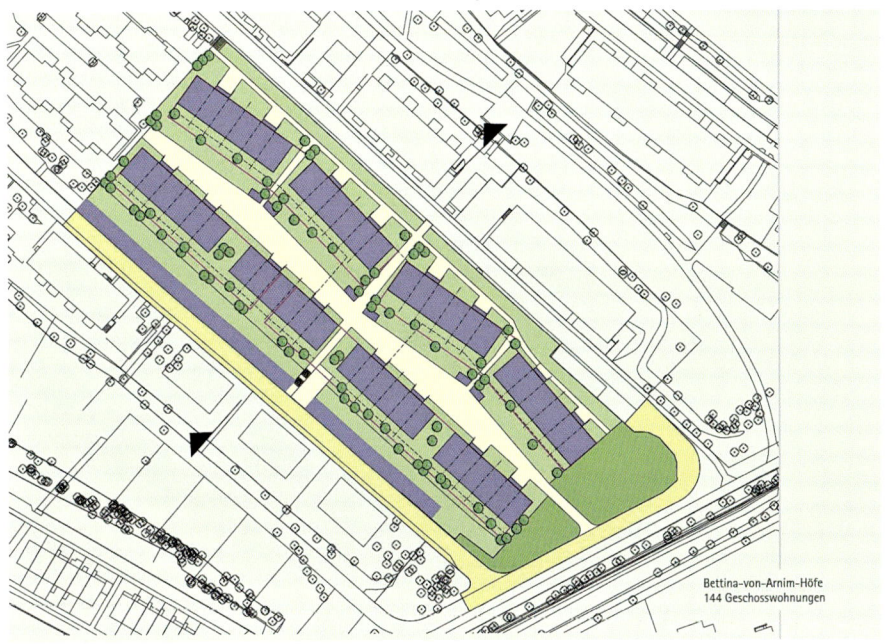

Plusenergiehaus in Modulbauweise

Rolf Disch absolvierte eine Möbelschreinerlehre und eine Ausbildung zum Maurer, bevor er von 1963 bis 1967 in Konstanz Architektur studierte. 1969 gründete er das Büro Rolf Disch SolarArchitektur. Auf dem Sportstadion des Freiburger SC entstanden 1993 auf seine Initiative die deutschlandweit ersten Gemeinschaftssolaranlagen. Mit dem Heliotrop realisierte Rolf Disch 1994 das weltweit erste Gebäude mit positiver Energiebilanz. 1998 hatte er eine Gastprofessur an der Staatlichen Hochschule für Gestaltung in Karlsruhe inne.

in ihrer alten, vielerorts neu gewonnenen Funktion als Energiedienstleister gestärkt werden.

Zweitens benötigen wir ein Förderprogramm zur dezentralen Kraftwärmekopplung auf demselben Niveau wie das EEG in seiner Anfangszeit. Die einzige sinnvolle Brückentechnologie für die Energiewende ist der hocheffiziente, dezentrale Einsatz von Erdgas für Strom- und Wärmeerzeugung, wobei das Erdgas dann allmählich durch Biogas und durch den bei Stromüberschuss erzeugten Wasserstoff beziehungsweise Wind-/Solargas ersetzt wird.

Drittens braucht es eine konsequente Umsetzung der bereits beschlossenen europäischen Gebäuderichtlinie EPBD 2010: Hier ist bereits Gesetz, dass ab 2020 alle Neubauten in Europa Niedrigstenergiehäuser sein sollen – und das läuft auf Passivhaus-Niveau hinaus. Außerdem müssen alle Gebäude ihre Energie weitgehend innerhalb der Grundstücksgrenze aus regenerativen Quellen bereitstellen. Die Implementierung wird außerordentlich spannend, zumal in den süd- und osteuropäischen Ländern die Voraussetzungen für eine derartig schnelle Umsetzung nicht wirklich gegeben sind. Die Bundesregierung kann das zum Herunterschrauben und Verzögern nutzen, um auch unsere Bauindustrie vor Neuerungen zu schonen. Oder sie kann zum wirklichen Promotor werden und Druck ausüben.

Viertens: Als Nächstes müssen diese Ansprüche auch auf die Sanierung des Bestands und auf den Stadtumbau übertragen werden. Eine gigantische Aufgabe, die große Anstrengungen von allen Beteiligten einfordert.

Den Architekten fehlt eigentlich gar nichts mehr. Alles, was wir an Knowhow und Materialien brauchen, ist verfügbar. Auch in der Ausbildung hat sich vieles verändert. Wer heute Architekt werden will, kann Energieeffizienz lernen. Man muss sich entscheiden, das dann auch zu tun – auch gegen Widerstände.

Was würden Sie heute Bauherren, Architekten und Ingenieuren raten, um für die Zukunft gerüstet zu sein und zukunftsfähige Gebäude zu planen?

Verfolgen Sie insbesondere die Innovationen, die im Bereich der Energieverbrauchs-Regulierung im Moment entwickelt werden. Energieeffiziente Gebäudehüllen, Energieeintrag allein mit regenerativen Energien, das Haus als Kraftwerk – das machen wir seit über 20 Jahren. Das ist State of the Art, und wer hinter das Plusenergie-Gebäude zurückfällt, ist selbst schuld. Jetzt kommt noch etwas hinzu, das von Legionen von Ingenieuren weltweit ausgearbeitet wird: Smart Grids, Smart Cities, Smart Homes und E-Mobility. Lassen Sie sich faszinieren, aber glauben Sie auch nicht alles und entwickeln Sie handhabbare, möglichst unkomplizierte, nutzerfreundliche Lösungen.

Nachdem Sie das Buch, das Sie gerade in Händen halten, sorgfältig durchgearbeitet haben, womit Sie auf dem Stand der architektonischen Debatte sind, erweitern Sie die Perspektive: Lesen Sie als Nächstes, für einen ersten Eindruck, was zusätzlich noch passieren muss, das Buch von Jeremy Rifkin zur Dritten Industriellen Revolution. Dann verstehen Sie, was gerade passiert, nämlich das Ineinandergreifen von Kommunikationstechnologie und Energiesteuerung. Wir selbst unterstützen gerade das Fraunhofer Institut für Solare Energiesysteme in Freiburg bei der Entwicklung konkreter Umsetzungskonzepte.

Anschließend lesen Sie Hermann Scheers Energieautonomie. Dort lernen Sie, dass auch das, was zur Verhinderung des Klimawandels absolut notwendig ist, nicht automatisch passieren wird. Vielmehr muss zum Beispiel jeder Architekt dafür kämpfen, das Richtige zu tun, und es gibt starke Gegner.

Mein Rat: Machen Sie sich klar, ob Sie Teil des Problems oder Teil der Lösung sein wollen. Denn genau diese Wahl haben Sie heute. Es gibt keine Ausreden mehr, sich um diese Entscheidung herumzudrücken.

Zehnkampf für die Zukunft

Nachhaltige Architektur braucht verantwortungsvolle Gestalter. Kaum ein anderer Berufsstand koordiniert mit so großem Einfluss den Einsatz von Ressourcen. Was könnte Studenten darauf besser vorbereiten, als die Arbeit am konkreten Objekt? Im internationalen Wettbewerb des Solar Decathlon finden angehende Architekten ein ideales Experimentierfeld für den integralen Planungsprozess und die Praxis des zukunftsfähigen Bauens.

PROF. ANETT-MAUD JOPPIEN

Solar Decathlon Europe 2010, Team Bergische Universität Wuppertal: Innenraum mit Küche, geöffnete Glasschiebeelemente zur Ostterrasse

Alarmierende Untersuchungsergebnisse über die Ausbeutung der natürlichen Rohstoffreserven und die Zerstörung des Lebensraums durch Umweltverschmutzungen präsentierte der Club of Rome der Weltöffentlichkeit erstmals im Jahre 1972 mit „The Limits to Growth". 1992 folgte die Aktualisierung „Beyond The Limits To Growth – global collapse or sustainable future" und zuletzt 2004 ein „30-Jahre-Update", das die negativen globalen Entwicklungen von 1972 bis 2002 zeigte.

Obwohl die Untersuchungsergebnisse des Club of Rome, einer nichtkommerziellen Organisation, anhand von Weltmodellen mit unterschiedlichen Ansätzen in drastischer Weise belegten, dass die Menschheit ihre Zukunft existenziell gefährdet, wenn sie nicht einen grundsätzlichen Wandel vollzieht, löste das zunächst kein durchgreifend gezieltes Handeln aus. Weder Politik noch Wirtschaft wurden beflügelt, nachhaltige Programme für die Sicherung unseres Lebens auf der Erde zu initiieren. Das gilt auch für die Architektur und die ihr verwandten Fachgebiete. Ab den späten 70er Jahren wurden die ersten Protagonisten des ökologischen Bauens vielmehr als Nischengänger mit architektonischer Müslikost wahrgenommen. Erst viel später setzte eine zunehmende verbale Vergrünung von Gesellschaft, Wirtschaft und Politik ein, die zumindest auf wachsende Einsicht hoffen ließ. Viele Akteure agieren vornehmlich im Sinne des wirtschaftlichen Erfolgs grüner Produkte am Markt, was vielmehr ein wirtschaftlich orientiertes und weniger ökologisch soziales Motiv darstellt.

Spannungsfeld Architektur

In der Öffentlichkeit verengte sich in den letzten Jahren die Wahrnehmung von Energieeffizienz in der Architektur auf zwei Hauptaspekte: Energie sparen und Dämmen. Die Terminologie passiv ist bis dato nicht positiv besetzt, sondern von Verzichts- und Vermeidungsattributen gekennzeichnet. Das Passivhaus wird von vielen Bauherren als zu teuer im Invest, nach außen dicht und somit durchaus passiv und wenig produktiv wahrgenommen. Zusätzlich werden in der aktuellen Situation die ohnehin nicht sehr ambitionierten gesetzlichen Rahmenbedingungen trotz leicht zugänglicher Hintergrundinformationen vornehmlich als ungerecht, unwirtschaftlich und zwanghaft wahrgenommen. Der Schritt vom Passivhaus zum Aktivhaus stellt somit nicht nur unter fachlichen und globalen Aspekten eine faszinierende und Akzeptanz versprechende Option dar, sondern verwandelt die Akteure von Vermeidern in Gestalter. Allein die Psychologie der Begriffe, Energiefragen also im aktiven und nicht mehr im passiven Sinne zu lösen, stimuliert und emotionalisiert in positiver Weise.

In der Aussicht auf energieerzeugende Gebäude liegt die Chance, auf einen alle Menschen ansprechenden ganzheitlichen Zusammenhang zwischen Ökologie und Ökonomie aufmerksam zu machen, innerhalb dem der zukunftsgewandte Charakter einer nahezu energieautarken Architektur eine zentrale Stellung einnimmt. Aber wie ist das neue Programm mit seinem aktuellen Spitzenmodell Energieplushaus in die Köpfe der Entscheidenden aus Immobilienwirtschaft, privater und öffentlicher Bauherrenschaft, Bauindustrie, Wirtschaft und Politik einzuspeisen und dort zu etablieren bis es Teil des Alltags und selbstverständlich ist?

Hier lassen sich verschiedene Einflussfelder identifizieren, die den Weg in eine energieautarke Baukultur befördern. Ein Feld ist der Markt selbst, der sich meist aus vorgeblich wirtschaftlichen Gründen der Umsetzung innovativer energetischer Projekte verweigert. Erst wenn die Nachfrage nach dem Produkt Energieplushaus in der Immobilienwelt wächst, wird es auch angeboten werden. Um Investoren und Bauherren wirtschaftliche Anreize für das Aktivhaus zu geben – der ideelle Anreiz wird nur im Ausnahmefall reichen –, sind in erster Linie die Politik und der Gesetzgeber gefragt. Sie müssen entsprechende Rahmenbedingungen schaffen. Die Voraussetzungen für die dauerhafte Etablierung in der Praxis müssen der Architekt, die beteiligten Fachingenieure und die Bauhandwerker erbringen, denn erfolgreiche Realisierungen sind die beste Werbung und die wirksamsten Multiplikatoren.

Solar Decathlon Europe 2010, Team Bergische Universität Wuppertal: Innenraum mit Bad in „Smart Box" mit integriertem Lüftungskompaktgerät (links) und Innenraum mit Blick über Küchentheke auf „Smart Box" mit LED-Lichtdecke (rechts)

Solar Decathlon Europe 2010,
Team Bergische Universität Wuppertal:
Südfassade mit poly – und monokristallinen
PV-Elementen, Westterrasse mit in die Leit-
wand integrierte Vakuumröhrenkollektoren

In diesem Spannungsfeld kommt der Vermittlungskompetenz des Architekten große Bedeutung zu, da es im Vorfeld jedes Bauvorhabens für ihn gilt, den Bauwilligen umfassend aufzuklären und von der Idee Aktivhaus zu überzeugen. Die bisher gesetzlich definierten Standards, die undiskutiert als Startposition gesetzt sind, bilden in der Regel nicht unbedingt den technisch sinnvollen State of the Art ab. Sie spiegeln lediglich die mühsam verhandelten Kompromisse der beteiligten Parteien, Lobbys und Verbände. Wollen wir innovative und zukunftsweisende Konzepte durchsetzen und realisieren, so setzt das nicht nur Verhandlungsgeschick und Überzeugungskraft, sondern auch sehr fundiertes Fachwissen voraus. Somit agiert der Architekt in einer Doppelfunktion als Hauptakteur und Vermittler zugleich. Darin ähnelt er einem Fährtensucher in unbekanntem Terrain, dem auf seinem schwierigen Weg durch unbekannte Landschaften eine ganze Gemeinde auf Schritt und Tritt folgt. Zeitgleich fordert diese mit dem erstmaligen Erproben des Wegs bereits gesicherte Wahrheiten in Form von Landkarten und Reiseliteratur. Eines ist jedoch allen Beteiligten klar: Es führt kein Weg mehr zurück.

Ein weiteres Einflussfeld bildet somit die fachliche Kompetenz und Expertise unseres eigenen Berufsstandes, der sich aus vielen lern- und entwicklungsfähigen Architekten und Architektinnen zusammensetzt, die derzeit nur schemenhafte Umrisse der neuen Planungsanforderungen erkennen. Eine sichere Handhabung ist mit Blick auf immer komplexere Planungstools wie Life-Cycle-Betrachtungen, Bewertungen Grauer Energie, sich stetig wandelnde Gesetze sowie unlesbare DIN-Kommentare im Planungsprozess mit vielen fachlich Beteiligten schwer zu bewältigen.

Es ist daher entscheidend wichtig, die Grundlagen nachhaltigen Planens und Bauens für die bereits tätige Architektengeneration planungsprozessual zu definieren, Planungshilfen für alle Ebenen zu entwickeln, diese stetig fortzuschreiben und beispielsweise in einem grünen Neufert zu bündeln. Transparenz im Planungsprozess ist die Voraussetzung dafür, die Argumente für eine nachhaltige Architektur überzeugend nach außen zu tragen.

Der Architekt spielt zukünftig eine Hauptrolle als Vermittler des Wissens um energieautarke Architektur, wofür die fachliche Kompetenz in der Praxis über eine gezielte Weiterbildung erworben werden muss. Universitäten, Forschungsinstitute, Hochschulen und Architektenkammern fungieren inzwischen als wichtiges Bindeglied, da sie Grundlageninformationen und Forschungsergebnisse gezielt in die Praxis einbringen. Die Integration nachhaltiger Aspekte in der Architektur hat das Lehrprofil in den letzten Jahren sehr verändert. Bereits in der Lehre gilt es, das gesamte Verantwortungs- und Tätigkeitsspektrum der Architektur aufzufächern, es inhaltlich klar zu strukturieren, lehrmethodisch zu gestalten und zu vermitteln. Die Qualität eines Entwurfs bemisst sich bereits heute an der qualitativen Umsetzung der ökologischen, ökonomischen und soziokulturellen Aspekte im Sinne einer ganzheitlichen Nachhaltigkeit, die ab der ersten Konzeptidee zu

Solar Decathlon Europe 2010,
Team Bergische Universität Wuppertal:
Bauprozess Madrid Solar Village 2010,
PV-Elemente für das Dach (oben) und
Bauprozess Madrid Solar Village 2010, Rohbausituation nach 24 Stunden (unten)

integrieren sind. Dies ist Aufgabe und Herausforderung in Lehre und Forschung und setzt voraus, die Architektur als eine komplexe und keinesfalls autonome Disziplin zu begreifen, gleichsam Architektur von innen wie von außen zu verstehen.

Das Koordinieren und Zusammenführen aller für das Aktivhaus der Zukunft relevanten Leistungen erbringt der Architekt. Viele der aktiven Maßnahmen sind zwar rein technischer Natur und werden von spezialisierten Ingenieurdisziplinen eingebracht, jedoch werden sie vom Architekten in die Gesamtplanung integriert. Das ganzheitliche Denken und Handeln, also Einzelaspekte zu analysieren und zu entwickeln, dabei aber die Entscheidung immer mit Blick auf das Ganze zu treffen, ist die originäre Aufgabe des Architekten als Generalist im Planungsprozess. Für diese Aufgabe ist es wichtig, dass der Architekt über Grundkenntnisse in den Sparten der beteiligten Fachplaner und -firmen verfügt und vor allem bereit ist, in einem interdisziplinären Planungsteam partnerschaftlich zusammenzuarbeiten.

Solar Decathlon

Eine Kernaufgabe der Lehre in der Architektur liegt somit im Vermitteln des Integrierten Planens, was sich im klassischen Lehrbetrieb allenfalls teilhaft simulieren, nicht aber ganzheitlich erproben lässt. Insoweit ist der internationale Solar Decathlon Wettbewerb mit dem Anspruch, dass Studierende ein energieautarkes Gebäude vollständig selbst planen und bauen, ein ideales Experimentierfeld für das Integrierte Planen. Denn diese Form der praxisorientierten und angewandten Forschung ist greifbar und verbindlich: Am Ende steht funktionsfertig das gemeinsam geplante und gebaute Haus. Diese Erfahrung verdeutlicht den Studierenden die großen und verantwortungsvollen Zukunftsaufgaben der Architektur, denn kaum ein anderer Berufsstand nimmt so großen Einfluss auf unsere Lebenswelt, greift so tief in natürliche Ressourcen und trägt damit so viel Verantwortung.

Das allein ist schon Motivation, am Solar Decathlon Wettbewerb teilzunehmen. Es ist ein internationales Projekt, das die Frage der Nachhaltigkeit auch in einen baukulturellen Diskurs stellt. Es werden zukunftsweisende Raumkonzepte des Wohnens entwickelt, effiziente Konstruktionssysteme erforscht und intelligente Gebäudetechnologie in das architektonische Konzept integriert. Schon die Nachricht im Herbst 2008, die Bergische Universität Wuppertal sei nach erfolgreicher Bewerbung um die Teilnahme am Wettbewerb Solar Decathlon Europe 2010 in Madrid qualifiziert, bewegte die Stadt und die Region. Die Herausforderung, bis Sommer 2010 ein zu 100 Prozent solar versorgtes Haus der Zukunft mit einem interdisziplinären Team aus 40 Studierenden der Fachrichtungen Architektur, Bauingenieurwesen, Elektrotechnik, Industrie Design, Maschinenbau und Wirtschaftswissenschaften zu bauen, begeisterte spontan Menschen unterschiedlicher Berufe und Altersgruppen. Das Thema Wohnen der Zukunft – emissionsfrei und energieproduzierend – berührt alle gleichermaßen und führte bereits in der Entwicklungsphase zu einer überwältigenden Resonanz in der Bevölkerung, in Wirtschaft und Politik.

Neben einer öffentlichen Förderung aus Töpfen des Bundesministeriums für Wirtschaft und Technologie (BMWi) und des Landes Nordrhein-Westfalen, konnte die Finanzierung zu fast 75 Prozent durch Spenden und Sponsoring sichergestellt werden. Das Engagement von Industrie, Wirtschaft und Privatleuten, Materialien sowie Planungs- und Bauleistungen bereitzustellen, gründete sich dabei auf einige wenige Aspekte.

Die Basis allen Interesses bildete das innovative und architektonische Konzept. Die Leitidee zielte auf einen fließenden Raum zwischen Innen und Außen sowie höchste Transparenz im Sinne der klassischen Moderne, in die sich passive und aktive energetische Maßnahmen selbstverständlich verweben. So entsteht ein europäisches Haus, das mit geringen architektonischen und technischen Anpassungen in verschiedenen

Solar Decathlon Europe 2010,
Team Bergische Universität Wuppertal:
Schnittschema, Energie – und Technikkonzept Haus Wuppertal

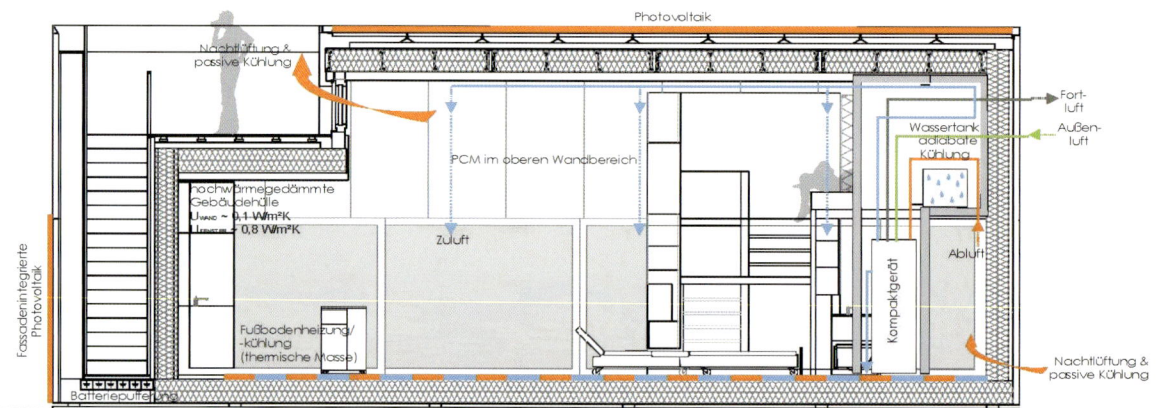

Solar Decathlon Europe 2010,
Team Bergische Universität Wuppertal:
Detailfoto Nordwand mit Porträts
aller Team-Member und Sponsoren auf
Acrylplatten

Solar Decathlon Europe 2010,
Team Bergische Universität Wuppertal:
Gruppenfoto Team Wuppertal nach Fertigstellung in Madrid

Klimazonen Europas realisiert werden kann und damit seine besondere Leistungsfähigkeit nachweist.

Eine sehr hohe Wertschätzung und Begeisterung zeigte sich bei den Sponsoren für die große Gruppe Studierender verschiedener Fachrichtungen, die bereit waren, Verantwortung für die Zukunft zu übernehmen und diese aktiv zu gestalten. Das motivierte die Partner, ihre Kompetenz, Mittel, Fähigkeiten und Ideen in das junge Team einzubringen und dessen Visionen aktiv zu unterstützen. Zudem wurde eine Tendenz deutlich: die Energie des Teams aufzunehmen, sie weiterzuentwickeln und die Perspektive auf das eigene Produkt und die eigene Tätigkeit zu verändern. Ein großer Anreiz für alle lag in der internationalen Dimension des Wettstreits mit 19 weiteren Universitäten aus aller Welt – einem Wettbewerb mit harten Wertungsregeln, vergleichbar mit einem olympischen Zehnkampf (engl. decathlon).

Umsetzung im Netzwerk

Vor der Suche nach kompetenten Partnern wurde zunächst eine präzise Definition des jeweiligen Produktprofils beziehungsweise der Leistungs- und Planungsanforderung vorgenommen. Danach folgten intensive Marktrecherchen und Analysen, bevor eine gezielte Auswahl getroffen wurde. Bei der Gewinnung von geeigneten Partnern ist es bereits im ersten Gespräch wichtig, auf die fachübergreifende Dimension des Themas aufmerksam zu machen und die potenzielle Gestaltungsmöglichkeit innerhalb des Projekts zu verdeutlichen.

Die Teammitglieder spezialisierten sich in fachlich gemischten Taskforce Teams auf bestimmte Bereiche und pflegten eine intensive Kommunikation mit den externen Partnern, was den Planungs- und Arbeitsprozess sowie die fachliche Kreativität sehr bereicherte. Die frühe Erkenntnis der Rolle des Architekten als Dirigent eines Planungsorchesters und die Bearbeitungs- und Verantwortungstiefe von nachhaltig orientierten Projekten stellt bereits im Studium die Weichen für ein integral orientiertes Denken und Handeln.

Die beteiligten Studierenden sind die wichtigsten Multiplikatoren des Wissens um energieautarke Architektur und garantieren deren weitere Entwicklung in der Zukunft des Planens und Bauens. So bildete sich um das Projekt sukzessive ein fachliches und persönliches Netzwerk zwischen den Fachbereichen innerhalb der Universität, mit der Industrie, mit Forschungsinstituten, bis hin zu Politik und Wirtschaft, das die gegenseitige Verbundenheit und die Verbreitung des Themas energieautarker Architektur in unserer Gesellschaft fördert. Als Ausdruck des in der Projektphase gewachsenen Zusammenhalts gestalteten die Studierenden die Nordfassade mit einzelnen Plexiglastafeln, die Porträts des Teams und von mehr als 100 Projektpartnern abbildeten.

Die internationale Dimension des Solar Decathlons fördert den Ausbau internationaler Netzwerke, in denen man sich mit Offenheit, Toleranz und Kommunikationsbereitschaft begegnet. Die Übernahme von Verantwortung für die Zukunft, die eine Lösung der gemeinsamen Probleme in einer globalisierten Welt verfolgt, relativiert kulturelle Unterschiede. Studierende und Lehrende vieler Nationen und Kontinente mit ihren Partnern aus Industrie und Wirtschaft verfolgen ein gemeinsames Ziel und multiplizieren Ideen und Begeisterung weltweit.

Uni-Prof. Dipl.-Ing. Anett-Maud Joppien, M. Arch., BDA ist seit 2011 Professorin für Entwerfen und Gebäudetechnologie an der TU Darmstadt. Von 2003 bis 2011 war sie Professorin für Baukonstruktion und Entwerfen an der BUW Wuppertal, von 1998 bis 2000 Gastprofessorin an der TU Darmstadt und der TU Hannover. Seit 1989 führt Prof. Joppien ein eigenes Büro: Dietz Joppien Architekten AG mit Dipl.-Ing. Albert Dietz, Frankfurt/Main und Potsdam.

Kraftwerk statt Verschwender

PROF. DR. STEFFEN LEHMANN

Mindestens die Hälfte ihres Energieverbrauchs muss die Stadt von morgen selbst erzeugen. Das geht nicht ohne Nullenergie- und Energieplushäuser. Diese sind heute Stand der Technik, nun folgt die nächste Stufe: die Stadt selbst wird zum Kraftwerk. Mit Stadtteilen, die ihre gesamte Energie dezentral eigenständig gewinnen, wird der alte Planertraum von unerschöpflicher, sauberer Energie wahr. Die sichere Versorgung mit erneuerbarer Energie und der Stadtumbau sind für unsere Gesellschaft Realität und weltweit zum wesentlichen Planungsschwerpunkt geworden. Für die Realisierung dieses Traums sind Politik, Energieversorger, Hochschulen und die Gesellschaft gleichermaßen gefordert.

Die Welt verstädtert. Ist die Stadt, wie wir sie heute kennen, aber überhaupt zukunftsfähig? Eine integrierte Stadtentwicklung mit energetischem und klimabezogenem Schwerpunkt muss zusammen mit der Politik eine Schlüsselrolle übernehmen, um den Energie- und Ressourcenverbrauch unserer Städte radikal zu reduzieren. Es gilt, das Konzept Stadt weiterzudenken, hin zur Plusenergie-Stadt. Dadurch erhalten Städte neue Aufgaben und Handlungsfelder. Diese werden entscheidend dazu beitragen, die so genannte Low Carbon City mit niedrigem Kohlendioxidausstoß umzusetzen. Die resultierenden Herausforderungen sind Teil des, wie ich es nenne, postindustriellen Zustands. Wir finden heute schrumpfende, undynamische und unzureichend entwickelte Stadtquartiere mit begrenzten Investitionen und veralteter Infrastruktur Seite an Seite mit Quartieren schnellen Wachstums und dynamischen Wandels. Wir benötigen umfassende Strategien, um mit den demografischen und strukturellen Veränderungen künftig besser umzugehen.

Die klima- und energiegerechte Stadt

Herausforderungen und Handlungsnotwendigkeiten gelten für alle Städte weltweit, auch wenn der Kontext in Australien und der Asien-Pazifik-Region, in Amerika und in Europa jeweils ein anderer sein mag. Die Frage, wie eine klima- und energiegerechte Stadt aussehen soll, stellt sich heute überall [007]. Im asiatischen Raum stehen die rapiden Wachstums- und Verstädterungsprozesse und die damit zusammenhängenden Migrationsbewegungen im Mittelpunkt. In den USA und in Australien sind es die Strategien zur Bekämpfung der wenig

Das neue Stadtquartier Barangaroo South in Sydney, Teil des Darling Harbour, das bis 2018 entsteht. Das Quartier setzt neue Maßstäbe für dezentralisierte Energiegewinnung und Gebäudekühlung.

nachhaltigen städtischen Zersiedelung und der enormen Abhängigkeit vom Automobil. In Deutschland und anderen Ländern Europas liegt der Fokus in erster Linie auf der energetischen Anpassung des Baubestands und auf der Optimierung der Material- und Energieflüsse, die Neubaurate liegt bei nur etwa 2 Prozent.

Wie also kann der Übergang zur postindustriellen Plusenergie-Stadt sinnvoll erfolgen? Green Urbanism ist ein ganzheitliches Konzept für Plusenergie-Stadtteile von morgen, dessen Basis der konsequent ressourcenschonende Umgang mit Energie, Land, Wasser, Grünflächen, Materialien und Mobilität ist. Die langfristigen Ziele sind Zero-Emission, Null-Abfall und die Vermeidung von Materialverschwendung. Erreicht wird das über die Zwischenstufe der Low Carbon City. Dabei geht es immer auch um die Förderung von sozial und ökologisch nachhaltigen Stadtteilen und -quartieren. Ähnliche Prinzipien wurden in den Stadtteilen Vauban in Freiburg im Breisgau, in Hammarby-Sjöstad in Stockholm und in Kopenhagen bereits erfolgreich umgesetzt. Die Stadt der kurzen Wege ist ein zukunftsfähiges Modell, das weltweit Nachahmung findet.

Unsere Städte werden auch zukünftig mehr und mehr Energie benötigen [008, 009], einen Großteil an Rohstoffen verbrauchen und Abfall produzieren. Die Größenvorteile der Städte geben uns aber zugleich die Möglichkeit, erneuerbare Energiequellen rentabler zu machen. Wie kann das gelingen? Da der Energiebedarf in Städten enorm ist, müssen unsere Energie- und Verkehrssysteme schnell so umgewandelt werden, dass sie weitestgehend – mindestens aber zu 50 Prozent – aus lokalen erneuerbaren Energiequellen gespeist werden können. Der Energiemix sollte dabei die Kosten und die Verfügbarkeit der Technologien berücksichtigen. Die Stromproduktion und vor Ort gespeicherte Energie kann über ein intelligentes Stromnetz, den Smart Grid, übertragen und verteilt werden. In der Zero Emission City wandeln sich Stadtteile also vom Energieverbraucher zum Energieproduzenten. Sie werden zu lokalen Kraftwerken und nutzen Photovoltaik, solare Wärmeerzeugung und -kühlung, Windenergie, Biomasse, Geothermie, Energie aus Kleinstwasserkraftwerken und andere saubere Technologien. Auch die Rolle der großen Energieversorger wird sich ändern müssen: vom Monopolisten zum Dienstleister vieler kleiner, dezentraler Erzeuger und Verbraucher. Entscheidend in einem solchen Quartier ist das Zusammenspiel der Technik einzelner Gebäudegruppen. Zusätzlich braucht es neue Infrastrukturkonzepte wie beispielsweise die Kraft-Wärme-Kopplung für Fernheizung oder Fernkühlung sowie die Integration neuer Mobilitätskonzepte wie Car-Sharing, Bike-Stations und die Steigerung des Anteils der Elektromobilität. Auch energetische Siedlungsverbände, in denen sich einzelne Gebäude durch intelligente Stromverteilung und Vernetzung mittels Exergie-Prinzipien zur Rückgewinnung der Abwärme im Abwasser gegenseitig unterstützen, sind Teil des Konzepts. Der Eigennutzungsanteil des selbst erzeugten Stroms wird optimiert, sodass gesamte Stadtteile unabhängig von der öffentlichen Netzversorgung werden. Elektromobilität reduziert den CO_2-Ausstoß und den Straßenlärm und wird uns erlauben, die Stadt wieder natürlich zu belüften. So können beispielsweise Balkone wieder zu den Straßen ausgerichtet werden anstatt von ihnen weg.

Selbst wenn wir das Energieproblem vorerst so lösen können, werden die modernen Städte zusätzlich massiv weitere Ressourcen benötigen [010, 011]. Deshalb ist das Null-Abfall-Konzept ein weiterer wichtiger Aspekt. Es beinhaltet einen Stopp der Materialverschwendung in Produktionsprozessen und die 100-prozentige Ressourcen-Rückgewinnung [012]. Abfall wird dabei als wertvolle Ressource angesehen, die nicht verbrannt oder

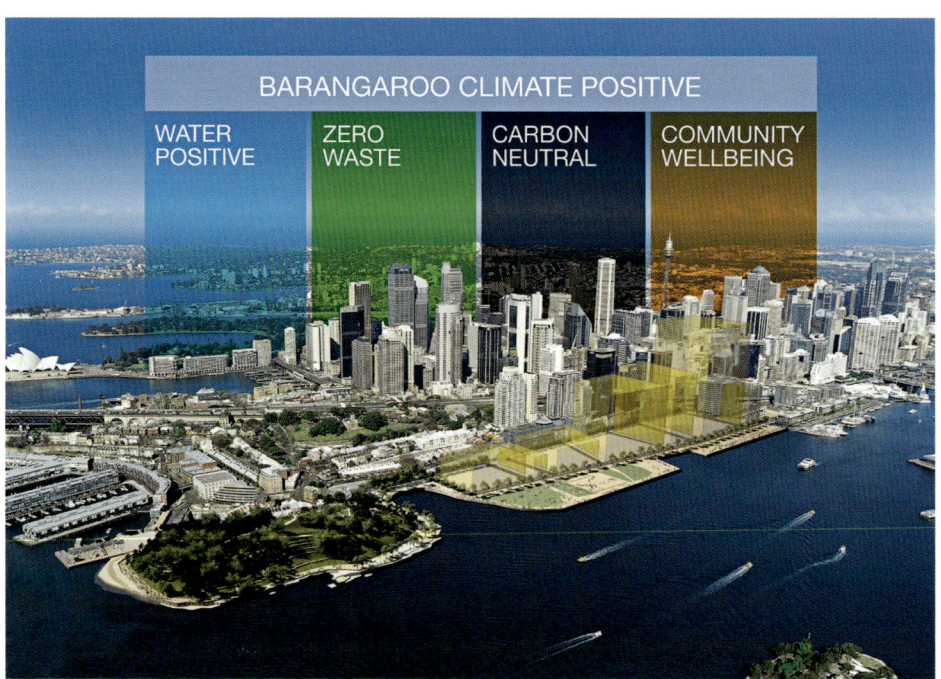

Nachhaltigkeitsvision des neuen Stadtquartiers Barangaroo South. Schwerpunkte wurden auf water positive, zero waste, carbon neutral und community wellbeing gesetzt. Vor allem sollen der Bauabfall reduziert und Ideen für neue urbane Systeme umgesetzt werden.

vergraben werden darf, sondern vollständig der Wiederverwendung zugeführt wird, notfalls durch Urban Mining. Der Materialverbrauch muss vom wirtschaftlichen Wachstum entkoppelt werden. Null-Abfall, also Zero-Waste, sollte somit bereits bei der Entwicklung von Produkten und Prozessen berücksichtigt werden. Das verlangt eine Industrie- und Architekturgestaltung, die vorgefertigte Bausteine so kombiniert, dass sie später problemlos zerlegt und wiederverwendet werden können. Dabei sind vor allem der urbane Stoffhaushalt und eine Input-Output-Analyse der urbanen Materialflüsse von Bedeutung. Zum Beispiel empfiehlt sich die Verwendung lokaler Hölzer, um die Umweltbelastungen durch das Bauen möglichst gering zu halten. Die Holzbauteile sollten so geplant und eingebaut werden, dass sie unbehandelt bleiben können, eine lange Lebensdauer aufweisen, ökologisch und ökonomisch effizient mit geringen Verlusten wieder ausgebaut und getrennt werden können, um sie anschließend wieder zu verwenden, zu recyceln oder thermisch zu verwerten (unter Berücksichtigung von Design-for-Disassembly-und-Design-for-Recycling-Prinzipien).

Stadterneuerung mit nachhaltigem Wertesystem und sozialer Innovation

Saubere Technik allein reicht nicht aus. Es braucht auch nachhaltigen Konsum und die Reduzierung verschwenderischen Verhaltens, also den Wandel unserer Wertesysteme sowie unseres Verbraucherverhaltens [013]. Der nicht nachhaltige Konsum gerade in den Städten Asiens – und hier insbesondere in der Volksrepublik China mit ihrem besonders rasanten Konsumwachstum – ist eine der großen ungelösten Aufgaben, die dringend angegangen werden müssen, um eine Versorgungskatastrophe abzuwenden.

In den Wandel der modernen Stadt muss auch der Bürger mit seinen Bedürfnissen integriert werden. Für die Stadtbewohner ist es entscheidend, an der Umgestaltung teilhaben zu können. Auch benötigen die Akteure der integrierten Stadtentwicklung volle Unterstützung aus Verwaltung und Politik, um Ideen, Konzepte und Ansätze der Stadt von morgen umsetzen zu können. Die Politik ist daher aufgerufen, schnell zu handeln und die Rahmenbedingungen für eine Umsetzung von Plusenergie-Stadtteilen zu schaffen [014]. Es gilt, die Akteure vor Ort mitzunehmen und zur Teilnahme an der Umgestaltung anzuregen. Ein wichtiges Ziel ist es dabei, Städte wieder als Lebensraum für vielfältige und lebendige Bevölkerungsgruppen attraktiv zu machen, als Orte der sozialen Integration, einschließlich der besseren Versorgung älter werdender Bewohner. Wir sehen in Australien und in den USA seit einiger Zeit einen wachsenden Schwerpunkt auf Community Values (Gemeinschaftswerte) und Place-Making (Schaffung öffentlicher Orte mit Charakter). Stadtbewohner werden so wieder von passiven Konsumenten zu aktiven, engagierten Bürgern.

Die Wissenschaft spielt beim Wandel der Stadt eine wichtige Rolle: Sie kann sich mit den großen Fragen der energetischen und sozialen Umgestaltung und den Bedürfnissen und Anforderungen des Gemeinwesens beschäftigen, ohne die Interessen privater Investoren in den Vordergrund stellen zu müssen. Der energetische Umbau der Städte und die damit verbundenen neuen Aufgaben erfordern einen Ausbau der Kompetenzen auf fachlicher und politischer Ebene. Technisches Knowhow gilt es zu verbreiten und Kompetenzen zu entwickeln. Dazu zählt der intensive Erfahrungsaustausch genauso wie der Ausbau der Forschung an den Universitäten. In neu zu gründenden Forschungszentren für nachhaltige Stadtentwicklung und mithilfe von Best-Practice-Beispielen sollten Werkzeuge und Indikatoren zur Evaluierung der ökolo-

Barangaroo South: Strategien zur Emissionsneutralität

gischen Leistungsfähigkeit von Städten entwickelt und Möglichkeiten zur Verbesserung der Leistungsfähigkeit (Benchmarking) erforscht werden. Universitäten können als Denkfabriken bei der energetischen Transformation der Städte eine wichtige Rolle übernehmen [015].

Um die Klimaschutzziele zu erreichen, sind Maßnahmen über die energetische Gebäudesanierung hinaus nötig. Strategische Planungsansätze zum zukunftsfähigen, nachhaltigen Stadtumbau, zur Low Carbon City und zur Zero Waste City, führen langfristig stufenweise zur Null-Emission und maximalen Materialeffizienz. Insgesamt wurden 15 Prinzipien für die nachhaltige Stadt von morgen erarbeitet [016], wobei hier schlagwortartig – vor dem Hintergrund der CO_2-freien Stadt und der wichtigen Rolle der Energieeffizienz in der Stadt von morgen – 10 dieser Prinzipien herausgegriffen und erwähnt werden sollen. Es geht dabei nicht nur um die Senkung des Energieverbrauchs, sondern auch um die Erhöhung der Lebensqualität. Die ausgewählten Kernprinzipien sind:

- Integrierte Stadtentwicklung als Katalysator des Klimaschutzes, einschließlich der Elektromobilität
- Dezentrale Systeme zur Nutzung lokaler Quellen erneuerbarer Energien für die klimafreundliche Energieerzeugung; mittels aktiver Dächer und Fassaden werden Gebäude zu Energieerzeugern
- Politische Führung und städtisches Management anpassen
- Wandel zum Green Urbanism durch Entwicklung einer Green Economy sicherstellen
- Kulturelles Erbe und Identität erhalten und baulich integrieren
- Bestehende Stadtquartiere aufwerten, durchmischen und nachverdichten, einschließlich altersgerechtem Umbau des Baubestands
- Neue Technologien radikal nutzen und Plusenergie-Stadtteile schaffen
- Konsumverhalten und Wertesysteme wandeln (Behaviour Change)
- Zero Waste City – Abfallvermeidung und 100-Prozent-Recycling mit konsequenter Ressourcen-Rückgewinnung vor Ort (also keine Müllverbrennung oder Deponie, beziehungsweise nur Verbrennung nichtrecyclingfähiger Holzabfälle)
- Wissens- und Kompetenzausbau vorantreiben, Think Tanks aufbauen

Modellvorhaben in Adelaide

Das Zero-Emission-Wohnhaus im Stadtteil Lochiel Park in Adelaide ist das Ergebnis eines interdisziplinären Wettbewerbs. Es wurde 2012 als Pilotprojekt der Regierung realisiert, um zur breiten Nachahmung anzuregen. Das zweigeschossige Plusenergiehaus erzeugt mehr Energie, als es benötigt. Photovoltaik-Module auf dem Dach liefern Energie von der intensiven australischen Sonne, der nicht benötigte Strom wird ins Netz eingespeist. Für eine solche Photovoltaik-Anlage ist eine aktive Dachfläche von mindestens 20 m² erforderlich.

Modellvorhaben in Sydney

In puncto Nachhaltigkeit können frei stehende, energieeffiziente Gebäude einem innerstädtischen nachverdichteten Stadtviertel nicht überlegen sein. Anstatt einzelne Energieplushäuser losgelöst aus ihrem städtischen Kontext zu betrachten, müssen diese Gebäude im Zusammenhang mit den für ihre Nutzung notwendigen Energieaufwendungen bewertet werden. So ist beispielsweise ein Energieplushaus weit außerhalb der Stadt immer weniger effizient, da die Aufwendungen für Erschließung, die langen Wege zum Einkaufen und für sonstige Tätigkeiten des täglichen Bedarfs eingerechnet werden müssen [017]. Das Wohnen in der nachverdichteten Innenstadt ist immer vorteilhafter weil ressourcenschonender; insbesondere dann, wenn sich Stadtteile weitgehend selbst mit erneuerbarer Energie versorgen.

Bisher wurde in Australien trotz idealer Bedingungen (Sonne, Wind und Biomasse) nur etwa 10 Prozent des gesamten Strombedarfs durch erneuerbare Energien gedeckt. Der Regierung fehlt oft der Wille, diesen Anteil zu erhöhen, und die Kohle-Lobby ist allzu mächtig. Doch das beginnt sich nun zu ändern. In Sydney, im innerstädtischen Hafenviertel Barangaroo South, entsteht zurzeit ein Plusenergie-Stadtteil nach Plänen des britischen Architekten Richard Rogers. Dort wird bis 2018 ein nutzungsdurchmischtes Quartier gebaut, das durch Solaranlagen und Kraft-Wärme-Kopplung (Tri-Generation-Technologie) einen Großteil seiner Energie selbst produzieren wird. Etwa die Hälfte des 22 Hektar großen Areals wird in öffentlichen Raum umgewandelt, mit einer Parkanlage und Wassertaxi-Haltestellen. Das neue Hafenquartier wird hervorragend an den bestehenden öffentlichen Personennahverkehr angeschlossen und zur Wohnadresse für 23 000 Menschen.

Ansicht und Perspektiven zum Plusenergie-Gebäude in Lochiel Park Green Village, Adelaide, 2012

Bautechnische Daten Zero Emission Wohnhaus
- Bauherr: Government of South Australia, vertreten durch die Land Management Corporation
- Wohnfläche: 130 m² auf zwei Geschossen
- Carbon-Neutralität: nach 32 Jahren
- Entwurf: Team Collaborative Future, 2011 bis 2012
- Baukosten: 250000 Euro ohne Grundstück

Konzept:
- Hochgedämmte Gebäudehülle im Passivhaus-Standard
- Regenwassersammlung und Grauwassersystem
- 3-kW-Solaranlage auf dem Dach
- Verschattung durch Bepflanzung
- Strenge Materialauswahl nach baubiologischen und energetischen Gesichtspunkten
- Modulare Vorfabrikation einzelner Elemente, dadurch einfache Erweiterbarkeit
- Emissionskennwerte berechnet mit Software eTool:
- Emissionen von eingelagertem Energieverbrauch: 784 kg CO_2 e/p.a./pro Bewohner
- Emissionen im Betrieb: 1043 kgm² e/p.a./pro Bewohner bei durchschnittlicher Belegung von 2,5 Personen über 50 Jahre Gebäudelebensdauer

Prof. Dr.-Ing. Steffen Lehmann, AA Dipl., ist Professor für nachhaltige Gestaltung an der Universität von South Australia (UniSA) in Adelaide und Leiter des UNESCO-Lehrstuhls für nachhaltige Stadtentwicklung in Asien und der Pazifikregion. An der UniSA leitet er das Research Centre for Sustainable Design and Behaviour (sd+b Centre). Seit 2006 ist er Herausgeber des *Journal of Green Building*. In den 1990er Jahren hat er unter anderem an der Gestaltung des Potsdamer Platzes, des Hackeschen Markts sowie der Französischen Botschaft in Berlin mitgewirkt. Seine Forschungsschwerpunkte sind rapide Urbanisierungsprozesse asiatischer Städte und die urbane Transformation zur Low Carbon City.

Ressourcen nachhaltig nutzen

ROLAND STULZ

Trotz Klimawandel und Ressourcenknappheit zeigt unsere Gesellschaft noch immer stetig wachsenden Rohstoffhunger. Nachhaltiges Bauen und der vermehrte Einsatz erneuerbarer Energien bieten einen großen Hebel zur Begrenzung der globalen Ressourcenverschwendung. Modelle wie die 2000-Watt-Gesellschaft und der Minergie-Standard, beide in der Schweiz entwickelt, helfen bei der Umsetzung.

Nachhaltiges Bauen lässt dem Gestaltungswillen guter Architekten großen Spielraum. Allerdings müssen die Regeln der 2000-Watt-Gesellschaft von Anfang an in die integrale Planung von Architekten und Fachingenieuren integriert werden.

60 Jahre Wachstum hinterlassen Spuren: Klimawandel, schwimmende Kunststoffkontinente in den Weltmeeren und natürliche Ressourcen, die immer teurer werden. All dies trotz massiv verbesserten Wirkungsgraden von Apparaten, Fahrzeugen und Gebäuden. Der Grund für die noch immer zunehmende Verschwendung von Ressourcen hat einen Namen: Rebound-Effekt. Rebound heißt, wir verbrauchen immer größere Mengen von immer effizienteren Geräten und Autos. Die Wohnfläche pro Person hat sich in 60 Jahren verdoppelt, die Anzahl der elektrischen Geräte im Haushalt hat sich vervielfacht und der Stromverbrauch für die Übermittlung der grenzenlosen Datenmengen im Internet hat sich vertausendfacht. Auch das Gewicht der Autos hat sich verdoppelt und die Anzahl verzehnfacht. Neue Wohnbauten zeigen nun aber einen erfreulichen Trend auf; nicht zuletzt als Folge einer sinnvollen Gesetzgebung und innovativer Technik. Der Energieverbrauch ist rund zehnmal niedriger als in der bestehenden Bausubstanz, die LED Beleuchtung braucht rund zehnmal weniger Strom als eine Glühbirne und Energieplushäuser produzieren mehr Energie als die Bewohner verbrauchen – trotz Rebound. Hier findet eine stille Revolution statt, die als Vorbild für andere Lebensbereiche gelten muss.

Die 2000-Watt-Gesellschaft

Die 2000-Watt-Gesellschaft wurde in den letzten 15 Jahren in der Schweiz von einer wissenschaftlichen Studie zu einem nationalen energiepolitischen Programm und Marktfaktor. Das Ziel der 2000-Watt-Gesellschaft ist die nachhaltige Nutzung der Ressourcen und deren gerechte globale Verteilung. Nachhaltig heißt, dass der weltweite Energiekonsum nicht zunehmen darf. Zudem müssen die Treibhausgas-Emissionen um 80 Prozent reduziert werden. Global gerecht heißt, dass allen Erdbewohnern gleich viel nicht erneuerbare Energie zusteht. Die Ziele der 2000-Watt-Gesellschaft sollen spätestens im Jahr 2100 erreicht werden.

In Mitteleuropa leben wir in einer 6500-Watt-Gesellschaft, Nordamerika lebt sogar mit 12000 Watt pro Kopf. Dieser Energiehunger wird hauptsächlich aus nicht erneuerbaren Quellen gestillt. Die Länder der südlichen Hemisphäre müssen sich mit 300 bis 2000 Watt begnügen: eine Quelle für zunehmend brisantere internationale Spannungen. Die 2000-Watt-Gesellschaft will den Lebensstandard und die Entwicklungsperspektiven der Industrieländer allen Regionen dieser Erde zur Verfügung stellen. Das Maß für den nachhaltigen und gerechten Ressourcenbedarf liegt bei 2000 Watt, was heute schon dem globalen Durchschnitt entspricht. 2000 Watt Leistungsbedarf entspricht einem jährlichen Energieverbrauch von rund 20 000 kWh, entsprechend etwa 2000 Litern Heizöl.

Die 2000-Watt-Gesellschaft bedient sich in erster Linie aus einem unerschöpflichen Reservoir: Sonne, Wind, Wasser, Biomasse und Geothermie spielen eine zentrale Rolle, wenn die Vision einer nachhaltigen und gerecht verteilten Energiezukunft wahr werden und der Klimawandel für die folgenden Generationen auf ein tolerierbares Maß beschränkt bleiben soll. In absehbarer Zukunft müssen dreiviertel des Gesamtenergiebedarfs mit erneuerbaren Energieträgern gedeckt werden, damit der CO_2-Ausstoß von heute 8 Tonnen auf 1 Tonne pro Kopf und Jahr reduziert werden kann. Die Produktion von CO_2-neutralem Strom spielt dabei eine entscheidende Rolle: Energieeffiziente Häuser werden zunehmend mit Wärmepumpen beheizt und auf der Straße wird der Verkehr zunehmend mit elektrischer Energie emissionsarm weiterrollen. Die Energieszenarien des Schweizerischen Bundesrats bekräftigen, dass die 2000-Watt-Gesellschaft einen wichtigen Beitrag zum nachhaltigen Wandel in der Energieversorgung leistet.

Minergie und Energieplushaus

Die Bauwirtschaft muss einen überproportionalen Beitrag zur Realisierung der 2000-Watt-Gesellschaft leisten: erstens, weil sie dazu technisch fähig ist und zweitens, weil in anderen Lebensbereichen die Reduktion des Ressourcenverbrauchs unvergleichlich schwieriger und teurer ist. Das heißt im Klartext: Die Zukunft gehört dem Energieplushaus! Wollen wir den CO_2-Ausstoß um einen Faktor 8 reduzieren, muss die Betriebsenergie für Gebäude vollständig mit erneuerbaren Energieträgern gedeckt werden. Die Energie für die Erstellung der Gebäude – die so genannte graue Energie – muss dabei auch möglichst CO_2-neutral gehalten werden. Energieplushäuser sind auf dem Weg zu diesem Ziel. Und damit sind wir bei der Frage der vielen Labels und Zertifikate für Nachhaltiges Bauen. LEED, DGNB, BREEAM und viele weitere sind international bekannt, haben aber einen sehr bescheidenen Marktanteil von unter 1 bis 2 Prozent der Neubauten.

Ein Erfolgsmodell ist das Label Minergie in der Schweiz. Vor rund 20 Jahren vom Kanton Zürich entwickelt, hat es sich zu einem wegweisenden Faktor im Immobilienmarkt gemausert, mit rund 23 000 Zertifizierungen in der Schweiz. Dies war möglich, weil der Begriff Minergie ein Synonym für behagliches Wohnen, niedrige Energiekosten und langfristigen Mehrwert wurde. Damit wurde Minergie zum Maßstab sowohl für private Investoren wie auch die Energiegesetzgebung. So entspricht der aktuelle Zielwert der kantonalen Energieverordnungen heute annähernd dem Zielwert von Minergie, der vor 10 Jahren noch als sehr anspruchs-

Wofür werden 2000 Watt gebraucht?

Lebensbereiche	Zielwert in Watt	Aktuelle Verbrauchswerte Schweiz
Wohnen	200	1550
Mobilität	200	1450
Ernährung	450	850
Konsum	750	2100
Öffentlicher Konsum, Infrastruktur	400	550
Summe	2000	6500

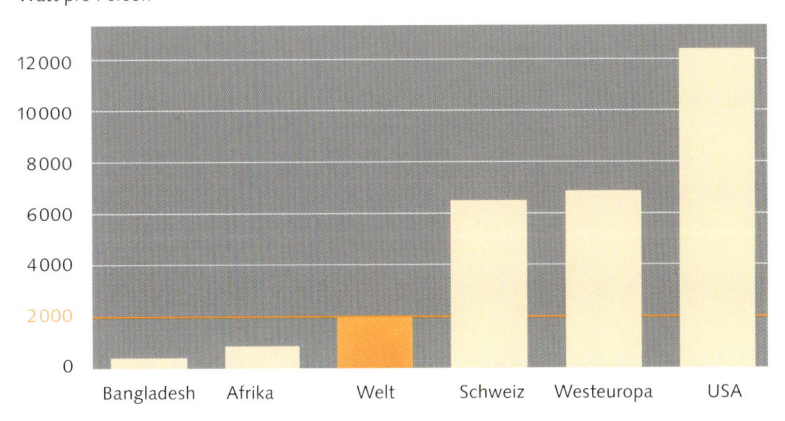

Pro-Kopf-Energiebedarf in Entwicklungsländern, Welt und Industrieländern. Das regionale Gefälle ist groß: Einige hundert Watt sind es in Entwicklungsländern, in Asien und Afrika. In der Schweiz liegt der Wert bei 6500 Watt und in den USA ist der Bedarf bis zu 20-mal höher.

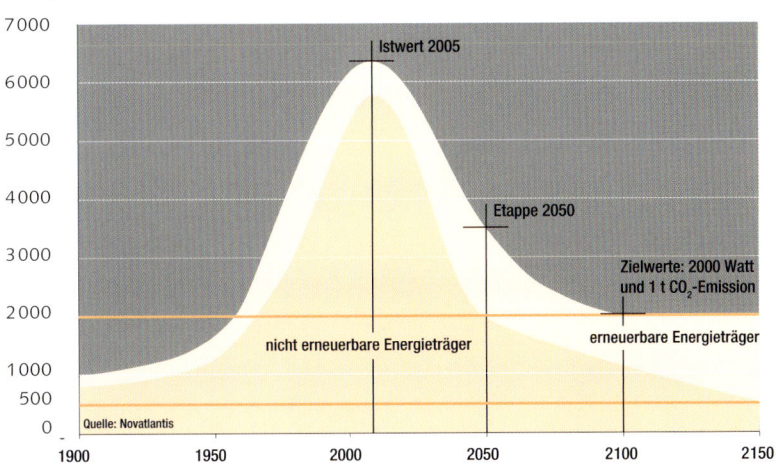

Schrittweise soll der Leistungsbedarf von 6300 auf 5300 (im Jahr 2020), 4400 (2035) und 3500 Watt/Person (2050) reduziert werden. Parallel dazu wird auch der CO_2-Ausstoß von rund 8 auf 1 Tonne CO_2 pro Person und Jahr gesenkt. Diese Ziele sind kompatibel mit der schweizerischen Klimapolitik und den entsprechenden Zielen der EU. Damit ist für das Nachhaltige Bauen ein solider politischer Rahmen in den Gemeinden und Städten geschaffen, der die Planer und Investoren in ihren Entscheidungen für mehr Nachhaltigkeit beim Bauen unterstützt.

Das Richti-Areal bei Zürich ist ein 2000-Watt-Areal. Es wird vom Generalunternehmen Allreal erstellt. Rund 500 Miet- und Eigentumswohnungen für zirka 1200 Bewohner; etwa 12 700 m² Ladenflächen im Erdgeschoss; sechs rund 20 m hohe Blockrandbauten mit fünf Vollgeschossen und einem Attikageschoss. Hochwertiger öffentlicher Raum mit einem zentralen Platz, Arkaden, Halb-Alleen und Innenhofparks.

Primärenergiebedarf für die einzelnen Konsumbereiche im persönlichen Lebensmodell: Vergleich des Istwerts von 6300 Watt pro Person (rechte Säule) mit dem Zielwert von 2000 Watt pro Person (linke Säule).

Dipl.-Ing. Roland Stulz schloss 1970 das Architekturstudium an der ETH Zürich ab. Bis 1980 war er als Architekt und Raumplaner in Europa und USA tätig. Danach Gründung und Leitung des Büros Intep AG – Energie, Umwelt, Architektur. 1999 Zusammenschluss mit Amstein+Walthert AG, wo er bis 2009 Mitglied des Verwaltungsrates und der Geschäftsleitung war. Von 2001 bis 2011 war Roland Stulz Geschäftsführer des Forschungsprogramms „Novatlantis – Nachhaltigkeit im ETH-Bereich", seit 2010 ist er Leiter der Fachstelle 2000-Watt-Gesellschaft.

voll galt. Ambitionierte Investoren orientieren sich nun aber bereits am Minergie P-, ECO- oder Minergie A-Standard, welcher dem Energieplushaus entspricht. Um neben der Umweltbelastung eines Gebäudes auch die damit verursachte Mobilität beurteilen zu können, besteht nun als Alternative und ergänzend zu Minergie der so genannte SIA Effizienzpfad des Schweizerischen Ingenieur- und Architektenvereins. Dieser orientiert sich an der 2000-Watt-Gesellschaft.

Vom Gebäude zum Quartier

Das einzelne Gebäude kann nur einen beschränkten Beitrag zur nachhaltigen Entwicklung leisten. Viele Aspekte der Nachhaltigkeit kommen erst auf der Ebene Quartier oder Areal zum Tragen: Mobilität, soziale und gesellschaftliche Maßnahmen, Biodiversität und andere. Generalunternehmen, Projektentwickler, Baugenossenschaften und Privatpersonen entwickeln zurzeit eine ansehnliche Zahl von Neubauarealen nach Kriterien der Nachhaltigkeit, welche sie klar als Mehrwert mit langfristiger Wirkung erkennen. Viele dieser Projekte treten als 2000-Watt-Areale auf und sehen sich als Beitrag zu der in den Gemeinden verankerten 2000-Watt-Gesellschaft. Auf der Basis des SIA Effizienzpfads wurde dazu ein Beurteilungsinstrument, das 2000-Watt Areal-Zertifikat, entwickelt. Parallel dazu steht auch ein umfassendes Instrument für bestehende Quartiere zur freien Verfügung: Nachhaltige Quartiere by Sméo. Darin sind alle Aspekte der Nachhaltigkeit (Gesellschaft, Ökonomie, Umwelt) abgebildet und auf alle Planungsphasen anwendbar. Somit können Investoren und Planer auf Entscheidungshilfen und Arbeitsinstrumente für jede Phase des Bauens zurückgreifen.

Erneuerungsdynamik verdreifachen

Die große Herausforderung sind die vor 1985 erstellten Gebäude, das heißt, rund 80 Prozent der gesamten Gebäudesubstanz. Ihr Energieverbrauch muss um den Faktor 3 bis 5 reduziert werden und die Bausubstanz muss schrittweise erneuert werden, um den Werterhalt zu sichern. Allerdings werden jährlich nur 1,5 Prozent davon saniert und nur 0,7 Prozent werden energetisch verbessert! Der Sanierungsrhythmus müsste somit stark beschleunigt werden, und bei jeder Gebäudesanierung müsste ab sofort der Energieverbrauch um 30 bis 80 Prozent reduziert werden. Es ist leicht erkennbar, dass dies volkswirtschaftlich und betriebswirtschaftlich eine riesige Herausforderung ist. Einerseits muss der Wohn- und Arbeitsraum für die breite Bevölkerung bezahlbar bleiben, und andererseits müssen die Investitionen einen angemessenen Profit erbringen. Zudem ist die Bauwirtschaft bereits heute voll ausgelastet und ständig auf der Suche nach fachlich kompetentem Nachwuchs. Eine Beschleunigung des Erneuerungsrhythmus bedingt daher auch den politischen Willen dazu und entsprechende ökonomische Anreize sowie umfassende Aus- und Weiterbildungsprogramme. Damit entstehen im Bausektor attraktive und zukunftsfähige Arbeitsplätze für IngenieurInnen, ArchitektInnen, BeraterInnen und HandwerkerInnen.

Lifestyle für Nachhaltigkeit

Bisher haben wir in der Nachhaltigkeitsdiskussion fast ausschließlich technisch argumentiert. Dieser Ansatz hat eine begrenzte Wirkung. Deshalb kommen wir nicht umhin, nun die Frage der Suffizienz und damit unserer Lebensweise zu stellen. Unsere Gesellschaft ist dem Konsum verfallen. Letztendlich zählt aber nur eine Frage: Was von alledem macht uns wirklich zufrieden? Brauchen wir 100 Quadratmeter Wohnfläche pro Person und unbegrenzte Mobilität? Wenn ja, muss ich an anderer Stelle den Ressourcenverbrauch einschränken. Eine sehr anspruchsvolle Aufgabe! Um uns nicht zu überfordern, müssen wir dort anfangen, wo mit vergleichsweise wenig Aufwand und mit den heute schon gegebenen technischen Möglichkeiten Verbesserungen möglich sind – zum Beispiel im Gebäudebereich. Wir haben gewissermaßen ein Kontingent an Ressourcen, das jedem einzelnen Bürger zur Verfügung steht. Wer aus bestimmten Gründen auf längere Flugreisen nicht verzichten will oder kann, muss sich überlegen, in welchen anderen Lebensbereichen sich zum Ausgleich etwas optimieren lässt. Schon heute gibt es eine Vielzahl von vorbildlichen Beispielen, die aufzeigen, wie der Weg in eine nachhaltige Zukunft mit Lebensfreude und Komfort vereinbar ist: dem 2000-Watt-Lifestyle eben.

Der Treppenbereich eröffnet mit seiner fast 5 Meter langen Fensterfront den ungestörten Blick in den Garten und macht den Wechsel der Tages- und Jahreszeiten auch im Inneren erlebbar.

Die Psychophysik des Wohnens

Lässt sich das Wohlbefinden in einem energieeffizienten Haus wissenschaftlich quantifizieren? Die Well-being-Forschung des Wohnens steckt noch in den Kinderschuhen, neue Erkenntnisse sollen die sozialwissenschaftliche Begleitforschung des LichtAktiv Haus und die Psychophysik des Wohnens liefern. Subjektive Indikatoren für das Wohn-Wohlbefinden in energieeffizienten Häusern können damit erfasst und an die Architektur zurückgemeldet werden.

PROF. DR. DR. H. C.
BERND WEGENER

Die Erforschung subjektiver Aspekte in der Architektur bezieht sich im Wesentlichen auf Fragen der Wohnpräferenzen (housing preferences) [018, 019], auf ästhetische und architekturpsychologische Untersuchungen [020, 021], sowie auf die Berücksichtigung festgelegter physikalischer Gebäudeparameter, von denen angenommen wird, dass sie sich auf die Bewohner günstig auswirken [022]. So gut wie gar nicht erforscht ist das Wohlbefinden von betroffenen Personen in den Wohnungen oder Häusern selbst. Es gibt zwar viele Untersuchungen über Wohnverhalten, Wohnstile, Einrichtungen von Wohnungen und diesbezügliche Vorlieben [023, 024, 025, 026], aber die Well-being-Forschung des Wohnens, wie man das Feld bezeichnen könnte, steht noch in ihren Anfängen. Entsprechend wird auch die Frage bislang nicht gestellt, wie sich nachhaltiges Wohnen auf das Wohlbefinden der Bewohner auswirkt und welche Einstellungen sie dazu entwickeln.

Mit diesem Beitrag sollen die Möglichkeiten einer empirischen Erfassung des Wohlbefindens in nachhaltigen, energieeffizienten Häusern skizziert werden. Ausgangspunkt ist die sozialwissenschaftliche Begleitforschung zum LichtAktiv Haus Model Home 2020, die wegweisend für die interdisziplinäre Well-being-Forschung für energieeffizientes Wohnen ist. Aufbauend auf dieser Fallstudie lässt sich exemplarisch zeigen, welcher Weg beschritten werden muss, um die subjektiven Indikatoren für Wohn-Wohlbefinden in energieeffizienten Häusern zu erfassen und an die Architektur zurückzumelden.

Methodisch und konzeptionell kann sich die Well-being-Forschung des Wohnens an der Wohlfahrtsforschung in der Ökonomie und an der Diskussion um die Frage nach der Messung von subjektiven Wohlfahrtsfunktionen orientieren. Diese Debatte lässt sich bis ins 18. Jahrhundert zurückverfolgen (Jeremy Bentham) und dreht sich um die Frage, wie man Well-being interindividuell vergleichbar messen kann. In Anlehnung an diese grundsätzliche Diskussion lassen sich bei der Messung des Wohlbefindens fünf Problemfelder unterscheiden, die empirisch bearbeitet werden müssen: das Problem der Selektion, das der Wahrnehmung, der Bewertung, der Gewichtung und der Aggregation.

Der Erweiterungsbau ist flexibel angelegt. Raumteilende Möbel schaffen Platz für einen Wohn-, Koch- und Essbereich und garantieren ein Höchstmaß an Variabilität und Nutzungsfreiheit.

Lasse, Irina, Finn und Christian Oldendorf (v.l.n.r.) stellen für zwei Jahre das VELUX LichtAktiv Haus im Rahmen eines wissenschaftlich begleiteten Wohnexperiments auf die Probe und berichten unter www.lichtaktivhaus.de über ihr Leben im modernisierten Siedlerhaus.

Das Selektionsproblem

Welche Dimensionen sollen wir betrachten, wenn es um die Operationalisierung von Wohlbefinden geht? Die Auswahl stellt den normativen Kern der Well-being-Forschung dar, der transparent gemacht und immer wieder neu diskutiert werden muss. Unterstützt wird die Auswahl durch explorative Studien, in denen die Betroffenen selbst zu Wort kommen. Das heißt, die Festsetzung der relevanten Dimensionen ist auf Partizipation und einen Rückkopplungsprozess mit den Betroffenen angewiesen.

Das Wahrnehmungsproblem

Die Wohnumwelt, in der wir leben, wird von uns wahrgenommen; sie existiert nur als subjektiv wahrgenommenes Bewusstseinsabbild. Wir verarbeiten die äußere Stimulation aber nicht im Sinne einer exakten Wiedergabe der physikalischen Realität. Bei der Abbildung äußerer Reize S (stimulus) in die subjektive Repräsentation R erfolgt vielmehr eine psychophysische Transformation, die man formal als

$$R = f(S)$$

beschreiben kann mit f als Transformationsfunktion zwischen Reiz (S) und Reizwahrnehmung (R). Seit Gustav Fechner (1801–1887), dem Begründer der Psychophysik, hat man große Fortschritte in der exakten Bestimmung psychophysischer Funktionen unterschiedlicher physikalischer [027] und sozialer [028] Reizmodalitäten gemacht, die bei der Messung des Wohlbefindens beim Wohnen zu berücksichtigen sind. Man muss also mit der Psychophysik des Wohnens beginnen, mit der Umsetzung der physischen Realität ins Bewusstsein, um bezogen darauf Wohlbefindlichkeitsmaße zu entwickeln.

Das Bewertungsproblem

Als Nächstes stellt sich die Frage: Wie trägt die wahrgenommene Wohnumwelt zu unserem Wohlbefinden bei? Hier geht es um den internen Bewertungsprozess von Wahrnehmungsdimensionen, bei dem die tatsächliche Ausprägung auf einer bestimmten Dimension mit einer idealen Ausprägung verglichen wird. Bewertungen auf der Basis von Vergleichsprozessen lassen sich ganz allgemein auf die Formel

$$V = ln\,(R/I)$$

bringen: Der subjektive Wert (value) V einer Wahrnehmung R drückt sich aus als das logarithmierte Verhältnis dieser Wahrnehmung zu ihrem Ideal I [029]. Wenn wir die aktuelle Wahrnehmung R und die ideale Wahrnehmung I kennen, lässt sich die Bewertung V daraus also ableiten.

Das Gewichtungsproblem

Es stellt sich sodann die Frage nach der relativen Wichtigkeit der Bewertungen, mit der diese jeweils zum allgemeinen Wohlbefinden beitragen. Zur Lösung dieses Problems werden zumeist additiv-multiplikative Modelle benutzt [030], wobei p_i der Gewichtungsfaktor für die Dimension i ist, der mit der Bewertung V_i der Dimension i multipliziert wird. Anschließend werden die Produkte über die Dimensionen hinweg addiert, das heißt, die Gesamtbewertung V_{ges} ergibt sich als

$$V_{ges} = \sum p_i V_i$$

Die Frage, die zu beantworten ist, wäre dann: Wie bestimmen wir die Gewichtungsfaktoren, die subjektiven Wichtigkeiten der Dimensionen, empirisch?

Das Aggregationsproblem

Das Aggregationsproblem tritt überall dort auf, wo mikrotheoretische Befunde makrotheoretisch verallgemeinert werden. In der Well-being-Forschung des Wohnens äußert sich dieses Problem in der Frage, ob das Wohlbefinden von Einzelindividuen addiert oder auf andere Weise zusammen gefasst werden kann, um den Wohlfühlwert einer Wohnung oder eines Gebäudes zu erhalten. In der Regel lassen sich aus individuellen Präferenzen aber keine kollektiven erschließen, weil die Gesichtspunkte der individuellen Ordnungen jeweils verschieden sind [031]. Aus diesem Grund muss man das Wohlbefinden beim Wohnen auf gleiche Fälle, Personengruppen oder Zeitpunkte relativieren, wenn man an aggregierten Aussagen über bestimmte Wohnobjekte interessiert ist.

Studienbeschreibung für das LichtAktiv Haus Hamburg

Mit Blick auf diese grundsätzlichen Probleme ergeben sich Richtlinien für die Vorgehensweise bei der Operationalisierung des Well-being beim Wohnen, die wir in der Begleituntersuchung zum LichtAktiv Haus Model Home 2020 in Hamburg umsetzen. Das Haus wird seit Dezember 2011 durch eine ausgewählte Familie – Eltern und zwei Kinder im Alter von fünf und acht Jahren – einem Praxistest unterzogen. Die Familie ist aus ihrer bisherigen Dreizimmerwohnung für die Dauer von zwei Jahren nach Hamburg-Wilhelmsburg umgezogen und führt im Modellhaus ganz normal ihr Familienleben.

Das von uns konzipierte Untersuchungsdesign besteht aus Maßnahmen, die sich an den erläuterten fünf Problemen orientieren. An erster Stelle steht die Zusammenstellung der relevanten Dimensionen (Selektionsproblem). Dazu wurden am Anfang in einer ausführlichen Gruppendiskussion die von uns vorgegeben Aspekte mit der Familie besprochen und im Ergebnis ergänzt. Wir haben dann ein Logbuch eingeführt, in die die Familie alle Einschätzungen im Zusammenhang mit ihrem Wohnen festhält. Etwa alle vier Wochen füllen die Befragten außerdem einen Online-Fragebogen zu den festgelegten Dimensionen des Wohlbefindens aus. Falls sich neue Aspekte ergeben, werden diese in den weiteren Versionen des Fragebogens berücksichtigt. Ebenfalls etwa alle vier Wochen führen wir vertiefende, leitfadengestützte Interviews in Form von Videotelefonaten mit den Eltern durch. Schließlich finden mit dem Wechsel der Jahreszeiten, also einmal im Quartal, längere Gruppeninterviews im Modellhaus selbst statt.

Bisher lässt sich als Zwischenfazit feststellen, dass es gelungen ist, in Zusammenarbeit mit der Testfamilie einen vollständigen dimensionalen Bedeutungsraum für das Wohlbefinden in der neuen Wohnumgebung zu errichten. Auf dieser Basis legen wir für das nachhaltige Wohnen zehn Dimensionen zugrunde (hier nur verkürzt benannt; siehe Tabelle). Aus diesen Dimensionen, die im Verlauf der Forschung überprüft und validiert werden müssen, ist das Messinstrument zur Erfassung des subjektiven Wohlbefindens zu konstruieren.

....
Zehn Dimensionen für das nachhaltige Wohnen

1) **Psychophysische Behaglichkeit**
   a. thermisch
   b. hygienisch
   c. akustisch
   d. visuell (Licht)

2) **Räumliche Behaglichkeit**
   a. Aufteilung
   b. sozial
   c. Raumempfinden
   d. Ästhetik
   e. Konsens

3) **Funktionale Behaglichkeit**
   a. Techniksteuerung
   b. Handhabbarkeit

4) **Raumnutzung**

5) **Energiewahrnehmung (Verbrauch)**

6) **Klima**
   a. Außenraum
   b. Innenraum
   c. Interaktion

7) **Verbindung von Innen und Außen**

8) **Nachbarschaft und soziales Klima**

9) **Aspekte des gemeinschaftlichen Wohnens (Kinder, Familie, Wohngemeinschaft)**

10) **Wohnstilpräferenzen**
....

Einige der Dimensionen haben einen klaren Wahrnehmungscharakter (Licht, Akustik, Temperatur, Klima, räumliches Empfinden). In der vorliegenden Fallstudie können wir die Aussagen dazu lediglich protokollieren (Wahrnehmungsproblem), um sie dann mit den jeweiligen Bewertungen in einen Zusammenhang zu stellen (Bewertungsproblem). Von einer funktionalen Rekonstruktion im Sinne psychophysischer Funktionen und den darauf aufbauenden Wertungen kann noch keine Rede sein; dafür bräuchte man Messreihen und mehr als nur einen Fall. Die Ergebnisse unserer Exploration zeigen

Trotz der Nähe zur Großstadt hat man im LichtAktiv Haus das Gefühl, auf dem Land zu leben, die ideale Voraussetzung für einen ausgeglichenen Lebensrhythmus. Der seitlich des Küchenbereichs angelegte Kräutergarten ermöglicht den Bewohnern ein Leben im Einklang mit der Natur.

Prof. Dr. Dr. h.c. Bernd Wegener hat seit 1994 den Lehrstuhl für Soziologie und Empirische Sozialforschung am Institut für Sozialwissenschaften der Humboldt-Universität zu Berlin inne. Von 1987 bis 1993 war er Professor für Soziologie am Institut für Soziologie der Universität Heidelberg. Er hat lange am Zentrum für Umfragen, Methoden und Analysen in Mannheim und am Max-Planck-Institut für Bildungsforschung in Berlin geforscht und Gastprofessuren, unter anderem an der University of Wisconsin in Madison und an der Harvard University, wahrgenommen.

aber, dass die Hausbewohner die physischen Gegebenheiten ihrer Wohnung sehr genau wahrnehmen und dann differenziert bewerten. Sie empfinden ihr Haus zum Beispiel als hell, sauber und aus akustischer Sicht als angenehm. Das Klima, besonders die Raumtemperaturen und die Luftqualität in den Räumen, werden genauso positiv beschrieben. Allerdings zeigen sich zum Beispiel bei sommerlichen Temperaturen auch Probleme. Die Räume sind trotz Verschattungsmöglichkeit an sehr heißen Tagen überhitzt, was entsprechend negativ zu Buche schlägt.

Es ist möglich, aus diesen Angaben ein Bewertungsprofil zu erstellen und die einzelnen Bestandteile zu gewichten, sodass daraus ein einheitliches Maß für Wohlbefinden entsteht. Die strukturierten Online-Befragungen der Testfamilie dienen eben diesem Zweck: Sie geben uns Auskunft über die relative Wichtigkeit der Einzelaspekte (Gewichtungsproblem). Auch hier setzt uns der Fallstudiencharakter des Modellhauses Grenzen. Aber es ist grundsätzlich möglich, mit diesem methodischen Werkzeug empirische Well-being-Maße zu entwickeln, die bei zukünftigen Planungen Berücksichtigung finden können. Diese Maße können sich aber zunächst nur auf einzelne Personen beziehen. Die Kennzeichnung bestimmter Wohnobjekte als für das Wohlbefinden besonders förderlich setzt voraus, dass man zusätzlich eine Typisierung der infrage kommenden Bewohner vornimmt. Damit wird es möglich, ihre individuellen Well-being-scores sinnvoll in einem Index zusammenzufassen (Aggregationsproblem). Die Untersuchung eines einzigen Hauses führt uns da zunächst noch nicht weiter.

Auf unserer Palette relevanter Dimensionen gibt es auch Gesichtspunkte, die nicht in erster Linie wahrnehmungs-, sondern verhaltensbezogen sind. Hier geht es vor allem um den Umgang mit der energieeffizienten Technik des Hauses und die Reaktionen auf die weitgehend automatisierten Abläufe der Klimaregulierung. Man kann beobachten, wie sich die Bewohner darauf einstellen. Nach eigenem Bekunden findet eine zuneh-

mende Sensibilisierung für sparsamen Energieverbrauch statt, was als durchaus befriedigend empfunden wird. Neben den wahrnehmungspsychologischen Faktoren wird das Wohnerlebnis also auch vom Angebot für mögliches Verhalten bestimmt, das das Haus bietet. Die Bewertung dieser Option muss als weitere Determinante des Wohlbefindens in das Well-being-Maß des Wohnens eingearbeitet werden.

Qualitatives versus quantitatives Monitoring

Was fangen wir mit den Ergebnissen der Psychophysik des Wohnens an, wenn sie im größeren Rahmen betrieben wird? Die Messung als solche ist im Grunde nur interessant, wenn sie der Anwendung dient. Im Gegensatz zum so genannten qualitativen Monitoring von Modellhäusern, die gerne der quantitativen Arbeit der Architekten und Ingenieure gegenübergestellt wird [032], stellt die psychophysische Bestimmung des Wohlbefindens quantitative Maßzahlen zur Verfügung, mit denen mathematisch gerechnet werden kann. Es lassen sich Funktionsbeziehungen, Verläufe, Korrelationen und statistische Kennwerte bestimmen, sodass am Ende nicht einfach nur die Güte eines Hauses aus der Sicht der Betroffenen festgestellt wird, sondern darüber hinaus auch die quantitativen Abhängigkeiten von einzelnen Gebäudeparametern untersucht werden können. Denn um nicht bei der bloßen Deskription stehen bleiben zu müssen und architekturrelevante Aussagen über die Verursachung des Wohlbefindens beim Wohnen zu machen, bedarf es der Quantifizierung der Wohlbefindlichkeitsparameter. Nur so lassen sich statistische und funktionale Kausalbeziehungen analysieren. Das heißt in der Anwendung, dass das Monitoring von energieeffizienten Häusern auch im subjektiven Bereich auf Quantifizierung ausgerichtet sein muss. Freilich ist das ein Unterfangen, für das explorative Untersuchungen an Modellhäusern und Testfamilien erst den Anfang bilden.

Konzept Model Home 2020

auf der Suche nach dem Bauen und Wohnen der Zukunft
Interview mit Lone Feifer, VELUX Gruppe

Im Rahmen des Model Home 2020 Experiments baut Velux europaweit insgesamt sechs Konzepthäuser. Warum beschäftigt sich ein Dachfensterhersteller mit Gesamtkonzepten für das Wohnen der Zukunft?

Lone Feifer: Wir sind davon überzeugt, dass die Zukunft des nachhaltigen Bauens in der Verwirklichung eines ganzheitlichen Ansatzes liegt, der entsprechend der Active House Prinzipien höchste Ansprüche an Energieeffizienz und Wohnkomfort mit dem Schutz unserer natürlichen Ressourcen und des Klimas verbindet. Mit unserem Knowhow und unseren Produkten wollen wir einen Beitrag leisten, höchste Energieeffizienz ohne Kompromisse bei der Wohnqualität zu verwirklichen. Bereits seit den 90er Jahren entwickelt unser Unternehmen deshalb Konzepthäuser, gemäß der Maxime des Unternehmensgründers Villum Kann Rasmussen „Ein Experiment sagt mehr als tausend Expertenmeinungen." Angepasst an unterschiedliche klimatische Bedingungen belegen diese Projektstudien die Praxistauglichkeit des Ansatzes von energieeffizienten und gleichzeitig behaglichen Wohnräumen. Die sechs realisierten Gebäude in Dänemark, Deutschland, Österreich, Frankreich und England sind für uns ein weiterer Schritt hin zu der Vision eines klimaneutralen Hauses, das sich mithilfe dynamischer Bauteile wie automatischen Dachfenstern, Rollläden und Sonnenschutzprodukten an seine Umwelt anpasst und ein optimales Innenraumklima schafft. Dabei richten sich die Konzepte der einzelnen Modellhäuser nach nationalen, teilweise sogar regional spezifischen Gesichtspunkten. Alle Häuser wurden mit lokalen Architekten, Ingenieuren und Wissenschaftlern entworfen, sodass sich die für das jeweilige Land typische Wohn- und Lebensweise im architektonischen Grundkonzept der Gebäude widerspiegelt.

Sie sind international tätig. Bemerken Sie große Unterschiede in der Wahrnehmung und Umsetzung des energieeffizienten und nachhaltigen Bauens?

Es gibt von Land zu Land und sogar von Region zu Region erhebliche Unterschiede in der Architektur und der Baukultur – und vor allem bei den Bauvorschriften und gesetzlichen Normen. In einigen Ländern ist beispielsweise der Einsatz eines außenliegenden Sonnenschutzes unvorstellbar. Und natürlich hat die lokale

Das LichtAktiv Haus Experiment von Velux gibt einen Ausblick auf das Bauen und Wohnen der Zukunft und zeigt beispielhaft, wie sich durch innovative Modernisierung höchster Wohnwert und optimale Nutzung erneuerbarer Energien verwirklichen lassen.

Im Rahmen des Experiments Model Home 2020 entwickelt Velux in europaweit sechs Bauprojekten neue Wege für das Wohnen und Arbeiten mit angenehmem Raumklima, viel Tageslicht und optimaler Energieeffizienz.

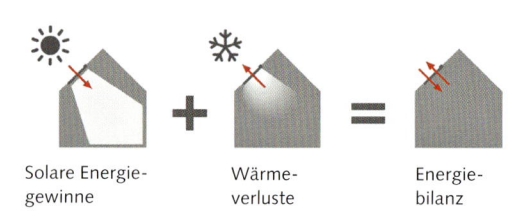

Solare Energiegewinne + Wärmeverluste = Energiebilanz

Die solaren Wärmegewinne, die durch ein Fenster eintreten, abzüglich der Wärmeverluste durch das Fenster ergeben über eine ganzjährige Betrachtung die Energiebilanz eines Fensters.

Baukultur, genauso wie die unterschiedlichen Traditionen und das Klima Einfluss auf die Umsetzung des energieeffizienten und nachhaltigen Bauens. Zugleich muss aber auch festgestellt werden, dass traditionelle Methoden und Bauweisen zum Teil von energieintensiven technischen Lösungen, wie beispielsweise dem Einsatz von Klimaanlagen, zurückgedrängt worden sind und zum Teil noch werden. Dieses überlieferte Wissen und die altbewährten Lösungen in Bezug auf Architektur und Bauweise gilt es für das energieeffiziente und nachhaltige Bauen in den unterschiedlichen Ländern und Regionen zu nutzen. Ziel ist es, die Bauweise eines Gebäudes an die Beschränkungen und Möglichkeiten der lokalen Klimabedingungen optimal anzupassen.

Bei der Optimierung der baulichen Energieeffizienz spielen transparente Bauelemente eine ganz besonders große Rolle. Kommen die Fähigkeiten dieser Bauteile heute schon bestmöglich zum Einsatz?

Viele Jahre lang wurde verstärkt auf die Quantität und weniger auf die Qualität von Tageslicht geachtet. Glasfassaden und große Fensterflächen haben während dieser Zeit das Bild von Gebäuden geprägt, und Blendung und Überhitzung sind nur zwei Aspekte des daraus resultierenden eingeschränkten Nutzerkomforts.

Heute sind zum Teil gegenläufige Tendenzen zu beobachten. Aufgrund der Anforderungen der Energieeinsparverordnung wird vor allem auf die Energie zum Heizen geachtet. Fenster werden deshalb zum Teil kleiner konzipiert und die Lichtqualität in den Räumen fällt entsprechend niedriger aus. Dabei können Fenster im Gegensatz zu nichttransparenten Bauteilen, durch die Energie ausschließlich verloren geht, dank der solaren Wärmestrahlung auch Energie hinzugewinnen. Deshalb greift die energetische Bewertung eines Fensters nur über den Wärmeverlust zu kurz. Mehr Aussagekraft zur Beurteilung der Energieeffizienz eines Fensters hat die Energiebilanz. Dabei handelt es sich um die energetische Bilanz aus solaren Wärmegewinnen, die durch ein Fenster eintreten, und den Wärmeverlust durch das Fenster. Wenn die Energiemenge der Sonneneinstrahlung höher ist als der Wärmeverlust, weist das Fenster eine positive Energiebilanz auf. Praktisch bedeutet das, dass in der Übergangszeit die Heizung länger aus bleiben kann. Im Dachgeschoss ist der solare Energieeintrag besonders hoch: Im Vergleich zu senkrechten Fenstern in Gauben oder Giebelwänden leiten Dachfenster das intensive Zenitlicht der Sonne direkt in die Räume und sorgen so für einen bis zu dreimal höheren solaren Wärmegewinn. In Verbindung mit außenliegendem Sonnenschutz, wie beispielsweise Rollläden oder Hitzeschutz-Markisen, wird zugleich eine übermäßige Aufheizung der Räume während des Sommers vermieden.

Beim Einsatz transparenter Bauteile sind viele Faktoren zu berücksichtigen: Größe und Ausrichtung, der Beitrag zur Tageslichtqualität, ein ausgewogenes Verhältnis von passiven Energieeinträgen und Dämmverhalten, die Vermeidung von Überwärmung oder die Lüftungsfunktion – um nur einige zu nennen. Gehen wir in der Planung intelligent mit diesen Informationen um? Entstehen notwendigerweise Widersprüche zwischen Gestaltungswillen einerseits, Wohlbefinden der Nutzer, optischem und thermischem Komfort andererseits?

Im Mittelpunkt der Planung eines Gebäudes sollten immer das Wohlbefinden der Nutzer und die Gewährleistung eines gesunden, behaglichen Raumklimas stehen. Wir sind davon überzeugt, dass zukunftsweisende Gebäude beides sein können: energieeffizient und schonend im Umgang mit unseren natürlichen Ressourcen sowie gleichzeitig behagliche, attraktive Lebensräume zum Wohlfühlen mit viel Tageslicht und frischer Luft. Als eines der Gründungsmitglieder der Active House Alliance verfolgt die VELUX Gruppe die Konsolidierung der Active House Vision als Plattform für zukünftiges Bauen. Das Netzwerk von Hochschulen, Forschungseinrichtungen und Wissenschaftlern sowie von Baupraktikern und Unternehmen der Baubranche aus der ganzen Welt hat das Ziel, Anforderungen und Vorgaben für die Planung eines Aktivhauses zu entwickeln – der nächsten Generation nachhaltiger Gebäude, bei denen das Wohlbefinden der Nutzer im Mittelpunkt steht. Aktivhäuser stehen dabei für die Vision von Neubauten und Modernisierungen, die durch synergetische Interaktion der drei Leitprinzipien Energie, Innenraumklima und Umweltschutz mehr geben als sie nehmen. Durch die Fokussierung auf die Lebensbedingungen im Wohn- und im Außenbereich sowie den Einsatz erneuerbarer Energie haben Aktivhäuser einen positiven Einfluss auf die Gesundheit und das Wohlbefinden der Menschen. Zugleich sollte ein Aktivhaus weitestgehend auf erneuerbaren Energien basieren und die Hauptbestandteile des Gebäudes sollten einer Ökobilanz unterzogen werden. Damit vereinen Aktivhäuser die Ansprüche an Komfort, Innenraumklima und Energie sowie an Umwelt und Ökologie in einem attraktiven Gesamtpaket. Sie bringen uns einer sauberen, gesünderen und sichereren Welt einen Schritt näher, ohne dass wir Kompromisse bei Lebensqualität und Wohnkomfort eingehen müssen.

Könnten Fenster in Zukunft selbstregulierend sein oder über eine eingebaute Intelligenz verfügen, um bestmöglich auf unterschiedliche Anforderungen und Rahmenbedingungen reagieren zu können?

Selbstregulierende, dynamische Fenster gibt es im Prinzip bereits heute. Bei Dachfenstern sorgen beispielsweise Sensoren im Inneren dafür, dass sich die Fenster in Abhängigkeit von Temperatur, Luftfeuchtigkeit und CO_2-Konzentration beziehungsweise flüchtiger organischer Verbindungen – so genannten VOCs – automatisch öffnen und für eine gute Frischluftzufuhr sorgen. Zugleich werden die Gebäude durch diese bedarfsgemäße Belüftung vor schädlichen Einflüssen, wie beispielsweise Schimmel, geschützt. Regensensoren sorgen wiederum dafür, dass sich die Fenster rechtzeitig automatisch schließen. Auch die Steuerung aller Fenster der Gebäudehülle über ein zentrales Gebäudemanagementsystem ist dank des einfachen Funkstandards mit Velux Fenstern bereits heute möglich.

Die sechs im Rahmen des europaweiten Model Home 2020 Experiments realisierten Projekte zeigen darüber hinaus, dass ein dynamisches System von Fenstern in Verbindung mit Sonnenschutzelementen auch bei unterschiedlichen Rahmenbedingungen ein gutes Raumklima gewährleistet. So wurde bei allen Gebäuden bereits in der Planungsphase auf die strategische Platzierung der Fenster im Gebäude geachtet, um so die Wirkung des so genannten Kamineffekts zu unterstützen und eine natürliche Belüftung von unten nach oben zu erreichen. Dadurch wirken Sonnenschutzelemente und Fenster wie eine natürliche Klimaanlage und sichern ein gesundes und behagliches Raumklima.

Grundsätzlich können solche automatisierten Systeme und Lösungen sicherlich noch weiterentwickelt und verfeinert werden. Dabei sollten wir aber immer darauf achten, dass die Nutzer nicht von der Technik bevormundet werden, sondern individuelle Einstellungen vornehmen können. Die Technik sollte sich immer an die Bedürfnisse und das Komfortempfinden der Bewohner anpassen und nicht umgekehrt.

Die energieaufwendige Produktion transparenter Bauteile hat erheblichen Anteil an der Ökobilanz der Gebäudehülle, obwohl sie bei guter Ausführung sehr langlebig sein können. Welche Verbesserungsmöglichkeiten sehen Sie?

Vor dem Hintergrund des einsetzenden Klimawandels muss die Reduzierung des Energieverbrauchs und der damit einhergehenden CO_2-Emissionen im Mittelpunkt aller Bemühungen stehen. Wir stellen uns dieser Herausforderung mit einer ganzheitlichen Klimastrategie, die auf drei zentralen Säulen basiert.

Wir wollen erstens die firmeneigene CO_2-Belastung – vor allem bei Herstellung, Verarbeitung und Entsorgung unserer Produkte – von 100 000 Tonnen im Jahr 2007 auf rund 50 000 Tonnen im Jahr 2020 halbieren. Die bis Ende 2011 umgesetzten Maßnahmen, wie die Einrichtung von Spänefeuerungsanlagen für die Energieerzeugung und der Einsatz erneuerbarer Energien, hat bei Velux bereits zu einer Reduzierung des CO_2-Ausstoßes um 15 000 Tonnen geführt.

Zweitens wollen wir unseren Kunden mit energieeffizienten Produkten dabei helfen, ganz einfach und mühelos Energie zu sparen und damit die eigenen CO_2-Emissionen zu senken. Ob Dachfenster, Flachdach-Fenster oder Tageslicht-Spot – sie alle bringen natürliches Tageslicht in dunkle Wohnräume und künstliche Beleuchtung kommt nur noch bei Dunkelheit zum Einsatz. Zugleich nutzen gerade Dachfenster das intensive Zenitlicht der Sonne besonders gut für den Gewinn solarer Wärmeenergie. Beides – die Reduzierung der Wärmeverluste und die Steigerung solarer Wärmegewinne – führt im Zusammenspiel zu einer hervorragenden Energiebilanz. Damit sorgen Velux Produkte mit Ausblick, Tageslicht und frischer Luft für eine hohe Wohnqualität und leisten zugleich einen Beitrag zur Energieeffizienz von Gebäuden.

Drittens engagieren wir uns für das Bauen und Wohnen der Zukunft im Rahmen von Initiativen. Wir entwickeln und erforschen mit der Realisierung eigener Konzepthäuser bereits heute Gebäude, in denen Produkte von heute die Anforderungen von 2020 erfüllen. Schwerpunkte sind hier unter anderem die Beteiligung an der internationalen Active House Alliance und die Entwicklung eigener, ganzheitliche Konzepte für die Zukunft des klimaverträglichen Bauens und Wohnens im Rahmen des Projekts Model Home 2020.

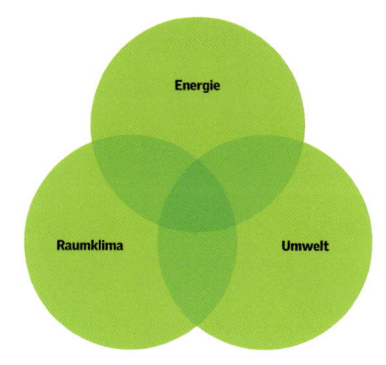

Durch die synergetische Interaktion der drei Leitprinzipien Energie, Innenraumklima und Umweltschutz geben Aktivhäuser mehr als sie nehmen. Weitere Informationen unter www.activehouse.info

Lone Feifer koordiniert als Projektleiterin für nachhaltiges Wohnen der VELUX Gruppe seit 2008 das VELUX Model Home 2020 Experiment, in dessen Rahmen das Unternehmen europaweit sechs Konzepthäuser umsetzt. Die Architektin kam 1999 zum Unternehmen, um dort Abläufe für Menschen, Strategien, Geschäfte, Projekte und Nachhaltigkeit zu planen. Neben einem Master in Architektur (1993) absolvierte sie 2011 das Postgraduate Master Programm MEGA – Master in Energy and Green Architecture – an der Aarhus School of Architecture in Dänemark und an der Tsinghua Universität in Peking.

Energieeffizienz im Wärmemarkt

Interview mit Dr. Martin Viessmann, Viessmann Group

Pelletkessel (Bild links) für die bedarfsgerechte Wärmeversorgung von Ein- und Zweifamilienhäusern sowie von Gewerbebetrieben.

Mikro-KWK-Systeme machen die Effizienztechnologie Kraft-Wärme-Kopplung auch für die Modernisierung kleinerer Wohngebäude nutzbar.

Herr Dr. Viessmann, 2009 und 2011 erhielten Sie den Deutschen Nachhaltigkeitspreis für Deutschlands nachhaltigste Produktion beziehungsweise Deutschlands nachhaltigste Marke. Wie spiegelt sich das konkret in Ihrem Unternehmen wider? Wie setzt sich Ihr Unternehmen für Nachhaltigkeit ein?

Dr. Viessmann: Nachhaltigkeit ist bei uns nicht nur im Markenkern, sondern auch in der Organisation verankert. Sie wird im ganzen Unternehmen gelebt. Ein gutes Beispiel dafür ist unser strategisches Nachhaltigkeitsprojekt Effizienz Plus. Im Rahmen dieses Projekts haben wir an unserem Standort Allendorf/Eder, wo wir als mit Abstand größter Arbeitgeber der Region 4000 unserer insgesamt 10000 Mitarbeiter beschäftigen, die Material-, Arbeits- und Energieeffizienz deutlich erhöht. Im Ergebnis haben wir den Verbrauch fossiler Energie um zwei Drittel sowie die CO_2-Emissionen um 80 Prozent reduziert. Damit haben wir unsere Wettbewerbsfähigkeit verbessert und den Standort und seine Arbeitsplätze sicherer gemacht.

Zum anderen sind hohe Energieeffizienz, geringe Emissionen, einfache Einkopplung erneuerbarer Energieträger oder auch die vollständige Recyclingfähigkeit wichtige Erfolgsfaktoren unserer Produkte. Darüber hinaus übernehmen wir gesellschaftliche Verantwortung, indem wir Kunst, Kultur und Wissenschaft sowie soziale Einrichtungen und Projekte fördern. Dazu haben wir eine eigene Stiftung gegründet. Mit unserer Allianz pro Nachhaltigkeit schließlich haben wir zusammen mit Partnern aus Wirtschaft, Politik und Wissenschaft eine Informationsplattforum geschaffen, die allen Interessierten und Multiplikatoren das Thema Nachhaltigkeit bezogen auf die Kompetenzfelder Bauen, Wohnen und Modernisieren vermittelt und ihnen als Ideengeber dient.

Welche Konsequenzen ergeben sich aus der Energiewende für den Wärmemarkt?

Die unmittelbare Konsequenz ist die Notwendigkeit, den aus energetischer Sicht völlig überalterten Gebäudebestand schnellstens zu sanieren. Nur wenn der dort bestehende Modernisierungsstau aufgelöst wird, kann die Energiewende gelingen. 75 Prozent der 19 Millionen Gebäude in Deutschland wurden vor der ersten Wärmeschutzverordnung gebaut und sind bis heute kaum gedämmt, weniger als 20 Prozent der Heizungsanlagen entsprechen dem Stand der Technik. Nur wenig mehr als 10 Prozent koppeln bereits erneuerbare Energien ein. Rein rechnerisch reicht das im Wärmemarkt zu hebende Einsparpotenzial aus, um die Atomstromlücke zu schließen. Die Technik ist vorhanden. Was wir zur Umsetzung noch brauchen, sind geeignete politische Rahmenbedingungen.

Wir lesen von Ihnen, dass eine komplette Umstellung auf erneuerbare Energien nicht möglich sei (J. Petermann, 2011). Andererseits wissen wir, dass die fossilen Energieträger für den Klimawandel mitverantwortlich und endlich sind. Wie kann die Energiewende vor diesem Hintergrund gelingen?

Eine kurzfristige Eins-zu-Eins-Umstellung ist in der Tat nicht möglich, denn die Potenziale der erneuerbaren Energien reichen nur aus, um etwa 60 Prozent des heutigen Energiebedarfs abzudecken. Letztlich kann die Energiewende nur erfolgreich bewältigt werden, wenn es gelingt, den Energieverbrauch mittelfristig um rund 40 Prozent zu senken.

Öl und insbesondere Gas werden noch über Jahrzehnte benötigt werden und ihre Bedeutung behalten. So gesehen sind Effizienzsteigerung und die Nutzung erneuerbarer Energien zwei Seiten einer Medaille.

Die energetische Gebäudeeffizienz kann sowohl durch technische als auch durch bauliche Maßnahmen gesteigert werden. Welchen Stellenwert hat die Modernisierung der Heizungsanlage in diesem Zusammenhang?

Das Energiekonzept der Bundesregierung fordert einen weitestgehend klimaneutralen Gebäudebestand bis 2050. Bis dahin werden Dach oder Fassade eines Hauses gewöhnlich nur noch einmal erneuert. Deshalb sollten entsprechende Anlässe unbedingt genutzt werden, gleichzeitig Dämm-Maßnahmen durchzuführen.

Heizungsanlagen haben kürzere Sanierungszyklen. Sie stehen im Zeitraum bis 2050 im Durchschnitt noch zwei Mal zum Austausch an. Deshalb ist es immer richtig, eine heute schon veraltete Heizungsanlage zuerst gegen hocheffiziente Technik auszutauschen. So lässt sich mit relativ geringem Investitionsaufwand sofort eine deutliche Effizienzsteigerung erzielen und es eröffnet sich die Möglichkeit, auch erneuerbare Energie zu nutzen. Wenn durch nachfolgende Dämm-Maßnahmen der Wärmebedarf des Gebäudes sukzessive reduziert wird, steigt der Nutzungsgrad moderner Wärmeerzeuger sogar noch an.

Für welche Produkte sehen Sie die größten Chancen? Sind Technologien zur Nutzung fossiler Energieträger noch sinnvoll?

Gute Zukunftschancen haben alle Produkte, die dazu beitragen, die Energieeffizienz im Wärmemarkt zu steigern und den Anteil der erneuerbaren Energien auszubauen. Welche technische Lösung am geeignetsten ist, hängt immer vom jeweiligen Einzelfall ab; von der Gebäudebeschaffenheit, vom zur Verfügung stehenden Energieträger und vor allem auch von der wirtschaftlichen und demografischen Situation der Nutzer.

Im Trend liegen heute vor allem Wärmepumpen, Pelletkessel sowie thermische Solarsysteme – auch zur Heizungsunterstützung. Großes Zukunftspotenzial messe ich im Übrigen der Kraft-Wärme-Kopplung bei, die mit Mikro-KWK-Systemen jetzt auch Einzug in Ein- und Zweifamilienhäuser hält. Aber etwa die Hälfte aller deutschen Heizungsanlagen wird heute noch mit Gas betrieben, ein Drittel mit Öl. Zumindest im Gebäudebestand werden sich diese Verhältnisse auch nur sehr langsam ändern. Deshalb kommt der Brennwerttechnik – zunehmend in Kombination mit Solarthermie – auch für die nächsten Jahrzehnte bezogen auf Marktanteile die größte Bedeutung zu. Sie ist die wirtschaftlichste Option, denn sie ist hocheffizient und die vergleichsweise geringe Investition in ein Brennwertsystem amortisiert sich in der Regel bereits nach wenigen Jahren. Darüber hinaus hat die Brennwerttechnik durch biogene Anteile in Öl und Gas oder Konzepte wie Power to Gas auch eine grüne Zukunftsperspektive.

Welche Risiken bestehen aus Sicht eines Unternehmens wie Viessmann für den Standort Deutschland?

Ich sehe drei wesentliche Risiken, mit denen wir uns auseinandersetzen müssen:

- die 25 Prozent über dem Durchschnitt vergleichbarer Industrieländer liegenden Arbeitskosten,
- die Folgen der demografischen Entwicklung
- und die europäische Staatsschuldenkrise.

Andererseits hat der Standort Deutschland durchaus auch seine Stärken. So sind wir zwar ein rohstoffarmes Land, verfügen dafür aber über großes Knowhow in vielen Schlüsselbranchen sowie vollständig erhaltene Wertschöpfungsketten. Das gilt ganz besonders für Technologien zur effizienten Energienutzung. Deshalb ist die erfolgreiche Umsetzung der Energiewende nicht nur im Sinne einer zukunftsfähigen Versorgung des eigenen Landes unabdingbar, sondern sie eröffnet auch zusätzliche Marktchancen für deutsche Produkte auf den internationalen Märkten.

Thermische Solaranlagen können nicht nur zur Warmwasserbereitung eingesetzt werden, sondern auch zur Heizungsunterstützung. In Kombination mit einem hocheffizienten Brennwertkessel kann der Energieverbrauch gegenüber einer veralteten Heizung um bis zu 40 Prozent verringert werden.

Dr. Martin Viessmann studierte Wirtschaftswissenschaften an der Universität Erlangen-Nürnberg. 1979 ins väterliche Unternehmen eingetreten, ist der 59jährige heute geschäftsführender Gesellschafter der Viessmann Group. Das von ihm in dritter Generation geleitete Unternehmen ist einer der international führenden Hersteller von Heiztechnik-Systemen. Der Umsatz beträgt 1,86 Milliarden Euro, beschäftigt werden 9 600 Mitarbeiter. Dr. Viessmann bekleidet eine Reihe ehrenamtlicher Positionen, unter anderem ist er Präsident der Industrie- und Handelskammer Kassel-Marburg.

Nachhaltigkeit in der Wohnungswirtschaft

Interview mit Kruno Crepulja, Hochtief Solutions AG

Wohnen am Bäkepark, Berlin: Die Häuser werden im Standard KfW-Effizienzhaus 55 errichtet. Ein eigenes Blockheizkraftwerk sorgt für Strom und Wärme.

Herr Crepulja, Nachhaltigkeit, Klima- und Ressourcenschutz sind Schlagwörter, die in Ihrer Unternehmensphilosophie auftauchen. Wie setzen Sie diese Themen um?

Kruno Crepulja: Verantwortung tragen heißt auch nachhaltig wirtschaften. Daher ist in den Visionen und Leitlinien von Hochtief das Bekenntnis zu nachhaltigem Handeln festgeschrieben. Darin verpflichtet sich das Unternehmen, ökologisch vorausschauend zu handeln, mit begrenzten Ressourcen schonend umzugehen und zum Natur- und Klimaschutz beizutragen. Als einziger deutscher Baudienstleister veröffentlicht der Konzern einen Nachhaltigkeitsbericht. Unser Unternehmen ist im Dow Jones Sustainability Index gelistet und eines der Gründungsmitglieder der Deutschen Gesellschaft für Nachhaltiges Bauen. Mit seiner Strategie, den gesamten Lebenszyklus von Immobilien, Infrastrukturprojekten und Anlagen zu begleiten, ist Hochtief weltweit der Nachhaltigkeit auch im operativen Geschäft verpflichtet. Beispiele für unser nachhaltiges Tun mögen sicherlich unsere vielen zertifizierten Gebäude im In- und Ausland sein. Und für uns von formart gilt als Standard, unsere Wohneinheiten in der Regel als KfW-Effizienzhaus beziehungsweise in Passivhausbauweise zu errichten.

Wie verändert sich die Wohnungswirtschaft auf Grund der Energie- und Klimapolitik der Bundesregierung?

In den zurückliegenden Jahren sind Nachhaltigkeit und Energieeffizienz in den Fokus des Bundesumweltministeriums und Wirtschaftsministeriums, aber auch der gesamten Bundesregierung gerückt. So sind die Anforderungen in den Energieeinsparverordnungen stetig gestiegen. Ziel ist es, dass sich ab dem Jahr 2021 Gebäude nahezu eigenständig versorgen sollen. Steigende Energiepreise und Kosten bei den Rohstoffen und für Baumaterialien führen bei Nutzern und Investoren zu einem wachsenden Interesse an mehr Effizienz und Nachhaltigkeit für ihre Wohnimmobilien. Galten beispielsweise vor 10 Jahren Passivhäuser noch als Exoten, sind sie inzwischen auf dem Markt stark nachgefragt.

Tritt dadurch ein Umdenken ein? Ändert sich damit Ihr Profil?

Selbstverständlich, ein Umdenken ist seit geraumer Zeit im Gange und wird uns auch noch weiter begleiten. Wir haben uns darauf eingestellt und uns schon frühzeitig mit den Themen Nachhaltigkeit, Effizienz und Ressourcenschonung auseinandergesetzt. Vor allem die Anforderungen an die technische Gebäudeausrüstung und die Gebäudehülle sind von besonderer Bedeutung. Die übergeordneten Zusammenhänge verlieren wir dabei aber nicht aus dem Auge. Denn wir fühlen uns verpflichtet, den durch die Politik gestellten Anforderungen nach Möglichkeit voraus zu sein.

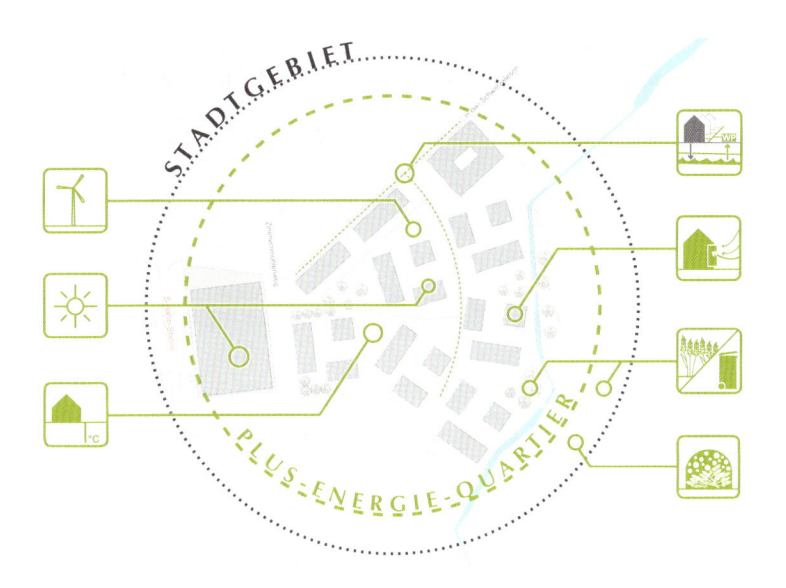

Energieplusquartier Oberursel: Koordinierte Energieerzeugung, -speicherung und -verbrauch

Marienhof, Köln: Die Wohnanlage entsteht im Standard KfW-Effizienzhaus 70 mit erhöhter Wärmedämmung.

Stellen Sie dahingehend eine Veränderung in der Nachfrage durch den Nutzer fest?

Die Käufer sind heutzutage sehr gut informiert. In der Regel wissen sie um die Nachhaltigkeitsanforderungen und die Möglichkeiten, diese umzusetzen. Nutzer fragen daher immer häufiger nach Wohnimmobilien, die Nachhaltigkeitskriterien berücksichtigen und energieeffizient gebaut werden. Die Nachfrage ist mittlerweile so stark, dass andere Wünsche, wie komfortable Extras, in den Hintergrund treten können.

Ihr aktuelles Projekt, das Plusenergiequartier Oberursel, ist in ein Zukunft-Bau-Forschungsprojekt integriert. Welche Effekte erhoffen Sie sich durch diese Zusammenarbeit?

Wir sind davon überzeugt, einen größeren Mehrwert bei der Nachhaltigkeit und Energieeffizienz zu schaffen, wenn wir an der intelligenten Verknüpfung von Gebäuden innerhalb von Quartieren arbeiten und Gebäude nicht als Einzelobjekt betrachten. Genau das beabsichtigen wir mit dem Plusenergiequartier Oberursel. Auf diese Weise können wir detailliert Prozesse und Prinzipien für die Umsetzung weiterer Projekte entwickeln und das Wertentwicklungspotenzial eines ganzen Quartiers heben.

Welche neuen Herausforderungen, Chancen und Schwierigkeiten entstehen bei der Umsetzung eines Quartierenergiekonzepts?

Das Projekt ist unter anderem wegen der Vielzahl der Gebäude, der unterschiedlichsten Spezifika und weiterer Komponenten wie Lage und Individualität, hoch komplex. Die größte Herausforderung liegt also darin, ein übergeordnetes System zu schaffen, das die Anforderungen der Nutzer und die Architektur mit der Energieversorgung und weiteren intelligenten Systemen im Quartier verknüpft. Chancen sehen wir vor allem in der höheren Energieeffizienz und der besseren Nutzung von Überkapazitäten, als das bei einem Einzelgebäude der Fall wäre. Mit all diesen Aspekten gilt es nun, den idealen Weg zu beschreiten. Hierbei liegt ein besonderes Potenzial in der Verknüpfung von Wohn- und Gewerbenutzungen.

Sind solche Konzepte Ihrer Meinung nach zukunftsweisend und auch wirtschaftlich umsetzbar?

Auf jeden Fall. Die Erfahrungen, die in den vergangenen Jahren bei zahlreichen Einzelprojekten gemacht wurden, ermöglichen es, den qualitativen Anspruch und die Anforderungen seitens der Nutzer auch in einem Quartier mit unterschiedlichen Ausprägungen umzusetzen. So kann gewährleistet werden, dass in einem Quartier zukünftig in der Gesamtbilanz ein deutlich besserer Energiestandard zu erreichen ist, als es bei einem Einzelobjekt möglich wäre. Wichtig für die Zukunft ist, neben den daraus gewonnenen Erkenntnissen auch die Variabilität der Nutzungsmöglichkeit zu erreichen, ohne die Anforderungen an die Nachhaltigkeit einzuschränken. Wir wollen Nutzern und Investoren ein Quartier bieten, das auf dem modernsten Stand mit einer Perspektive für die Zukunft ist und so für beide Zielgruppen ein hohes Wertsteigerungspotenzial besitzt.

Nowelle, München: Die Wohnhäuser halten den Standard KfW-Effizienzhaus 70 ein. Nicht nur die Fassade ist wärmegedämmt – auch das Glas der Fensteranlagen ist wärmedämmend.

Stillleben am Zoo, Hannover: Die Gebäude werden den Standard KfW-Effizienzhaus 70 erfüllen. Geheizt wird mit Fernwärme aus Kraft-Wärme-Kopplung.

WaterHouses, IBA Hamburg: Die Passivhäuser stehen in einem Wasserbecken. Sie nutzen Erdwärme und Sonnenenergie zum Heizen und Kühlen.

Dipl.- Ing. Kruno Crepulja begann seine Laufbahn als Projektleiter eines Unternehmens in Frankfurt. 1998 wechselte er zur Wilma Wohnen Süd, wo er zehn Jahre im Bauträgergeschäft tätig war. Ab 2003 bekleidete er dort die Position des Geschäftsführers. Im Mai 2008 wechselte Kruno Crepulja als Vorsitzender der Geschäftsleitung formart zur HOCHTIEF Construction AG in Essen. Seit 2012 ist er Mitglied der Segmentleitung Real Estate Solutions der HOCHTIEF Solutions AG.

Plan

Planung

Die folgenden vier Kapitel beschreiben die Grundlagen für die Entwicklung der Aktivhaus-Idee und dienen als Leitfaden zur Planung. Von den Grundsätzen des nachhaltigen und energieeffizienten Bauens über die im deutschsprachigen Raum üblichen Regelwerke bis hin zu Planungswerkzeugen und technischen Details wird beschrieben, was Aktivhäuser ausmacht, wie man sie entwickelt und welche Komponenten bei ihrer Umsetzung infrage kommen können.

Einleitend ist die Rolle der Energie in unserer Gesellschaft und in der nachhaltigen Entwicklung beschrieben. Im Mittelpunkt steht natürlich der Energieeinsatz in Gebäuden, aber auch die vielfältigen Möglichkeiten zur Energiegewinnung über das Gebäude und sein unmittelbares Umfeld sind thematisiert. Daraus werden Handlungsstrategien für Gebäude abgeleitet, die nicht nur den Energiekonsum berücksichtigen, sondern auch Energieerzeugung und -speicherung. Nach der Beschreibung der Bilanzierungsparameter werden einzelne Gebäudeenergiestandards beschrieben. Im Anschluss sind grundlegende Anforderungen an die Bauaufgabe „Aktivhaus" in Abhängigkeit von äußeren Randbedingungen (wie Grundstück, Klima) sowie den inneren Rahmenbedingungen (wie Nutzer, Geräte) dargestellt. Das letzte große Kapitel dieses Teils bietet einen Überblick über Energieversorgung und Gebäudetechnik, wobei sowohl bauliche als auch technische Maßnahmen und Technologien sowie ihre Einsatzmöglichkeiten im Detail beschrieben sind.

Grundlagen

Die Idee des Aktivhauses schreibt die Entwicklung der Grundlagen des Bauens und der Gebäudestandards konsequent fort. Sie trägt der Notwendigkeit um Nachhaltigkeit im Bauen in umfassender Weise Rechnung. Neben Steigerung der Effizienz tritt hier der Wandel zu umweltverträglicheren Technologien (Konsistenz), insbesondere der Energieversorgung sowie ein Umdenken in Richtung eines maßvollen Verhaltens (Suffizienz). Diese drei Nachhaltigkeits-Strategien gelten als Richtlinien bei der Entwicklung von Aktivhauskonzepten.

Grundbedürfnisse Bauen und Wohnen

Das Häuserbauen hat in der Geschichte der Menschheit immer eine zentrale Funktion eingenommen. Dies zeigt sich allein schon an der Herkunft des Wortes Bauen. Es geht auf die indogermanische Wurzel ‚bhuu' zurück, die ‚werden, entstehen' bedeutet, ‚bin' und ‚sein' haben den gleichen Ursprung. Allein dies schon weist darauf hin, dass das Sein des Menschen untrennbar mit dem Prozess des Bauens verbunden ist.

Nicht nur in unseren Breiten benötigt das Sein des Menschen immer auch das geformte, das Schutz bietende Gebäude. Es bietet Sicherheit vor äußeren Einflüssen, insbesondere vor den Widrigkeiten des Klimas, vor wechselnder und manchmal unvorhersehbarer Witterung, vor Gefahren aller Art. Seit der Mensch seine Ursprungsheimat, Ostafrika, mit seinen für ihn idealen Klimabedingungen verlassen hat, ist die Funktion des Schutzes durch ein Gebäude Mittelpunkt der Aktivitäten des Menschen. Denn ohne diese schützende dritte Haut wäre ein Überleben in unseren Breiten kaum denkbar. Auch hier lohnt ein Blick auf den Wortursprung von ‚Wohnen'. Ursprünglich, seiner indogermanischen Wurzel nach, bedeutet das Wort ‚verlangen nach, lieben'; im Germanischen dann ‚zufrieden sein' und zwar an einem Ort, an dem man bleiben kann.

Bauen und behaust sein sind damit Grundbedürfnisse des Menschen, angesiedelt auf einer Ebene mit anderen Grundbedürfnissen, wie etwa der Ernährung und der Kleidung. Als Menschenrechte sind sie entsprechend in der Charta der Vereinten Nationen festgeschrieben.

Die Qualität von Gebäuden und damit des Schutzes vor den Unbilden der Witterung hat sich seit dem Beginn des Bauens, seit dem Urhaus, erheblich weiter entwickelt. Es ist ein weiter Weg vom einfachen Blätterdach über das hölzerne und steinerne Haus, zunächst vielfach ohne Fenster, bis zu heutigen, technisch komplexen und hohen Komfort bietenden Gebäuden.

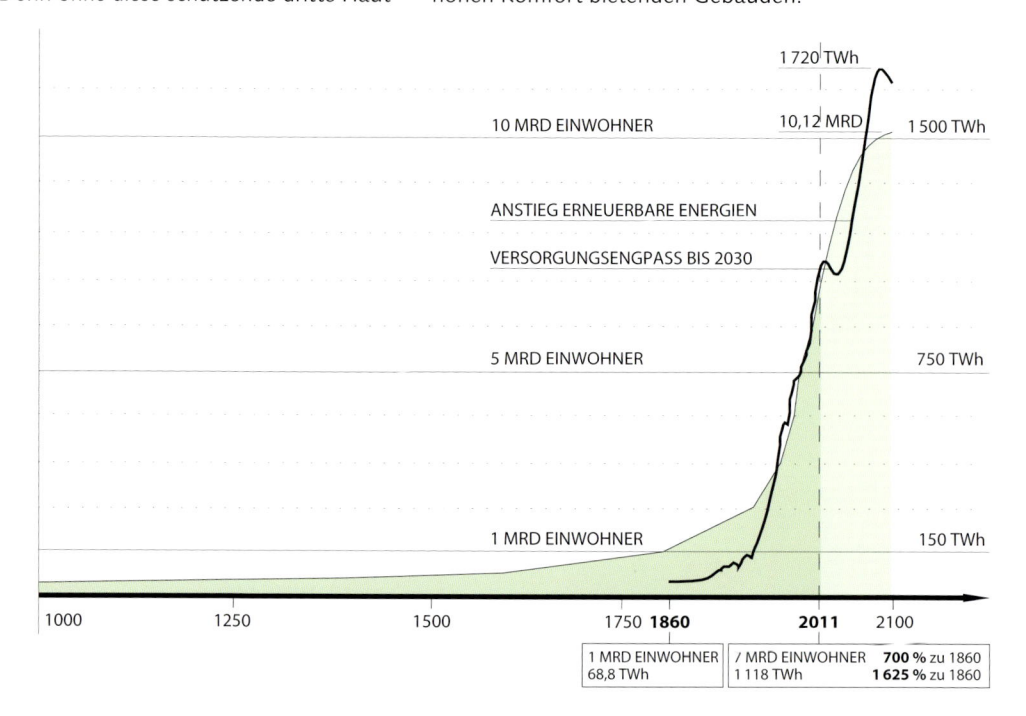

Gegenüberstellung der Entwicklung der Weltbevölkerung und des weltweiten Primärenergiebedarfs

Die Rolle der Energie

Insbesondere seit der industriellen Revolution hat sich dieser Entwicklungsprozess beschleunigt. Seit Energie preiswert, in großem Umfang und scheinbar unerschöpflich zur Verfügung steht, seitdem Rohstoffe für das Bauen – auch durch preiswert verfügbare Energie getrieben – in viel größerem Umfang und wiederum scheinbar unerschöpflich zur Verfügung zu stehen scheinen, hat sich das Häuserbauen rasant entwickelt. Wohnkomfort und Behaglichkeit von Gebäuden haben gleichzeitig deutlich zugenommen.

Unter den Rahmenbedingungen leicht verfügbarer Ressourcen ist in nicht einmal 150 Jahren die Weltbevölkerung um das Siebenfache angewachsen. In den entwickelten Ländern konnte sie weitestgehend mit behaglichem Wohnraum und vielgestaltigen weiteren Gebäudeangeboten ausgestattet werden. Die Schwellenländer ziehen nach. In Mitteleuropa verfügen wir heute über ein Vielfaches mehr an Wohnfläche, als etwa zu Beginn der industriellen Revolution. In Deutschland hat sich, wie in vielen anderen Ländern Mitteleuropas, allein in den letzten 50 Jahren die verfügbare Wohnfläche pro Person mehr als verdreifacht. Parallel dazu hat sich das Angebot an Gebäuden und Einrichtungen für Arbeit, Konsum und Freizeit vervielfacht.

So ist es nicht verwunderlich, dass seit Beginn der Industrialisierung der Energieverbrauch wesentlich deutlicher anstieg als die Bevölkerung. Noch immer ist in den meisten Ländern der Energieverbrauch ein Schlüsselindikator für den Wohlstand. Erst seit wenigen Jahren scheint es zu gelingen, die Schaffung von Wohlstand vom Energieverbrauch zu entkoppeln. Dies wird an der Gegenüberstellung der Entwicklung des Bruttoinlandprodukts und des Energieverbrauchs der letzten Jahrzehnte deutlich. Vielleicht ist dies auch ein Indikator für die viel prognostizierte Entwicklung zu einer postmateriellen Gesellschaft, die weniger den Besitz von Gütern als die Nutzung von Dienstleistungen anstrebt. Dies kann zu einer Reduktion des Ressourcenverbrauchs beitragen.

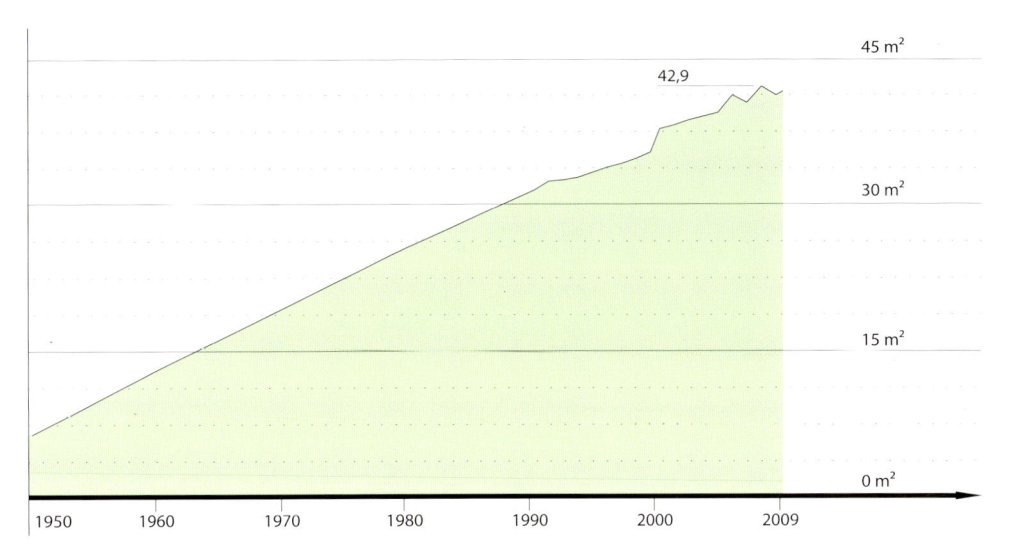

Entwicklung der Wohnfläche pro Person in Deutschland 1950 – 2009

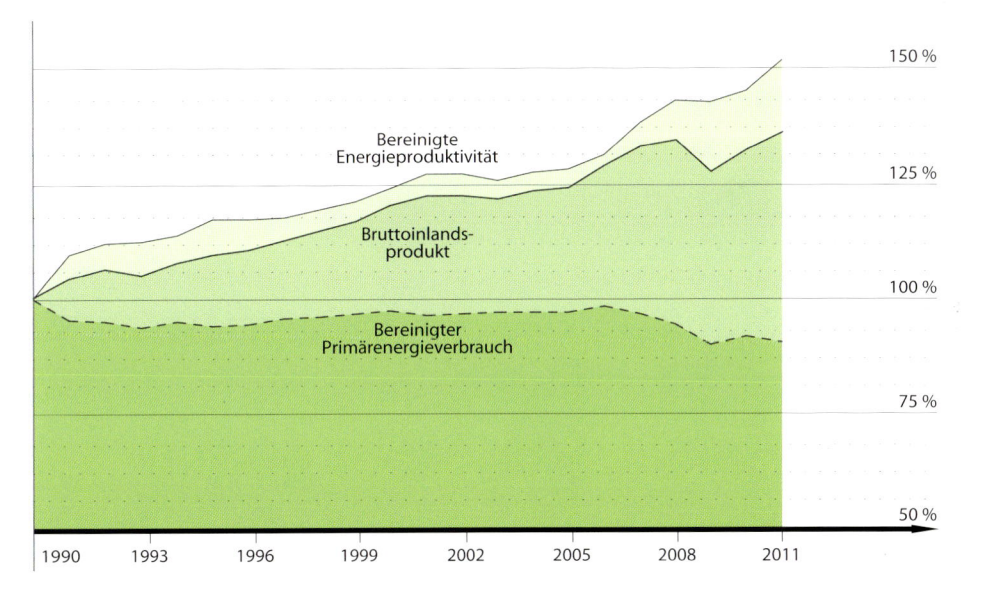

Bruttoinlandprodukt/Person und Primärenergieverbrauch/Person in Deutschland (1990 – 2011), 1990 = 100 %

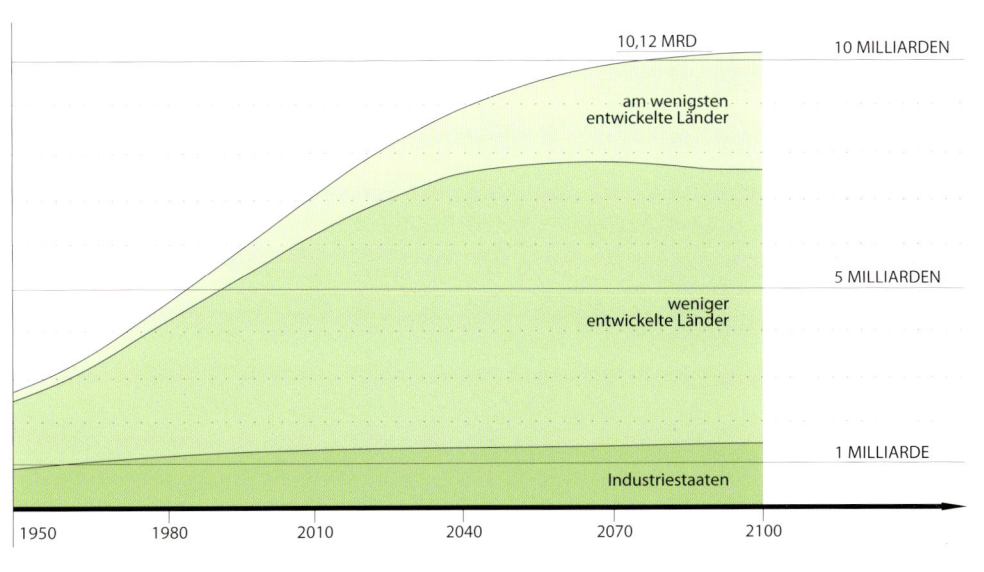

Globale Bevölkerungsentwicklung bis 2100

Folgen des Energieeinsatzes

Zu einer nachhaltigen globalen Gesellschaft ist es ein weiter Weg, und er erfordert einen vollständig neuen Umgang mit Energie und Ressourcen. Denn die für unseren derzeitigen Lebensstil notwendigen Rohstoffe, insbesondere die Energie, ziehen bei Gewinnung und Benutzung zunehmend Probleme nach sich. Wir haben es zwar geschafft, mit Maßnahmen wie dem Ersatz von Kohleheizungen durch Öl- oder Gasheizungen zur Verbesserung der Luftqualität beizutragen. Erscheinungen wie der Smog, der noch in der Mitte des 20. Jahrhunderts für viele Atemwegserkrankungen und schier unerträglich scheinende Umweltbedingungen in Metropolen verantwortlich war, sind in den entwickelten Ländern nahezu abgeschafft. Vergleichbare Phänomene wiederholen sich aber in den sich rasch entwickelnden neuen Metropolen der Schwellenländer; doch auch dort ist mit einer fortschreitenden Entwicklung Entlastung zu erhoffen.

Nicht bewältigen können wir bislang die weltweit wachsenden CO_2-Emissionen und viele andere Belastungen der Umwelt, die mit dem rapide ansteigenden Verbrauch von Ressourcen und Energie verbunden sind. Parallel mit der Bevölkerungsentwicklung sind die CO_2-Emissionen in die Höhe geschossen. Die weltweiten CO_2-Emissionen sind allein von 1900 bis 2011 um zirka 300 Prozent gestiegen; in dem kurzen Zeitraum von nur 18 Jahren zwischen 1993 und 2011 allein um 50 Prozent. Vor allem diese Emissionen sind für den Klimawechsel verantwortlich. Seit Beginn der Industrialisierung ist die Durchschnittstemperatur auf der Erde bereits um durchschnittlich 1°C gestiegen. Dieser Prozess beschleunigt sich derzeit und die Temperatur kann – wenn wir nichts dagegen unternehmen – bis zum Ende dieses Jahrhunderts um weitere 6°C ansteigen. Dies würde für den Menschen die Unbewohnbarkeit vieler Regionen der Erde bedeuten, neue und kaum beherrschbare Wetterereignisse nach sich ziehen und Ernten gefährden.

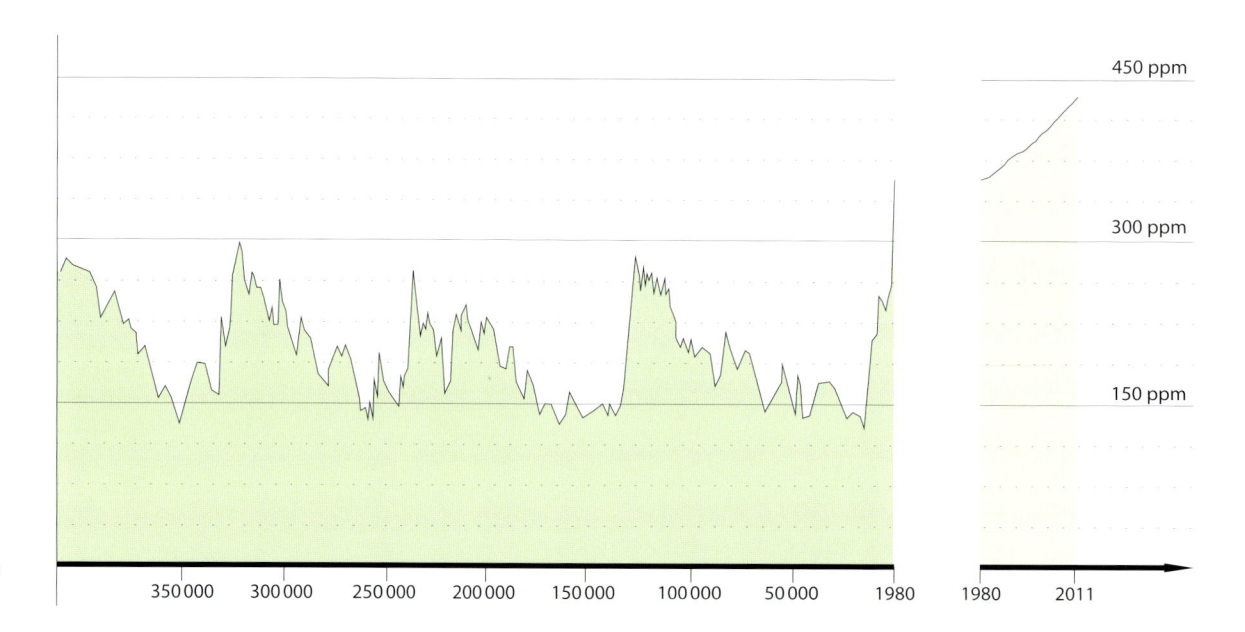

Globale CO_2-Konzentration in den letzten 420 000 Jahren

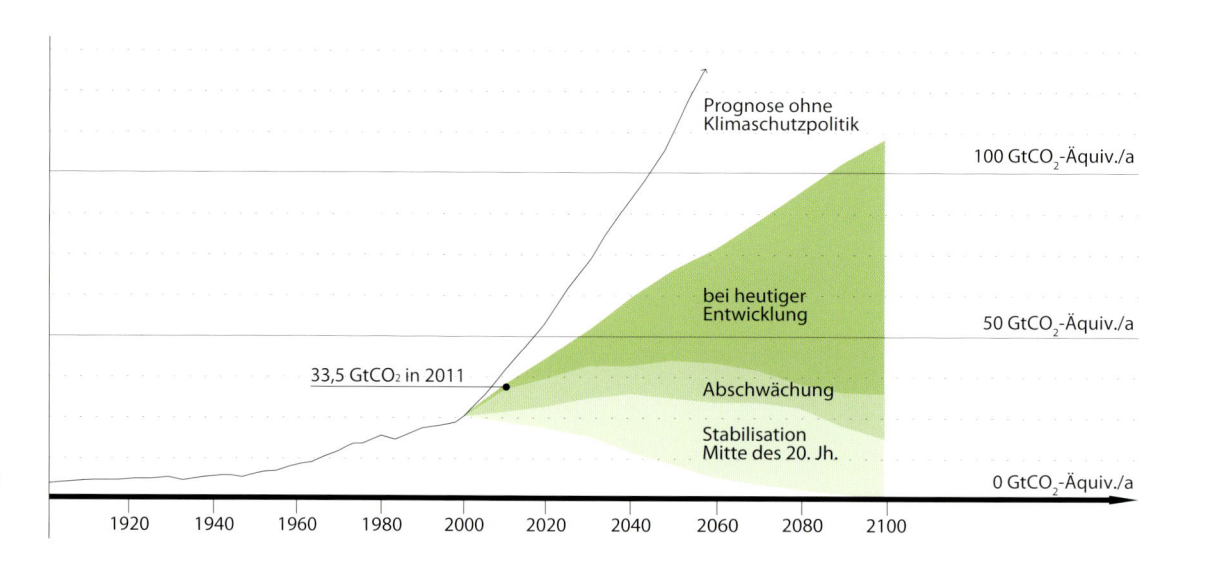

Globale CO_2-Konzentration in den letzten Jahren und Prognose der CO_2-Emissionen bis ins Jahr 2100

Bevölkerungswachstum und Ressourcenschonung

Nach dem deutlichen Anstieg seit Beginn der Industrialisierung wächst die Weltbevölkerung weiter an; die Prognosen zeigen einen Anstieg von 7 auf 9 Milliarden bis 2050 und auf 10 bis 11 Milliarden bis 2100. Ein immer größerer Anteil erhebt für sich zu Recht den Anspruch, ähnlich gute Lebensbedingungen zu erreichen, wie sie im entwickelten Teil der Welt vorherrschen. Die Verstädterung des Globus beschleunigt diesen Entwicklungsprozess, denn die Stadt ist für viele Menschen mehr als ein Hoffnungsträger. Sie sichert das Überleben, bietet Arbeit und verspricht Wohlstand. Schon heute wohnt jeder zweite Weltbürger in einer Stadt. Bis 2050 sollen es bei wachsender Weltbevölkerung 70 Prozent sein. Diese Entwicklung wird mit einem erheblichen Mehrverbrauch an Ressourcen verbunden sein.

Die Sorge um die Versorgungssicherheit der Welt mit konventioneller Energie wird deshalb größer. Sie hat verschiedene Quellen. Zum einen wird ein Löwenanteil dieser Energieträger importiert. Viele der Hauptlieferländer sind politisch wenig zuverlässige oder wenig stabile Partner. Zum anderen machen die Prognosen über die Reichweiten der weltweit verfügbaren Ressourcen wenig Mut. Insbesondere Erdöl, Erdgas und Uran sollen nur noch weit weniger als ein Menschenleben lang verfügbar sein. Selbst wenn sich diese Zeit aufgrund neuer Funde verlängert, ist eine erhebliche Verteuerung dieser endlichen Reserven infolge ihrer Knappheit absehbar.

Die Verbrennung von Kohle, Erdöl und Erdgas verbraucht auch einen wertvollen und endlichen Rohstoff zur Herstellung vieler nützlicher Alltagsprodukte. Auf Verbrauchs-, Konsum- und Investitionsgüter wie Körperpflegemittel, Düngemittel, Kunstharze, Kunststoffe und Kunstfasern werden wir auch langfristig angewiesen sein. Eigentlich sind fossile Ressourcen viel zu wertvoll, um sie zu verbrennen.

Verbunden damit ist die Besorgnis um das Überleben der Menschheit in einer Welt, die infolge der Verbrennung fossiler Energieträger in Gefahr ist, sich selbst abzuschaffen. Auch das Schwinden dieser Energiereserven und das damit verbundene Umstellen auf regenerative Energiequellen bringt keine schnelle Entlastung, da sich die Umweltwirkungen der fossilen Energiebereitstellung zum Teil erst mit großer Verzögerung spürbar machen.

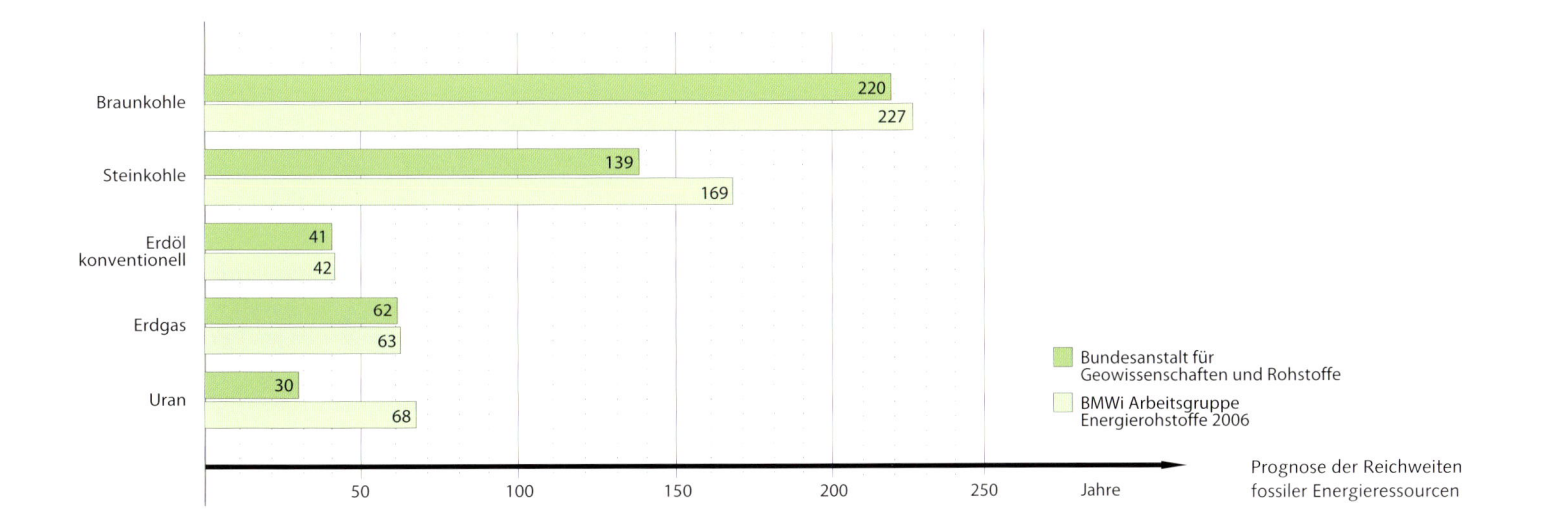

Energieträger	Bundesanstalt für Geowissenschaften und Rohstoffe	BMWi Arbeitsgruppe Energierohstoffe 2006
Braunkohle	220	227
Steinkohle	139	169
Erdöl konventionell	41	42
Erdgas	62	63
Uran	30	68

Prognose der Reichweiten fossiler Energieressourcen (Jahre)

Der Preis der Energie

Die Welt befindet sich demnach in einer mehrfachen Entwicklungsklemme: Die menschliche Existenz ist durch die unkontrollierte Nutzung fossiler Energiequellen gefährdet. Gleichzeitig gehen diese nicht erneuerbaren Energieressourcen zur Neige. Die Preise für Energie steigen deutlich stärker als für viele andere Güter. So sind die Ölpreise von 1970 bis 2011 um nahezu 1 000 Prozent gestiegen, die Gaspreise um zirka 450 Prozent. Der allgemeine Verbraucherpreisindex stieg in dieser Zeit um etwa 300 Prozent. Die Verknappung von Öl und Gas, das Auseinanderdriften von Angebot und Nachfrage, wird diese Entwicklung weiter beschleunigen. Die hochwertigste und am vielseitigsten nutzbare Energieform, die elektrische Energie, verzeichnete im gleichen Zeitraum einen Anstieg um nur zirka 400 Prozent. Sie kann aus verschiedenen – und zunehmend regenerativen – Energieformen gewonnen werden.

Wenn nichts geschieht, wird es angesichts dieser Entwicklung immer mehr Bevölkerungsgruppen kaum möglich sein, ihren Lebensstandard zu halten. Der im Zuge der Energiewende geplante Umstieg auf regenerative Energieträger hat diesen Preisanstieg zunächst beschleunigt und wird für einige weitere Jahre die Preise treiben. Mittel- bis langfristig wird er jedoch eine deutliche Stabilisierung zur Folge haben.

Ein Indikator hierfür ist, dass regenerative Energien und ihre Erzeugung immer preisgünstiger werden. Die technologische Entwicklung, vor allem jedoch die rationeller gewordenen Produktionsbedingungen, haben zu einer Situation geführt, in der immer mehr regenerative Energieangebote ‚grid parity' erreichen oder sich ihr nähern. Gemeint ist damit das Unterschreiten des Marktpreises für elektrische Energie durch die Erzeugungspreise aus erneuerbaren Energiequellen. Als ein Beispiel hierfür dienen die Modulpreise für die Photovoltaik. Lagen sie 1970 noch bei fast 90 €/Wpeak, sind sie 2012 schon für etwa 1 €/Wpeak erhältlich.

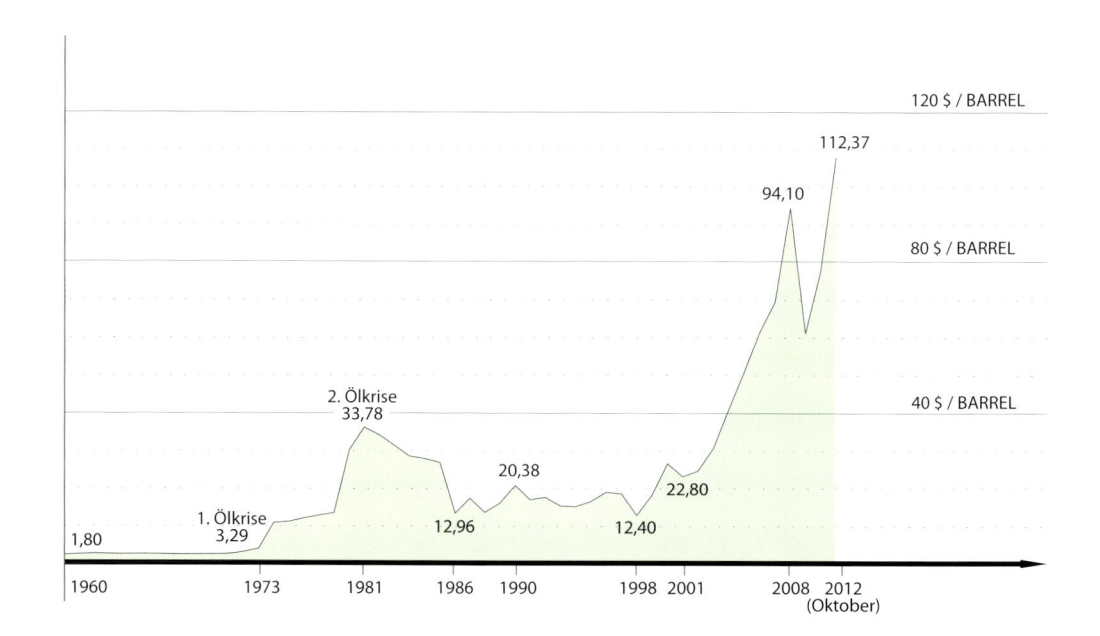

Entwicklung des Rohölweltmarktpreises von 1960 bis 2011

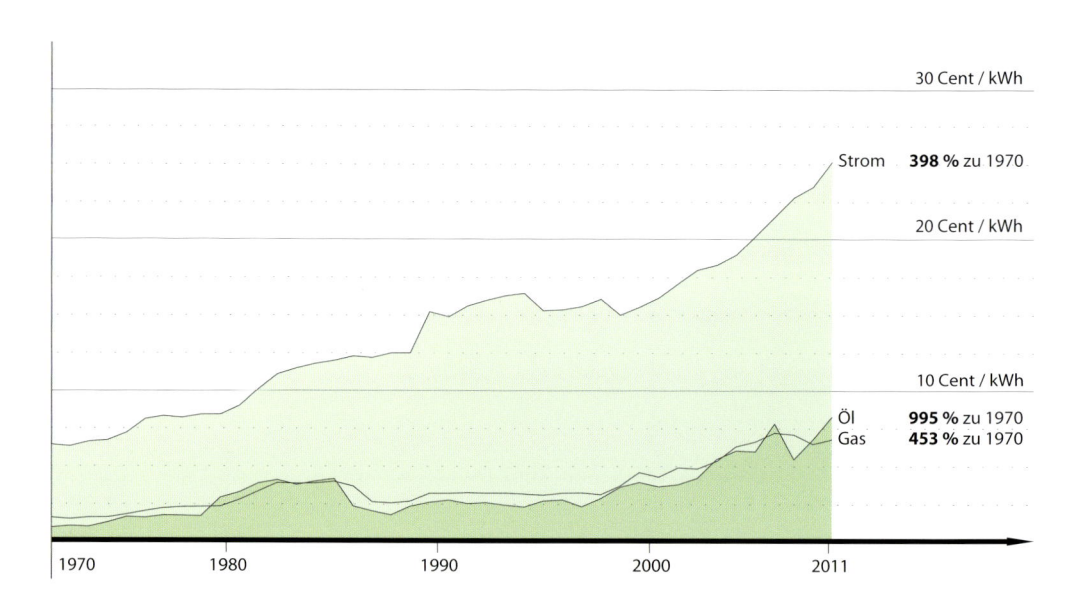

Preisentwicklung der Preise für Haushaltsstrom, Öl und Gas von 1970 bis 2011

Grundlagen

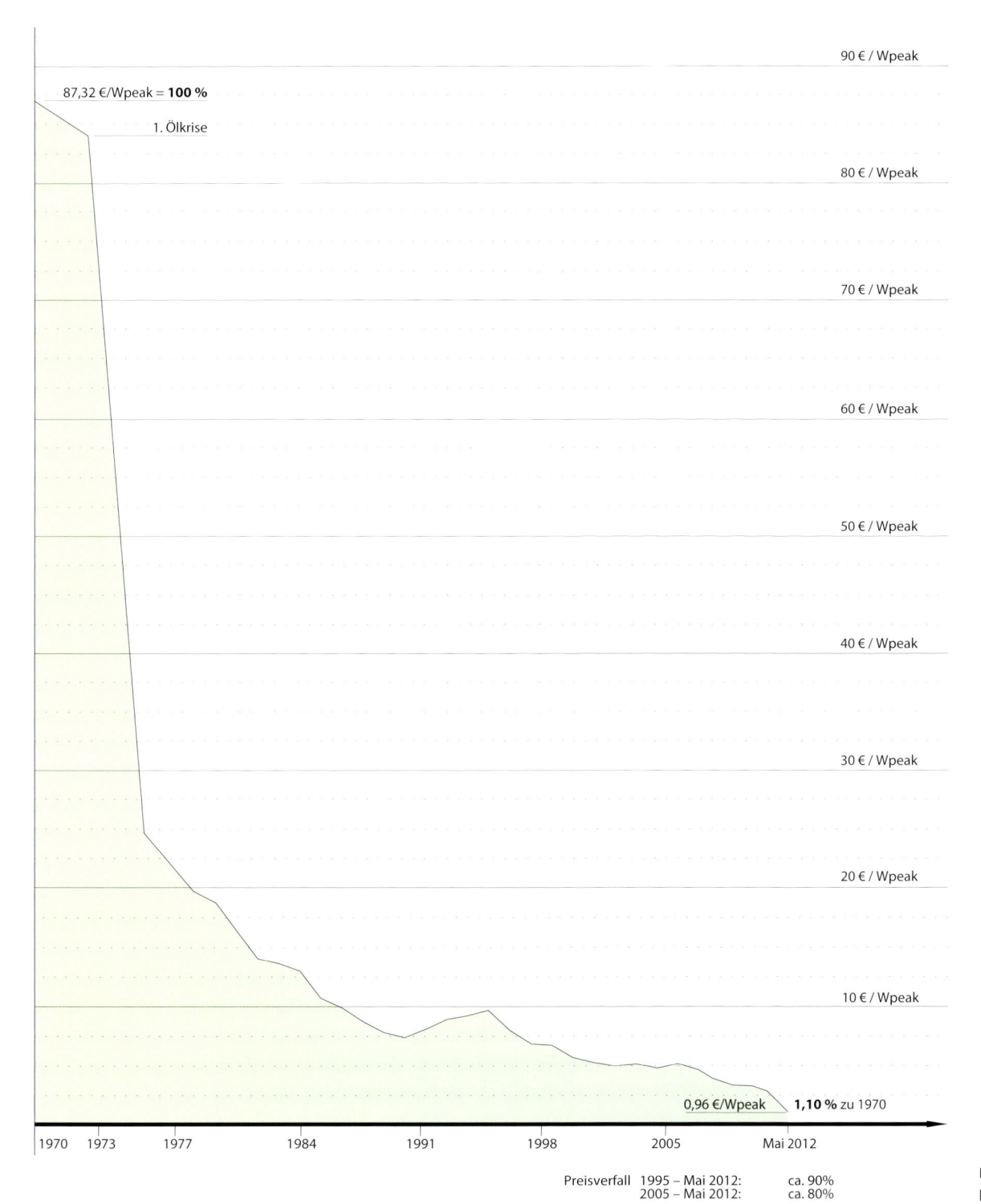

90 € / Wpeak

87,32 €/Wpeak = **100 %**

1. Ölkrise

80 € / Wpeak

70 € / Wpeak

60 € / Wpeak

50 € / Wpeak

40 € / Wpeak

30 € / Wpeak

20 € / Wpeak

10 € / Wpeak

0,96 €/Wpeak   **1,10 %** zu 1970

1970 1973   1977   1984   1991   1998   2005   Mai 2012

Preisverfall 1995 – Mai 2012:   ca. 90%
              2005 – Mai 2012:   ca. 80%

Entwicklung der spezifischen PV-Modul-preise von 1970 bis 2012 in Deutschland

Energie im Bausektor

In unseren Breiten verschlingt der Betrieb aller Gebäude, also ihre Beheizung, Kühlung und Lüftung, die Erzeugung von Warmwasser und die Elektrizität für Beleuchtung, Geräte und die Gebäudetechnik, allein zirka 40 Prozent des gesamten Endenergiebedarfs. Hierin nicht eingerechnet sind die energetischen Aufwendungen für das Bauen selbst: für die Gewinnung von Rohstoffen, die Herstellung von Baustoffen und Bauteilen, für die laufende Instandhaltung und Instandsetzung sowie für Abbruch am Ende der Lebensdauer. Allein die Herstellung von Zement erfordert etwa 5 Prozent des weltweiten Energieeinsatzes und hat einen ebenso hohen Anteil an den globalen CO_2-Emissionen. Bauen ist damit der Sektor mit dem höchsten Energiebedarf, gefolgt von der Industrie und dem Transportsektor.

Besonders in Mitteleuropa hat die Sorge um steigende Preise, mangelnde Versorgungssicherheit und die beschriebene Umweltproblematik zu erhöhten Anforderungen an die energetischen Qualitäten für das Bauen geführt. Das Einsparpotenzial ist riesig. Besonders groß ist es bei der Beheizung von Gebäuden, denn allein diese Energiedienstleistung macht mehr als ein Drittel des gesamten Endenergiebedarfs in Deutschland aus. Es war deshalb naheliegend, die Anstrengungen zur Energieeinsparung zunächst auf diesen Bereich zu konzentrieren.

Die Erfolge der vergangenen Jahrzehnte auf diesem Gebiet sind beachtlich. So kann ein neu errichtetes Wohngebäude den Energiebedarf für seine Beheizung auf bis zu ein 20stel eines unsanierten Altbaus reduzieren. Auch bei einem sanierten Altbau ist bei guten Voraussetzungen ein nahezu ähnlich beachtliches Ergebnis erzielbar. Gleichzeitig erhöht sich damit die Behaglichkeit für die Bewohner.

Andererseits werden viele Einsparungen durch steigende Ansprüche wieder zunichte gemacht. Die höheren Baustandards und die intelligenten Lösungen haben in den letzten Jahrzehnten dazu beigetragen, den Raumwärmebedarf pro Quadratmeter Nutzfläche deutlich zu senken. Konterkariert wird diese Entwicklung aber durch den erhöhten Flächenanspruch pro Bewohner, der den erreichten Fortschritt wieder nahezu vollständig aufhebt.

Neue, deutlich Energie sparende Geräte und Leuchtmittel, stehen in ähnlicher Weise einem weiter wachsenden Gerätepark in unseren Gebäuden gegenüber. Diese so genannten Reboundeffekte zeigen, dass die Energiewende nicht zu bewerkstelligen sein wird, wenn wir nur unseren Umgang mit Energie verändern. Es geht vielmehr darum, das nachhaltige Wirtschaften in allen Facetten umzusetzen. Und dies bedeutet Änderungen im Lebensstil, im Konsum wie in der Produktion. Nur eine ganzheitliche Sicht und ein umfassender Blick auf die Situation werden zum Erfolg führen. Hierzu gehört auch – und ganz besonders – die Entwicklung im Bauwesen.

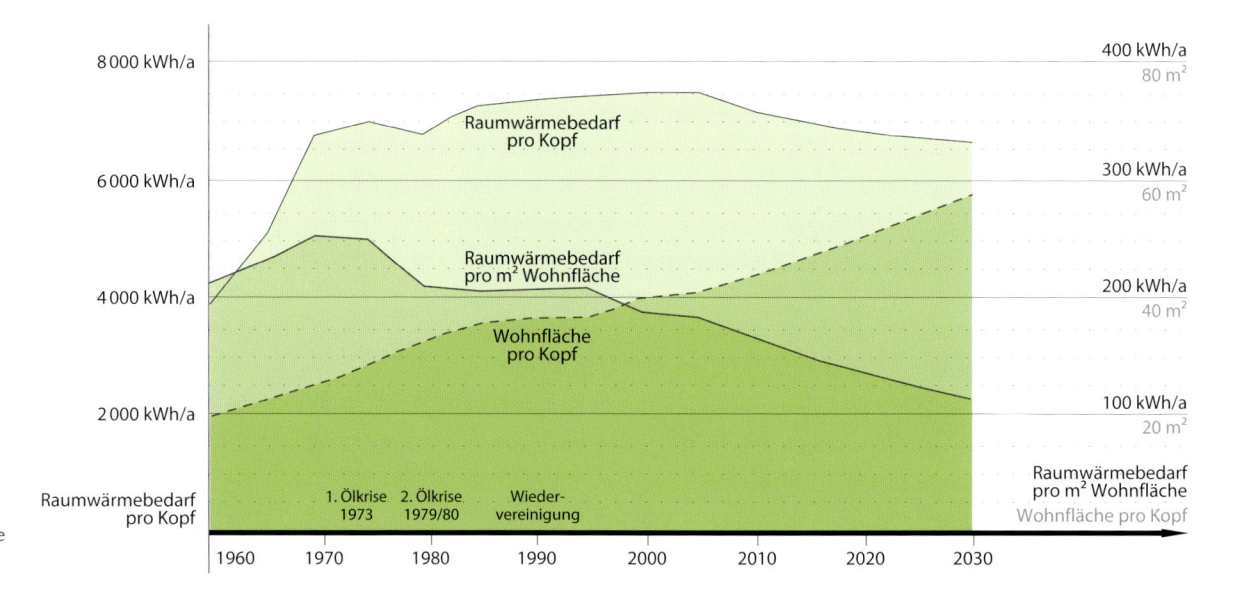

Entwicklung und Prognose der Wohnfläche und des Wärmebedarfs Deutschlands

Gebäudeenergie-Standards in ausgewählten Ländern

Der beschriebene Handlungsdruck infolge Klimawandel und Ressourcenknappheit hat in den letzten Jahren auch international verstärkt zur Entwicklung neuer Gebäudeenergie-Standards geführt. Alle diese Standards verfolgen ähnliche Ziele: auf lange Sicht die energetische Versorgung unserer gebauten Umwelt so effizient wie möglich zu gestalten und den Einsatz erneuerbarer Energien zu fördern. Sie sind jedoch nur eingeschränkt untereinander vergleichbar, da sie sich nicht nur hinsichtlich ihrer Bilanzgrenzen unterscheiden, sondern häufig auch in den Berechnungsgrundlagen und Kennwerten. Die Betrachtungsgrenzen der einzelnen Standards sind zudem sehr unterschiedlich und durch teilweise verschiedene Schwerpunkte geprägt. Aus diesem Grund sind sie über die Landesgrenzen hinaus in der Regel nicht vergleichbar. Hier sind die Standards nur einführend aufgeführt; detailliert beschrieben sind im Kapitel Bilanzierung.

Deutschland

Seit der Energiekrise in den 1970er Jahren verstärken sich die Bemühungen um energieeffizientes Bauen auf privater Ebene ebenso wie durch gesetzliche Regelungen und Förderprogramme. Das Energie-Einsparungsgesetz (EnEG 1976) wurde durch die Wärmeschutzverordnung (WSchVO 1977) und die umfassende Energie-Einsparverordnung (EnEV) ersetzt; beide wurden in jeweils drei Fassungen mit weiter steigenden Anforderungen aufgelegt. Die derzeit maßgebende EnEV wird flankiert durch so genannte KfW-Effizienzhäuser-Programme der staatlichen Kreditanstalt für Wiederaufbau, die weitergehende Standarderhöhungen durch Zuschüsse und zinsgünstige Kredite honoriert. Der am weitesten gehende Standard ist das Effizienzhaus Plus, das Energieeinsparung und Vorort-Energieerzeugung kombiniert und in der Jahresbilanz mehr Energie erzeugen muss, als es verbraucht. Im privaten Bereich ist es insbesondere der Passivhaus-Standard, der die oben beschriebenen passiven Maßnahmen auf das derzeit technisch machbare Maximum treibt und damit einen geringen Heizwärmebedarf von maximal 15 KWh/m^2a erreicht. Der maximal zulässige Primärenergiebedarf für Heizen, Kühlen, Hilfsstrom und Haushaltsstrom liegt bei 120 kWh/m^2a.

Schweiz

Parallel zu den deutschen Standards wurden in der Schweiz unter dem Label ‚Minergie' Standards für hocheffiziente Gebäudesysteme entwickelt. Neben dem Basisstandard Minergie und dem weitaus ehrgeizigeren Minergie-P-Standard wurde mit dem Label Minergie-A ein Standard entwickelt, der neben einem hochgedämmten Gebäude und dem damit verbundenen niedrigen Energiebedarf auch die Energieerzeugung aus erneuerbaren Energien betrachtet und bewertet. Ziel ist, mindestens den Bedarf zu decken. Den einzelnen Standards kann das Eco-Siegel zugeordnet werden. Es erweitert das System, indem es über den Betrieb hinaus auch die Energieaufwendungen betrachtet, die durch die Herstellung des Gebäudes entstehen, die so genannte graue Energie.

Italien

Geprägt auch durch die Entwicklungen in der Schweiz wurde in Südtirol 2002 im Rahmen der Entwicklungen des energieeffizienten Bauens das Gebäudelabel ‚KlimaHaus' (italienisch: CasaClima) etabliert. In der autonomen Provinz Bozen ist 2006 die KlimaHaus-Agentur gegründet worden, die die Weiterentwicklung, Öffentlichkeitsarbeit und Zertifizierung des Standards durchführt. Grundsätzlich gibt es drei verschiedene Klassen des KlimaHaus, die primär anhand ihres Heizenergiebedarfs (Heizung und Warmwasser) eingestuft werden: KlimaHaus B: Heizenergiebedarf unter 50 kWh/m^2a (5-Liter-Haus); KlimaHaus A: Heizenergiebedarf unter 30 kWh/m^2a (3-Liter-Haus); KlimaHaus Gold: Heizenergiebedarf unter 10 kWh/m^2a (1-Liter-Haus). Über die rein betriebsenergetische Betrachtung hinaus ist auch in der KlimaHaus-Initiative ein zusätzliches Label vertreten, das die schonende Nutzung im Umgang mit Ressourcen sowie den Energieeinsatz in der Baustoffherstellung bewertet. Das KlimaHaus-Nature legt deshalb Grundregeln zum Beispiel zur Vermeidung von fossilen Energieträgern, Dämmmaterialien aus Kunststoff, Schadstoffen und Tropenholz fest.

Österreich

Im benachbarten Österreich wurden im Rahmen der internationalen Entwicklungen und der EU-Gebäuderichtlinie Energiestandards eingeführt, die den deutschen Standards wie Niedrigenergiehaus, Niedrigstenergiehaus und Passivhaus ähneln. Bewertet wird in erster Linie der Betrieb über den Heizwärmebedarf nach ÖNORM H5055. Zusätzlich zu dieser rein energetischen Bewertung wurde das Label ‚klima:aktiv haus' entwickelt. Es baut auf den energetischen Qualitäten und den Berechnungsgrundlagen eines Passivhauses auf, erweitert jedoch das Feld der Betrachtungen über die rein energetische Versorgung im Betrieb hinaus. So wird über bauliche Maßnahmen zur Energieeinsparung bei Neubau und Sanierung hinaus in den einzelnen Programmen sowohl der Einsatz erneuerbarer Energien, die Mobilität wie auch der Gebäudeverbund in Siedlungen und Gemeinden betrachtet und durch Regelwerke gesteuert.

Großbritannien

Auch vor dem Norden Europas machen die Entwicklungen nicht halt. In Großbritannien wird aktuell der Standard eines Hauses ausgearbeitet, das nicht nur seinen Energiebedarf selbst deckt, sondern auch Umweltwirkungen, die durch die Energieerzeugung in Form von Kohlendioxid-Emissionen entstehen, ausgleichen soll. Dieses so genannte ‚zero carbon home' zeichnet sich demnach durch einen CO_2-neutralen Betrieb aus. Das ehrgeizige Ziel ist, dass bis 2016 alle Neubauten in Großbritannien diesen Standard erfüllen müssen. Über die Betrachtungsgrenze des einzelnen Gebäudes hinaus wird der Standard sogar auf Siedlungen und Städte ausgeweitet. Auch diese Neubaumaßnahmen sollen eine CO_2-Neutralität aufweisen.

Energie weiter gefasst

Die meisten Energiestandards konzentrieren sich bis heute auf eine Reduzierung des Heizenergiebedarfs, da dieser zurzeit noch einen Großteil des Energiebedarfs eines Gebäudes ausmacht. Er lässt sich ohne allzu großen baulichen und technischen Aufwand erheblich reduzieren. Vielfach wird der zur Wärmeerzeugung und -bewahrung notwendige elektrische Hilfsenergiebedarf mit berücksichtigt, oft auch die zur Warmwasserbereitung erforderliche Energie. Dies gilt besonders für das Wohnen. Doch die Gesamtbetrachtung erfordert die Einbeziehung weiterer Energiedienstleistungen.

Elektrische Energie

Indem man die Erzeugung und den Erhalt von Wärme in Gebäuden zunehmend in den Griff bekommt, rücken andere Energieverbraucher in den Vordergrund. Denn bei einem Mehrfamilien-Wohnhaus nach zeitgemäßem Standard (KfW 40 oder Hüllstandard eines Passivhauses), liegt der anteilige Energiebedarf für die Beheizung nur noch bei zirka 15 Prozent des Gesamt-Endenergiebedarfs. Hinzu kommen etwa 15 bis 20 Prozent für die Warmwasserbereitung. Der mit Abstand größte Energiebedarf liegt im Bereich der elektrischen Energie, besonders beim Haushaltsstrom, der mit zirka 60 Prozent des gesamten Endenergiebedarfs zu Buche schlägt. Hierbei ist der Einsatz hoch effizienter Haushaltsgeräte (A+++) und Beleuchtungsmittel (LED) bereits berücksichtigt. Der verbleibende Rest (ca. 5 Prozent) verteilt sich auf Hilfsstrom für Pumpen, Ventilatoren etcetera. Zu berücksichtigen ist, dass insbesondere bei einem Energiemix mit hohem Anteil fossiler Energieerzeugung der Primärenergieeinsatz noch deutlich höher zu Buche schlägt. Damit ist dem elektrischen Energieverbrauch in Zukunft weitaus höhere Aufmerksamkeit zu schenken. Dies gilt umso mehr, als er bei anderen Nutzungen (z.B. Büros, Läden, Produktions- und Forschungseinrichtungen) anteilig und absolut betrachtet noch weitaus höher ist als beim Wohnen.

Graue Energie

Mit der Effizienzsteigerung im Betrieb rückt ein weiteres energetisches Kriterium in den Mittelpunkt: die so genannte graue Energie. Dies ist die Energie, die zur Gewinnung und Verarbeitung von Baustoffen und Bauelementen sowie zur Erstellung eines Gebäudes, seiner Instandhaltung und Modernisierung während der Lebensdauer sowie schließlich zu seiner Demontage erforderlich ist. Je mehr es gelingt, die Betriebsenergie zu reduzieren, umso mehr rückt die graue Energie in den Mittelpunkt der Betrachtung. Auch bei angenommen langen Lebensdauern von Gebäuden kann der auf das Jahr rückgerechnete Energieverbrauch an grauer Energie höher sein, als die Gesamtsumme aller Verbräuche zur Aufrechterhaltung des Gebäudebetriebs. Zur Minimierung grauer Energie stehen verschiedene Strategien zur Verfügung. Sie reichen von einem bevorzugten Einsatz nachwachsender Rohstoffe und von Baustoffen mit geringer Verarbeitungstiefe beziehungsweise geringem Energiegehalt über die Verwendung von recycelten oder voll recyclingfähigen Baustoffen und Bauteilen bis hin zum konsequenten Leichtbau zur Minderung der benötigten Materialmengen.

Besonders wirksam ist es jedoch, eine hohe Lebensdauer anzustreben. Diese lässt sich durch eine Weiternutzung bestehender Bauten wohl am besten erreichen, weil ein Großteil der bereits verbauten grauen Energie erhalten bleibt. Bei Neubauten ist auf ein hohes Maß an Veränderbarkeit und Mehrfach-Nutzbarkeit ebenso Wert zu legen wie auf eine gute Lage und geringen Verschleiß – nicht nur in technischer, sondern auch in ästhetischer Hinsicht.

Bedarf an zugeführter Primärenergie (z.B. über das Stromnetz) für Wohngebäude unterschiedlicher energetischer Standards im Jahresmittel (Betrachtungszeitraum 50 Jahre). Die Reduzierung des Wärmebedarfs wird bis 2020 mit dem Netto-Nullenergiehaus der EU ihren Abschluss finden. Diese Gebäude werden ihren Energiebedarf für Heizung, Warmwasser sowie Hilfs- und Nutzerstrom im Jahresmittel selbst decken. Gebäude werden dann nur noch einen Primärenergiebedarf für Herstellung, Instandhaltung und Entsorgung der Gebäudekonstruktion haben.

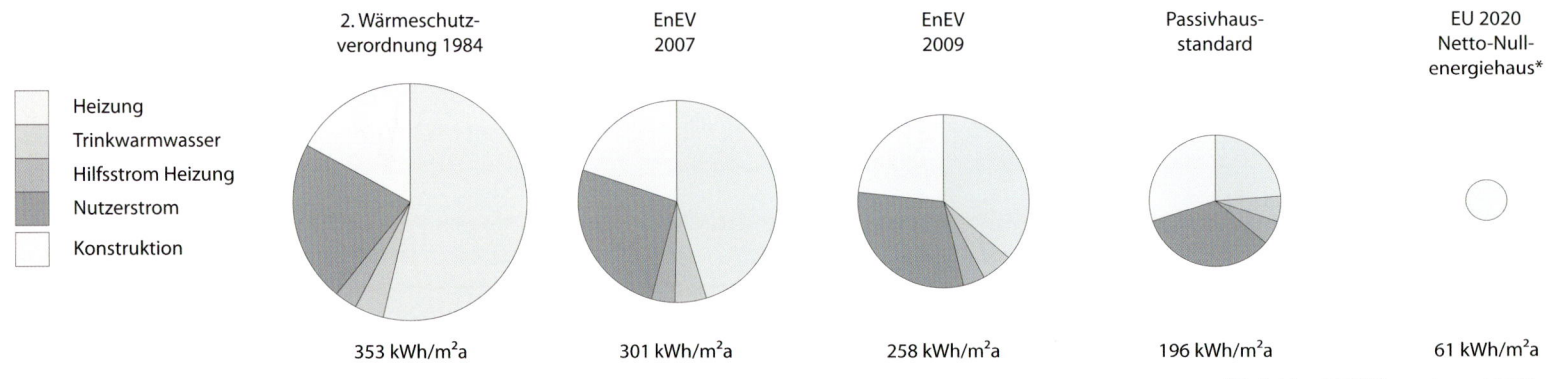

	2. Wärmeschutzverordnung 1984	EnEV 2007	EnEV 2009	Passivhausstandard	EU 2020 Netto-Nullenergiehaus*
	353 kWh/m²a	301 kWh/m²a	258 kWh/m²a	196 kWh/m²a	61 kWh/m²a

Legende: Heizung, Trinkwarmwasser, Hilfsstrom Heizung, Nutzerstrom, Konstruktion

*Definition BMVBS vom August 2011

Neubau eines Mehrfamilienhauses mit 20 Wohneinheiten als Energieplushaus nach den Richtlinien des Effizienzhaus Plus am Riedberg in Frankfurt

Gebäudeform, Kompaktheit und Ausrichtung sind auf Maximierung der Nutzung von Tageslicht, natürlicher Lüftung und solaren Erträgen ausgerichtet. Zur Gewinnung von Umweltenergien richtet sich das Gebäude mit seinem Pultdach Richtung Süden aus. Dies schafft in den beiden oberen Geschossen besonders attraktive Räume mit geneigten Decken und Emporen. Zugleich sind auf diesem Wege über die dachintegrierte Photovoltaikanlage hohe Erträge erzielbar. Ebenfalls wird in die Südfassade Photovoltaik integriert werden. In Verbindung mit der Nutzung von Geothermie wird dann ein Plus in der Jahresbilanz erreicht. Durch die Verknüpfung von Gebäude und Elektromobilität sowie neuartige Speicher für thermische und elektrische Energie wird darüber hinaus der Eigendeckungsgrad der Energieversorgung deutlich erhöht.

Architekt: HHS Planer + Architekten AG, Kassel

Ein Beitrag zur nachhaltigen Entwicklung

Das Aktivhaus-Konzept verfolgt die Entwicklung hin zum nachhaltigen Bauen mit großer Konsequenz. Es geht von dem zunehmend anerkannten Grundkonflikt zwischen Wachstum und Umwelt aus und erkennt an, dass die Natur nicht substituierbar ist. Das Konzept verfolgt eine umfassende Strategie, die die Elemente einer besseren Nutzung der verfügbaren Ressourcen in Verbindung mit einem Übergang zu naturverträglichen Technologien bringt. Gleichzeitig berücksichtigt es auch, dass es ohne eine Veränderung des Denkens und Wünschens in Richtung Genügsamkeit und Angemessenheit nicht weiter gehen wird. Das wird jedoch nur möglich sein, wenn wir eine solchermaßen begriffene Nachhaltigkeit zur Lebensphilosophie und zum Lifestyle erheben. Im Aktivhaus verbinden sich die drei Strategien der Nachhaltigkeit.

Effizienz

Grundlage nachhaltigen Wirtschaftens ist die ökologisch wie ökonomisch begründete Effizienz. Sie verfolgt das Prinzip, mit möglichst geringem Ressourceneinsatz möglichst viel zu erreichen. Der Effizienzpfad reagiert auf die Erkenntnis der Endlichkeit der globalen Ressourcen und der Endlichkeit der natürlichen Senken für Schadstoffe. Er suggeriert, dass sich mit steigender Effizienz die Grenzen unserer Wachstumswirtschaft in Bezug auf die Nutzung von materiellen Ressourcen nahezu beliebig in die Zukunft verschieben lassen. Das Aktivhaus ist nur als hoch effizientes Gebäude denkbar, das hinsichtlich Flächenangebot, Gebäudeform, Materialeinsatz und Gebäudetechnik eine hohe Produktivität aufweist und sich an der Spitze des Stands der Technik orientiert. Doch die Strategie der Effizienzsteigerung wird alleine nicht ausreichen, die vor uns liegenden Aufgaben zu bewältigen.

Konsistenz

Die Konsistenz als zweite Säule bedeutet den Umbau hin zu naturverträglichen Ressourcen. Dies gilt für den Materialeinsatz beim Bauen ebenso wie für den Energieeinsatz im Betrieb. Hier tut sich vordergründig ein möglicher Widerspruch zur Effizienz auf. Wenn erneuerbare Energie nahezu unbegrenzt vorhanden und ihre Nutzung nicht umweltschädlich ist, wenn Holz in größerem Umfang nachwächst als es verbraucht wird, spricht eigentlich nichts gegen einen verschwenderischen Umgang. Die zur Gewinnung dieser Ressourcen erforderlichen Technologien nutzen allerdings wiederum Ressourcen, die zunächst in großem Umfang nicht erneuerbar sind. Die Entropie erhöht sich. Dies setzt Grenzen und legt, bis auf weiteres, einen sparsamen Umgang nahe. Für das Aktivhaus bedeutet das, dass es seine für den Betrieb erforderliche Energie weitestgehend aus erneuerbaren Energiequellen schöpft, seine Stofflichkeit aus nachwachsenden Rohstoffen und/oder komplett recyclingfähig entwickelt. Effizienz und Konsistenz laufen damit auf eine optimierte Beherrschung der Natur hinaus. Sie verkörpern das Prinzip Hoffnung, auch bei wachsender Weltbevölkerung und zunehmendem Wohlstand für alle mit geringeren Mitteln mehr herzustellen und auf diese Weise soziale Fragen der Beschränkung oder gar der Umverteilung zu umgehen.

Suffizienz

Die dritte Säule, die Suffizienz, stellt sich dieser gesellschafts- und wirtschaftskonformen Betrachtung des ‚Immer mehr' entgegen. Die Suffizienz stellt die Frage nach dem rechten Maß. Sie will dem Überverbrauch von Ressourcen Grenzen setzen sowie Genügsamkeit und Angemessenheit im gesellschaftlichen Konsens umsetzen. Der Suffizienz wird vorgeworfen, mit ihrem Verzichtsdenken und ihrer Herkunft aus der ‚small is beautiful'-Bewegung hoffnungslos rückwärtsgewandt und weltfremd zu sein. Denn der Suffizienzpfad fordert zunächst einmal die Beantwortung der Grundsatzfrage, ob ein Neubau, ein Gebäude zur Deckung eines kritisch zu prüfenden Flächenbedarfs überhaupt erforderlich ist. Bei positivem Ergebnis schließt sich daran – wie bereits beschrieben – die nächste Frage nach einer angemessenen Größenordnung an.

Grundlagen

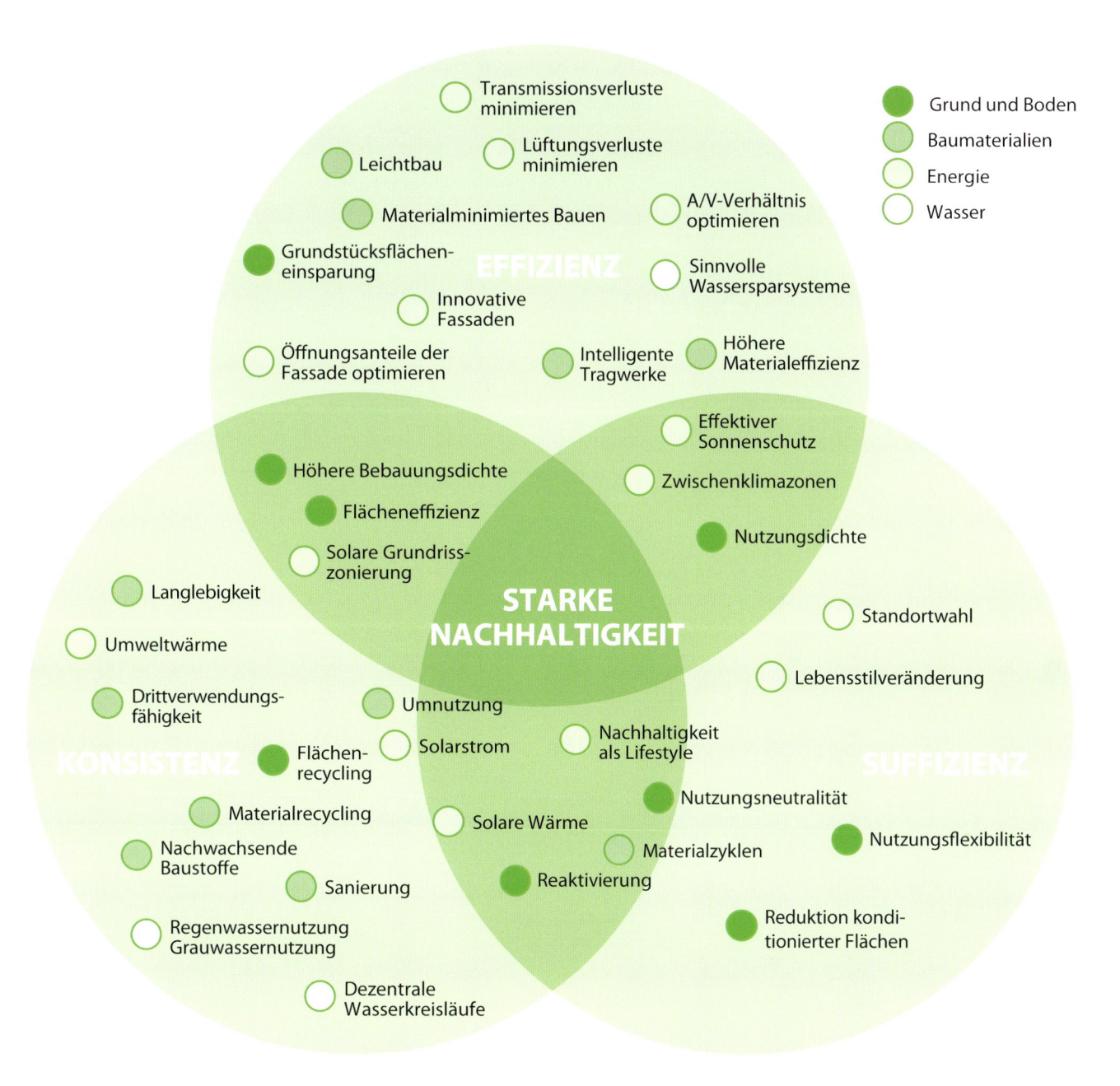

EFFIZIENZ
- Transmissionsverluste minimieren
- Lüftungsverluste minimieren
- Leichtbau
- Materialminimiertes Bauen
- A/V-Verhältnis optimieren
- Grundstücksflächeneinsparung
- Sinnvolle Wassersparsysteme
- Innovative Fassaden
- Öffnungsanteile der Fassade optimieren
- Intelligente Tragwerke
- Höhere Materialeffizienz

Legende:
- ● Grund und Boden
- ● Baumaterialien
- ○ Energie
- ○ Wasser

Schnittmenge Effizienz/Konsistenz:
- Höhere Bebauungsdichte
- Flächeneffizienz
- Solare Grundrisszonierung

Schnittmenge Effizienz/Suffizienz:
- Effektiver Sonnenschutz
- Zwischenklimazonen
- Nutzungsdichte

STARKE NACHHALTIGKEIT

KONSISTENZ
- Langlebigkeit
- Umweltwärme
- Drittverwendungsfähigkeit
- Flächenrecycling
- Materialrecycling
- Nachwachsende Baustoffe
- Sanierung
- Regenwassernutzung / Grauwassernutzung
- Dezentrale Wasserkreisläufe

Schnittmenge Konsistenz/Suffizienz:
- Umnutzung
- Solarstrom
- Nachhaltigkeit als Lifestyle
- Solare Wärme
- Materialzyklen
- Reaktivierung

SUFFIZIENZ
- Standortwahl
- Lebensstiländerung
- Nutzungsneutralität
- Nutzungsflexibilität
- Reduktion konditionierter Flächen

Strategien des ressourcenschonenden Bauens, Landkarte der Nachhaltigkeit

Aktivhaus

Das Aktivhaus ist die zeitgemäße Weiterentwicklung bisheriger Gebäudeenergie-Standards. Es baut auf den Prinzipien einer Minimierung der Energieverluste und des gebäudeinternen Energieverbrauchs, sowie der direkten (passiven) Nutzung der Sonneneinstrahlung durch das Gebäude selbst auf. Diese Prinzipien werden allerdings in der Regel nicht ausreichen, um ein Gebäude in der Jahresbilanz mit ganzjährig angenehmen Aufenthaltsbedingungen und den notwendigen Energiedienstleistungen Heizen, Kühlen, Lüften, Beleuchten und Elektrizität zu versorgen.

Ergänzt werden diese Maßnahmen deshalb durch die aktive Nutzung regenerativer Energiequellen, soweit sie auf das Haus oder das Grundstück treffen, also durch die Umwandlung der Sonneneinstrahlung, der Umgebungswärme, der Windströmung oder der Erdwärme in Wärmeenergie und Elektrizität für das Gebäude. Das Aktivhaus spart also nicht nur Energie. Es ist zusätzlich auf die Erzeugung von Energie über seine Gebäudehülle, seine erdberührten Bauteile und seine unmittelbare Umgebung ausgerichtet.

Das Aktivhaus greift damit nicht weiter auf die Versorgung durch die großen externen Energieversorgungsanlagen zurück. Dabei spielt es keine Rolle, ob sie fossil mit Kohle, Öl oder Gas betrieben werden, oder ob die Energie regenerativ in Großanlagen, wie zum Beispiel nordafrikanischen Solarstromkraftwerken oder Offshore-Windparks, erzeugt wird. Das Aktivhaus nutzt die hohen Selbstversorgungspotenziale der nahen Umgebung. Es verfolgt damit die Ziele des *small is beautiful* und des Einfachen – ohne damit rückwärtsgewandt oder gar vorindustriell zu sein. Das Aktivhaus vernetzt sich in Nachbarschaft und Stadt mit anderen Gebäuden und Einrichtungen. In diesem Verbund gleicht es zunehmend Angebot und Bedarf aus und verringert den derzeit noch hohen Speicherbedarf der erneuerbaren Energien. Gleichzeitig verbessert es zunehmend die städtischen Selbstversorgungspotenziale und trägt damit zur Versorgungssicherheit und zum Selbstbewusstsein der Stadt bei. Zunächst noch vereinzelt, können Aktivhäuser vernetzt für die Selbstversorgung von städtischen Quartieren und schließlich Städten bedeutsam werden. Sie können, parallel zur sich entwickelnden urbanen Landschaft, ein neues Leitbild für das Bauen und die Entwicklung der Stadt bieten.

Handlungsstrategien

Auf welche Art lassen sich Gebäude herstellen, die die beschriebenen Kriterien erfüllen? Vier Handlungsebenen weisen den Weg zum Aktivhaus.

Programm

Angesichts stagnierender Bevölkerungszahlen in Mitteleuropa sollten neue Bauflächen mit Bedacht ausgewiesen werden. Dies reduziert den Verkehr und vermeidet den Bedarf an neuer Infrastruktur. Das Bauen im Bestand, die ständige Erneuerung der Stadt möglichst weitgehend in ihrem vorhandenen Umgriff, sichert die Zukunft der Stadt und erhält urbanes Leben. Es erleichtert den Erhalt vorhandener Infrastruktur – seien es Straßen, Leitungstrassen oder Abwassersysteme – wie auch der sozialen und kulturellen Einrichtungen sowie der Versorgungssysteme.

Parallel dazu weiten sich Wohnflächen, Arbeitsflächen und viele andere Nutzungsangebote aus. Sicher werden diese in einem weitaus höheren Standard errichtet und betrieben, als dies noch vor wenigen Jahrzehnten der Fall war. Ein immer Mehr an Fläche bedeutet jedoch nicht zwangsläufig auch mehr Lebensqualität. An ihre Stelle sollte der bessere Raum treten, der hohe Standortqualität mit faszinierenden Raumqualitäten, bester energetischer Qualität und damit hoher Behaglichkeit verbindet.

Eine vorausschauende Standortwahl und ein umsichtig entwickeltes Raumprogramm reduzieren Flächenbedarfe und können dem Gebot nach Suffizienz wohl am besten nachkommen. Angemessene Lösungen tragen ganz wesentlich dazu bei, unsere Städte und Gemeinden auch längerfristig zu stabilisieren. Durch das Prinzip ‚Qualität statt Fläche' schaffen angemessene Lösungen wirtschaftlich Raum für hohe energetische Eigenschaften und Nachhaltigkeit.

Bauliche Maßnahmen

Die zweite Handlungsebene betrifft die baulichen Maßnahmen. Ihr Potenzial spielt auf dem Weg zum energieeffizienten Gebäude eine entscheidende Rolle. Als besonders wirksam erweisen sich eine kompakte Gebäudeform, die Nutzung der Sonneneinstrahlung durch geschickt angeordnete und richtig dimensionierte Fenster, eine dichte und gut gedämmte Gebäudehülle und ausreichend Speichermasse zum Ausgleich stark schwankender Temperaturen, Absorption oder Reflektion. Es sind zugleich die Mittel der Architektur – also Form und Fügung, Masse und Transparenz, Textur und Farbe. Hier ist die Kreativität des Architekten gefragt, die im besten Fall eine energieeffiziente Gebäudeform ohne Zusatzaufwand und mit geringem Technikeinsatz hervorbringt. Die dabei eingesetzten Maßnahmen sind passiv, weil sie ohne Zutun von Technik allein über die Architektur, die Geometrie des Hauses und seine Hülleigenschaften erreichbar sind. Die Logik dieser Handlungsebene ist naheliegend. Sie hat uns gerade beim Neubau weit in eine nachhaltigere Energiezukunft getragen.

Gebäudetechnik

Eine dritte Handlungsebene ist die Gebäudetechnik. In den gemäßigten Klimazonen besteht sie im einfachsten Fall aus einem Kombigerät zur Beheizung und zur Warmwasserbereitung und einer Lüftungsanlage mit Wärmerückgewinnung. Bei komplexeren Gebäuden können Klimaanlagen mit Kühlzentralen, Wärmespeicher, Notstromanlagen, eine unterbrechungsfreie Stromversorgung und vieles andere mehr hinzukommen. Für den Standort, die Nutzung und die Gebäudekonstellation ist die jeweils bestgeeignete Gebäudetechnik zu konfigurieren. Sie soll den Nutzern angenehme Aufenthaltsbedingungen und thermischen Komfort bieten. Die erforderliche Energie hierfür soll möglichst effizient eingesetzt sein. Ein intelligentes Zusammenwirken von Gebäude und Technik ist zu gewährleisten. Die Gebäudetechnik muss auf Nutzungsarten und Nutzungszeiten, auf die räumliche Gliederung, auf die Bauweise (leicht oder schwer), die passiven Eigenschaften des Gebäudes und viele weitere Charakteristika reagieren. Einfachheit und Robustheit sind dabei aus mehreren Gründen zu bevorzugen: Gebäudetechnik altert schneller als viele andere Gebäudeelemente, jedes Gerät erfordert Wartung und gekoppelter Anlagenbetrieb kann sehr schnell die Kompetenz von Bauherren und selbst Experten übersteigen. In der Folge können sich leicht übersehbare suboptimale Betriebszustände einstellen.

Allein mit einem intelligenten baulich-architektonischen Konzept und einer gut auf das Gebäude abgestimmten Gebäudetechnik lässt sich der Energiebedarf ganz entscheidend reduzieren.

Energieerzeugung

Die vierte Handlungsebene – nach Entwicklung eines energieoptimierten Entwurfs in Verbindung mit einer darauf abgestimmten Gebäudetechnik – ist die Energieerzeugung über die Gebäudehülle und auf dem Grundstück. Die Nutzung von Umweltenergien dort, wo auch Energieverbrauch entsteht, erscheint in mehrfacher Hinsicht sinnvoll. Sie macht Verbraucher zu Erzeugern (Prosumer), reduziert damit die Abhängigkeit von nicht beeinflussbaren externen Systemen und vermeidet zum Teil erhebliche Leitungs- und Umwandlungsverluste. Sie reduziert den investiven und räumlichen Transportaufwand von fossilen oder biogenen Brennstoffen sowie von Gas und Strom. Die Nutzung erneuerbarer Energiequellen wird gefördert, insbesondere von Sonne, Wind, Fließ- und Grundwasser sowie Geothermie. Umweltenergien können damit wesentlich zur gewollten Energiewende beitragen. Schließlich schafft die Erzeuger-Verbraucher-Symbiose ein deutlich gesteigertes Bewusstsein um die Verfügbarkeit von Energie und eine bewusstere Energienutzung.

Eine Planungsstrategie – kein Energiestandard

Der Begriff Aktivhaus (anders als das Energieplusgebäude) bezeichnet nicht primär einen quantitativ definierten Standard, sondern eine Planungsstrategie. Sie beachtet die Prinzipien des passiven solaren Bauens in der Planung. Sie entwickelt das Gebäude aus dem Klima, bildet ein stabiles System auch ohne Technik und bezieht die Umwelt direkt und möglichst weitgehend in die Herstellung angenehmer Aufenthaltsbedingungen ein. Sie greift damit auch auf überlieferte und über Jahrhunderte jeweils lokal verfeinerte bauliche Prinzipien zurück, die ebenfalls aus dem Klima heraus entwickelt wurden.

Diese Strategie wendet sich damit davon ab, der technischen Gebäudeausrüstung allein die Aufgabe der Raumkonditionierung zu überlassen, die seit Beginn der Industrialisierung, besonders jedoch seit der klassischen Moderne und ihrer technischen Faszination, das Bauen beherrscht. Damit soll den klugen Prinzipien des klimagerechten Bauens wieder mehr Aufmerksamkeit geschenkt werden. Denn die Architektur kann Behaglichkeit weitestgehend mit baulichen Mitteln herstellen. Dies bedeutet eine neue Art der Entwicklung von Lösungen. Ihre Erfindung und Formfindung kann sich aus bekannten, jedoch vielfach übersehenen Gesetzmäßigkeiten, wie auch aus völlig neuen Überlegungen ergeben.

Die zuweilen nur mit hohem wirtschaftlichem Aufwand zu realisierende, starre Grenze des Passivhauses von nur 15 kWh/m²a für den Heizwärmebedarf, muss ein Aktivhaus nicht zwingend unterschreiten. Manchmal ist es wirtschaftlicher, eine geringe Differenz dazu über die aktive Nutzung erneuerbarer Energiequellen zu kompensieren. Dies gilt besonders für Gebäude, deren Hüllflächen/Volumen-Verhältnis (A/V) ungünstig ist. Dort tritt die Aktivierung der reichlich verfügbaren Oberflächen an die Stelle einer unverhältnismäßigen Überdämmung. Ein leicht verringerter thermischer Standard der Gebäudehülle darf jedoch keinesfalls zu einem Verlust an Behaglichkeit führen.

Durch die direkte und aktive Nutzung der Umgebungsenergien, insbesondere der Sonneneinstrahlung, befreit sich das Aktivhaus von den Zwängen der rein passiven Strategien. So lassen sich besonders tiefe Wände wegen zwingend notwendiger großer Dämmstärken vermeiden. Sie führen beim Passivhaus häufig zu schachtartigen Fenstern mit entsprechend hohem Tageslichtverlust. Die gebäudeintegrierte Energieerzeugung kann einen geringfügig höheren Energieverlust ohne Einschränkungen der Behaglichkeit mehr als auffangen. Das Aktivhaus muss nicht zwingend große Öffnungen nach Süden haben, denn eine passive Nutzung solarer Energie kann unerwünschte sommerliche Überwärmung zur Folge haben. Es kann seine Hüllflächen auch einsetzen, um durch gebäudeintegrierte aktive solare Systeme die Energieerzeugung zu maximieren. Zudem eröffnet die aktive Nutzung der Umgebungsenergien neue Gestaltungsmöglichkeiten für die Gebäudehülle, zum Beispiel durch die Integration der Windnutzung und solarer Systeme.

Das Aktivhaus lässt mehr Raum für Kreativität. Die Freiheiten für Nutzung und Gestaltung erhöhen sich. Ein Gebäude, das am Ende bilanztechnisch einen Überschuss an Energie erzeugt (also ein Energieplusgebäude), ist dann in der Regel nicht mehr weit. Es wird sich jedoch weniger als bisher an starren Vorgaben wie z.B. eine maximierte Qualität der Gebäudehülle orientieren. Entscheidend wird sein, eine optimierte Energiebilanz aus Erzeugung und Verbrauch nachzuweisen. Diese wird sich jedoch nicht allgemeingültig festlegen lassen, sondern sollte auf die Nutzung und die bauliche Dichte abgestimmt sein.

Dies ermöglicht nicht nur eine realistische Betrachtung der Gebäude in ihrer Funktion und ihrem Umfeld. Es eröffnet ein Spielfeld der Möglichkeiten, das als Chance zu begreifen ist, mit den neuen Technologien zur Energieerzeugung neue Ausdrucksformen für eine zukunftsfähige Bauweise zu entwickeln.

Emotion

Gute Aktivhäuser werden weitaus deutlicher auf lokale Gegebenheiten reagieren. Damit unterstützen sie eine lokal unterschiedliche, dem Ort entsprechende Gestaltung und Konzeption. Aktivhäuser stärken die lokale Identität und erzeugen emotionale Bindung durch Besonderheit und Einzigartigkeit.

Letztlich wird Emotion und Bindung über gute Gestaltung erreicht. Ein hoher Anspruch an die Qualität der Gestaltung ist Voraussetzung für das Gelingen der Energiewende beim Bauen. Sie zu erreichen ist oberstes Ziel. Der Weg dorthin bietet Hindernisse und Chancen. Ein Hindernis liegt in der Schwierigkeit, veränderte Anforderungen und neue Technologien in eine gute Form zu packen. Hier ist intensive Entwicklungsarbeit und integrierte Planung im Diskurs notwendig. In der unbefangenen Auseinandersetzung mit dem Ungewohnten liegen aber gerade auch Chancen, Neues zu entwickeln: Chancen, neue Ausdrucksformen der Architektur zu finden, die den Zielen des nachhaltigen und energieeffizienten Bauens dienen, neue Materialien einzusetzen oder in ungewöhnliche Zusammenhänge zu bringen, neue Formen aus dem intelligenten Einsatz neuer Technologien zu schaffen.

Wenn die Möglichkeiten genutzt werden, etablieren sich Aktivhäuser als Zukunftsstandard. Dies bewirkt Akzeptanz und Identifikation mit diesem Gebäudekonzept und dient als Basis für eine erfolgreiche Verbreitung und Etablierung.

Bilanzierung

Aufgrund der Unterschiedlichkeit der Berechnungsmethoden verschiedener Bilanzierungssysteme gilt es zunächst, die Begrifflichkeiten zu klären. Sie werden anhand einer herkömmlichen Bilanzierung nach Energieeinsparverordnung (EnEV 2009) für Wohngebäude erläutert. Nachfolgend werden die in Deutschland und im deutschsprachigen Ausland gängigen Gebäudeenergie-Standards sowie Definitionen und Nachhaltigkeitsbewertungssysteme beschrieben.

Entwicklung der Gebäudebilanzierung

Seit Jahrhunderten bauen Menschen Bauwerke zum Schutz vor Witterung und Gefahren. Aber erst seit jüngster Vergangenheit wird der Energieverbrauch der Gebäude zur Gewährleistung der Behaglichkeit des Innenraums betrachtet und in Zahlen ausgedrückt.

Der finale Auslöser dazu war die erste Ölkrise 1973, gefolgt von einer weiteren 1979. Als Reaktion auf die bittere Erkenntnis, dass fossile Ressourcen nicht ewig und erst recht auf Dauer nicht kostengünstig zur Verfügung stehen, wurde in vielen Ländern ein rechtliches Instrument entwickelt, um den Energieverbrauch von Gebäuden bemessen, vergleichen und begrenzen zu können.

In Deutschland wurde das sogenannte Energieeinsparungsgesetz (EnEG) 1976 vom Bundestag beschlossen. Ab 1977 trat in diesem Zusammenhang die Verordnung für einen energiesparenden Wärmeschutz bei Gebäuden, die so genannte Wärmeschutzverordnung in Kraft, die zum ersten Mal Mindestanforderungen an die Gebäudehülle als Einheit zur Reduzierung des Wärmebedarfs benannte. Bereits zuvor wurden seit 1952 durch die DIN 4108 ortsspezifische Anforderungen an einzelne Bauteile formuliert, nicht jedoch an die gesamte Hülle und die damit einhergehenden Energieverluste durch Transmission und Lüftung. Damit war die Ermittlung des Heizwärmebedarfs möglich, die Anforderungen an

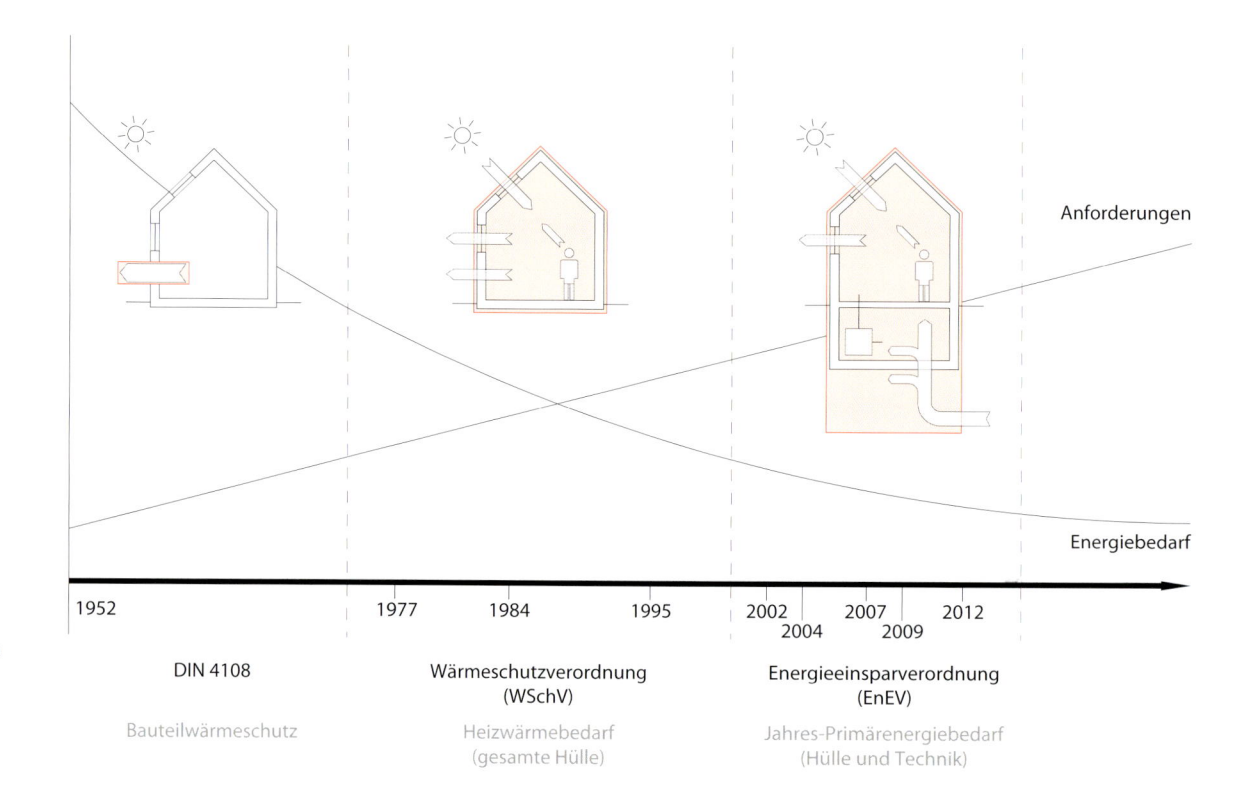

Entwicklung der gesetzlichen Bilanzierungswerkzeuge: Die Grafik zeigt neben der Reduktion des Energiebedarfs auch die erweiterte Betrachtungsebene und das wachsende Anforderungsprofil.

1952	1977	1984	1995	2002 / 2004	2007 / 2009	2012
DIN 4108	Wärmeschutzverordnung (WSchV)			Energieeinsparverordnung (EnEV)		
Bauteilwärmeschutz	Heizwärmebedarf (gesamte Hülle)			Jahres-Primärenergiebedarf (Hülle und Technik)		

die technischen Anlagen zur Deckung des Energiebedarfs wurden jedoch gesondert in der Heizanlagenverordnung geregelt. Durch Novellierungen wurden die Anforderungen an die Dämmwirkung der Gebäudehülle 1984 und 1995 weiter verschärft.

2002 wurden die Wärmeschutzverordnung und die Heizanlagenverordnung schließlich durch die Energieeinsparverordnung (EnEV) ersetzt. Damit war der erste Schritt zur Betrachtung des Gebäudes als Gesamtsystem getan. Die haustechnischen und bautechnischen Elemente wurden in ihrer Wirkung auf die Energieeffizienz gemeinsam beurteilt. Mit dieser komplexeren Betrachtungsweise wurden nun auch weitere Kennzahlen relevant.

In der Wärmeschutzverordnung war der mittlere Wärmedurchgangskoeffizient – das heißt, alle Transmissionswärmeverluste durch Wand, Dach und Fenster – die regulierte Größe. Auch in der EnEV wird die gesamte Hülle durch den spezifischen, auf die Wärme übertragende Umfassungsfläche bezogenen Transmissionswärmeverlust (H_T') bewertet, allerdings nur als eine von zwei Hauptanforderungen. Durch den Einbezug der Anlagentechnik wird die Energiebilanz erweitert. Nicht mehr allein die zur Raumtemperierung notwendige Wärme wird betrachtet, sondern die Verluste der Erzeugung, Verteilung und Übergabe sind nun weitere wichtige Bestandteile der Gebäudebewertung. Dazu wurde die endenergetische Betrachtung eingeführt. Die Endenergiebilanz beschreibt alle Erzeugungs- und Verteilungsprozesse und die damit verbundenen Energieverluste in der Vorkette der Energiebereitstellung. Auf diese Weise wird der Gebäudebetrieb ganzheitlich abbildbar und vergleichbar. Nicht mehr nur die Beschaffenheit der Fassade zeigt die Effizienz eines einzelnen Gebäudes, sondern das Gesamtsystem der energetischen Versorgung wird relevant. Ein Gebäude mit einem durch die Hülle gegebenen vergleichsweise höheren Energiebedarf kann diesen durch effiziente Technik ausgleichen. Die Primärenergiebilanz, die alle Energieträger nach ihrer Klimawirkung beurteilt, erweitert die Optimierungsmöglichkeiten noch um den Einsatz erneuerbarer Energieträger und -quellen wie Solarstrahlung, Umweltwärme und Biomasse. Der Jahresprimärenergiebedarf Q_P ist damit die zweite Hauptanforderung der EnEV.

Die EnEV wurde mittlerweile 2004, 2007 und 2009 novelliert. Eine weitere Novellierung steht voraussichtlich Mitte 2013 an. Sie ist nach wie vor in Deutschland die Grundlage für die energetische Bilanzierung von Gebäuden und macht Immobilien in dieser Hinsicht vergleichbar. Auf dieser Basis sind in den letzten Jahren unterschiedliche Gebäudestandards entstanden, die unterschiedliche Erweiterungen der Bilanz und erhöhte Anforderungen bewirkt haben. Um diese Unterschiede zu verstehen, ist es zunächst wichtig, den Aufbau und die Rahmenbedingungen einer Bilanz nachzuvollziehen.

Grundlagen der Bilanzierung

Unterschiedliche Bilanzsysteme sind aus vielerlei Gründen nicht miteinander zu vergleichen. Das komplexe Konstrukt der rechnerischen Abbildung eines Gebäudebetriebs basiert auf unterschiedlichen Eingangswerten und Betrachtungsbereichen. Zudem gibt es keine Regelung für eine einheitliche Bilanzstruktur. Zerlegt man eine Bilanz in ihre Grundparameter, lassen sich Unterschiede und Gemeinsamkeiten erkennen.

Eine Bilanz ist immer nur eine rechnerische und damit theoretische Abbildung eines Gebäudes unter genormten Randbedingungen. Es wird beispielsweise der standardisierte Energiebedarf im Betrieb, nicht aber der später real gemessene Energieverbrauch ermittelt. Letzterer kann stark von Bilanzergebnissen abweichen, da er durch Parameter beeinflusst wird, die in einer Bilanz nicht darstellbar sind, wie zum Beispiel das Verhalten des Nutzers. Aber auch die fehlerhafte Kalibrierung von gebäudetechnischen Anlagen lassen die tatsächlichen Verbräuche vor allem zu Beginn der Inbetriebnahme oftmals weit über die rechnerisch ermittelten Werte steigen. Hier sind eine gute Einregulierung sowie ein Energiemanagement beziehungsweise Monitoring des Gebäudebetriebs zielführend, meist aber nicht vorgeschrieben.

Nachfolgend wird am Beispiel der EnEV grundsätzlich aufgezeigt, welche Bilanzwege als gesetzlicher Mindeststandard betrachtet werden und welche Grundparameter Teil der Bilanz sind.

Bilanzierung

Bilanzraum

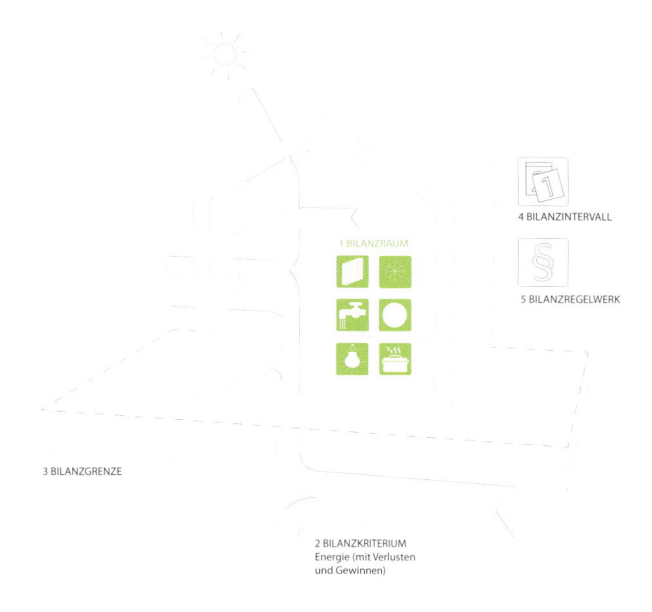

1 BILANZRAUM
4 BILANZINTERVALL
5 BILANZREGELWERK
3 BILANZGRENZE
2 BILANZKRITERIUM
Energie (mit Verlusten und Gewinnen)

Energie ist eine Erhaltungsgröße – sie geht somit nicht einfach verloren. Jedoch kann sie das System, in dem eine Energiedienstleistung genutzt wird, verlassen. Das bezeichnet man häufig als Energieverlust. Streng genommen liegt die Energie nun lediglich in einer anderen Form und an einem anderen Ort vor. Solche Verluste können bei einem Gebäude beispielsweise durch den Wärmeübergang von innen nach außen durch Lüftung und Transmission auftreten. Die Energieverluste bestimmen demnach hauptsächlich den Energiebedarf. Damit ist jene Menge an Energie gemeint, die gebraucht wird, um den Innenraum auf ein behagliches Niveau zu bringen (Heizen, Kühlen). Ein Gebäude kann aber auch Energie sammeln. Beispielsweise heizt sich ein Innenraum bereits durch die Anwesenheit von Personen und die Abwärme von Geräten auf. Auch die Sonneneinstrahlung durch ein Fenster trägt Wärmeenergie in den Raum ein. Neben diesen passiven internen und solaren Gewinnen können auch aktive technische Komponenten am Gebäude Energie erzeugen, wie zum Beispiel eine fassadenintegrierte Photovoltaik-Anlage.

Der Bilanzraum hat die Aufgabe, das zuvor beschriebene komplexe System von Energieübergängen, -verlusten und -gewinnen für den jeweiligen Nutzen sinnvoll zu differenzieren. Er grenzt somit den Umfang der Bewertung ein und nimmt damit eine Priorisierung der einzelnen Bedarfe vor. Durch den hohen Energieverbrauch von Gebäuden setzt die EnEV deshalb beim Betrieb an und bewertet jene Energieaufwendungen, die zur behaglichen Konditionierung notwendig sind.

Im Bereich der Wohngebäude handelt es sich dabei um den Energiebedarf für Heizen, Kühlen, Trinkwarmwasser und Hilfsenergie (z.B. für Ventilatoren und Pumpen). Im Bereich von Nichtwohngebäuden wird in der EnEV zusätzlich die Energie für die Beleuchtung berücksichtigt.

Darüber hinaus gibt es weitere Energieverbräuche im Betrieb wie Haushaltsgeräte und Arbeitshilfen, die jedoch derzeit nicht in den rechtlichen Nachweis für Wohngebäude einbezogen werden, da sie zu nutzerspezifisch sind, um über Kennwerte abgebildet zu werden. Der Anreiz zur Energieeinsparung erfolgt hier über ein Model von Energieklassen. Öffnet man das Blickfeld weiter und verlässt die Gebäudeebene, kommen durch den Nutzer weitere Energieaufwendungen dazu, die zwar durch das Gebäude und seine Lage nur bedingt beeinflusst sind, aber im Hinblick auf Effizienzsteigerungen im Gebäudebetrieb zukünftig an Gewicht gewinnen werden.

Eine dritte Erweiterung des Bilanzraums entsteht, wenn man den gesamten Lebenszyklus eines Gebäudes betrachtet. Nun kommen weitere Energieverbräuche hinzu, die über den Betrieb hinausgehen und mit der Herstellung, der Instandhaltung und dem Rückbau eines Gebäudes in Verbindung stehen. Durch die Entwicklung von sehr guten betrieblichen Gebäudekonzepten in den letzten Jahren schrumpft der Energieverbrauch für den Betrieb zusehends. Das Verhältnis von grauer Energie – der Energie, die zur Herstellung von Baumaterialien und für bauliche Maßnahmen benötigt wird – und Betriebsenergie gleicht sich mehr und mehr an.

Bilanzierung

Hilfsenergie

Trinkwarmwasser

Beleuchtung

Haushaltsgeräte

Kühlen

(Alltags-)Mobilität

Gebäudebetrieb

Lebensmittel

Heizen

Herstellung

Konsum

Nutzerbedingte
Energieaufwendungen

Lebenszyklus

Instandhaltung

Medien u. Kommunikation

Reinigung

Reisen

Rückbau

Hobby

Müllentsorgung

Der Bilanzraum kann grundsätzlich die drei Bereiche Gebäudebetrieb, Lebenszyklus und den nutzerbedingten Energieaufwand abdecken. Um hochkomplexe fehleranfällige Bilanzsysteme zu vermeiden und gezielt Bereiche bewerten zu können, legt der Bilanzraum den meist enger gefassten Rahmen fest. Die EnEV betrachtet Teile des Gebäudebetriebs für Wohngebäude und einen erweiterten Bereich für Nichtwohngebäude. Diese Bereiche sind in der Grafik farbig hinterlegt.

Bilanzkriterium

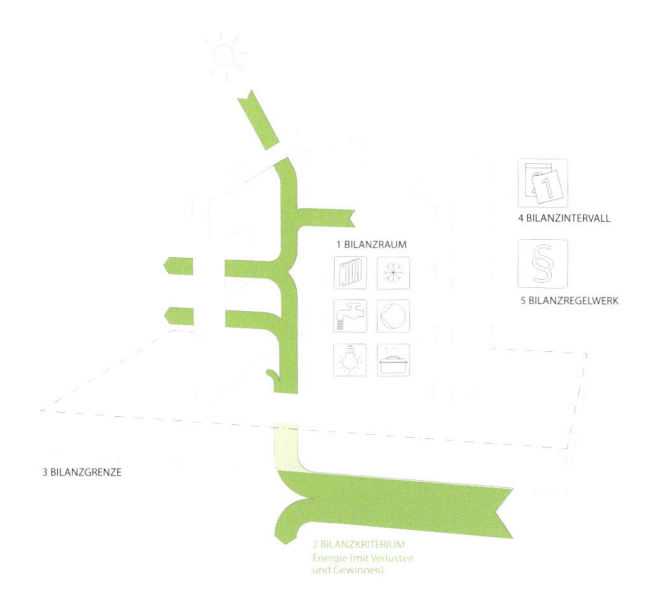

1 BILANZRAUM
4 BILANZINTERVALL
5 BILANZREGELWERK
3 BILANZGRENZE
2 BILANZKRITERIUM
Energie (mit Verlusten und Gewinnen)

Der Gegenstand der Bewertung wird durch die Bilanzgröße beziehungsweise das Bilanzkriterium festgelegt. Abhängig davon wird auch das der Bilanz zugrunde liegende Berechnungsverfahren aufgestellt.

Das komplexe Berechnungsverfahren der EnEV betrachtet die Beschaffenheit der Gebäudehülle, alle gängigen Energieverluste und -gewinne, die Effizienz der haustechnischen Komponenten sowie die Art der eingesetzten Energieträger. Daraus werden rechnerische Bedarfswerte ermittelt. Die Bilanzrichtung ist dabei dem Energiefluss immer entgegengesetzt. Zunächst muss abhängig von der Beschaffenheit der Hülle und des Volumens des Gebäudes berechnet werden, wie viel Nutzenergie zur Klimatisierung des Innenraums nötig ist. Die Berechnung in End- und Primärenergie erfolgt anschließend unter Einbezug der technischen Voraussetzungen und gewählten Energieträger. Als Anforderungs- und Vergleichsgröße setzt die EnEV auf den resultierenden Jahresprimärenergiebedarf Q_p sowie den spezifischen Transmissionswärmeverlust H_T' als Nebenbedingung. Dieser gibt an, wie viel Energie in Form von Wärme durch die gesamte Gebäudehülle nach außen entweicht.

Die EnEV-Berechnung fokussiert demnach auf den Gebäudebetrieb. Aus diesem Grund sind die relevanten Kenngrößen betriebsenergetische Größen. Über den Bereich der Betriebsenergie und damit über die Bewertung nach EnEV hinaus, werden durch Herstellung, Instandhaltung und Rückbau eines Gebäudes zudem natürliche Ressourcen für Baumaterialien verbraucht und auch hierdurch Emissionen erzeugt. Diese Prozesse haben also gleichermaßen Auswirkungen auf unsere Umwelt und bieten daher ebenfalls Kenngrößen für die bilanzielle Bewertung. Durch die Festlegung der Einheiten können diese Kenngrößen sowohl energetisch (kWh) als aus wirtschaftlich (€/Energiemenge) kalkuliert und bewertet werden.

Je nach Ziel der Untersuchung und des Vergleichs können Nutzenergie, Endenergie und Primärenergie, aber auch Emissionen wie CO_2, stoffliche Ressourcen, Energiekosten beziehungsweise Betriebskosten sowie Graue Energie als Kenngrößen nützlich sein. Durch die Auswahl der Bilanzgröße wird damit auch immer der inhaltliche Schwerpunkt gesetzt.

Auch Bilanzmethoden mit denselben Bilanzkriterien sind in der Regel nur bedingt miteinander vergleichbar. Denn neben dem Bilanzkritierium müssen auch alle anderen Bilanzparameter, wie etwa das Rechenverfahren, identisch sein. Auch nationale Vorgaben beeinflussen das Bilanzergebnis. Beispielsweise weichen Primärenergiefaktoren je nach Zusammensetzung der landesspezifischen Energieversorgung voneinander ab. Ein mit Strom versorgtes Gebäude in Deutschland wird rechnerisch bei gleichem endenergetischem Verbrauch einen anderen Primärenergiebedarf haben als beispielsweise in der Schweiz oder in Norwegen, wo ein wesentlich höherer Anteil erneuerbarer Energieträger (z.B. Wasserkraft) zu Buche schlägt als in Deutschland.

Bilanzierung

UMWELT

BETRIEB

PRIMÄRENERGIE

BAU

MATERIAL

EMISSIONEN
und sonstige Umweltwirkungen

Abfall

NUTZENERGIE
(RAUM)

Transmissions-/
Lüftungswärmeverluste

Verluste für Speicherung und Verteilung

Rückbau

Umwandlungsverluste

Verteilungsverluste

ENDENERGIE
(GEBÄUDE)

Verluste Gebäudeherstellung

Abfälle Gebäudeherstellung

Recyclingpotential

ENERGIE FÜR BETRIEB

Verluste Transport

Verluste Rohstoffförderung

Verluste Baustoffherstellung

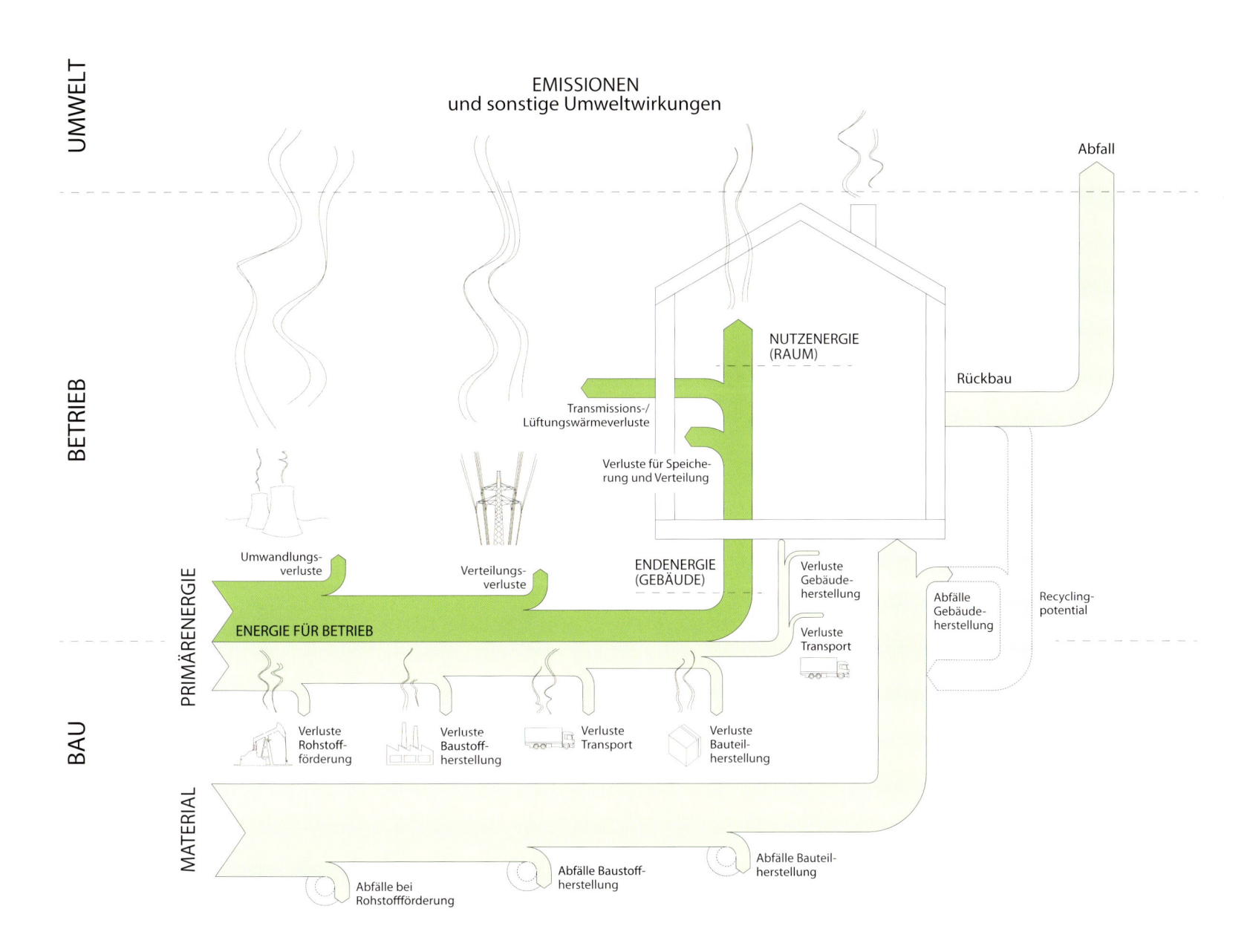

Verluste Transport

Verluste Bauteilherstellung

Abfälle bei Rohstoffförderung

Abfälle Baustoffherstellung

Abfälle Bauteilherstellung

Potenzielle Bilanzkriterien: Grundsätzlich verbraucht ein Gebäude Energie und Material und erzeugt Emissionen sowie weitere Umweltwirkungen. Demnach gibt es drei Bereiche, in denen je nach Bilanzierungsziel die geeignete Stelle im Rahmen der Produktions- und Erzeugungskette als Kriterium der Bilanz gewählt werden kann. Die EnEV betrachtet nur die Energieaufwendungen für den Gebäudebetrieb. Die Grafik zeigt jedoch die komplette Verlustkette.

Bilanzgrenze

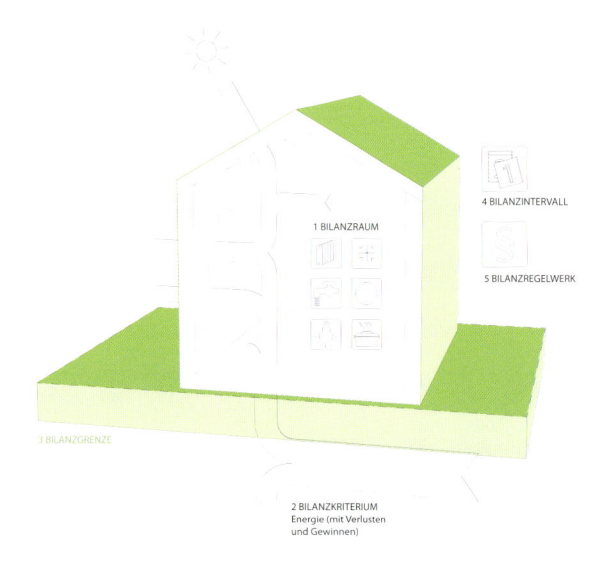

1 BILANZRAUM
4 BILANZINTERVALL
5 BILANZREGELWERK
3 BILANZGRENZE
2 BILANZKRITERIUM
Energie (mit Verlusten und Gewinnen)

Um Bilanzen vergleichbar zu machen, sind neben den inhaltlichen auch die räumlichen Grenzen festzulegen. Diese Einschränkung hat auf den Energiebedarf in der Regel keinen Einfluss, da als minimale Grenze das Gebäude und damit die die Wärmebilanz prägende Hülle angenommen wird. Vielmehr wird die Verortung und bilanzielle Berücksichtigung der Energieerzeugung durch die Erweiterung dieser Grenze festgeschrieben. In der Regel kann in einer Bilanz Energie, die selbst erzeugt wird, vom Bedarf abgezogen werden. Als mögliche Grenzen kommen das Gebäude, das Grundstück oder auch das Quartier infrage. Werden dagegen Kauf und Verkauf von Zertifikaten angerechnet, ist die Bilanzgrenze praktisch aufgehoben.

Wird das Gebäude als Bilanzgrenze festgeschrieben, kann in der Bilanz nur jene Energie dem Verbrauch gutgeschrieben werden, die auch direkt am Gebäude erzeugt wird. Dies ist im Bereich der erneuerbaren Energien in der Regel die anlagentechnische Nutzung von Solarenergie. Dabei handelt es sich häufig um Solarkollektoren zur Bereitstellung von Warmwasser sowie Photovoltaik-Module zur Stromerzeugung. Aber auch eine im Gebäude befindliche Anlage zur Kraft-Wärme-Kopplung, die neben Wärme Strom erzeugt, ist denkbar. Vor allem im Bereich der erneuerbaren Energieerzeugung ist ein Entwicklungsprozess im Gange, der Technologien im entsprechenden Maßstab am Gebäude nutzbar macht. Zum Beispiel werden in windreichen Gegenden zunehmend Kleinwindräder mit hoher Energieausbeute auf Dächern installiert.

In den meisten Fällen ist als Bilanzgrenze das Grundstück festgelegt. Hierbei erfolgt durch einen Zusatz („im unmittelbaren räumlichen Zusammenhang") meist eine Eingrenzung auf gebäudenahe Anlagen. Aus dieser Betrachtung fallen Großanlagen heraus, die zwar über das Grundstück einem Gebäude zugeordnet werden können, aber als kommerzielle Anlagen betrieben werden und nicht primär der Eigennutzung dienen.

Die Bilanzgrenze auf Quartiersebene wird derzeit noch selten gewählt. Dabei bietet sie ein größeres Spektrum technischer Lösungen, die bilanziell berücksichtigt werden können. Neben der Ausweitung und häufig wirkungsvolleren Ausbeute von Photovoltaik-Anlagen auf Gemeinschaftsflächen sind bei der Nahwärmeversorgung zahlreiche Lösungen auf Basis der Kraft-Wärme-Kopplung denkbar, die auf Quartiersebene häufig effizienter sind als auf Gebäudeebene. Zudem bietet die Betrachtung in diesem größeren Maßstab die Möglichkeit, klimatisch benachteiligte Lagen von Einzelgebäuden oder zeitlich versetzte Nutzungsanforderungen verschiedener Einrichtungen auszugleichen. Sie bietet auch die Chance, denkmalgeschützte und damit nicht optimal energetisch sanierbare Gebäude in einen sinnvollen Verbund mit energetisch hoch effizienten Neubauten zu bringen.

In Deutschland wird der gewonnene Strom aus Photovoltaik an oder auf dem Gebäude erst seit der Novellierung der EnEV 2009 in die rechnerische Nachweisführung einbezogen. Die diesbezügliche Regelung ist in §5 zu finden. Demnach darf Strom aus gebäudenahen PV-Anlagen, der primär zum Gebäudebetrieb genutzt wird, endenergetisch vom eigenen Strombedarf abgezogen werden. Der Abgleich erfolgt monatsweise. Es handelt sich somit um ein System, in dem nur der Überschuss in das öffentliche Stromnetz gespeist wird.

Das Erneuerbare-Energien-Gesetz (EEG 2000) sorgte durch die Einspeisevergütung bereits vor 2009 dafür, dass zahlreiche Photovoltaik-Anlagen auf Dächern installiert wurden. Allerdings setzte dieses Konzept auf die Einspeisung in das öffentliche Netz und nicht auf die Eigennutzung. Dies führte schließlich zur Senkung des Primärenergiefaktors beim deutschen Strommix. Damit wurden vor 2009 installierte Anlagen in der Regel zwar rechnerisch und vor allem ökonomisch ausgelegt, jedoch nicht in der Bilanzierung und damit im rechtlichen Nachweis den Energiebedarfen eines Gebäudes gegenüber gestellt.

Anlagen zur erneuerbaren Wärmeerzeugung werden ebenfalls seit 2009 durch das Erneuerbare-Energie-Wärmegesetz (EEWärmeG) geregelt. Dieses schreibt für Neubauten vor, dass ein Teil des Wärme- beziehungsweise Kälteenergiebedarfs über erneuerbare Energien gedeckt wird. Wie hoch dieser Anteil im Einzelnen ist, hängt von der gewählten Technologie und dem Energieträger ab. Dadurch sind auch solarthermische Anlagen in, beziehungsweise an der Gebäudehülle wieder in den Fokus gerückt.

Bilanzintervall

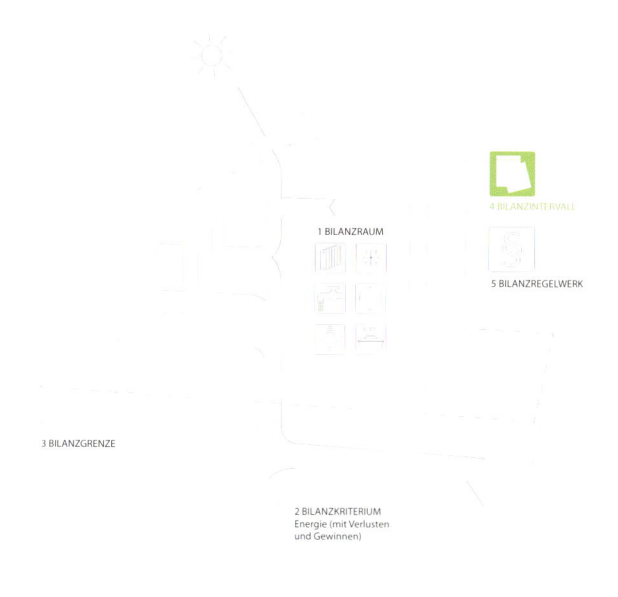

Die beschriebenen inhaltlichen und räumlichen Grenzen einer Bilanz werden zudem durch eine zeitliche Komponente ergänzt. Der Zeithorizont ist besonders wichtig für eine Vergleichbarkeit, wenn Gutschriften selbst erzeugter Energien berücksichtigt werden. Die Aufschlüsselung der zeitlichen Betrachtung gibt an, wie nahe eine Bilanz an der Abbildung der Realität ist.

Energiebilanzen betrachten in der Regel ein Jahresmittel beziehungsweise den jährlichen Gesamtbedarf. Sie vernachlässigen jahreszeitliche Unterschiede. Eine Jahresbilanz ist ein gutes Mittel, um unterschiedliche Gebäude miteinander zu vergleichen und in Bezug auf ihre Effizienz einzuordnen.

Werden neben Bedarfen auch Energieerträge berücksichtigt, ist eine Jahresbilanz in der Regel zu ungenau. Bei der Methode eines Gutschriftverfahrens auf Jahresebene werden die zeitlich im Jahresgang unterschiedlich (saisonal) auftretenden Bedarfs- und Erzeugungsspitzen vernachlässigt. Wird an einem Gebäude beispielsweise durch solaraktive Systeme Energie erzeugt, entsteht der größte Ertrag im Sommer und in den Übergangszeiten. Dagegen hat ein Wohnhaus in unseren Breiten den höchsten Energiebedarf im Winter und den angrenzenden jahreszeitlichen Übergängen. Diesen Umstand bildet eine Monatsbilanz besser ab, in welcher der Energieverbrauch und -ertrag im Monatsmittel angegeben wird. Über die Monatsbilanz lässt sich annäherungsweise abschätzen, wie viel der erzeugten Energie im Gebäudebetrieb selbst genutzt werden kann. Die EnEV lässt sowohl eine Betrachtung auf Monats- als auch auf Jahresbasis zu, bei einer Gutschrift für lokal erzeugte Energie ist die Monatsbilanz Pflicht.

Möchte man genauere Informationen zur Performance eines einzelnen Gebäudes haben, ist eine Tagesbilanz möglich. Hier kann in Erweiterung zur Monatsbilanz auch das Tag- beziehungsweise Nachtprofil berücksichtigt werden. Gerade in den Sommermonaten ist die Monatsbilanz, zum Beispiel zur Auslegung eines kleinen Speichers zur Pufferung der Last- beziehungsweise Ertragsspitzen, zu ungenau. Eine Tages- oder sogar Stundenbilanz bietet an dieser Stelle genauere Informationen, um Speichergrößen zu bemessen und damit den Eigennutzungsgrad der am Gebäude erzeugten Energie zu erhöhen.

Die zeitliche Auflösung lässt sich theoretisch bis auf Sekundenebene herunter brechen. Dann handelt es sich um Leistungsbilanzen. Diese beschreiben den Übergang von der Kennwertbilanz zur Gebäudesimulation. Da sie sehr aufwendig sind und doch nur den theoretischen Wert abbilden, werden sie nur in begründeten Ausnahmen durchgeführt. Anschließend sind ein Monitoring des tatsächlichen Gebäudebetriebs und daran anknüpfende Betriebsoptimierungen eine sinnvolle Ergänzung.

Allgemein lässt sich festhalten, dass sich die zeitlich sehr genaue Darstellung (Stunden- bis Sekundenbilanz) an den realen Betrieb annähert. Sie dient dazu, für Einzelgebäude genauere Planungen und Dimensionierungen (z.B. für Energiegewinnungsanlagen und Speicher) durchzuführen. Sollen jedoch mehrere Gebäude miteinander verglichen und qualitativ eingestuft werden, sind Bilanzen mit gröberen Zeitintervallen (Jahres- und Monatsbilanz) besser zu handhaben und meist genau genug.

Mittels einer Monatsbilanz können die Energieverbräuche und der typische Jahresgang anhand der monatlichen Durchschnittswerte ausgewertet werden, um anschließend ein sinnvolles Energieversorgungskonzept zu entwickeln.

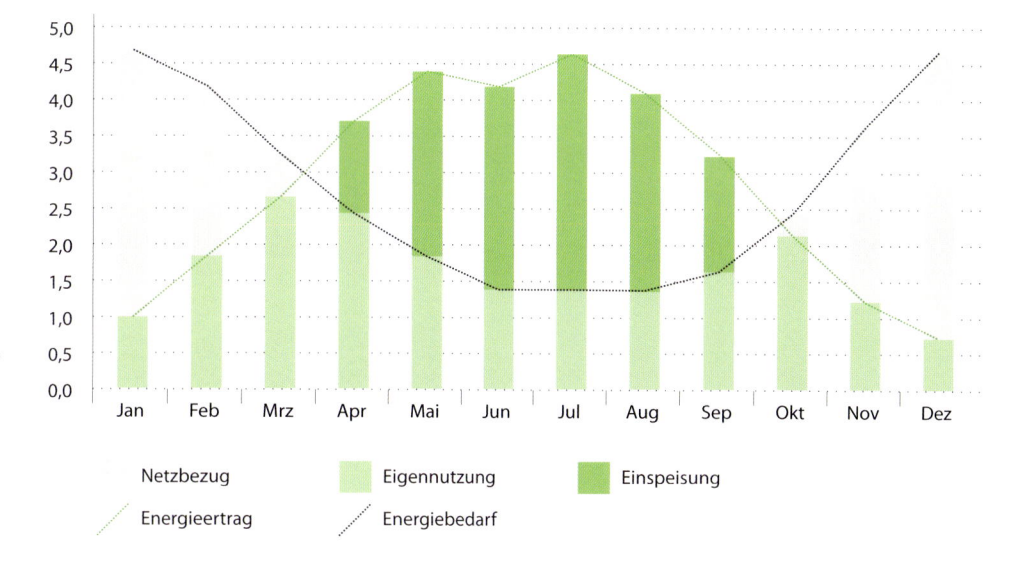

Bilanzierung

Solar Decathlon 2007, TU Darmstadt, Technische Universität Darmstadt, Fachgebiet Entwerfen und Energieeffizientes Bauen

Energieproduktion und -verbrauch im Stundentakt: Die Grafik zeigt den realen Verbrauch eines Energieplushauses, das 2007 zur Teilnahme an einem internationalen Hochschulwettbewerb von Studierenden der TU Darmstadt entwickelt und gebaut wurde (Bild oben). Anschließend wurde es in Darmstadt überwiegend als Büro genutzt und zur Betriebsoptimierung einem Monitoring unterzogen. Die Energieverbräuche sind demnach am Tag sehr hoch. Eine erweiterte Wohnnutzung und durchlaufende Bürogeräte führten auch nachts zu einem Energiebedarf. Die sehr hohen Energiegewinne durch Photovoltaik am Tag (Frühling) könnten demnach in einem 8-kW-Speicher gepuffert werden und den nächtlichen Bedarf decken. Durch diese detaillierte Messung und die daraus resultierenden Betriebsoptimierungen könnte die Eigennutzung des PV-Stroms erhöht und ein autarker Betrieb selbst im Frühling gewährleistet werden.

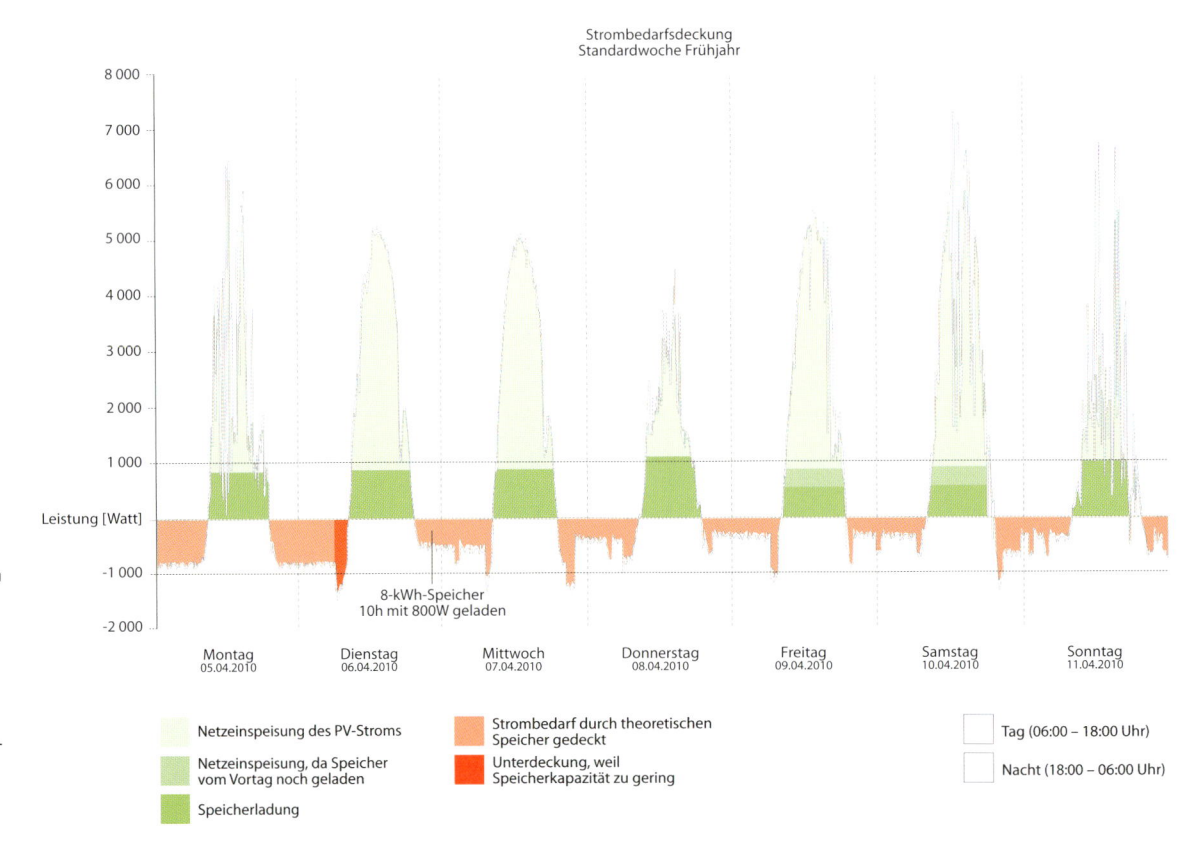

Strombedarfsdeckung Standardwoche Frühjahr

Netzeinspeisung des PV-Stroms
Netzeinspeisung, da Speicher vom Vortag noch geladen
Speicherladung
Strombedarf durch theoretischen Speicher gedeckt
Unterdeckung, weil Speicherkapazität zu gering
Tag (06:00 – 18:00 Uhr)
Nacht (18:00 – 06:00 Uhr)

Bilanzregelwerk

1 BILANZRAUM
4 BILANZINTERVALL
5 BILANZREGELWERK
3 BILANZGRENZE
2 BILANZKRITERIUM
Energie (mit Verlusten und Gewinnen)

Nachdem die zuvor beschriebenen Rahmenbedingungen beziehungsweise Eingangswerte einer Bilanz festgelegt sind, kann die eigentliche Berechnung durchgeführt werden. Die einzelnen Rechenschritte erfolgen entsprechend zugrunde liegender Normen beziehungsweise Regelwerke. Da es sich bei einer Bilanz immer nur um eine Näherung an die Realität handeln kann, kann es sogar vorkommen, dass ein und das selbe Gebäude bei der Bilanzierung nach unterschiedlichen Rechenmethoden unterschiedliche Ergebnisse aufweist. Sie sind jedoch dann aussagekräftig, wenn man sie entsprechend der im Regelwerk festgeschriebenen Parameter systemkonform interpretiert. Aus dem gleichen Grund macht es allerdings nur Sinn, Gebäude miteinander zu vergleichen, die nach der gleichen Methode bilanziert wurden.

In Deutschland legt die EnEV das übergeordnete Verfahren fest und verweist zur detaillierten Rechnungsdurchführung auf die entsprechenden DIN-Normen. Das grundsätzliche Verfahren einer EnEV-Berechnung ist das so genannte Referenzgebäudeverfahren. Dabei wird auf Grundlage der eingegebenen Werte des Bauwerks ein rechnerisches Referenzgebäude gleicher Größe, Hüllfläche und Nutzung, einem Standardwärmeschutz der Gebäudehülle und einer Basisausstattung an Technik gebildet. Die Ergebnisse des zu planenden Gebäudes werden schließlich mit diesen Werten verglichen und die Zulässigkeit dementsprechend bewertet.

Das detaillierte Rechenverfahren wird für Wohngebäude in der Regel durch die DIN 4108-6 und 4701-10 festgelegt. Sie ist die ältere Bilanzmethode und verhältnismäßig einfach durchzuführen. Das Ergebnis bietet eine gute zusammenfassende Vergleichsbewertung. Allerdings ist sie wenig geeignet für komplexere Darstellungen und Untersuchungen.

Die DIN V 18599 wurde in Deutschland zur Bewertung der Gesamtenergieeffizienz von Gebäuden entwickelt. Sie ist die Reaktion auf eine Forderung des Europäischen Parlaments, das ein solches Werkzeug seit 2006 in allen Mitgliedsländern der Europäischen Union verlangt. Diese Vornorm ist ein Instrument zur rechnerischen Bewertung von komplexeren Gebäudesystemen. Auf Grundlage eines so genannten Mehrzonenmodells für ein Gebäude können unterschiedliche Nutzungsprofile mit ihren spezifischen Anforderungen und Lasten abgebildet werden. Die Vornorm wurde zunächst für Nichtwohngebäude entwickelt. Komplexere Modelle von Wohngebäuden lassen sich allerdings in einem Einzonenmodell ebenfalls mit diesem Rechenverfahren abbilden. Die Detailtiefe und Informationsbreite ist hier im Vergleich zum Verfahren nach DIN 4108-6 größer.

Für eine detaillierte rechnerische Wohngebäudebetrachtung, die beispielsweise auch den Haushaltsstrom einbezieht, ist eine Bilanzierung nach Passivhaus-Projektierungs-Paket (PHPP) möglich.

Zur realitätsnahen Abbildung von beispielsweise thermischen Prozessen innerhalb eines Gebäudes sind statische Bilanzen, die lediglich Jahres- und Monatsdaten abbilden, wenig hilfreich. Die zuvor erwähnte genauere Aufschlüsselung in Stunden- und Minutenwerte sowie in tatsächliche Leistungsverläufe (Lastgänge) kann nur durch dynamische Simulationen aufgezeigt werden. Mittels eines dynamischen Rechenmodells können zum Beispiel thermische Prozesse und deren dynamische Entwicklung in ihrer räumlichen Verortung begutachtet und beziffert werden. Dabei werden im Gegensatz zu einer statischen Berechnung die tatsächliche Thermik und die Energieflüsse im Raum abgebildet. Je nach Simulationssoftware und zugrunde liegendem Rechenmodell sind unterschiedlich genaue Darstellungen möglich.

Nebenbedingungen

Durch die genannten Bilanzparameter ist der Rahmen für eine Gebäudebilanzierung gegeben. Allerdings können häufig nicht alle als wichtig erachteten Kenngrößen erfasst werden. Die dafür notwendigen Rechenmodelle können zu komplex und fehleranfällig werden und der erforderliche Aufwand würde nicht im Verhältnis zum Ergebnis stehen. Deshalb werden für das jeweilige System wünschenswerte, aber nicht primär relevante Parameter häufig als Nebenanforderungen in das Anforderungsprofil eines Standards einbezogen. Zusätzliche pauschale Anforderungen, wie der Einsatz ökologischer Baustoffe, die Vermeidung von Schadstoffimmissionen, die Effizienzklasse von einzusetzenden Haushaltsgeräten oder das erklärte Ziel eines wirtschaftlich hoch effizienten Gebäudes können den Betrachtungsrahmen erweitern und die Gebäudequalität steigern, ohne auf weitere detaillierte Bilanzverfahren zu setzen. Dies hat natürlich zur Folge, dass die Erfüllung dieser Nebenanforderungen in manchen Bereichen nur bis zu einem gewissen Maß prüfbar bleibt.

Gebäudeenergie-Standards im Überblick

Um den Energiebedarf und die Umweltwirkungen aus dem Betrieb von Gebäuden über das klassische rechtliche Regelwerk (EnEV) hinaus weiter zu reduzieren, wurden in Deutschland unterschiedliche Gebäudestandards und Bewertungsmethoden entwickelt. Nachfolgend sind die wichtigsten Ansätze im deutschsprachigen Raum erläutert.

Effizienzhäuser

Bilanzraum

Um die auf nationaler und internationaler Ebene postulierten Ziele der Energieeinsparung und Emissionsreduktion zu erreichen, wurden Anreizprogramme entwickelt. Diese sollen Bauherren durch Subventionen zu höherwertigen energetischen Gebäudestandards im Vergleich zu gesetzlichen Forderungen bewegen. Die zinsgünstigen Kredite der Kreditanstalt für Wiederaufbau (KfW) sind solche Anreize unter anderem für private Bauherren von Wohngebäuden. In diesem Zusammenhang sind vor allem die so genannten Effizienzhäuser zu nennen. Derzeit sind sechs verschiedene Effizienz-Kategorien definiert, die zu unterschiedlichen Konditionen gefördert werden. Dabei gilt, je besser der energetische Standard beziehungsweise je höher die Energieeinsparung, desto höher die Förderung. Die genauen Zinsbedingungen unterliegen der stetigen Entwicklung des Finanzmarktes, sodass sie im Einzelfall vor Beginn des Bauvorhabens zu prüfen sind.

Da es sich hierbei um ein öffentliches Instrument handelt, muss der rechnerische Nachweis der KfW-Effizienzhäuser grundsätzlich über die Bilanzierung gemäß EnEV erfolgen. Die Effizienzsteigerung wird in der zusätzlichen Reduktion des Jahresprimärenergiebedarfs und der Transmissionswärmeverluste über die Mindestanforderungen der EnEV hinaus angegeben.

Ausschließlich für den Sanierungsbereich sind derzeit zwei Kategorien verfügbar: das Effizienzhaus 100 und 115 (Programm „Energieeffizient Sanieren"). Die Zahlenangabe drückt jeweils den prozentualen Anteil des Jahresprimärenergiebedarfs in Bezug auf die Mindestanforderung eines entsprechenden Neubaus nach EnEV, beziehungsweise des Referenzgebäudes im Neubau aus. Ein Effizienzhaus 100 verfügt demnach maximal über einen Jahresprimärenergiebedarf, der exakt den EnEV-Mindestanforderungen an einen Neubau entspricht. Ein Effizienzhaus 115 darf gegenüber einem Neubau einen maximal 15 Prozent schlechteren Wert erzielen. Die Anforderungen an die Transmissionswärmeverluste sind bei beiden Standards um jeweils 15 Prozent niedriger als jene an den Primärenergiebedarf. Beide Standards stellen eine Effizienzsteigerung gegenüber den Mindestanforderungen nach EnEV dar, nach der ein saniertes Bestandsgebäude 140 Prozent der Energiebedarfe des Referenzgebäudes aufweisen darf.

Für Neubauten (Programm „Energieeffizient Bauen") gibt es die vier weiteren Effizienzhausstandards 85, 70, 55 und 40. Deren Fördermöglichkeiten kann man auch für Sanierungen ausschöpfen, wenn sie diese Niveaus erreichen. Möglich ist das in der Regel bis zum Level Effizienzhaus 55.

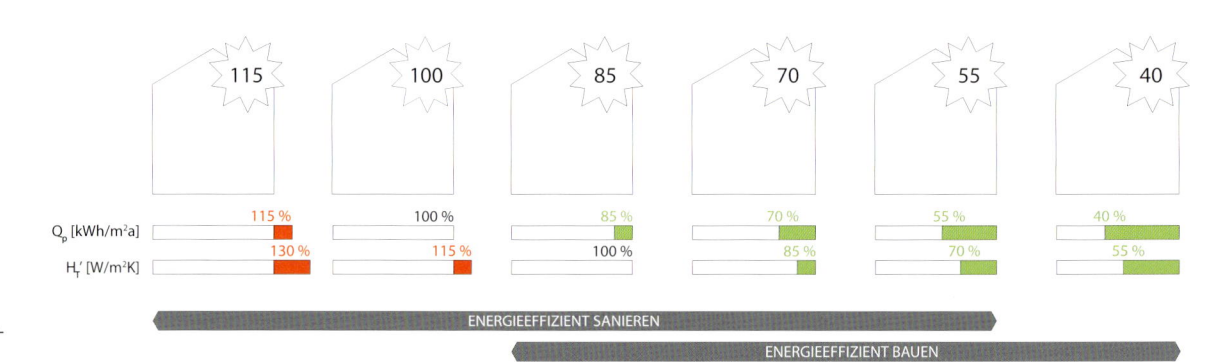

	115	100	85	70	55	40
Q_p [kWh/m²a]	115 %	100 %	85 %	70 %	55 %	40 %
H_T' [W/m²K]	130 %	115 %	100 %	85 %	70 %	55 %

ENERGIEEFFIZIENT SANIEREN (100, 115)
ENERGIEEFFIZIENT BAUEN (40, 55, 70, 85)

Übersicht der KfW-Programme und Anforderungen an die Effizienzhaus-Kategorien

Bilanzierung

PRIMÄRENERGIEFAKTOREN

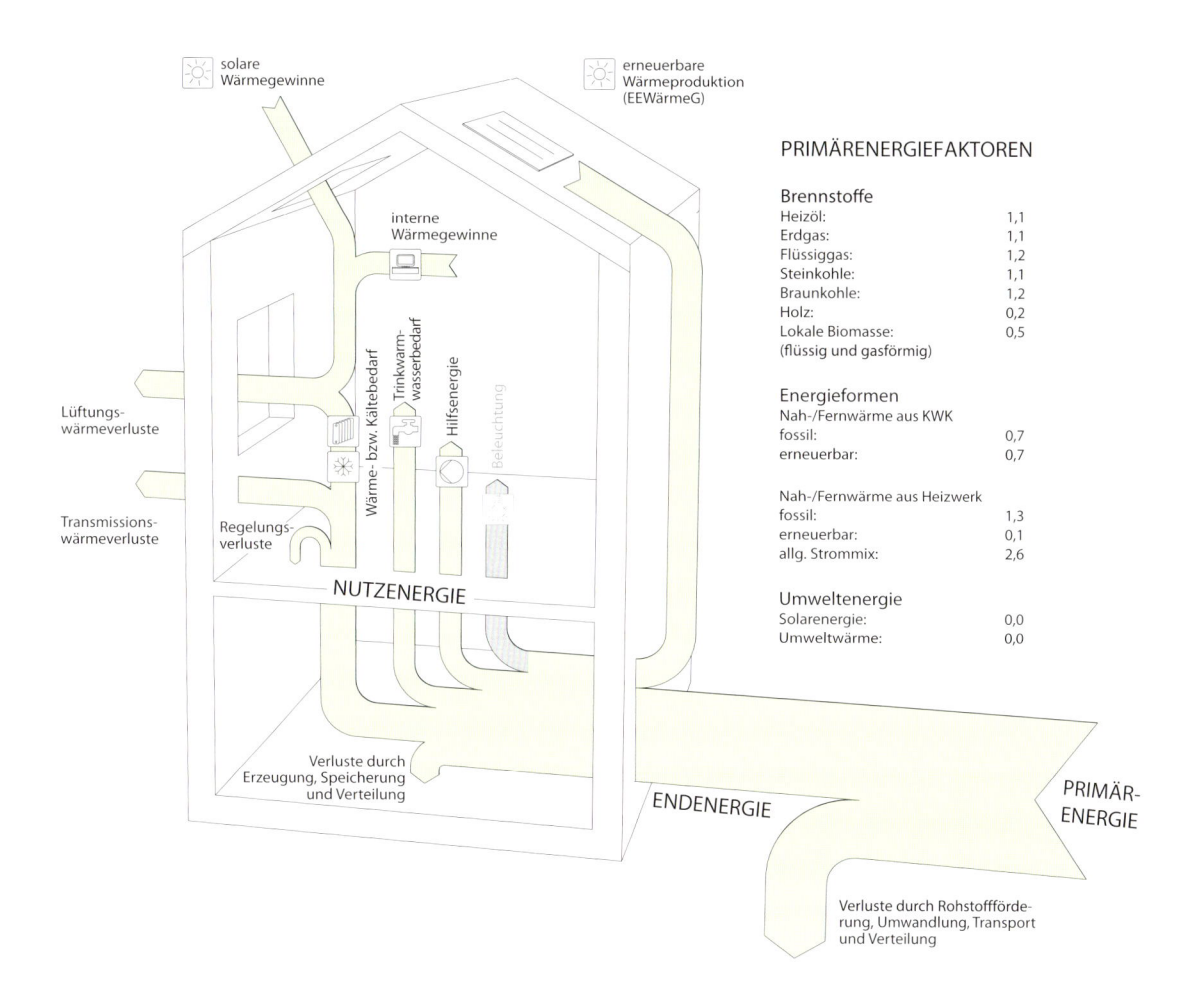

Brennstoffe
Heizöl:	1,1
Erdgas:	1,1
Flüssiggas:	1,2
Steinkohle:	1,1
Braunkohle:	1,2
Holz:	0,2
Lokale Biomasse:	0,5
(flüssig und gasförmig)	

Energieformen
Nah-/Fernwärme aus KWK	
fossil:	0,7
erneuerbar:	0,7
Nah-/Fernwärme aus Heizwerk	
fossil:	1,3
erneuerbar:	0,1
allg. Strommix:	2,6

Umweltenergie
Solarenergie:	0,0
Umweltwärme:	0,0

Das Bilanzierungsmodell der Effizienzhäuser entspricht der Bilanzstruktur der EnEV. Um einen Effizienzhausstandard zu erreichen, muss die Bilanz die entsprechenden Kennwerte des Referenzgebäudes Neubau über- beziehungsweise unterschreiten.

Passivhaus

Bilanzraum

Das Gemeindezentrum Ludesch entstand im Passivhaus-Standard, Architekten Hermann Kaufmann ZT GmbH, A-Schwarzach

Das Passivhauskonzept wurde 1987 im Rahmen eines Forschungsprojekts von einer Gruppe von Wissenschaftlern entwickelt. Anfang der 90er Jahre etablierte Dr. Wolfgang Feist, Gründer des Passivhaus Instituts, dieses System als Baukonzept und Gebäudestandard. Primäres Ziel war die Optimierung der Wärmebilanz durch eine starke Dämmung der Gebäudehülle und die Minimierung der Lüftungswärmeverluste durch Luftdichtheit und Wärmerückgewinnung. Ergebnis ist die Reduktion der aktiven klimatischen Versorgung, dementsprechend erfolgte auch die Benennung des Konzepts. Damit ist das Passivhaus ein Gebäude, das im Prinzip keiner klassischen Heizungsanlage mehr bedarf, sondern rein über die Zuluft beheizt werden kann.

Um auf ein klassisches Heizsystem tatsächlich verzichten zu können, muss das Passivhaus als Wohnhaus vor allem die Wärme bewahren. Dies wird zunächst durch eine sehr kompakte Form und die Vermeidung von Wärmebrücken in der Konstruktion erreicht. Zusätzlich müssen Außenwände, Fenster, Dach und Bodenplatte über sehr gute Dämmstandards verfügen. Hier sind je nach Dämmstoff in den Wand- und Dachflächen Dämmstärken von mehr als 20 cm (eher 30 cm, unter Umständen bis zu 50 cm) einzuplanen. Fenster benötigen eine Dreischeibenverglasung und thermisch getrennte Fensterkonstruktionen mit optimierten Details. Um den Passivhausstandard zu erreichen, ist außerdem eine hohe Wind- und Luftdichtheit des Gebäudes zur Minimierung der Lüftungswärmeverluste grundlegende Voraussetzung. Eine behagliche Frischluftzufuhr muss deshalb über eine mechanische Lüftungsanlage erfolgen. Um die Effizienz der Anlage zu erhöhen und Verluste weiter zu reduzieren, muss diese über eine effiziente Wärmerückgewinnung verfügen. Die Frischluft wird häufig vorerwärmt, beispielsweise über einen Erdkanal. Die Außenluft wird dazu zentral auf dem Grundstück angesaugt und durch einen Kanal oder ein Register unterirdisch zum Haus geführt. Auf diesem Weg nimmt die Luft die übers Jahr gleichbleibende Temperatur des Bodens an. Damit kann ein Teil der Energie zur Zuluftkonditionierung eingespart werden.

Wegen der hohen Qualität der Gebäudehülle heizt sich der Innenraum des Passivhauses bereits durch die internen Gewinne von Personen, Geräten und Beleuchtung auf. Gezielt geplante große Fensterflächen im Süden ermöglichen eine weitere solare Erwärmung des Innenraums und reduzierte Flächen im Norden verringern Verluste. Ein auf diese Weise optimiertes Gebäude muss nur bei sehr niedrigen Temperaturen und damit an wenigen Tagen im Jahr durch extern zugeführte Energie beheizt werden. Die Heizung erfolgt in vielen Fällen über eine Warmluftheizung. Da das passive Gebäudesystem eher träge reagiert, sind je nach Gebäudebeschaffenheit und –zonierung weitere Heizelemente vorzusehen, um die Behaglichkeit im Gebäudeinnern sicher zu stellen. Dies ist vor allem in Räumen sinnvoll, die aufgrund ihrer Nutzung kurzzeitig auf ein erhöhtes Temperaturniveau zu bringen sind (z.B. Bäder), reine Ablufträume und exponiert gelegene oder nur temporär genutzte Räume (Büroräume, Gästezimmer). Korrekt geplant und ausgeführt, ist das Passivhaus ein zuverlässiges Gebäudesystem. Da die Anforderungen an die Hülle im Hinblick auf die Dichtheit sehr hoch sind, muss in der Planung und Ausführung sehr genau auf eine fehlerfreie Bauausführung geachtet werden.

Ein Instrument zur Verifizierung und Qualitätssicherung ist die Zertifizierung des Passivhausstandards durch das Passivhaus Institut in Darmstadt oder andere Zertifizierungsstellen. Im Rahmen verschiedener Prozesse werden die vom Institut vorgegebenen Grenz- und Kennwerte geprüft und das Gebäude bei Erfüllung aller Kriterien als qualitätsgeprüftes Passivhaus bestätigt. Zudem wird das Passivhaus nach den gleichen Kriterien wie das Effizienzhaus 55 oder 40 von der KfW bewertet und gefördert.

Der Passivhausstandard wurde zuerst für Wohngebäude in Deutschland entwickelt. In der jüngeren Vergangenheit sind auch Nutzungsprofile für andere Klimazonen und Nichtwohngebäude unterschiedlicher Art hinzugekommen: Büros, Pflegeheime und Schulen, seit 2012 auch Schwimmbäder und andere ähnlich komplexe Gebäude. Gerade im Bereich der Nichtwohngebäude ist vor allem das energetische Bedarfsprofil anders zu gewichten. In vielen Nutzungsprofilen ist dort nicht der Heizenergiebedarf die bestimmende Größe, sondern meist der Strombedarf, zum Beispiel für Geräte, Büroausstattung oder Beleuchtung.

	EnEV	PHPP
Bilanzumfang	Heizen, Kühlen, Hilfsenergie, (Wohngebäude)	Heizen, Kühlen, Hilfsenergie, Beleuchtung, Haushaltsgeräte. Arbeitshilfen
Bilanzgröße	H_T', Q_p	H_T', Q_p Q_h oder P_h
Innere Wärmegewinne	5 W/m²	ca. 2,1 W/m² (mit effizienten Haushaltsgeräten)
Mittlere Raumtemperatur	19 °C	20 °C
Solargewinne	pauschal 0,9	wird rechnerisch ermittelt
Bezugsgröße	Energiebezugsfläche $A_N = 0{,}32 * V_e$	beheizte Wohnfläche
Bilanzintervall	Monat	Monat
Nebenbedingungen	WB pauschal 0,05 – 0,15 W/m²K	Wärmebrückenfrei (< 0,01 W/m²K)
	Luftdichtheit n_{50} < 1,50 (mit Lüftungsanlage) < 3,00 (ohne Lüftungsanlage)	< 0,60
		WRG n_{eff}, WRG ≥ 0,75
		Fenster U_w ≤ 0,85 W/m²K (eingebaut) g-Wert > 50%
		opake Bauteile U ≤ 0,15 W/m²K

Unterschiede in den Randbedingungen der Bilanz nach EnEV und PHPP

Bilanzierung

Ein Passivhaus ist ein hoch optimiertes und dadurch sensibles System. Um die Planung in ein zuverlässiges Bauwerk zu überführen, muss die Bilanzierung mit einem umfassenden Berechnungsmodell durchgeführt werden. Aus diesem Grund wurden die ersten Passivhäuser durch zeitlich hoch aufgelöste dynamische Simulationen in ihrem tatsächlichen Verhalten untersucht. Dies ermöglichte eine Optimierung der Planung, um den hohen Anforderungen an Komfort und Effizienz gerecht zu werden und einen behaglichen Betrieb sicher zu stellen. Die genannten Simulationen sind aufgrund ihrer komplexen Struktur und des zeitlich sehr hohen Aufwands jedoch zu aufwendig, um jedes Passivhaus entsprechend abzubilden. Deshalb wurde vom Passivhaus Institut auf Grundlage der Simulationsergebnisse, die zusätzlich durch Messungen verifiziert wurden, ein eigenes Bilanzierungswerkzeug, das Passivhaus-Projektierungs-Paket (PHPP), entwickelt. PHPP reduziert die Menge an Eingangsdaten für die Berechnung und bildet die auf Grundlage der Simulationen priorisierten Kenngrößen rechnerisch ab. Der Begriff Projektierungspaket verrät bereits, dass das Tool als Planungswerkzeug einsetzbar ist. Anders als bei der EnEV, die einen Vergleich von ähnlichen Bauwerken sowie die Einhaltung von Mindestanforderungen zum Ziel hat, liefert die Berechnung nach PHPP detaillierte Aussagen zum Gebäude und dessen spezifischem Verbrauch sowie Bauteilbeschaffenheiten. Neben der Energiebilanz und U-Wert-Berechnung ist es beispielsweise auch möglich, die Heizlast auszulegen, Voraussagen für den sommerlichen Komfort zu treffen sowie die notwendige Komfortlüftung zu projektieren. Mithilfe der Berechnungsergebnisse können dann im Laufe der Planung die technischen Anlagen wie Heizung und Warmwasserbereitung weiter entwickelt und dimensioniert werden. Zu beachten ist allerdings, dass die Vorgaben vieler deutscher Normen dabei nicht beachtet werden. Diese Abweichungen müssen dem Bauherrn bewusst gemacht, und Abmachungen sollten vom Planer festgehalten und protokolliert werden.

Bei Wohngebäuden wird das gesamte Gebäude als eine Zone betrachtet und im Rahmen von Monatsbilanzen bewertet. Innerhalb der Berechnungsblätter werden die einzelnen Kennwerte berechnet. Diese sind:

- Projektierung der Fenster
- Projektierung der Komfortlüftung
  - Berechnung der Wärmebilanzen, U-Wert-Berechnung aller Bauteile inklusive Wärmebrücken
- Auslegung der Heizlast
- Voraussage für den sommerlichen Komfort
- Auslegung von Heizung und Warmwasserbereitung
- Nachweis für die Förderung von Passivhäusern (z.B. durch die KfW)
- Vereinfachter Nachweis nach der Energieeinsparverordnung (EnEV)

Der Primärenergiebedarf darf einschließlich des Strombedarfs für Beleuchtung, Haushaltsführung oder Arbeitshilfen vordefinierte Maximalwerte nicht überschreiten. Damit geht das Gebäudekonzept beim Bilanzumfang über das gesetzlich vorgeschriebene Maß hinaus. Der Nachweis der Luftdichtheit muss durch eine Luftdichtheitsmessung bauseits nachgewiesen werden.

Kennwerte eines Passivhauses:

Jahresheizwärmebedarf	< 15 kWh/m²a
Heizlast	< 10 W/qm²
Jahreskältebedarf	< 15 kWh/m²a
Jahresprimärenergiebedarf	< 120 kWh/m²a
Übertemperaturhäufigkeit	< 10%
Lüftung mit WRG	> 75%
Strombedarf	< 0,45 Wh/m³

PRIMÄRENERGIEFAKTOREN

Brennstoffe
Heizöl:	1,1
Erdgas:	1,1
Flüssiggas:	1,1
Steinkohle:	1,1
Braunkohle:	1,2
Holz:	0,2
Lokale Biomasse: (flüssig und gasförmig)	0,5

Energieformen
Nah-/Fernwärme aus KWK	
fossil:	0,7
erneuerbar:	0,7
Nah-/Fernwärme aus Heizwerk	
fossil:	1,3
erneuerbar:	0,1
allg. Strommix:	2,6

Umweltenergie
Solarenergie:	0,0
Umweltwärme:	0,0

Bilanzierungsmodell des Passivhauses. Die Verluste durch Lüftung und Transmission sind durch das passivhausspezifische Anforderungsprofil im Vergleich zur EnEV stark reduziert. Zudem werden in der Bilanz erweiternd zur EnEV Energiebedarfe für Beleuchtung und Haushaltsgeräte berücksichtigt. Heizlast und Heizwärmebedarf wurden 2010 als alternative Zieldefinitionen festgelegt. Zuvor galt $Q_h \leq 15$ kWh/m²a immer als verpflichtend.

■ gegenüber EnEV geänderte bzw. zusätzliche Kriterien

Niedrigstenergie- und Nullenergie-Haus

Bilanzraum

40 Prozent des weltweiten Endenergiebedarfs werden zur Klimatisierung von Gebäuden benötigt. Mit der technischen Entwicklung von Kleinanlagen zur Energieerzeugung keimte vor diesem Hintergrund die Idee auf, Gebäude zu bauen, welche die Energiemenge, die sie verbrauchen, selbst erzeugen. Da keine externe Energie mehr zugeführt werden muss, wären diese Gebäude Nullenergie-Gebäude. Das Bilanzergebnis ist somit theoretisch null.

Der Klimawandel sowie der starke Rückgang nicht erneuerbarer Energiequellen führte parallel dazu, dass auf internationaler Ebene politische Ziele postuliert wurden, die Energieverbräuche und Emissionen reduzieren sowie die Abhängigkeit von Energieimporten auflösen sollten. In diesem Zusammenhang trat im Juli 2010 die Novelle der EU-Gebäuderichtlinie zur Energieeffizienz von Häusern in Kraft; international als Directive on Energy Performance of Buildings (EPBD) benannt. Danach sollen alle Gebäude in der EU ab 2021 nahezu auf dem Niveau eines Nullenergie-Hauses (Niedrigstenergie bzw. nearly-zero) sein. Für öffentliche Bauten ist dieses Ziel bereits für 2019 festgeschrieben. Damit ist ein ambitioniertes Ziel für Neubauten ins Auge gefasst. Um den hohen Energieverbrauch bei Altbauten ebenfalls langfristig zu drosseln, gilt das Neubauziel auch für umfassende Sanierungen und Anbauten.

Auf einer konzeptionellen Ebene wurden unterschiedliche Ansätze entwickelt, um ein Nullenergie-Gebäude zu definieren. Die zentrale Fragestellung ist, nach welchem Verfahren die erzeugte Energie dem Energieverbrauch gutgeschrieben werden soll, um eine möglichst realistische Aussage treffen zu können.

Das Mehrfamilienhaus in Dübendorf erreicht durch guten Dämmstandard (Minergie-P) und Energie gewinnende Technologien über das Jahr gesehen eine Nullenergiebilanz, kämpfen für architektur ag, CH-Zürich

Rechnet man hier einfach die Jahreswerte gegeneinander, bedeutet das nicht, dass das Gebäude tatsächlich ohne externe Energie auskommt. Vielmehr erzeugt es zu bestimmten Zeiten, beispielsweise im Sommer während des Tags einen Überschuss, der der Menge des Bedarfs im Winter entspricht. Saisonale Speicher sind als Einzelgeräte für Wohnbauten noch nicht in dem Maße entwickelt, dass Überangebot und Unterdeckung sinnvoll gepuffert werden können. Deshalb wird die Energie bei Überproduktion meistens in Form von Strom in das öffentliche Netz eingespeist und bei Bedarf wieder von dort bezogen. Im Jahresmittel ergibt sich also ein Netto-Nullenergie-Gebäude. Auf Monatsbasis ist jedoch kein Nullenergiebetrieb darzustellen.

Das genannte Ziel ist zweifelsfrei ein wichtiger Meilenstein, um die beschriebenen Probleme langfristig zu lösen und den Umbau der energetischen Versorgungssysteme realisieren zu können. Dennoch legt die EU-Richtlinie eben nur die Richtung fest. Wie der saisonale Ausgleich erfolgen soll, ist nicht geklärt. Auch der Begriff Niedrigstenergie beziehungsweise nearly zero-energy ist nicht endgültig festgeschrieben. Zudem ist durch die EU-Richtlinie auch nicht definiert, welche Energiedienstleistungen betrachtet werden oder welche Bezugskennwerte relevant sein sollten. Bis 2015 müssen alle EU-Mitgliedstaaten darlegen, wie sie den Standard national im Detail definieren und die Ziele zu erreichen gedenken.

Für Nullenergie-Gebäude gibt es derzeit weder eine öffentlich rechtliche noch eine exakte rechnerische Grundlage, um vergleichbare Bilanzen anzustellen und diesen Standard damit tatsächlich zu verifizieren.

Im Rahmen dieses Prozesses veröffentlichte das Bundesministerium für Verkehr, Bau- und Stadtentwicklung (BMVBS) 2011 die Definition für ein Effizienzhaus Plus als Modellvorhaben. Dieses geht über die Anforderungen an ein Niedrigstenergie-Haus hinaus, da es mehr Energie erzeugen soll, als es verbraucht.

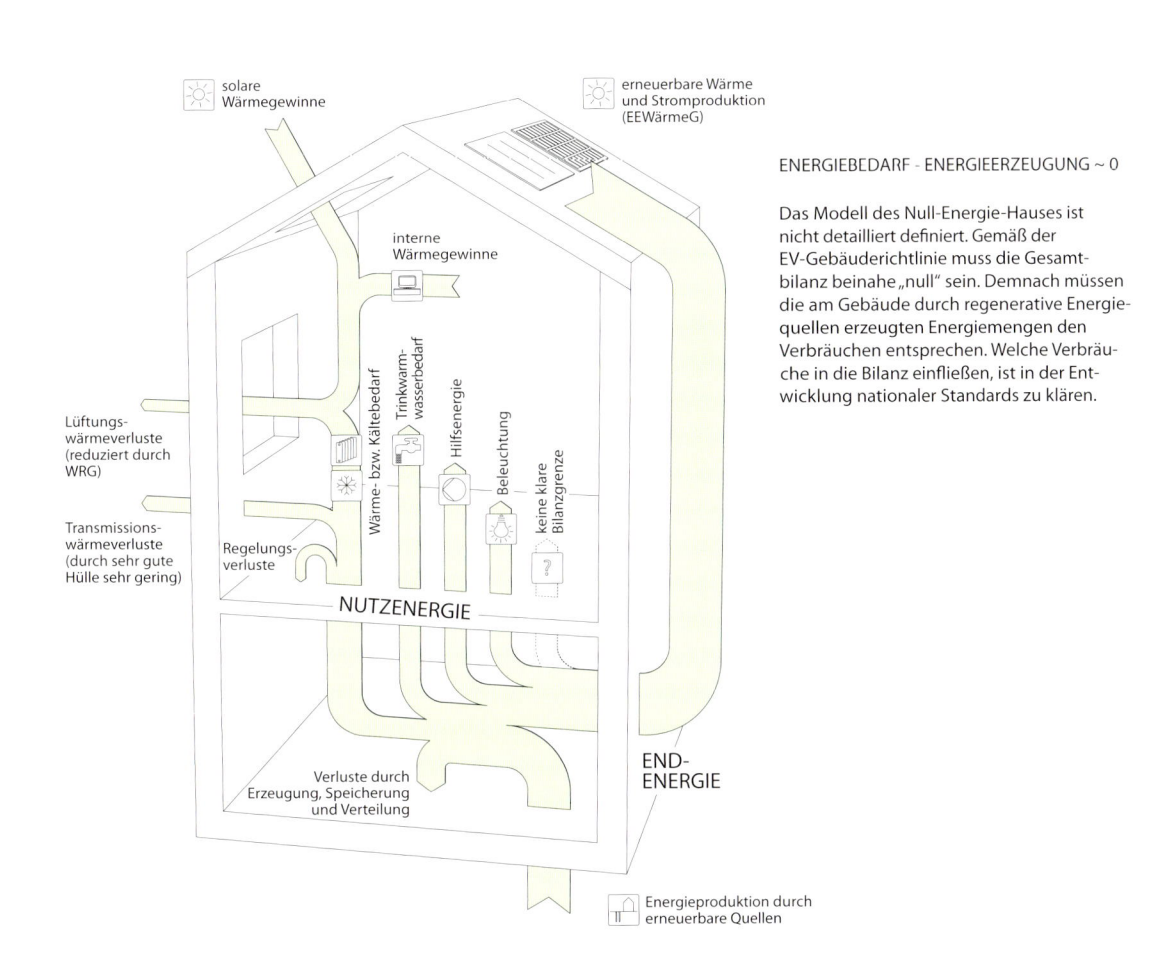

ENERGIEBEDARF - ENERGIEERZEUGUNG ~ 0

Das Modell des Null-Energie-Hauses ist nicht detailliert definiert. Gemäß der EV-Gebäuderichtlinie muss die Gesamtbilanz beinahe „null" sein. Demnach müssen die am Gebäude durch regenerative Energiequellen erzeugten Energiemengen den Verbräuchen entsprechen. Welche Verbräuche in die Bilanz einfließen, ist in der Entwicklung nationaler Standards zu klären.

Effizienzhaus Plus

Bilanzraum

Nachdem Vorgaben für Plusenergie-Gebäude bisher über vage Absichtserklärungen nicht hinausgehen, wurde 2011 vom Bundesministerium für Verkehr, Bau und Stadtentwicklung eine erste Definition des Effizienzhauses Plus mit allen notwendigen Kennwerten veröffentlicht. Diese gilt als erster Energie-Plus-Standard im deutschsprachigen Raum. Derzeit ist das Effizienzhaus Plus jedoch keine gesetzliche Vorgabe. Vielmehr werden im Rahmen eines Förderprogramms der Forschungsinitiative Zukunft Bau Gebäude dieses Standards als Modellvorhaben untersucht und ausgewertet. Neben den in der Förderung festgelegten Einzelmaßnahmen, die aufgrund ihres Innovationsgrads zukünftig relevant werden, wird im Rahmen des Förderprogramms für jedes teilnehmende Gebäude ein Monitoring von 24 bis 30 Monaten gefördert. Dabei werden sowohl die Verbrauchsdaten als auch die Energieerzeugungsleistungen detailliert erfasst und ausgewertet. Messungen im Innenraum lassen zudem Rückschlüsse auf die Behaglichkeit in Abhängigkeit zum Außenklima zu. Das Monitoring bietet dem Bauherrn damit die Grundlage für ein Energiemanagement, das Schwachstellen aufdeckt, um schließlich Maßnahmen zur Betriebsoptimierung durchführen zu können. Zusätzlich liefern die Auswertung und der Vergleich aller gemessenen Projekte allgemeingültige Aussagen bezüglich der eingesetzten neuen Technologien und dienen der Anpassung und Weiterentwicklung des Gebäudestandards.

Die Bilanzierung eines Effizienzhauses Plus ist ein erweiterter EnEV-Nachweis nach DIN V 18599 gemäß Monatsbilanzverfahren mit Ansatz des mittleren Standardklimas für Deutschland. Als zukunftsfähiger Standard werden auch Energieaufwendungen betrachtet, die über den reinen Gebäudebetrieb und die Klimatisierung des Innenraums hinausgehen. Strombedarfe für Haushaltsgeräte und -prozesse werden mit in den Bilanzraum aufgenommen. Da dies derzeit im EnEV-Rechenverfahren nicht der Fall ist, wird ein Pauschalansatz mit 20 kWh/m²a, maximal jedoch 2500 kWh je Wohneinheit angesetzt. Die Menge von 20 kWh/m²a setzt

Haus P entspricht rein rechnerisch einem Effizienzhaus Plus, da sowohl der jährliche Primärenergie- als auch der Endenergiebedarf kleiner 0 ist, ee concept GmbH, Darmstadt

sich aus 3 kWh/m²a für Beleuchtung, 10 kWh/m²a für Haushaltsgeräte, 3 kWh/m²a für Kochen und 4 kWh/m²a für sonstige Energieverbraucher zusammen. Die projektspezifisch errechnete Menge wird schließlich auf die zuvor berechneten endenergetischen Monatsbedarfe gleichmäßig verteilt. Die Aufstellung der Bedarfe erfolgt dabei getrennt nach Energieträgern, um in einer späteren primärenergetischen Darstellung die einzelnen Primärenergiefaktoren korrekt zuzuweisen. Der ebenfalls monatlich ermittelte Energieertrag aus Energie erzeugenden Technologien (wie etwa Photovoltaik) wird schließlich dem Bedarf je Monat gegenübergestellt.

Als Bilanzgrenze ist das Grundstück festgeschrieben. Anders als in der EnEV können hier alle erneuerbaren Energiemengen, die auf dem Grundstück erzeugt werden, in der Bilanz angesetzt werden (on-site generation). Sollten mehrere Gebäude auf einem Grundstück stehen, sind die Energiemengen den Gebäuden nutzflächenanteilig zuzuordnen. Eine Gutschrift beziehungsweise die Mengenermittlung des eigengenutzten Stroms erfolgt komplett, jedoch maximal bis zur Höhe des Bedarfs. Der nach Abzug verbleibende restliche Energieertrag wird als Netzeinspeisung betrachtet. Schließlich werden die nun reduzierten Endenergiemengen mit den zugehörigen Primärenergiefaktoren multipliziert. Abweichend von der EnEV werden Primärenergiefaktoren in Anlehnung an DIN V 18599 verwendet. Der ins Netz eingespeiste Strom wird mit dem durch das Programm definierten Primärenergiefaktor multipliziert und abschließend in der Jahresbilanz abgezogen. Das Ergebnis muss einen negativen Jahresprimärenergiebedarf und einen negativen Jahresendenergiebedarf aufweisen, um den Standard zu erreichen.

Faktisch schreiben sich nahezu alle Gebäude Strom aus Photovoltaik – also während des Sommers – gut und beziehen dafür im Winter Energie von außen. Primärenergetisch ist die Plus-Bilanz vergleichsweise leicht zu erreichen, da der Stromüberschuss hoch gewichtet wird. Die positive Endenergiebilanz ist daher die eigentlich hohe Anforderung. Um diese zu erreichen, werden häufig Wärmepumpen eingesetzt; Anlagen auf Basis von KWK führen im Vergleich in der Bilanz nicht direkt zu einem eindeutigen Ergebnis. Alle Anlagen, die vor Ort Verluste aufweisen und keine Umweltenergie einsammeln, erschweren den Nachweis.

Das Effizienzhaus Plus und seine Grenzwerte im Überblick:

Jahresprimärenergiebedarf
$Q_p < 0$ kWh/m²a
Jahresendenergiebedarf
$Q_e < 0$ kWh/m²a
Alle sonstigen Bedingungen der EnEV wie zum Beispiel die Anforderungen an den sommerlichen Wärmeschutz sind einzuhalten.

Nebenanforderung:
Es sind Geräte mit höchstem Energieeffizienzlabel zu verwenden (Label A++ oder besser). Zudem ist ein intelligenter Zähler zur Bewertung des Gebäudebetriebs und zur Bestimmung des Eigennutzungsgrades des erzeugten Stroms in das Gebäude einzubauen.

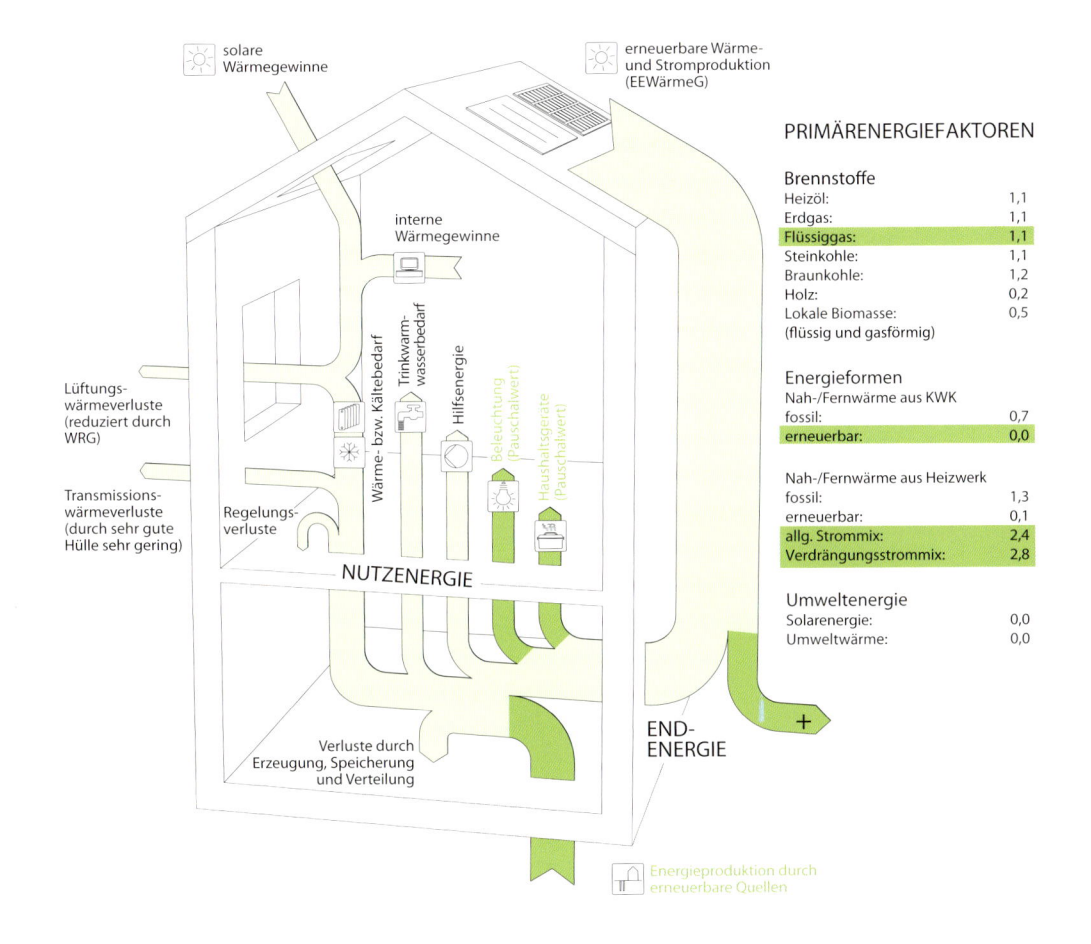

Bilanzierungsmodell des Effizienzhaus Plus. In die Bilanz nach BMVBS fließen pauschale Mengenansätze für Beleuchtung und Haushaltsgeräte mit ein. In der Bilanz entsteht ein negatives Ergebnis, das die Menge an Energie ausdrückt, die über die Bedarfsdeckung hinaus produziert wird. Die überschüssige Energie wird in der Regel in das öffentliche Netz eingespeist. Damit liefern Effizienzhäuser Plus die Basis, um den erneuerbaren Anteil des Strommix in Deutschland zu erhöhen und dessen Primärenergiefaktor langfristig zu verbessern.

■ gegenüber EnEV geänderte bzw. zusätzliche Kriterien

PRIMÄRENERGIEFAKTOREN

Brennstoffe
Heizöl:	1,1
Erdgas:	1,1
Flüssiggas:	1,1
Steinkohle:	1,1
Braunkohle:	1,2
Holz:	0,2
Lokale Biomasse: (flüssig und gasförmig)	0,5

Energieformen
Nah-/Fernwärme aus KWK
fossil:	0,7
erneuerbar:	0,0

Nah-/Fernwärme aus Heizwerk
fossil:	1,3
erneuerbar:	0,1
allg. Strommix:	2,4
Verdrängungsstrommix:	2,8

Umweltenergie
Solarenergie:	0,0
Umweltwärme:	0,0

Active House

Bilanzraum

2010 schlossen sich unterschiedliche Unternehmen und Akteure aus der internationalen Baubranche, darunter auch deutsche Vertreter, unter dem Titel Active House Alliance in Kopenhagen zusammen. Dieses Netzwerk setzte den Startpunkt für die Entwicklung des Active House. Ein Wohnungsbaustandard, der das Augenmerk über Energieeffizienz-Standards hinaus auf Raumklimaqualitäten und durch das Gebäude verursachte Umwelteinflüsse legt. Das Gebäudemodell liegt derzeit in Form eines Pflichtenhefts für Neubauten und Sanierungen vor, das Anforderungen auf den Ebenen Energie, Raumklima und Umwelt detailliert definiert. Der Standard ist als Open-Source-Modell konzipiert. Auf einer extra dafür ins Leben gerufenen Online-Plattform (www.activehouse.info) finden weltweit Diskussionen unter Fachleuten statt. Die Resultate dieser Auseinandersetzungen mit den einzelnen Themenbereichen sowie Ergebnisse von Workshops und Meetings laufen zentral zusammen und sollen dazu beitragen, das Modell des Active House zu aktualisieren und weiterzuentwickeln. Die Verantwortlichen erhoffen sich die Entwicklung eines ganzheitlichen Standards, der sowohl auf neuesten wissenschaftlichen als auch auf praktischen Erfahrungen beruht.

Hauptkategorien des Active House Models

Das Active House verfügt über einen hohen Effizienzstandard, der über die gesetzlichen Anforderungen hinausgeht. Da es sich um ein internationales Modell handelt, gelten hinsichtlich der Anforderungsniveaus wie auch der Bilanzierungsmethoden die jeweils national gültigen Regelwerke. Ebenso sind die national anerkannten Umrechnungsfaktoren für Primärenergie und Emissionen anzusetzen. In Deutschland werden, wie zuvor beschrieben, diese Vorgaben in der EnEV definiert. Als Kenngröße ist der Jahresprimärenergiebedarf festgelegt. Dieser setzt sich aus dem Energiebedarf für den Gebäudebetrieb (Heizen, Kühlen, Lüften, Warmwasseraufbereitung) und für die Haushaltsgeräte sowie der Gutschrift selbstgenutzter, regenerativ erzeugter Energien zusammen. Damit erweitert das Active House den Bilanzraum der EnEV.

Das Versorgungskonzept des Gebäudes beruht rein auf erneuerbaren Energiequellen. Diese können entweder durch Technologien, die am Gebäude oder auf dem Grundstück verortet sind, erschlossen, oder über ein öffentliches Netz bezogen werden. Die technischen Anlagen sollen dabei ökonomisch sinnvoll gewählt werden und im Falle einer Anbringung am Gebäude in das architektonische Erscheinungsbild integriert sein. Über den rein rechnerischen Nachweis hinaus soll das Gebäude über ein einfach zu bedienendes Gebäudemanagementsystem für den Nutzer gut zu regeln sein.

Im Rahmen des Planungs- und Bauprozesses sind unterschiedliche Nachweise und Prüfverfahren gefordert, die zur Qualitätssicherung und Validierung beitragen.

Das Velux LichtAktiv Haus wurde auf Grundlage der Active House-Richtlinien saniert.

Das Active House soll ein gesundes Wohnklima bieten und stellt deshalb Anforderungen an Parameter, die Komfort und Gesundheit im Innenraum beeinflussen. Ziel ist es, ein gutes Raumklima zu schaffen, das durch den Nutzer leicht zu beeinflussen ist. In den Kategorien Licht und Aussicht, Thermische Umgebung, Raumluftqualität und Lärm sowie Akustik werden einzelne Parameter berechnet und bewertet. Neben der Vermeidung schadstoffemittierender Baumaterialien werden auch Bedingungen an Einflussgrößen wie Tageslichtquotient, Betriebstemperaturen im Sommer und Winter, Luftfeuchte sowie Schallschutz gestellt.

Im Bereich des Raumklimas werden die Interaktionen des Bauwerks mit dem Innenraum bewertet, parallel dazu im Themenbereich Umwelt jene mit dem Außenraum untersucht. Dabei geht es sowohl um die Umweltverträglichkeit auf ökologischer Ebene als auch um die Einbindung des Gebäudes in den kulturellen Kontext.

In Bezug auf die Umweltverträglichkeit ist die Vermeidung von Umweltschäden, der Beitrag zur Biodiversität als auch ein hohes Maß an recycelten Baumaterialien sowie die Konzeption eines abermals recyclingfähigen Gebäudes gemeint. Die Beurteilung der Umweltwirkungen erfolgt mit einer Ökobilanzierung aller wichtigen Gebäudekomponenten (Außenwände, Dächer, Decken, Fundament, Fenster und Türen, Innenwände, technische Hauptkomponenten). Als Betrachtungszeitraum für die Bilanz sind derzeit 75 Jahre festgelegt. Bewertet werden die gängigen Umweltwirkungskategorien. Neben Umweltwirkungen, Verbrauchsreduktion und der Maximierung erneuerbarer Energieerzeugung ist der Frischwasserverbrauch zu reduzieren. Dies kann durch leicht zu reinigende Oberflächen sowie die Nutzung von Grau- und Regenwasser geschehen.

Darüber hinaus werden im kulturellen und ökologischen Kontext Bautraditionen, Klima, Straßen und Landschaften, Infrastruktur, Ökologie und Bodennutzung sowie Klimaveränderungen untersucht.

Das Ergebnis der Planung und Realisierung eines Active House ist durch unterschiedliche Bilanzgrundlagen und den erweiterten Betrachtungsrahmen durch eine Zahl nicht zu erfassen. Deshalb wird die Einordnung in einem Radardiagramm vorgenommen, das die Projektqualitäten in den Einzelkategorien ablesbar und mit andere Projekten vergleichbar macht.

Energetische Gebäudeklassifizierung Active House

Gemäß den Angaben im Pflichtenheft wird das Gebäude je nach Ergebnis klassifiziert:

Endenergiebedarf
1: ≤ 30 kWh/m^{2}a
2: ≤ 50 kWh/m^{2}a
3: ≤ 80 kWh/m^{2}a
4: ≤ 120 kWh/m^{2}a (nur bei Modernisierung)

Alle eingesetzten Haushaltsgeräte sollten dem höchsten Effizienzstandard entsprechen.

Primärenergiebilanz (inkl. Energieerzeugung)
1: ≤ 0 kWh/m^{2}a für das Gebäude und die Haushaltsgeräte
2: ≤ 0 kWh/m^{2}a für das Gebäude
3: ≤ 15 kWh/m^{2}a für das Gebäude
4: ≤ 30 kWh/m^{2}a für das Gebäude (Modernisierung)

1: 100 % der Energie werden auf dem Grundstück produziert
2: mehr als 50 % der Energie werden auf dem Grundstück produziert
3: mehr als 25 % der Energie werden auf dem Grundstück produziert
4: weniger als 25 % der Energie werden auf dem Grundstück produziert

Das Radardiagramm zeigt exemplarisch das Abschneiden eines Projekts sowie die umfangreichen Themenfelder, die im Rahmen des Active House Standards untersucht werden. Durch die jeweilige Punkteanzahl innerhalb der Teilkategorien ergibt sich eine Fläche, deren Ausmaße die Gebäudequalität visualisiert. Die Form ermöglicht die Ableitung von Schwerpunkten. Die Bilanzstruktur des Active House entspricht den jeweiligen nationalen Modellen. In Deutschland wird der Betrieb entsprechend der EnEV bilanziert. Dieses Bilanz-Modell ist im Abschnitt Effizienzhäuser zu finden.

Minergie-Standard

Parallel zu den Entwicklungen in Deutschland wurde in der Schweiz das Label Minergie entwickelt. Dieser freiwillige Baustandard steht seit Mitte der 90er Jahre für effiziente Gebäude und hat verschieden Typen hervorgebracht.

Minergie (Basisstandard)

Bilanzraum

Für den Basisstandard eines Minergiegebäudes sind abhängig von der Gebäudenutzung unterschiedliche Energiekennzahlen vorgeschrieben. Betrachtet werden je nach Gebäudekategorie die Energiebedarfe für Raumheizung, Warmwasseraufbereitung sowie Strom für mechanische Lüftung. Falls vorhanden, werden auch Kühlung sowie Be- und Entfeuchtung berücksichtigt. Ein Wohnhaus darf eine Energiekennzahl von 38 kWh/m²a nicht übersteigen. Der Bezugswert ist die Energiebezugsfläche, die in der Schweiz durch die Bruttogeschossfläche definiert ist. Die Energiekennzahl umfasst prinzipiell die gesamte Menge an Energie, die einem Gebäude im Laufe eines Jahres zur thermischen Konditionierung geliefert wird. Betrachtungsebene ist also die Endenergie.

Allerdings werden die einzelnen Lieferanteile innerhalb der Energiekennzahl gewichtet, um die Verfügbarkeit von Energiequellen zu bewerten. Fossil generierter Strom wird beispielsweise mit einem Faktor von 2,0, Holz hingegen mit 0,7 in die Energiekennzahl integriert. Sonnenenergie wird mit einem Gewichtungsfaktor von 0 belegt, und damit der regenerative Teil aus der Energiekennzahl herausgerechnet.

Dieses Vorgehen ähnelt einer primärenergetischen Betrachtung. Der zahlenmäßige Unterschied beispielsweise zur Primärenergieanforderung von 120 kWh/m²a des Passivhauses besteht darin, dass im Minergie-System lediglich die Energie zur Innenraumkonditionierung betrachtet wird. Beim Passivhaus macht der Haushaltsstrom in der Regel 70 bis 90 Prozent des Primärenergiebedarfs aus.

Eine zweite Anforderung gemäß Minergie betrifft den Heizwärmebedarf. Dieser muss mindestens 10 Prozent unter dem Neubau-Grenzwert liegen, der in der SIA 380/1 festgelegt ist. Die SIA 380/1 ist eine Norm des Schweizerischen Ingenieur- und Architektenvereins (SIA) und regelt die Anforderungen an die thermische Energie im Hochbau. Zusätzlich wird zur Erreichung des Minergie-Standards als Nebenanforderung eine hohe Effizienzklasse für Haushaltsgeräte empfohlen und zur Sicherung der Behaglichkeit vorausgesetzt, dass die Gebäude über eine Lüftungsanlage mit Wärmerückgewinnung verfügen.

Der mehrgeschossige Wohnungsbau Kraftwerk B wurde als Minergie-P-Gebäude mit zusätzlichem Eco-Siegel ausgeführt, grab architekten ag, CH-Altendorf

Erneuerbare Energien
empfohlen

Heizwärmebedarf
90% Grenzwert SIA

Luftdichtigkeit
gut

Wärmedämmung
20 - 25 cm

Graue Energie
keine Anforderungen

A-Haushaltsgeräte
empfohlen

Komfortlüftung
erforderlich

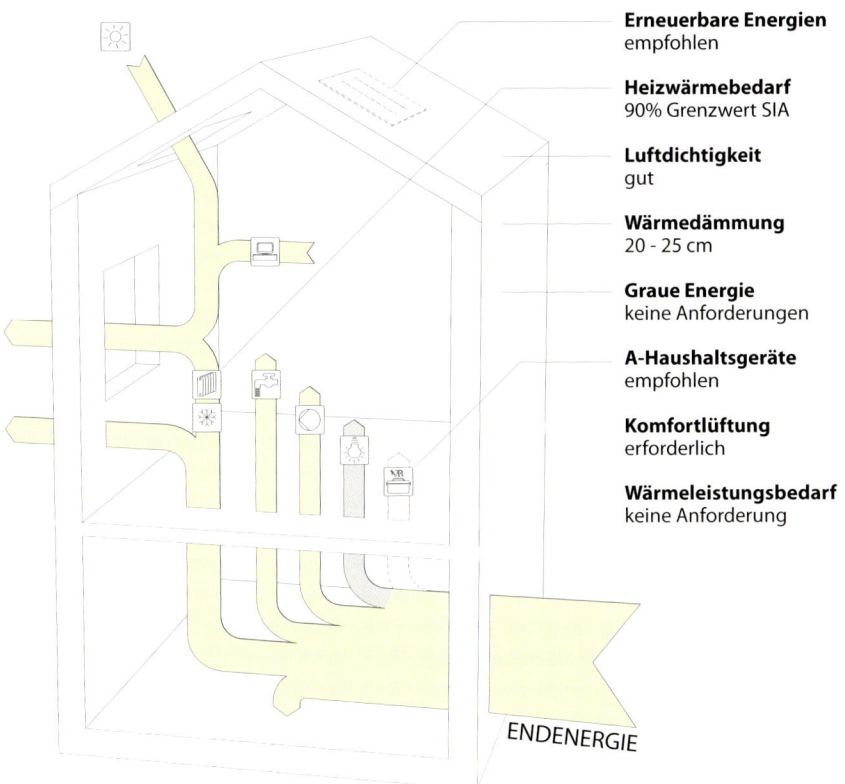

Wärmeleistungsbedarf
keine Anforderung

ENDENERGIE

Minergie-Kennzahl
Wärme: 38 kWh/m²a

Gewichtungsfaktoren Minergie-Energiekennzahl

Sonne, Umweltwärme, Geothermie	0
Biomasse (Holz, Biogas, Klärgas)	0,7
Fernwärme (mind. 50% erneuerbare Energien, Abwärme, KWK)	0,6
fossile Energieträger (Öl, Gas)	1,0
Elektrizität	2,0

Minergie-P

Bilanzraum

Das Minergie-P-Konzept ist im Vergleich zum Basisstandard ein zusätzlich optimiertes Gebäudesystem und zeichnet sich durch einen weiter verringerten Energieverbrauch aus. Für ein Wohngebäude liegt die Anforderung an die gewichtete Energiekennzahl bei 30 kWh/m²a. Der Heizwärmebedarf muss mindestens 40 Prozent unter dem Grenzwert nach SIA liegen. Dieser sehr niedrige Energieverbrauch setzt wie beim Passivhaus ein hoch optimiertes und damit sensibles Gebäudesystem voraus, das für einen behaglichen und fehlerfreien Betrieb weiteren Anforderungen genügen muss. Beispielsweise sind Themen wie thermischer Komfort im Sommer, Luftdichtheit der Gebäudehülle und die Integration einer Komfortlüftung noch gründlicher in die Planung einzubeziehen.

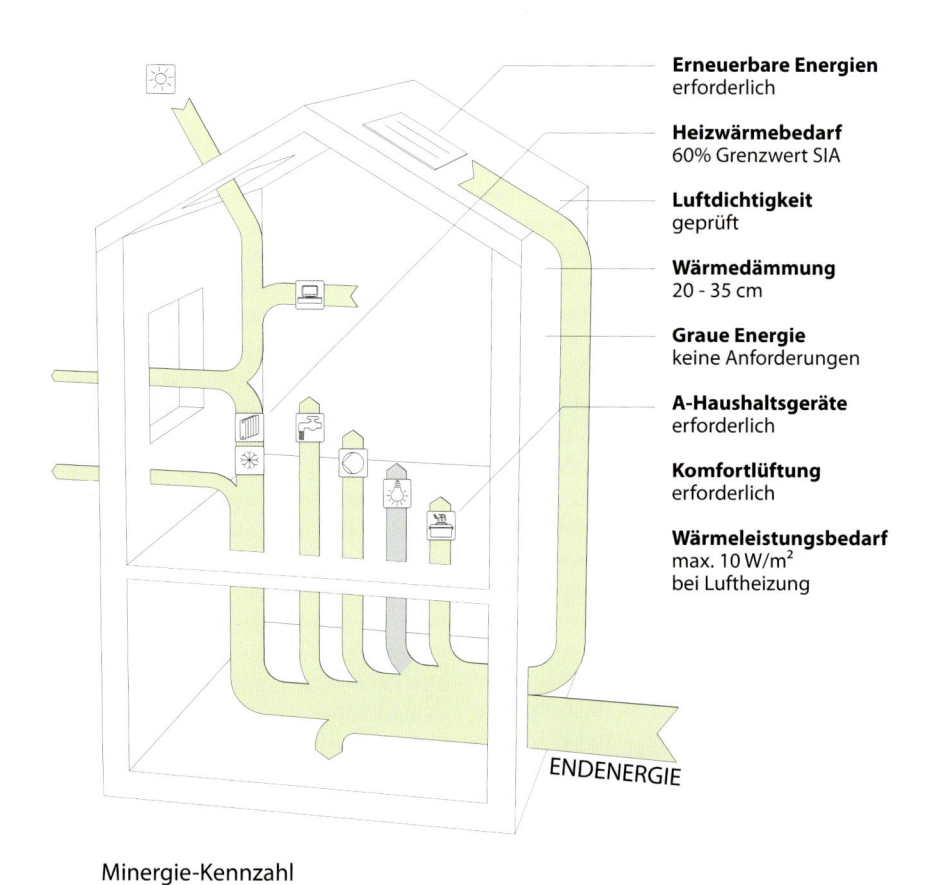

Erneuerbare Energien
erforderlich

Heizwärmebedarf
60% Grenzwert SIA

Luftdichtigkeit
geprüft

Wärmedämmung
20 - 35 cm

Graue Energie
keine Anforderungen

A-Haushaltsgeräte
erforderlich

Komfortlüftung
erforderlich

Wärmeleistungsbedarf
max. 10 W/m²
bei Luftheizung

ENDENERGIE

Minergie-Kennzahl
Wärme: 30 kWh/m²a

Minergie-A

Bilanzraum

Das Minergie-A-Konzept reglementiert neben der Bedarfsreduktion auch die Energieversorgung. Damit reagiert die Schweiz auf die Anforderungen der EU-Gebäuderichtlinie und das Niedrigstenergiegebäude. Zur Erlangung des Minergie-A-Standards sind zunächst die niedrigeren Anforderungen an den Heizwärmebedarf gemäß Minergie-Basisstandard zu erfüllen. Zusätzlich muss eine Energiekennzahl von 0 kWh/m²a oder kleiner erreicht werden. Dies kann weitestgehend mit einer auf erneuerbaren Energien basierenden Bedarfsdeckung erzielt werden. Biomasse ist zur Wärmeversorgung zulässig, wenn der Wärmeerzeuger hydraulisch in die gesamte haustechnische Versorgung eingebunden ist. So ist beispielsweise die Kombination einer Holzheizung mit solarthermischen Kollektoren zur Wärmeerzeugung möglich, wenn beide Technologien einen Speicher beladen und mindestens 50 Prozent der Energie im Jahresverlauf durch die Kollektoren erzeugt wird. Ähnlich dem Effizienzhaus Plus-Label werden häufig Wärmepumpen eingesetzt, deren Strombedarf durch regenerative Quellen gedeckt wird.

Da das Konzept in erster Linie die Energiekennzahl als Bilanz aus Bedarf und Erzeugung festlegt, ist im Vergleich zu Minergie-P eine moderate Dämmung möglich, wenn eine effiziente erneuerbare Energieversorgung vorhanden ist. Weitere Grenzwerte gelten entsprechend des Basisstandards. Durch die Nullbilanz des Standards fallen neben dem Gebäudebetrieb andere Energieaufwendungen des Gebäudes ins Gewicht. Die Graue Energie wird zusätzlich in die energetische Gesamtbetrachtung einbezogen. Für die Gebäudekonstruktion (Gebäudehülle, Innenbauteile und Haustechnik) ist ein Energieaufwand von 50 kWh/m²a als obere Grenze festgesetzt. Im Nachweis wird eine Gebäudelebensdauer von 60 Jahren angenommen.

Minergie-ECO 2011

Der Zusatz ECO steht nicht für einen eigenständigen Standard. Vielmehr ist er eine Ergänzung zu den drei Hauptstandards nach Minergie. Demnach können auch nur Minergie-, Minergie-P- oder Minergie-A-Gebäude ein ECO-Haus werden. Der ECO-Standard soll ein gesundes und behagliches Wohnumfeld schaffen und Umwelteinflüsse durch das Gebäude reduzieren. Zusätzlich zu den Betriebsenergie-Bilanzen werden in den Bereichen Tageslichtversorgung, Schallschutz, Innenraumklima, Bauökologie, Graue Energie zur Herstellung der Baustoffe und Energieaufwendungen im Bauprozess wie Herstellung und Rückbau Bewertungen vorgenommen.

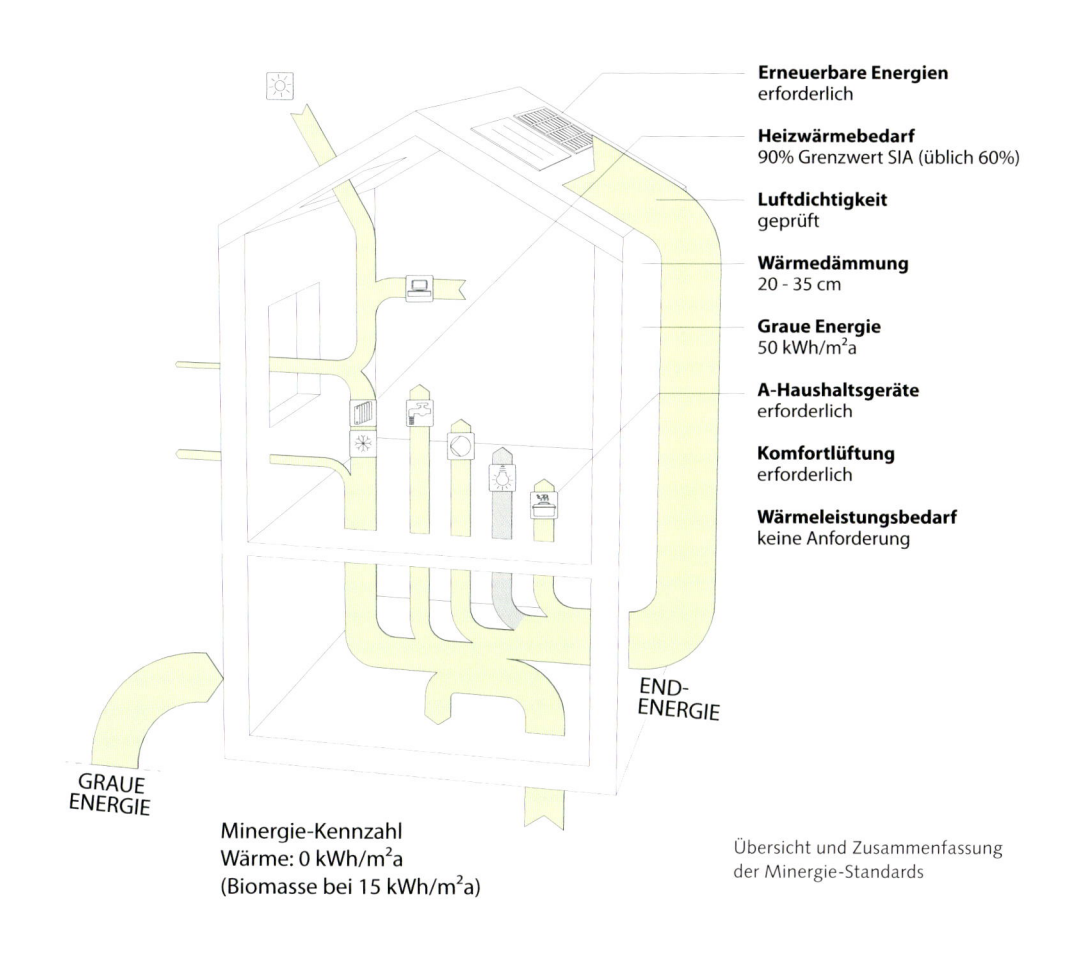

Erneuerbare Energien
erforderlich

Heizwärmebedarf
90% Grenzwert SIA (üblich 60%)

Luftdichtigkeit
geprüft

Wärmedämmung
20 - 35 cm

Graue Energie
50 kWh/m²a

A-Haushaltsgeräte
erforderlich

Komfortlüftung
erforderlich

Wärmeleistungsbedarf
keine Anforderung

Minergie-Kennzahl
Wärme: 0 kWh/m²a
(Biomasse bei 15 kWh/m²a)

Übersicht und Zusammenfassung der Minergie-Standards

Über die Energie hinaus

Die beschriebenen Gebäudeenergie-Standards zeigen, dass sie zunächst alle das Ziel einer effizienten energetischen Versorgung von Gebäuden verfolgen. Der Schwerpunkt liegt dabei meist auf der Betrachtung der Betriebsenergie, was vor dem Hintergrund des enormen Energieverbrauchs von Gebäuden und der Möglichkeit zur Regulation gerechtfertigt ist. Die Vergleichbarkeit zwischen Standards ist in ihren zahlenmäßigen Ergebnissen aufgrund unterschiedlicher Eingangsparameter, wie zum Beispiel national unterschiedlicher Primärenergiefaktoren sowie voneinander abweichender Berechnungsverfahren, nur schwer möglich.

Lebenszyklusbetrachtungen

Über die rein energetischen Bilanzen hinaus weisen mehrere Standards bereits eine Erweiterung des Betrachtungsraums auf. So werden in einigen Bilanzierungen Energieaufwendungen zur Herstellung des Gebäudes und der Baustoffe sowie Umweltwirkungen, die durch das Gebäude verursacht werden, mit berücksichtigt. Diese Themen werden vor dem Hintergrund der Reduzierung der Betriebsenergie wohl in Zukunft noch mehr an Bedeutung gewinnen.

Auch wenn graue Energie in einzelnen Standards bereits berücksichtigt wird, sind erweiterte Standards und Benchmarks auf rechtlicher und politischer Ebene zu schaffen, die Umweltwirkungen im Rahmen der Erstellung und des Rückbaus eines Gebäudes einbeziehen. Als Berechnungsinstrument wird derzeit auf eine Ökobilanz beziehungsweise Lebenszyklusanalyse zurückgegriffen. Dieses auf Grundlage der Norm ISO 14040 erstellte Berechnungsverfahren erlaubt es, ein Gebäude über den gesamten Lebenszyklus hinsichtlich seiner Umweltwirkungen und seines Recyclingpotenzials zu bewerten. Auf Grundlage einer Sachbilanz wird eine Wirkbilanz aufgestellt, die schließlich ein Ergebnis in unterschiedlichen Wirkungskategorien aufweist. Normalerweise erfolgt eine Bewertung innerhalb der Kategorien Treibhauspotenzial (GWP), Ozonschichtabbaupotenzial (ODP), Ozonbildungspotenzial (POCP), Versauerungspotenzial (AP), Überdüngungspotenzial (EP) sowie Primärenergieinhalt (PEI). Eine Priorisierung der einzelnen Kategorien erfolgt in der Regel nicht, da die Auswirkungen der unterschiedlichen Umweltkategorien weder wissenschaftlich noch wirkungsbezogen miteinander vergleichbar sind. Auch eine rein zahlenmäßige Darstellung ist in der Regel nicht sehr aussagekräftig. Aus diesem Grund werden zur Bewertung von Gebäuden häufig vergleichende Ökobilanzen durchgeführt. Auf Grundlage des Vergleichs mit einem Referenzgebäude lässt sich ein Ergebnis in Zahlen besser bewerten und einstufen. Die bisherigen Verfahren, die um eine Ökobilanz erweitert sind, lassen eine Gebäudebewertung von der Errichtung über den Betrieb bis hin zum Rückbau zu.

2000-Watt-Gesellschaft

Darüber hinaus beeinflusst ein Gebäude und vor allem dessen Lage auch den Energieverbrauch der Nutzer. Diese Ebene ist derzeit in keinem Bilanzierungsstandard berücksichtigt. Aufgrund individuell sehr stark abweichender Verhaltensmuster und daraus resultierenden unterschiedlichen Verbrauchsstrukturen ist eine reale Abbildung des Nutzerenergieverbrauchs über den Haushaltsstrom hinaus sehr schwierig. Aber auch Energieaufwendungen für Mobilität, Konsum und Ähnliches tragen zum weltweit steigenden Energieverbrauch bei. In der Schweiz wurde deshalb das theoretische Modell der 2000-Watt-Gesellschaft entwickelt. Dabei geht es nicht darum, rückwirkend den Energiebedarf des Nutzers auszuweisen, sondern vorausgreifend ein Modell zu entwickeln, durch das globale energiepolitische Ziele erreicht werden können. Damit sind vor allem die durch das Intergovernmental Panel on Climate Change (IPCC) genannten Reduzierungen des Primärenergieverbrauchs und der Treibhausgas-Emissionen pro Kopf gemeint.

Das Modell der 2000-Watt-Gesellschaft sieht vor, dass weltweit jeder Person bei einem auf 1 Tonne pro Kopf begrenzten Emissionswert dauerhaft eine Leistung von 2000 Watt zur Verfügung steht. Damit kann laut Angaben des IPCC der klimagasbedingte Temperaturanstieg auf 2 Kelvin begrenzt werden. Die 2000-Watt-Grenze schließt die Energie verbrauchenden Lebensbereiche Wohnen, Mobilität, Ernährung, Konsum und Infrastruktur ein. Damit spielt der Lebensstandard eine maßgebende Rolle zur Erreichung des Ziels. Neben der Nutzung effizienter Geräte fordert das Modell der 2000-Watt-Gesellschaft somit auch eine Anpassung des Nutzerverhaltens. 2000 Watt entsprechen einem Primärenergiebedarf von zirka 17500 kWh pro Jahr. Damit entspricht die angestrebte Leistung dem globalen Durchschnitt des Jahrs 2005. Es handelt sich bezogen auf 2005 also weniger um eine Reduktion des Primärenergiebedarfs insgesamt. Vielmehr wird eine gleichmäßige Verteilung zwischen entwickelten und aufstrebenden Nationen angestrebt, um einem starken Anstieg ähnlich dem nach 1950 zu begegnen. Damit wird sowohl die Effizienzsteigerung der starken Verbraucher berücksichtigt, als auch ein Entwicklungsspielraum für bisher Benachteiligte geschaffen.

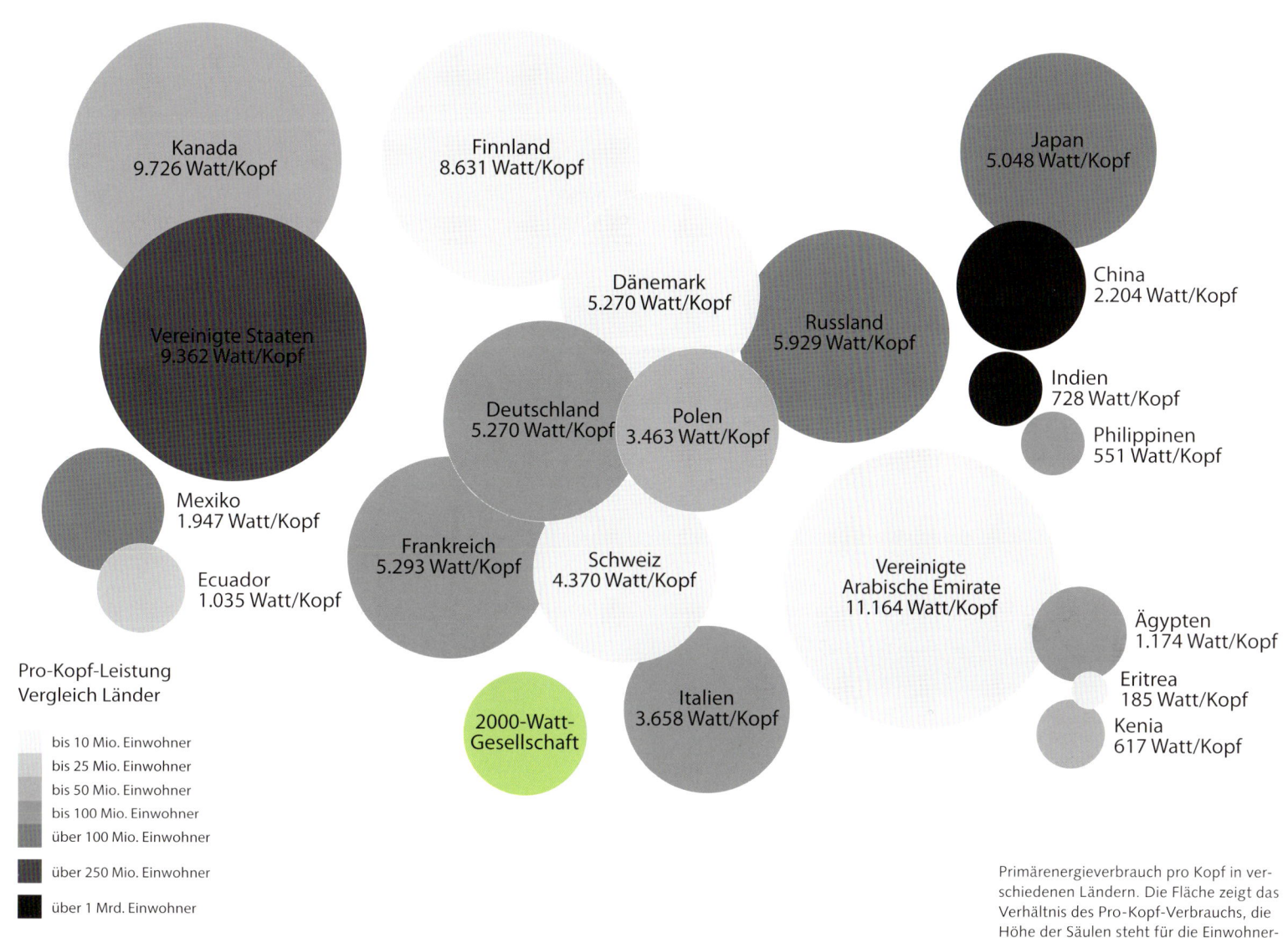

Bilanzierung

Kanada
9.726 Watt/Kopf

Finnland
8.631 Watt/Kopf

Japan
5.048 Watt/Kopf

Dänemark
5.270 Watt/Kopf

Russland
5.929 Watt/Kopf

China
2.204 Watt/Kopf

Vereinigte Staaten
9.362 Watt/Kopf

Deutschland
5.270 Watt/Kopf

Polen
3.463 Watt/Kopf

Indien
728 Watt/Kopf

Mexiko
1.947 Watt/Kopf

Philippinen
551 Watt/Kopf

Ecuador
1.035 Watt/Kopf

Frankreich
5.293 Watt/Kopf

Schweiz
4.370 Watt/Kopf

Vereinigte
Arabische Emirate
11.164 Watt/Kopf

Ägypten
1.174 Watt/Kopf

Pro-Kopf-Leistung
Vergleich Länder

- bis 10 Mio. Einwohner
- bis 25 Mio. Einwohner
- bis 50 Mio. Einwohner
- bis 100 Mio. Einwohner
- über 100 Mio. Einwohner
- über 250 Mio. Einwohner
- über 1 Mrd. Einwohner

2000-Watt-
Gesellschaft

Italien
3.658 Watt/Kopf

Eritrea
185 Watt/Kopf

Kenia
617 Watt/Kopf

Primärenergieverbrauch pro Kopf in verschiedenen Ländern. Die Fläche zeigt das Verhältnis des Pro-Kopf-Verbrauchs, die Höhe der Säulen steht für die Einwohnerzahl des jeweiligen Landes. Hoch entwickelte Länder sind in der Regel weit entfernt vom Ziel der 2000-Watt-Gesellschaft.

Weitere mögliche Bilanzbereiche

Die vorgestellten Bilanzierungsansätze und Gebäudestandards zeigen das weitreichende Spektrum von der nur heizenergiebezogenen über die zunehmend komplettierte gebäudebezogene Betrachtung bis hin zur umfassenden Bewertung der Lebenssituation von Menschen. In den einzelnen Ländern liegen somit Rechenwerkzeuge und Standards vor, welche die Realisierung zukunftsfähiger Gebäude vorantreiben können. Dennoch wird das Feld der Gebäudebewertung auch in Zukunft starken Entwicklungen unterzogen sein. Global und national festgelegte Klimaschutzziele werden diese ebenso fördern wie die sich durch Einsparung verschiebenden Energieverbrauchsprofile der Gebäude.

Die folgende Grafik zeigt neben den Verbrauchsbereichen, die durch ein Gebäude beeinflusst werden, in eine Bilanzierung einzubeziehende mögliche Parameter. Die farblich hervorgehobenen Elemente bilden den Bereich ab, den der nationale rechtliche Nachweis heute abbildet – und damit auch das zukünftige Entwicklungsfeld. Planer, die bereits jetzt die Grundlagen einer allumfassenden Projektierung berücksichtigen, werden schon heute Gebäude schaffen können, die einer zukünftigen Gebäudebewertung bestehen.

Mögliche Bilanzbereiche eines Gebäudes. Grün dargestellt sind jene Bereiche, die das rechtliche Regelwerk der EnEV abbildet. Durch reduzierte Verbräuche im Gebäudebetrieb werden der Lebenszyklus und die Energieaufwendungen im Nutzeralltag zukünftig mehr und mehr fokussiert und schließlich ebenfalls den Weg in die Bilanzierung finden.

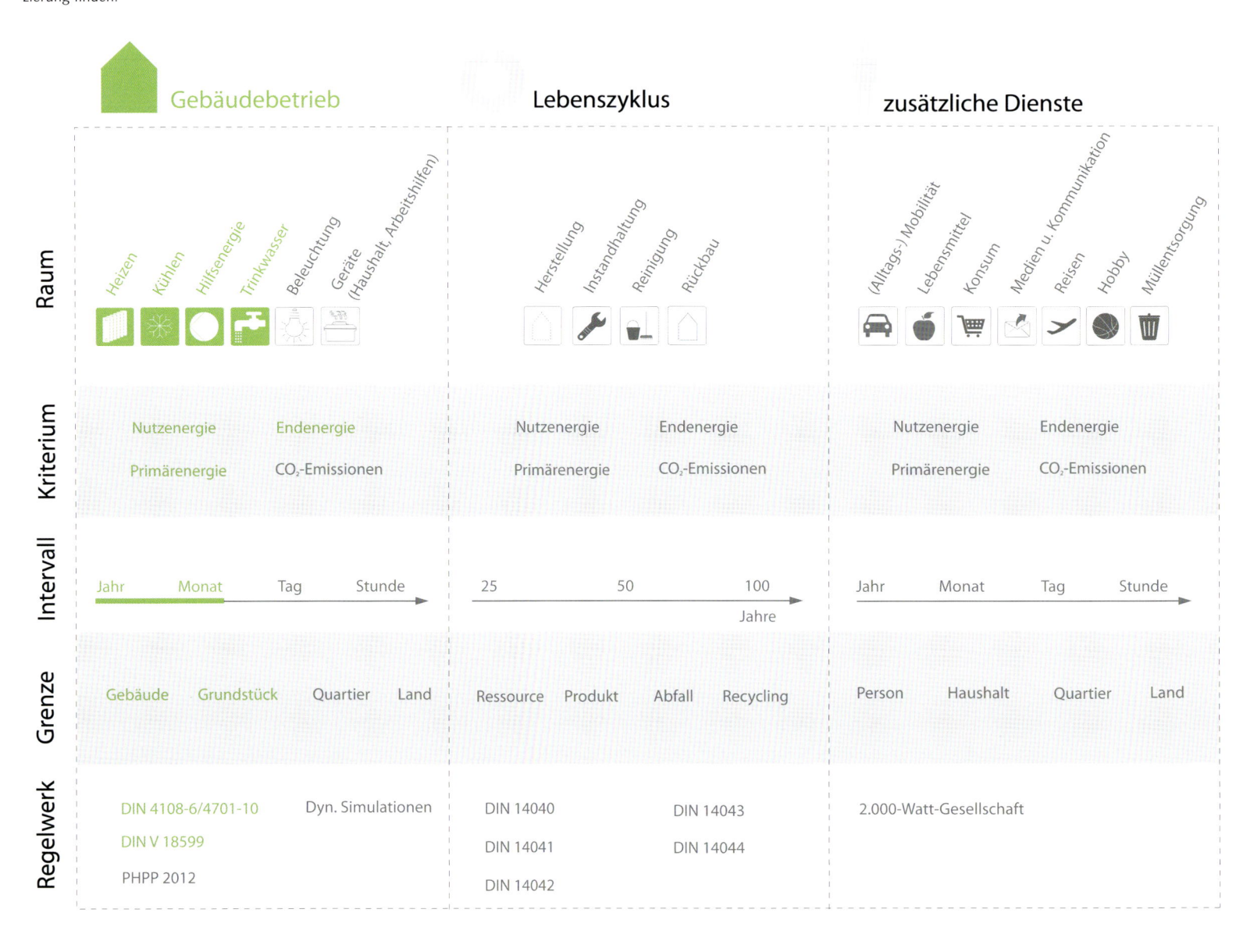

	Gebäudebetrieb	Lebenszyklus	zusätzliche Dienste
Raum	Heizen, Kühlen, Hilfsenergie, Trinkwasser, Beleuchtung, Geräte (Haushalt, Arbeitshilfen)	Herstellung, Instandhaltung, Reinigung, Rückbau	(Alltags-) Mobilität, Lebensmittel, Konsum, Medien u. Kommunikation, Reisen, Hobby, Müllentsorgung
Kriterium	Nutzenergie, Endenergie, Primärenergie, CO_2-Emissionen	Nutzenergie, Endenergie, Primärenergie, CO_2-Emissionen	Nutzenergie, Endenergie, Primärenergie, CO_2-Emissionen
Intervall	Jahr — Monat — Tag — Stunde	25 — 50 — 100 Jahre	Jahr — Monat — Tag — Stunde
Grenze	Gebäude, Grundstück, Quartier, Land	Ressource, Produkt, Abfall, Recycling	Person, Haushalt, Quartier, Land
Regelwerk	DIN 4108-6/4701-10; DIN V 18599; PHPP 2012; Dyn. Simulationen	DIN 14040; DIN 14041; DIN 14042; DIN 14043; DIN 14044	2.000-Watt-Gesellschaft

Nachhaltigkeitsbewertung

Über die in diesem Buch betrachteten energetischen Kennwerte und Bewertungsmethoden hinaus sind weitere Zertifizierungssysteme zur Beurteilung der Nachhaltigkeit von Gebäuden entstanden. Die energetische Betrachtung beschreibt dort immer nur einen Teilbereich und orientiert sich in der Regel an einer Übererfüllung nationaler Standards sowie einer weitestgehenden Versorgung durch erneuerbare Energien. In Deutschland wurde 2008 das Deutsche Gütesiegel für Nachhaltiges Bauen der Deutschen Gesellschaft für Nachhaltiges Bauen e.V. (DGNB) etabliert. Das System bewertet mit etwa 50 Kriterien ein Gebäude in den Themenfeldern Ökologie, Ökonomie, soziokulturelle und funktionale Aspekte, Technik, Prozesse und Standort über den gesamten Lebenszyklus. Das heißt, neben Gebäude und Betrieb werden auch die Planung und der Bauprozesses beurteilt. Die Erfüllungsgrade der einzelnen Kriterien führen schließlich zu einem Gesamtergebnis und je nach Abschneiden zur Verleihung eines Zertifikats in Bronze, Silber oder Gold. Das System bewertet keine Einzelmaßnahmen, sondern die Gesamtperformance eines Gebäudes.

Die DGNB startete mit der Zertifizierung von Büro- und Verwaltungsbauten. Mittlerweile gibt es zahlreiche weitere Nutzungsprofile, zum Beispiel für Wohn- und Bildungsbauten, Hotels und Industriebauten. Zudem wurden die Kriterien zur Bewertung von Neubauten in einigen Nutzungsprofilen für die Zertifizierung des Bestands und der Sanierung angepasst.

Nachhaltigkeitszertifizierung DGNB

Ökologie	Ökonomie	Soziale und funktionale Aspekte	Technik	Prozess	Standort
• Ökobilanz - emissionsbedingte Umweltwirkungen	• Gebäudebezogene Kosten im Lebenszyklus	• Thermischer Komfort	• Brandschutz	• Qualität der Projektvorbereitung	• Mikrostandort
• Risiken für die lokale Umwelt	• Flexibilität und Umnutzungsfähigkeit	• Innenraumluftqualität	• Schallschutz	• Integrale Planung	• Image und Zustand von Standort und Quartier
• Umweltverträgliche Materialgewinnung	• Marktfähigkeit	• Akustischer Komfort	• Wärme- und feuchteschutztechnische Qualität der Gebäudehülle	• Nachweis der Optimierung und Komplexität der Herangehensweise in der Planung	• Verkehrsanbindung
• Ökobilanz - Primärenergie		• Visueller Komfort	• Anpassungsfähigkeit der technischen Systeme	• Sicherung der Nachhaltigkeitsaspekte in Ausschreibung und Vergabe	• Nähe zu nutzungsrelevanten Objekten und Einrichtungen
• Trinkwasserbedarf und Abwasseraufkommen		• Einflussnahmemöglichkeiten des Nutzers			
• Flächeninanspruchnahme		• Außenraumqualitäten	• Reinigungs- und Instandhaltungsfreundlichkeit des Baukörpers	• Schaffung von Voraussetzungen für eine optimale Nutzung und Bewirtschaftung	
		• Sicherheit und Störfallrisiken	• Rückbau- und Demontagefreundlichkeit		
		• Barrierefreiheit		• Baustelle / Bauprozess	
		• Öffentliche Zugänglichkeit		• Qualität der Bauausführung	
		• Fahrradkomfort		• Geordnete Inbetriebnahme	
		• Verfahren zur städtebaulichen und gestalterischen Konzeption			
		• Kunst am Bau			
		• Grundrissqualitäten			
Gebäudebewertung					

Bewertungsbereiche im Rahmen einer Nachhaltigkeitszertifizierung. Die Themenfelder zeigen die Vielschichtigkeit des Zertifizierungssystems, das weit über eine rein energetische Betrachtung hinausgeht. Von insgesamt sechs Bewertungsbereichen gehen fünf in die Gebäudebewertung ein.

Aktivhäuser entwickeln

Wie plane ich ein Aktivhaus? Dieser Fragestellung wird im folgenden Kapitel nachgegangen. Über die grundlegenden inneren und äußeren Rahmenbedingungen hinaus, die es bei jedem Bauvorhaben im jeweiligen Kontext zu betrachten gilt, werden grundsätzliche Planungsstrategien aufgezeigt und anhand von Beispielen der Planungsprozess dargestellt.

Wohngebäude bieten Lebensraum. Um einen qualitativ wertvollen Lebensraum zu schaffen, an dem die Bewohner dauerhaft Freude haben, bedarf es optimaler thermischer und lufthygienischer Bedingungen, die den Komfort im Innenraum sicherstellen. Neben den Behaglichkeitsanforderungen, die sich durch den Nutzer, seine Gewohnheiten und Tätigkeiten sowie die Beschaffenheit des Innenraums ergeben, schaffen die klimatischen Gegebenheiten wesentliche Voraussetzungen für die Gebäudeplanung. Das Gebäude muss als Vermittler zwischen inneren und äußeren Rahmenbedingungen zahlreichen unterschiedlichen Anforderungen gerecht werden. Ein Teil kann dabei über die Gebäudehülle geleistet werden. Zusätzlich jedoch sind meist technische Lösungen in den Bereichen Heizen, Kühlen und Lüften notwendig, um den gewünschten Komfort zu erreichen. Hier ist vor dem Hintergrund des globalen Klimawandels und der zu Neige gehenden fossilen Ressourcen vor allem die Einsparung von Betriebsenergie sowie die weitestgehende Versorgung auf Basis erneuerbarer Energiequellen in den Fokus zu rücken.

Die Hülle eines Gebäudes dient als Mittler zwischen Innen- und Außenwelt. Im Jahresverlauf entsprechen die äußeren klimatischen Bedingungen häufig nicht den Anforderungen, die an den Innenraum gestellt werden. Innerhalb eines verhältnismäßig geringen geometrischen Raums muss die Hülle durch Dämmung und Dichtheit sicherstellen, dass die Behaglichkeit im Innenraum ohne übermäßigen Energieaufwand (Technikeinsatz) erhalten bleibt.

Grundlegende Anforderungen an die Bauaufgabe

Äußere Rahmenbedingungen und innere Anforderungen an ein Gebäude bilden die Voraussetzungen für die Entwicklung von Gebäudeenergiekonzepten. Zu Beginn einer Bauaufgabe gilt es daher, sich mit diesen beiden Themenfeldern auseinanderzusetzen. Hierzu sind die das konkrete Projekt prägenden Anforderungen zu benennen und daraus die geeigneten Strategien abzuleiten.

Innere Anforderungen

Innere Anforderungen definieren sich aus der Nutzung heraus, sowohl aus individuellen Rahmenbedingungen als auch aus allgemeingültigen Behaglichkeitskriterien. Subjektive Anforderungen sind bauaufgabenspezifisch und können sich sowohl durch räumliche Gegebenheiten und Zwänge (wie z.B. bei Sanierungen) als auch durch spezielle Vorgaben und Wünsche des Bauherren ergeben.

Behaglichkeit

Unter allgemeingültigen Kriterien sind Behaglichkeitskriterien zu verstehen, die durch eine Vielfalt von Planungsgrundsätzen bis hin zu DIN-Normen geregelt sind. Subjektiv sind sie durch das Empfinden des menschlichen Körpers bestimmt. Über Haut, Nase, Ohren und Augen nimmt der Mensch Störungen in Form von Hitze oder Kälte, Gerüchen, Lärm und Blendung wahr. Das Gebäude soll diese Störungen beheben helfen. Hierbei vermittelt der Raum zwischen Innen und Außen, zwischen Ansprüchen und Gegebenheiten.

Die Anforderungen von Nutzern bleiben für eine definierte Nutzung über die Zeit sowie ortsunabhängig weitgehend ähnlich, nicht aber die Maßnahmen zur Erfüllung dieser Anforderungen. So muss in Übergangsjahreszeiten in einem Wohngebäude während der Abendstunden eventuell geheizt werden, um ein behagliches Temperaturniveau herzustellen, wohingegen in einem Bürogebäude durch hohe interne Lasten sowie die lange Nutzung am Tag mit eventuell hoher Solareinstrahlung eine Kühlung notwendig sein könnte.
Grundsätzlich sind in einem Raum folgende Kriterien für das Wohlbefinden der Nutzer entscheidend:

- thermische Behaglichkeit
- hygienische Behaglichkeit
- visuelle Behaglichkeit
- akustische Behaglichkeit

Thermische Behaglichkeit	Nutzer	Kleidung Art der Tätigkeit Belegungsdichte Aufenthaltsdauer
	Umfeld	Wetter/Klima Außenlufttemperatur
	Raum	Temperatur Luftgeschwindigkeit Luftfeuchte
Hygienische Behaglichkeit	Nutzer	Art der Tätigkeit Aufenthaltsdauer
	Umfeld	Außenluftqualität Emissionen erzeugende Industrie im Umfeld
	Raum	Luftfeuchte Emissionen/Schadstoffe Luftqualität (CO_2) Gerüche
Visuelle Behaglichkeit	Nutzer	Art der Tätigkeit Aufenthaltsdauer
	Umfeld	Anteil Diffusstrahlung Anteil Direktstrahlung Reflektierende Oberflächen in der Umgebung
	Raum	Tageslichtquotient Beleuchtungsstärke Leuchtdichteverteilung Blendung Farbwiedergabe Sichtverbindung nach außen
Akustische Behaglichkeit	Nutzer	Art der Tätigkeit Belegungsdichte Aufenthaltsdauer
	Umfeld	Umgebungslärm
	Raum	Beschaffenheit der Oberflächen Nachhallzeit Luftschallschutz Trittschallschutz

Behaglichkeitskriterien und -indikatoren für Gebäude

Im Folgenden sind die einzelnen Kriterien und ihre Indikatoren dargestellt. Da zur Entwicklung eines Gebäudeenergiekonzeptes vorrangig die thermische Behaglichkeit entscheidend sein wird, sind die für ein Gebäude relevanten Punkte anschließend detailliert beschrieben.

Grundsätzlich können verschiedene Individuen das Raumklima unterschiedlich wahrnehmen. Während einige schon frieren, können andere die gleiche, objektiv gemessene Temperatur noch als angenehm empfinden. Dennoch gibt es gewisse Gesetzmäßigkeiten, die die Behaglichkeit beeinflussen, und Richtwerte, die ein behagliches Klima für die Mehrzahl der Menschen ausdrücken. Die DIN 1946-2 definiert, dass thermische Behaglichkeit dann vorherrscht, wenn sich Zufriedenheit in Bezug auf Temperatur, Feuchte und Luftbewegung einstellt und der Mensch weder wärmere noch kältere, weder trockenere noch feuchtere Raumluft wünscht. Dies ist im Allgemeinen gegeben, wenn sich der Körper im Gleichgewicht mit dem Raum befindet, der Wärmehaushalt also ausgeglichen ist; kann allerdings – wie beschrieben – subjektiv unterschiedlich empfunden werden.

Nutzer und Nutzung

Der menschliche Organismus selbst erzeugt durch Verbrennungsprozesse Körperwärme, die er durch Konvektion, Strahlung, Verdunstung und Atmung an seine Umwelt abgibt und diese dadurch in gewissem Maße aufheizt. Durch körperliche Bewegung können diese Prozesse beschleunigt und die Wärmeabgabe erhöht werden. Im Ruhezustand werden durchschnittlich 80 Watt pro Person übergeben, bei mittelschwerer Arbeit bis zu 210 Watt. Neben dem Aktivitätsgrad einer Person ist die Wärmeabgabe des menschlichen Körpers zudem von der Umgebungstemperatur abhängig. Bei zunehmender Umgebungstemperatur ist eine geringere Gesamtwärmeabgabe zu beobachten.

Neben mittlerer Raumluft- und Strahlungstemperatur sowie dem Aktivitätsgrad wird die Wärmeabgabe des Menschen durch weitere Faktoren wie die Luftgeschwindigkeit, die Luftfeuchte im Raum sowie die Art und Beschaffenheit der Bekleidung beeinflusst.

Raumtemperatur (Strahlungstemperatur, operative Temperatur)

Im Allgemeinen wird bei mitteleuropäischem Klima von normal gekleideten, sitzend tätigen Menschen im Winter eine Temperatur von 20 bis 22 °C und im Sommer von 22 bis 24 °C als angenehm empfunden. Eine für den Menschen behagliche Raumtemperatur hängt neben der Körperwärme und der Lufttemperatur jedoch auch von der Oberflächentemperatur der umgebenden Flächen (Wände, Decke, Boden, aber auch Heizflächen) ab, da diese sich durch Strahlung im Austausch mit dem Körper befinden. Sind sie zu warm, kann es ebenso unbehaglich erscheinen wie bei kalten Oberflächen, zum Beispiel bei Fenstern mit schlechter Dämmwirkung. Weil der menschliche Körper etwa die Hälfte der Wärme über Strahlung abgibt, bewirken kalte und nicht ausreichend gedämmte Oberflächen eine erhöhte Strahlungswärmeabgabe des menschlichen Körpers und damit ein unbehagliches Auskühlen.

Oberflächentemperaturen sollten deshalb nicht unter 18 °C liegen und sich für ein dauerhaftes Behaglichkeitsempfinden nicht mehr als 2 bis 3 Kelvin unter

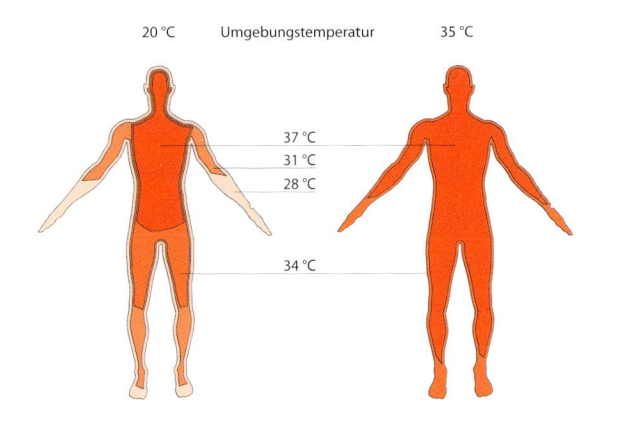

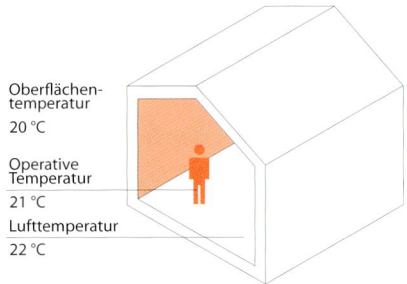

Der Wärmehaushalt des menschlichen Körpers wird durch die Umgebungstemperatur beeinflusst. Bei kühlen Temperaturen verliert der Körper Wärme und kühlt aus. Dies geschieht zunächst an Armen und Beinen. Bei sehr warmen Temperaturen kann der Körper keine Wärme abgeben und überhitzt. Eine behagliche Umgebungstemperatur bewirkt, dass ein optimales Verhältnis von Wärmespeicherung und -abgabe erreicht wird.

der Raumlufttemperatur bewegen. Um im Raum ein gleichmäßig behagliches Klima zu schaffen, sollte die Temperaturdifferenz zwischen den einzelnen Oberflächen beziehungsweise Bauteilen nicht größer als 5 Kelvin sein. Damit ist dieser Richtwert relevant für die Planung und Auslegung von Flächenheizsystemen.

Die durch den menschlichen Körper wahrnehmbare Temperatur setzt sich sowohl aus Luft- als auch aus Strahlungstemperatur zusammen und wird als Empfindungs- oder operative Temperatur bezeichnet. Die Richtwerte der operativen Temperatur sind in Abhängigkeit von Außentemperatur und Jahreszeit zu sehen. Sehr niedrige Innenraumtemperaturen sind während der Sommermonate ebenso unbehaglich wie sehr hohe im Winter. Andererseits werden Temperaturen, die leicht über der Behaglichkeitsgrenze liegen, im Sommer noch als angenehm wahrgenommen, wenn eine ausreichende Differenz zur Hitze im Außenraum besteht. Dies ist durch die Adaption des Körpers an die Jahreszeiten begründet. Eine aktive Kühlung würde in diesen Grenzbereichen einen hohen technischen Aufwand bedeuten und nur eine verhältnismäßig geringe Wirkung erzielen.

Luftfeuchte

Einen weiterer Einflussfaktor für die Behaglichkeit ist die Luftfeuchte. Der menschliche Körper reguliert seine Körpertemperatur sowohl durch Strahlung als auch durch Verdunstung. Aus diesem Grund hat die Luftfeuchte auch direkt Einfluss auf das Wohlbefinden. Die absolute Luftfeuchte ist die Menge Wasser in g/m^3, die die Luft aufnehmen kann. Diese ist stark von der Lufttemperatur abhängig. Die relative Luftfeuchte bewertet die Sättigung der Luft in Prozent. Sehr warme Luft kann viel Feuchte aufnehmen, kalte Luft dagegen nicht. Wird warme Außenluft abgekühlt, steigt die relative Luftfeuchte an. Vor allem feuchte und noch warme Luft wird als schwül empfunden. Die hohe Luftfeuchte im Sommer hindert den Körper daran, seine Temperatur durch Verdunstung zu regulieren beziehungsweise zu senken. Wird winterkalte Außenluft aufgeheizt, sinkt die relative Luftfeuchte stark. Trockenheit führt zu überhöhter Abgabe von Körperfeuchte und damit zum Austrocknen der Schleimhäute und Augen. Beide Extreme empfindet der Mensch als unangenehm.

Zur Steigerung der Behaglichkeit in einem Innenraum sollte deshalb eine relative Luftfeuchte von 70 Prozent nicht überschritten werden, als untere Grenze wird eine relative Feuchte von mindestens 30 Prozent empfohlen. Die Luftfeuchte lässt sich sowohl durch das Heizsystem, das heißt durch die Art der Wärmeübergabe beeinflussen, als auch durch die Wahl der Materialien im Innenraum. Materialien, die Feuchte speichern und wieder abgeben können (wie z.B. Lehm) helfen auf natürliche Weise, Spitzen auszugleichen. Entscheidend ist jedoch die Senkung des Luftwechsels auf das hygienisch notwendige Maß, damit je nach Jahreszeit weder zu viel Feuchte ein- noch ausgetragen wird. In der Regel lässt sich durch solche einfachen passiven Maßnahmen ein hohes Maß an Behaglichkeit erreichen. Um die Luftfeuchte gezielt steuern zu können, sind dagegen aktive Technologien erforderlich. Eine entsprechende mechanische Be- und/oder Entfeuchtung findet in Räumen, die infolge ihrer Nutzung hohe Anforderungen zu erfüllen haben, Anwendung.

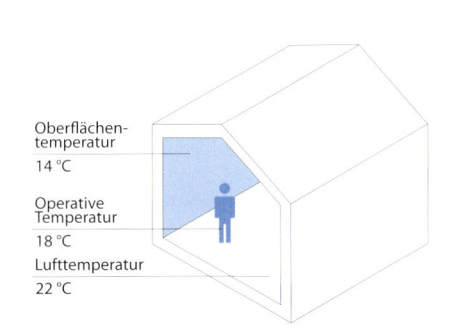

Der Mensch nimmt eine Mischung aus Oberflächentemperatur der Raumflächen und Lufttemperatur als operative Temperatur wahr. Je geringer die Differenz der beiden Temperaturen, desto behaglicher.

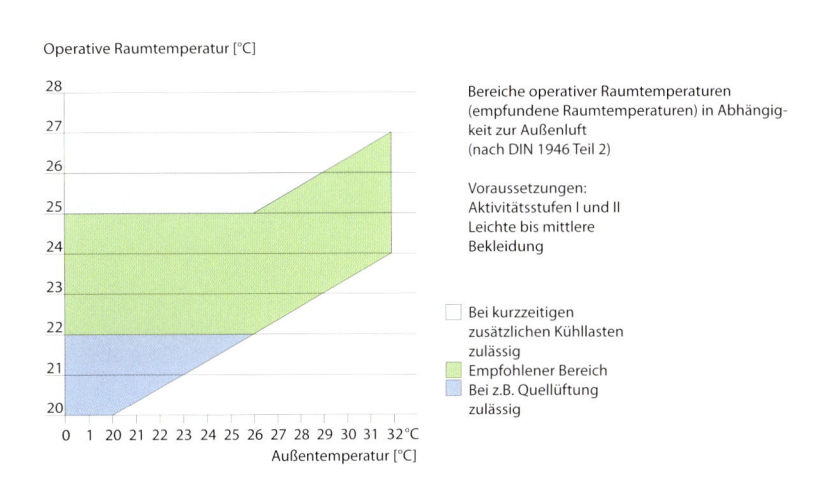

Bereiche operativer Raumtemperaturen (empfundene Raumtemperaturen) in Abhängigkeit zur Außenluft (nach DIN 1946 Teil 2)

Voraussetzungen:
Aktivitätsstufen I und II
Leichte bis mittlere Bekleidung

- Bei kurzzeitigen zusätzlichen Kühllasten zulässig
- Empfohlener Bereich
- Bei z.B. Quelllüftung zulässig

Grundsätzlich lässt sich festhalten, dass mit einer Erhöhung der energetischen Qualitäten der Gebäudehülle generell auch die Behaglichkeit erhöht wird, da Temperaturdifferenzen abnehmen. Eine gute Konzeption bezieht die individuellen Anforderungen und Bedingungen sowie äußere Einflüsse mit ein. Dennoch lohnt es, die vom Nutzer gewünschten Kennwerte zu hinterfragen. Werden geringfügige zeitliche Unter- oder Überschreitungen dieser Anforderungen toleriert, wird dies zu einem deutlich geringeren Aufwand an Technik und Betriebskosten führen. Zudem stellen statisch als Optimum gesehene Werte nicht zwingend die bestmögliche Umgebung für das menschliche Wohlbefinden dar. Eine gewisse Anpassung an Jahreszeiten und Wetterbedingungen oder die Schaffung differenzierter Aufenthaltsbereiche mit vom Nutzer individuell beeinflussbaren Klimabedingungen (Thermostat, Sonnenschutz, Fensteröffnung) ist hierbei hilfreich.

Nutzungsbedingte Anforderungen

Die Art der Nutzung eines Gebäudes legt wesentliche Rahmenbedingungen für die Gebäudeplanung fest. Diese betreffen den räumlichen Entwurf, die nutzungsbedingte Raumabfolge wie auch das technische Versorgungskonzept. Im Bereich der Energiebedarfe für Heizen, Kühlen, Lüften, Trinkwarmwasser und Beleuchtung ergeben sich für unterschiedliche Nutzungen unterschiedliche Verhältnisse und Verbrauchsprofile.

Der Vergleich der Energieverbräuche eines neuen und eines sanierten Wohngebäudes mit einem Nichtwohngebäudes zeigt, dass sich unterschiedliche Bedarfsprofile ergeben. Beim Wohnungsbau ist in unseren Breiten die Energie für Heizen nach wie vor ein wichtiger Punkt. Hier kann verhältnismäßig einfach Energie gespart werden. Konzepte wie das Passivhaus haben hier einen enormen Einfluss und zeigen, wie dies wirtschaftlich machbar ist. Bei Nichtwohngebäuden ist vor allem der Stromverbrauch enorm. Hier gilt es in Zukunft, die Verbraucher einzeln zu identifizieren und neue energiesparende Konzepte zu realisieren.

Die Gegenüberstellung zeigt auch, dass Verbräuche bezogen auf den Quadratmeter in der Summe kaum einen Unterschied zwischen den Nutzungsarten machen. Erst die absoluten Zahlen (kWh/a) zeigen eine enorme Differenz. Die drei Projekte sind im Projektteil dieses Buchs im Detail beschrieben.

Bei Wohngebäuden ergeben sich aufgrund der Nutzung nur geringe Forderungen. Dort prägen häufig Nutzeransprüche das Anforderungsprofil in hohem Maß. Jeder Nutzer bringt dabei eine andere Einstellung und einen unterschiedlichen Informationsstand bezüglich der Energieeinsparung mit. Durch eine individuelle Beratung kann zunächst über mögliche Maßnahmen informiert werden, die direkt durch das Verbrauchsverhalten beeinflusst werden können. Eine Änderung des Nutzerverhaltens kann bis zu 15 Prozent des Energieverbrauchs eines Haushalts einsparen.

Räumliche Anforderungen, wie eine zwingende Abfolge von einzelnen Nutzungseinheiten innerhalb eines Gebäudes, aber auch technische Vorgaben wie zum Beispiel Brandschutz oder Schallschutz können dazu führen, dass nicht alle Optimierungsmaßnahmen zur Energieeffizienz in die Planung integriert werden können. Hier gilt es, aus dem Kontext die für das konkrete Gebäude geeignete Lösung zu finden. Wie in den Grundlagen dieses Buchs beschrieben, kann die bewusst offene Definition eines Aktivhauses den richtigen Weg dafür aufzeigen.

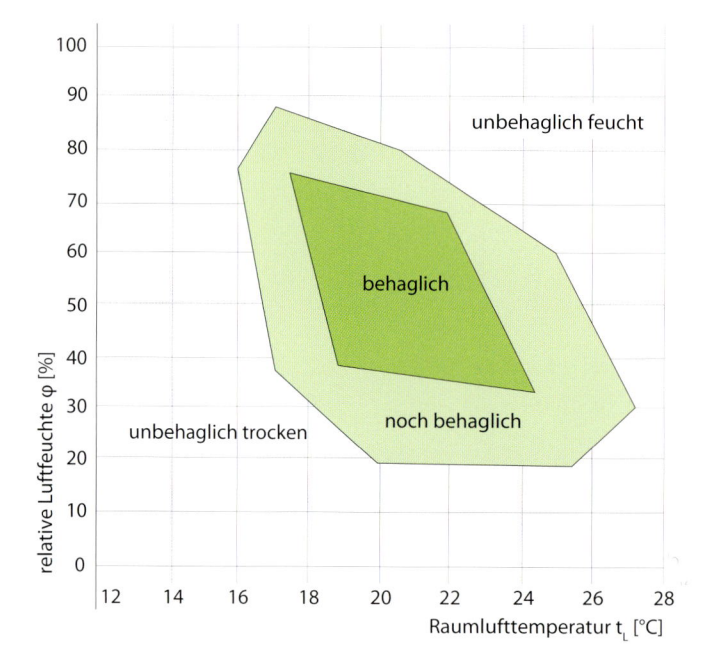

Das Behaglichkeitsfenster beschreibt den Bereich, der von den meisten Menschen in Mitteleuropa als behaglich empfunden wird. Dabei ist die Abhängigkeit von Raumlufttemperatur und relativer Luftfeuchte für das subjektive Behaglichkeitsempfinden entscheidend.

Vergleich Endenergiebedarf von Wohngebäude und Nichtwohngebäude

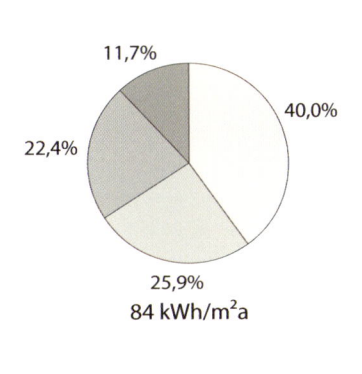

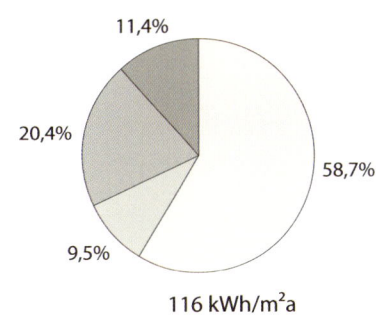

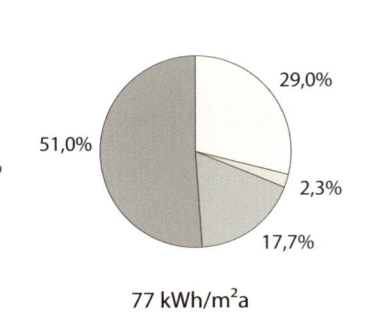

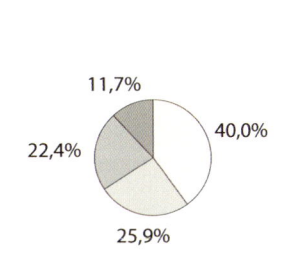

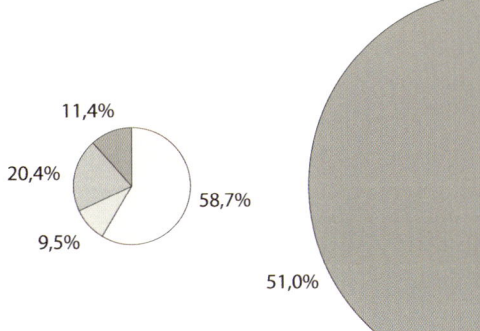

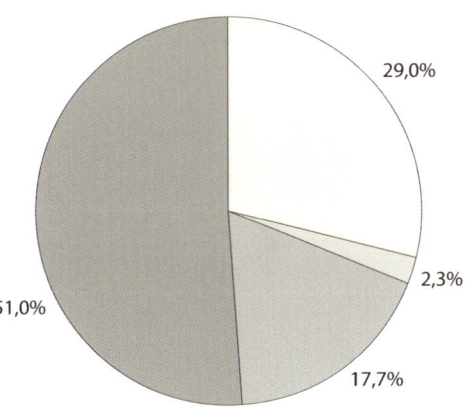

- Heizung
- Trinkwarmwasser
- Hilfsstrom Geräte
- Nutzerstrom

Neubau Wohngebäude
Effizienzhaus Plus P.
Steinbach (Taunus)

11,7%
40,0%
22,4%
25,9%
84 kWh/m²a

21 400 kWh/a

Saniertes Wohngebäude
LichtAktiv Haus
Hamburg

11,4%
58,7%
20,4%
9,5%
116 kWh/m²a

21 900 kWh/a

Nichtwohngebäude
Gemeindezentrum
Ludesch

29,0%
51,0%
2,3%
17,7%
77 kWh/m²a

29,0%
51,0%
2,3%
17,7%
241 000 kWh/a

Effizienhaus Plus P.,
ee concept GmbH, Darmstadt

LichtAktivHaus, TU Darmstadt,
Ostermann Architekten, Hamburg

Gemeindezentrum Ludesch, Architekten
Hermann Kaufmann ZT GmbH, A-Schwarzach

Äußere Rahmenbedingungen

Die äußeren Rahmenbedingungen sind vor allem durch das am Standort vorherrschende Klima geprägt. Das Makroklima beschreibt großmaßstäbliche klimatische Effekte mit mehr als 500 Kilometer Ausdehnung. Das Mikroklima hingegen definiert das Klima an einem klar umrissenen Ort (Stadt, zwischen Gebäuden, Grundstück). Eine genaue Analyse im Vorfeld der Planung ist wichtig, um das für die jeweilige Klimazone und den Ort passende Gebäudekonzept zu entwickeln.

Klima

Das Klima eines Orts beschreibt die typischen Rahmenbedingungen wie mittlere Solarstrahlung, Niederschlagsmengen, Durchschnittstemperaturen, jahreszeitliche Unterschiede, Tageslänge und Windaufkommen. Klima ist dabei nicht zu verwechseln mit Wetter. Letzteres ist immer nur eine Momentaufnahme, wohingegen das Klima einen dauerhaften Zustand beschreibt. Durch sehr starke Umwelteinflüsse kann sich das Klima verändern. Die Veränderung vollzieht sich jedoch zunächst unmerklich über viele Jahre. Dennoch befinden wir uns derzeit in einer Phase des Klimawandels, der vor allem durch eine Erwärmung der Atmosphäre und das vermehrte Vorkommen extremer Wetterereignisse geprägt ist.

Klimazonen

Die Kugelform der Erde sowie ihre geneigte Achse führen zu Zonen mit unterschiedlicher Sonnenbestrahlung und unterschiedlichen Temperaturen. Durch die Verteilung und die Wirkung der Land- und Wassermassen auf die Atmosphäre entstehen darüber hinaus regional klimatische Besonderheiten. Diese Regionen werden als Klimazonen bezeichnet. Man unterscheidet:

- Polarzone
- Gemäßigte Zone
- Subtropen
- Tropen

Die Ausdehnung der Zonen folgt den Breitengraden. Je weiter sie vom Äquator entfernt sind, desto größer sind die unterschiedlichen jahreszeitlichen Ausprägungen und Schwankungen.

Polarzone

Im nördlichen Polarkreis, der Arktis, sowie in der südlichen Antarktis befinden sich die Polargebiete der Erde. Sie werden auch als Kältewüsten bezeichnet, da ganzjährig Temperaturen im Minusbereich beziehungsweise um den Nullpunkt vorherrschen, die kein oder nur wenig Pflanzenwachstum zulassen. Selbst im wärmsten Monat liegt die Temperatur stetig unter 10 °C. Auch die täglichen Temperaturunterschiede sind gering. Die lange Helligkeit im Sommer sowie die anhaltende Dunkelheit im Winter führen in Kontinentallage (z.B. in Sibirien) zu hohen jährlichen Temperaturunterschieden. Die Strahlungsintensität der Sonne ist in diesen Regionen durch den flachen Einstrahlwinkel und die filternde Wirkung der Erdatmosphäre sehr schwach. Zudem wird ein Großteil der Strahlung durch die Eismassen reflektiert. Lange Perioden mit Frost bis in tiefere Bodenschichten verstärken das ohnehin trockene Klima.

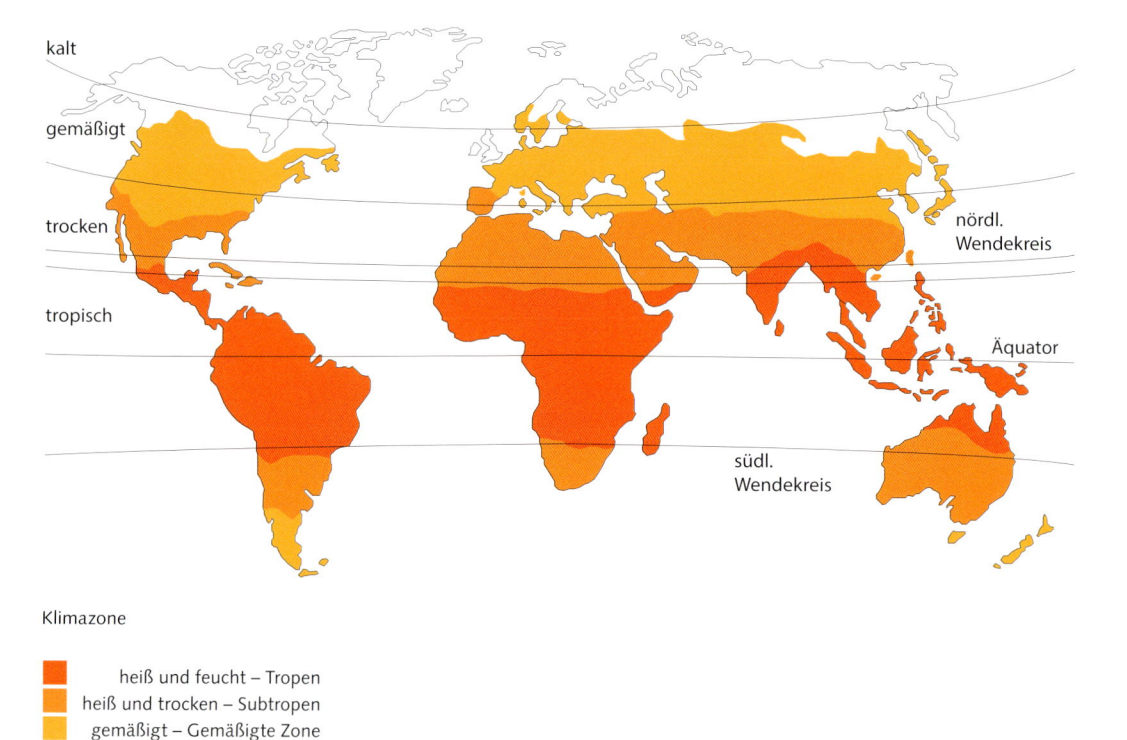

Klimazone
- heiß und feucht – Tropen
- heiß und trocken – Subtropen
- gemäßigt – Gemäßigte Zone
- kalt – Polarzone

Klimazonen der Erde

Gemäßigte Zone

Angrenzend an die Polarkreise erstreckt sich die gemäßigte Zone, die durch ein moderates Klima geprägt ist. Die gemäßigte Zone breitet sich bis etwa zum 40. Breitengrad aus. Sie umfasst verschiedene Klimacharakteristika: das westliche Seeklima, das sommerwarme Kontinentalklima, das Übergangsklima, das kühle Kontinentalklima bis hin zum östlichen Seeklima. Eine Einteilung innerhalb dieser Zone ist somit in kalt-, kühl- und warmgemäßigtes Klima möglich. Diese Heterogenität zeigt sich auch in der Strahlungsintensität. So herrscht beispielsweise in Mitteleuropa bei häufig bedecktem Himmel ein hoher Anteil an Diffusstrahlung vor, wohingegen in den Übergangsgebieten zu den Tropen ein höherer Direktstrahlungsanteil zu verzeichnen ist.

Die gemäßigte Zone ist auch im Tages- und Jahresgang durch beachtliche Temperaturunterschiede geprägt. Im Jahresgang sind diese am deutlichsten und zeigen in Mitteleuropa eine Spanne von 18 bis 20 Kelvin. Die sehr ausgeprägten jahreszeitlichen Unterschiede führen zu komplexen baulichen Anforderungen. Bei Annäherung an den Äquator werden die jahreszeitlichen Unterschiede geringer. Die Tage schwanken jedoch jahreszeitlich in ihrer Länge. Im Sommer können bis zu 16 Stunden zwischen Sonnenaufgang und -untergang liegen, wohingegen es im Winter nur 8 Stunden sein können. Wegen des mittleren, über das Jahr ausgeglichenen Niederschlagsaufkommens (in Mitteleuropa z.B. zirka 600 – 1000 mm pro Jahr) ist die Witterung als wechselhaft zu bezeichnen. Die Luftfeuchte bewegt sich mit zirka 60 – 80 Prozent in einem mittleren bis erhöhten Bereich.

Subtropen

Ungefähr zwischen 25° und 40° nördlicher und südlicher Breite fügen sich die Subtropen zwischen Tropen und gemäßigte Zonen. Sie zeichnen sich vor allem durch sehr warme Sommer und milde Winter aus. Die Strahlungsintensität im Sommer ist hier am höchsten. Dies führt zu hohen Lufttemperaturen am Tag. In der Nacht können die Temperaturen hingegen mittel bis niedrig sein. Die Tag-Nacht-Schwankung liegt bei durchschnittlich 20 Kelvin, dafür ist die jährliche Schwankung gering.

Das Klima ist neben den hohen Temperaturen im Sommer sehr trocken. Die Luftfeuchte liegt bei etwa 10 bis 50 Prozent. Damit gehen sehr geringe durchschnittliche Niederschlagsmengen einher (ca. 0 – 250 mm pro Jahr). Regenfälle mit kurzzeitigen, starken Niederschlägen treten nur selten auf.

Durch den großen Wüstenanteil der Subtropen ist der Staubanteil in der Luft sehr hoch. Die Windentstehung ist unterschiedlich und kann in Teilgebieten sehr stark sein. In den Wüstenregionen kann es zu Sandstürmen kommen. Die Subtropen sind aufgrund ihrer eher ungünstigen klimatischen Gegebenheiten dünn besiedelt.

Tropen

Die Tropen befinden sich beidseits des Äquators. Die Sonneneinstrahlung ist intensiv, doch durch den meist bewölkten Himmel verringert und diffus. Die Strahlungsbilanz erreicht dennoch hohe Werte. Es gibt kaum jahreszeitliche klimatische Ausprägungen. Die höchste Tageslufttemperatur beträgt im Jahresdurchschnitt zirka 30 °C, die Nachtlufttemperatur etwa 25 °C. Der Tag-Nacht-Unterschied ist also gering, jedoch immer noch größer als die jahreszeitlichen Schwankungen. Die Tageslänge ist mit 10,5 bis 13,5 Stunden ebenfalls relativ konstant. Hohe Niederschlagsmengen (ca. 1200 – 2000 mm pro Jahr) tragen zu fruchtbarem Land bei. Die dadurch entstehende Schwüle drückt sich in der hohen relativen Luftfeuchte von 60 bis 100 Prozent aus.

Es herrschen verhältnismäßig geringe Windaufkommen vor. In den Regenzeiten können sich diese jedoch sturmartig bis hin zu tropischen Wirbelstürmen entwickeln.

Autochthones Bauen

Das über Jahrhunderte überlieferte, so genannte autochthone Bauen hat in vielen Regionen der Erde klimatisch optimierte Bauweisen entwickelt. Sie zeigen, dass auch mit begrenzten technischen Mitteln eine optimale Lebensumwelt für den Menschen und seine Bedürfnisse geschaffen werden kann. Erst mit der überall verfügbaren und kostengünstigen Energie entwickelte sich aus der für einen Standort optimierten Bauweise eine internationale Architektur, die die Optimierung auf einen Standort durch den Einsatz von technischer Gebäudeausrüstung ersetzte. Dies wurde mit einem erhöhten Energieverbrauch der Gebäude im Betrieb erkauft. Die Zufriedenheit der Nutzer ist hierdurch nicht zwingend gestiegen. Das *sick building syndrom* tritt gerade in solchen Gebäuden vermehrt auf und mindert unter anderem die Produktivität wie auch die Akzeptanz für die gebaute Umwelt. Dabei können gerade alte Baudtraditionen Aufschluss über passive Strategien geben, die sich in zeitgemäße Konzepte integrieren lassen.

Aktivhäuser entwickeln

	BAUKÖRPER	ZONIERUNG	NIEDERSCHLAG
POLARZONE			
ANFORDERUNGEN	Schutz vor Kälte (ganzjährig)	Schutz vor Kälte (ganzjährig)	hohes Schneefallaufkommen
BAULICHE MAẞNAHMEN	sehr kompaktes Volumen sehr gute Dämmung geringe Öffnungsanteile	z.B. Zwiebelprinzip, Puffer schaffen, um warme Zonen vor Auskühlung zu schützen	statische Auslegung der Konstruktion
GEMÄẞIGTE ZONE			
ANFORDERUNGEN	Schutz vor winterlicher Auskühlung Schutz vor sommerlicher Hitze	Schutz vor winterlicher Auskühlung	gebietsweise Schutz vor häufigen Niederschlägen
BAULICHE MAẞNAHMEN	kompaktes Volumen gute Dämmung hohe Luftdichtheit	Hauptnutzflächen im Süden zur passiven Erwärmung anordnen	Schutz der Konstruktion (z.B. Dachüberstand) Fassadenschutz an Wetterseite
SUBTROPEN			
ANFORDERUNGEN	Schutz vor starker Hitze	Schutz vor übermäßiger Hitze	geringe Niederschläge in Wüstenregionen
BAULICHE MAẞNAHMEN	Verschattung durch Volumen erzeugen	Hauptnutzbereiche gut verschattet anordnen (z.B. Laubengänge)	Niederschläge und Wasser sammeln
TROPEN			
ANFORDERUNGEN	Schutz vor Wärme und Feuchte	Schutz vor Wärme und Feuchte	Schutz vor hohen Niederschlägen und Luftfeuchte
BAULICHE MAẞNAHMEN	durch Baukörperform und Orientierung Beschattung schaffen (Dachform)	gut verschattete Freibereiche mit hoher Durchlüftung schaffen (fast ganzjährig nutzbar)	gute Ableitung von Regenwasser realisieren

Aktivhäuser entwickeln

LUFT	SONNE	BODEN
Starkwinde und Sturm in der kalten Jahreszeit	mäßige Strahlung / hohe Reflexion	Schutz vor Bodenfrost
Vermeidung von Windangriffsfläche (Windlenkung) Windfang im Eingangsbereich erforderlich	Öffnung zur flachen Sonne im Sommer (keine Verschattung notwendig) absorbierende Oberflächen	Verzicht auf Bodengründung
keine erhöhte Anforderung	Schutz vor Auskühlung und Überhitzung	keine erhöhte Anforderung
grundlegende Regeln sind zu beachten (Windverwirbelungen vermeiden, Hauptwindrichtung zur Kühlung im Sommer nutzen	Nutzung der Solarstrahlung zur passiven Erwärmung im Winter geeigneter Sonnenschutz und ggf. aktivierte Hüllfläche im Sommer	Gründung bei Beachtung der Bodenverhältnisse und Frostbereiche unkritisch (kann zur Energiegewinnung genutzt werden)
in Wüstenregionen können Sandstürme entstehen, ansonsten mittleres Windaufkommen	starker Anteil direkter Sonneneinstrahlung (fast ganzjährig)	trocken, meist sandiger Boden
Windfänger in Hauptwindrichtung zur passiven Kühlung nutzen für stetige gute Durchlüftung sorgen	Gebäudevolumen und Freibereiche mit Verschattung, bzw. Sonnenschutz planen Wärmespeicher in Konstruktion integriert (z.B. Lehm)	Nutzung der konstanten Erdtemperaturen, wo möglich (z.B. Erdhäuser oder Erdkanäle zur Lüftung)
Schutz vor Feuchte im Innenraum	Schutz vor direkter meist von Ost nach West verlaufender Sonneneinstrahlung	Schutz vor starken Niederschlägen (und Tieren)
ständige Durchlüftung im Innenraum zur Wärme- und Feuchteabfuhr bzw. Kühlung durch Zuluft	Verschattung der Konstruktion z.B. durch Dachüberstand Verschattung des Innenraums durch Sonnenschutz	in Gebieten mit monsunartigen Niederschlägen sind Pfahlbauten sinnvoll

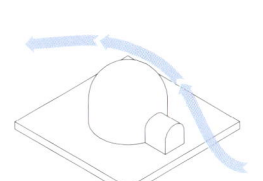

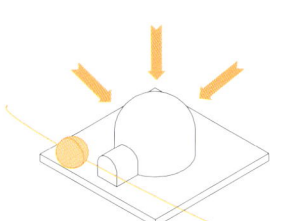

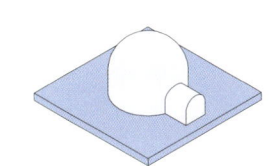

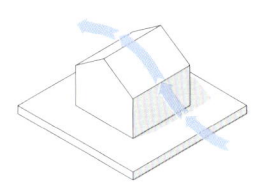

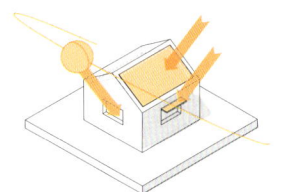

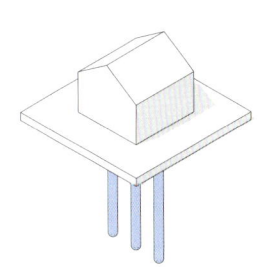

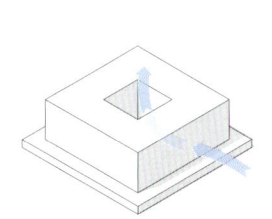

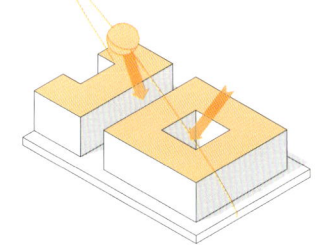

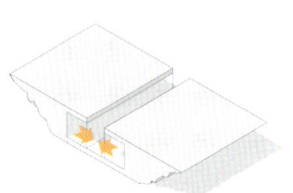

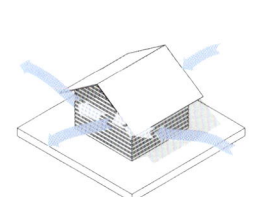

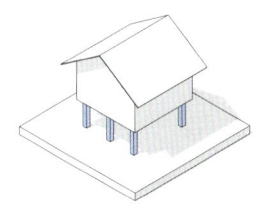

Anforderungen und daraus resultierende bauliche Maßnahmen in den jeweiligen Klimazonen

Mikroklimatische Analyse

Zu Beginn jeder Planung sollten die Parameter für den konkreten Standort und die spezifische Nutzung analysiert werden. Die Analyse der klimatischen Verhältnisse vor Ort muss dabei über die prinzipiellen Eigenschaften der Klimazonen, die nur eine makroklimatische Definition darstellen, hinausgehen. Für die konkrete Planung ist es wichtig, das Mikroklima am Standort zu kennen und sowohl die Einwirkungen auf den Baukörper als auch mögliche energetische Potenziale abzuschätzen. Die mikroklimatischen Gegebenheiten können durch die Tektonik der Umgebung wie auch durch umliegende Bebauung geprägt sein und dadurch von den charakteristischen Merkmalen einer Klimazone abweichen. Durch starke Hanglagen können zum Beispiel Winde entstehen, die zudem Einfluss auf die durchschnittlichen Temperaturen haben. Eine klimatische Betrachtung des Bebauungsgebiets sollte deshalb auf verschiedenen Ebenen stattfinden und von der groben Klimazone über das Stadtgebiet bis hin zum Baufeld gehen.

- Die notwendige Analyse des Mikroklimas erfolgt zunächst nach den geografischen beziehungsweise tektonischen Gegebenheiten. Folgende Punkte sollten betrachtet werden:
- Menge der Solarstrahlung am Standort sowie Verschattungssituationen
- Menge des anfallenden Regenwassers und Versickerung
- Hauptwindrichtung und -stärke sowie Häufigkeitsverteilung des Windaufkommens nach Windrichtung und -stärke, gegebenenfalls Windleitung und -kanalisierung durch umgebende Bebauung sowie geografische Ausprägungen
- Umliegende Grünflächen sowie Bepflanzung in Fläche und Höhe
- Analyse der Bodenbeschaffenheiten in Bezug auf Erdreich und Grundwasser

Zur Beurteilung des Klimas vor Ort ist eine Analyse auf verschiedenen Ebenen notwendig. Das Stadtgebiet (1) gibt zum Beispiel Auskunft über Frischluftschneisen und Grünräume in der Stadt. Die im Ortsteil (2) charakteristisch vorherrschenden Gebäudetypologien lassen auf das Maß an versiegelten Flächen und Oberflächenmaterialien schließen, wohingegen der Block (3) und das enge Umfeld der Gebäude (4) Informationen zum realen Klima und nutzbaren Potenzialen liefern.

Sonne

Die Sonne ist der Antriebsmotor für praktisch alle erneuerbaren Energiequellen bis hin zu den fossilen Energieträgern. Sie bietet gratis Tageslicht für die Beleuchtung und Energie. Die Solarstrahlung an einem Ort kann Klimadatensätzen unterschiedlicher Quellen entnommen werden. Für erste Entwurfsüberlegungen und zur Analyse ist zunächst die mittlere Globalstrahlung ausreichend. Diese gibt an, wie viel Energie (kWh) durch die Sonne im Jahresmittel auf eine horizontale Fläche von 1 m² trifft. Die mittlere Globalstrahlung liegt in Deutschland bei zirka 1 000 kWh/m²a. Grundsätzlich ist sie jedoch je Standort unterschiedlich und nimmt von Nord nach Süd zu. Sie dient zusammen mit dem Wirkungsgrad der Photovoltaik-Anlage und ihrem Neigungswinkel als Kennzahl, um beispielsweise den Ertrag und damit die Sinnhaftigkeit einer Solaran-lage abschätzen zu können.

Zur Analyse der besonderen Situation der Solarstrahlung vor Ort sollte zudem die Verschattung durch angrenzende Bebauung, Bepflanzung und topografische Gegebenheiten untersucht werden. Ein einfaches Volumenmodell ist ausreichend, um den Sonnenverlauf im Jahresgang zu simulieren. Es genügt, die vier Jahreszeiten zu betrachten (stellvertretend stehen hierfür die Stichtage 21. März, 21. Juni, 21. September, 21. Dezember). Einfache räumliche Untersuchungen können anstatt in einer aufwendigen Simulation auch mithilfe eines Polarprofils analog bewertet werden. Ein Polarprofil ist eine Grundrissprojektion der Strahlungsverhältnisse nach Himmelrichtungen über einen definierten Zeitraum (Jahr, Monat, Woche, Tag). Daraus können durch Platzierung des Gebäudekörpers Verschattungs- und Besonnungssituationen grafisch ermittelt werden.

Wasser

Regenwasser kann an einem Standort genutzt werden (z.B. als Grauwasser oder zur Kühlung), es kann jedoch auch zu Gefahrensituationen führen. Um das Gebäude dauerhaft ohne Schäden nutzen zu können, ist die Analyse des Regenwasseraufkommens in Form der jährlichen Niederschlagsmenge notwendig. Diese Zahl in Millimeter pro Jahr variiert in Deutschland von zirka 500 mm bis 1 200 mm (z.B. Lüdenscheid 1 203 mm, Halle 521 mm). Analysiert werden sollte unter anderem, in welchem Umfang Versickerungsflächen zur Aufnahme erhöhter Niederschläge auf dem Grundstück vorhanden sind und ob die Niederschlagsmengen ausreichen, um sie auf dem Grundstück sammeln und als Grauwasser nutzen zu können.

Darüber hinaus ist die Hochwassergefahr zu prüfen. Sollte es sich um ein Grundstück handeln, das in einem hochwassergefährdeten Bereich liegt, ist bereits während der Analyse zu klären, ob eine Bebauung sinnvoll und möglich ist. Wird eine Bebauung als sinnvoll erachtet, ist zu klären, welche Schutzmaßnahmen durch den Entwurf und die Konstruktion des Gebäudes erfüllt werden müssen.

Globalstrahlung in Deutschland
- 900 - 950 kWh/m²a
- 950 - 1 000 kWh/m²a
- 1 000 - 1 050 kWh/m²a
- 1 050 - 1 100 kWh/m²a
- 1 100 - 1 150 kWh/m²a
- 1 150 - 1 200 kWh/m²a

Verteilung der mittleren Globalstrahlung in Deutschland

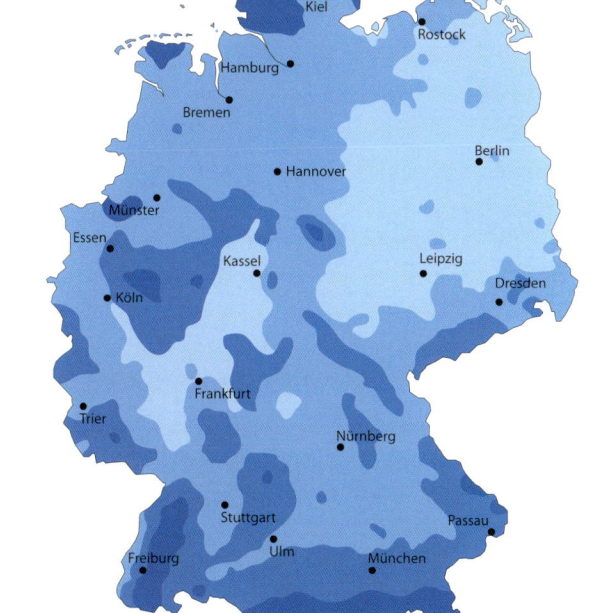

Niederschlagsmengen in Deutschland
- < 600 mm/Jahr
- 600 - 800 mm/Jahr
- 800 - 1 200 mm/Jahr
- > 1 200 mm/Jahr

Verteilung der jährlichen Niederschlagsmengen in Deutschland

Luft

Starke Winde können einerseits zu unbehaglichen Situationen führen, andererseits können sie zur Energieerzeugung genutzt werden. Die entsprechende Analyse sollte deshalb sowohl Informationen über das Windaufkommen in Stärke und Windrichtung sowie die Häufigkeitsverteilung je Windrichtung, auch in der jahreszeitlichen Verteilung, beinhalten. Diese Informationen sind aus Klimadatensätzen zu beziehen.

Zudem ist die Betrachtung der umliegenden Bebauungsstruktur sowie der Topografie der Umgebung notwendig. Durch Gebäude können Winde umgeleitet, kanalisiert und verstärkt werden. Eine Abschätzung kann mithilfe der jeweiligen Windrose und des Umgebungsplans erstellt werden. Detaillierte Ergebnisse liefern Windsimulationen innerhalb eines Volumenmodells oder Windkanalmessungen.

Windrosen für den Standort Frankfurt am Main. Die Grafiken zeigen die Windverhältnisse nach jahreszeitlichen Ausprägungen. Abzulesen sind Windstärken (m/s) sowie die Verteilungshäufigkeiten (%) nach Windrichtung. Die Aussagen können als Grundlage zur Gebäudekörperentwicklung sowie zur aktiven Nutzung von Windenergie herangezogen werden.

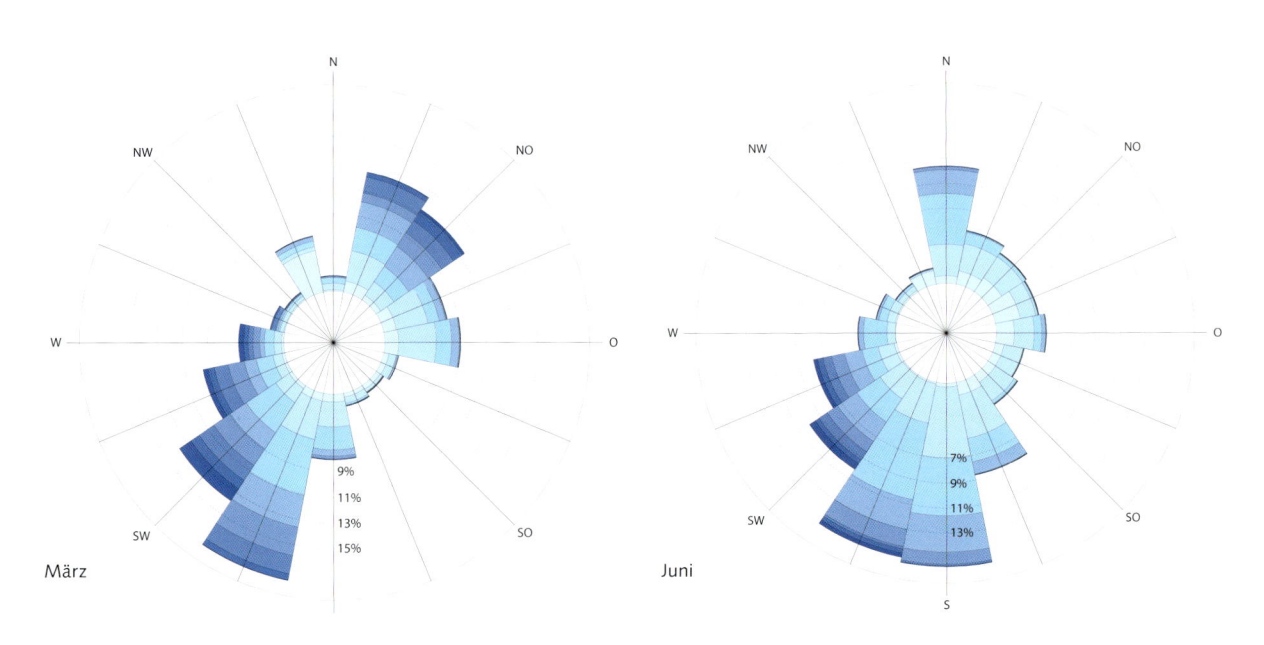

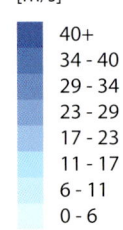

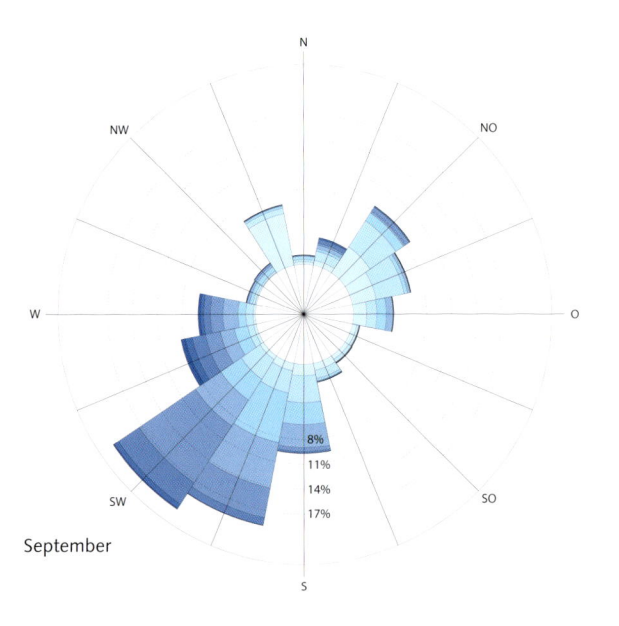

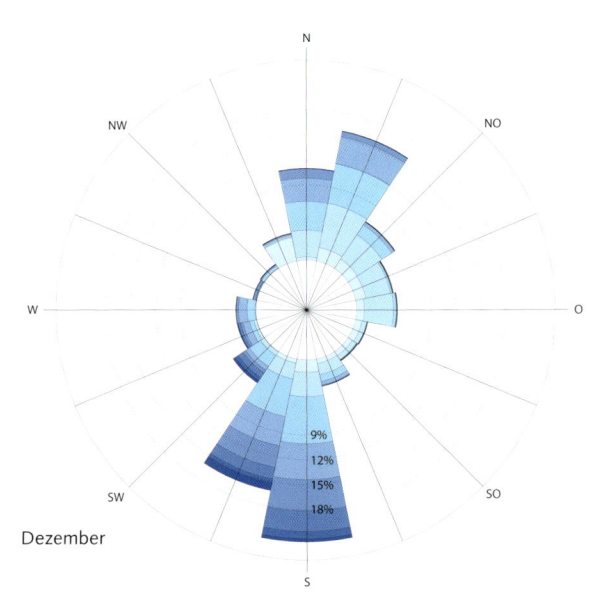

Windgeschwindigkeiten [m/s]
- 40+
- 34 - 40
- 29 - 34
- 23 - 29
- 17 - 23
- 11 - 17
- 6 - 11
- 0 - 6

Flora/Fauna

Grünflächen und Baumstrukturen wirken sich durch Luftfilterung und Kühlungseffekte positiv auf das Mikroklima an einem Ort aus. Sie können jedoch auch zu unerwünschter Verschattung führen.

Vor allem in verdichteten innerstädtischen Gebieten ist die Analyse der umliegenden Flora und Fauna unumgänglich. Sind nicht genügend Grünzonen vorhanden, die das Klima positiv prägen, sollte möglichst ein Ausgleich geschaffen werden, um staubiger Luft und Hitzeinseln vorzubeugen.

Boden

Auch Bodenbeschaffenheiten können sowohl Probleme als auch Potenziale bergen. Wenig verdichtete, sandige Böden erfordern besondere Sorgfalt bei der Gründungsplanung. Durch das Erdreich und das darin befindliche Grundwasser kann Energie in Form von Wärme gewonnen und gespeichert werden. Bodengutachten liefern Informationen darüber, inwieweit der Boden am Standort zur Energiegewinnung und -speicherung geeignet ist, sowie zu Gründungsverhältnissen und gegebenenfalls auch zu Schadstoffbelastungen

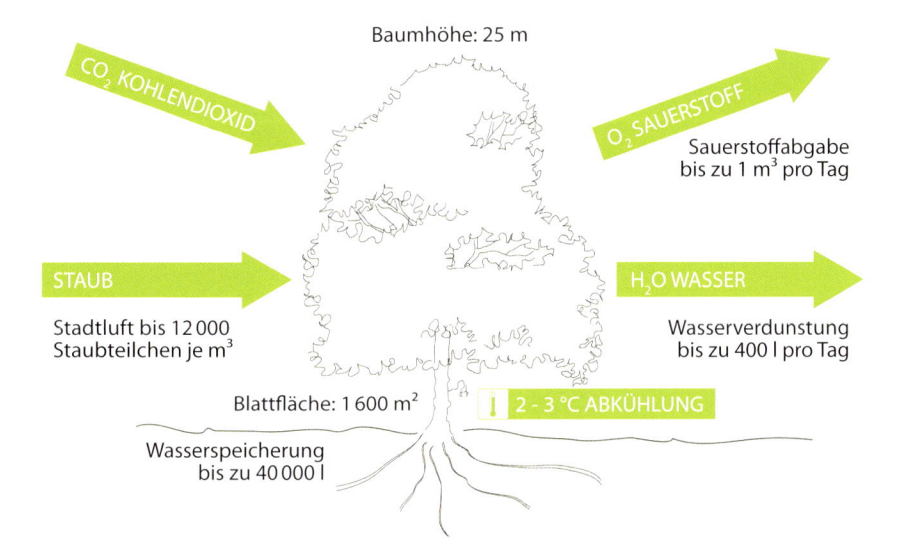

Baumhöhe: 25 m

CO_2 KOHLENDIOXID

O_2 SAUERSTOFF
Sauerstoffabgabe bis zu 1 m³ pro Tag

STAUB
Stadtluft bis 12 000 Staubteilchen je m³

H_2O WASSER
Wasserverdunstung bis zu 400 l pro Tag

Blattfläche: 1 600 m²

2 - 3 °C ABKÜHLUNG

Wasserspeicherung bis zu 40 000 l

Klimabilanz eines Baums. Durch Grünelemente kann das Klima an einem Ort beeinflusst werden.

Temperatur [°C]

32 °C

28 °C

Auswirkungen von Pflanzenelementen im Stadtklima am Beispiel der Tagestemperaturen.

Entwicklung einer Konzeptidee

Nach Abschluss der Analyse der inneren und äußeren Rahmenbedingungen kann eine Zielvorstellung in Form einer ersten Konzeptidee entwickelt werden.

Das Konzept ist als kontextuelle Lösung zu verstehen, das auf allgemeinen Standards beruht, aber im Laufe der Planung ortsspezifisch ausformuliert werden muss. Neben der Lage des Gebäudes auf dem Grundstück sollte auch das Volumen in seinen Grundzügen festgelegt und ein zu erzielender Gebäudeenergie-Standard benannt werden.

Dieser gemeinsam mit dem Bauherrn festgelegte Zielwert für die energetischen Eigenschaften ist sowohl durch die am Standort aktiv erschließbaren erneuerbaren Energiequellen beeinflusst, als auch durch die baulich sinnvollen passiven Maßnahmen. Je nach Festlegung kann sich auch der Gebäudeentwurf innerhalb der Planung in unterschiedliche Richtungen entwickeln. Vor allem für ein Aktivhaus ergeben sich neue Gestaltungsformen, die von etablierten Strategien, wie sie beispielsweise durch das Passivhauskonzept gefordert sind, abweichen können. Durch die aktivierten, Energie gewinnenden Dach- und Fassadenflächen kommt der Gebäudehülle eine neue Aufgabe zu. Das Aktivhaus betrachtet nicht allein den Verbrauch, sondern die Bilanz aus Verbrauch und regenerativer Erzeugung über die Gebäudehülle und das Grundstück. Dies erfordert eine neue Planungsstrategie und erzeugt neue Gebäudeformen. Ein Passivhaus verfügt über große Glasflächen im Süden zur passiven Nutzung der Solarstrahlung im Winter und dementsprechend über ausreichende Verschattungselemente, um die Aufheizung im Sommer zu vermeiden. Ein Aktivhaus hingegen limitiert die Glasflächen im Süden auf das für die Behaglichkeit, die natürliche Beleuchtung und die Atmosphäre im Innenraum sinnvolle Maß und nutzt zugleich opake wie transparente Hüllflächen zur Energieerzeugung.

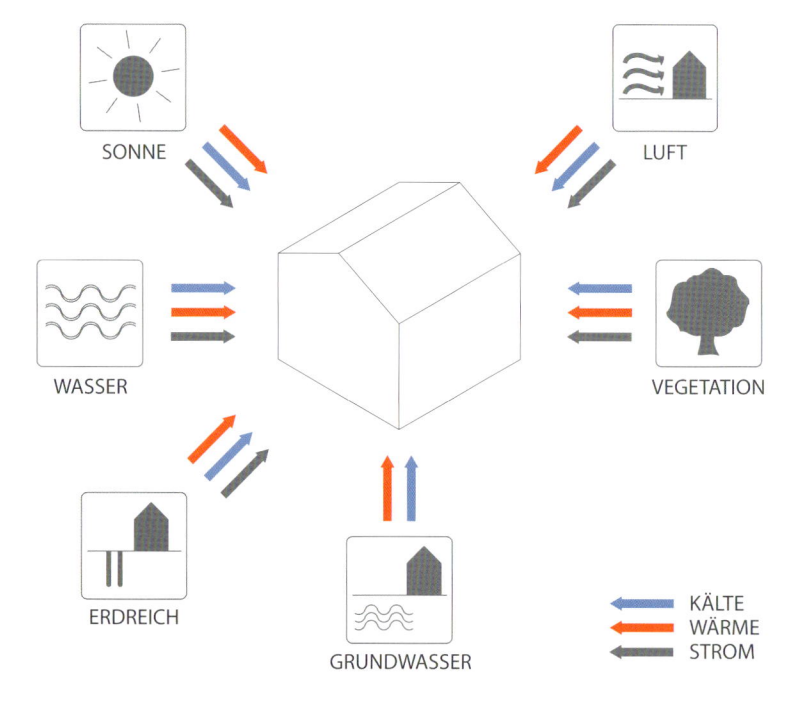

Potentielle energetisch nutzbare Quellen am Standort.

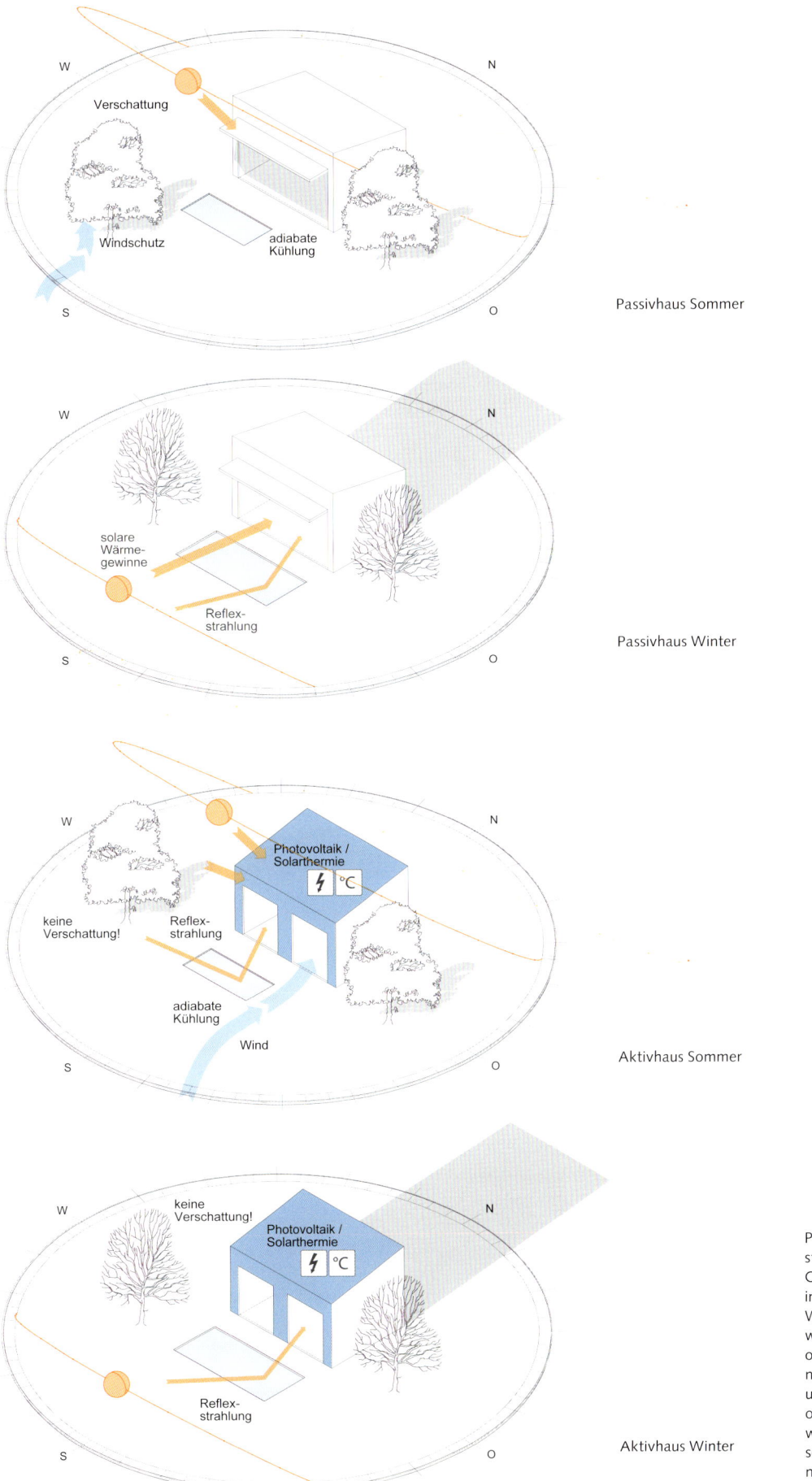

Paradigmenwechsel in der Planungsstrategie. Während ein Passivhaus (in der Grafik oben) sich mit großen Fensterflächen im Winter nach Süden orientiert, um die Wärme für den Innenraum direkt zu gewinnen, versucht das Aktivhaus (unten) ein optimales Verhältnis zwischen geschlossenen und transparenten Flächen zu erzielen, um die Integration aktiver Technologien zu optimieren. Diese Flächen sollten möglichst wenig verschattet sein, während die Verschattung für die transparenten Bereiche notwendig ist.

Planungsstrategien

Ein effizientes und dabei auch robustes Gebäudekonzept kann nur auf Basis einer Planungsstrategie entwickelt werden, die alle das Gebäude betreffenden Anforderungen und Rahmenbedingungen umfassend berücksichtigt. Hieraus entsteht unvermeidlich eine hohe Komplexität, die nur in einem vom Architekten koordinierten Planungsteam unter Einbeziehung unterschiedlicher Fachplaner handhabbar bleibt. Um die Konzepte der Fachplaner richtig einschätzen und sie in die Planung und die Gestaltung des Gebäudes integrieren zu können, kommt der Architekt nicht umhin, sein Wissen bezüglich Energiekonzepten, Gebäudetechnik und architektonischer Integration zu erweitern. Selbst zum Fachplaner werden soll er jedoch nicht. Die Fachplaner sind sehr früh in den Entwurfsprozess einzubinden. Wertvolle Hinweise zu Beginn können den Entwurf beeinflussen und die Integration einer für den jeweiligen Ort sinnvollen Technologie vereinfachen. Der integrale Planungsprozess gewinnt an Intensität. Er ermöglicht ein optimiertes Ergebnis, eine niedrigere Fehleranfälligkeit und häufig auch Kosteneinsparungen in der Ausführung.

Insbesondere bei Nichtwohngebäuden ist es sinnvoll, neben den Fachplanern und dem Bauherrn auch den Betreiber in die Planung einzubinden. Nach erfolgreicher Fertigstellung und Übergabe des Gebäudes sind Planer meist nicht weiter eingebunden. Aber gerade an dieser Schnittstelle entstehen häufig Probleme bei der Einregulierung von Anlagen.

Jede Bauplanung für ein zeitgemäßes Gebäude muss sich um ein ausgewogenes Verhältnis von aktiven und passiven Maßnahmen bemühen. Zunächst sollten alle sinnvollen passiven Maßnahmen ausgeschöpft werden, bevor diese durch aktive Technologien ergänzt werden. Passiv bedeutet, dass der Energiebedarf eines Gebäudes durch den Entwurf, die Konstruktionsweise und die Materialwahl möglichst weit reduziert wird. Wo das nicht ausreicht oder tauglich ist, ergänzen Energie erzeugende, das heißt aktive Technologien die passive Grundausrichtung. Dabei sollte vorwiegend auf hoch effiziente und erneuerbare Energien nutzende Anlagen gesetzt werden.

Dieses Wechselspiel von passiven und aktiven Komponenten betrifft alle fünf Dienstleistungen eines Gebäude: Heizen, Kühlen, Lüften, Beleuchtung und Elektrizität.

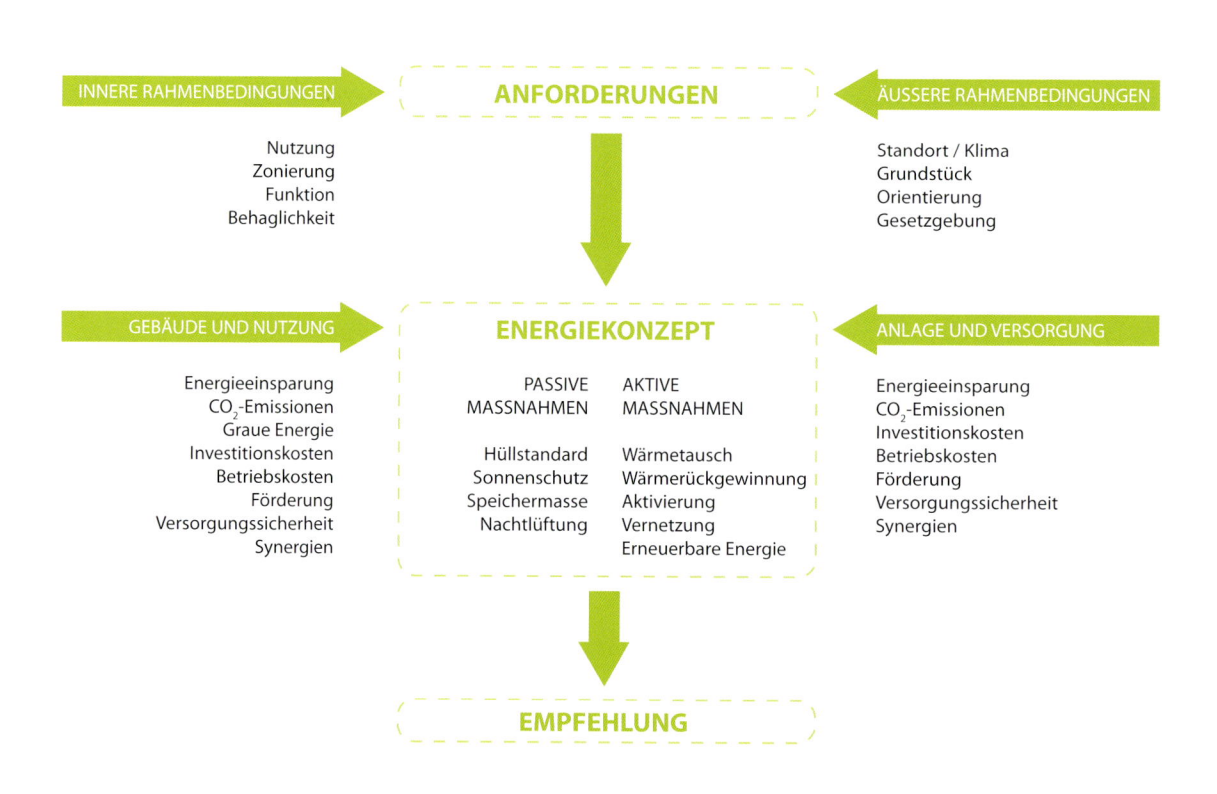

INNERE RAHMENBEDINGUNGEN	ANFORDERUNGEN	ÄUSSERE RAHMENBEDINGUNGEN
Nutzung Zonierung Funktion Behaglichkeit		Standort / Klima Grundstück Orientierung Gesetzgebung

GEBÄUDE UND NUTZUNG	ENERGIEKONZEPT		ANLAGE UND VERSORGUNG
Energieeinsparung CO_2-Emissionen Graue Energie Investitionskosten Betriebskosten Förderung Versorgungssicherheit Synergien	PASSIVE MASSNAHMEN Hüllstandard Sonnenschutz Speichermasse Nachtlüftung	AKTIVE MASSNAHMEN Wärmetausch Wärmerückgewinnung Aktivierung Vernetzung Erneuerbare Energie	Energieeinsparung CO_2-Emissionen Investitionskosten Betriebskosten Förderung Versorgungssicherheit Synergien

EMPFEHLUNG

Strategisches Vorgehen zur Empfehlung eines Gebäudeenergiekonzeptes auf Grundlage der spezifischen Nutzung und des konkreten Orts

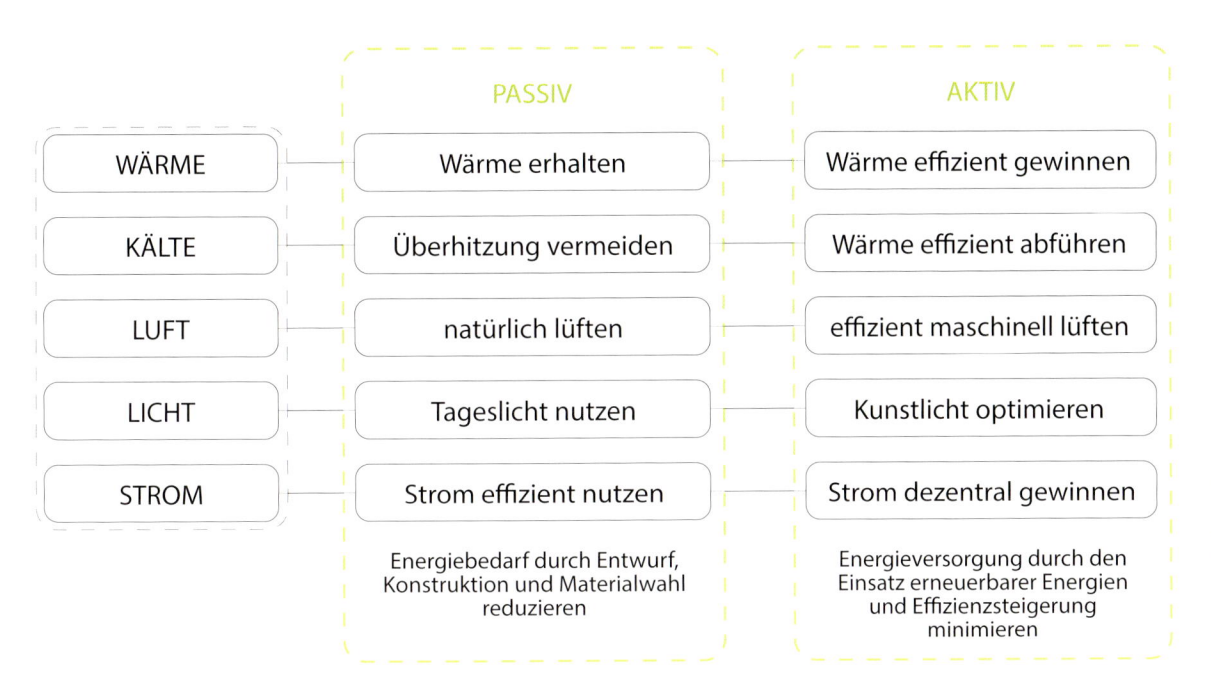

	PASSIV	AKTIV
WÄRME	Wärme erhalten	Wärme effizient gewinnen
KÄLTE	Überhitzung vermeiden	Wärme effizient abführen
LUFT	natürlich lüften	effizient maschinell lüften
LICHT	Tageslicht nutzen	Kunstlicht optimieren
STROM	Strom effizient nutzen	Strom dezentral gewinnen
	Energiebedarf durch Entwurf, Konstruktion und Materialwahl reduzieren	Energieversorgung durch den Einsatz erneuerbarer Energien und Effizienzsteigerung minimieren

Wechselspiel passiv und aktiv. Zunächst sollten durch das Gebäudekonzept die Dienstleistungen durch passive Komponenten optimiert werden. Erst dann werden aktive Systeme einbezogen. Durch Kombination von passiven und aktiven Maßnahmen, also durch Verschmelzung von Bauwerk und Technik zu einem System, können intelligente und robuste Systeme entstehen.

Baukörperentwicklung

Die Bauform entwickelt sich nicht allein aus städtebaulichen, funktionalen und gestalterischen Erwägungen, sie ist auch abhängig von den ortsspezifischen klimatischen Gegebenheiten und den energetischen Benchmarks. Darüber hinaus werden beim Entwurf eines energieeffizienten Gebäudes allgemeingültige Prinzipien verfolgt. Bis zu welchem Maße sie im jeweiligen Kontext umgesetzt werden, ist vor dem Hintergrund des spezifischen Anforderungsprofils abzuwägen.

Die günstigste Kilowattstunde ist die, die nicht verbraucht wird. Deshalb gilt es zunächst, beim Gebäudeentwurf auf Energieeinsparung zu setzen. Zuerst ist die Transmission der Energie durch die Gebäudehülle, das heißt durch Boden, Dach, Wände und Fenster, zu reduzieren. Hierzu sollte zunächst die Hüllfläche, das heißt die Energie übertragende Fläche, minimiert werden. Ein Kennwert dafür ist das A/V-Verhältnis, also das Verhältnis von Oberfläche (A) zu Volumen (V). Je besser die Hülle gedämmt ist, umso weniger wirkt sich allerdings die Minimierung der Hüllfläche auf den Energieverbrauch aus.

Nicht nur bezüglich der Dämmqualität, sondern auch vor dem Hintergrund der Energieerzeugung findet bei einem Aktivhaus ein Paradigmenwechsel statt. Bei einem Aktivhaus ist nicht mehr zwingend das niedrigste A/V-Verhältnis der optimale Weg, sondern ein für das Projekt angemessenes Verhältnis. Denn weniger Hüllfläche bedeutet hier auch weniger Fläche zur Energiegewinnung.

Potential Energieerzeugung durch die Hülle

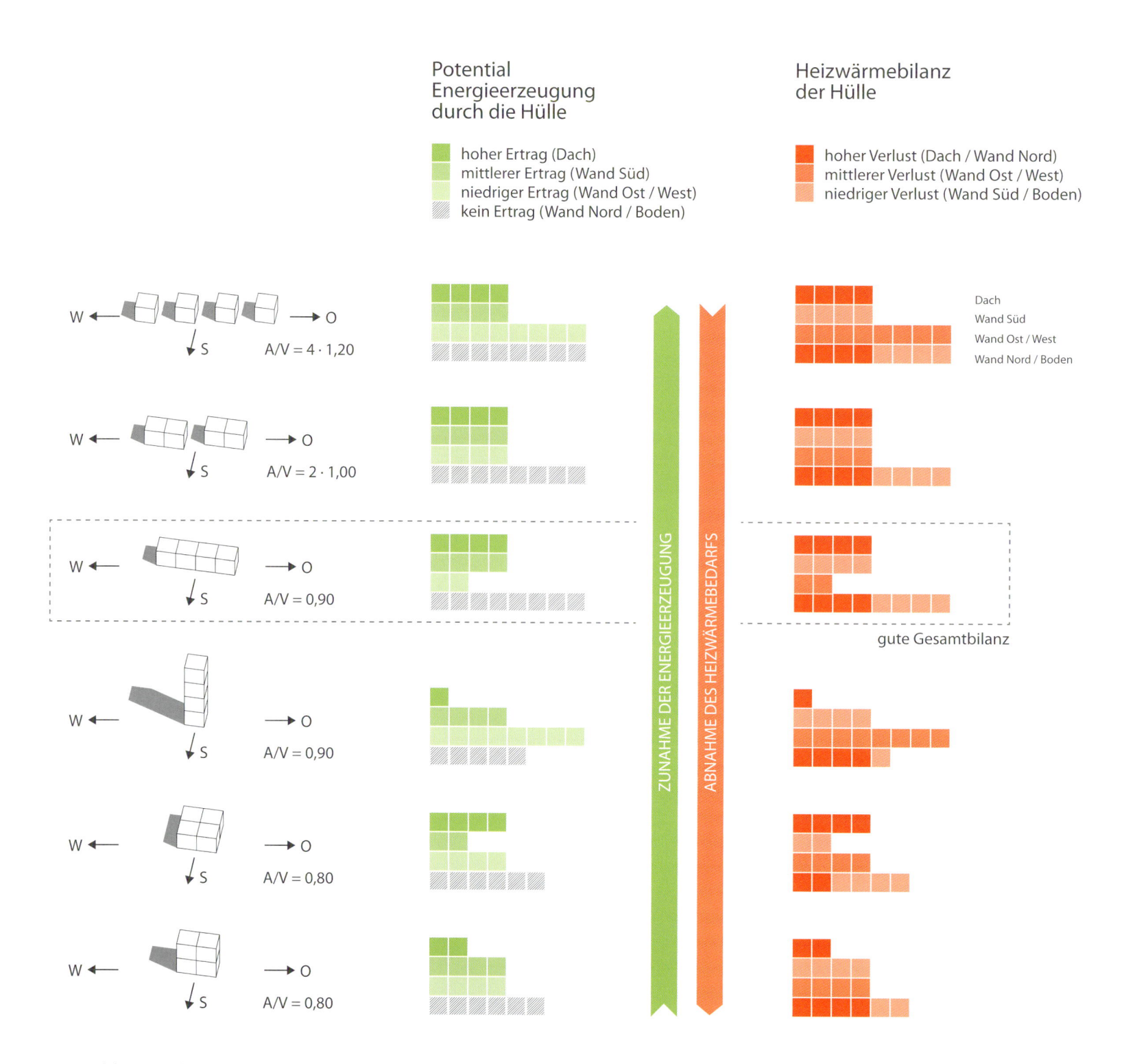

- hoher Ertrag (Dach)
- mittlerer Ertrag (Wand Süd)
- niedriger Ertrag (Wand Ost / West)
- kein Ertrag (Wand Nord / Boden)

Heizwärmebilanz der Hülle

- hoher Verlust (Dach / Wand Nord)
- mittlerer Verlust (Wand Ost / West)
- niedriger Verlust (Wand Süd / Boden)

Dach
Wand Süd
Wand Ost / West
Wand Nord / Boden

A/V = 4 · 1,20
A/V = 2 · 1,00
A/V = 0,90
A/V = 0,90
A/V = 0,80
A/V = 0,80

ZUNAHME DER ENERGIEERZEUGUNG
ABNAHME DES HEIZWÄRMEBEDARFS

gute Gesamtbilanz

Die Kompaktheit von Gebäuden ist im Hinblick auf ihre Energieverluste eine wichtige Optimierungsgröße. Je geringer die Hüllfläche (A) im Verhältnis zum Volumen (V) ist, desto besser ist die Verlustbilanz. Aktivhäuser generieren jedoch Energie über die Fassade. Deshalb ist hier die Minimierung der Hüllfläche alleine nicht zielführend. Die Grafik zeigt das Verhältnis von Energieverlusten und -gewinnen über die Hülle anhand unterschiedlicher Gebäudekompaktheiten bei gleicher Nutzfläche. Eine mittlere Kompaktheit führt hier zum besten Verhältnis. Zudem wird aber auch ersichtlich das weitere Parameter, wie die Größe der Dachfläche und die Orientierung nach Süden für die Energieerzeugung wichtiger sind, als die reine Fläche der Hülle. Ein Gebäude mit gleicher Kompaktheit kann durch optimierte Ausrichtung und Baukörperformung ein höheres Energieerzeugungspotential haben.

Bereits zuvor werden potenziell nutzbare Energien auf dem Grundstück benannt. Viele dieser Energiequellen (wie z.B. Erd- und Grundwasserwärme sowie Niederschlagswasser) haben keine direkte Auswirkung auf die Gebäudeform und -erscheinung. Eine Ausnahme stellt die Nutzung der Sonne als Energiequelle dar. Durch Orientierung und Formgebung des Baukörpers kann eine bessere oder schlechtere Ausbeute entstehen. Je nach Klimazone ergeben sich unterschiedliche räumliche Ausprägungen, abhängig davon, ob man sich vor der Sonne schützen und abwenden, oder ob man sich zur Sonne öffnen und diese direkt und aktiv nutzen will. In Deutschland ist Letzteres der Fall. Je nach Neigung und Drehung zur Südrichtung ändert sich die Intensität der auf der Fläche auftreffenden Strahlungsmenge. Diese Menge kann überschlägig rechnerisch ermittelt werden. Dafür sind Angaben über Orientierung und Neigung der Fläche, Strahlungsaufteilung gemessen an der vor Ort vorherrschenden mittleren Globalstrahlung und Kenndaten der gewählten Technologie (d.h. Wirkungsgrad etc.) notwendig. Da nicht auf allen Grundstücken durch z.B. die umgebende Bebauung eine optimale Ausrichtung möglich ist, ist diese Abschätzung im Zuge der Optimierung hilfreich.

Auch Wind kann die Form des Baukörpers beeinflussen. Hier geht es vor allem darum, dass durch die Ausrichtung des Baukörpers keine unangenehmen Windkanalisationen entstehen. Weiter sollte die Gebäudeform keine große Angriffsfläche in einer stark ausgeprägten Windrichtung bieten, denn dies kann zur stetigen Kühlung der Fassade und im Winter zur Auskühlung des gesamten Baukörpers führen.

Die Baukörper- und Grundrissentwicklung aus dem Inneren des Gebäudes erfolgt anhand der Nutzungsanforderungen einzelner Räume. Durch unterschiedliche Zonierungskonzepte (Zwiebelprinzip, lineare Zonierung, waagerechte Zonierung) werden die Räume so angeordnet, dass sie entsprechend ihren Anforderungen von der jeweiligen Himmelsrichtung und der Lage im Raumpaket profitieren. Warme, gut belichtete Räume sind demnach im Süden anzuordnen, wohingegen beispielsweise Lagerflächen, die besser kühl und dunkel sein sollten, sich nach Norden orientieren sollen. Letzteres unterstützt auch den Puffereffekt zur verlustreichen Nordfassade.

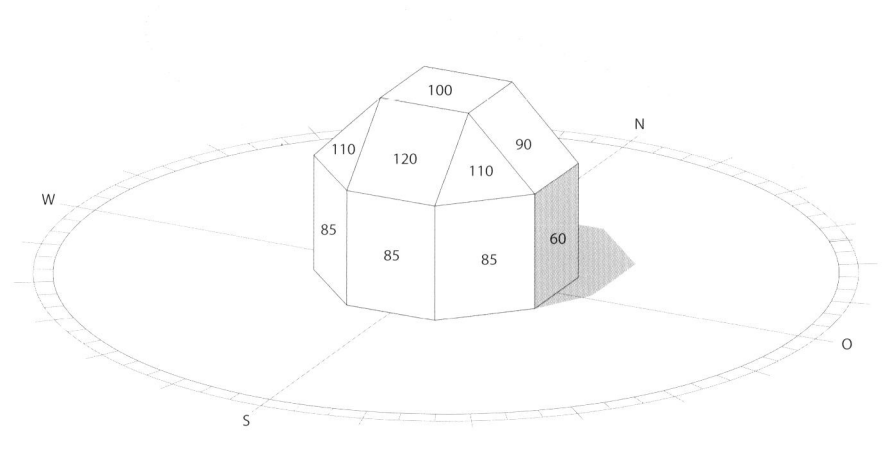

Einfluss der Ausrichtung auf den Ertrag einer Photovoltaik-Anlage in Deutschland

Energieerträge aus gebäudeintegrierten solaraktiven Technologien sind von Ausrichtung und Neigung einer Gebäudefläche abhängig. Grobe Richtwerte helfen zu Beginn einer Planung. Es ist jedoch zu beachten, dass in der folgenden Detailplanung eine Berechnung mit der konkreten Anlage zur Prüfung erfolgen muss.
Die Einstrahlung auf eine Südwand ist demnach 15 Prozent geringer als auf ein Flachdach. Zu beachten ist dabei aber die saisonale Verteilung: Aufgrund des Sonnenwinkels erzeugt eine fassadenintegrierte Anlage in den Übergangs- oder Winterzeiten zum Teil mehr Energie pro Tag als eine Flachdach-Anlage. Je nach Ziel der Energieerzeugung (Maximalertrag über das Jahr versus Gleichmäßigkeit des Ertrags oder Relevanz des Winters) können so auch aktivierte Fassadenflächen zielführend sein.

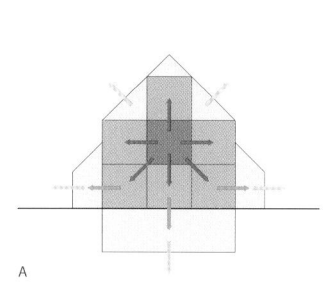

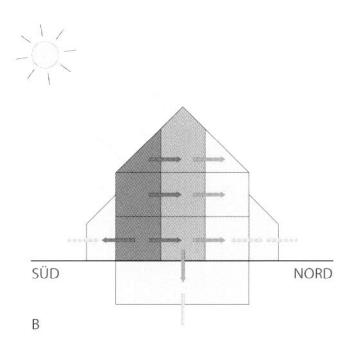

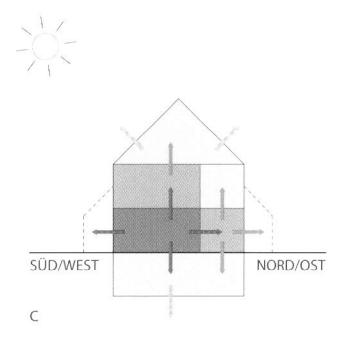

Zonierungsbeispiele in einem Gebäude. Je nach Nutzung und Anforderung ist die Orientierung einzelner Räume zu einer bestimmten Himmelsrichtung energetisch sinnvoll. Die Grafik zeigt mögliche Zonierungsarten: Zwiebelprinzip (A), vertikale (B) und horizontale (C) Zonierung.

Hüllflächenentwicklung

Die Primärfunktionen der Hülle bestehen darin, durch ausreichenden Wärmeschutz Behaglichkeit im Innenraum zu gewährleisten, durch angemessene Fensterflächenanteile ein hohes Maß an natürlicher Belichtung für den Innenraum sicherzustellen und durch einen geeigneten Sonnenschutz einer möglichen Überhitzung vorzubeugen.

Die planerische Vorgehensweise innerhalb dieser Themenfelder sowie mögliche Lösungen sind in Kapitel (siehe S. 128 ff) dargestellt.

Nachdem die Gebäudeform auch unter klimatischen und energetischen Gesichtspunkten entworfen wurde, geht es im nächsten Schritt um die Beschaffenheit der Hüllfläche. Dabei spielen die Materialität und die Konstruktionsweise eine zentrale Rolle. Diese sind nicht nur Stellschrauben zur Reduktion der grauen Energie in einem Gebäude. Sie beeinflussen auch das Mikroklima am Gebäudestandort. Stark spiegelnde Oberflächen können zum Beispiel zu einer erhöhten Reflexion der Sonnenstrahlung beitragen und in stark verdichteten Gebieten ohne ausreichende Kühleffekte zur lokalen Überhitzung von Außenräumen führen. Dieser Effekt kann sich im Sommer auch durch Wärme absorbierende, intensiv besonnte, massive Oberflächen einstellen. Begrünte Gebäudehüllen tragen durch Verdunstungseffekte im Sommer zur Kühlung bei. Dies ist sowohl für das Mikroklima am Standort positiv als auch für das Gebäude selbst, denn die Kühlung der äußeren Fassadenoberfläche reduziert die Transmission durch die Fassade.

Oberflächentemperaturen verschiedener Dachformen

	Satteldach Schloss	**massives Flachdach** Parkdeck	**Grasdach** Museum
Luftbild			
Thermalbild 5. August 1997 abends			
Thermalbild 6. August 1997 morgens			

Temperaturskala

abends
- > 20 °C
- 18 - 20 °C
- 16 - 18 °C
- < 16 °C

morgens
- > 17 °C
- 16 - 17 °C
- 15 - 16 °C
- < 15 °C

Die Grafik zeigt, wie gut beziehungsweise wie schlecht eine Auskühlung von Dachflächen im Sommer über Nacht funktioniert. Das Grasdach kann durch die Verdunstungskühlung der Bepflanzung am besten die Wärme abtransportieren und damit mit dazu beitragen, dass der Innenraum nicht dauerhaft überhitzt wird. Das Flachdach zeigt aufgrund seiner Form und der massiven Bauweise die geringste Auskühlung.

Energieversorgung

Die Parameter einer zukunftsfähigen Energieversorgung sind im Kapitel „Instrumentarium" (siehe S. 162 ff) detailliert erläutert. Prinzipiell ist es Ziel, ein möglichst einfaches und robustes technisches Versorgungskonzept zu entwickeln, das auf möglichst wenige unterschiedliche Energiequellen, Technologien und Übertragungsmedien setzt. Dies reduziert die Fehleranfälligkeit und vermeidet hohe Instandhaltungskosten. Bei Aktivhäusern kommen zu den herkömmlichen Komponenten der Gebäudetechnik die Anlagen zur Energieerzeugung hinzu. Aus diesem Grund ist ein effizientes Steuerungs- und Regelungssystem sinnvoll. Beschreibungen zu diesen Systemen sind im Kapitel „Steuern und Regeln" (siehe S. 190 ff) zu finden.

Ein innovatives Gebäude sollte perspektivisch die Deckung seines gesamten Energiebedarfs anstreben und deshalb neben der Erzeugung von Heizwärme und Trinkwarmwasser auch die Reduzierung des Verbrauchs von Haushaltsgeräten und im Wohnungsbau zusätzlich für Beleuchtung berücksichtigen, auch wenn die öffentlich-rechtliche Bilanzgrundlage dies derzeit noch nicht erfordert. Damit rückt die Steigerung der Effizienz dieser Energiedienstleistungen in den Vordergrund. Hierzu sollten nur hoch effiziente Geräte verwendet und für die Beleuchtung auf energiesparende Systeme, wie zum Beispiel LED gesetzt werden. Der nationale Standard Effizienzhaus Plus verlangt dies für Haushaltsgeräte bereits als Nebenanforderung.

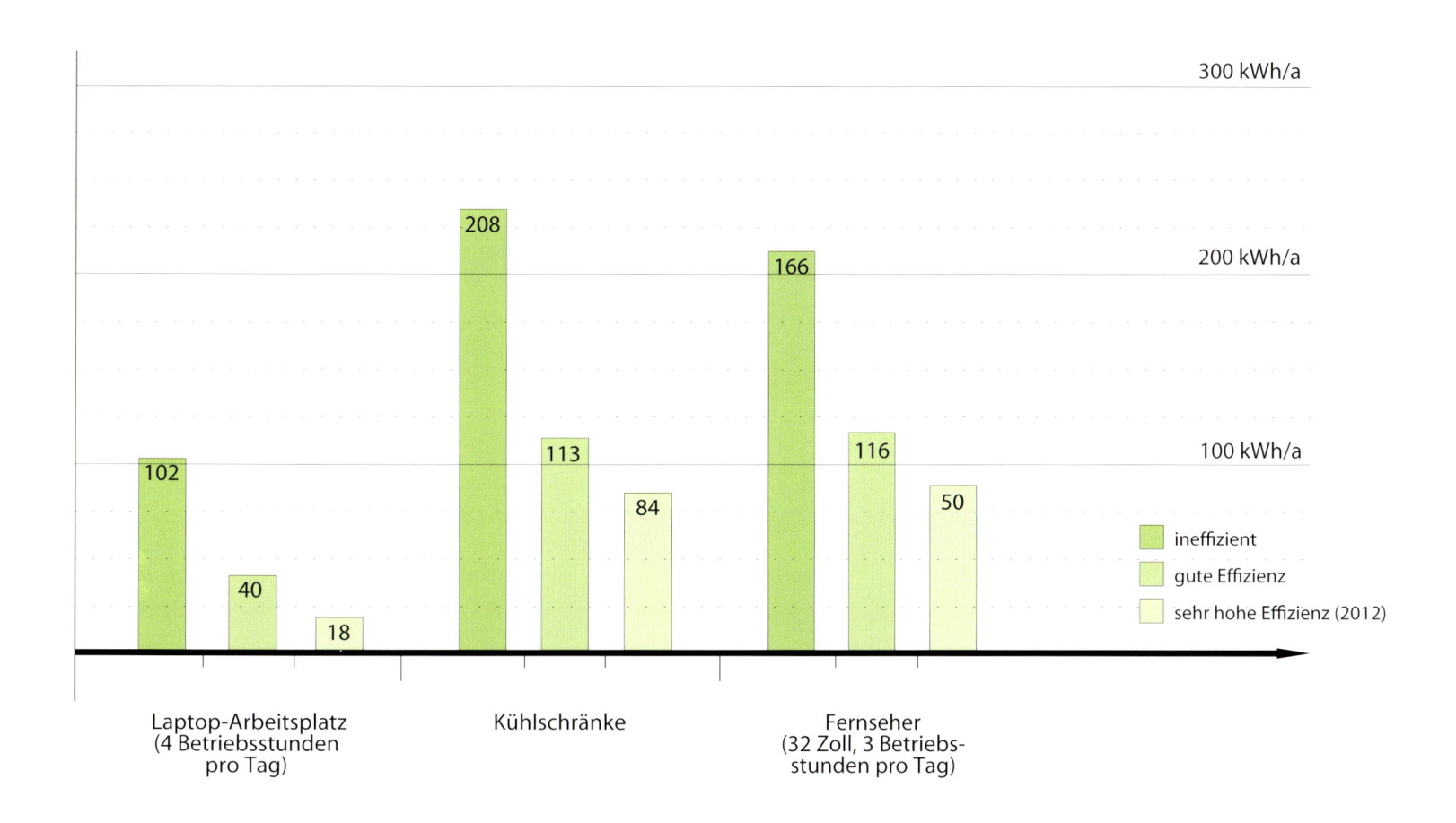

Die Grafik zeigt die Effizienzsteigerung von Elektrogeräten im Haushalt. Damit kann der enorme Anteil an Haushaltsstrom langfristig gesenkt werden. Zu beachten ist jedoch, dass kein Reboundeffekt entsteht.

Beispiele integraler Planung

Im Folgenden soll an zwei Projektbeispielen der Ablauf und das Ergebnis eines integralen Planungsprozesses im Neubau wie auch bei der Sanierung aufgezeigt werden. Am konkreten Beispiel lassen sich Planungsabwägungen und Widersprüchlichkeiten nachvollziehen. Beide Beispiele stammen aus dem Bereich des kleinmaßstäblichen Wohnungsbaus. Planungsansätze und innovative Planungslösungen sind jedoch bedingt auch auf andere Nutzungsarten übertragbar.

Neubau

Als Neubau-Beispiel dient der Beitrag der Technischen Universität Darmstadt zum internationalen Hochschulwettbewerb Solar Decathlon 2007. Ziel des Wettbewerbs war, mit Studierenden einen Prototyp für ein zukunftsfähiges Wohngebäude zu entwickeln und zu bauen, das mehr Energie erzeugt als es verbraucht. Da der Wettbewerb in Washington D.C., USA, stattfand, ist das Gebäudekonzept sowohl auf diesen Standort als auch auf Darmstadt ausgelegt, wenngleich die Klimacharakteristika der beiden Standorte deutlich unterschiedlich sind.

Entwicklung einer Konzeptidee

Die Vorgaben des Wettbewerbs gaben das energetische Ziel einer Plusenergiebilanz für Heizen, Kühlen, Warmwasserbereitung, Hilfsstrom, Beleuchtung, sämtliche Haushaltsgeräte und Mobilität vor. Um sich diesen zu nähern, wurde bereits sehr früh als Hüllstandard Passivhausbauweise angestrebt. Bei der Baukörperentwicklung und Hüllflächenbeschaffenheit wie auch in der Energieversorgung sollten in erster Linie passive Maßnahmen das Gesamtsystem optimieren. Darauf sollten aktive Technologien aufsetzen, soweit sie zur Wahrung der Behaglichkeit und zur Erlangung des sehr präzise definierten Plusenergieziels notwendig wurden. Grundsätzlich standen eine zurückhaltende Integration der Technik in das Gebäudekonzept und eine gute architektonische Erscheinung im Mittelpunkt der Betrachtungen. Auch das Nutzungsprofil war durch die Wettbewerbsausschreibung genau definiert. Das Haus wurde mit einer Grundfläche von etwa 54 m² für zwei Personen entworfen. Architektonisch sollte der kleine Bau auf einfache, flexible Wohnlösungen und fließende Übergänge innerhalb des Gebäudes sowie zwischen Innen- und Außenraum setzen.

Zur Erreichung des ambitionierten Ziels und zur Qualitätssicherung wurden im Entwurfsprozess immer wieder begleitende Simulationen eingesetzt und Bilanzen berechnet, die zunehmend zuverlässige Aussagen zu Energie- und Wärmeströmen innerhalb des Gebäudes und zwischen dem Gebäude und seiner Umwelt lieferten. Auf dieser Grundlage erfolgte die konkrete Umsetzung der Ideen und die Abstimmung der Komponenten aufeinander.

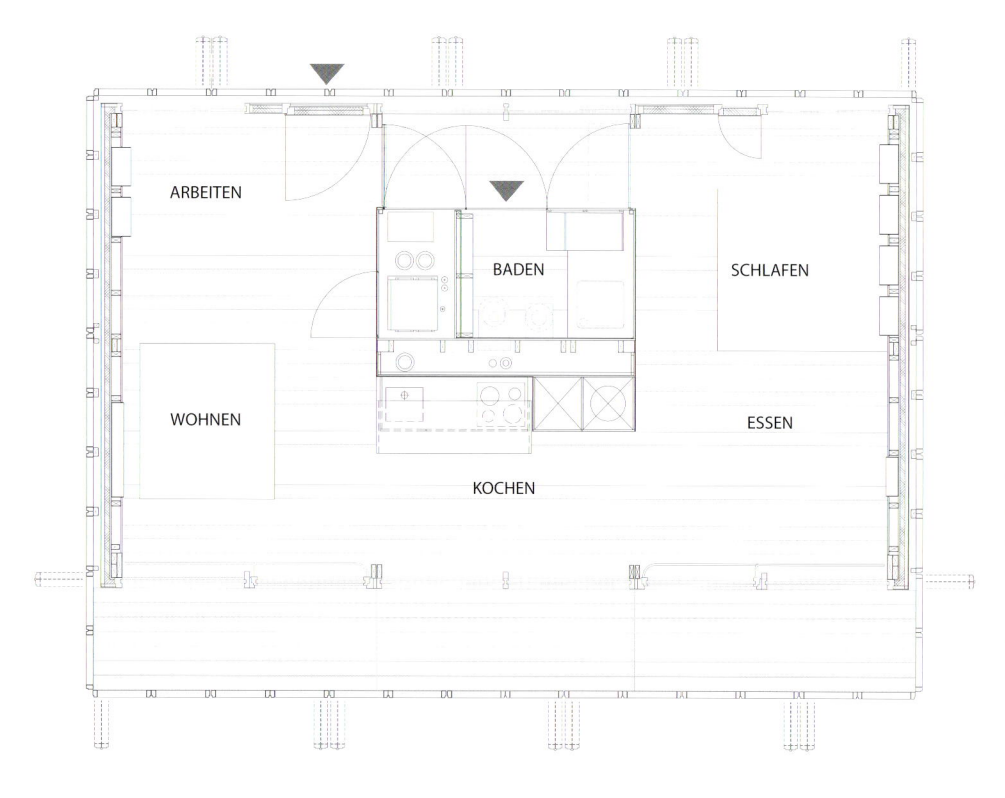

Solar Decathlon 2007, Team Germany, TU Darmstadt (ohne Maßstab)

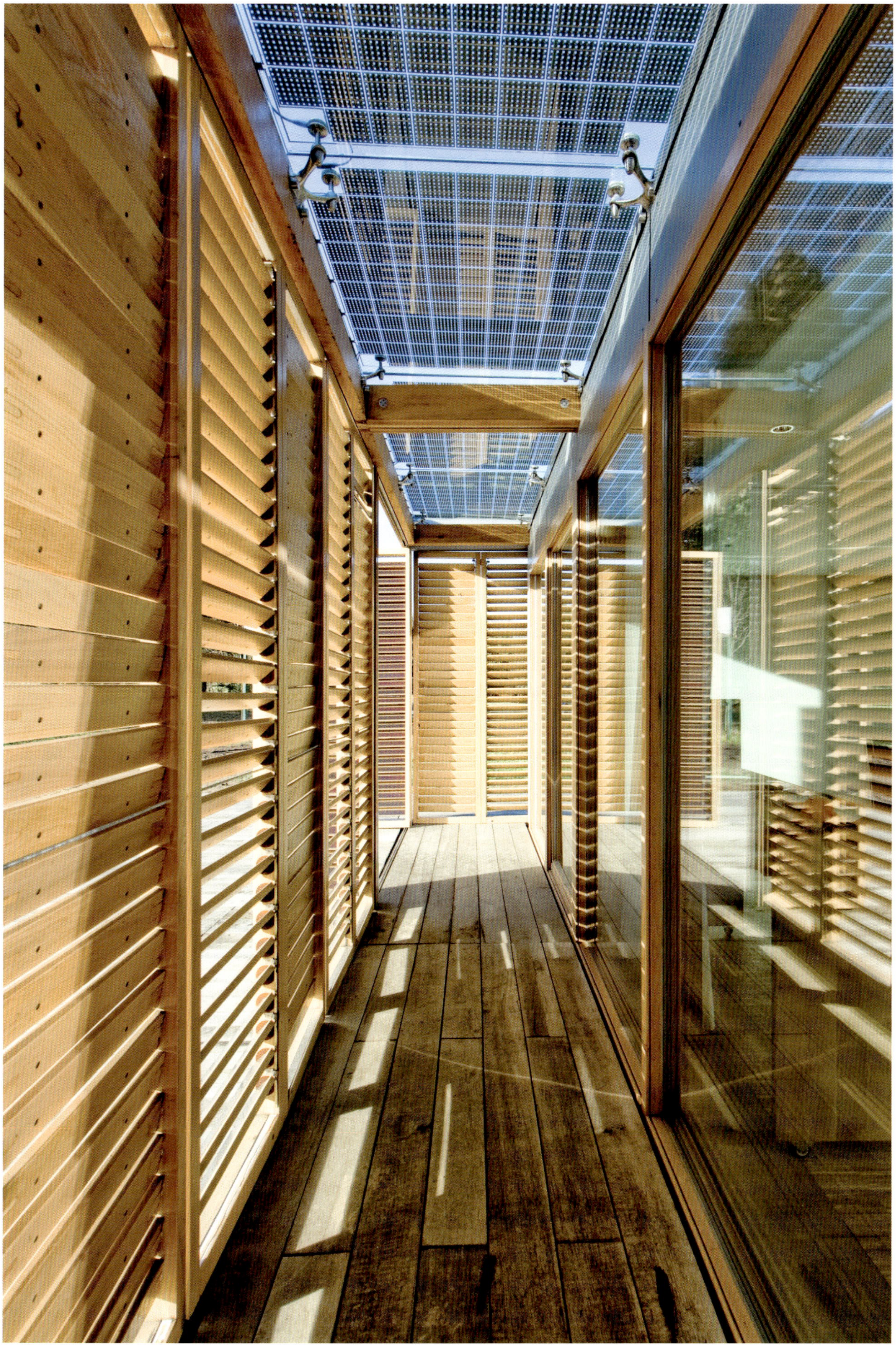

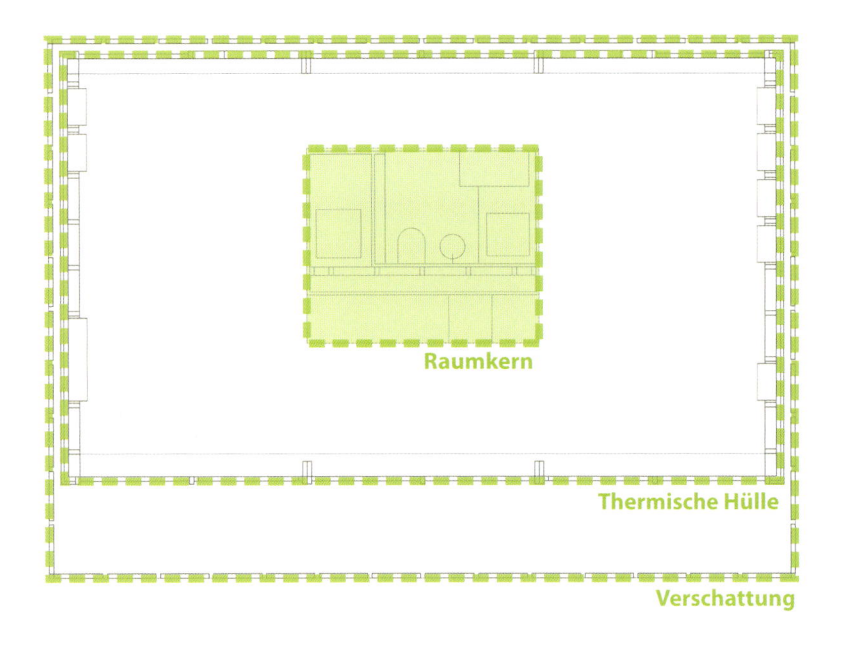

Passive Maßnahmen

Baukörperentwicklung

• von innen: Grundrisszonierung nach Temperaturzonen

Um Wärmeverluste zu reduzieren, baut der Grundriss des Gebäudes auf ein Zonenmodell unterschiedlich temperierter Bereiche auf, das jahreszeitenabhängig eine dynamische Nutzung ermöglicht. Im Wesentlichen gibt es drei konzentrisch organisierte Zonen, die von unterschiedlich gestalteten Hüllflächen umgeben und teilweise durch diese regelbar sind. Die außenliegende Fassade umhüllt das gesamte Gebäude und umschließt im Süden eine Veranda als geschützten Außenbereich. Sie verschattet die Veranda im Sommer und bietet damit einen Aufenthaltsbereich im Freien, der bei angenehmen Witterungsbedingungen durch Öffnung der Südfassade als Vergrößerung des Innenraums genutzt werden kann. In den Übergangszeiten bietet die Fassade Schutz vor Wind und Regen, um an wärmeren Tagen noch eine angenehme Aufenthaltsqualität im Freien zu bieten. Im Winter stellt sie im geschlossenen Zustand einen Pufferraum dar. Damit kann das Haus dynamisch auf die äußeren Rahmenbedingungen reagieren und je nach klimatischen Gegebenheiten in seiner Nutzfläche wachsen und schrumpfen.

Die zweite Schicht in Form der thermischen Hülle umschließt den beheizten Innenraum des Gebäudes. Durch einen hohen Dämmstandard werden Wärmeverluste reduziert und ein behagliches Klima geschaffen.

Der innenliegende Raumkern stellt als dritte Zone den wärmsten Bereich dar. Dort liegen der Technikraum und der Sanitärbereich mittig im beheizten Volumen und so weit wie möglich von der Außenfassade abgelöst. Um im Bereich der Sanitärräume ein behagliches Klima zu erzeugen, ist ein schnelles Aufheizen wünschenswert.

Das Passivhaus ist durch die Wärmeversorgung mittels interner und direkter solarer Wärmegewinne ein tendenziell träges System. Zur Erhöhung des Nutzerkomforts wurde schon früh in der Planung angedacht, diesen Bereich als warmen Gebäudekern mit einem zusätzlichen Flächenheizsystem auszustatten. Im Laufe der Planung wurde eine Fußbodenheizung realisiert, die im Betrieb durch eine geringe Anzahl an Heizschleifen effizient durch Solarthermie oder durch die Wärmepumpe aktiviert wird.

- von außen: kompakter Baukörper zur Optimierung der Hüllfläche

Durch die strengen Wettbewerbsregularien und das knappe Raumprogramm war in der Planung des Baukörpers kein großer Spielraum gegeben. Das Optimum eines nach Süden geneigten Dachs für die solare Nutzung wäre aufgrund einer vorgegebenen Maximalhöhe des Baukörpers nur auf Kosten der Nutzbarkeit des Innenraums realisierbar gewesen. Deshalb entschied man sich für eine einfache kubische Form. Zur Überprüfung der Machbarkeit wurde überschlägig der Verbrauch und die potenzielle Energieerzeugung bei Aktivierung des Flachdachs und der Fassadenflächen in West-, Süd- und Ostrichtung bilanziert. Das Ergebnis zeigte, dass in der Jahresbilanz auf dem Flachdach im Vergleich zu einer 30°-Neigung gegen Süden nur ein um zirka 10 Prozent geringerer Energieertrag zu erwarten war. Dies wird durch die größere Fläche, die energetisch voll aktivierbar ist, mehr als kompensiert. Auch die Gegenüberstellung von Verbrauch und Erzeugung bestätigte die Plusenergiebilanz und bekräftigte die planerische Entscheidung.

Zusätzlich wurde eine weitgehend kompakte Bauweise gewählt, um Energieverluste über die Hüllflächen zu reduzieren und der Baukörper damit im Rahmen der Projektzwänge weitestgehend optimiert.

A/V-Verhältnis

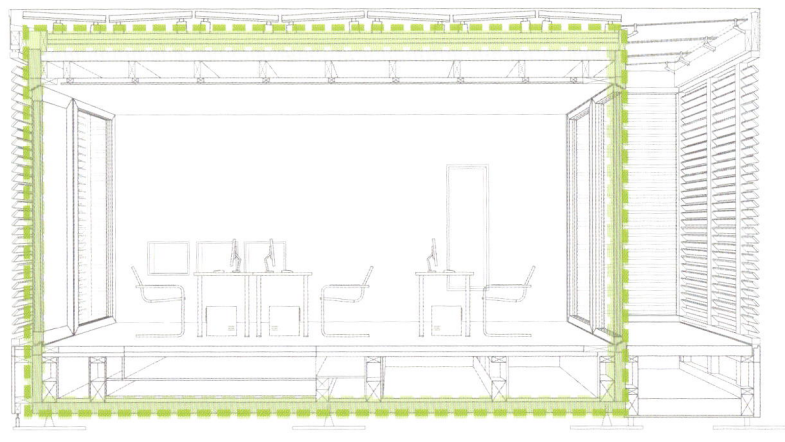

hoher Dämmstandard

Eingebaute Vakuumdämmung in der Fassade. Die einzelnen Dämmplatten wurden in zwei Lagen kreuzweise verbaut, um Wärmebrücken der Zwischenlattung weitestgehend zu reduzieren. Durch umlaufende komprimierte Schaumstoffbänder wurde eine gewisse Dichtheit sowie ein Klemmeffekt zur Befestigung bewirkt.

Hüllflächenentwicklung

• Wärmedämmung und Dichtheit der Gebäudehülle

Die durch ihre kompakte Bauform in der Fläche weitestgehend reduzierte Hülle sollte zudem einen hohen Dämmstandard aufweisen, um den Energiebedarf für Heizen und Kühlen auf ein Minimum zu reduzieren.

Die Zielvorstellung des Planungsteams sah einen sehr hohen Dämmwert bei geringer Wanddicke vor. Die flächenmäßige sehr enge Beschränkung im Wettbewerb hätte die nutzbare Fläche durch konventionelle Dämmung weiter reduziert. Deshalb sind die opaken Bauteile mit Vakuum-Isolationspaneelen (VIP) gedämmt. Dabei handelt es sich um einen porösen Kern aus pyrogener Kieselsäure, der mit einer Umhüllung aus Aluminiumfolie vakuumiert wird. Dieser Dämmstoff verfügt durch das Vakuum im Vergleich zu herkömmlichen Dämmmaterialien über eine zirka zehnfach höhere Dämmwirkung. Durch die hohe Dämmwirkung der VIP war eine 6 cm dicke Dämmschicht (2 x 3-cm-VIP-Platten) ausreichend, um einen U-Wert unter 0,1 W/m^{2}K zu erreichen.

Der wärmebrückenfreie Einbau der sensiblen Dämmplatten erforderte im Vergleich zu herkömmlichen Dämmsystemen eine detailliertere Planung. Die Zwischenlattungen der beiden Dämmschichten sind gegeneinander versetzt eingebaut. Damit wird die unumgängliche Schwachstelle auf den Kreuzpunkt der Lattung reduziert. Die Materialität der Zwischenlattung in Form eines holzähnlichen Recyclingwerkstoffs aus verdichtetem Polyurethan und der Einsatz eines die Dämmplatten umlaufenden Komprimierbands reduzieren Wärmebrücken und entsprechende Verluste. Diese Überlegungen verdeutlichen beispielhaft, dass die Planung eines besonders energieeffizienten Gebäudes schnell von einer konzepthaften Zielvorstellung in Detailfragen mündet, die neue Lösungen und unkonventionelle Denkweisen erfordern.

Die vollverglaste Südfassade und die in großen Teilen verglaste Nordfassade bestimmen die Hauptansichtsseiten des Hauses. Um trotz großen Verglasungsanteils dennoch einen hohen Dämmstandard einzuhalten, wurde die Fassade im Norden mit Vierfachverglasung, die Südfassade mit Dreifachverglasung realisiert. Bei der Vierfachverglasung handelt es sich um eine Prototypenentwicklung für das Projekt. Durch die Erhöhung der Scheibenanzahl sind mehr dämmende, mit Edelgas gefüllte Zwischenräume geschaffen, die die Energieverluste reduzieren. Andererseits reduziert sich der mögliche passive Energieeintrag durch Solarstrahlung durch den Einsatz von mehr Glasscheiben in Folge verstärkter Reflexion und geringerer Lichtdurchlässigkeit. Deshalb ist die Vierscheibenverglasung nur im Norden eingesetzt. Um die Transmissionswärmeverluste über die großen Glasflächen der Nordfassade weiter zu begrenzen, sind die transparenten Anteile der Nordfassade durch opake Flächen ergänzt, die wie alle anderen opaken Wandflächen mit VIP gedämmt sind.

Mehrere Varianten wurden gestalterisch und energetisch untersucht und verglichen. Diese wurden im Vorfeld der Entscheidung abermals auf Grundlage überschlägiger Bilanzen geprüft.

Um die Ausnutzung des solaren Wärmeangebots zu erhöhen, ist in der im Winterhalbjahr besonnten Südfassade Dreifachverglasung verbaut. Auch hier haben Simulationen ergeben, dass die Summe der dadurch mehr gewonnenen Energie im Vergleich zu einer Vierfachverglasung die größeren Transmissionswärmeverluste der Dreifachverglasung ausgleichen und sogar übertreffen kann. Die Rahmen der Verglasungen wurden mit Eichenholz ausgeführt. Um die Dämmwirkung zu erhöhen, verfügen sie über einen Kern aus einem Recyclingwerkstoff aus verdichtetem Polyurethan.

Die Qualität der Gebäudehülle drückt sich neben dem Dämmstandard durch eine hohe Dichtheit aus. Je dichter das Gebäude, also je weniger Luft bei geschlossenen Fenstern von innen nach außen entweichen kann, desto weniger Wärme beziehungsweise Energie geht verloren.

Die guten Hüllqualitäten sind durch konstruktiv unvermeidliche Wärmebrücken geschwächt. Diese sind planerisch so weit wie möglich minimiert. Zum Transport des mobilen Gebäudes sind in allen drei Gebäudemodulen an den jeweils vier Ecken Stahllaschen integriert, die vom Fußpunkt der Konstruktion bis durch das Dach stoßen. Diese Laschen bilden die Anhängepunkte für die Module an eine Traverse und damit an den Kran. Schwachstellen wie diese können in anderen Projekten durch andere Umstände gegeben sein. Wichtig ist hier ein Abwägen von Prioritäten. Nicht an jedem Punkt ist das energetische Optimum die für das Projekt richtige Lösung. In diesem Fall hätte das Gebäude ohne diese Vorrichtung nicht nach Washington transportiert werden können. Dennoch erreicht das Gebäude mit der Beschaffenheit seiner Hüllflächen für den Standort Washington D.C. den Passivhausstandard.

Montage der Fassadenverkleidung

Sommersonne 21. Juni

Wintersonne 21. Dezember

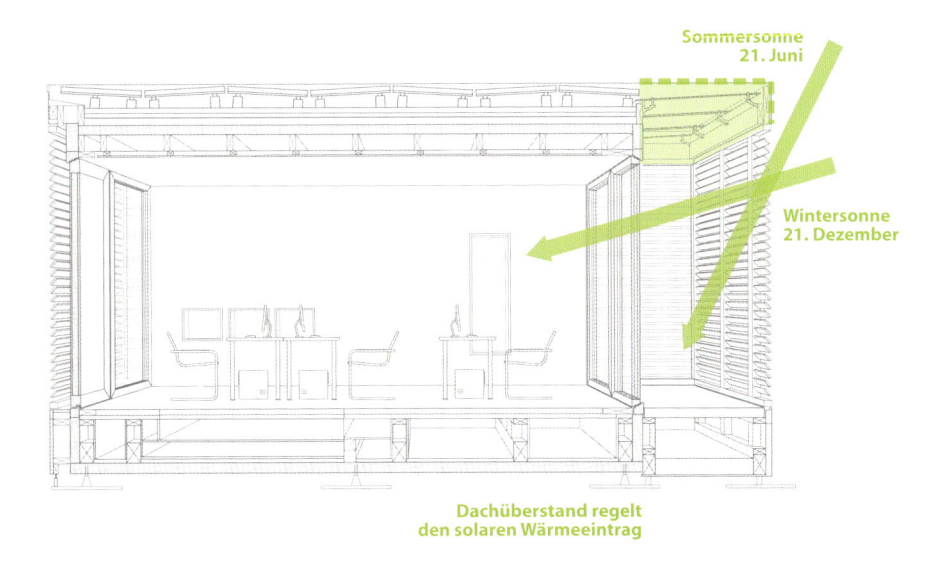

Dachüberstand regelt den solaren Wärmeeintrag

• Steuerung passiver Solargewinne

Die Beschaffenheit der Hülle reduziert nicht nur Energieverluste. Durch die gezielte Planung von Glasflächen wird auch die direkte Nutzung passiver Wärme gesteigert. Diese wird vor allem bei Gebäuden mit hoher Luftdichtheit und Dämmung immer wichtiger. Um diese Art der Energiegewinnung an kalten Wintertagen möglichst zu maximieren, ist die gesamte Südfassade aus transparenten Elementen hergestellt. Die feststehende, horizontale Dachauskragung oberhalb der Südfassade hält die hoch stehende Sommersonne weitestgehend ab. Damit ist der Wärmeeintrag durch direkte Strahlung weitgehend unterbunden. Die tief stehende Wintersonne hingegen reicht bei geöffneter Lamellenfassade durch die Fenster weit in den Innenraum und konditioniert ihn auf passive Weise. Um der Gefahr der Überhitzung im Sommer weiter entgegenzutreten, regeln bewegliche Lamellenelemente der äußeren Hüllschicht den Strahlungseintrag und beeinflussen die damit verbundene Wärmeentwicklung.

Energieversorgung

• Latentwärmespeicher im Leichtbau

Parallel zu diesen Überlegungen wurde ein Augenmerk auf die Behaglichkeit im Innenraum gelegt. Auch hier können Material und Beschaffenheit der Innenoberflächen auf passive Weise in gewissem Maße die Temperatur regeln und somit zur Energieversorgung beitragen.

Speichermassen können erheblich zu einem behaglichen Raumklima beitragen. Im Gegensatz zu Massivbauten ist im Holzbau die thermische Massenspeicherung durch die Eigenschaften des Baustoffs begrenzt. Um dennoch einem raschen Überhitzungseffekt im Sommer passiv entgegenzuwirken und das Raumklima in seiner Behaglichkeit zu erhöhen, sind in Decken und opaken Wänden im Innenausbau Latentwärmespeicher (Phase Change Materials – PCM) eingesetzt. PCM zeichnet sich dadurch aus, dass beim Phasenübergang des Materials von fest zu flüssig sehr viel Wärmeenergie aufgenommen und temporär gespeichert werden kann. Das bedeutet: Steigt die Temperatur im Bereich des beschriebenen Phasenübergangs, können Latentwärmespeicher sehr viel Wärme aufnehmen, fällt sie wieder, geben sie diese Wärme wieder ab. Dieser physikalische Effekt kann durch die Übertragung von positiven Eigenschaften des Massivbaus auf den Leichtbau deutlich zur Energieeinsparung sowie zur Gewichtsreduktion beitragen. PCM kann aus unterschiedlichen Rohstoffen bestehen und in unterschiedlichen bauteilbezogenen Einbausituationen in einem Gebäude eingesetzt werden. Beim Solar Decathlon 2007 ist PCM als mikroskopisch kleine Kunststoffkügelchen, die in ihrem Kern ein Speichermedium aus Paraffinwachs enthalten, in Gipskartonplatten eingearbeitet. Die Wärmespeicherkapazität der 1,5-cm-Platten ist vergleichbar mit einer 9 cm dicken Betondecke oder einer 12 cm dicken Ziegelwand. Die Lade- beziehungsweise Schmelztemperatur von PCM kann je nach Einsatzgebiet auf einen bestimmten Temperaturpunkt festgelegt werden. Beim Solar-Decathlon-Projekt wurden 23 °C gewählt, um den in den Wettbewerbsregularien festgelegten, sehr engen Temperaturbereich von 22 – 24 °C so gut wie möglich einhalten zu können.

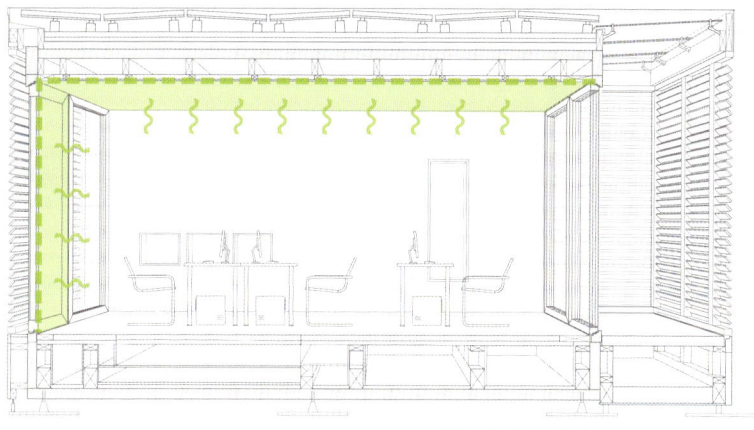

PCM als thermische Speichermasse im Innenraum

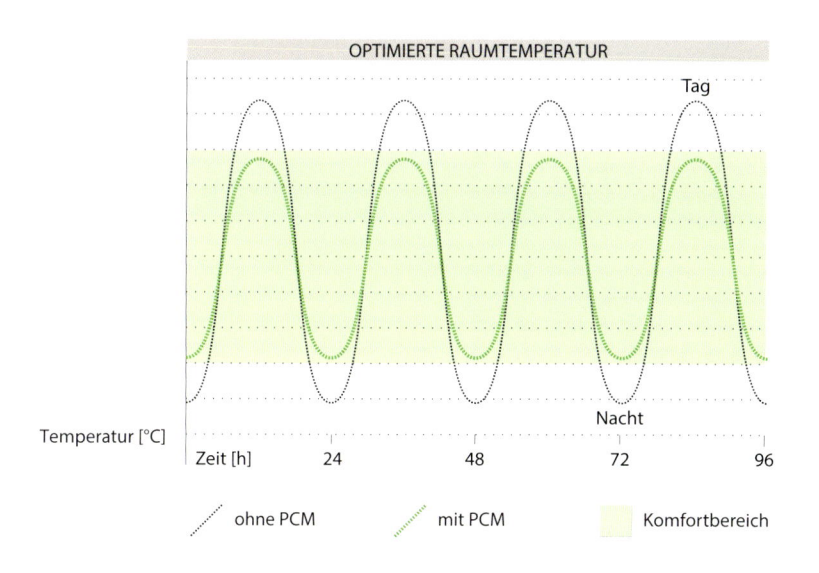

OPTIMIERTE RAUMTEMPERATUR

Querlüftung zum „Entladen"

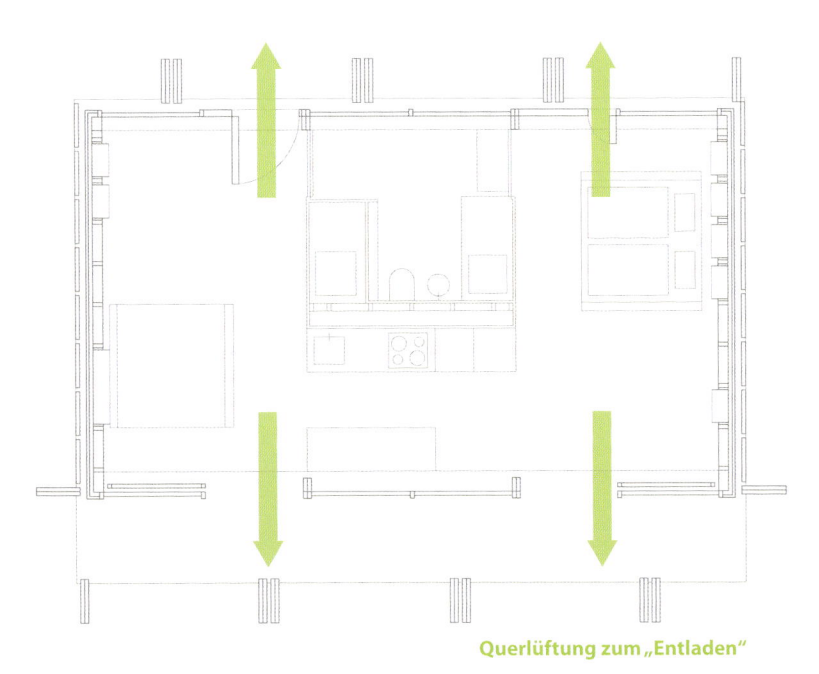

- Nachtlüftung zur Auskühlung der Speichermasse

Um die latente Speichermasse immer wieder neu aktivieren zu können, muss für eine gute Be- und Entladung gesorgt werden. Beladung funktioniert am besten durch direkte solare Strahlung, Entladung durch Nachtauskühlung, die durch eine natürliche Querlüftung gestützt ist.

Das am Tag aufgeladene, in der Verkapselung geschmolzene PCM wird durch die Auskühlung der raumumschließenden Oberflächen beziehungsweise durch die kühle Nachtluft entladen. Es gibt die gespeicherte Wärme an den Raum zurück. Wird sie dort nicht benötigt, wird sie durch den Lüftungsstrom nach außen transportiert. Danach kann das PCM am folgenden Tag erneut Wärme aufnehmen und wieder zu einem behaglichen Innenraumklima beitragen. Würde diese Abkühlung nicht erfolgen oder bleiben die Außentemperaturen dauerhaft oberhalb der Ladetemperatur des PCM, ist der Kühleffekt am Tage eingeschränkt.

Um dieses simple System effizient nutzen zu können und einen ausreichenden Luftstrom zu gewährleisten, aber auch um bei dauerhaft hohen Temperaturen Entlastung durch starke Luftströmung zu schaffen, sind Öffnungselemente in gegenüberliegenden Fassadenflächen notwendig.

- zusätzliches passives Nachtkühlsystem über die PV-Module

Für lange Hitzeperioden suchte man nach Möglichkeiten, auch ohne aktive Kühlanlagen Temperaturen reduzieren zu können. Planer unterschiedlicher Disziplinen entwickelten in Zusammenarbeit ein System, das verschiedene Teilsysteme des Gebäudes miteinander verbindet und aus einem Mix von passiven Maßnahmen mit aktiver Unterstützung ein innovatives Kühlsystem bildet. Dieses basiert auf Bauteilaktivierung über in den Decken eingelegte Kapillarrohrmatten. Im doppelten Boden des Gebäudes ist ein Wassertank integriert. Während der Sommernacht wird Wasser aus dem Tank auf das Dach gepumpt und dort auf der Dachhaut beziehungsweise den PV-Elementen versprüht. Dadurch entsteht sowohl ein adiabatischer Kühleffekt als auch eine atmosphärische Kühlung. Das abgekühlte Wasser fließt dann wieder in den Tank. Am Tag durchströmt es die beschriebenen Kapillarrohrmatten. Es dient somit tagsüber als Wärmesenke für das aus den Kapillarrohrmatten zurückströmende, erwärmte Wasser. Dies bewirkt einen kühlenden Effekt im Innenraum. Zusätzlich wird das geladene PCM gekühlt und ändert seinen Aggregatzustand. In der Folge kann es erneut Wärmeenergie aus dem Raum aufnehmen und zur weiteren Kühlung beitragen. Der Effekt des PCM vervielfacht sich durch diese Kombination einfacher technischer Hilfsmittel und trägt somit auf passive Weise mit geringem Energieeinsatz (für die Wasser-Umwälzpumpe) zur Kühlung bei.

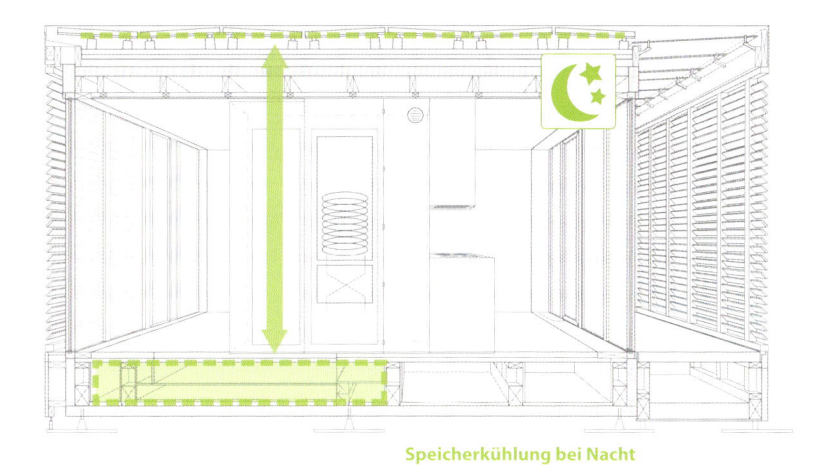

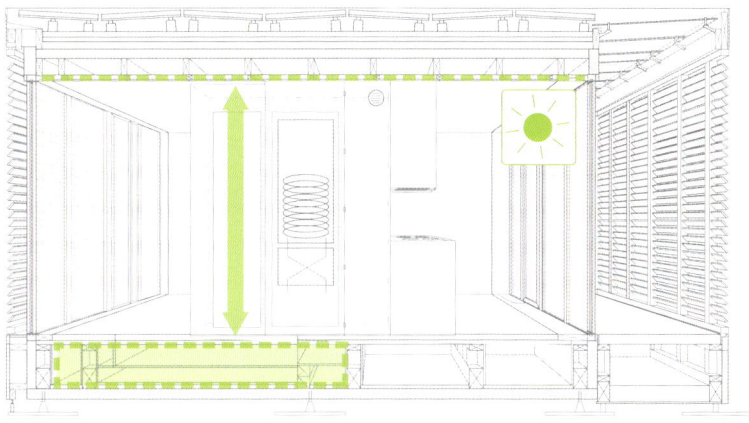

Speicherkühlung bei Nacht

PCM-Kühlung bei Tag

Solar Decathlon 2007 bei Nacht

Aktive Systeme

Während des Wettbewerbs war aufgrund der Regularien nur die Nutzung der Sonne als Energiequelle möglich. Da das Gebäude wegen des Strombedarfs des Musterhaushalts und des Betriebs eines Elektroautos einen sehr hohen Energiebedarf hat, wurde im Bereich solaraktiver Technologien der Schwerpunkt auf den Einsatz von Photovoltaik gelegt. Der Wärmebedarf wurde durch die beschriebenen Gebäudeeigenschaften bereits weitestgehend reduziert und spielte deshalb für die Energiebereitstellung eine untergeordnete Rolle.

Stromerzeugung durch Photovoltaik

Während der Planung diskutierte man die Nutzung unterschiedlicher Photovoltaik-Systeme, die je nach Beschaffenheit für unterschiedliche Einsatzgebiete jeweils spezifische Vorteile bieten.

• Standardmodule

Das Strom erzeugende Dach besteht aus monokristallinen Photovoltaik-Elementen, die über einen Rückseitenkontakt miteinander verbunden sind. Diese Art der elektrischen Kontaktierung führt zu einer Vergrößerung der wirksamen Zellfläche, da die Modulfläche nicht wie bei einer vorderseitigen Kontaktführung mit Leiterbahnen partiell bedeckt ist. Diese Module besitzen zusammen eine Spitzenleistung von 8,4 kWp.

Für die architektonische Integration dieser Module in die Gebäudehülle wurden mehrere Varianten sowohl auf ihre Ästhetik als auch auf erzielbare Erträge überprüft. Schließlich wurden die Module ohne erhebliche Verluste im Vergleich zu einer optimierten Aufständerung in einem Neigungswinkel von 3° zur Entwässerung in den Flachdachaufbau integriert.

Linkes Bild: Blick auf das Dach mit monokristallinen Photovoltaikmodulen.
Rechtes Bild: Unterkonstruktion der Module

- Glas-Glas-Module

Die Solarmodule innerhalb der horizontalen Auskragung nach Süden, die den außenliegenden Terrassenbereich überdachen, wurden als Glas-Glas-Module ausgeführt. Es handelt sich um verschattende Elemente, die aber einen Bezug nach außen zulassen und Lichteinfall gewährleisten.

Die Glas-Glas-Module bestehen aus zwei Scheiben mit dazwischen auf Abstand gesetzten Photovoltaik-Zellen. Die einzelnen Zellen bestehen aus monokristallinem Silizium und haben eine Feinlochstruktur. Diese verringert zwar geringfügig den Ertrag, führt aber zu einem weichen Lichteinfall mit Licht- und Schattenspiel. Die opaken Anteile des Moduls hindern die steile Sommersonne am Einfallen in das Gebäude und erzeugen gleichzeitig Strom, ohne das Tageslicht völlig auszublenden. Die Spitzenleistung beträgt 1,0 kWp.

- Dünnschichtmodule

Um die thermische Hülle fügt sich eine weitere, horizontale Lamellenebene. Diese befindet sich je nach Orientierung in näherem beziehungsweise weiterem Abstand zur thermischen Hülle. Die Lamellen sind in dreh- und verschiebbaren Läden angeordnet, die auf Schienen gelagert sind. Je nach Bedarf kann man die Lamellenwand öffnen oder schließen. Zusätzlich sind die einzelnen Lamellen in ihren Läden einachsig gelagert. Von einem Motor angetrieben können sie, entweder vom Nutzer individuell bedient oder automatisiert, dem Sonnenverlauf folgend, für einen optimalen Kompromiss zwischen Tageslichtnutzung, Verschattung und Energiegewinnung sorgen.

Dies wiederum führte in der Planung zu der Idee, die Lamellen im Osten, Westen sowie Süden photovoltaisch zu aktivieren. Weil die Lamellen dem Sonnenverlauf folgen, sorgen sie auch für einen optimalen energetischen Ertrag. Besonders in den Wintermonaten kann die Fassadenaktivierung in der Senkrechten durch die tief stehende Sonne zu einem deutlichen Energiegewinn führen. Diese Form der aktiven Energieerzeugung ist mit dem Bedarf an Tageslicht und Ausblick abzustimmen.

Bei den Photovoltaik-Zellen handelt es sich um Dünnschichtzellen. Dieser Zelltyp hat bei diffuser Strahlung eine besonders hohe Stromausbeute. Deshalb sind sie gerade in der Fassadenintegration über das ganze Jahr gesehen sinnvoll. Die Spitzenleistung aller Fassadenmodule ergibt insgesamt knapp 2,0 kWp. Durch die Orientierung werden jedoch nicht alle Zellen gleichzeitig Strom einspeisen können. Die Ost- beziehungsweise die Westmodule sind tageszeitabhängig den Südmodulen zugeschaltet.

In der Summe aller am Gebäude verbauten Photovoltaik-Module ergibt sich eine Gesamtleistung von zirka 11 kWpeak. Dafür wurden mehr als 50 Prozent der thermischen Gebäudehülle photovoltaisch aktiviert, insgesamt 99,98 m^2 PV-Elemente verbaut und ein durchschnittlicher Wirkungsgrad von 11,5 Prozent erzielt. Bei einem Ertrag von 900 kWh/a*kWp (Standort Darmstadt) ergibt sich rechnerisch eine Strommenge von etwa 10 000 kWh/a oder knapp 170 kWh/m^{2}a Nutzfläche.

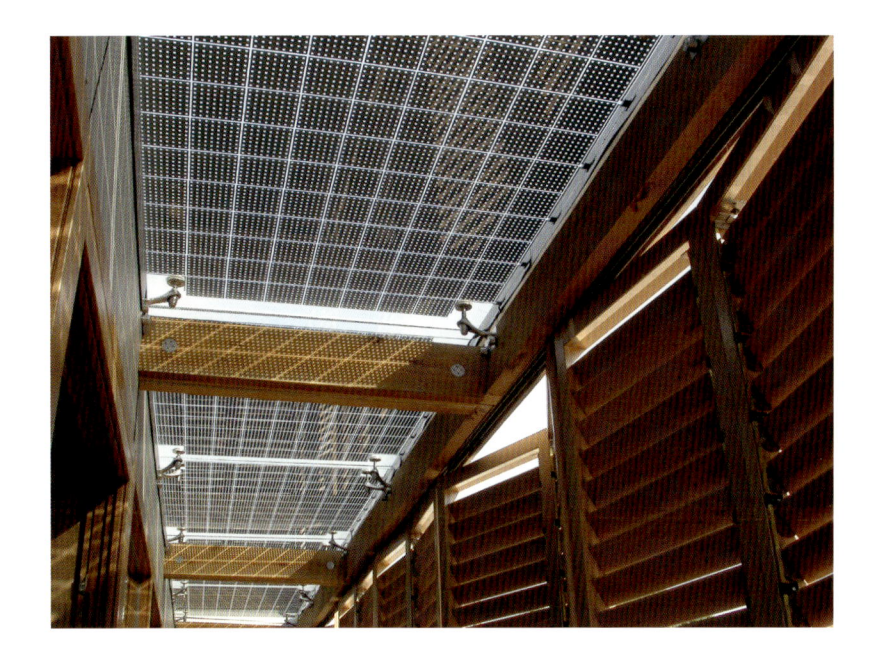

Blick von unten durch die Glas-Glas-Module im Bereich der südlichen Veranda

In die verschiebbaren Verschattungselemente integrierte Dünnschichtmodule an der südlichen Veranda

Wärmegewinnung durch regenerative Energie

• Warmwasserbereitung mit solarthermischen Kollektoren

Für die Trinkwarmwassererzeugung sind solarthermische Kollektoren im Einsatz. Dabei handelt es sich um Flachkollektoren, die nach Maß gefertigt wurden und somit besser in das Modulraster der Photovoltaik integriert werden konnten. Dadurch ergibt sich eine optimale Flächenausnutzung des Dachs, Restflächen wurden vermieden.

Um auch die Leitungswege möglichst kurz zu halten, befinden sich die Kollektoren direkt über dem 180 Liter fassenden Warmwasserspeicher des Kompaktgeräts. Als zusätzliche Option besteht die Möglichkeit, das Wasser aus dem Warmwasserspeicher nicht nur durch die Kollektoren, sondern auch durch die Fußbodenheizung im Bad zu leiten.

Die beiden Kollektoren weisen insgesamt eine Fläche von 2,3 m² auf. Die Flachkollektoren haben einen Wirkungsgrad von 65 bis 70 Prozent, bezogen auf den Standort Darmstadt ergibt sich ein Gesamtwärmeertrag von etwa 1 700 kWh/a. Welcher Anteil dieses technisch möglichen Ertrags genutzt wird, ist stark von der Nutzung und Auslastung des Gebäudes abhängig. Im Winter liefern die solarthermischen Kollektoren kaum einen Beitrag für die Wärmebereitstellung.

• Lüften, Kühlen und Heizen mit reversibler Wärmepumpe

Durch die Ausrichtung der Planung auf passive Komponenten sind die Leistungsanforderungen an haustechnische Anlagen zur Raumkonditionierung gering. Als Herzstück der Gebäudetechnik wurde ein Wärmepumpen-Kompaktgerät geplant, das Wärmerückgewinnung, Wärmepumpe und Speicher in einem Gerät vereint. Das Gerät ist mit einer Grundfläche von nur 60 x 60 cm und einer Höhe von zirka 2,30 m gut integrierbar. Entscheidend für die Auswahl des Geräts war die Effizienz der Luft-Luft-Wärmepumpe. Grundlage hierfür waren selbst durchgeführte Tests verschiedener Wärmepumpen, in denen die angegebenen Effizienzdaten der Geräte geprüft wurden. Ausgewählt wurde das zuverlässigste Gerät mit der höchsten Effizienz in dieser Geräteart.

Zur mechanischen Raumlüftung wird die Außenluft durch einen passiven Gegenstrom-Wärmetauscher geleitet und durch die Abluft vorkonditioniert. Die Wärmepumpe entzieht der Abluft weitere Wärme, damit der Trinkwarmwasserspeicher erwärmt werden kann und die Nacherwärmung der Zuluft sichergestellt ist. Mit dem Lüftungsgerät kann im Sommer die Frischluft auch gekühlt werden, indem der Kältekreislauf umgekehrt wird. Die Abwärme wird zur Brauchwasserbereitung genutzt. Dadurch wird eine Vorkühlung der Zuluft erreicht, die in diesem Gebäude den Einsatz einer Klimaanlage ersetzt.

Über die Steuerung des Kombigeräts können Wochenprogramme, Nachtabsenkungen, freie oder aktive Kühlung und viele andere benutzerabhängige Einstellungen programmiert werden.

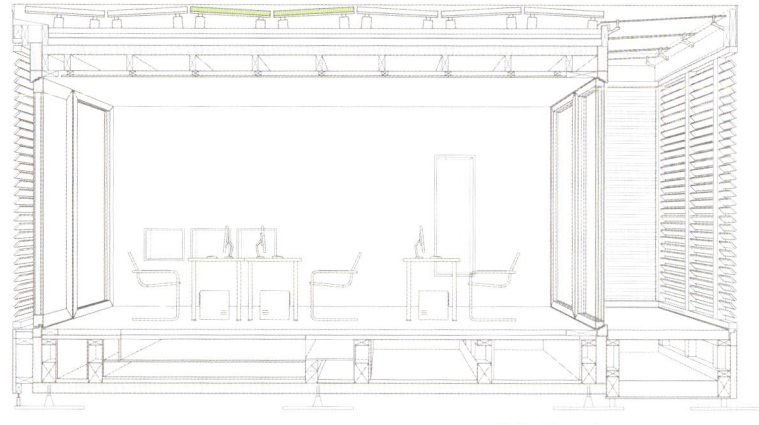

Solarthermie

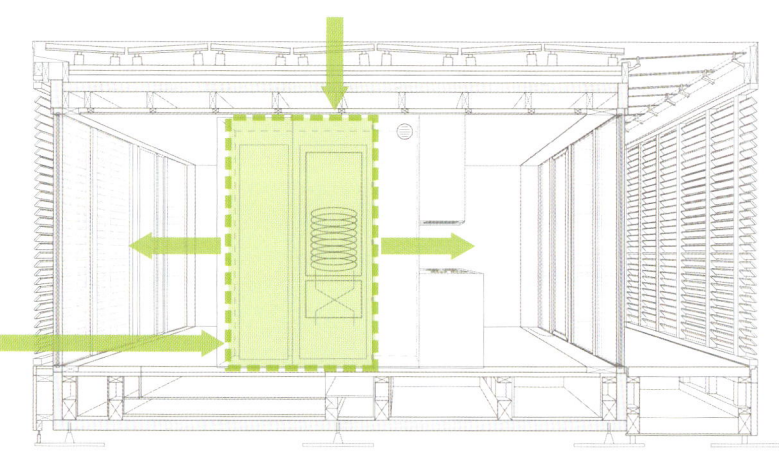

Kompaktgerät mit Kreuzstromwärmetauscher, Wärmepumpe und -speicher

- Energieeffiziente Haushaltsgeräte und Leuchten

Durch den im Haus deutlich reduzierten Heizenergiebedarf werden andere Energiebedarfsmengen, die bis dahin scheinbar vernachlässigbar klein erschienen, zunehmend wichtig. Dies trifft vor allem auf den Strombedarf für Beleuchtung und Haushaltsgeräte zu. Hier spielt auch das zunehmende Komfortbedürfnis durch Technik eine Rolle. Viele kleine Haushaltshilfen erhöhen den Strombedarf.

Auch diesem Aspekt wurde Rechnung getragen. Deshalb wurde bei den Haushaltsgeräten auf Produkte gesetzt, die der Energieeffizienzklasse A+ oder besser entsprachen. Wasser verbrauchende Geräte wie Spül- und Waschmaschine wurden zudem auf Sparsamkeit und Effizienz überprüft. Der Kühlschrank wurde mit einer zweiten Dämmebene belegt, um die Effizienz noch weiter zu steigern und den Verbrauchsmesswerten sowie den Temperaturmessungen, die beispielsweise im Kühlschrank durchgeführt wurden, besser gerecht werden zu können. Die Grundbeleuchtung des Gebäudes erfolgt über Energie sparende LEDs (Light Emitting Diode).

Bestand

Erscheinungsbild nach der Sanierung

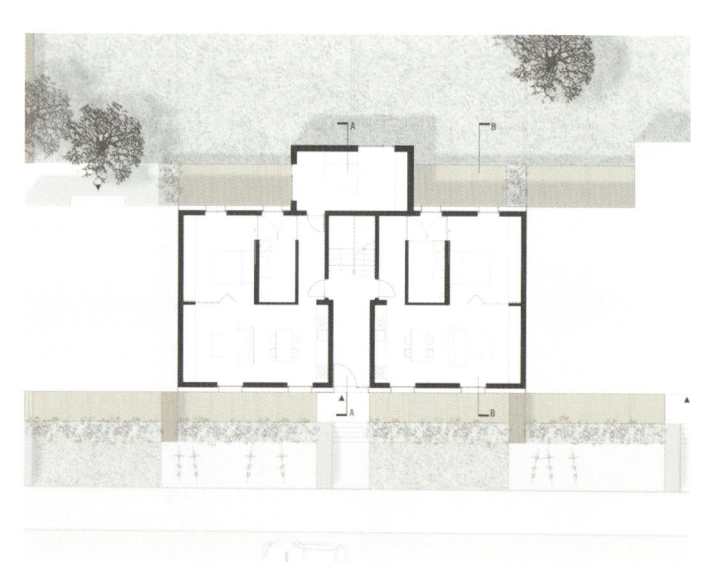

Grundriss EG

Sanierung

Im Vergleich zum Neubau ist bei der Sanierung häufig ein weitaus engeres Handlungsfeld gegeben. Dennoch ist es unter Effizienz- und Nachhaltigkeitsaspekten meist sinnvoll, die Sanierung der alten Gebäudesubstanz einem Ersatzneubau vorzuziehen. Im Vergleich zum Neubau ergeben sich häufig andere Schwerpunkte und Fragestellungen. Diese sollen im Folgenden am Beispiel der Planung für ein Effizienzhaus Plus im Altbau veranschaulicht werden. Das Bundesministerium für Verkehr, Bau und Stadtentwicklung hatte 2012 gemeinsam mit der NUWOG Wohnungsbaugesellschaft der Stadt Neu-Ulm einen Wettbewerb zur Sanierung eines mehrgeschossigen Wohnungsbaus aus den 1930er Jahren als Effizienzhaus Plus ausgeschrieben. Die Jahresbilanz sollte, gerechnet auf Monatsbasis, sowohl primär- als auch endenergetisch unter Null liegen (siehe Kapitel Bilanzierung).

Bei der hier gezeigten Lösung handelt es sich um den Beitrag eines Teams aus dem Fachgebiet Entwerfen und Energieeffizientes Bauen der Technischen Universität Darmstadt, o5 architekten bda und der ina Planungsgesellschaft mbh. Der Entwurf konnte als einer von zwei Preisträgern den Wettbewerb für sich entscheiden. Die Realisierung ist für 2013 geplant.

Entwicklung einer Konzeptidee

Ziel des Entwurfs ist der behutsame Umgang mit dem Bestand. Dabei soll die Grundstruktur der alten Gebäudesubstanz so weit wie möglich erhalten bleiben, um den Materialeinsatz für die Neubaumaßnahmen so gering wie möglich zu halten. Mit anderen Worten: Die im Gebäude bereits eingebaute, so genannte graue Energie sollte weitestgehend erhalten bleiben. Im Mittelpunkt der Planung stand die Betrachtung des gesamten Lebenszyklus eines Gebäudes, von der Herstellung über Nutzung und Instandhaltung bis hin zum Rückbau.

Architektonisch wurde ein ruhig anmutendes Erscheinungsbild nach außen angestrebt, das nachhaltige Materialien wie Holz in den Vordergrund stellt. Im Innern sollte trotz des beengten Platzangebots ein hohes Maß an Flexibilität erreicht werden.

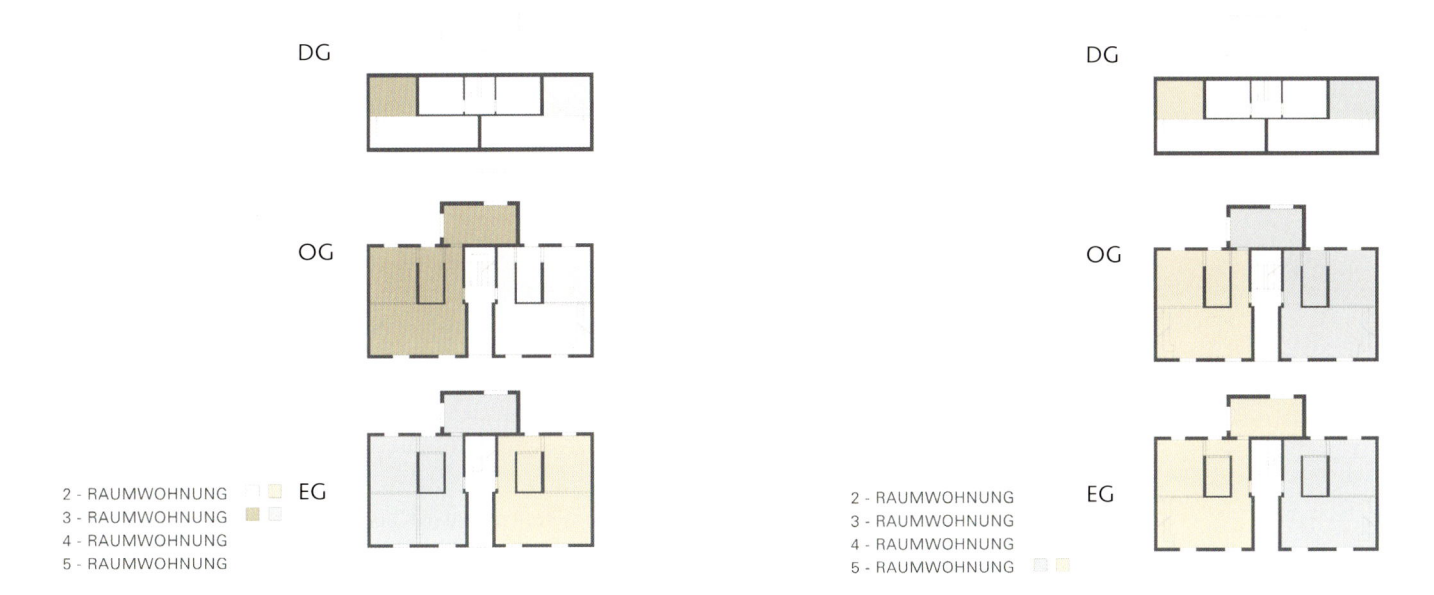

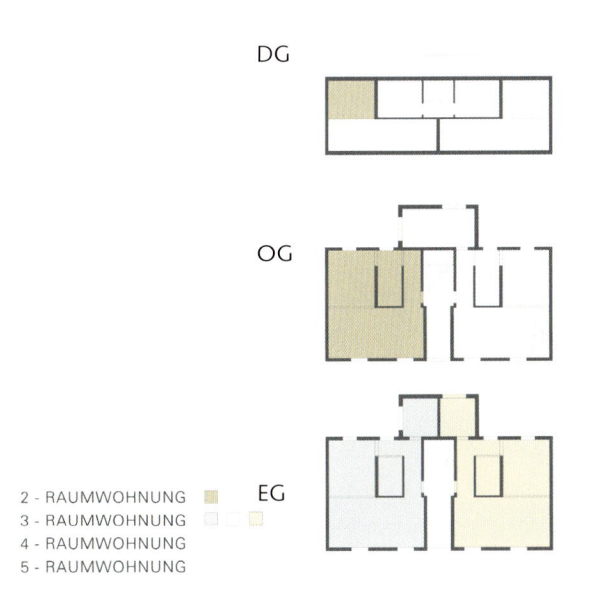

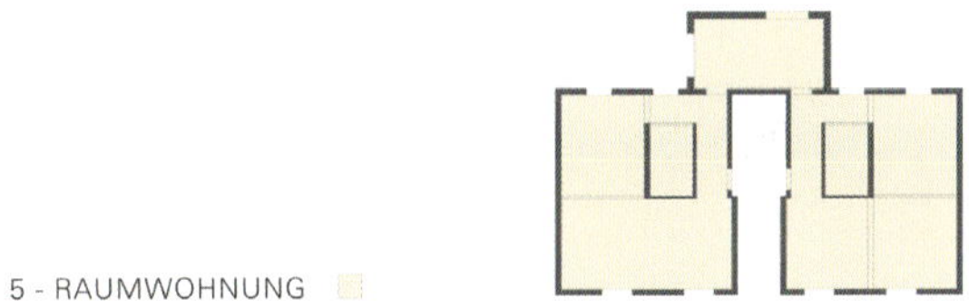

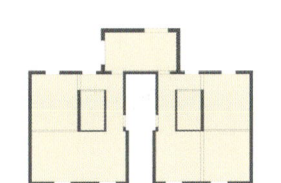

Aktivhäuser entwickeln

DG

OG

2 - RAUMWOHNUNG
3 - RAUMWOHNUNG
4 - RAUMWOHNUNG
5 - RAUMWOHNUNG

EG

DG

OG

2 - RAUMWOHNUNG
3 - RAUMWOHNUNG
4 - RAUMWOHNUNG
5 - RAUMWOHNUNG

EG

DG

OG

2 - RAUMWOHNUNG
3 - RAUMWOHNUNG
4 - RAUMWOHNUNG
5 - RAUMWOHNUNG

EG

5 - RAUMWOHNUNG

Ein Anbau im Norden des Baukörpers ermöglicht höchste Flexibilität in der Grundrissgestaltung.
Der durch den Anbau entstehende Raum kann entweder der Ost- oder Westwohnung zugeschlagen werden.
Weiter ermöglicht er das Zusammenlegen beider Wohnungen auf einem Geschoss zu einer großen Wohnung.
Die Grafik zeigt schematisch, welche verschiedenen Konstellationen von 1–5-Raum-Wohnungen durch das Element des Anbaus möglich sind.

Passive Maßnahmen

Baukörperentwicklung

Durch die bestehende Baustruktur sind die Maßnahmen zur Entwicklung des Baukörpers eingeschränkt. Deshalb reduzierte man sich planerisch darauf, Anbauten zu schaffen, die energetisch sinnvoll auf das Gebäude wirken, oder aber die Flexibilität im Innenraum erhöhen. So sind im Süden Balkone geplant, die sowohl eine angemessene Erweiterung für den Innenraum im Sommer bieten, als auch ein feststehendes Verschattungselement für die hochstehende Sommersonne darstellen. Im Norden wurde ein Anbau geplant, der im Grundriss flexibel einer von jeweils zwei sich anschließenden Wohnungen zugeschlagen werden kann (Schaltraum). Dadurch kann jeweils eine Wohnung pro Geschoss um einen Raum vergrößert werden. Alternativ können über diesen Raum zwei Wohnungen miteinander verbunden werden.

Der Grundriss ist ähnlich wie beim zuvor gezeigten Neubauprojekt in Zonen um einen innen liegenden Raumkern angeordnet. Der Raumkern bündelt alle Installationen und beinhaltet die Sanitäranlagen.

Hüllflächenentwicklung

Da die weitgehende Erhaltung des Bestands ein Kernziel der Planung war, wurde im Laufe des Planungsprozesses nach einer sinnvollen Möglichkeit gesucht, die Mauerwerkswand des Bestands thermisch zu ertüchtigen. Durch herkömmliche Dämmstoffe wäre ein sehr gut gedämmter Wandaufbau, der Passivhausniveau entspricht, erreichbar gewesen. Allerdings wäre in diesem Fall ein inhomogener Aufbau entstanden, dessen Entsorgung am Ende des Lebenszyklus problematisch geworden wäre. Als Entscheidungsgrundlage wurde bereits im Entwurfsprozess eine Ökobilanz erstellt, mit der mehrere Varianten miteinander verglichen werden konnten. Unter Berücksichtigung solcher Lebenszyklusaspekte entschied man sich für eine mineralische Dämmplatte, die vor die Bestandswand gesetzt wird. Mit einem mineralischen Dickputz wird dann wieder ein komplett homogener Wandaufbau erreicht. Dieser Wandaufbau erreicht nicht das Passivhausniveau, sondern liegt geringfügig darüber (U-Wert = 0,20 W/m^{2}K). Der einheitliche Entsorgungsweg beim Rückbau und die massive Gesamtwirkung in Fortführung der historischen Bauweise und des überlieferten Erscheinungsbilds wurden priorisiert. Damit entsteht ein Heizwärmebedarf von 24 kWh/m^{2}a.

Um die Auswirkungen auf die Umwelt gering zu halten und weitere positive Effekte in der Ökobilanz zu generieren, sind alle Anbauten in Holzbauweise mit sehr guter Dämmung geplant. Um die Tageslichtversorgung zu verbessern und den Austritt auf Terrassen und Balkone zu ermöglichen, wurden die bestehenden Fensteröffnungen bis zum Fußboden erweitert. Im oberen Bereich bleibt der alte Sturz erhalten, um die konstruktiven Eingriffe in den Bestand zu minimieren. Gekoppelt mit einem in der Fensterlaibung außenliegenden Falt-Schiebe-System können Sonneneintrag und Verschattung gesteuert werden.

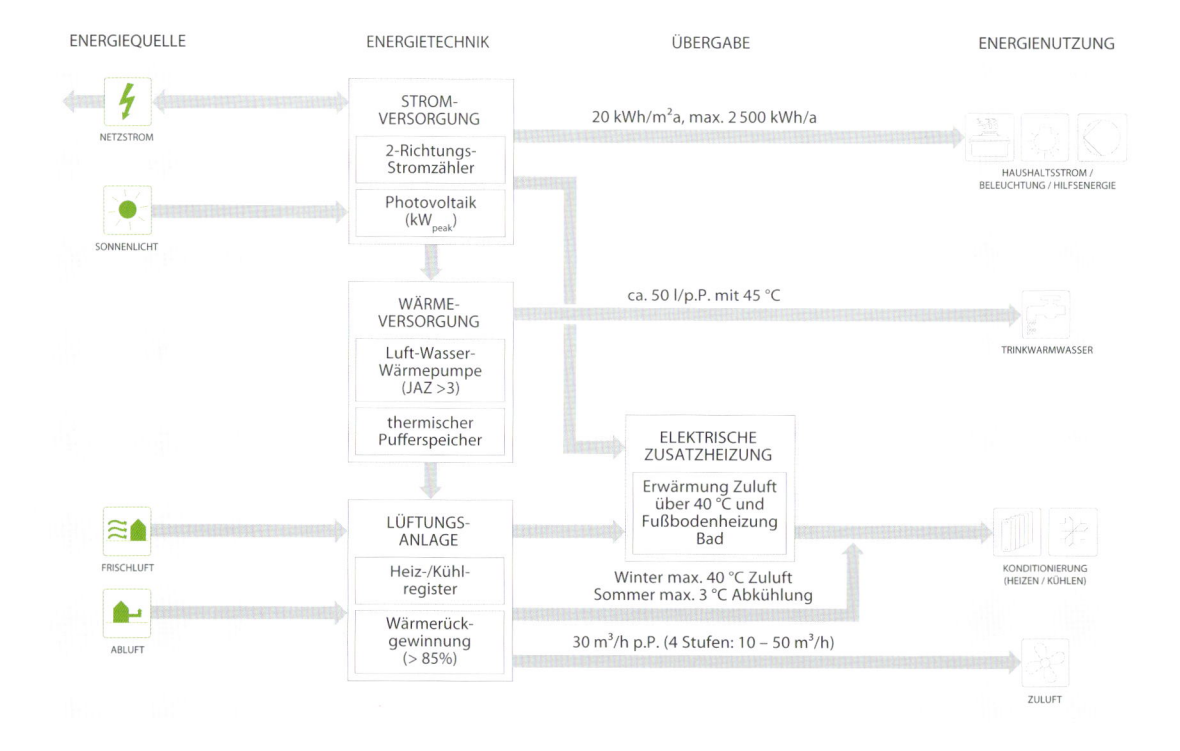

Energetisches Versorgungskonzept des Gebäudes

Aktive Maßnahmen

Energieversorgung

Die Wohneinheiten werden durch gebäudetechnische Systeme versorgt, die im Dachgeschoss in einem zentralen Haustechnikraum untergebracht sind. Die Position dieses Raums lässt eine direkte Verteilung der Leitungen über eine zentral in den Wohnungen gelegene Versorgungswand am inneren Raumkern zu. Die gesamte Anlagentechnik kann im Dachgeschoss zentral gewartet werden, ohne die Mietwohneinheiten betreten zu müssen.

Die Heizung der Wohneinheiten soll über eine wassergebundene Wärmeverteilung erfolgen, die Wärmeverteilung über Heizregister in der Lüftung sowie Heizkörper. Die warme Zuluft wird dabei über Auslässe in der Installationswand eingebracht. Der schaltbare Raum im nördlichen Anbau wird über eine Fußbodenheizung versorgt. Er ist durch ein dezentrales Pendellüftungsgerät von der energetischen Versorgung der restlichen Wohnung abgekoppelt. Dies ermöglicht die beschriebene flexible Zuordnung des Raums zu einer der beiden angrenzenden Wohnungen.

Das gebäudetechnische System wird durch eine Außenluft-Wasser-Wärmepumpe ergänzt, die einen Pufferspeicher mit integriertem Trinkwarmwasserspeicher lädt. Damit deckt sie die Trinkwassererwärmung ab. Sie erhöht damit auch den Eigennutzungsanteil des selbst erzeugten Stroms, der durch die auf dem Dach angeordnete Photovoltaik-Anlage generiert wird. Der Trinkwarmwasserspeicher kann verschiedene Tages- und Nachtgänge abdecken und bietet verglichen mit einem elektrischen Speicher (Batteriespeicher) eine höhere energetische und ökonomische Effizienz. Der Speicher wird bei Bedarf über einen Wärmetauscher zum Heizen genutzt, der mit der zuvor beschriebenen Lüftungsanlage gekoppelt ist.

Der Prozess ermöglicht durch einen Nebeneffekt zusätzlich eine gewisse Kühlfunktion der Anlage: Beim Beheizen des Speichers durch die Wärmepumpe wird der Luft Wärme entzogen. Diese abgekühlte Luft kann zur Kühlung über die Lüftungsanlage eingesetzt werden. So wird ohne energetischen Mehraufwand eine Absenkung der Zulufttemperatur um bis zu 3 °C erreicht.

Während des Entwurfsprozesses ergab die Bilanzierung des Gebäudesystems, dass im Bereich der Photovoltaik mit einem Modultyp, der mit Diffusstrahlung und Zenitlicht gute Erträge erbringt, auch der um 32° nach Norden geneigte Dachbereich noch einen beachtlichen Beitrag erzielt. Deshalb ist der Einsatz von CIS-Dünnschichtmodulen geplant. Diese haben im Vergleich zu kristallinen Zellen zwar einen etwas niedrigeren Wirkungsgrad, gleichen diesen aber in der Ertragsbilanz durch die bessere Umwandlung von Diffusstrahlung aus. Damit kann zudem ein einheitliches Erscheinungsbild der Dachflächen geschaffen werden. Hinsichtlich der Ökobilanz sind Dünnschichtmodule im Vergleich zu kristallinen Modulen wegen ihrer Materialität und ihrem Herstellungsprozess wesentlich materialeffizienter.

Die beschriebenen Beispiele in Neubau und Sanierung zeigen, dass es sich bei jeder Bauaufgabe lohnt, die zuvor beschriebenen Planungsschritte zu befolgen. Eine gezielte Analyse innerer und äußerer Rahmenbedingungen haben bei beiden Konzepten zu einem optimierten Gebäudeenergie-Konzept geführt, das im jeweiligen Kontext optimal funktioniert. Die geringfügigen Mehraufwendungen in der Planung machen sich im Betrieb des Gebäudes mehr als bezahlt.

Strombilanz

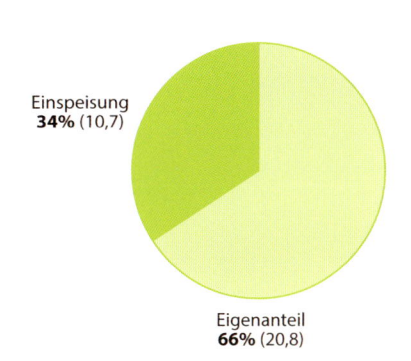

Einspeisung **34%** (10,7)
Eigenanteil **66%** (20,8)

Energiebilanz

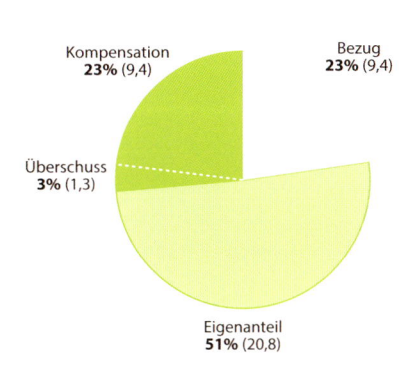

Kompensation **23%** (9,4)
Bezug **23%** (9,4)
Überschuss **3%** (1,3)
Eigenanteil **51%** (20,8)

Zusammenfassung der Bilanz im Bereich Strom und Gesamtenergie

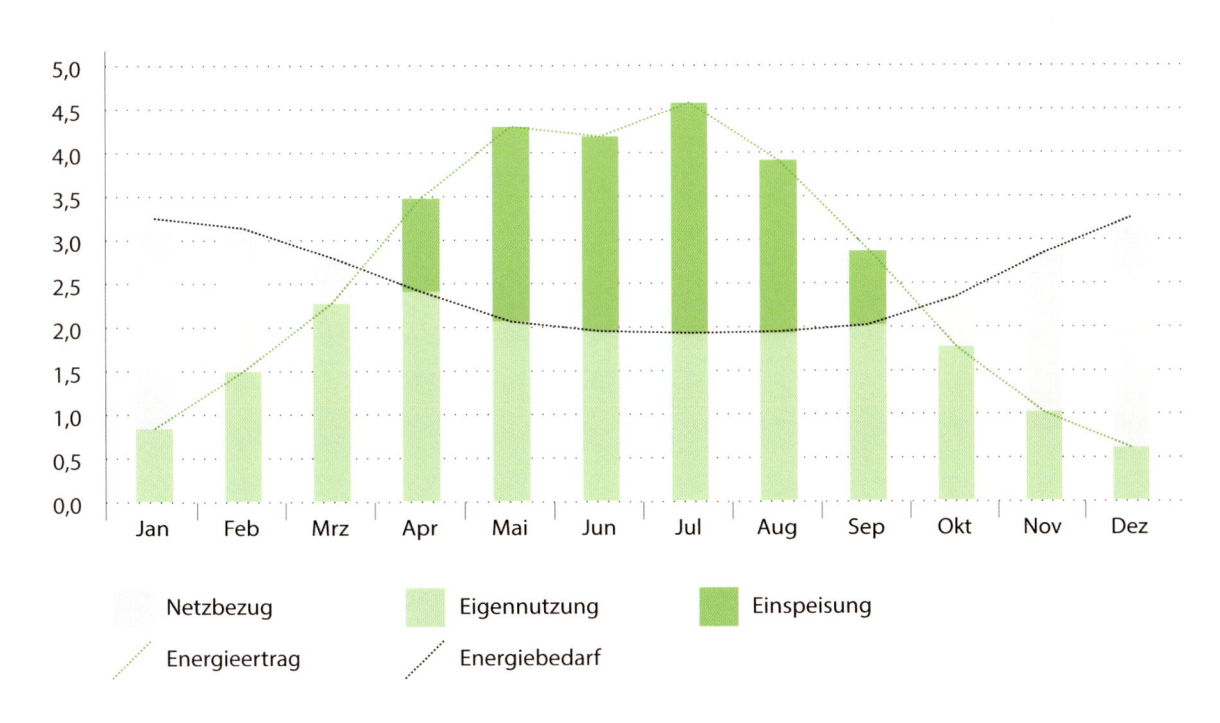

Monatsbilanz des Sanierungskonzeptes Bedarf zu Ertrag (kWh/m²a)

Netzbezug | Eigennutzung | Einspeisung
Energieertrag | Energiebedarf

Instrumentarium

Die Gebäudehülle und die Gebäudetechnik liefern ein breites Spektrum von Werkzeugen zur Planung und Umsetzung von Aktivhäusern. Die Gebäudehülle bietet den Menschen als dritte Haut Schutz vor den äußeren Einflüssen der Natur. Die Abgrenzung von innen und außen soll über alle Jahres- und Tageszeiten hinweg eine angenehme, gesunde, behagliche und sichere Umgebung schaffen und zur Energiebereitstellung beitragen. Die Gebäudetechnik setzte diese Energie auf möglichst einfache Weise in Energiedienstleistungen für das Haus dann um, wenn ihre unmittelbare Nutzung dies nicht leisten kann.

In den unterschiedlichen Klimazonen sind über die Baugeschichte hinweg optimierte Gebäudetypen für die jeweils vorherrschenden Bedingungen entstanden. Die Entwicklungen des 20. Jahrhunderts hin zu einer Internationalisierung der Architektur hat zu ihrer weitgehenden Nivellierung über alle Klimazonen hinweg geführt. Aufgrund der in allen Klimazonen wiederkehrenden, nicht an das jeweilige Klima angepassten Gebäudehüllen müssen nun technische Systeme die gewünschten Innenraum-Bedingungen schaffen. Der damit verbundene finanzielle sowie gebäudetechnische Aufwand ist beachtlich; möglich wurde er nur durch die ubiquitäre Verfügbarkeit preiswerter Energie.

Gebäudehülle

Das Aktivhaus verfolgt einen gegensätzlichen Ansatz, der den Bezug zum Kontext des Gebäudes wieder verstärkt, insbesondere zu den klimatischen Gegebenheiten. Zusätzlich kann und soll die Gebäudehülle regenerative Energiequellen nutzen. Eine Betrachtung der lokalen Einflussfaktoren wie des Klimas und lokal nutzbarer regenerativer Energiequellen kann deshalb bei der Entwicklung eines energieeffizienten Aktivhauses nicht unberücksichtigt bleiben. Nur auf diese Weise kann eine für den jeweiligen Standort geeignete Hülle entwickelt werden, die einen energieeffizienten Gebäudebetrieb und gleichzeitig hohe Behaglichkeit für die Nutzer sicherstellt.

Die Hülle übernimmt die Funktion der Trennung oder zumindest Filterung äußerer Einflüsse, die je nach kultureller und klimatischer Umgebung in unterschiedlicher Ausprägung stattfindet. Ihre vorrangige Funktion besteht darin, unerwünschte Einflüsse wie Witterung (Wind, Niederschlag, Schnee, Sonneneinstrahlung, übermäßige Wärme und Kälte, Schall, Brand, Luftschadstoffe) möglichst nicht in das Gebäudeinnere eindringen zu lassen. Hierzu reguliert die Gebäudehülle die energetischen Wärmeströme und passt sich zudem in vielen Klimazonen an sich ändernde Umgebungsbedingungen an. Mit den gestiegenen Behaglichkeitsanforderungen übernimmt die Hülle komplexe klimaregulierende Eigenschaften und rückt immer weiter in den Fokus der Planung und Gestaltung.

Die Gebäudehülle hat als Schnittstelle zudem oft widersprüchliche Anforderungen zu erfüllen. Zum Beispiel müssen transparente Flächen komplexe Anforderungen meistern. So soll das Sonnenlicht einerseits möglichst intensiv in das Innere des Gebäudes eindringen, um als Tageslicht genutzt werden zu können und durch Ausblicke den Kontakt zur Umgebung zu verbessern. Damit einher geht besonders in unseren Breiten die Chance, einfallende Sonnenstrahlung im Winter zur Unterstützung der Heizung direkt oder indirekt einzusetzen. Im Sommer sollte hingegen eine Überhitzung, zum Beispiel durch eine außenliegende Verschattung, zuverlässig vermieden werden.

Die Vielzahl weiterer Funktionen der Gebäudehülle wie Lastabtrag, Nutzung als Installationsebene, eventuell als energiegewinnende Fläche (Photovoltaik, Solarthermie), aber auch die zu beachtenden bauphysikalischen Anforderungen und Umgebungsbedingungen erfordern eine sorgfältige und rücksichtsvolle Planung als Voraussetzung für ein umfassend gutes Ergebnis.

Die technischen Anforderungen sind mit den gestalterischen in Einklang zu bringen. Die Gebäudehülle beziehungsweise die Fassade bestimmt das Bild der Architektur. Hier manifestieren sich die gestaltprägenden Eigenschaften und die Interaktion mit der Umgebung.

Die Aufgaben der Gebäudehülle sind somit vielfältig. Sie muss schützen, reagieren, verhüllen, präsentieren und sie sollte Energie erzeugen. Sie entscheidet ganz wesentlich über die Effizienz eines Gebäudes, seine Wirtschaftlichkeit, Langlebigkeit und seinen Charakter.

äußere Einflussfaktoren

Licht
- Solarstrahlungsintensität
- Solarstrahlungswinkel
- Beleuchtungsstärke
- Horizont
- umgebende Bebauung
- Vegetation

Luft
- Lufttemperatur
- Luftfeuchtigkeit
- Luftgeschwindigkeit
- Windrichtung
- Luftqualität
- Schall
- Niederschlag

Erde
- Erdreichtemperatur
- Erdreichfeuchtigkeit
- Erdreichspeichermasse

Innere Einflussfaktoren

thermisch
- Raumlufttemperatur
- mittlere Raumumschließungstemperatur
- Oberflächentemperatur
- Zulufttemperatur
- Zuluftgeschwindigkeit
- Raumluftfeuchte
- Zuluftfeuchte
- Luftbewegung

olfaktorisch
- Luftwechsel
- Luftqualität

akustisch
- Geräuschpegel
- Schallbelastung
- Nachhallzeiten

visuell
- Direktstrahlung
- Lichtwinkel
- Beleuchtungsstärke
- Leuchtdichteverteilung
- Kontrast, Blendung
- Tageslichtquotient
- Tageslichtautonomie
- Farbwiedergabe, Außenbezug
- Ausblick

Gebäudehülle

Schutzfunktionen
- Feuchteschutz
- Windschutz
- winterlicher Wärmeschutz
- sommerlicher Wärmeschutz
- Sonnenschutz
- Blendschutz
- Lärmschutz
- Sichtschutz
- Einbruchschutz

Versorgungsfunktionen
- Beleuchtung
- Belüftung
- Ausblick
- Einblick
- passive Wärmegewinne
- aktive Wärmegewinne
- solare Stromgewinne

Eigenschaften
- Transparenz
- Transluzenz
- Opazität
- Wärmeleitfähigkeit
- Gesamtenergiedurchlassgrad
- Gewicht
- Schalldämm-Maß
- Speicherfähigkeit
- Dampfdiffusionswiderstand

Funktionen der Gebäudehülle

Wärme erhalten und gewinnen

In gemäßigten und kalten Klimazonen hat die Gebäudehülle ein angenehmes Klima im Gebäudeinnern sicherzustellen. Hierzu sollte im Winter die Wärme mit geeigneten Maßnahmen möglichst im Innern gehalten werden. Im Sommer ist hingegen einer Überhitzung durch geeignete Maßnahmen entgegenzuwirken. Möglichst früh im Planungsprozess sollte anhand des Gebäudeentwurfs sowie der Umgebungsbedingungen (Klimadaten, Ausrichtung, Mikroklima etc.) eine Wärmebilanz erstellt werden.

Bei den ermittelten Verlusten sind Transmissionsverluste und Lüftungsverluste zu unterscheiden. Die Gewinne gliedern sich in interne Lasten (durch Personen, elektrische Geräte) sowie solare Einstrahlung. Die benötigte Differenz sollte möglichst aus regenerativen Quellen, die lokal gewonnen werden, gedeckt werden.

Die passive thermische Leistungsfähigkeit der Gebäudehülle wird über den Wert H_T' in W/m²K ausgedrückt. Er beschreibt, welchen durchschnittlichen Wärmedurchlasswiderstand die Hülle als wärmeübertragende Umschließungsfläche aufweist.

Um eine effiziente Hülle für gemäßigte bis kalte Klimazonen zu entwickeln, sind folgende Grundsätze zu beachten:

- Optimierung der Geometrie der Hülle (A/V-Verhältnis)
- Thermische Zonierung der Nutzflächen (Grundrissgestaltung)
- Flächenoptimierung (evtl. Reduktion der BGF bzw. Optimierung der NF)
- Passive Nutzung der solaren Einstrahlung
- Optimierung der Wärmedämmung opaker Bauteile
- Optimierung der Wärmedämmung transluzenter Bauteile
- Reduzierung der Lüftungswärmeverluste (z.B. durch Einsatz hoch effizienter Wärmerückgewinnung)
- Aktive Nutzung der solaren Einstrahlung (Photovoltaik, Solarthermie)

Dämmung einer Gebäudehülle
Fabrikationshalle design s.,
Deppisch Architekten, Freising

Instrumentarium

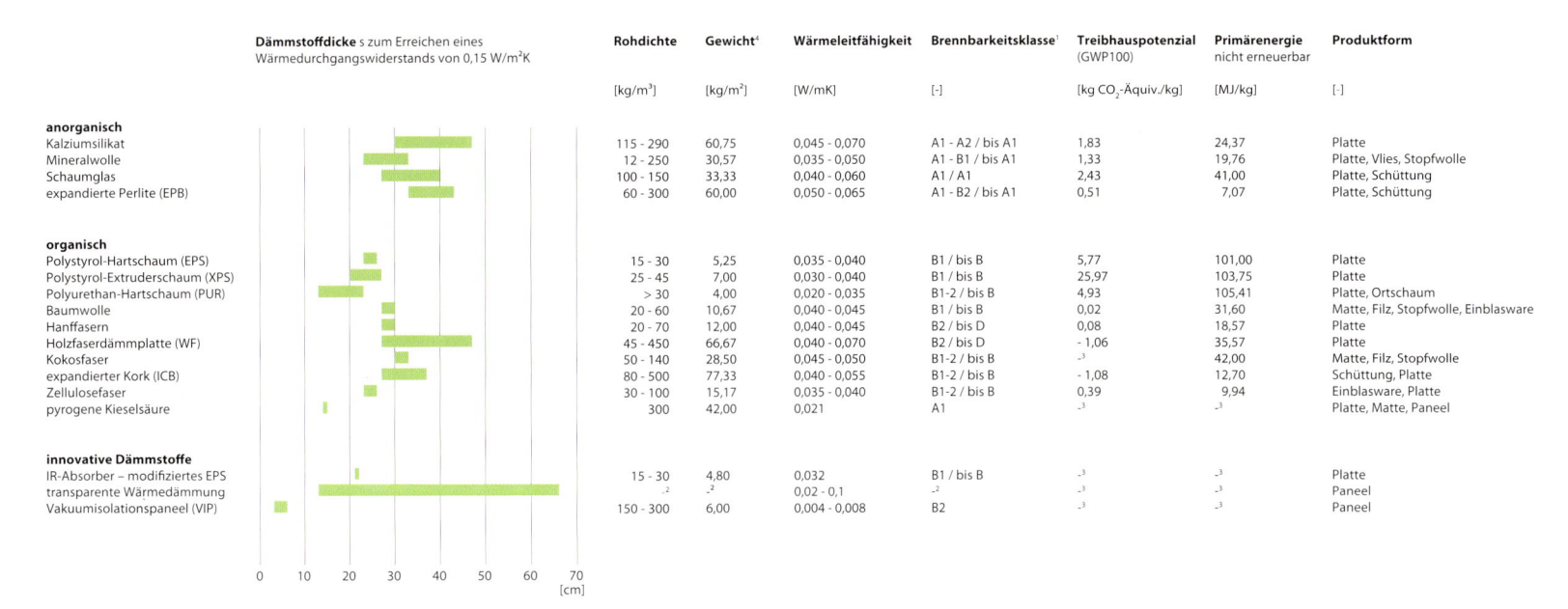

	Dämmstoffdicke s zum Erreichen eines Wärmedurchgangswiderstands von 0,15 W/m²K	Rohdichte	Gewicht[4]	Wärmeleitfähigkeit	Brennbarkeitsklasse[1]	Treibhauspotenzial (GWP100)	Primärenergie nicht erneuerbar	Produktform
		[kg/m³]	[kg/m²]	[W/mK]	[-]	[kg CO_2-Äquiv./kg]	[MJ/kg]	[-]
anorganisch								
Kalziumsilikat		115 - 290	60,75	0,045 - 0,070	A1 - A2 / bis A1	1,83	24,37	Platte
Mineralwolle		12 - 250	30,57	0,035 - 0,050	A1 - B1 / bis A1	1,33	19,76	Platte, Vlies, Stopfwolle
Schaumglas		100 - 150	33,33	0,040 - 0,060	A1 / A1	2,43	41,00	Platte, Schüttung
expandierte Perlite (EPB)		60 - 300	60,00	0,050 - 0,065	A1 - B2 / bis A1	0,51	7,07	Platte, Schüttung
organisch								
Polystyrol-Hartschaum (EPS)		15 - 30	5,25	0,035 - 0,040	B1 / bis B	5,77	101,00	Platte
Polystyrol-Extruderschaum (XPS)		25 - 45	7,00	0,030 - 0,040	B1 / bis B	25,97	103,75	Platte
Polyurethan-Hartschaum (PUR)		> 30	4,00	0,020 - 0,035	B1-2 / bis B	4,93	105,41	Platte, Ortschaum
Baumwolle		20 - 60	10,67	0,040 - 0,045	B1 / bis B	0,02	31,60	Matte, Filz, Stopfwolle, Einblasware
Hanffasern		20 - 70	12,00	0,040 - 0,045	B2 / bis D	0,08	18,57	Platte
Holzfaserdämmplatte (WF)		45 - 450	66,67	0,040 - 0,070	B2 / bis D	- 1,06	35,57	Platte
Kokosfaser		50 - 140	28,50	0,045 - 0,050	B1-2 / bis B	-[3]	42,00	Matte, Filz, Stopfwolle
expandierter Kork (ICB)		80 - 500	77,33	0,040 - 0,055	B1-2 / bis B	- 1,08	12,70	Schüttung, Platte
Zellulosefaser		30 - 100	15,17	0,035 - 0,040	B1-2 / bis B	0,39	9,94	Einblasware, Platte
pyrogene Kieselsäure		300	42,00	0,021	A1	-[3]	-[3]	Platte, Matte, Paneel
innovative Dämmstoffe								
IR-Absorber – modifiziertes EPS		15 - 30	4,80	0,032	B1 / bis B	-[3]	-[3]	Platte
transparente Wärmedämmung		-[2]	-[2]	0,02 - 0,1	-[2]	-[3]	-[3]	Paneel
Vakuumisolationspaneel (VIP)		150 - 300	6,00	0,004 - 0,008	B2	-[3]	-[3]	Paneel

0   10   20   30   40   50   60   70 [cm]

[1] Die angegebenen Brennbarkeitsklassen stellen Richtwerte dar. Sie sind mit den tatsächlichen Produktdaten abzugleichen.
[2] Stark produktabhängig.
[3] Keine Angabe.
[4] Angabe bezieht sich auf den jeweils niedrigsten Bemessungswert der Wärmeleitfähigkeit. Die Rohdichte ist gemittelt.

Dämmstoffe und ihre Kennwerte im Vergleich

Dämmung

In Klimazonen mit deutlich wechselnden Temperaturen über die Jahres- und/oder Tageszeiten ist die Dämmung eines Gebäudes zwingend erforderlich. Die Dämmung legt sich rings um das genutzte Volumen. Sie ist mit einer minimalen Anzahl an Durchdringungen versehen. So kann die Innentemperatur mit möglichst geringen Verlusten beibehalten werden. Ein Schutz vor deutlich schwankenden klimatischen Umweltbedingungen ist somit gegeben. Die Innenwandtemperaturen schwanken deutlich geringer, damit auch die Raumlufttemperaturen. Somit sind (ohne Berücksichtigung innerer Lasten) sehr gute Voraussetzungen zur Steigerung der thermischen Behaglichkeit gegeben.

Zur Bestimmung der gesamten Transmissionsverluste (H_T') einer Gebäudehülle werden die U-Werte sämtlicher Bestandteile der Hüllfläche eines beheizten Gebäudes (Wand, Fenster, Dach, Fundament/Boden) entsprechend Ihrer Anteile summiert, um den Durchschnittswert H_T' in W/m²K zu erhalten. Je geringer der Wert, desto besser ist die Hülle gedämmt.

Außenwände

Die Wandanteile der Hülle bilden meist die größte in Kontakt zur Außenluft stehende Fläche eines Gebäudes. Den opaken Wandflächen kommt somit eine bedeutende Rolle bei der Vermeidung von Wärmeverlusten zu. Die Differenz zu Dach- und Bodenflächen wächst mit zunehmender Anzahl an Stockwerken eines Bauwerks an.

Die wärmedämmende Eigenschaft von Wandflächen wird hauptsächlich durch die gewählte Wärmedämmung und den konstruktiven Aufbau bestimmt. Die wärmedämmenden Eigenschaften einer Hüllfläche werden über den U-Wert in W/m²K, den so genannten Wärmedurchgangskoeffizienten, ausgedrückt. Er beschreibt den unter genormten Bedingungen herrschenden Wärmefluss zwischen den beiden Oberflächen (innen und außen) in Watt pro Quadratmeter und Kelvin. Hierzu kann der U-Wert eines beliebigen Punkts der Hülle oder aber ein Durchschnittswert, beispielsweise für eine Wandfläche oder Dachfläche, ermittelt werden. Die opake Wandfläche eines Passivhauses weist im Mittel einen U-Wert von < 0,15 W/m²K auf.

Einschalig gebaute massive Außenwände aus hochporösen Ziegeln mit einer Wärmeleitfähigkeit von 0,08 W/mK können bei einer Wanddicke von 360 mm einen U-Wert von 0,2 W/m²K erreichen. Bei gleicher Wandstärke und der Kombination von Kalksandstein und dämmendem Porenbeton kann ein U-Wert von 0,12 W/m²K erreicht werden. Ein mehrschichtiger Wandaufbau trennt dem gegenüber die tragenden Eigenschaften von den dämmenden in unterschiedliche Ebenen (Außen-, Kern- sowie Innendämmung) oder führt sie bei der Skelettbauweise in der selben Ebene. Diese Bauweise hilft bei hohen Dämmstärken, die Aufbaudicke zu reduzieren.

Außendämmung

Die gängige Praxis einer Außenwanddämmung ist ein Fassadenaufbau mit Außendämmung. Aus Gründen der Bauphysik ist dieser Aufbau möglichst der Innendämmung vorzuziehen. Die thermische Masse der tragenden Bauteile im Innern kann das Raumklima positiv beeinflussen, in dem sie unter anderem je nach Materialwahl den Feuchtehaushalt reguliert und Temperaturdifferenzen über einen Tag hinweg ausgleicht.

Die Auswahl an verwendbaren Dämmmaterialien ist groß. Sie reicht von Naturprodukten wie Kork und Zellulosefasern über Mineralwolle und extrudierten Schäumen auf Rohölbasis bis hin zur Vakuumdämmung. Die Wahl des richtigen Dämm-Materials wird von vielen Variablen wie Konstruktionsweise der Fassade, gesetzlichen Anforderungen (z.B. Brandschutz), individuellen Vorzügen für künstliche oder natürliche Materialien sowie dem vorgesehenen Kostenrahmen beeinflusst. Eine besondere Rolle sollte bei der Auswahl natürlich auch der Dauerhaftigkeit und der Umweltverträglichkeit zukommen.

Die am weitesten verbreitete System-Außendämmung, die direkt auf eine Außenwand aufgebaut werden kann, ist das so genannte Wärmedämmverbundsystem (WDVS). Es besteht aus mehreren Schichten, die fest miteinander und dem Bauwerk verbunden werden. Von innen gesehen ist der grundlegende Aufbau (je nach Systemanbieter werden weitere Schichten ergänzt) wie folgt: Kleber auf Außenwand (Mauerwerk, Beton), mineralische oder organische Wärmedämmung, Ausgleichsmörtel, Gewebe, Putz. Der komplette Fassadenaufbau wird hierbei innerhalb eines abgeschlossenen Systems realisiert. Diese Art der Dämmung bietet eine kosteneffiziente und energetisch hochwertige Lösung. Die nachträgliche Dämmung einer Gebäudehülle ist ebenfalls leicht zu realisieren. Kritikpunkte zum WDVS gibt es jedoch bezüglich der Umweltverträglichkeit. Im Putz sind häufig Fungizide verarbeitet, die bei niedrigen Oberflächentemperaturen eine Bemoosung verhindern sollen, jedoch über die Nutzungsphase ausgewaschen und in das Grundwasser gelangen können. Zudem sind insbesondere die organischen Dämmstoffe brennbar und können hinter der Putzschicht schwer kontrollierbare Schwelbrände bewirken. Die Recyclierbarkeit ist wegen der vielen unterschiedlichen, miteinander verklebten und nicht wieder trennbaren Materialien darüber hinaus schwierig.

Alternativ kann die wasserführende äußere Schicht der Hülle von der Dämmung getrennt werden. Bei einer mit Abstand zur Dämmung montierten Vorhangfassade ist eine Hinterlüftung zum Abtransport von Feuchtigkeit gegeben. Eine Vielzahl von Materialien zur Verkleidung der Hülle kann dabei Verwendung finden, so etwa Naturstein, zementgebundene Platten, Holz und Holzwerkstoffe oder Metalle. Zur Verankerung an der tragenden Wand sind Durchstoßpunkte durch die Dämmebene notwendig. Diese wirken sich als Wärmebrücken negativ auf das Gesamtsystem der Hülle aus, sind deshalb zu minimieren und bei der Ermittlung des Wärmedurchgangskoeffizienten als Abzug zu berücksichtigen.

Kerndämmung

Bei einer beidseitig geschlossenen, zweischaligen Fassadenkonstruktion kann zwischen der Außen- und der Innenhaut, ob statisch wirksam oder nicht, der vorhandene Hohlraum mit einer Kerndämmung versehen werden. Diese füllt den mehr oder weniger tiefen Zwischenraum vollständig auf. Extrudierte Hartschäume, mineralische Schüttungen, Mineralfasern oder Zellulosefasern werden hierfür als Dämmmaterial verwendet. Die Verankerungen zwischen Außenhülle und konstruktiver Wand durchstoßen die Wärmedämmebene. Diese Wärmebrücken wirken sich entsprechenden negativ auf die Dämmqualität der Hülle aus. Bei manchen Aufbauten (wie z.B. zweischaligen Massivwänden mit Hohlraum) kann die im Hohlraum mögliche Dämmstoffdicke für eine hochgedämmte Fassade nicht ausreichend sein.

Innendämmung

Wenn bei einer energetischen Gebäudesanierung, insbesondere aufgrund denkmalpflegerischer oder baukultureller Qualität der Fassaden, keine Außendämmung möglich ist, kann die erforderliche Dämmebene nach innen verlegt werden. Innendämmung kann mit einer Vielzahl von Dämmstoffen, vornehmlich als Plattenware, ausgeführt werden. Die gewählte Dämmstärke ist meist kleiner als 100 mm, um den bei größeren Dämmstoffstärken zu erwartenden bauphysikalischen Schwierigkeiten wie der Tauwasserbildung innerhalb der Dämmebene entgegenzuwirken.

Bei der Verlegung der Dämmebene auf die Innenseite der konstruktiven Wand wird diese vom Innenraum getrennt. Damit wird ihre thermisch regulierende Masse und die je nach Material feuchteregulierende Funktion ebenfalls entkoppelt. Als Folge kann ein so genanntes Barackenklima entstehen. Zum Abtransport von Feuchte ist auf gute Lüftung solcher Räume zwingend zu achten. Der Einsatz einer kontrollierten Be- und Entlüftung ist deshalb empfehlenswert.

Wegen dieser bauphysikalischen Besonderheiten ist eine Innendämmung nur im Ausnahmefall zu empfehlen. Bei der Ausführung kann der Einsatz von Kalziumsilikat-Dämmstoffen dazu beitragen, eine gute Lösung zu finden. Das Material hat feuchteregulierende Eigenschaften, verzeiht somit in gewissem Umfang einen eventuell vorkommenden Anfall von Tauwasser in der Dämmebene und trägt zur Regulierung der Luftfeuchte im Innenraum bei.

Bei der Skelettbauweise befinden sich die Dämmebene sowie die statisch wirkenden Elemente in der selben Ebene. Die Tragelemente sind meist in regelmäßigem Abstand als Ständer, Pfosten oder Rahmen angelegt. Meistens bestehen sie aus Metall oder Holz. Im Wohnungsbau ist hier vornehmlich die Holzständerkonstruktion vorzufinden. Das Nebeneinander von Dämmstoff und Ständern ermöglicht einen in der Wanddicke optimierten Aufbau. Bei der Berechnung des U-Werts einer solchen Wandfläche müssen die Ständer entsprechend berücksichtigt werden. Bei hochgedämmten Gebäudehüllen erfolgt eine Überdämmung der Ständer von der Außenseite, um Wärmebrücken zu vermindern.

Instrumentarium

Energieplushaus Luchliweg,
dadarchitekten, CH-Bern

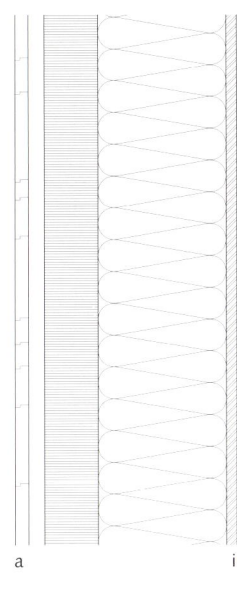

Holzständerwand
Wandaufbau von
außen nach innen

Horizontalschalung Fichte 25 mm,
    Nut+Kamm, sägeroh, gestrichen
Lattung 30/60 mm
Holzfaserplatte 100 mm
Holzständer 240 mm / Schafwolle 240 mm
Dreischichtplatte 20 mm

U-Wert: 0,14 W/m²K

Mögliche Außenwandaufbauten im Vergleich

Solar Academy,
HHS Planer + Architekten AG, Kassel

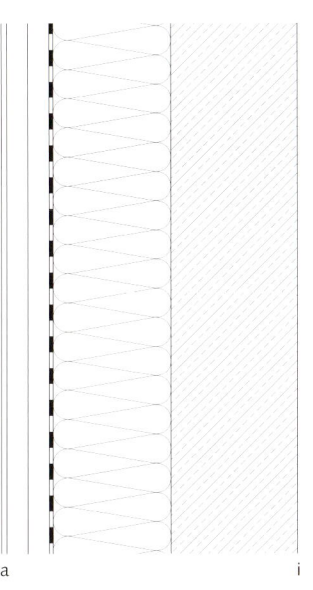

Stahlbetonwand mit Außendämmung
Wandaufbau von
außen nach innen

Schalung
Hinterlüftung 30 mm
Ständer 30 mm
Dämmung 220 mm
Stahlbeton-Wand 240 mm

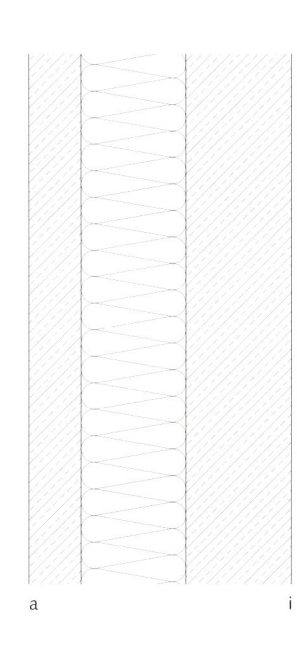

U-Wert: 0,17 W/m²K

Wand mit Kerndämmung
Wandaufbau von
außen nach innen

Stahlbeton-Wand 100 mm
Kerndämmung 200 mm
Stahlbeton-Wand 200 mm

U-Wert: 0,19 W/m²K

Nullenergiehaus Driebergen,
Zee Architekten, NL-Utrecht

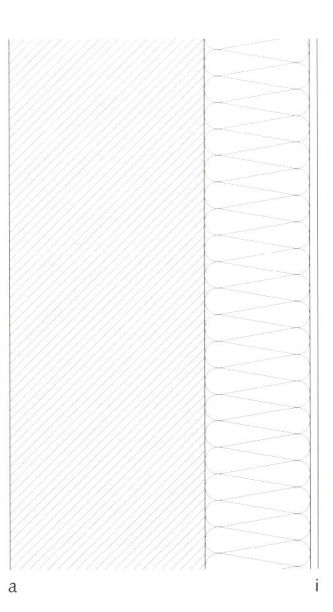

Innendämmung
Wandaufbau von
außen nach innen

Mauerwerk 360 mm
Dämmung 200 mm
Putz 16 mm

U-Wert: 0,16 W/m²K

Massive Stahlbeton-Wand

Stahlbeton-Wand 450 mm

U-Wert: 2,53 W/m²K

Außentüren

Außentüren sind als gedämmte und dicht schließbare Elemente auszuführen. Luftdichtheit muss, um einen möglichst geringen Energieverlust zu gewährleisten, gegeben sein. Hier wird in der Regel mit mehreren Dichtebenen gearbeitet. Als äußere, wartungsarme Variante haben sich automatische Magnetdichtungen herausgestellt. Darauf kann eine Mitteldichtungsebene folgen, die ein ruhendes Luftpolster zwischen den Dichtungsebenen innerhalb des Türprofils schafft. Dies unterstützt auch die wärmedämmenden Eigenschaften. Die innere Dichtungsebene wird üblicherweise als Anschlagsdichtung ausgeführt, die sich mit dem Schließen der Tür an das fest stehende Türprofil anschmiegt und durch ihre abdichtenden Eigenschaften Zugluft verhindert.

Der Aufbau einer Tür wird mehrschichtig ausgeführt, um sich den U-Werten einer Wandfläche bei entsprechend geringer Aufbautiefe möglichst weit anzunähern. Zwischen den aussteifenden und gestaltprägenden Deckschichten wird dann mit Vakuumisolationspaneelen als Dämmung gearbeitet. Diese bieten den U-Wert einer Wandfläche von beispielsweise 0,15 W/m²K bei einer Schichtstärke, die kaum über der einer Dreischeiben-Isolierverglasung liegt. Darin ist ein enormes Potential in der Verringerung der heutigen Dämmstoffdicken, zum Beispiel im Bereich von Wandaufbauten, zu sehen. Da die Verarbeitung jedoch nicht auf der Baustelle und nur mit einer detaillierten Vorplanung (inklusive aller Durchbrüche und Durchdringungen) und einem Verlegeplan erfolgen kann sowie das Preisgefüge anderer Dämmstoffe nicht annähernd erreicht wird, findet die aktuelle Anwendung nicht in großmaßstäblichem Rahmen, jedoch in Sonderfällen wie bei Tür-, Rollladenkasten- und Innendämmung statt. Bei all diesen Anwendungen spielt der Vorteil gegenüber konventionellen Dämmstoffen einer 5–10-mal geringeren Aufbautiefe die entscheidende Rolle.

Dach

Die Dachfläche bildet besonders bei Gebäuden mit niedriger Höhe (wie z.B. bei einem Einfamilienhaus) einen großen Anteil der im Kontakt zur Außenluft stehenden Fläche. In jedem Fall trägt eine effiziente Dämmung viel dazu bei, die Wärmeverluste der Hülle zu minimieren. Bei der Konstruktionsweise von Dachflächen wird hauptsächlich auf drei Techniken zurückgegriffen: Leichtkonstruktionen, Sparren- und Pfettendächer sowie Massivdecken.

Flachdächer werden überwiegend als Warmdächer in Massivbauweise ausgeführt. Lediglich im Industriebau sowie bei großen Hallen wird auf leichtere Stahlkonstruktionen mit aufliegenden Trapezblechen oder gedämmten Sandwich-Paneelen gesetzt, die sich direkt auf der Stahlkonstruktion befinden. Die Wärmedämmung von Flachdächern wird, bedingt durch die zu erwartenden Auflasten, druckfest ausgeführt und meist direkt auf die Dachkonstruktion mit entsprechenden Dichtungsebenen gelegt. Als Wärmedämmung werden meist druckfeste Schäume oder Dämmplatten auf Holzbasis verwendet. In besonderen Fällen mit hoher Auflast (wie etwa durch Haustechnik oder Befahrbarkeit des Dachs) kann aufgrund seiner hohen Festigkeit beispielsweise auch Schaumglas zum Einsatz kommen. Die Aufbauhöhe der Dämmung beträgt bei den genannten Dämmstoffen mehr als 20 cm, um einen U-Wert von <0,15 W/m²K zu erreichen.

Geneigte Dächer werden überwiegend als Sparren- oder Pfettendächer ausgeführt. Eine Ausführung in Ortbeton oder aber als massives Fertigteil ist die Ausnahme. Hier würde nach dem Prinzip des Flachdachs gedämmt, wobei eine zusätzliche Schubsicherung das Abrutschen der Dacheindeckung verhindert. Sparren- und Pfettendächer können wie eine Holzständerwand gedämmt werden. Meist wird hierbei eine Kombination von Zwischensparren- und Aufsparrendämmung eingesetzt, die eine Minimierung der Wärmebrücken durch Überdämmung der Sparren ermöglicht. Eine Zwischensparrendämmung würde die gewünschten U-Werte von mindestens 0,15 W/m²K in der Regel nicht erreichen, denn bei der Berechnung des U-Werts einer solchen Dachfläche sind die Sparrenflächen entsprechend zu berücksichtigen.

Bodenplatte

Die Bodenplatte eines Gebäudes sowie die (Keller-)Außenwandflächen, die mit dem Erdreich in direktem Kontakt stehen, werden sinnvollerweise von außen gedämmt. Hierzu wird so genannte Perimeterdämmung eingesetzt. Diese muss druckfest, feuchtebeständig sowie verrottungsresistent sein. Geeignet sind extrudierte Schäume oder bei sehr hohen Belastungen auch Schaumglas. Die Dicke der Dämmung kann gegenüber den Hüllflächen gegen Außenluft geringer ausfallen, da das Erdreich über das Jahr hinweg nicht so starken Temperaturschwankungen wie die Luft ausgesetzt ist. Auch gibt es dort keinen direkten Einfluss durch solare Strahlung. Eine ausreichende und gut verarbeitete Dämmschicht ist ratsam, da diese Bereiche nur noch mit hohem Aufwand nachträglich thermisch saniert werden können.

Energieplushaus Luchliweg,
dadarchitekten, CH-Bern

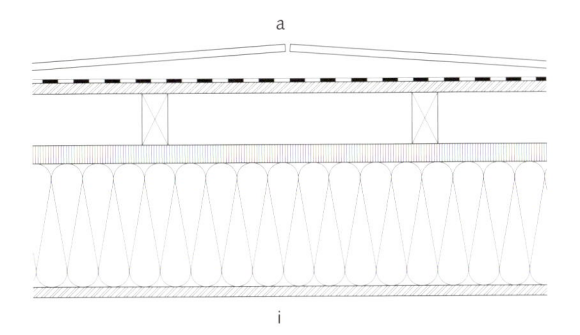

Flachdach-Holz (Leichtbauweise)
Dachaufbau von außen nach innen

Photovoltaik
Abdichtung Dachpappe beschiefert
OSB-Platte 22 mm
Lattung, Hinterlüftung 100–175 mm
Holzfaserplatte 35 mm
Holzrippen 240 mm / Schafwolle 240 mm
Dreischichtplatte 20 mm

U-Wert: 0,17 W/m²K

Solar-Werk-O1,
HHS Planer + Architekten AG, Kassel

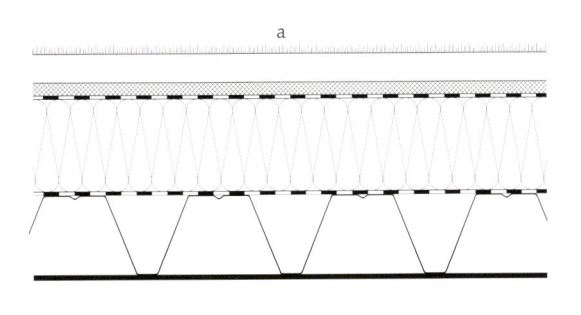

Gründach – Stahlbau (Leichtbauweise)
Dachaufbau von außen nach innen

Sedumbegrünung
Einschichtsubstrat 55 mm
Festkörperdrainage 25 mm
Schutz- und Speichervlies
Dachbahn 3 mm
Mineralwolldämmung 180 mm
Metafol 250 mm
Trapezblech 150/280x1,5
Druckrohr HEB240

U-Wert: 0,23 W/m²K

Solar Academy,
HHS Planer + Architekten AG, Kassel

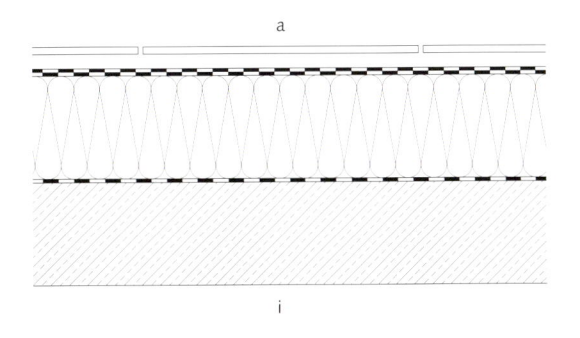

Flachdach – Stahlbeton (Massivbauweise)
Dachaufbau von außen nach innen

Photovoltaik
Dachabdichtung, zweilagig
Dämmung 200 mm
Dampfbremse
Stahlbeton-Dach 200 mm

U-Wert: 0,19 W/m²K

Unterschiedliche Dachaufbauten im Vergleich

Fenster und Verglasungen

Fenster und Verglasungen in der Gebäudehülle stellen einen besonderen Anspruch an Planung sowie Ausführung. Sie beeinflussen durch Ausrichtung, Anzahl, Fläche und Positionierung nicht nur die energetische Qualität der Gebäudehülle, sondern darüber hinaus maßgeblich das Wohlbefinden der Nutzer. Die energetische Betrachtung eines Fensters mit Wärmeschutzverglasung zeigt, dass es einen zirka 4–6-mal schlechteren U-Wert wie die das Fenster umgebende Wandfläche aufweist. An einem trüben Wintertag können die Fensterflächen für etwa 50 Prozent der durch die Gebäudehülle verlorenen Energie verantwortlich sein. Demgegenüber stehen in Abhängigkeit der Ausrichtung deutliche passive Gewinne, sobald das Wetter klarer ist. In Mitteleuropa kommt aufgrund der hohen Anzahl von moderaten und trüben Tagen dem U-Wert der Verglasung hohe Bedeutung zu.

In Deutschland ist bei Gebäuden, die die Anforderungen der EnEV 2009 unterschreiten sollen, eine Dreifach-Wärmeschutzverglasung als Standard zu sehen. Hierzu sollte eine Verglasung mit $U_g \leq 0{,}8$ W/m²K, $g > 50\%$ gewählt werden. Zusätzlich sind ein thermisch getrennter Randverbund und eine gute Planung und Ausführung der Einbausituation nötig. Als U_g-Wert wird der U-Wert der Verglasung bezeichnet. Der g-Wert (Energiedurchlassgrad) beschreibt die Durchlässigkeit transparenter Bauteile für Energie. Er bildet sich aus der Summe von direkter solarer Transmission sowie der inneren Wärmeabgabe von Transmission und Konvektion. Ein g-Wert von 0,8 bedeutet, dass 80 Prozent des auf das transparente Bauteil fallenden Lichts den Raum hinter der Verglasung erreicht.

Eine Analyse der solaren Wärmegewinne in Deutschland zeigt eindeutig, dass mit südausgerichteten und davon bis zirka 30° abweichend nach Osten und Westen ausgerichteten Verglasungsflächen Netto-Wärmegewinne zu erzielen sind. Ost-, west- sowie nordausgerichtete Verglasungsflächen werden über das Jahr gesehen eher einen Nettoverlust einfahren. Bei der Positionierung der Nutzflächen eines Gebäudes sollte dies berücksichtigt werden. So ist eine Ausrichtung der Aufenthaltsräume nach Süden und der Funktionsräume nach Norden für den Energieverbrauch überall dort vorteilhaft, wo die Glasflächen begrenzt sowie die inneren Lasten und damit die Gefahren der Überhitzung gering sind, wie etwa im Wohnungsbau.

Marktgängige Verglasungen, die in energieeffizienten Gebäuden zum Einsatz kommen, sind Dreifach-Wärmeschutzverglasungen (WSVG) mit einen U_g-Wert von 0,5 bis 0,7 W/m²K sowie einen Gesamtenergiedurchlassgrad (g-Wert) von 0,4 bis 0,6. Bei den meisten Verglasungen sind U_g-Wert und g-Wert voneinander abhängig. Wenn ein besserer U_g-Wert vorliegt, ist in der Regel von einem schlechteren g-Wert auszugehen. Dies wird durch den Aufbau der Beschichtungen und die verwendeten Gasfüllungen in den Scheibenzwischenräumen verursacht.

Aktuell gehen die Entwicklungen bei Wärmeschutzverglasungen in Richtung Vierscheiben-Verglasungen sowie Vakuumverglasungen. Letztere bieten durch ein Vakuum im Scheibenzwischenraum einen hohen U_g-Wert bei gleichzeitig geringer Bautiefe und Gewicht. Die Edelgasfüllung wird überflüssig. Gegenüber den aktuell gängigen Verglasungen kann sich längerfristig ein Kostenvorteil ergeben. Allerdings muss eine langfristige Aufrechterhaltung des Vakuums gesichert sein.

Instrumentarium

Einfach-verglasung	Luft-Füllung	Argon-Füllung	Krypton-Füllung	farb-neutrale Beschich-tung	blaue Beschich-tung	grüne Beschich-tung	Argon-Füllung	Krypton-Füllung	Vakuum-Fenster	
	Zweifach-Wärmeschutz-verglasung			Zweifach-Sonnenschutz-verglasung[1]			Dreifach-Wärmeschutz-verglasung			

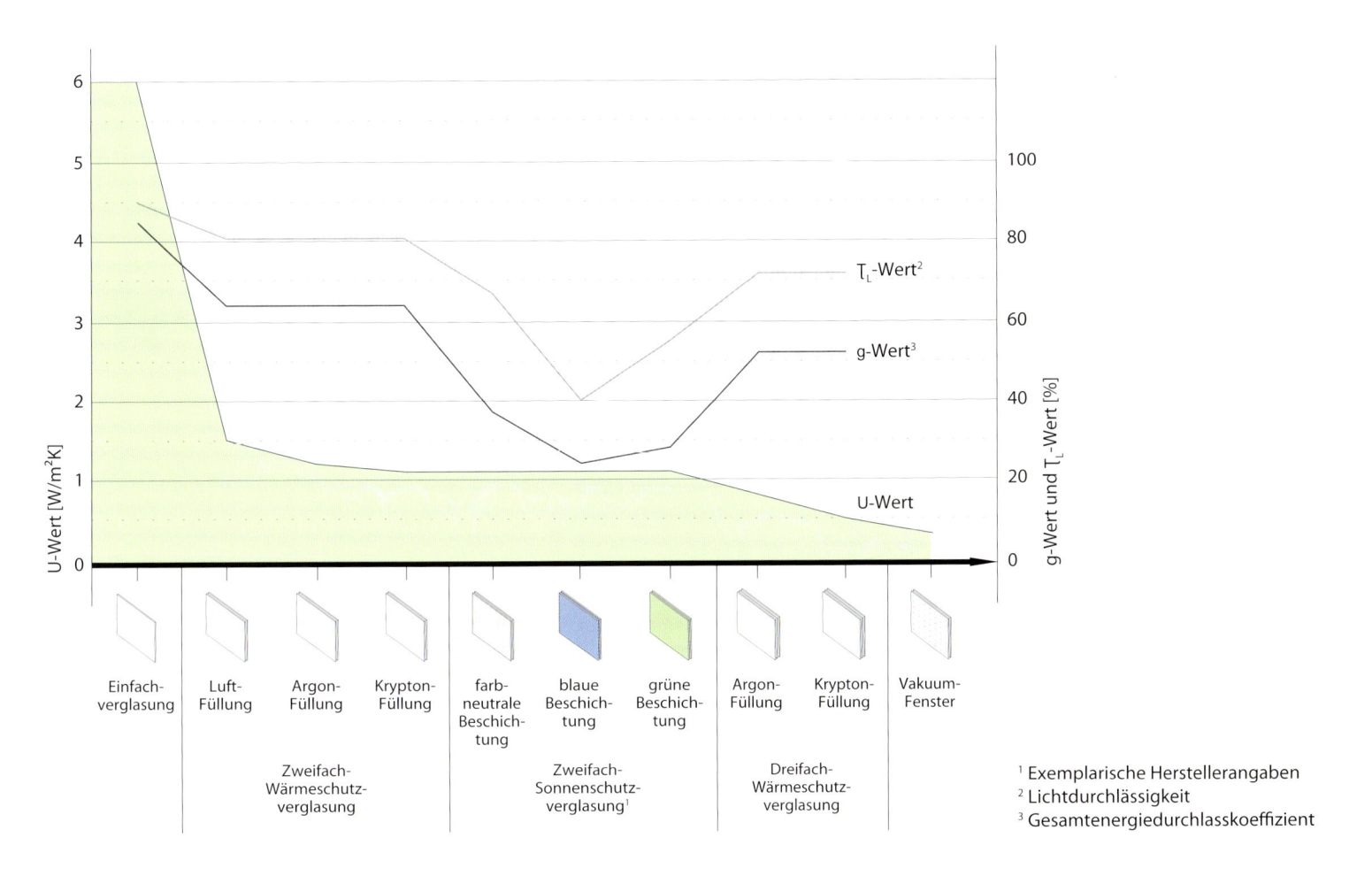

Achsen: U-Wert [W/m²K]; g-Wert und T_L-Wert [%]

Kurven: T_L-Wert[2]; g-Wert[3]; U-Wert

[1] Exemplarische Herstellerangaben
[2] Lichtdurchlässigkeit
[3] Gesamtenergiedurchlasskoeffizient

Entwicklung der Verglasungsstandards
Bauphysikalische Kennwerte für Verglasungen

Edelgasfüllungen

Um einen U_g-Wert ≤ 0,6 W/m²K zu erreichen, sind Edelgasfüllungen wie Argon, Krypton oder Xenon erforderlich. Insbesondere bei Krypton und Xenon ist jedoch zu berücksichtigen, dass diese wesentlich teurer sind und mit einem höheren Energieaufwand gewonnen werden müssen. Somit schwindet deren energetischer Vorteil in einer ganzheitlichen Betrachtung.

Sonnenschutzverglasung

Bei Sonnenschutzverglasungen wird mithilfe von Beschichtungen der g-Wert verringert. Diese befinden sich in der Regel auf der Innenseite der äußeren Scheibe, da so die Erwärmung des Scheibenzwischenraums vermindert werden kann und die thermische Spannung innerhalb der Wärmeschutzverglasung gering ausfällt. Diese Art des Sonnenschutzes ist konstant über das Jahr nicht regulierbar. Eine adaptive Variante des Sonnenschutzes kann neben der Regulierbarkeit des Sonnenlichts die Tageslichtnutzung erhöhen (siehe S. 154).

Schallschutz

Fenster bilden gegenüber den angrenzenden opaken Bauteilen einen Schwachpunkt im Schallschutz. Dies kann durch die Verwendung von Schallschutzverglasungen mit unterschiedlichen Glasdicken verbessert werden. Hierbei ist beim Einbau der Fenster auf eine elastische Dichtung zu achten.

Randverbund

Der Randverbund von Wärmeschutzverglasungen sollte thermisch getrennt ausgeführt sein; Standard ist dies jedoch nicht. So wird immer noch mit Aluminiumabstandshaltern zwischen den einzelnen Scheiben gearbeitet. Da dieses Material eine gute Wärmeleitfähigkeit hat, können erhebliche Wärmebrücken entstehen, die wiederum zu Tauwasserausfall führen können. Dem ist insbesondere bei Holzrahmen entgegenzuwirken. Die Behaglichkeit wird dadurch ebenfalls beeinträchtigt, da eine Unterschreitung der Oberflächentemperatur von 13 °C eventuell nicht verhindert werden kann. Die bessere Wahl ist der thermisch getrennte Randverbund, der mit Edelstahl oder Kunststoffabstandshaltern realisiert wird. Die Langlebigkeit der Edelstahl- sowie der Kunststoffvariante ist gegeben. Ein Glaseinstand in den Rahmen von 25 bis 30 mm ist für eine möglichst optimale Dämmungsebene empfehlenswert.

Rahmen

Aus energetischer wie bauphysikalischer Sicht ist der Fensterrahmen ein sorgfältig zu planender und in der Ausführung zu beachtender Faktor. Der U_g-Wert eines Rahmens fällt gegenüber dem einer Dreifach-Wärmeschutzverglasung mehr als doppelt so hoch aus. Der Flächenanteil bei den meist verwendeten Fenstergrößen fällt mit 25 bis 40 Prozent sehr groß aus. Somit kann über diese Bauteile besonders viel Energie verloren gehen. Typische U_g-Werte konventioneller Rahmen sind 1,5 bis 2,0 W/m²K.

Auch zur Sicherung einer hohen Behaglichkeit ist es unabdingbar, bei den Rahmen eine gut gedämmte Variante einzusetzen. Gedämmte Rahmen mit U_g-Wert von 0,5 bis 0,7 W/m²K sind mittlerweile zu angemessenen Preisen verfügbar. Geringere Güten mit U_g-Werten von 0,9 bis 1,0 W/m²K sollten als Mindeststandard angesehen werden.

Hierzu sind thermisch getrennte Profile und Dämmkerne erforderlich. Die sich im Inneren der Rahmen befindenden Dämmkerne variieren in ihren Ausführungsvarianten, je nach Produkt werden expandiertes Polystyrol (ESP), Polyurethan-Hartschaum (PUR), Kork oder andere Dämmstoffe verwendet. Die Deckprofile können aus Holz, Holz mit Aluminium-Deckschale, Aluminium oder auch Kunststoff bestehen.

Unter Berücksichtigung ökologischer Aspekte sollten Kunststofffenster, bei denen in der Regel die inneren Kammern ausgeschäumt und somit nach ihrem Lebenszyklus nur schwer wieder getrennt und entsorgt werden können, als kritisch betrachtet werden. Hier bieten Holz-Aluminium-Fenster, bei denen die Profile trennbar sind, sowie reine Alufenster die besseren Alternativen. Der Einsatz von Holzfenstern ist jedoch mit höherem Wartungsaufwand verbunden.

Durch das zunehmende Gewicht der Wärmeschutzverglasungen sowie die erhöhten Rahmen-Dämmwerte haben sich die Ansichtsbreiten immer weiter vergrößert. In den letzten Jahren wurde jedoch versucht, die damit verbundenen gestalterischen und lichttechnischen Nachteile zu beheben und die Ansichtsbreite zu verkleinern. Dies gelingt, indem der Glaseinstand verringert sowie die Tiefe der Rahmen vergrößert wird. So gibt es im Vergleich zu konventionellen Ansichtsbreiten von 120 bis 140 mm bereits Systeme mit einer inneren Ansichtsbreite von zirka 75 mm und einer äußeren von 0 bis 20 mm durch Überdämmung. Die Einbautiefe des Rahmens liegt hier bei 125 mm.

Positionierung und Größe

Verglasungen sind nicht nur zur verbesserten Nutzung des Tageslichts zwingend – auch geeignete Außenbezüge und Blickbeziehungen sind zu berücksichtigen. Zudem schreiben Bauordnungen (wie etwa die Landesbauordnung LBO) unter anderem für Aufenthaltsräume eine Mindestgröße der zu verwendenden Verglasungen oder Fenster vor. Es sollte auf eine ausreichende Anzahl von Lüftungsflügeln geachtet werden. Die psychologische Wirkung der Öffenbarkeit von Fenstern ist besonders in den Sommer- und Übergangsmonaten von Bedeutung – auch wenn durch die mit natürlicher Belüftung verbundenen hohen Wärmeverluste im Winter auf sie verzichtet wird. Werden Klimakonzepte mit Nachtauskühlung und Querlüftung, vor allem in der Sommerzeit, entwickelt, sind Lüftungsflügel in sinnvoller Größe und Anzahl unabdingbar.

Zweifach-Wärmeschutzverglasung mit gewöhnlicher Glaseinstandstiefe

innen | außen

Holzfensterrahmen
Fichtenholz
$U_f = 1{,}3\ W/m^2K$

gewöhnliche
Glaseinstandstiefe
ca. 20 mm
$\Psi = 0{,}068\ W/mK$ ([1])
(Standard)

Low-E-Beschichtung
auf der Innenseite der
inneren Glasscheibe

Verglasung 6/16/5
ggf. Gas-Füllung im
Scheibenzwischenraum
$U_g = 1{,}0\ W/m^2K$

$U_w = 1{,}29\ W/m^2K$

Dreifach-Wärmeschutzverglasung mit gewöhnlicher Glaseinstandstiefe

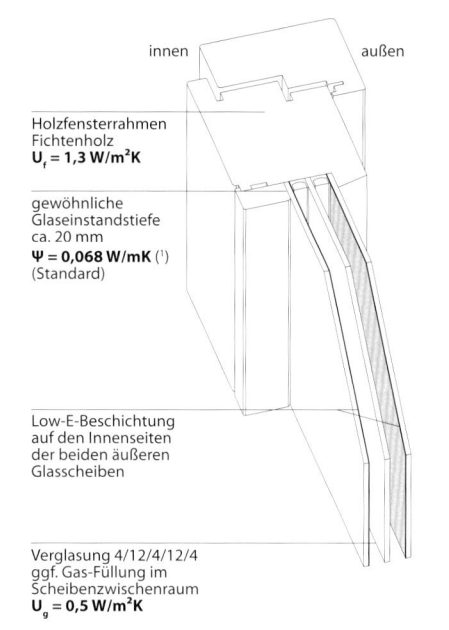

innen | außen

Holzfensterrahmen
Fichtenholz
$U_f = 1{,}3\ W/m^2K$

gewöhnliche
Glaseinstandstiefe
ca. 20 mm
$\Psi = 0{,}068\ W/mK$ ([1])
(Standard)

Low-E-Beschichtung
auf den Innenseiten
der beiden äußeren
Glasscheiben

Verglasung 4/12/4/12/4
ggf. Gas-Füllung im
Scheibenzwischenraum
$U_g = 0{,}5\ W/m^2K$

$U_w = 0{,}98\ W/m^2K$

Dreifach-Wärmeschutzverglasung mit erhöhter Glaseinstandstiefe

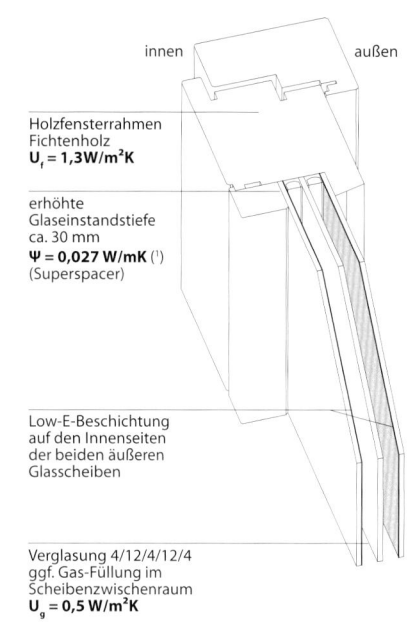

innen | außen

Holzfensterrahmen
Fichtenholz
$U_f = 1{,}3\ W/m^2K$

erhöhte
Glaseinstandstiefe
ca. 30 mm
$\Psi = 0{,}027\ W/mK$ ([1])
(Superspacer)

Low-E-Beschichtung
auf den Innenseiten
der beiden äußeren
Glasscheiben

Verglasung 4/12/4/12/4
ggf. Gas-Füllung im
Scheibenzwischenraum
$U_g = 0{,}5\ W/m^2K$

$U_w = 0{,}87\ W/m^2K$

[1] Linearer Wärmedurchgangskoeffizient für Glasrandzone.

Wärmeschutzverglasungen und Rahmen

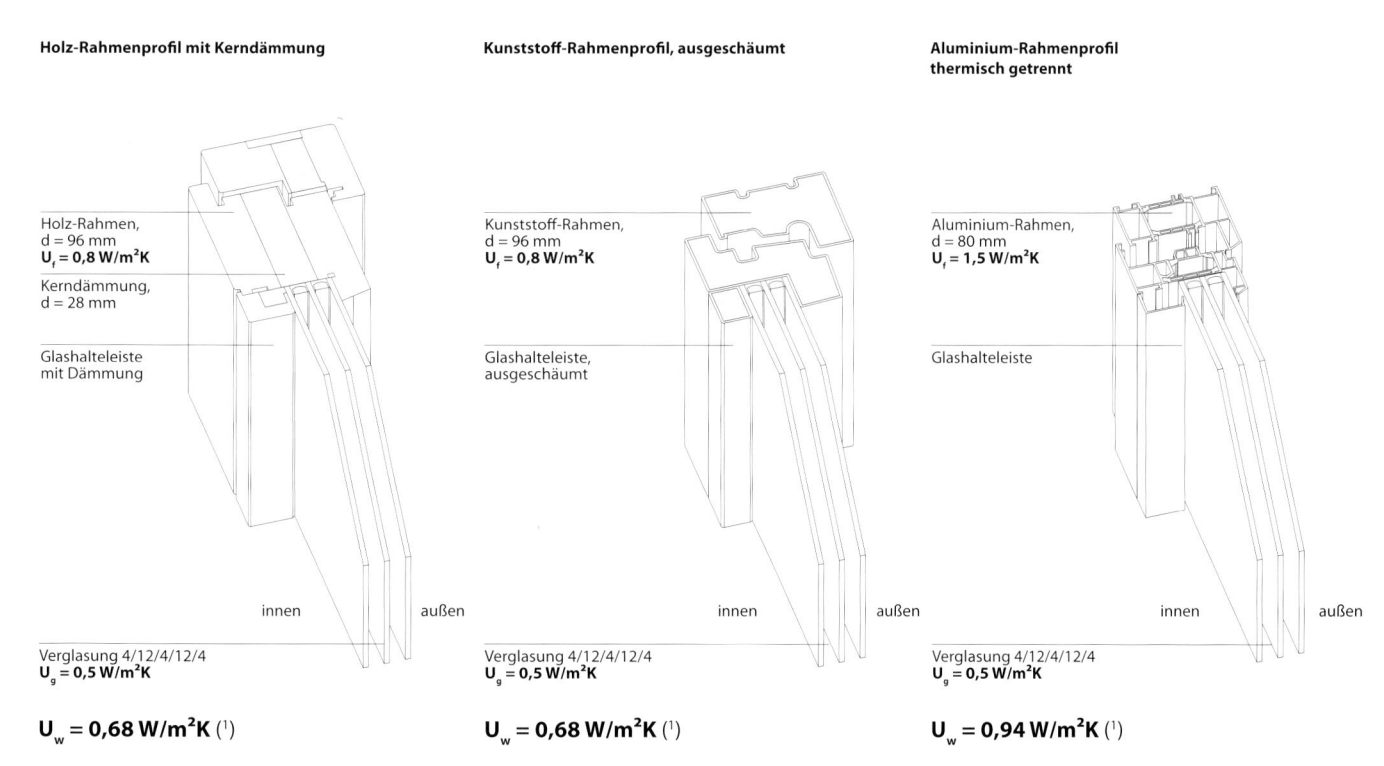

Holz-Rahmenprofil mit Kerndämmung

Holz-Rahmen,
d = 96 mm
$U_f = 0{,}8\ W/m^2K$

Kerndämmung,
d = 28 mm

Glashalteleiste
mit Dämmung

innen | außen

Verglasung 4/12/4/12/4
$U_g = 0{,}5\ W/m^2K$

$U_w = 0{,}68\ W/m^2K$ ([1])

Kunststoff-Rahmenprofil, ausgeschäumt

Kunststoff-Rahmen,
d = 96 mm
$U_f = 0{,}8\ W/m^2K$

Glashalteleiste,
ausgeschäumt

innen | außen

Verglasung 4/12/4/12/4
$U_g = 0{,}5\ W/m^2K$

$U_w = 0{,}68\ W/m^2K$ ([1])

Aluminium-Rahmenprofil thermisch getrennt

Aluminium-Rahmen,
d = 80 mm
$U_f = 1{,}5\ W/m^2K$

Glashalteleiste

innen | außen

Verglasung 4/12/4/12/4
$U_g = 0{,}5\ W/m^2K$

$U_w = 0{,}94\ W/m^2K$ ([1])

[1] Werte jeweils mit verbesserten Wärmedurchgangskoeffizienten für Glasrandzone.
Datenquelle: u_w-Rechner für Fenster: www.energiebedarf-senken.de; www.nachhaltiges-bauen.de

Dämmung von Rahmen im Vergleich

Lüftung

Die steigenden energetischen Qualitäten von Gebäudehüllen beruhen ganz wesentlich auf einer verbesserten Dichtheit der Gebäudehüllen. Dies bedeutet, dass eine unkontrollierte Lüftung über Undichtheiten und Fugenluftstrom, wie sie in bisherigen Bauten die Norm war, bei Aktivhäusern nicht mehr gegeben ist. Hohe Behaglichkeit durch ausgezeichnete Luftqualität und Minimierung der Lüftungswärmeverluste sowie ein möglichst hoher Nutzungsgrad an freier Lüftung sind deshalb Anforderungen, die an eine bedarfsgerechte und hygienische Lüftung zu stellen sind. Um dem Nutzer eine optimale Luftqualität bei Vermeidung von Energieverlusten gewährleisten zu können, ist eine geregelte mechanische Lüftung unabdingbar. Ergänzt wird sie – wo immer möglich – durch freie Lüftung in den Übergangszeiten sowie Querlüftung in der Nacht zur Auskühlung im Sommer (siehe S. 172 ff., S.188 ff.).

Sonnenschutz

Sonnenschutz reduziert Wärmelasten, die infolge solarer Einstrahlung auf transparente Bauteile entstehen können. Hierdurch kann eine Überhitzung von Gebäuden vermieden werden. Bevor der Sonnenschutz thematisiert wird, können Gebäudegeometrie und -ausrichtung, Fensteranteile und Bauweise, die passiven Wärmegewinne stark beeinflussen. Grundsätzlich sollte in unseren Breiten bei einem unverschatteten Südfenster-Flächenanteil von mehr als 30 Prozent ein außenliegender Sonnenschutz vorgesehen werden.

Die im Winterfall tiefstehende Sonne ist als Wärmequelle zur passiven solaren Erwärmung eines Gebäudes willkommen und kann insbesondere durch südausgerichtete Fassadenöffnungen eindringen. In den Sommermonaten ist diese Wärme hingegen nicht erwünscht. Bei steilem Sonnenstand im Sommer sind die südausgerichteten Fenster weniger stark belastet, da ein Großteil der Strahlung an der Glasoberfläche reflektiert wird. Hier kann entwurfsabhängig mit einem Dachüberstand, einer feststehenden oder aber einer beweglichen Verschattung gearbeitet werden. Auf der Ost- und Westseite hingegen ist ein Sonnenschutz unverzichtbar, um eine Überhitzung des Gebäudes zu verhindern. Dort empfiehlt sich eine außenliegende bewegliche Verschattung. Die Art der Verschattung kann vielfältig gestaltet werden. Häufig ist sie nach Region und Kultur unterschiedlich ausgeprägt. In Mitteleuropa verbreitet sind außenliegende bewegliche Verschattungssysteme wie zum Beispiel Fensterläden mit verstellbaren Lamellen, Lamellenjalousien oder textile Systeme. Darüber hinaus gibt es eine Vielzahl weiterer Spielarten, die je nach Verwendungszweck beziehungsweise Nutzung des Gebäudes sowie gestalterischen Anforderungen und Wünschen gewählt werden können. Hierzu zählt auch der gezielte Einsatz von Vegetation sowie baulicher Sonnenschutz (z.B. Dachüberstand).

Der Einsatz von transluzenten, lichtlenkenden oder zumindest variablen Verschattungssystemen ermöglicht die Maximierung der Tageslichtnutzung bei gleichzeitiger Verminderung der Wärmelasten und ist vorteilhaft für den gesamten Energiehaushalt eines Gebäudes. Sonnenschutzverglasungen können mithilfe von Beschichtungen innerhalb des Glasaufbaus, so genannten Low-E Beschichtungen, einen ganzjährig gleichbleibenden Sonnenschutz bieten. Die Anwendung solcher Verglasungen bedarf jedoch genauer Planung, da die Eigenschaften des Sonnenschutzes permanent sind. Entsprechend geringer fallen die Möglichkeiten der Nutzung solarer Einstrahlung aus. Eine Variabilität wie bei Trennung von Verschattung und Verglasung ist somit nicht gegeben. Es sind Entwicklungsanstrengungen für neuartige Verglasungen im Gange, die einen variablen Sonnenschutz bieten können. Aktuell ist jedoch kein Produkt erhältlich, das eine wirtschaftlich und gestalterisch interessante Alternative bieten könnte.

Steuerung

Eine automatische Verschattungssteuerung kann mithilfe von Einstrahlungsmessung den Sonnen- beziehungsweise Blendschutz automatisch nach einem vorgegebenem Programm in die gewünschte Stellung bringen. Wird die definierte Strahlungsintensität über einen vorgegebenen Zeitraum überschritten, fährt der Sonnen- beziehungsweise Blendschutz aus oder wird als Lamelle in die verschattende Position gebracht. Ist die Einstrahlung über einen definierten Zeitraum hinweg gering (z.B. bedeckter Himmel), so fährt die jeweilige Anlage wieder automatisch in die Ausgangsposition oder eine Zwischenstellung. Hierbei werden beispielsweise Sonnenschutzlamellen in eine Position parallel zum Sonneneinfallswinkel gebracht, um die Nutzung von Tageslicht zu maximieren, bevor die Lamellen bei stärkerer Bewölkung wieder voll eingefahren werden.

Diese global arbeitenden Systeme können, zum Beispiel bei Verschattung durch ein Gebäude oder Bepflanzung, mit einer Verschattungskorrektur optimiert werden. So kann verhindert werden, dass in von äußerer Verschattung betroffenen Räumen der Kunstlichteinsatz übermäßig steigt.

Ergänzende Komponenten für außenliegende Sonnenschutzsysteme sind Witterungsschutzeinrichtungen. Sensoren für Temperatur, Niederschlag, Windgeschwindigkeit und -richtung sorgen dafür, dass die Anlagen bei übermäßiger Belastung in ihre Ausgangsposition fahren und somit vor äußeren Einflüssen geschützt sind. In die Messung und die Reaktion auf Vereisung, Wind- und Regenereignisse kann auch die Schließung von motorisch betriebenen Fenstern einbezogen werden, so dass Schäden durch eindringendes Wasser verhindert werden.

Instrumentarium

Qualitäten der Hülle

Minimierung von Wärmebrücken

Wenn es um die bauphysikalisch-energetische Qualität der Gebäudehülle geht, rückt nach der Gewährleistung guter Dämmung und Dichtung die Vermeidung von Wärmebrücken in den Fokus der Betrachtung. Ihre Vermeidung durch gute Planung und Überwachung der Ausführung ist essenziell. Ziel muss sein, das gesamte zu konditionierende Gebäudevolumen mit einer dämmenden und dichtenden Hülle zu umgeben, die an keiner oder möglichst wenigen Stellen durchdrungen wird. Die Einhaltung dieses Grundsatzes ermöglicht eine wärmebrückenfreie beziehungsweise -arme Gebäudehülle.

Setzt man das Einsparpotenzial dem hierfür nötigen Aufwand an guter Planung und Ausführung gegenüber, so ist die Vermeidung von Wärmebrücken eine sehr wirtschaftliche Maßnahme auf dem Weg zu einem effizienten Aktivhaus.

Die besonders zu beachtenden kritischen Details befinden sich in der Regel an den Übergängen zwischen den gut detaillierten Standardaufbauten – also Anschlüssen, Ecken, Durchdringungen und Kanten.

Einfach durch Planung zu vermeidende Schwachpunkte sind unter anderem Durchdringungen. Ein klassisches Beispiel hierzu ist der Balkon. Die herkömmliche Konstruktion einer Betonplatte, die als Kragarm die Fassadenebene durchdringt, stellt einen erheblichen Schwachpunkt bei einer hocheffizienten Gebäudehülle dar. Verwendet man stattdessen thermisch getrennte Konstruktionen oder eine vor der Fassade stehende Konstruktion, können Durchdringungen und somit Wärmebrücken fast vollkommen vermieden werden.

Wärmebrücken können neben dem Verlust an Energie auch aufgrund von bauphysikalischen Vorgängen wie z.B. Tauwasserbildung zu Schäden an der Gebäudehülle führen. Werden Schäden nicht frühzeitig entdeckt und behoben, kann dies im schlimmsten Fall zu strukturellen Schäden führen.

Mithilfe einer Thermografie können die Schwachstellen an Gebäuden bildlich sichtbar gemacht werden. Diese Technik bietet eine ausgezeichnete Möglichkeit, Wärmebrücken an Bestandsgebäuden, aber auch an Neubauten zerstörungsfrei zu entdecken.

Eine wärmebrückenfreie Konstruktion sollte in Planung und Ausführung angestrebt werden.

Thermografieaufnahme

Luftdichtheit

Zur technischen Qualität der Gebäudehülle zählt auch ihre Luftdichtheit. Eine luftdichte Gebäudehülle vermeidet unerwünschte Lüftungswärmeverluste, hält die warme oder kalte Luft im Gebäude. Zudem wird die Schallübertragung durch eine gute Ausführung der Luftdichtheitsebene verringert. Neben den für den Energiebedarf und den Nutzerkomfort positiven Effekten kann hierdurch auch die Anfälligkeit der Gebäudehülle für Bauschäden verringert werden.

Luftaustausch, Luftbewegungen und -strömungen in der Gebäudehülle sollten nicht zufällig stattfinden. Eine so genannte Fugenlüftung reicht für einen guten, dauerhaft im richtigen Maß stattfindenden Luftwechsel nicht aus. Zudem kann sie Unbehaglichkeit aufgrund von Zugerscheinungen auslösen. Zusätzlich ist durch unkontrollierten Luftaustausch die Gefahr von Bauschäden gegeben. Die Feuchtigkeit der Luft kann in der Gebäudehülle als Tauwasser niederschlagen, zu Schimmelbildung sowie auch zu strukturellen Schäden am Gebäude führen.

Die in Planung und Bauausführung besonders zu beachtenden Details zur Erreichung einer guten Luftdichtheit gleichen denen der Wärmebrücken und befinden sich wiederum an den Übergängen zwischen gut detaillierten Standardaufbauten. Dies sind typischerweise Anschlüsse, Ecken und Durchdringungen.

Die Ebene der luftdichten Schicht legt sich wie eine durchgehende Haut um das nutzbare Volumen des Gebäudes. Sie befindet sich bei den meisten Konstruktionsweisen auf der Innenseite der Wandfläche. Sie wird unter anderem durch Dichtungsbahnen, luftdicht verbundene Holzwerkstoffplatten oder auch den Innenputz erzeugt. Eine Lage zwischen Trag- und Installationsebene ist besonders zu empfehlen, da Durchdringungen beispielsweise durch Elektroinstallationen vermieden werden. Bei Dächern wird die luftdichte Schicht durch den Einsatz der Dampfbremsfolie erreicht.

Um eine hygienische Lüftung des Gebäudes zu gewährleisten, sollte eine mechanische Lüftungsanlage mit hoch effizienter Wärmerückgewinnung eingesetzt werden. Diese ermöglicht, die Lüftung ohne große energetische Verluste zu realisieren. Gleichzeitig kann sie, zum Beispiel über CO_2-Sensoren bedarfsgerecht gesteuert, das Fensterlüften überflüssig machen. Zu allen Zeiten, in denen die Außentemperatur im oder nahe am Behaglichkeitsfenster für Innenräume liegt, ist es sinnvoll und benutzerfreundlich, mit natürlicher Fensterlüftung zu arbeiten. Dem Nutzer sollte die Möglichkeit gegeben werden, ein Fenster zu öffnen, weil dies aus psychologischen wie Akzeptanzgründen eine wichtige Ergänzung zur mechanischen Lüftung darstellt.

Die Luftdichtheit wird mithilfe eines so genannten Blower-Door-Tests (Drucktest) nach Herstellung der Luftdichtheitsebene geprüft. Hierbei werden in die geschlossene Hülle Ventilatoren eingesetzt, um nacheinander Über- sowie Unterdruck im Gebäude zu erzeugen. Durch den Druckunterschied zwischen Innen und Außen von typischerweise 50 Pascal kann ein Faktor für die Luftdichtheit der Hülle ermittelt werden. Hierbei sollten Werte von $n50 \leq 0.6$ 1/h angestrebt werden. Falls der Test einen Wert aufweist der auf Undichtigkeiten der Hülle schließen lässt, können mithilfe von Rauch, der innerhalb der Hülle erzeugt wird, schnell Schwachpunkte sichtbar gemacht werden. Eine Ausbesserung der entsprechenden Schwachstellen kann vorgenommen und der Blower-Door-Test bei Bedarf wiederholt werden.

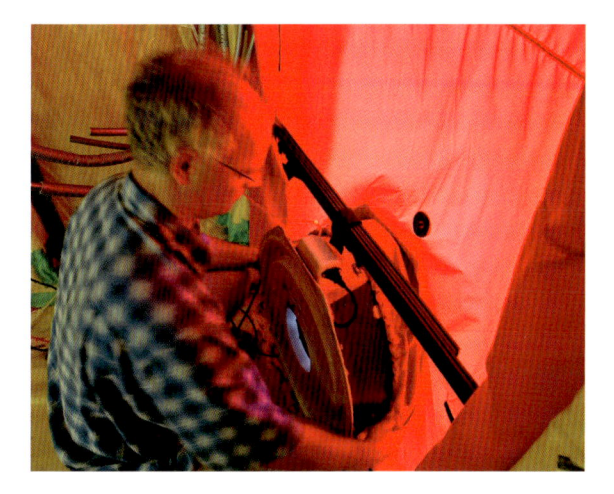

In Türöffnung eingebautes Blower-Door-Gerät

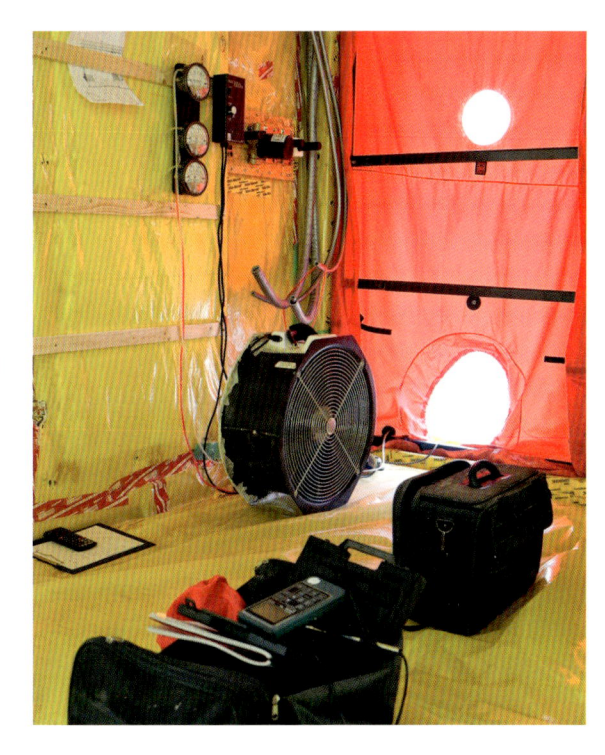

Speichermasse

Speichermasse in einem Gebäude hilft, Temperaturschwankungen über mehrere Stunden oder Tage im Winter wie im Sommer hinweg auszugleichen und Temperaturspitzen zu dämpfen. So kann die solare Strahlung, die durch eine Verglasung in einen Raum im Sommer eindringt, durch die den Raum umgebenden massiven Bauteile gespeichert werden. Eine phasenverschobene Entladung der entsprechenden Bauteile erfolgt, indem sie in der Nacht mithilfe natürlicher Querlüftung abgekühlt werden. Die gespeicherte Kälte der Nacht hilft somit am darauf folgenden Tag erneut, die Wärme der Sonneneinstrahlung zu kompensieren und eine Überhitzung des Aktivhauses zu vermeiden.

In der Übergangs- und Winterzeit kann die tagsüber gespeicherte Wärme nachts dazu beitragen, das Aktivhaus zu temperieren und die gut gedämmte Gebäudehülle vor dem Auskühlen bewahren.

Um ein gutes Raumklima zu erhalten, empfehlen sich also Materialien mit guter Speicherfähigkeit. Baustoffe, die sich hierzu gut eignen, sind z. B. Lehm, Naturstein, Ziegel, Gussasphaltestrich, Normalbeton und viel andere schwere Baustoffe. Auch einige leichtere Baustoffe wie Holz verfügen über gute Speichereigenschaften. Hierbei ist allerdings zu beachten, dass zu einem kurzfristigen Temperaturausgleich nur die ersten Zentimeter des Baustoffs beitragen. Tiefer liegende Schichten haben für eine kurzfristige Speicherung keine Bedeutung. Alternativ hierzu können auch Phasenwechselmaterialien (PCM) zum Einsatz kommen. Bei PCM handelt es sich um spezielle Salze oder Paraffine, die bei einwirkenden Temperaturunterschieden einen Phasenwechsel durchlaufen. Bei einem Phasenwechsel von fest zu flüssig wird besonders viel Wärme aufgenommen. Die gleiche Menge an Energie wird wieder abgegen, wenn die Umgebung abkühlt und das PCM wieder erstarrt. Ein Vorteil hierbei ist, dass das PCM beim Phasenwechsel innerhalb eines engen Temperaturraums mit vergleichsweise geringer Masse eine große Menge Energie absorbieren beziehungsweise emittieren können. Mithilfe des Phasenwechsels lässt sich das PCM auf einen für das Wohlbefinden angenehmen Temperaturbereich einstellen und unterstützt die Temperaturstabilisierung. PCM ist in kleinen Behältnissen oder Scheibenzwischenräumen gekapselt oder kann in Baustoffen wie Gipskartonplatten eingelassen sein.

Die zur Speicherung genutzten Bauteile dürfen nicht durch abgehängte Decken, Doppelböden oder Wandverkleidungen vom Innenraum getrennt werden. Hierdurch würde die thermische Speicherfähigkeit behindert.

Unter Berücksichtigung der durch die Umwelt auf das Gebäude wirkenden Einflüsse sowie der durch das Bauwerk hervorgerufenen Rahmenbedingungen (wie Verglasungsanteil, Ausrichtung, Nutzungsart) lässt sich ermitteln, wie groß die Speichermasse eines Gebäudes sein sollte, um einen möglichst hohen Komfort bei gleichzeitiger Minimierung von mechanischen Hilfsmitteln zu erreichen.

Lehm kann durch seine thermische Speicherfähigkeit wie feuchteregulierenden Eigenschaften zur Steigerung der Behaglichkeit in einem Haus beitragen.

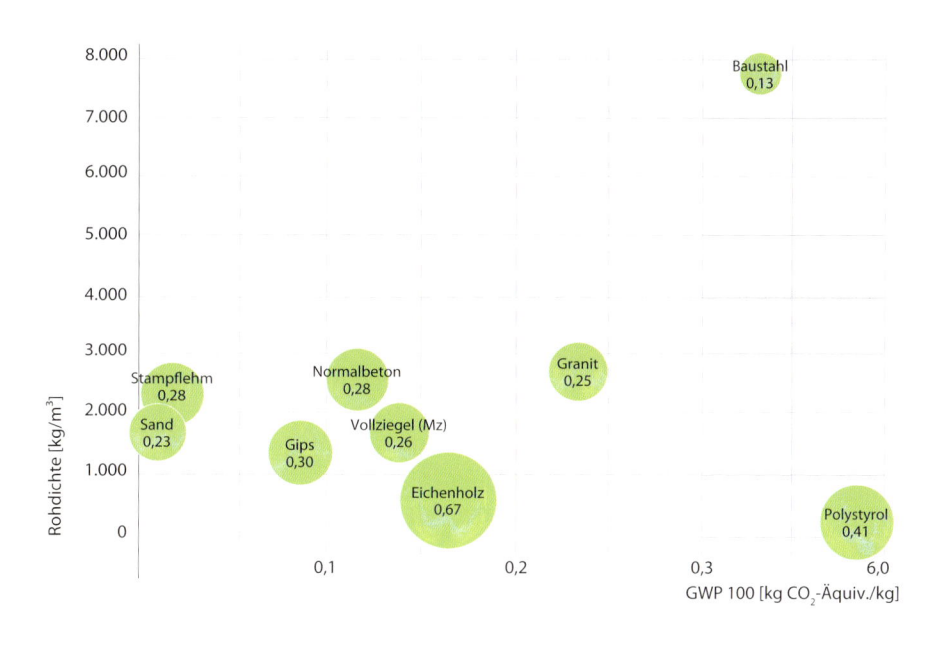

	Wärmespeicher-zahl	Wärmespeicher-fähigkeit	Rohdichte	Treibhauspotenzial (GWP100)	Primärenergie nicht erneuerbar
	[Wh/m³K]	[Wh/kgK]	[kg/m³]	[kg CO_2-Äquiv./kg]	[MJ/kg]
Baustoff					
Wasser (bei 20 °C)	1.157	1,16	998	-[1]	-[1]
Baustahl	1.015	0,13	7.850	1,820	29,850
Normalbeton	690	0,28	2.500	0,120	0,820
Granit	660 – 710	0,25	2.600 – 2.800	0,230	3,700
Eis (Wasser bei 0 °C)	523	0,57	918	-[1]	-[1]
Stampflehm	470 – 610	0,28	1.700 – 2.200	0,004	0,080
Sand	410	0,23	1.800	0,001	0,023
Vollziegel (Mz)	360	0,26	1.200 – 2.000	0,142	2,610
Paraffin[3]	357	0,42	849	-[1]	-[1]
Holz	350 – 465	0,58	600 – 800	-[1]	-[1]
Massivholz gehobelt (Eiche)	450	0,67	670	0,165	23,700
Gips	290	0,30	850 – 1.600	0,085[2]	1,830[2]
Polystyrol (PS)	12	0,41	15 – 30	5,770	92,500

[1] Keine Angabe.
[2] Basiswert für Gipsputz.
[3] Produkt RUBITHERM® GR 50 (1-3).

Speicherfähigkeit verschiedener Materialien

Die individuelle Fähigkeit eines Materials, Wärme zu speichern, wird als spezifische Wärmespeicherfähigkeit c bezeichnet. Der jeweilige Wert wird in Wattstunden pro Kilogramm und Kelvin (Wh/kg K) angegeben. Die spezifischen Wärmespeicherfähigkeiten ausgewählter Materialien sind:

- Vollziegel 0,26 Wh/kg K
- Kalk-Zementputz, Beton, Estrich 0,31 Wh/kg K
- Stahl 0,14 Wh/kg K
- Kupfer 0,11 Wh/kg K
- Wasser (bei 20 °C) 1,16 Wh/kg K

Zu beachten ist, dass sich das Volumen der unterschiedlichen Materialien pro kg stark unterscheidet. So weist Polystyrol mit 0,35 Wh/kg K eine deutlich höhere Wärmespeicherfähigkeit als Beton auf. Gleichzeitig ist das zur Erzielung der selben Speicherfähigkeit nötige Volumen jedoch ein vielfaches dessen von Beton. Aus diesem Grund wird die Speicherfähigkeit einzelner Materialien auch in s = Wh/m³K angegeben.

Ein weiterer Gesichtspunkt ist die Speicherung beziehungsweise der Ausgleich von Feuchtigkeit. Baustoffe wie Lehm, Gips oder Holz eigenen sich sehr gut, überschüssige Feuchte der Raumluft zu speichern und bei trockener Luft wieder abzugeben. Wenn ein Gebäude über eine freie oder mechanische Nachtauskühlung verfügt, wird hierbei die nächtlich meist feuchtere Luft aufgenommen und die Feuchte in den entsprechenden Baustoffen gespeichert. Am nächsten Tag wird diese Feuchte wieder abgegeben, sobald die Feuchte der Raumluft sinkt. Dadurch kann ein Feuchteausgleich über den Tag hinweg gelingen, was nicht nur der Behaglichkeit nützt, sondern auch der Entstehung von feuchtebedingten Schäden wie Schimmel vorbeugt.

Energie gewinnen

In Zeiten steigender Energiepreise, steigender Sorge um die Versorgungssicherheit, Besorgnis über Umweltschäden durch hohe CO_2-Emissionen und der politisch gewollten Energiewende, wird die Fassaden- und Dachfläche als Energie erzeugende Fläche immer bedeutender. Die Möglichkeiten der Integration von Wärme beziehungsweise Elektrizität gewinnenden Techniken in die Gebäudehülle sind vielfältig.

Durch Reduktion der Verbräuche, Optimierung der Gebäudehülle sowie der dann noch benötigten technischen Komponenten ist es nicht nur im Wohnungsbau möglich Gebäude zu schaffen, die Ihren Energieverbrauch mit regenerativer, lokal am Gebäude erzeugter Energie selbst decken.

Verfolgt man den Ansatz, die Verbräuche eines Gebäudes zu reduzieren, die Gebäudehülle thermisch zu optimieren und zum Schluss die noch benötigte Energie/Wärme lokal regenerativ zu erzeugen, stehen folgende Technologien zur Gewinnung von Energie zur Verfügung (siehe S. 164 ff.).

Photovoltaik

Photovoltaik erzeugt elektrischen Strom aus Tageslicht am Gebäude. Die solare Einstrahlung kann dazu beitragen, einen autonomen oder sogar netzunabhängigen Betrieb des Gebäudes zu ermöglichen.

Überwiegend findet die Photovoltaik als adaptives Element an der Gebäudehülle, hier vornehmlich dem Dach, ihren Einsatz. Die eigentlichen Potenziale in der Anwendung von Photovoltaik wie auch der Solarthermie zur Energiegewinnung bestehen jedoch in einer guten Integration in die Gebäudehülle. Ein integrativer Ansatz ermöglicht, diese flächigen Module zugleich als Witterungs-, Sonnen- und Sichtschutz sowie als Verglasung einzusetzen. Schließlich können komplette Gebäudehüllen bei entsprechender Ausrichtung als energetisch sinnvolle sowie gestaltprägende Kraftwerke dienen. Hierbei ist die gestalterische wie auch die technische Integration eine große Herausforderung.

Solarthermie

Solarthermie ermöglicht die Erzeugung von Wärme zum Heizen, Kühlen sowie zur Brauchwassererwärmung. Die solare Einstrahlung wird über Flach- oder Röhren-Kollektoren eingefangen. Diese geben die Wärme mittels eines Übertragungsmediums an einen Warmwasserspeicher ab. Von dort können die verschiedenen Verbraucher die gespeicherte Wärme abrufen.

Thermische Solarkollektoren nutzen das gesamte Spektrum des Sonnenlichts und haben einen Wirkungsgrad von 60 bis 80 Prozent bei der Umwandlung solarer Einstrahlung in Wärme.

Vergleich verschiedener Photovoltaik Zellen

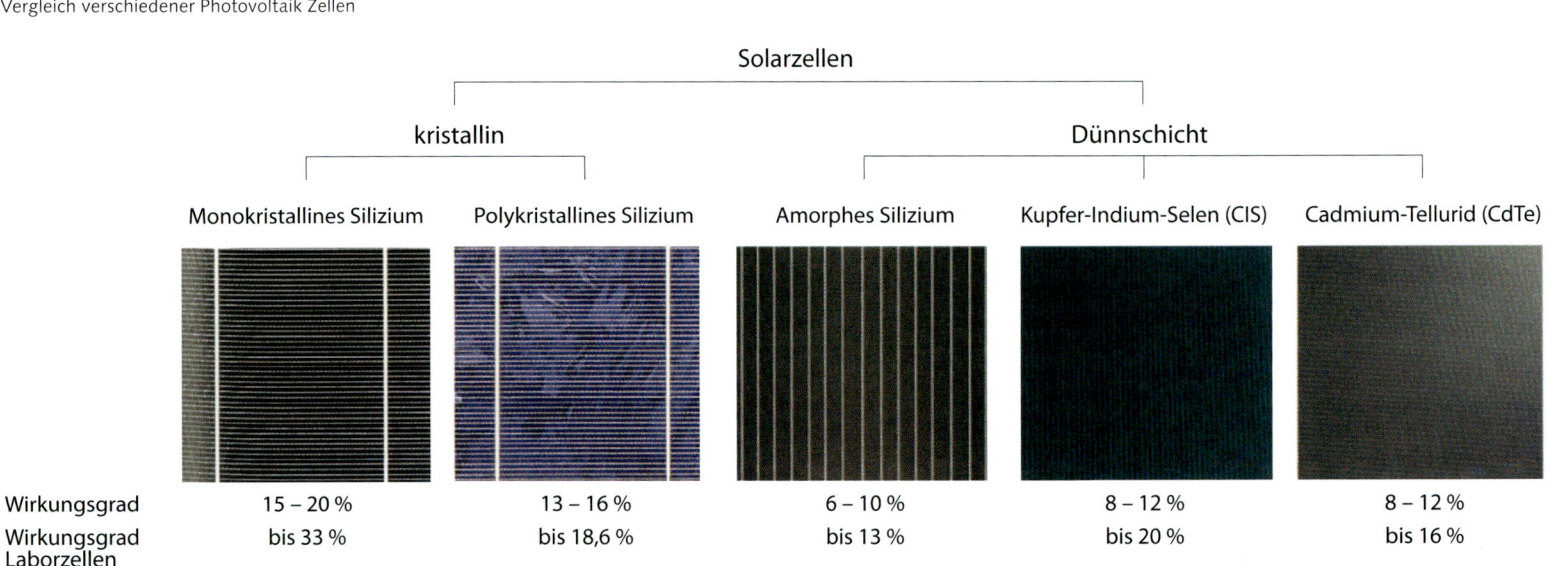

	Solarzellen				
	kristallin		Dünnschicht		
	Monokristallines Silizium	Polykristallines Silizium	Amorphes Silizium	Kupfer-Indium-Selen (CIS)	Cadmium-Tellurid (CdTe)
Wirkungsgrad	15 – 20 %	13 – 16 %	6 – 10 %	8 – 12 %	8 – 12 %
Wirkungsgrad Laborzellen	bis 33 %	bis 18,6 %	bis 13 %	bis 20 %	bis 16 %

Geothermie

Geothermie kann oberflächennah oder als so genannte Tiefengeothermie genutzt werden. Bei der meist eingesetzten oberflächennahen Geothermie wird die in den oberen Erdschichten enthaltene Wärme zum Heizen und Kühlen nutzbar gemacht. Verwendet werden Kollektoren, Erdwärmesonden, Energiepfähle oder Wärmebrunnenanlagen. Diese entziehen der Erde mittels einer zirkulierenden Flüssigkeit Wärme oder geben Kälte an sie ab.

Die meist mit niedrigem Temperaturniveau anliegende Wärme wird über eine Wärmepumpe nutzbar gemacht. Ein Einsatz ohne Wärmepumpe ist zur Kühlung eines Gebäudes möglich.

Wärmepumpe

Mithilfe einer Wärmepumpe kann durch den Einsatz von Antriebsenergie thermische Energie von einem niedrigen auf einen höheren Temperaturlevel gebracht werden, um sie als Nutzwärme zur Beheizung eines Gebäudes zu verwenden. Eine Umkehrung dieses Prinzips ermöglicht es, mit Wärmepumpen auch zu kühlen (Prinzip Kühlschrank). Als Medien kommen unter anderem Außenluft, oberflächennahe Geothermie, Grund- und Fließwasser sowie Abwasserwärme zum Einsatz.

Beleuchtung

Natürliche Beleuchtung

Der optimale Einsatz von Tageslicht ist ein Kernthema des Gebäudeentwurfs und entsprechend bereits im frühen Planungsprozess zu berücksichtigen. Hierzu sind äußere Faktoren wie der Sonnenlauf und Tageslichtfaktoren ebenso zu analysieren wie die zu erwartende Verschattung durch umgebende Gebäude oder Bäume. Die Optimierung der Deckung des Beleuchtungsbedarfs durch natürliche Quellen erfolgt dann im Gebäudeentwurf. Gebäude- und Raumtiefen, Raumhöhen, Positionierung, Größe und Zuschnitt der Gebäudeöffnungen und Oberflächengestaltung nehmen entscheidenden Einfluss auf die Tageslichtqualitäten.

Der sinnvolle Einsatz von Tageslicht erfordert zwingend eine flexible Dosierung über Verschattungs- und Blendschutzsysteme. Erst dies erlaubt gute Sehbedingungen in Wohn- und Arbeitssituationen. Die Systeme helfen zudem, den Eintrag solarer Wärme zu dosieren und auf die über das Jahr hinweg wechselnden Bedingungen reagieren zu können. Weitere passive wie aktive Maßnahmen verbessern die Tageslicht- und Sichtverhältnisse und die Raumstimmung. Zu nennen sind unter anderem lichtlenkende Jalousien, angeschrägte Fensterlaibungen, Sturzhöhen, Oberlichter oder auch Lichtkamine, die das Tageslicht zu nicht an einer Außenfassade liegenden Orten leiten. Der sensible Einsatz von Tageslicht in Gebäuden ist unerlässlich, um die physische und psychische Gesundheit des Menschen zu erhalten und zu fördern und durch die Minimierung des Kunstlichteinsatzes den Energieverbrauch zu reduzieren.

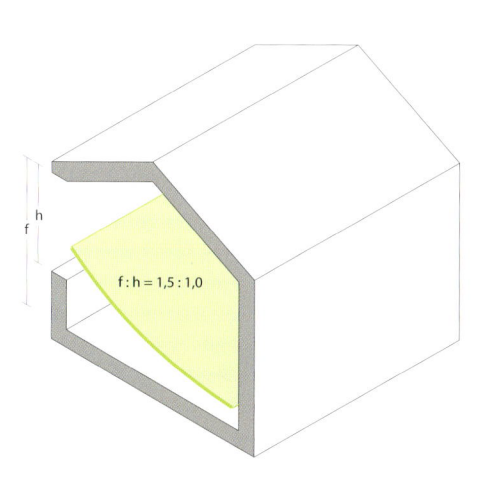

Tageslichtquotient in einem Raum in Abhängigkeit von Raumtiefe und Fassadenöffnung

Lichteinfall durch Photovoltaik-Fassade, Solar Academy, HHS Planer + Architekten AG, Kassel

Künstliche Beleuchtung

Im Bereich der Leuchtmittel ist in den letzten Jahren eine Vielzahl an Neuentwicklungen zu verzeichnen, insbesondere bei den Leuchtdioden (LED) sowie den organischen Leuchtdioden (OLED). LED-Leuchtmittel sind elektronische Halbleiter-Bauelemente. Bei Anlegung eines Stroms erzeugen sie Licht. Hierbei wird eine hohe Effizienz in der Umwandlung von elektrischer Energie zu Licht erreicht. Vorteile sind hohe Vielfalt in der Farbtemperatur, lange Lebensdauer (geringe Wartungskosten), hohe Schaltfestigkeit (ca. 1 Mio. Schaltzyklen), Dimmbarkeit ohne Farb- und Wirkungsgradverluste, Kälteresistenz und geringer Energieverbrauch (Faktor 10 und mehr gegenüber Glühlampen). Als Ersatz für bekannte Leuchtmittelformen und -fassungen sind so genannte LED-Retrofit-Leuchtmittel einsetzbar.

LED-Leuchtmittel bieten aufgrund ihrer Kompaktheit und ihrer minimierten Leuchtquellen völlig neue Ansätze für die Entwicklung von Leuchten.

Daneben bieten Leuchtstofflampen einen annähernd hohen Wirkungsgrad wie LEDs (Faktor 4 bis 10). Aufgrund der hohen Effizienz dieser Leuchtmittel treten die in der Regel verwendeten Vorschaltgeräte bei der Optimierung des energetischen Verbrauchs in den Vordergrund. Gegenüber konventionellen Vorschaltgeräten (KVG) kann mit elektronischen Vorschaltgeräten (EVG) eine Steigerung der Effizienz um den Faktor 2 erreicht werden. Trotz des etwas höheren Anschaffungspreises sind EVG vorzuziehen, auch weil sie durch eine geringere Abwärme die inneren Lasten eines Gebäudes reduzieren können. Mithilfe von Cut-off-EVG, welche eine geringere Verlustleistung sowie Eigenerwärmung durch Abschaltung der Wendelheizung nach Zündung der Lampe aufweisen, können weitere 20 Prozent Einsparung erreicht werden.

Ein weiteres großes Einsparpotenzial liegt in der Regelung der Beleuchtung. Hier sind als Hilfsmittel Bewegungs-/Präsenz-, Akustik-, Infrarotmelder und Schaltuhren zu nennen. Ihr Einsatz beispielsweise in Treppenhäusern, Kellern, Sanitäranlagen et cetera kann eine erhebliche Energieeinsparung ermöglichen. Gleichzeitig können von den Meldern weitere Funktionen übernommen werden, wie zum Beispiel die Lüftungsregelung. Kunstlicht, das über längere Zeit und vor allem im Außenbereich benötigt wird, wird über Dämmerungs-

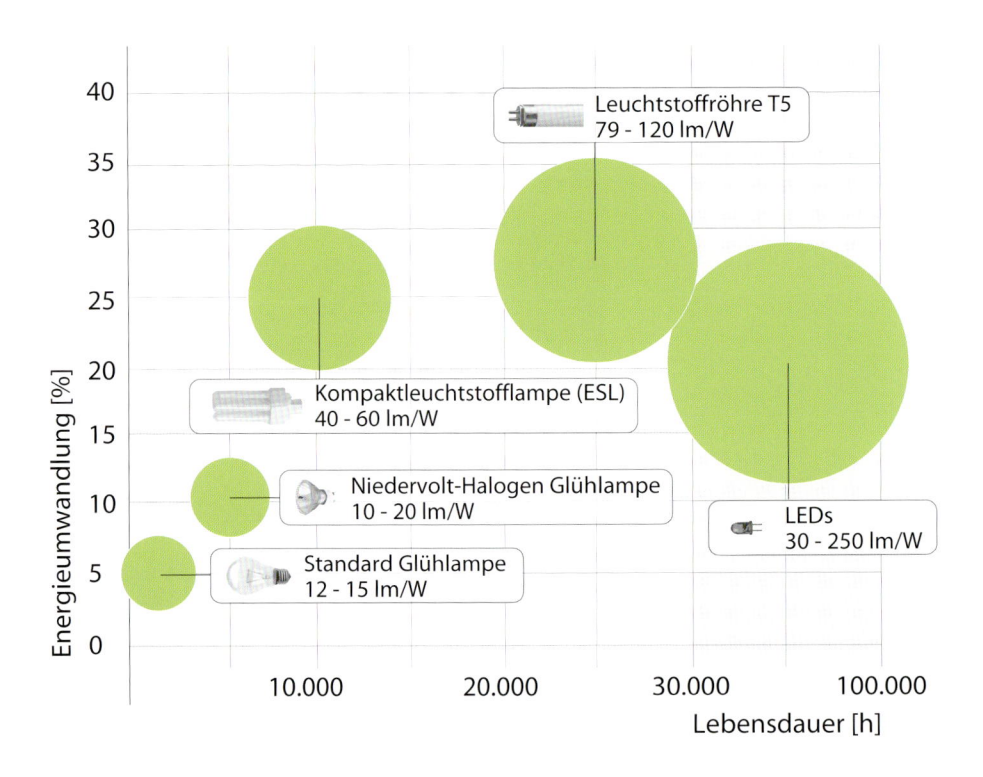

Effizienz unterschiedlicher Leuchtmittel

melder, gegebenenfalls in Verbindung mit Präsenzmeldern oder Schaltuhren geregelt. Die Kombination mit Präsenzmeldern ermöglicht auch eine Dimmung der Leuchtmittel bei Abwesenheit. Tageslichtsensoren sind in Bereichen, in denen wechselweise mit Tages- und (ergänzendem) Kunstlicht gearbeitet wird, zu empfehlen. So können sie beispielsweise das Kunstlicht für Büroarbeitsplätze automatisch an die aktuell vorherrschenden Bedingungen anpassen und das natürliche Licht ergänzen. Je nach Raumtiefe ist es sinnvoll, mehrere in der Tiefe gestaffelte oder auf Arbeitsplätze bezogene Sensoren zu installieren, falls diese nicht bereits in die entsprechende Leuchte integriert sind. In Kombination mit einem Bewegungs- oder auch Präsenzmelder kann das Kunstlicht selbstständig auf die Belegung des Raums reagieren, bei Verlassen des Büros dimmen und nach einer gewissen Zeit vollständig abschalten. Der Eingriff durch den Nutzer sollte jedoch immer möglich sein, um unterschiedliche individuelle Anforderungen an die Lichtintensität berücksichtigen zu können. Vor allem auch deshalb, weil sich ein entmündigter Nutzer immer schwer mit einem vorgegebenen System abfindet, selbst wenn es rein rechnerisch das bestmögliche ist.

Qualitäten und Details

An der Nahtstelle zwischen Innen und Außen entscheidet sich die energetische, die technische und die architektonische Qualität eines Gebäudes. Die Gestaltung der Hüllflächen hängt dabei auch eng mit der Konstruktion des Gebäudes zusammen. Die häufig im Wohnungsbau bevorzugte Massivbauweise bietet kostengünstige Lösungen mit gewissen Einschränkungen beim Setzen von Öffnungen. Bei Außendämmung, eingeschränkt auch bei monolithischer Bauweise, kann die thermische Masse der Konstruktion zur Verbesserung der Behaglichkeit und zum Ausgleich von Temperaturspitzen genutzt werden.

Bei der überwiegenden Zahl der Büro- und Industriebauten werden Konstruktion und Hülle getrennt. Dies verführt im Bürobau häufig zu großflächigen Verglasungen: Überschreiten diese ein gewisses Maß, können Behaglichkeit und Energiehaushalt infrage stehen.

Die Integration wirksamer Dämmung und Speicherung, gut gesetzter Fenster und Lüftungsöffnungen sowie wirksamer und gut regelbarer Verschattung in die Hülle, spielt auf dem Weg zu einem effizienten und behaglichen Gebäude eine zentrale Rolle. Die Elemente der Architektur wie Gebäudeform und Materialität, Masse und Transparenz, Textur und Farbe, sind zugleich auch die Elemente des energieeffizienten Bauens.

Einer energieeffiziente Gebäudehülle kann es gelingen, die geforderten inneren Bedingungen über das Jahr hinweg nahezu vollständig mit passiven Maßnahmen zu decken. Lediglich ein kleiner Beitrag zum Erhalt der gewünschten Anforderungen ist mit aktiver Unterstützung und der damit verbundenen Versorgungstechnik bereitzustellen. Diese sollte bei einem Aktivhaus aus regenerativen Quellen, die möglichst lokal genutzt werden können, gedeckt werden. Die technischen Mittel hierzu sind auch für das mitteleuropäische Klima verfügbar und unter Betrachtung der Lebenszykluskosten bereits heute wirtschaftlich einsetzbar.

Gebäudetechnik

Beim Aktivhaus steht nach einer bestmöglichen Ausnutzung aller passiven Maßnahmen sowie der Optimierung der Hülle die Energiegewinnung aus erneuerbaren Quellen im Vordergrund. Als erneuerbar werden solare Einstrahlung, Erdwärme, Wasserkraft, Wind und nachwachsende Rohstoffe bezeichnet. Durch den Einsatz regenerativer Energiequellen kann die Energieversorgung gegenüber fossilen Energieträgern in Richtung CO_2-Neutralität verbessert werden. Hinzu kommt, dass regenerative Energieträger wie Sonne, Wind und Geothermie als kostenlose Energiequellen hinsichtlich Versorgungsicherheit sowie Preisstabilität die bessere Alternative gegenüber fossilen Energieträgern sind. Auch lassen sich regenerative Energiequellen wie Biogas und Holz durch lokale Versorgung und somit ohne hohen Transportaufwand nutzen.

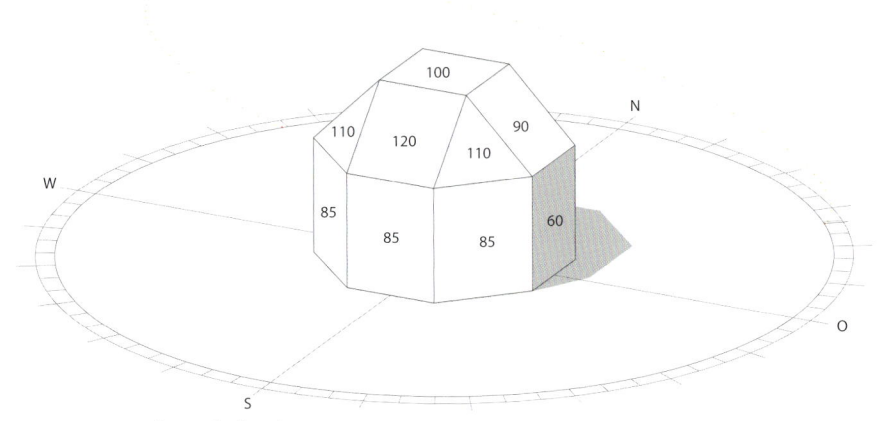

Erneuerbare Energien sammeln und umwandeln

Solarstrahlung

Solare Strahlung als Energiequelle hat eine lange Tradition, die viele Generationen zurückreicht. Ihre Nutzung hat sich über die Zeit weiterentwickelt. So können wir heute solare Strahlung nicht nur passiv nutzen, sondern in vielfältige Energieformen umwandeln, speichern und einsetzen. Hierzu dienen Technologien wie Photovoltaik, Solarthermie und Luftkollektoren.

Photovoltaik

Die Einstrahlung der Sonne kann mittels Photovoltaik (PV) in elektrische Energie umgewandelt werden.

Die erzeugte elektrische Energie kann direkt im Gebäude genutzt beziehungsweise verbraucht, in das öffentliche Stromnetz eingespeist oder aber mithilfe von Batteriesystemen gespeichert werden.

Solarmodule bestehen aus einzelnen Solarzellen. Diese setzen durch das auftreffende Sonnenlicht Elektroden frei, wodurch Gleichstrom entsteht. Dieser Vorgang ist seit dem Ende des 19. Jahrhunderts bekannt und wird als Photovoltaik bezeichnet. Um eine höhere Leistung zu erhalten und die verfügbare Fläche besser nutzen zu können, werden mehrere Solarmodule zusammenschaltet. Der Gleichstrom wird mithilfe eines Wechselrichters in Wechselstrom mit 230 Volt und 50 Hertz umgewandelt. So kann mit der solar erzeugten elektrischen Energie jedes haushaltsübliche Gerät betrieben werden oder, wenn zum Zeitpunkt der Erzeugung nicht selbst genutzt, in das öffentliche Netz eingespeist werden.

Bei der Planung ist darauf zu achten, dass möglichst wenig Verschattung oder Teilverschattung einzelner Photovoltaik-Module entsteht, da sich das negativ auf die Leistung auswirkt. Eine Integration in eine vertikale Hausfassade ist jedoch durchaus möglich, auch wenn die hierbei nutzbare Einstrahlung beziehungsweise der zu erwartende Ertrag gegenüber einer Dachintegration mit optimaler Ausrichtung geringer ausfällt. Photovoltaik-Module sind als Standardprodukte verfügbar, können aber auch bauvorhabenspezifisch gefertigt werden. Ebenso lassen sie sich direkt in Bauprodukte integrieren, wie zum Beispiel in Photovoltaik-Dachziegel oder Photovoltaik-Dachfenster.

Durch Integration von Photovoltaik-Elementen in die Gebäudehülle, und hier vornehmlich die Fassade, können zusätzlich zur elektrischen Energieerzeugung Witterungs-, Sonnen- und Sichtschutz sowie weitere Funktionen, die normalerweise durch die äußerste Schicht einer Fassade erfüllt werden, mit übernommen werden. Somit kann mindestens ein Bauelement eingespart werden, was den Einsatz integrierter PV-Systeme in einer Gesamtkostenbetrachtung günstiger macht.

Die direkte Integration der Photovoltaik, beispielsweise in die Fassadenebene, kann nach verschiedenen Prinzipien erfolgen. Generell wird zwischen einer Installa-

Ertrag einer Photovoltaik-Anlage unter Einfluss der Ausrichtung

Neigung Modulfläche [°]	nutzbare Solarfläche [%]	spezifische Einstrahlung [%]	nutzbare Einstrahlung [%]
0	100	100	100
10	75	106	80
20	61	111	68
30	53	113	60
40	48	113	54

Einfluss der Anordnung von Aufdach-Photovoltaik-Anlagen auf die nutzbare Einstrahlungsfläche

tion als durchsichtiges Glas-Glas-Modul und einer Integration als opake Fläche unterschieden.

Glas-Glas-Photovoltaik-Module können als Einfach- oder Isolierverglasung in ein Pfosten-Riegel-System, in Fensterrahmen oder als Überkopfverglasung eingesetzt werden. Die verwendeten Module werden in aller Regel bauvorhabenspezifisch gefertigt. Somit können Parameter wie Art der Photovoltaik und Belegungsdichte, sowie Spezifikation des Glases wie Tageslichtmenge oder Sonnenschutzwirkung, Zuschnittsgröße und -form und weitere Besonderheiten bestimmt werden. Alternativ können bei der Fassadenplanung Standardgrößen berücksichtigt werden, was sich kostenmindernd auswirkt.

Um einen möglichst hohen Ertrag je Quadratmeter PV zu erreichen, können die Module je nach Standort in eine optimale Position zur Sonne gebracht und ausgerichtet werden. Abweichungen hiervon reduzieren zwar die Effizienz pro Flächeneinheit. Andererseits ergeben sich größere Gestaltungsfreiheiten und die Nutzung der verfügbaren Hüllflächen des Gebäudes zur Energieerzeugung wird maximiert. Darüber hinaus kommt auch eine Nachführung zur Erhöhung der Effizienz infrage. Ein Vergleich verschiedener Ausrichtungswinkel sowie Aufstellungsdichten einer Aufdach-PV-Anlage zeigt jedoch, dass der Vorteil einer Ausrichtung im optimalen Winkel eine verminderte Ausnutzung vieler Hüllflächen zur Folge hat. Unter wirtschaftlichen und ertragstechnischen Gesichtspunkten empfiehlt es sich (bei sinkenden PV-Modulpreisen) daher an einem europäischen Standort, die Module mit der Hüllfläche zu verbinden, um die vorhandene Gebäudehülle optimal auszunutzen.

Optimiert wird der Ertrag, wenn die Module hinterlüftet sind, um eine Abführung der entstehenden Wärme zu gewährleisten. Die optimale Betriebstemperatur liegt bei 25 °C. Der Leistungsabfall Beträgt zirka 0,4 Prozent je °C. Leistungsmindernd wirkt sich auch Verunreinigung aus. Schon ein leichter Neigungswinkel von 3 bis 5 Grad unterstützt den Selbstreinigungseffekt durch Niederschlag.

Die Wirkungsgrade der verfügbaren PV-Technologien unterscheiden sich stark. Prototypen erreichen bereits einen Wirkungsgrad von 33 Prozent. Eine weitere Verbesserung des Wirkungsgrads bei sinkenden Modulpreisen ist auch weiterhin zu erwarten. Die Wahl der favorisierten Variante erfolgt häufig aufgrund des Modulpreises und des zu erwartenden Ertrags. Im Fassadenbereich kann die Auswahl hingegen von optischen Präferenzen beeinflusst werden. Zum Einsatz als gestaltendes Element stellen die Hersteller eine große Anzahl an optisch interessanten Photovoltaik-Zellen und -Modulen zur Verfügung oder fertigen diese individuell und projektbezogen an.

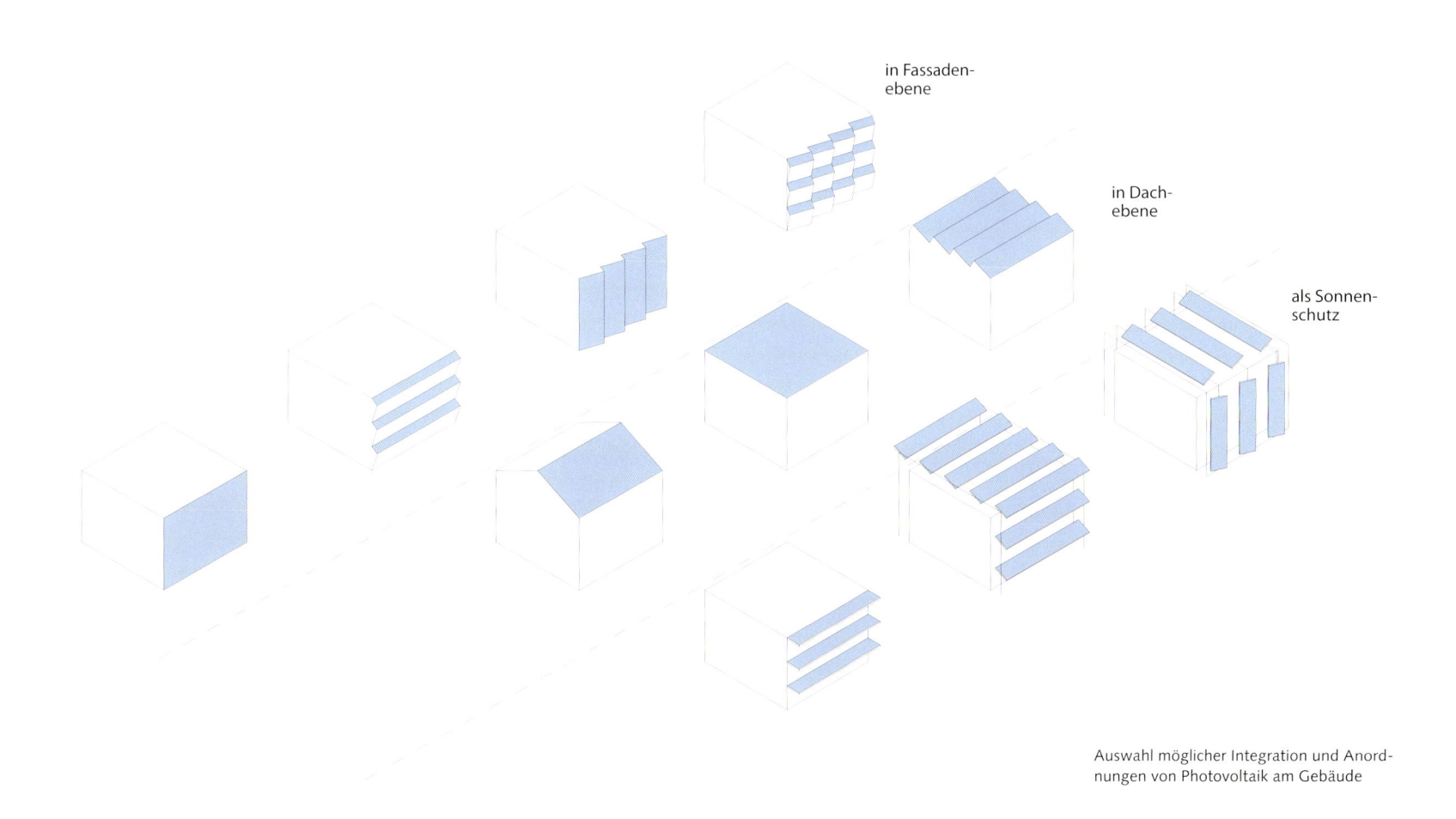

Auswahl möglicher Integration und Anordnungen von Photovoltaik am Gebäude

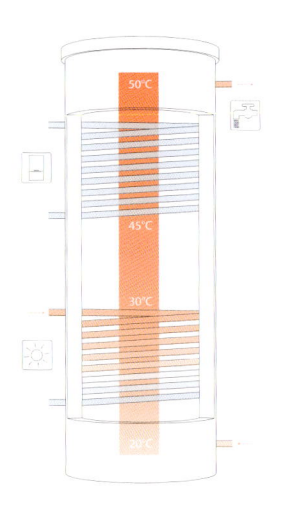

Solarthermie

Neben der elektrischen Energieversorgung kann die Sonnenstrahlung mithilfe der Solarthermie auch zur Brauchwarmwasserbereitung und zur Heizungsunterstützung genutzt werden. Hierbei wird über besonders gut wärmeabsorbierende Flächen ein Trägermedium durch die Sonnenstrahlung erwärmt und die Energie an einen Warmwasserspeicher (WWS) zur Pufferung übergeben. Dafür wird in der Regel ein so genannter bivalenter Speicher genutzt. Das Trägermedium wird durch den unteren Bereich des Speichers geleitet und überträgt die Wärme an das kältere Wasser. Das erwärmte Wasser steigt auf und kann als Brauchwasser im oberen Bereich des Speichers entnommen werden. Sollte die solar erzeugte Wärme nicht ausreichen beziehungsweise durch Entnahme unter einen definierten Wert sinken, wird das System von einer weiteren Energiequelle wie beispielsweise einer Gasbrennwerttherme, einer Pelletheizung oder einem elektrischen Heizstab unterstützt.

Um das solar erzeugte Warmwasser für die Heizungsunterstützung verwenden zu können, befindet sich ein weiterer Wärmetauscher im Speicher. Durch diesen fließt das Trägermedium des Heizungskreislaufs. Eine Überwachung der Speichertemperatur stellt sicher, dass die gewünschte Raumtemperatur erreicht werden kann. Falls das Temperaturniveau der solar gewonnenen Wärme hierfür zu gering ist, wird über einen Heizkessel nachgeheizt.

Bei der Warmwasserbereitung ist das Energieeinsparpotential besonders hoch. Im mitteleuropäischen Kontext wird durch die schlechte Überschneidung des Bedarfs an Heizleistung im Winter und des Angebots an solarer Einstrahlung im Sommer, über Sinn und Wirtschaftlichkeit der Warmwassererzeugung mit Heizungsunterstützung kontrovers diskutiert. Die Brennstoffeinsparung liegt bei Systemen mit gleichzeitiger Warmwassererzeugung und Heizungsunterstützung bei bis zu 35 Prozent. Bei reiner Unterstützung der Warmwassererzeugung kann schon mit einer geringen Solarthermiefläche eine deutlich höhere Deckung der nötigen Energie erreicht werden, sodass bis zu 60 Prozent an Brennstoff eingespart werden kann.

Eine senkrechte Ausrichtung der Kollektorfläche zur Steigerung der Gewinne im Winter kann vorteilhaft sein, da bei hohem Wärmebedarf und niedrigem Einstrahlungswinkel der Sonne ein Maximum an Wärme in der Fassadenebene erzeugt werden kann. Im Sommer hingegen ist der Einstrahlungswinkel der Sonne auf den Kollektor so flach, dass nur wenig Wärme erzeugt wird und diese mit dem geringeren Bedarf an Wärme korreliert. Dies ermöglicht eine Integration der Solarthermie in die Fassade. Ein besonderer Vorteil der Fassadenintegration ist auch darin zu sehen, dass die rückseitige Dämmung von Flachkollektoren gleichzeitig als Wärmedämmung einsetzbar ist.

Solarthermie ist bei kontinuierlich hohem Verbrauch von Warmwasser wie im mehrgeschossigen Wohnungsbau, Hotellerie oder Schwimmbädern ratsam und wirtschaftlich sehr gut darstellbar.

Unter diesen Einsatzbedingungen ist es sinnvoll, eine solarthermische Anlage auf den minimalen Bedarf auszulegen oder aber mit größeren Pufferspeichern zu arbeiten. So kann phasenverschoben zur solaren Einstrahlung regenerativ gewonnenes Warmwasser angeboten werden.

Eine Nutzung der solar erzeugten Wärme zur Kühlung mithilfe von Absorptionskälteanlagen kann unter anderem für Büro-, Industrie-, Gewerbenutzungen von Interesse sein.

Trinkwassererwärmung ausschließlich über Solarthermie

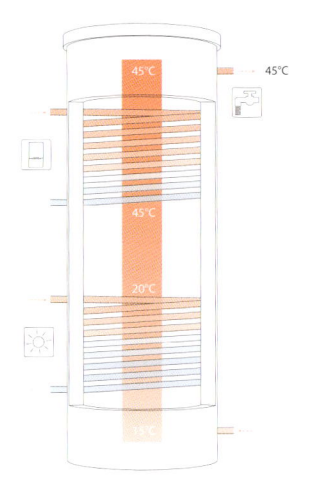

Trinkwassererwärmung mit Heizungsunterstützung

Auswahl möglicher Integration und Anordnungen von Solarthermie am Gebäude

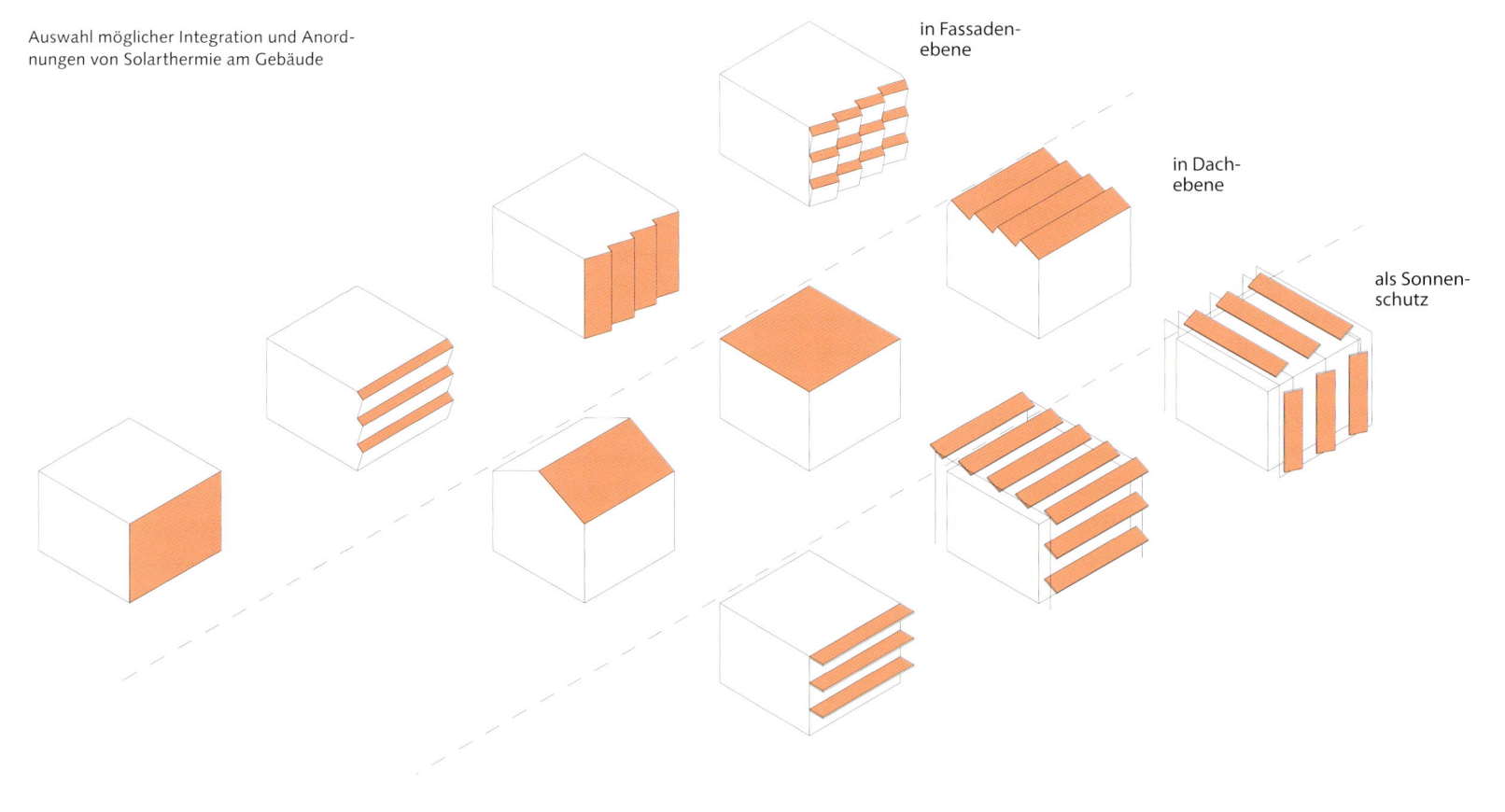

in Fassadenebene

in Dachebene

als Sonnenschutz

Integration von Solarthermie – Wohnhaus Satteins (A), Unterrainer

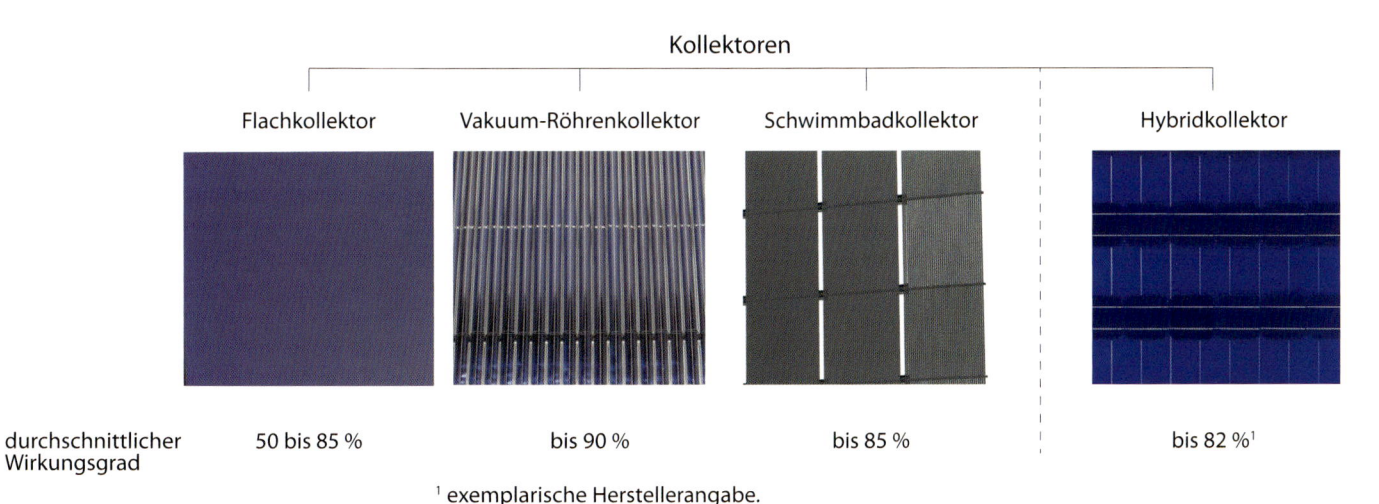

Kollektoren sind in unterschiedlichen Ausführungsarten und Effizienzniveaus verfügbar. Besonders einfach aufgebaut sind die so genannten Schwimmbadkollektoren, die als direkt wasserdurchströmte schwarze Gummimatten unter anderem zur Freibadbeheizung eingesetzt werden.

Flachkollektoren verbinden eine hoch wärmeabsorptionsfähige Metallplatte, die in der Regel von einem Wasser-Propylenglykol-Gemisch (Verhältnis 60:40) durchströmt ist. Sie sind mit einer Glasplatte abgedeckt und rückwärtig gedämmt, um über den Treibhauseffekt die Wärmeerzeugung zu optimieren und die Wärme nicht zu schnell zu verlieren.

So genannte Hybridkollektoren verbinden Flachkollektoren mit einer Abdeckung aus Photovoltaik. Diese Verbindung von elektrischer mit thermischer Energieerzeugung steckt noch in den Anfängen; die Wärmeabführung der Solarthermie kann jedoch der Kühlung der Photovoltaik-Module zugute kommen.

Vakuum-Röhrenkollektoren verfügen über den höchsten Wirkungsgrad. Ihre parallel angeordneten Einzelröhren lassen sich einzeln durch axiale Drehung auf den optimalen Neigungswinkel zur Sonne ausrichten. So können sie bei annähernder Südausrichtung sowohl in horizontaler wie auch vertikaler Gesamtausrichtung in die Architektur integriert werden.

Kollektoren				Hybridkollektor
Flachkollektor	Vakuum-Röhrenkollektor	Schwimmbadkollektor		Hybridkollektor
durchschnittlicher Wirkungsgrad				
50 bis 85 %	bis 90 %	bis 85 %		bis 82 %[1]

[1] exemplarische Herstellerangabe.

Solarthermiekollektoren und ihr Wirkungsgrad

Luftkollektor

Luftkollektoren können durch solare Einstrahlung Luft erwärmen und zur Temperierung beziehungsweise Vorkonditionierung von Luft beitragen. In Ihrer Funktions- und Konstruktionsweise sind sie mit solarthermischen Kollektoren vergleichbar, Luft besitzt jedoch eine wesentlich geringere Speicherfähigkeit.

Die Konstruktions- sowie Funktionsweise von Luftkollektoren ist technisch einfach. Der Kollektor besteht aus einer dunklen Absorptionsfläche, vor der mit Abstand eine transparente Verkleidung befestigt ist. Außenluft wird an einem Ende in den Kollektor eingelassen und durch die auf die Absorptionsfläche treffende Sonneneinstrahlung erwärmt. Diese erwärmte Luft strömt durch den Kamineffekt direkt in ein Gebäude oder wird mechanisch dorthin geleitet. Idealerweise und zur besseren Regelbarkeit wird die Warmluft an die Raumlufttechnik übergeben und bei Bedarf weiter erwärmt oder aber nur an die gewünschten Räume mit Wärmebedarf geleitet. Der Wirkungsgrad von Luftkollektoren liegt bei 55 bis 70 Prozent.

Anwendung finden Luftkollektoren zum Beispiel als vorgeschaltetes Element einer mechanischen Lüftungsanlage oder einer Luft-Luft-Wärmepumpe. Ihr Einsatz ist vor allem in den Wintermonaten sowie den Übergangszeiten sinnvoll. Für den Sommerfall muss eine alternative Außenluftansaugung der Raumlufttechnik vorgesehen werden, um eine Überhitzung zu vermeiden.

In Wohn- und Bürogebäuden sind Luftkollektoren nicht weit verbreitet. In der Landwirtschaft werden sie hingegen seit Jahren zur Trocknung von Heu, Getreide und Biomasse erfolgreich eingesetzt. Eine Speicherung der erzeugten Wärme zur nächtlichen Nutzung beispielsweise mittels eines Steinspeichers kann in Erwägung gezogen werden. Als weitere Nutzung kann stark erhitzte Luft durch ein leicht siedendes Medium (Wasser, Alkohol oder Ähnliches) mittels einer Dampfmaschine in mechanische beziehungsweise elektrische Energie gewandelt werden. Die hierbei anfallende Abwärme kann für Nutzungen mit niedrigerem Wärmebedarf bereitgestellt werden. Diese Mehrfachnutzung der erzeugten Wärme wird als Kaskadennutzung bezeichnet.

Die Nutzung stark erhitzter Luft zur Kälteerzeugung kann ebenso mittels einer Absorptionskältemaschine (siehe S. 180) realisiert werden.

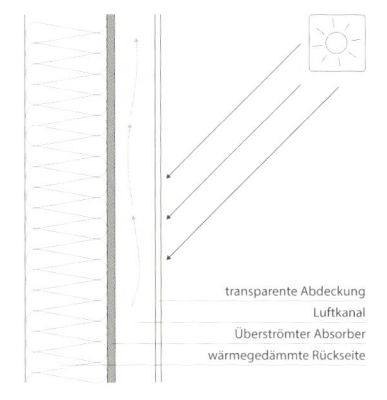

transparente Abdeckung
Luftkanal
Überströmter Absorber
wärmegedämmte Rückseite

Luftkollektorfassade – Gründerzentrum, Hamm, HHS Planer + Architekten AG, Kassel

Biomasse

Wärmegewinnung durch Holz

Heizen mit dem Rohstoff Holz bietet eine gute Möglichkeit, mit meist lokal vorhandenen Ressourcen eine nahezu CO_2-neutrale Gewinnung von Heiz- und Brauchwarmwasser zu realisieren. Das bei der Verbrennung des Rohstoffs Holz freigesetzte CO_2 entspricht dem CO_2, welches während des Wachstumsprozesses im Holz eingelagert wurde. Diese Betrachtung berücksichtigt nicht die für Ernte, Verarbeitung und Transport aufgewendete Energie. Die Beschaffung, Lagerung und Zuführung des Brennstoffs muss für den Verbrennungsort geplant werden, um einen für den Betreiber reibungslosen Ablauf dieser Beschaffungs- und Versorgungskette sicherzustellen. Es ist eine Vorhaltung an Brennstoff für eine Heizperiode oder aber eine bedarfsgerechte, vertraglich fixierte Lieferung der entsprechenden Menge zu empfehlen. Holz kann in Form von Stückgut, Hackschnitzeln oder Pellets bezogen werden. Bei der Verwendung von Holzpellets und Hackschnitzeln ist eine automatische Beschickung und Kesselreinigung möglich. Stückholz kann in Naturzugkesseln und Holzvergasern zum Einsatz kommen. Diese werden manuell beschickt. Bei beiden Systemen ist ein größerer Pufferspeicher vorzusehen.

Pellets bieten für den geringen Wärmebedarf des Aktivhauses hierbei die beste Alternative. Für größere Gebäude oder eine Quartiersversorgung werden Pellets aufgrund ihrer auf das Volumen bezogen geringen Energiedichte unwirtschaftlich, denn sie erfordern erhebliche Lagervolumina. Die Nutzung von Hackschnitzeln oder Stückholz sollte hier trotz des höheren personellen Aufwands im Betrieb favorisiert werden. Für die Verbrennung stehen je nach Bedarf unterschiedliche Anlagengrößen zur Verfügung.

Die Förderung der lokalen Wirtschaft durch den Bezug von Brennmaterial, kurze Transportwege sowie die Nutzung eines nachwachsenden Rohstoffs sind positiv zu bewerten. Die Versorgungssicherheit in Deutschland mit Holz ist gegeben, da das Potenzial einer nachhaltigen Forstwirtschaft aufgrund der über Jahre hinweg niedrigen Nachfrage nicht ausgeschöpft ist.

Die mit der Verbrennung von Holz verbundenen Feinstaubemissionen werden aufgrund ihrer Auswirkungen auf die Gesundheit jedoch kritisch gesehen.

Schema Stückholz als Brennstoff

Schema Holz als Brennstoff ohne Bevorratung

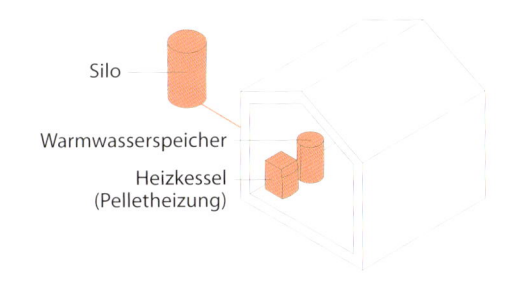

Schema Holz als Brennstoff zum Heizen mit Silo zur Bevorratung

Energieträger aus Holz: Stückholz, Hackschnitzel, Holzpellets

Wasser, Grundwasser, Erdreich

Bei der Gewinnung von elektrischer Energie aus Wasser wird die Umwandlung kinetischer Energie mithilfe von Turbinen direkt am oder in der Nähe des Aktivhauses höchst selten möglich sein. Die thermische Nutzung von Wasser, insbesondere von Grund-, Fließ- oder gesammeltem Regenwasser, dürfte bei entsprechenden Gegebenheiten demgegenüber deutlich häufiger sinnvoll sein.

Zur Gewinnung von Heiz- und Kühlenergie aus Fließ-, Grund- oder Regenwasser stehen technisch zwei Möglichkeiten zur Verfügung. Das Medium Wasser kann direkt zur Vorkonditionierung und Kühlung mit der anstehenden Temperatur genutzt werden, oder es wird über eine Wärmepumpe auf das gewünschte Niveau gebracht.

Direkte Kühlung

Die erste Variante kommt ohne weiteren Wärme- oder Kälteerzeuger aus. Bei der Betrachtung von Aktivhäusern kann die Kühlung gerade bei Nutzungen mit hohen internen Lasten, wie zum Beispiel bei Bürogebäuden, in den Vordergrund treten. Unter diesem Aspekt ist die direkte Nutzung von Fließ-, Grund- oder Regenwasser zur Deckung des Kühlbedarfs naheliegend, da der Primärenergieeinsatz sowie die Betriebskosten hierbei im Regelfall sehr gering ausfallen.

Das Wasser wird zur Kühlung über Saugbrunnen dem Erdreich entnommen und im Idealfall als zirka 14-gradiges Wasser zur Kühlung genutzt. Ein Wärmetauscher übergibt die anliegende Temperatur an den Kühlkreislauf. Das erwärmte Wasser kann zum kleineren Teil zur Toilettenspülung und Bewässerung verwendet werden; der überwiegende Teil in eine angrenzende Retentionsfläche sowie die Vorflut gegeben werden. Bei niedrigen Außentemperaturen kann Grundwasser dazu genutzt werden, die Außenluft vor Erwärmung durch die Raumlufttechnik (RLT) vorzukonditionieren und so zur Verringerung des Einsatzes an Primärenergie beitragen.

Wärmepumpe

Bei Einsatz einer Wärmepumpe (WP) in Kombination mit Fließ- oder Grundwasser als Medium kann sowohl Kälte als auch Wärme durch den Kompressionsprozess produziert werden, um das Aktivhaus nach individuellem Nutzerwunsch und den gegebenen Anforderungen zu konditionieren (siehe S. 175 ff).

Die Nutzung von Grund- oder Fließwasser als Medium ist je nach Standort zu untersuchen und bedarf in der Regel eines Genehmigungsverfahrens.

Oberflächennahe Geothermie

Das Erdreich enthält gespeicherte Wärme, die zur Nutzung als Heiz- und Kühlenergie als so genannte Geothermie in einem Aktivhaus genutzt werden kann. Die Erdwärme wird hierbei über eine Sole und einen Wärmetauscher einer Wärmepumpe übergeben.

Bohrungen zur Nutzung von Geothermie (Erdwärme) werden meist 50 bis 100 m tief geführt. Hier herrscht eine nahezu konstante Temperatur von zirka 10 °C und mehr. Alternativ kann, je nach Standort, oberflächennah in einer Tiefe von zirka 1,5 bis 3 m ein Erdkollektor als flächiges Element aus Heizschlangen, die hier herrschende, relativ konstante Temperatur nutzbar machen. Die Erdwärme wird mittels einer Sole an einen Wärmetauscher übergeben. Die hier anliegende Temperatur wird durch eine wassergeführte Wärmepumpe auf ein nutzbares Temperaturniveau gebracht.

Die Preise der so erzeugten Energie sind in vielen Bereichen Deutschlands bereits konkurrenzfähig zu konventionellen Technologien.

Allein das Potenzial der Geothermie übersteigt den tatsächlichen Bedarf an Energie um ein Vielfaches und ist nach menschlichem Maßstab unerschöpflich. Eine sinnvolle Nutzung wird sowohl bei Einzelgebäuden wie auch im Bereich größerer Anlagen zur Quartiersversorgung forciert.

Tiefen-Geothermie

Besonders an Standorten mit hohen, nah an der Oberfläche anliegenden geothermischen Vorkommen, ist die Nutzung der Tiefen-Geothermie interessant. In Deutschland, Österreich und der Schweiz befinden sich Anlagen zur Stromerzeugung aus Tiefen-Geothermie in Betrieb. So wird zum Beispiel in Unterhaching aus einer Bohrtiefe von zirka 3500 m 120-gradiges Wasser mit einer geothermischen Leistung von 40 MW gewonnen. Eine Vielzahl von Projekten mit Bohrungen in bis zu 5000 m Tiefe mit einer geothermischen Leistung von bis zu 80 MW sind in Planung und Bau.

Schema Nutzung oberflächennaher Geothermie

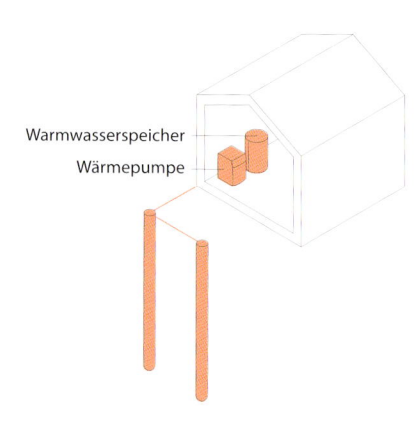

Schema Nutzung von Tiefen-Geothermie

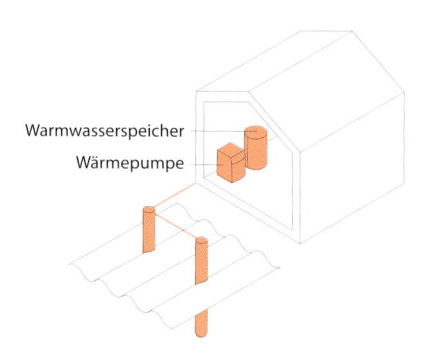

Schema Nutzung von Grundwasser als Energiequelle

Wind

Die Gewinnung elektrischer Energie aus Windkraft zur Nutzung in einem Aktivhaus kann direkt am Haus oder in unmittelbarer Nachbarschaft zum Gebäude stattfinden.

Windkraftanlage

Eine Windkraftanlage (WKA) nutzt den Wind zur Erzeugung elektrischer Energie. Die gängigen WKA sind mit drei profilierten Rotorblättern windzugewandt an einer horizontal rotierenden Nabe angeordnet, die mit einer Gondel verbunden ist. Diese produzieren aufgrund ihrer aerodynamischen Form bei auftreffendem Wind einen Staudruck am Rotorblatt, der eine Rotation der Rotorblätter bewirkt. Diese Rotation wird durch einen Generator in elektrische Energie umgewandelt. In den meisten Fällen wird diese in das öffentliche Netz eingespeist.

Eine Wirtschaftlichkeit in der Stromproduktion größerer WKA ist heute bereits ohne Subventionierung gegeben. Eine Produktion zu Preisen von 6 ct/kWh, die einem Endverbraucherpreis von 27 ct/kWh (Ökostrom, Stand Q3/2012) gegenübersteht, ist unter Berücksichtigung sämtlicher Kosten erzielbar. Durch Effizienzsteigerung soll dieser in den kommenden vier Jahren noch um 1,5 bis 2 ct/kWh sinken. Dies wäre dem an der Strombörse erzielbaren Preis für Kohlestrom gleichzusetzen.

Gebäudeintegrierte Kleinwindkraftanlagen mit bis zu 5 kW Leistung können einen Beitrag zur Steigerung der Nutzung regenerativer Energiequellen leisten. Auch im dicht bebauten städtischen Umfeld können solche Anlagen betrieben werden. Der Eigenverbrauch sollte hierbei immer im Vordergrund stehen, da die Investitionskosten pro kW relativ hoch sind und die entsprechende Einspeisevergütung bei kleineren Anlagen meist nicht kostendeckend ist. Bei der Aufstellung im städtischen Raum sind die Windverhältnisse stark von der Umgebung und Gebäudegeometrie abhängig. Hierzu laufen derzeit Feldversuche, um für die Planungen wertvolle Erkenntnisse zu den Windbedingungen und den Einsatzmöglichkeiten im städtischen Raum zu erlangen.

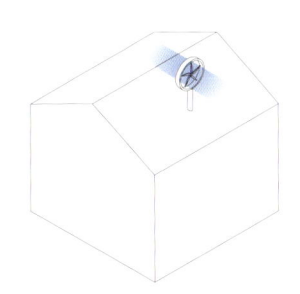

Nutzung einer Windkraftanlage am Gebäude zur Stromerzeugung

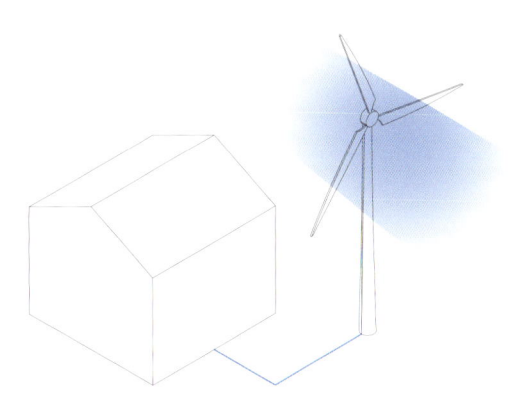

Nutzung einer frei stehenden Windkraftanlage zur Stromerzeugung

Außenluft

Natürliches Lüften

Die energetischen Qualitäten von Gebäudehüllen beruhen ganz wesentlich auf einer verbesserten Dichtheit der Gebäudehüllen. Dies bedeutet, dass eine unkontrollierte Lüftung über Undichtheiten und Fugenluftstrom, wie sie in bisherigen Bauten die Norm war, bei Aktivhäusern nicht mehr gegeben ist. Hohe Behaglichkeit durch ausgezeichnete Luftqualität und durch Minimierung der Lüftungswärmeverluste sowie ein möglichst hoher Nutzungsgrad an freier Lüftung sind deshalb Anforderungen, die an eine bedarfsgerechte und hygienische Lüftung zu stellen sind. Um eine optimale Luftqualität bei Vermeidung von Energieverlusten gewährleisten zu können, ist eine geregelte mechanische Lüftung unabdingbar. Ergänzt wird sie – wann immer möglich – durch freie Lüftung.

Fensterlüftung

Freie Fensterlüftung ohne Lüftungsanlage kann in einem energieeffizienten Neubau nur bei regelmäßiger Stoßlüftung angewandt werden. Hierzu muss mehrmals täglich in regelmäßigen Abständen (auch nachts) für 5 bis 10 Minuten gelüftet werden. Dies kann manuell oder mechanisch erfolgen.

Die manuelle Art der natürlichen Lüftung dürfte bei Einhaltung der gewünschten Komfort- und Hygienestandards nur mit hoher Disziplin der Benutzer realisierbar sein. Werden bewohnte Räume nicht regelmäßig stoßgelüftet, sinken Luftqualität und Lufthygiene; in der Folge können sich bauphysikalische und hygienische Probleme bis hin zu gesundheitlichen Gefährdungen einstellen. Bei Dauerlüftung, zum Beispiel über gekippte Fenster, sinken die Luft- und Oberflächentemperaturen im Raum deutlich ab. Im Ergebnis verringert sich nicht nur der thermische Komfort. Bei Kälte muss mit hohem energetischen Aufwand gegengeheizt werden – die Energieeffizienz verringert sich deutlich.

Eine Alternative bietet die mechanische Fensterlüftung. Hier übernimmt ein elektromotorisches Öffnungssystem für die Fenster die kontrollierte natürliche Lüftung; im einfachsten Fall geregelt über eine Schaltuhr, normalerweise jedoch automatisiert in Abhängigkeit vom individuellen Lüftungsbedarf des Raums sowie den aktuellen Temperatur-, Niederschlags- und Windverhältnissen angepasst. Auch hier ist in der Regel die Möglichkeit eines direkten Eingriffs des Nutzers gegeben, das heißt, er kann jederzeit selbst das Fenster öffnen oder schließen. Eine ausreichende Anzahl von Lüftungsflügeln sollte eingeplant sein.

Die psychologische Wirkung der Öffenbarkeit von Fenstern ist besonders in den Sommer- und Übergangsmonaten von Bedeutung. Wegen des hohen thermischen Komforts eines Aktivhauses wird der Nutzer bei niedrigen Außentemperaturen auf die Fensterlüftung und die damit hohen Wärmeverluste verzichten.

Freie Fensterlüftung kann jedoch in den Übergangszeiten und im Sommer zu den meisten Tageszeiten eine mechanische Lüftung ersetzen. Über das Jahr hinweg ist sie als gute Ergänzung zu sehen, um dem Nutzer freien Handlungsspielraum zu geben und gegebenenfalls auf Beeinträchtigungen der Luftqualität oder Wettersituationen reagieren zu können.

Die so genannte Querlüftung erfolgt über Fenster oder Lüftungsflügel auf idealerweise gegenüberliegenden Fassadenflächen, um einen kontinuierlichen Luftstrom durch das Gebäudeinnere zu erhalten. Hierzu sind Lüftungsflügel in sinnvoller Größe und Anzahl einzuplanen. Im Sommerfall kann ein über den Tag thermisch aufgeladenes Gebäude mit nächtlichem Querlüften deutlich abgekühlt beziehungsweise entladen werden. Es speichert die nächtliche Kälte für den nachfolgenden Tag. Der hohe Luftdurchsatz einer Querlüftung lässt zudem hohe Temperaturen am Tag deutlich erträglicher erscheinen.

Fortluft

Frischluft

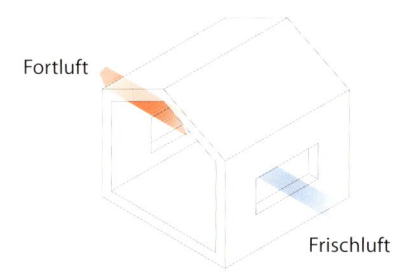

Natürliche Fensterlüftung

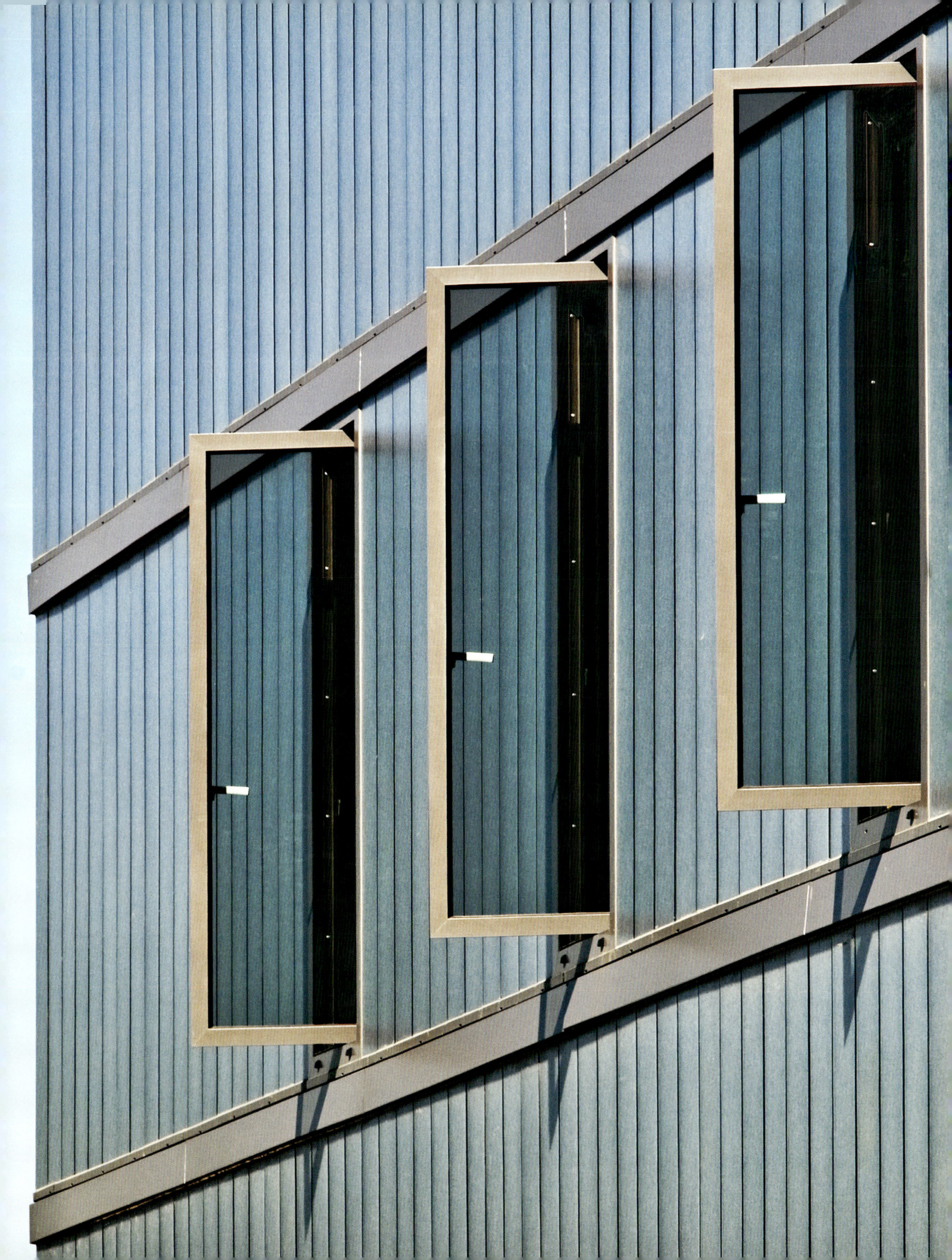

Mechanisches Lüften

Zur Vermeidung hoher Energieverluste durch Fensterlüftung ist der Einsatz einer automatisch geregelten Lüftungsanlage mit Wärmerückgewinnung (WRG) in einem Aktivhaus sinnvoll. Bei effizienter Wärmerückgewinnung sind Einsparungen bei Wärmeverlusten im Winterfall von 75-90 Prozent sowie Kälteverluste, bei aktiver Kühlung eines Gebäudes, von <60 Prozent im Sommerfall erreichbar. Die für die Ventilatoren eingesetzte elektrische Energie kann dabei das 8–15-Fache an Wärme zurückgewinnen.

Die mechanische Lüftungsanlage hilft, eine konstante Frischluftzufuhr bei einem mindestens 0,3-fachen Luftwechsel pro Stunde und jederzeit einen bedarfsgeregelten Luftwechsel für eine Wohnnutzung zu gewährleisten. Somit wird hohe Behaglichkeit gewährleistet, etwa vorhandene Feuchte abgeführt und der Feuchtebildung mit der Gefahr von Schimmelpilzbildung vorgebeugt. Die Regelung der Lüftungsanlage kann über einen konstanten Betrieb mit Zeit-Programmsteuerung, belegungsabhängig über Schalter oder Bewegungsmelder gesteuert, bis hin zur bedarfsabhängigen Regelungen erfolgen. Eine bedarfsabhängige Regelung über CO_2-, Mischgas- oder VOC-Sensoren reagiert auf die tatsächlich vorhandene Luftbelastung im Raum und kann somit für die gegebenen Umstände den optimalen Luftwechsel sicherstellen. Dies erspart erhebliche Lüftungswärmeverluste und sichert niedrige Betriebskosten. Trotz automatischer Regelung sollte der Nutzer zur Steigerung der Akzeptanz und des Wohlbefindens jederzeit einen Eingriff in das System haben, insbesondere in die Regelung der Temperatur (+/- 5K) und des Luftvolumenstroms. Die Lüftungsanlage sollte über einen Bypass verfügen, um im Sommerbetrieb die WRG umgehen zu können.

In einem Aktivhaus mit Wohnnutzung wird eine mechanische Lüftungsanlage zentral oder dezentral in das Gebäude integriert. Die Zuluft strömt über strömungstechnisch sinnvoll platzierte Auslässe unter Vermeidung von Zugerscheinungen direkt in die Haupträume wie Schlaf-, Wohn-, Kinder-, Arbeitszimmer. Die Abluft wird in Räumen mit hohen Belastungen bzw. Emissionen wie Küche, Bad, WC abgesaugt und an die Lüftungsanlage geleitet. Hier durchströmt sie den Wärmetauscher, der der Abluft die Wärme entzieht und diese wieder an die Frischluft übergibt. Diese Art der Lüftung nennt sich Kaskadenlüftung. Somit wird die eingeblasene Luft mehrfach in verschiedenen Räumen genutzt. Hierbei ist immer eine eindeutige Richtung des Luftstroms vorhanden.

Die Frischluft wird über eine Öffnung in Fassade oder Dach angesaugt, die Fortluft wird unter Vermeidung eines Kurzschlusses der Luftströme ausgeblasen. Durch den Einsatz eines Erdkanals kann die gleichmäßige Temperatur der Erde genutzt werden, um die Frischluft vorzukonditionieren, bevor sie erwärmt oder gekühlt wird. Eine Vorerwärmung im Winterfall beziehungsweise eine Kühlung im Sommerfall ist hierdurch gegeben. Der Einsatz einer zweiten Ansaugung direkt aus der Außenluft für die Übergangszeiten ist zu empfehlen.

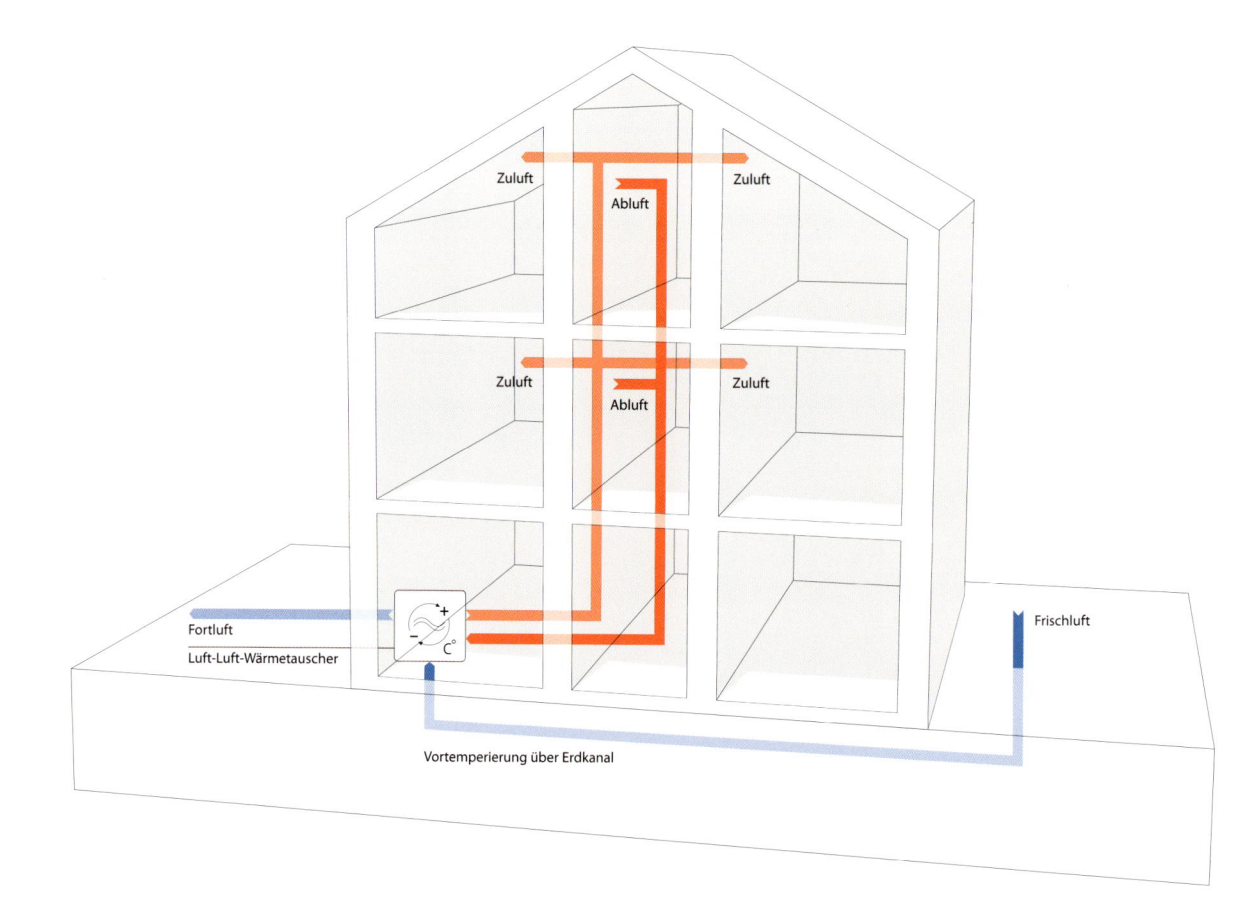

Funktionsprinzip zentraler Komfortlüftungsanlage mit WRG sowie Ansaugung über Erdkanal

Angesaugte Luft durchläuft vor dem Eintreten in die Lüftungsanlage einen Filter. Dieser kann auch kleinste Partikel wie Staub oder Pollen aus der Außenluft herausfiltern und bietet so einen Komfortgewinn, nicht nur für Allergiker. Ein regelmäßiger Austausch bzw. eine Reinigung des Filters ist für eine gleichbleibende Luftqualität sowie die Funktion der Lüftungsanlage unabdingbar.

Wärmerückgewinnung

Der Einsatz einer Lüftungsanlage mit WRG reduziert den Heizwärmebedarf und kann dazu beitragen, die Heiztechnik in Größe und Umfang deutlich zu reduzieren. Bei einem guten Gebäudeentwurf und einem hohem Dämmstandard der Gebäudehülle kann der benötigte Wärmebedarf so gering sein, dass allein über die Zuluft geheizt werden kann. Hierzu kann in der Lüftungsanlage zentral oder je Luftauslass ein Heizregister vorgesehen werden. Reine Abluftanlagen werden hier nicht betrachtet, da der fehlende Einsatz von WRG zu hohen Lüftungswärmeverlusten führt.

Konventionelle Kreuzwärmetauscher geben die Wärme aus der Abluft in der Regel über gut leitende Metallflächen an die Zuluft weiter, ohne hierbei die Luftströme in direkte Verbindung zu bringen. Dies kann dazu führen, dass im Winter die Zuluft sehr trocken wird. Um dies zu mildern, setzt eine Neuentwicklung einen hochwertigen Papierwerkstoff für die Austauschflächen ein, der nicht nur die Wärme, sondern auch die Feuchtigkeit austauscht. Hierbei wird die relativ trockene Außenluft über die feuchtere Innenluft vorkonditioniert; es entsteht ein angenehmeres Raumklima. Auf den Einsatz von Befeuchtungsanlagen in der RLT sollte wegen des hohen Energiebedarfs und der Gefahr der Verkeimung möglichst verzichtet werden.

Zur Nachrüstung einer mechanischen Lüftung sind aufgrund des geringeren baulichen Aufwands auch dezentrale Systeme mit WRG verfügbar. Diese können mithilfe von Bohrungen geringen Durchmessers direkt in die Außenwand eingesetzt werden. Der Luftwechsel erfolgt in der Regel im Pendelbetrieb. Luft wird von innen nach außen transportiert und die enthaltene Energie auf ein direkt im Luftstrom befindliches Speichermedium übertragen. Hiernach wechselt der Luftstrom seine Richtung und führt Außenluft nach innen. Dabei wird die im Speichermedium enthaltene Energie wieder an die Zuluft abgegeben. Dieser Pendelbetrieb ermöglicht eine Wärmwückgewinnung bis zu 90 Prozent.

Wärmepumpe

Über eine Wärmepumpe wird den Umweltenergien Luft, Erde sowie Grundwasser, gegebenenfalls auch Abwärme und Abwasser, die enthaltene Wärme mithilfe von Wärmetauschersystemen entzogen. Diese wird über einen Pumpenkreislauf auf das für Heiz- beziehungsweise Kühlzwecke geeignete Niveau gebracht. Bevor es zum Heizen oder Kühlen verwendet werden kann, dient ein Speicher dazu, die entsprechenden Systeme möglichst konstant betreiben zu können, kontinuierlich dem wechselnden Bedarf gerecht zu werden und eine hohe Effizienz zu gewährleisten.

Funktionsweise eines Wärmetauschers

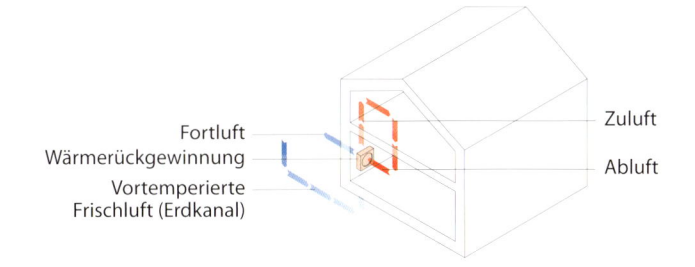

Funktionsprinzip Lüftungsanlage mit WRG

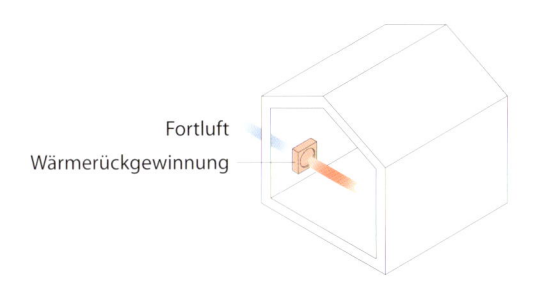

Schema Lüftung mit WRG

Das Funktionsprinzip einer Wärmepumpe gleicht dem eines Kühlschranks. Hierbei wird der Dampf eines Kältemittels auf ein für die Nutzung als Brauch- und Heizwasser nötige Temperatur verdichtet. Die Verwendung eines niedrigen Temperaturniveaus zur Temperierung eines Gebäudes steigert hierbei die Effizienz des Gesamtsystems. Dies wiederum bedingt den Einsatz großer Heizflächen. Besonders sinnvoll erscheint in diesem Zusammenhang die Nutzung der Bauteilaktivierung. Hierbei werden ganze Bauteile und somit große Oberflächen zur Übertragung der Wärme oder Kälte an den jeweiligen Raum genutzt. In die massiven Bauteile werden hierzu Leitungen zur Führung eines Heiz- oder Kühlmediums eingebracht, um sie als Heiz- beziehungsweise Kühlfläche zu nutzen. Auch der Einsatz einer Fußbodenheizung ist bei Nutzung einer Wärmepumpe eine empfehlenswerte Lösung.

Beim Einsatz einer Wärmepumpe zum Kühlen werden passive und aktive Kühlung unterschieden. Bei der passiven Kühlung wird die im Gebäude befindliche Wärme dem Heizkreislauf über einen Wärmetauscher entzogen und an Sole oder Wasser abgegeben. Bei der aktiven Kühlung wird die Funktion der Wärmepumpe umgekehrt, so dass sie, wie ein Kühlschrank, aktiv Kälte produziert, mit der ein Aktivhaus gekühlt wird und entsprechend Wärme an die Umwelt abgibt.

Bei der Verwendung von Luft als Medium wird die anliegende Temperatur der Außenluft über einen Wärmetauscher an den Wasserkreislauf der Wärmepumpe übergeben. Bei geringem Installationsaufwand sowie geringer Erstinvestition im Vergleich zu anderen Heiz- und Kühlsystemen wird auch bei niedrigen Lufttemperaturen im Winter eine gute Effizienz erreicht. Systeme, welche Geothermie sowie Grund- oder Fließwasser als Medium nutzen, übertreffen diese noch und bieten aufgrund der über das Jahr konstanten Temperaturen eine gleichbleibend hohe Effizienz.

Die Art des Verdichtungsprozesses der Wärmepumpe beeinflusst ebenfalls die Effizienz des Gesamtsystems. Die so genannte Leistungszahl (COP) gibt Auskunft über das Verhältnis von Wärmeabgabe zu Leistungsaufnahme. Die Jahresarbeitszahl (JAZ) beschreibt den Durchschnitt der COP unter definierten Bedingungen über ein Jahr hinweg.

Der Einsatz von Wärmepumpen ist bei Einfamilienhäusern bis hin zu großen Quartiersversorgungen möglich und sinnvoll. Besonders sinnvoll ist der elektrische Betrieb der Wärmepumpe aus regenerativen Energiequellen, die in der Umgebung oder direkt am Aktivhaus erzeugt werden.

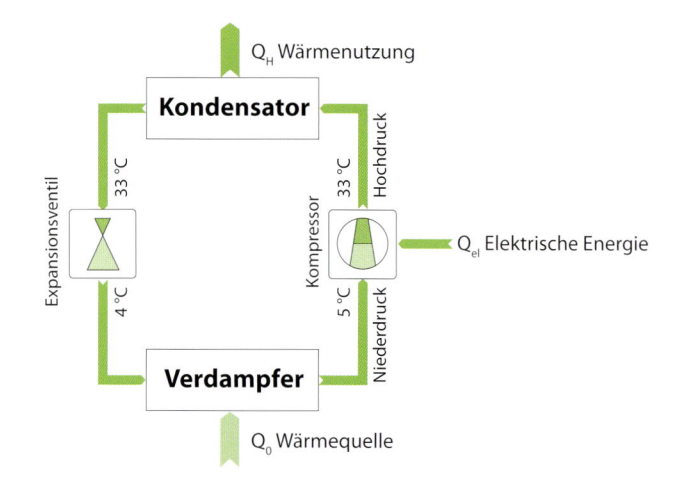

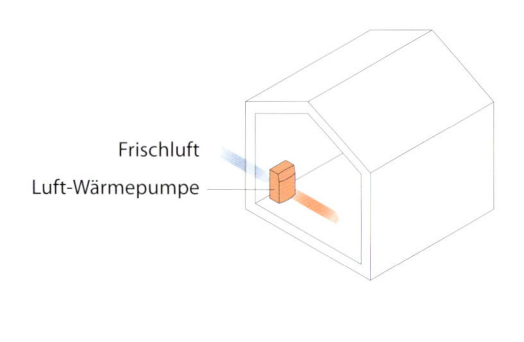

Funktionsprinzip Wärmepumpe

Schema Lüftung mit Wärmerückgewinnung

Abwärme

Wärmerückgewinnung (WRG)

Die für ein Aktivhaus unabdingbare Lüftungsanlage gewinnt Wärme aus der Abluft zurück und trägt so dazu bei, den Heizwärme- und Kühlbedarf durch Minimierung der Lüftungswärmeverluste zu reduzieren. Die Effizienz einer WRG wird durch die Rückwärmezahl ausgedrückt. Sie beschreibt die Differenz zwischen Zu- und Abluft und Ab- und Außenluft und setzt sie ins Verhältnis. Hieraus resultieren für die unterschiedlichen WRG-Systeme folgende typische Kennwerte:

Kreuzstrom-Plattentauscher	50–70%
Rotationswärmetauscher	50–80%
Kreuzgegenstrom-Plattentauscher	70–90%

Die Wahl einer WRG fällt häufig auf Kreuzstrom-Plattentauscher, da sie einen guten Kompromiss zwischen Wirtschaftlichkeit und Wartungsaufwand bieten. Ein Rotationswärmetauscher weist demgegenüber höhere Investitions- sowie Wartungskosten (=Lebenszykluskosten) auf. Sein Vorteil ist, dass eine Feuchterückgewinnung über Kondensation möglich ist, welche jedoch zu erhöhten Anforderungen in der Wartung bezogen auf die Hygiene führt, da es zu Keimbildung kommen kann. Hoch effiziente Kreuzgegenstrom-Plattentauscher kommen vornehmlich in kleinen dezentralen Lüftungsgeräten vor. Diese führen einen Luftstrom aus dem Gebäude heraus. Der warme Luftstrom wird durch einen keramischen Wärmetauscher, der sich entsprechend thermisch auflädt, geführt. Nach einem Zeitintervall wird die Luftstromrichtung umgedreht und die einströmende Frischluft wird durch den geladenen thermischen Speicher vorkonditioniert.

Eine Lüftungsanlage sollte einen Bypass besitzen, der je nach anliegenden Innen- und Außentemperaturen automatisch geöffnet wird, um die Luft bei Bedarf an der WRG vorbeizuführen. Dies kann beispielsweise im Sommerfall, wenn eine Rückgewinnung von Wärme zweckdienlich ist, hilfreich sein.

Abwasserwärmerückgewinnung (AWGR)

Die Rückgewinnung thermischer Energie aus Abwasser, beispielsweise von Industrie und Haushalten hat, ein bisher kaum genutztes Potenzial. Quelle kann das Abwasser des eigenen Gebäudes, wie auch Industrieabwässer oder das kommunale Kanalisationssystem sein. Die eingesetzten Techniken der Wärmerückgewinnung unterscheiden sich hierbei. Auf kleine Bedarfe wie bei einem Wohnhaus sind Systeme ausgelegt, die direkt im Haus in das Hauptabwasserrohr integriert sind. Die Außenwand des Abwasserrohrs wird durch die Frischwasserzufuhr umschlossen. Diese erwärmt sich ohne weitere technische Komponente durch das wärmere Abwasser und wird so vorkonditioniert an die Brauchwassererwärmung übergeben.

Auch die gesamte Wärmeversorgung eines Aktivhauses ist durch Nutzung der Abwärme eines kommunalen Abwassersystemes bei einem vorhandenen kontinuierlichem Volumenstrom möglich. Dem bis zu 40 °C warmem Abwasserstrom wird hierbei über einen Wärmetauscher die Wärme entzogen und mittels Wärmepumpe auf das nötige Niveau gebracht. Die einzusetzenden Wärmetauscher unterscheiden sich auch hier. Um einen besonders geringen Wartungsaufwand zu gewährleisten, sind sie direkt in die Außenwand des abwasserführenden Rohrs integriert.

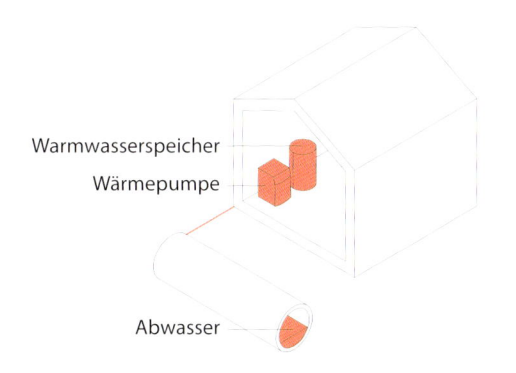

Schema Nutzung von Wärmerückgewinnung aus Abwasser

Gewinnung von elektrischer Energie, Wärme und Kälte

Kraft-Wärme-Kopplung (KWK)

Durch Kraft-Wärme-Kopplung (KWK) kann ein Blockheizkraftwerk (BHKW) Brennstoffe gleichzeitig in elektrische Energie sowie in Wärme (Nutz- und Brauchwasser) umwandeln. Dies erhöht die Effizienz gegenüber einer reinen Verbrennung wesentlich. Voraussetzung zur sinnvollen Nutzung eines BHKW ist jedoch, dass möglichst zeitgleich ein Bedarf an Heizwärme und elektrischer Energie besteht.

Bei der KWK betreibt in der Regel ein Verbrennungsmotor einen elektrischen Generator; auch Dampfmotoren oder Holzvergaser können im Einzelfall zum Einsatz kommen. Eine weitere Alternative ist die Verbindung eines Gasbrenners mit einem Stirlingmotor zur Erzeugung elektrischer Energie. Regenerativ betrieben werden kann KWK über den Einsatz von Biobrennstoffen wie auch Biogas.

Die bei dem Verbrennungsprozess abfallende Wärme wird zur Erwärmung von Heiz- und Brauchwasser verwendet. Die Doppelnutzung des Energieträgers begründet die hohe Effizienz der Kraft-Wärme-Kopplung. Die energetischen Verluste können bei dieser Umwandlung anlagen- und nutzungsabhängig lediglich zirka 10 Prozent betragen. Bei konventioneller, getrennter Erzeugung von Strom und Wärme müsste entsprechend mehr Brennstoff zur Erzeugung der selben Menge an Wärme und Strom aufgewendet werden.

Erzeugte, jedoch nicht direkt selbst genutzte elektrische Energie kann mithilfe eines Batteriespeichers zur späteren Nutzung gepuffert oder in das öffentliche Stromnetz eingespeist werden. Diese Möglichkeit der Einspeisung machen sich Energieversorger zunutze, die durch dezentrale KWK-Anlagen, zentral gesteuert, Schwankungen im Stromnetz ausgleichen und Spitzenlasten bedienen. Hierzu werden KWK-Anlagen vornehmlich in Gebäuden mit großem Energiebedarf wie Mehrfamilienhäusern und Bürogebäuden installiert und vom jeweiligen Energieanbieter betrieben. Der Vorteil der hohen Effizienz solcher Anlagen kann durch günstige Abnahmepreise an die Kunden weitergegeben werden.

KWK zur Eigennutzung der Energie kommt hauptsächlich bei konstanten, größeren Verbrauchern wie Industrieanlagen, Krankenhäusern sowie Mehrfamilienhäusern zum Einsatz. Eine virtuelle Kopplung von benachbarten Verbrauchern, wie den Häusern einer Wohnsiedlung, kann ebenfalls für ihren Einsatz interessant sein. Hier wird die Grundlast der Wärme- und Elektrizitätsversorgung durch KWK übernommen. Hierzu wird der sommerliche Wärmebedarf als Referenz genommen, um eine möglichst hohe Anzahl an Betriebsstunden in kontinuierlich gleichbleibendem Betrieb zu ermöglichen. Mittel- und Spitzenlasten werden dann durch einen oder mehrere separate Heizkessel abgedeckt.

Kleinere KWK-Anlagen für Wohnhäuser erreichen aufgrund des nicht immer gleichmäßig gegebenen Grundlastbedarfs nur eine geringe Effizienz. Solche kleineren KWK-Systeme kombinieren meist eine Gas-Brennwerttherme mit einem Stirlingmotor in einem Gerät. Ein Wärmespeicher als Puffer macht die anfallende und nicht direkt genutzte Wärme zeitversetzt nutzbar. Größere Pufferspeicher ermöglichen lange Laufzeiten der KWK-Anlagen und erhöhen somit die Effizienz des Gesamtsystems.

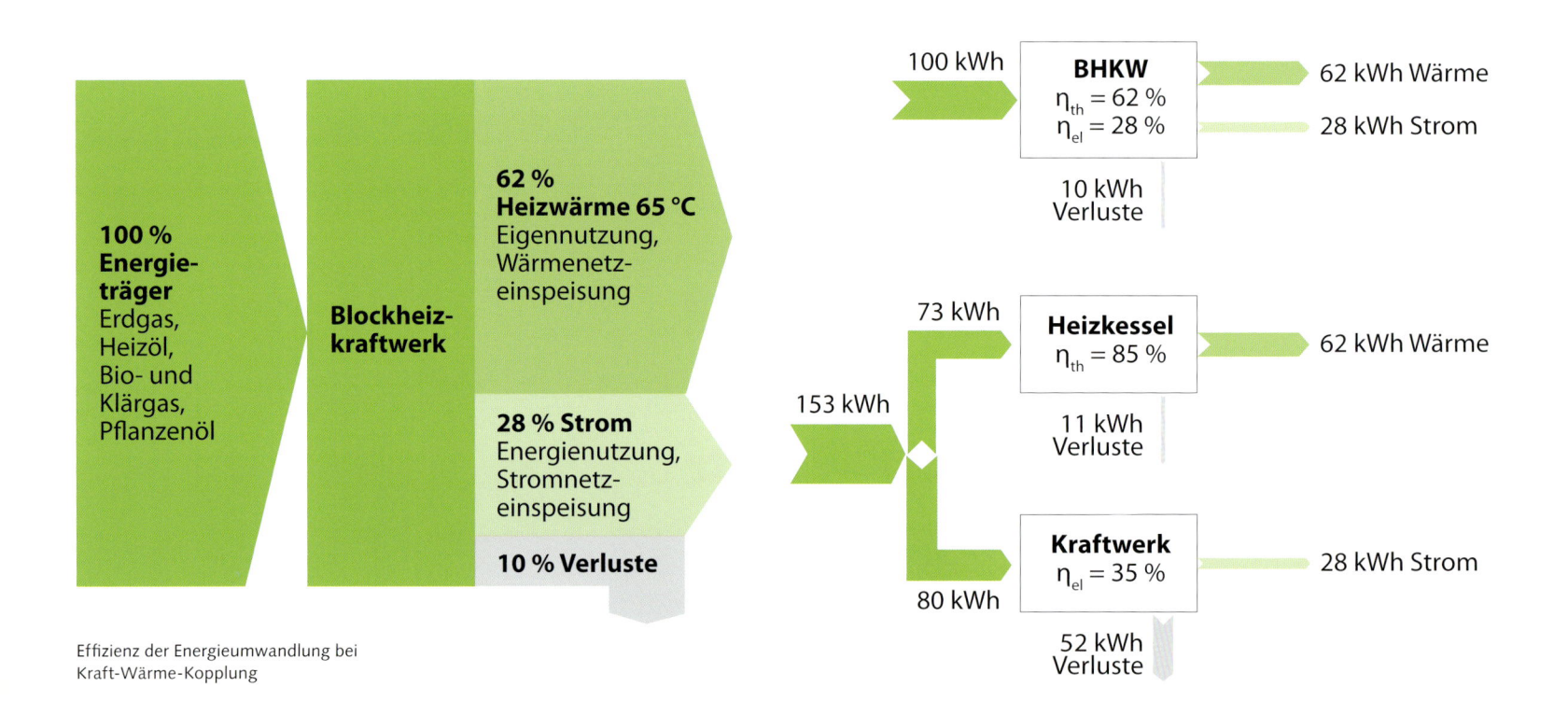

Effizienz der Energieumwandlung bei Kraft-Wärme-Kopplung

100 % Energieträger: Erdgas, Heizöl, Bio- und Klärgas, Pflanzenöl

Blockheizkraftwerk

62 % Heizwärme 65 °C Eigennutzung, Wärmenetzeinspeisung

28 % Strom Energienutzung, Stromnetzeinspeisung

10 % Verluste

100 kWh → BHKW $\eta_{th} = 62\,\%$ $\eta_{el} = 28\,\%$ → 62 kWh Wärme / 28 kWh Strom / 10 kWh Verluste

153 kWh → 73 kWh → Heizkessel $\eta_{th} = 85\,\%$ → 62 kWh Wärme / 11 kWh Verluste

80 kWh → Kraftwerk $\eta_{el} = 35\,\%$ → 28 kWh Strom / 52 kWh Verluste

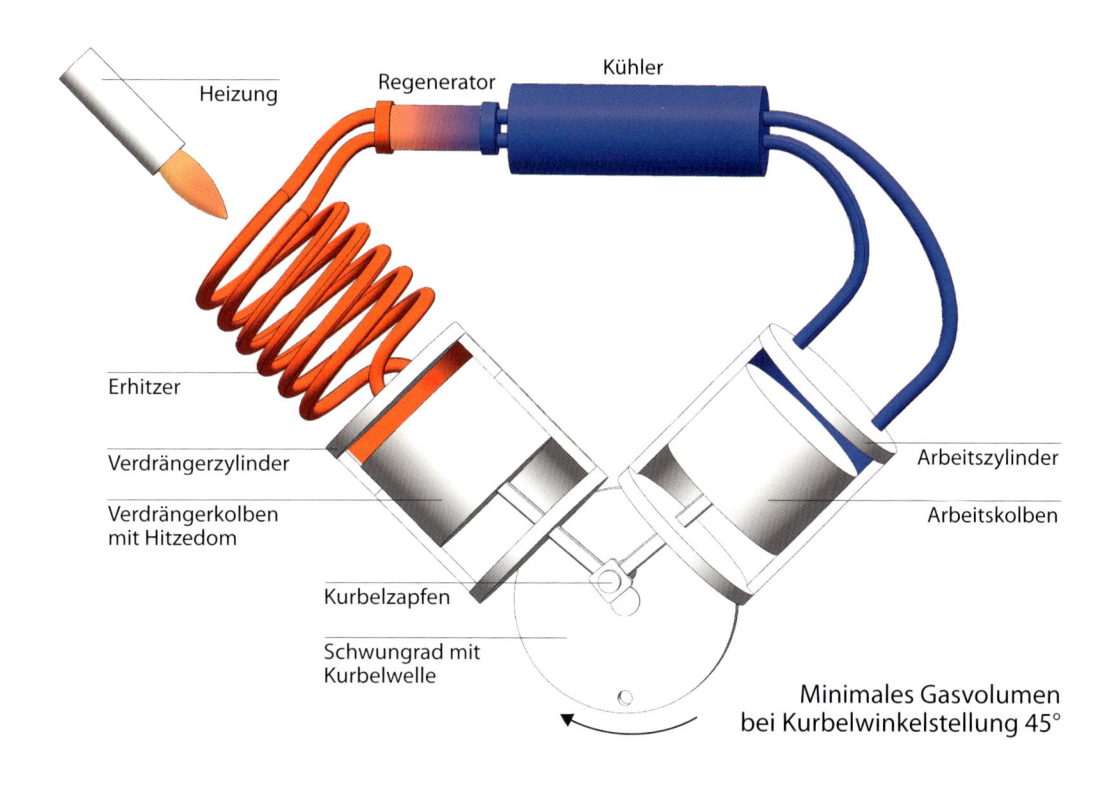

Minimales Gasvolumen
bei Kurbelwinkelstellung 45°

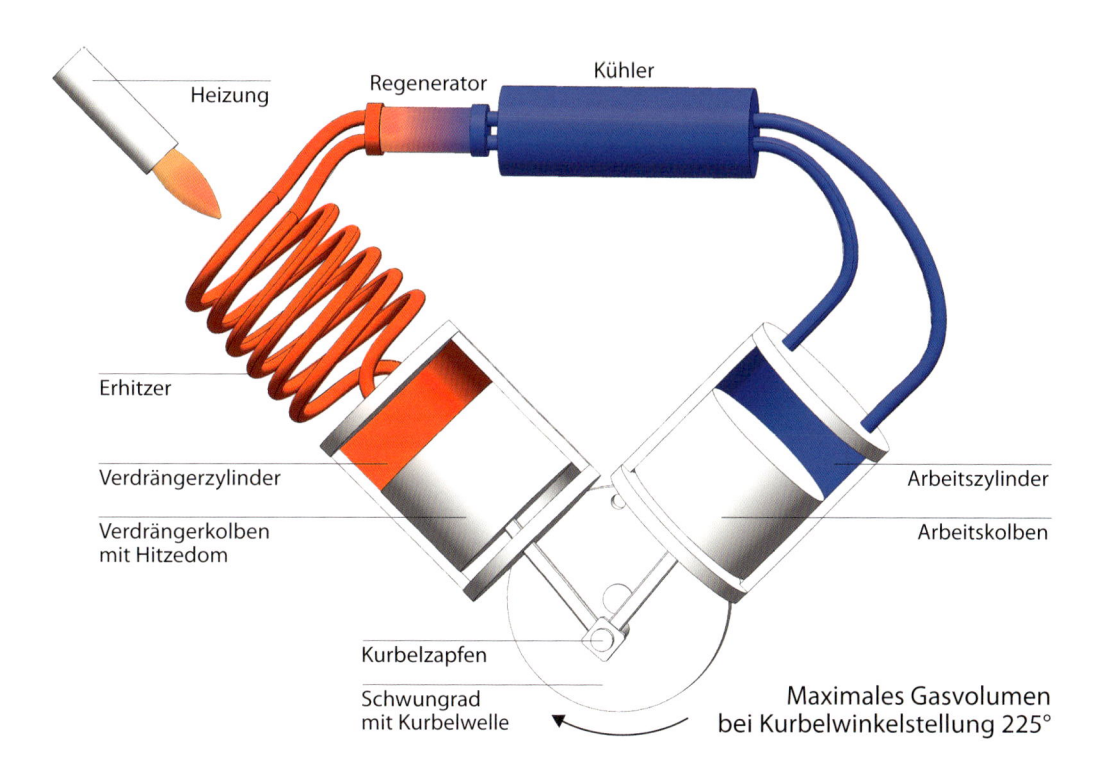

Maximales Gasvolumen
bei Kurbelwinkelstellung 225°

Funktionsprinzip Stirlingmotor

Kraft-Wärme-Kälte-Kopplung (KWKK)

Bei der Kraft-Wärme-Kälte-Kopplung (KWKK) wird dem KWK-Prozess eine Absorptionskältemaschine (AKM) nachgeschaltet. Diese kann die im KWK-Prozess erzeugte Wärme in Kälte umwandeln und so die Kälteversorgung übernehmen.

Eine AKM ist ein Zweistoffsystem, das mittels einer temperaturbeeinflussten Lösung eines Kältemittels betrieben wird. Das Kältemittel wird hierbei im Lösungsmittelkreislauf mit geringer Temperatur in einem zweiten Stoff absorbiert und bei höheren Temperaturen von ihm getrennt (desorbiert). Dieser Prozess macht sich die Temperaturabhängigkeit der Löslichkeit zweier Stoffe zunutze und kann nur mit Stoffen erfolgen, die unter den herrschenden Temperaturen stets löslich bleiben. Einsatz findet Lithiumbromid, das Wasser absorbiert, oder Wasser, das Ammoniak absorbiert. Somit kann Wasser wie Ammoniak die Funktion als Kältemittel haben. Der Prozess zur Kälteerzeugung wird als thermische Verdichtung bezeichnet.

Eine Pufferung der Kälte in einem Speicher ist vorzusehen, um eine kontinuierliche Versorgung mit Kälte bereitstellen zu können. Gleichzeitig kann ein entsprechend dimensionierter Speicher die für eine hohe Effizienz gewünschte lange, kontinuierliche Laufzeit der Absorptionskältemaschine ermöglichen. Im Vergleich zu einer Kompressionskältemaschine ist diese Art der Kälteerzeugung mit einem geringeren Einsatz an Primärenergie verbunden.

Eine Kombination von Solarthermie oder Geothermie zur Wärmeerzeugung mit nachgeschalteter AKM zur Gewinnung von Kälte ist ebenfalls realisierbar.

Anwendungsbereich für AKM sind vornehmlich in Gebäuden, bei denen auf eine Kühlung nicht verzichtet werden kann, zu finden. Diese sind beispielsweise Industrieanlagen, Rechenzentren, Hotels, usw.

Brennstoffzelle

Bei nahezu allen bisher bekannten Erzeugungsmethoden zur Gewinnung elektrischer Energie wird ein Brennstoff verbrannt, also Wärme erzeugt, um damit eine Bewegung in Gang zu setzen, die schließlich mithilfe eines Generators elektrische Energie produziert. Diese Erzeugungsmethode ist aufgrund der hohen thermischen Verluste mit einem geringen Wirkungsgrad verbunden.

Im Gegensatz dazu kann eine Brennstoffzelle kontinuierlich elektrische Energie sowie Wärme durch eine kontrollierte chemische Reaktion von Sauerstoff mit Wasserstoff (der u. a. aus Erdgas oder Biogas abgespalten werden kann) produzieren. Die direkte Zusammenführung von Wasserstoff und Sauerstoff in der Brennstoffzelle wird aufgrund der hohen Reaktionsfreudigkeit vermieden. Der zugeführte Wasserstoff wird an der Anode mittels Katalysatoren in positiv geladene Protonen wie negativ geladene Elektroden gespalten. Die Protonen gelangen durch die Membran zur Kathode. Die Elektroden kommen über den Stromkreis zur Kathode. An der Kathode reagieren Protonen und Elektroden mit dem zugeführten Sauerstoff zu Wasser. Beim Betrieb der Brennstoffzelle wird eine technologieabhängige Betriebstemperatur von 60 bis 1000 °C erreicht. Diese anliegende Wärme kann zur Erwärmung von Brauch- und Heizwasser genutzt werden.

Systemintern weist die Brennstoffzelle im Vergleich zur KWK einen wesentlich besseren Wirkungsgrad auf. Ebenfalls ist der Anteil an erzeugter elektrischer Energie zu erzeugter Wärme bei einer Brennstoffzelle höher. Somit lohnt sich ihr Einsatz vor allem dort, wo der Bedarf an Wärme kleiner als der an elektrischer Energie ist. Bei der Betrachtung der Effizienz darf jedoch die aufgewendete Energie zur Erzeugung des Treibstoffs wie beispiels-

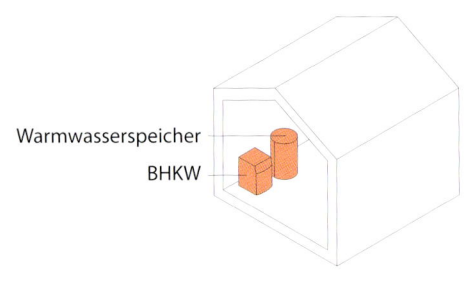

Schema Nutzung KWK

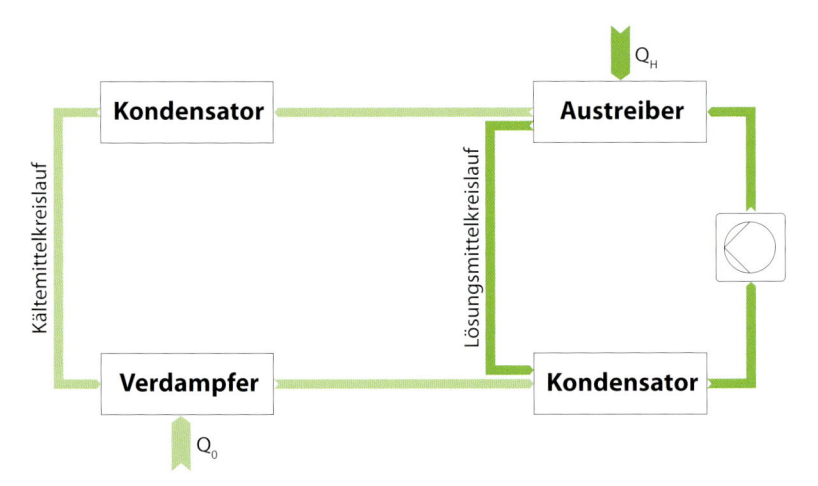

Prinzip einer Absorptionskältemaschine

weise Wasserstoff nicht unberücksichtigt bleiben, um ein vergleichbares Gesamtbild zu anderen Technologien zu erhalten.

Bei Verwendung einer Brennstoffzelle zur Versorgung eines Gebäudes mit Wärme und elektrischer Energie wird, wie bei der Kraft-Wärme-Kopplung, die thermische Versorgung in den Vordergrund gestellt. Die neben der thermischen Energie anfallende elektrische Energie wird zur Eigennutzung verwendet, gespeichert oder in das öffentliche Stromnetz eingespeist. Die thermische Leistung wird an einen Speicher übergeben, um eine kontinuierliche Wärmeversorgung zu ermöglichen und die Laufzeiten der Brennstoffzelle zu erhöhen. Eine Auslegung der Brennstoffzellen-Kraft-Wärme-Kopplung (BZ KWK) auf den Grundbedarf an thermischer Leistung ermöglicht einen Betrieb über möglichst lange Zeit mit optimalem Wirkungsgrad bei konstantem Lastpunkt. Ein zusätzliches (konventionelles) Heizsystem kann die Abdeckung der anfallenden Wärmespitzenlasten übernehmen.

Die produzierte elektrische Leistung muss mit Hilfe eines Wechselrichters von Gleichstrom in haushaltsüblichen Wechselstrom umgewandelt werden. Als Brennstoff kann unter anderem Erdgas verwendet werden, das über einen Reformer zu wasserstoffreichem Gas gewandelt wird.

Gegenüber KWK hat eine Brennstoffzelle einen bis zu 25 Prozent geringeren Primärenergieverbrauch bei bis zu 50 Prozent geringerem CO_2-Ausstoß. Die Versorgung von größeren Gebäudeeinheiten mit einer Brennstoffzelle als Ersatz für alte Heizungstechnik wird mit den zu erwartenden sinkenden Preisen dieser Technologie greifbarer. Eine Entwicklung hin zu kleinen stationären Versorgungssystemen mit Leistungen von 1 bis 5 Kilowatt elektrischer Leistung ist ebenfalls in Sicht.

Funktionsprinzip Brennstoffzelle

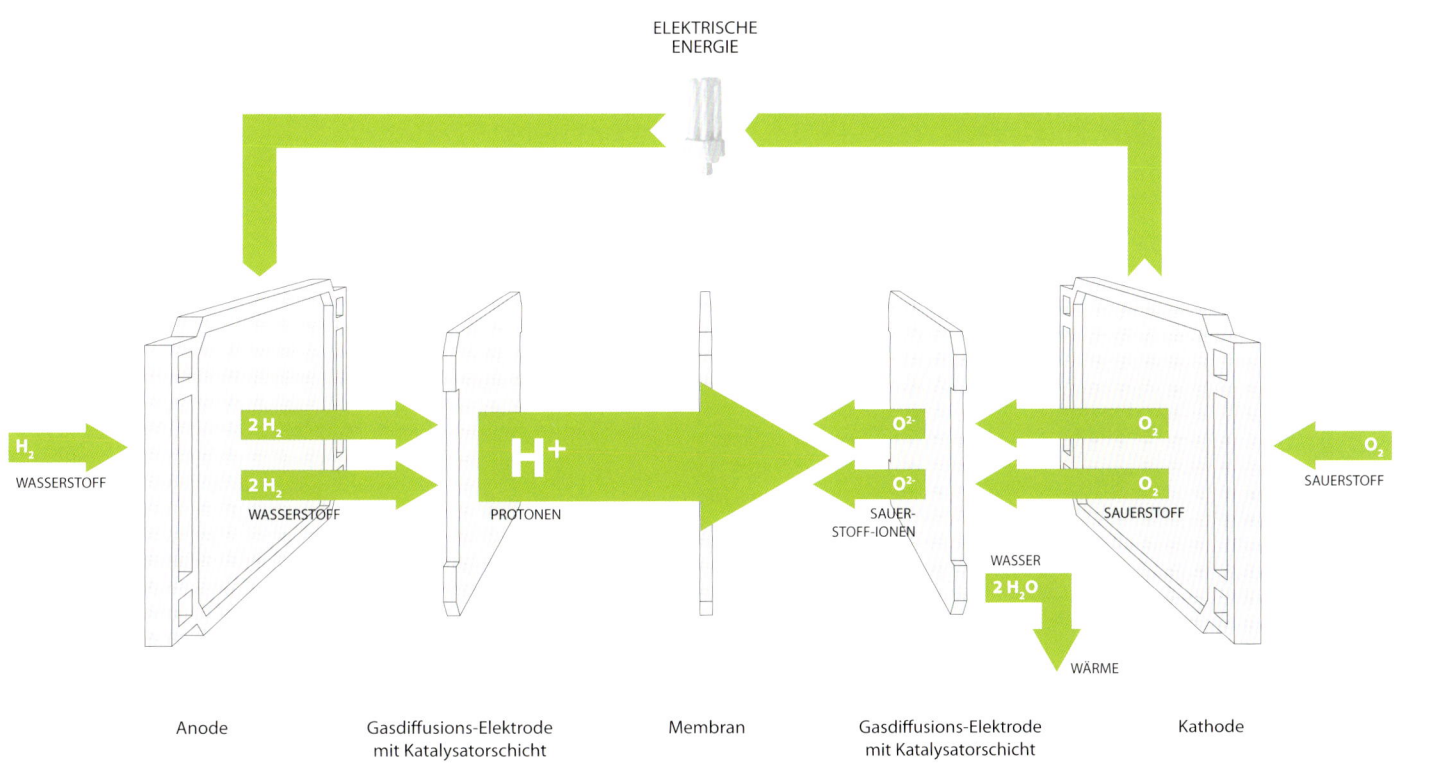

Anode — Gasdiffusions-Elektrode mit Katalysatorschicht — Membran — Gasdiffusions-Elektrode mit Katalysatorschicht — Kathode

Speichern und Verteilen

Speichersysteme unterscheidet man in Kurz- und Langzeitspeicher. Kurzzeitspeicher dienen als Puffer, um Spitzenlasten, Nachfrageschwankungen oder Schlechtwetterperioden bis zu einem Zeitraum von wenigen Tagen zu überbrücken. Langzeitspeicher können zum Beispiel saisonale Wärmespeicher sein, welche beispielsweise als Heißwasser- oder Erdsondenwärmespeicher Energie über einen Zeitraum von mehreren Monaten hinweg vorhalten können. Physikalisch wird zwischen fühlbarer Erwärmung (z.B. eines Wasserspeichers), Latentwärmespeichern (ohne fühlbare Veränderung der Temperatur) sowie thermochemischen beziehungsweise Sorptionsspeichern unterschieden.

Wärme

Eine Vielzahl unterschiedlicher Speichertechnologien ermöglicht Wärme- wie Kältespeicherung. Zur Kurzzeitspeicherung wird hierbei vorwiegend auf Wasserspeicher und thermochemische Speichersysteme zurückgegriffen. Zur Langzeitspeicherung dienen große Heißwasser-Wärmespeicher (hochgedämmte Tanks) und Kies-/Wasser-Speicher, die als in der Erde eingegrabene, gedämmte Gruben realisiert werden. Weiterhin werden Erdwärmesonden mit Bohrungen in bis zu 100 m Tiefe genutzt, die Wärme lokal in das Erdreich und Gestein einlagern und bei Bedarf abgerufen werden können. Aquifer-Wärmespeicher zählen ebenfalls zu den Langzeitspeichern. Sie nutzen geothermische Tiefbohrungen,

Energiekonzept eines Gebäudes mit PCM (Sommertag): Das in der Decke und den Wänden eingesetzte Phase Change Material (PCM) glättet die zwischen Tag und Nacht herrschenden Temperaturschwankungen der Außenluft, um ein angenehme gleichbleibende Innenraumtemperatur zu erreichen. Die tagsüber im Gebäude anfallende Wärme wird im PCM gespeichert und der Raum entsprechend gekühlt. Das thermisch geladene PCM wird in der Nacht aufgrund der niedrigeren Außentemperaturen entladen. Die Kälte der Nacht entspeichert somit das PCM, um am nächsten Tag erneut Wärme speichern zu können. Bei diesem Prozess durchläuft das PCM den beschriebenen Phasenwechsel.

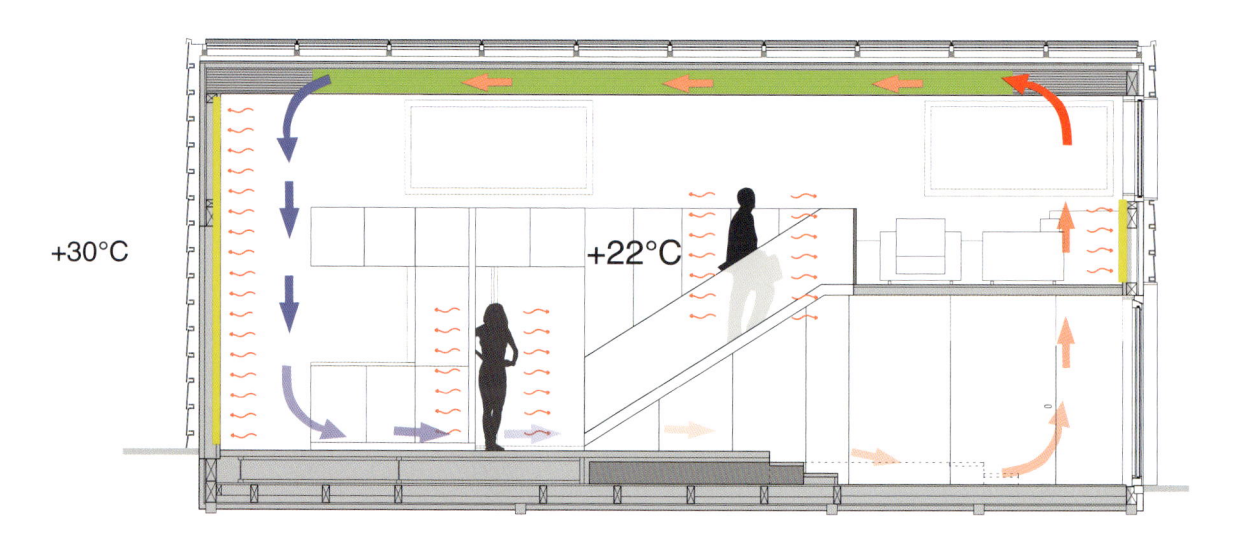

Wie beeinflusst PCM die Innenraumtemperatur?

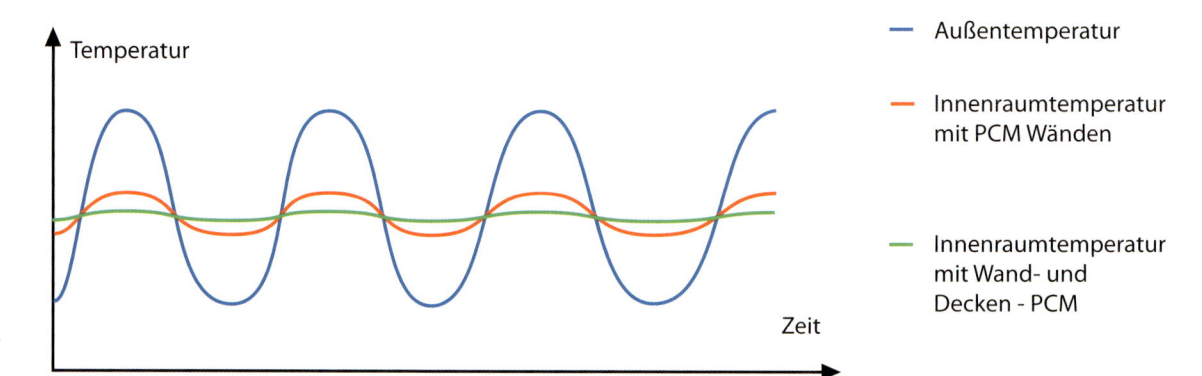

In „leichten Gebäuden" ohne konventionelle thermische Speichermasse kann diese durch Phase Change Material (PCM) ersetzt werden. Hierdurch können äußere Temperaturschwankungen im Inneren abgemildert und eine nahezu gleichbleibende Innenraumtemperatur erzielt werden.

— Außentemperatur

— Innenraumtemperatur mit PCM Wänden

— Innenraumtemperatur mit Wand- und Decken-PCM

die in eine stehende Grundwasserschicht eindringen. Als Wärmespeicher wird das Grundwasser sowie das umliegende Erdreich genutzt. Darüber hinaus sind thermochemische sowie Latentwärmespeicher für eine Langzeitspeicherung geeignet. Generell ist bei einer Langzeitspeicherung davon auszugehen, dass es zu Verlusten der gespeicherten Energie kommt und nur ein Teil zur zeitversetzten Nutzung wieder abgerufen werden kann. Die Verluste hängen von der gewählten Technologie wie auch der Dauer der Speicherung ab.

Konventionelle Wärmespeicher

Materialien mit hoher Wärmekapazität eignen sich aufgrund der gebotenen Kompaktheit besonders als Speichermedium. Häufig wird Wasser als Medium aufgrund seiner guten Speicherfähigkeit, leichten Verfügbarkeit, guten Transporteigenschaften sowie geringen Kosten herangezogen. Ein solcher Speicher besteht aus einem isolierten Tank, der das erwärmte Wasser zur späteren Verwendung vorhält. Zu unterscheiden sind hier Brauchwasser sowie Trinkwasserspeicher, die das zum Verbrauch bestimmte Trinkwasser vorhalten und deshalb entsprechend hohen hygienischen Anforderungen unterliegen.

Thermochemische Speicher

Thermochemische Speicher durchlaufen bei der Speicherung von Wärme eine chemische Reaktion. Sie ist unter den richtigen Voraussetzungen unendlich wiederholbar. Dies trifft unter anderem für Sorptionsprozesse zu. Hierbei wird beispielsweise durch Erwärmung ein Speichermedium geladen und gleichzeitig Wasser entzogen. Die Umkehrung des Prozesses wird durch Abgabe von Wasserdampf an das Speichermedium erreicht. Es wird Wärme freigesetzt.

Latent-Wärmespeicher

Latent-Wärmespeicher vollziehen bei der Speicherung von Wärme einen Phasenwechsel von fest nach flüssig. Eine merkliche Temperaturerhöhung des Speichermediums ist hierbei kaum festzustellen. Zur wiederholten Speicherung von Wärme muss beispielsweise das so genannte PCM (Phase Changing Material) thermisch entladen werden. Hierdurch findet ein Phasenwechsel von flüssig nach fest statt. Der Einsatz unter anderem als Verbundwerkstoff verspricht vielfältige Anwendungsmöglichkeiten, um die Speichermasse in einem Gebäude zu erhöhen und raumklimatische Verbesserungen zu erreichen.

Kälte

Sämtliche für die Wärmespeicherung beschriebenen Systeme lassen sich ebenso als Kältespeicher verwenden. Beim Einsatz von Wasser ist jedoch zu beachten, dass das Speicherungspotenzial gegenüber dem von Wärme niedrig ist. Von einer Zimmertemperatur von 20 °C ausgehend kann Wasser auf zirka 80 °C erwärmt werden, ohne zu verdampfen. Kälte hingegen kann nur bis zum Gefrierpunkt und somit nur mit einer deutlich geringeren Temperaturdifferenz eingelagert werden. Ein Eis-Wasser-Gemisch, wie es beispielsweise bei einem so genannten Eisspeicher zu finden ist, weist hingegen eine hohe Speicherkapazität für Kälte, die einer Temperaturerhöhung von bis zu 77 °C entspricht, auf.

Feuchte

Baustoffe auf Basis von tierischen, organischen und porösen mineralischen Baustoffen können durch ihre Hygroskopizität zur Regulierung der Feuchtigkeit der Raumluft beitragen. Die Fähigkeit, Feuchtigkeit aufzunehmen und im Bedarfsfall wieder schnell abgeben zu können, trägt zu Erhöhung der Behaglichkeit bei. Eine feuchteregulierende Wirkung trägt zudem zur Verhinderung der Entstehung von feuchtebedingten Schäden wie der Schimmelbildung bei. Neben den energetisch wirksamen Effekten ist der Gewinn an Behaglichkeit hoch einzustufen.

Feuchtaufnahme / -abgabe durch Bauteil

Nutzung von Baustoffen zur Feuchteregulierung

Batteriespeicher Solar Academy, Niestetal

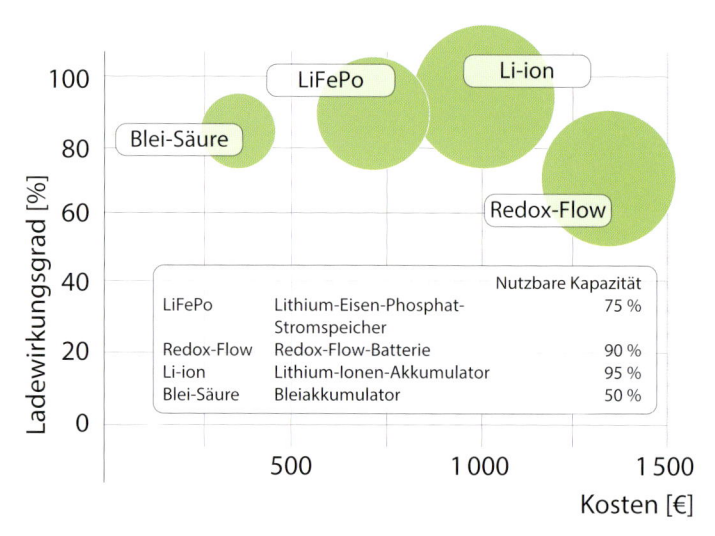

Nutzbare Kapazität verschiedener Batteriespeicher

Strom

Durch die politisch forcierte Dezentralisierung der Energieversorgung und die Umstellung auf einen höheren Anteil an erneuerbaren Energiequellen rücken aufgrund der zeitlichen Differenzen zwischen Erzeugung und Bedarf von elektrischer Energie Stromspeichersysteme in den Fokus. Sie können helfen, auftretende Schwankungen in der Energieversorgung wie auch Spitzenlasten abzufedern. Die Veränderung der Einspeisevergütungen machen zudem einen Verbrauch des selbst erzeugten Stroms attraktiver. Verschiedene Technologien der Speicherung befinden sich in der Entwicklung oder haben bereits Marktreife erlangt. Je nach Anwendungsfeld und gewünschter Kapazität sind dies Batteriespeicher, Druckluft, Methanisierung sowie Pumpspeicherkraftwerke. Im Maßstab eines Aktivhauses kommt als verfügbare Speichertechnologie besonders der Batteriespeicher infrage.

Die Speicherung elektrischer Energie gegenüber thermischer Energie ist wesentlich aufwendiger und kostenintensiver. Mit der zu erwartenden Verringerung der Batteriepreise und steigenden Elektromobilität sollten in Zukunft jedoch beispielsweise Batteriespeichersysteme wirtschaftlicher als Pufferspeicher für elektrische Energie einsetzbar sein.

Batterie

Batteriespeichersysteme in Gebäuden sind in Ländern mit hoher Energiesicherheit beziehungsweise gleichmäßiger Verfügbarkeit von elektrischer Energie noch ungewöhnlich. Dieser Tatsache geschuldet sind aktuell wenige Serienprodukte für den Einsatz verfügbar. Weitere Entwicklungssprünge in Hinblick auf Effizienz, Angebotsvielfalt, Verfügbarkeit und Preisentwicklung sind zu erwarten.

Neben größeren Batteriesystemen sind Backuplösungen verfügbar, die direkt in einen Solarwechselrichter integriert sind. Eine Kompensation von Stromausfällen ist so ohne zusätzliches Batteriesystem oder Notstromaggregat realisierbar.

Übertragung

Bei der Übertragung von Wärme und Kälte in einen Raum kann zwischen verschiedenen Übertragungsarten unterschieden werden. Das in der Bausubstanz vorwiegend vorzufindende Prinzip ist die Übertragung über Heizkörper. Als Weiterentwicklung sind Flächenheizungen und die Aktivierung von Bauteilen zu sehen. Eine für ein Aktivhaus empfehlenswerte Lüftungsanlage kann die Funktion der Wärme- und Kälteübertragung ebenfalls mit übernehmen. Vornehmlich in gewerblich genutzten Bauten kommen zudem Deckenstrahlungsheizungen zum Einsatz. Hier nicht näher beschrieben sind Sonderlösungen wie Gas- und Dampfstrahler, Heizleisten, Kühlbalken und Fallstromkühlung.

Konvektor

Konvektoren sind Heizkörper, die mit einem geringen Volumen an Wasser als wärmeübertragendes Medium arbeiten. Sie weisen dünne Lamellen sowie Konvektionsbleche auf, an denen die Luft vorbeistreicht und erwärmt wird. Als kompakteste Bauform gelten Lamellen, die radial umlaufend um ein heizwasserführendes Rohr angeordnet sind. Sie lassen sich auch in Nischen, Fußbodenaufbauten und konstruktionsbedingten Hohlräumen platzieren. Um die Wärmeübertragung zu erhöhen, können sie durch Gebläse unterstützt werden. Der Einsatz einer Lüftungsanlage verbunden mit Konvektoren ist gewissenhaft zu planen, da die hierbei entstehenden Luftströmungen der beiden Systeme sich gegenseitig negativ beeinflussen können. Der Einsatz von Konvektoren ist auch zu Kühlzwecken geeignet.

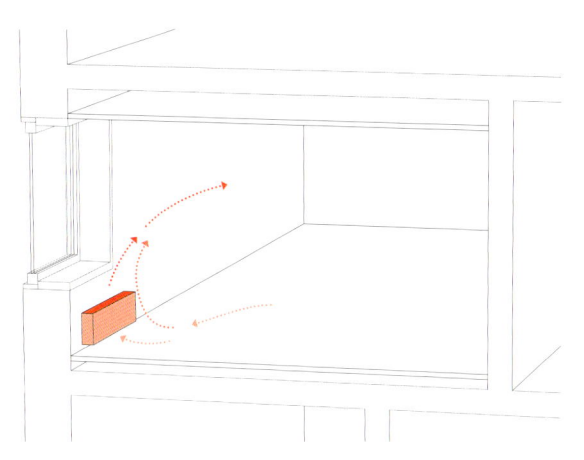

Prinzip der Wärmeübertragung – Konvektor

Radiator

Radiatoren sind gegenüber Konvektoren größer, da sie pro Volumen eine geringere wärmeübertragende Oberfläche aufweisen. Hierdurch ist die Luftumwälzung gegenüber Konvektoren wesentlich geringer, ihr Strahlungsanteil jedoch höher. Die Bauweisen von Radiatoren variieren. Bei Systemen, die eine gute Abstrahlung bieten sowie eine gute Erwärmung der Luft ermöglichen, werden Platten mit Konvektorblechen kombiniert. Bei Heizkörpern mit mehreren parallel stehenden Platten erfolgt eine Parallelschaltung der einzelnen Ebenen. Im Normalbetrieb reicht eine Platte zur Übertragung aus. Der Vorteil dieser Technologie liegt in einer verkürzten Reaktionszeit.

Die Positionierung der Radiatoren sollte so gewählt werden, dass möglichst geringe Temperatur-Ungleichgewichte in einem Raum herrschen. Eine Positionierung an Außenwänden oder in der Nähe von Verglasungen ist zur Erlangung einer hohen Behaglichkeit zu empfehlen. Der geringe Wasserinhalt führt zu einer schnellen Reaktionszeit und dadurch zu einer guten Regelbarkeit.

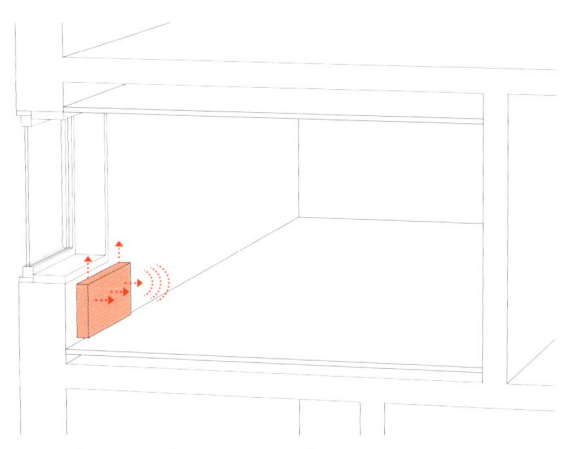

Prinzip der Wärmeübertragung – Radiator

Nachtspeicherofen

Nachtspeichersysteme nutzen die geringen nächtlichen Strompreise, um einen thermischen Speicher, der meist aus einem Magnesit besteht, auf über 600 °C Innentemperatur zu erwärmen. Die Wärme wird dann kontinuierlich über die Tagstunden abgegeben. Die schlechte Regelbarkeit und der Einsatz von überwiegend nicht CO_2-neutral gewonnenem Strom macht es schwer, solche Systeme zu empfehlen.

Perspektivisch könnte der Einsatz solcher thermischen Speichersysteme verbunden mit einer automatisierten Vorhersage der Ertrags- und Bedarfserwartungen eines Aktivhauses jedoch entscheidend dazu beitragen, einen höheren Eigenverbrauch der vor Ort erzeugten elektrischen Energie zu ermöglichen.

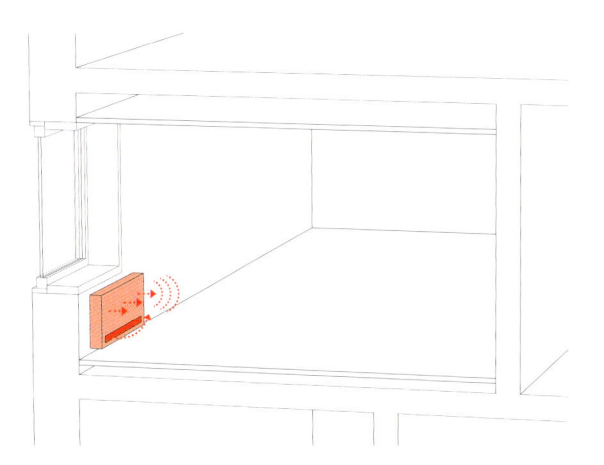

Bauteilaktivierung

Bei der Bauteilaktivierung werden Bauteile mit hoher Speicherfähigkeit mittels Durchströmung thermisch aktiviert. Hierbei wird ganzjährig eine Vorlauftempe-

Prinzip der Wärmeübertragung – Nachtspeicherofen

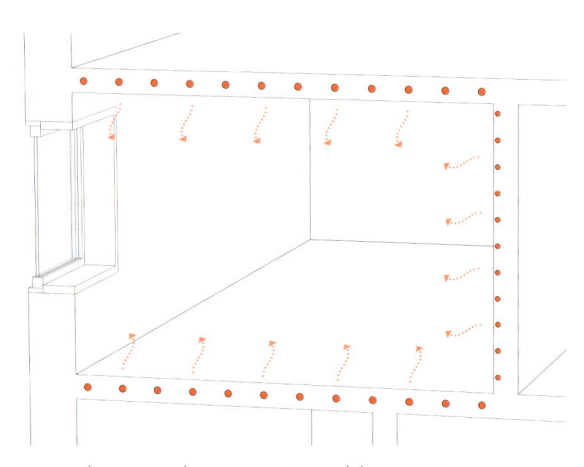

ratur von zirka 23 °C verwendet, die über das Jahr und je nach Anforderung um +/− 2 bis 6 °C variieren kann. Um eine gute Regelbarkeit von verschiedenen Gebäudeteilen zu ermöglichen, werden Gebäudeabschnitte in unterschiedliche Konditionierungskreisläufe unterteilt. Ein solches System ist sehr träge, kann jedoch durch die Vorteile der thermischen Speicherfähigkeit überzeugen. Um die Reaktionsgeschwindigkeit zu erhöhen, kann ergänzend eine Konditionierung über Deckensegel infrage kommen. Thermisch aktivierte Flächen sollten nicht verkleidet werden, um die Leistungsfähigkeit des Systems nicht zu schwächen. Wärmestrahlung, wie sie besonders bei der Bauteilaktivierung auftritt, wird vom Menschen als behaglich empfunden, von der genannten Temperaturspanne abweichende Temperaturen können jedoch zu Unbehagen führen. Ein ebenfalls als unangenehm empfundener Luftzug kann bei dieser Art der Wärmeübertragung praktisch nicht entstehen.

Die Materialwahl und die Masse des Bauteils beeinflussen nicht nur die thermische Speicherfähigkeit, die sich positiv auf einen gleichbleibende Temperaturabgabe auswirkt, sie kann gleichzeitig zur Feuchteregulierung beitragen (u.a. durch den Einsatz von Lehm oder einer Deckschicht aus Lehmputz).

Fußbodenheizung

Beim Einsatz einer Fußbodenheizung werden die Bodenflächen eines Aktivhauses mittels Durchströmung erwärmt. Die Vorlauftemperaturen liegen je nach Qualität der Hülle bei 28 °C bis 40 °C. Die Fußbodenheizung wird in mehrere Heizkreisläufe unterteilt, diese lassen eine raumweise Regulierung der Heizwärme zu. Bei Fußbodenheizungen wird zwischen Nass- und Trockensystemen unterschieden. Bei Nasssystemen werden Wasser führende flexible Kunststoffrohre fest mit dem Estrich vergossen. Bei Trockensystemen werden die Rohre in vorgefertigten Matten oder Platten, die gleichzeitig wärmedämmende Eigenschaften aufweisen, verlegt; die nötigen Aufbauhöhen sind sehr gering. Trockensysteme ermöglichen verkürzte Bauzeiten. Auf ihnen wird der gewünschte Bodenbelag verlegt. Die Wärmeübertragung des Trägermediums Wasser zum Bodenbelag und schließlich in den Raum ist hier gegenüber Nasssystemen verkürzt. Gegenüber der Bauteilaktivierung ist die Reaktionszeit einer Fußbodenheizung kürzer, insgesamt jedoch träger als beispielsweise die von Radiatoren. Ein Vorteil der in die Umschließungsflächen eines Raums integrierten Heizsysteme liegt in der Gestaltungsfreiheit, die nicht durch Objekte im Raum eingeschränkt wird. Auch unter hygienischen Gesichtspunkten bieten Bauteilaktivierung wie Fußbodenheizung Vorteile, da durch die geringe Luftumwälzung unter anderem Staubaufwirbelungen im Raum vermieden werden. Der Einsatz von dämmenden Bodenbelägen wie beispielsweise Teppich ist zu vermeiden, um eine gute Wärmeübertragung zu erreichen.

Prinzip der Wärmeübertragung – Bauteilaktivierung

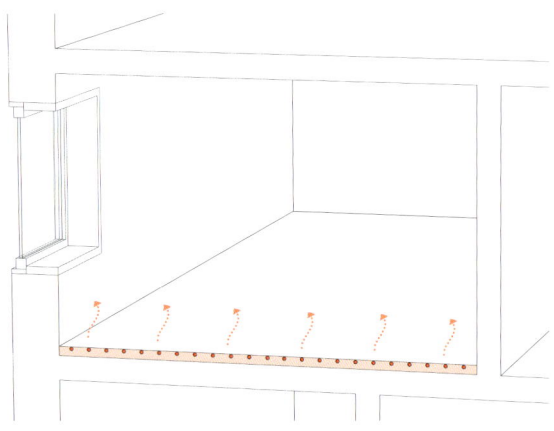

Prinzip der Wärmeübertragung – Fußbodenheizung

Heiz-/Kühldecken

Heiz-/Kühldecken können zum Heizen sowie Kühlen von Räumen genutzt werden. Sie werden unter anderem dort eingesetzt, wo eine hohe Flexibilität sowie geringe Installationsdichte auf Boden und an Wänden gewünscht ist. Die Aufhängung der Elemente aus Metallplatten, die mit wasserdurchströmten Rohrleitungen versehen sind, erfolgt unter der Decke. Oberseitig sind sie mit einer Isolation versehen, damit eine gezielte Abstrahlung in den Raum hinein erfolgen kann. Der Einsatz empfiehlt sich insbesondere dort, wo der Kühlbedarf den Heizbedarf überwiegt, da die Luftschichtung im Heizfall eher als ungünstig anzusehen ist. Das System lässt durch kleine Segmentierungen einen raumscharfen Nutzereingriff zu. Der Wartungsaufwand ist gering und kann ohne Beeinträchtigung des Gesamtsystems elementweise durchgeführt werden. Konventionell sind diese Systeme jedoch eher schlecht revisionierbar, da Leitungen in den Decken eingeputzt werden und die Wärme beziehungsweise Kälte übertragenden Elemente fest mit der Decke verbunden sind. Leicht zugängliche Leitungsführung sowie eine revisionierbare Installation der Deckenelemente lässt sich jedoch verwirklichen.

Deckensegel

Deckensegel bestehen aus Metallplatten, die wiederum mit wasserdurchströmten Rohrleitungen versehen sind und gleichermaßen zum Heizen und Kühlen dienen. Sie hängen ohne eine oberseitige Isolation frei unter der Decke und werden von der umgebenden Luft umströmt. Hierdurch wird auch die Deckenfläche konditioniert, die somit zur Temperierung des Raums beiträgt. Gegenüber Heiz-/Kühlsegeln sind durch bessere Übertragung an die Raumluft kleinere Elementgrößen ausreichend; dies führt zu Kostenersparnissen. In der Regel wird hier mit höheren Vorlauftemperaturen gearbeitet. Dies erfordert einen größeren Abstand zum Menschen, um Einschränkungen bei der Behaglichkeit zu vermeiden. Die wie bei Heiz-/Kühlsegeln ungünstigen Eigenschaften in der Temperaturschichtung lassen einen Einsatz in Wohn-, Büro- und Verwaltungsräumen kaum zu.

Elektrodirektheizung

Elektrodirektheizungen werden oberflächennah in Wand- und Bodenflächen eingesetzt. Die Wärmeabgabe erfolgt ohne merkliche Verzögerung. Der Einsatz als räumlich eng umrissenes zusätzliches Heizsystem, wie zum Beispiel in einem Bad, ist sinnvoll. Ein ausschließlicher Einsatz, auch aufgrund der beispielsweise bei einer Wohnnutzung zu den Spitzenlastzeiten benötigten Stroms, ist demgegenüber kritisch zu sehen.

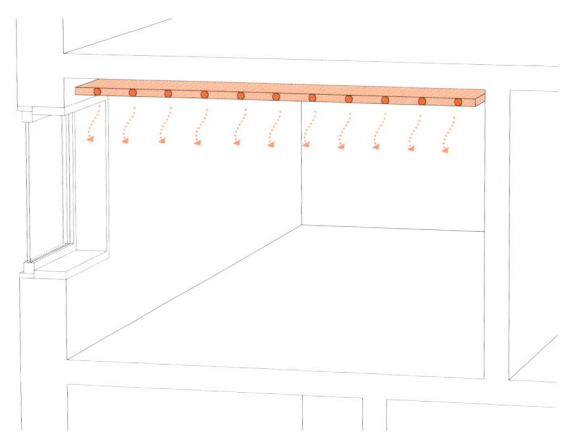

Prinzip der Wärmeübertragung – Heiz-/Kühldecke

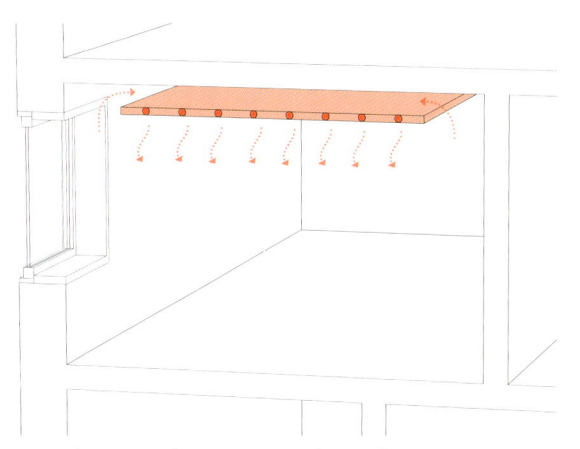

Prinzip der Wärmeübertragung – Deckensegel

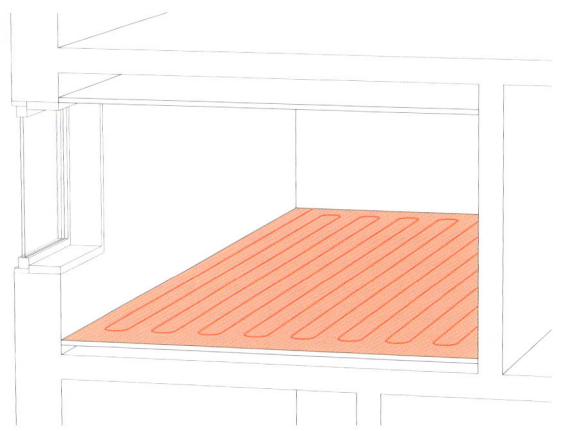

Prinzip der Wärmeübertragung – Elektrodirektheizung

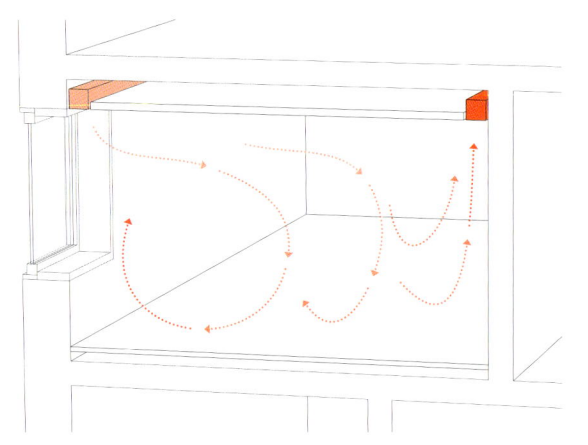

Prinzip der Wärmeübertragung – Mischlüftung

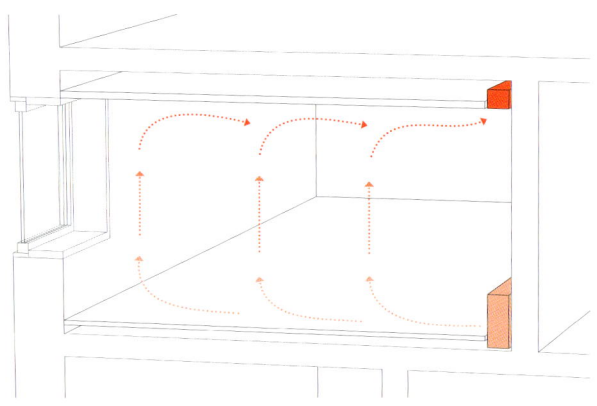

Prinzip der Wärmeübertragung – Quelllüftung

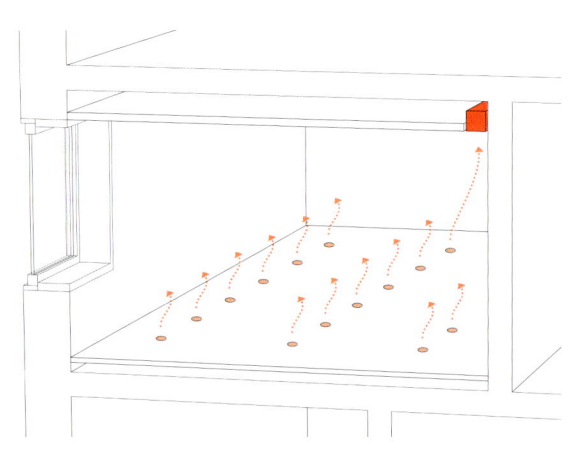

Prinzip der Wärmeübertragung – Quelllüftung durch Doppelboden

Eine Lüftungsanlage findet in einem Aktivhaus Einsatz, um verbrauchte und schadstoffbelastete Luft gegen frische auszutauschen. Gleichzeitig kann sie in Verbindung mit einer hocheffizienten Wärmerückgewinnung dazu beitragen, dass die Lüftungswärmeverluste minimiert werden. Alle hier beschriebenen mechanischen Arten der Lüftung können in einem Aktivhaus Anwendung finden.

Mischlüftung

Bei einer Mischlüftung wird Luft über Auslässe in Wand oder Decke in den Raum gegeben. Hierbei führt die erhöhte Geschwindigkeit der eingeblasenen Luft zu einer Verwirbelung mit der Raumluft. Bei geeigneter Positionierung und passender Wahl der Auslässe (z.B. Weitwurfdüsen) wird eine weite horizontale Streuung erreicht. Eine Nutzung in sehr hohen Räumen empfiehlt sich nicht, da es zu ungünstigen Luftschichtungen kommen kann und der Raum nicht gleichmäßig temperiert wird. Die Absaugung der Luft erfolgt bodennah oder aber mithilfe von Überströmung in benachbarte Nebenräume hinein.

Quelllüftung

Bei der Quelllüftung werden besonders geringe Volumenströme verwendet, die bodennah über Schlitzauslässe, Bodengitter oder einen Doppelboden in den Raum gelangen. Am Boden bildet sich ein Kaltluftsee, der eine Untertemperatur von 2 bis 4 °C aufweist. Diese Frischluft steigt an warmen Oberflächen auf und kann so Schadstoffe direkt am Erzeuger erfassen und abtransportieren. Die zu erwartenden Wärmequellen in einem Raum sollten bei der Planung bekannt sein, da diese die Thermik und den nötigen Volumenstrom direkt beeinflussen. Ein solches System kann nicht zum Heizen verwendet werden. Die Kühlleistung ist durch die aus Behaglichkeitsgründen begrenzte Untertemperatur eingeschränkt.

Nachtlüftung

Der Wärmeeintrag, den ein Gebäude tagsüber erfährt, kann mithilfe tieferer, nächtlicher Temperaturen ausgeglichen werden. Hierzu ist eine nächtliche freie Durchströmung der Räume notwendig. Die thermische Speichermasse des Gebäudes muss für den Luftstrom frei zugänglich und darf nicht verkleidet sein. Diese freie Kühlung setzt voraus, dass eine hohe Durchströmung erreicht wird sowie Schutz gegen Einbruch sowie Witterung vorhanden ist. Die Nutzung des Kamineffekts und Öffnungen in gegenüberliegenden Fassaden befördern eine starke Durchströmung.

Eine Nachtauskühlung kann durch Messfühler und elektromechanisch gesteuerte Öffnungen automatisiert werden. Ersatzweise kann dieses Prinzip auch mechanisch nachgebildet werden. Hierzu wird eine Zu- und Abluftanlage oder aber eine reine Abluftanlage mit hohem Luftdurchsatz verwendet.

Komfortlüftung

So genannte Komfortlüftungsanlagen sind vorzugsweise im Wohnungsbau vorzufinden. Ein Kompaktlüftungsgerät ist hierbei zentral angeordnet. Es versorgt die Aufenthalts- und Schlafräume mit Frischluft und saugt die verbrauchte Luft ab, die durch Überströmöffnungen in Küche und Bad gelangt ist. Die Ansaugung der Frischluft muss staub- und geruchsarm erfolgen, ein Kurzschluss mit der Fortluft ist zu vermeiden. Das Kompaktlüftungsgerät enthält Ventilatoren, Staub- und Pollenfilter sowie einen Wärmetauscher (teilweise mit Feuchterückgewinnung). Eine zentrale Regelung für die jeweilige Nutzungseinheit sowie die Überbrückung der WRG durch einen Bypass sollte ermöglicht werden.

Dezentrale Lüftung

Dezentrale Lüftungen kommen in der Regel in Sanierungsobjekten in Betracht, da sie gegenüber zentralen Lüftungsanlagen einen geringeren Installationsaufwand erfordern. Die Effizienz der WRG kann hier produktabhängig höher sein als die einer Komfortlüftungsanlage. Dies trifft vor allem für WRG-Systeme mit thermischem Speicher zu (siehe S. 177).

Wärmeverteilung Heizung und Kühlung

Wassergeführte Heizungssysteme nutzen einen geschlossenen Wasserkreislauf. Alternativ hierzu kann ein luftgebundener Wärme- und Kältetransport erfolgen. Durch die gegenüber Wasser niedrige spezifische Speicherkapazität von Luft ist dies deutlich ineffizienter. Ein wassergetriebener Transport ist demgegenüber deutlich effektiver. Lüftungsanlagen sollten auf den hygienisch nötigen Luftwechsel ausgelegt werden. Reicht dieser gleichzeitig zur Temperierung des Gebäudes aus, bietet sich eine luftgeführte Wärme- und Kälteversorgung an, da somit weitere wärmeübertragende Systeme eingespart werden können. Ein gutes Beispiel für den möglichen Einsatz in einem Aktivhaus sind Nutzungen, die einen höheren Luftwechsel bedingen. Diese kommen zwangsläufig bei dichter Belegung durch Menschen wie bei Büro-, Schul- und Seminarnutzungen zustande.

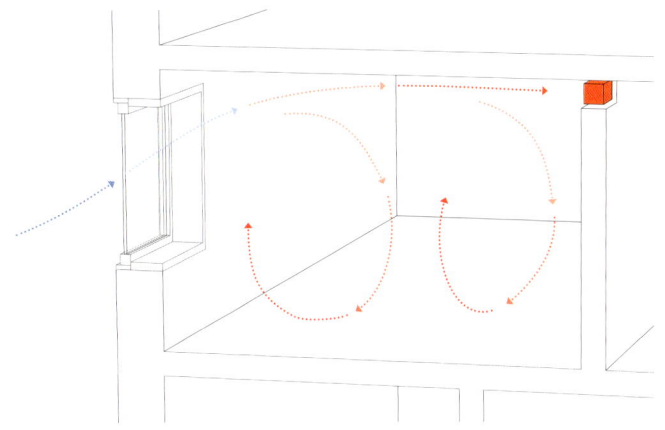

Prinzip der Wärmeübertragung – Nachtlüftung

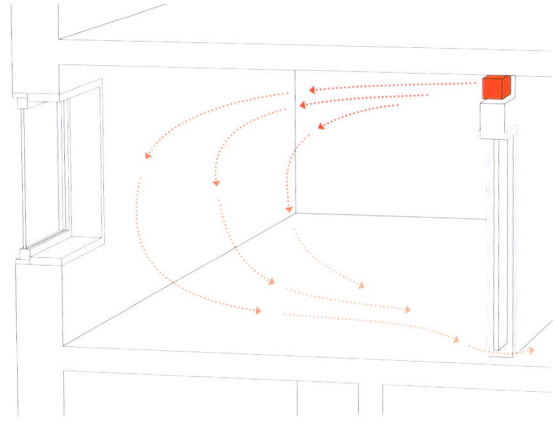

Prinzip der Wärmeübertragung – Komfortlüftung

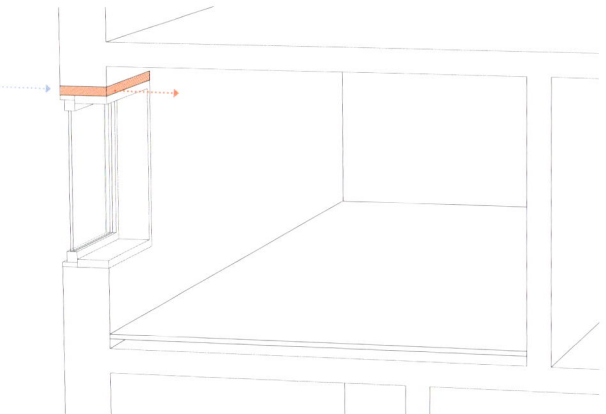

Prinzip der Wärmeübertragung – Dezentrale Lüftung, Integration im Fensterbereich

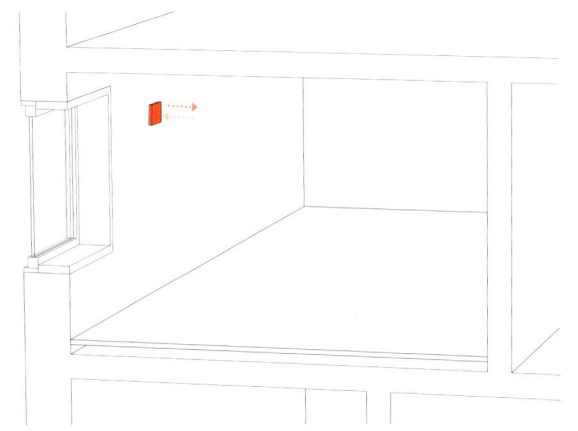

Prinzip der Wärmeübertragung – Dezentrale Lüftung, wandintegriert

Steuern und Regeln

Die beschriebenen Technologien zur Energieerzeugung, -verteilung, -speicherung und -übergabe sind durch Regelungs- und Steuerungstechnik sinnvoll miteinander zu verbinden, um den Nutzerkomfort zu verbessern und Betriebsenergie einzusparen.

Steuern bezeichnet einen einseitigen Vorgang der Einflussnahme auf technische Systeme. Im Unterschied dazu beschreibt Regeln eine Zweiwege-Kommunikation, die mit einer Rückkopplung verbunden ist. Bei einer Regelung wird ein gemessener IST-Wert mit einem festgelegten SOLL-Wert verglichen. Weichen die beiden Werte voneinander ab, wird durch das System solange der Betrieb der technischen Systeme korrigiert, bis SOLL- und IST-Werte übereinstimmen.

In vielen heute üblichen Gebäuden regeln sich technische Systeme wie die Beleuchtung, der Sonnenschutz oder die Heizung automatisch. Diese Kommunikation und Interaktion mit dem Gebäude spielt eine immer größere Rolle, um Energie zu sparen und Komfort zu gewährleisten. Die hierfür erforderlichen Regelvorgänge werden von der Gebäudeautomation übernommen.

Unter Gebäudeautomation werden alle Vorrichtungen zur Steuerung, zur selbsttätigen Regelung und Überwachung von gebäudetechnischen Anlagen sowie zur Erfassung von Betriebsdaten verstanden. In einem so genannten Smart House (Intelligenten Haus) besteht die Möglichkeit, die Haustechnik, die Haushaltsgeräte und die Multimediageräte miteinander zu vernetzen. Prinzipiell kann alles automatisiert werden, was durch Strom betrieben wird. Geregelt wird die Automation durch Zeitschaltung, vielfältige Sensoren oder mittels Bedieneinheit durch den Nutzer. Dadurch können Funktionen wie die Innen- und Außenbeleuchtung, die Verschattung, Heizung, Lüftung und Klimatisierung, mechanische Fensteröffnung ebenso wie Sprech-, Schließ- und Alarmanlagen sowie die Bedienung zahlreicher Haushaltsgeräte und der Unterhaltungselektronik gesteuert werden.

Eine Gebäudeautomation muss auf verschiedene, oft miteinander konkurrierende Bedürfnisse reagieren können. Öffnet der Nutzer beispielsweise das Fenster, um zu lüften, wird dies über einen Sensor wahrgenommen, der Lüftung und/oder Heizung gemeldet und diese herunter geregelt. Will er Licht einschalten, kann die Gebäudesteuerung gegebenenfalls prüfen, ob genügend Tageslicht vorhanden ist und die Verschattungselemente geöffnet sind, bevor das Kunstlicht angeschaltet wird.

Kritisch zu prüfen ist, wie weit eine Automatisierung gehen soll. Grundsätzlich sollte die Automation dem Nutzer für jeden Vorgang ein Grundverständnis über die Sinnfälligkeit ihrer Wirkung mitgeben und zudem eine manuelle Steuerung ermöglichen. So gibt es zur Regelung einer Lüftung beispielsweise zwei Möglichkeiten: einerseits kann die zentrale Steuerung in vier Stufen ausgelegt sein (Stoßlüften, Standard, Grundlüftung, Abwesenheit), andererseits kann bedarfsgerecht gelüftet werden. In Ein- oder Mehrfamilienhäusern wird aufgrund der relativ konstanten Anzahl an Personen meist eine zentrale Steuerung mit einem einfachen Stufenschalter manuell ausgeführt. Der Komfort kann bei einer falschen manuellen Regelung leiden; so kann eine Überregelung zu trockener Luft führen. Hingegen wird eine bedarfsgerechte Lüftung entsprechend dem CO_2-Anteil in der Luft automatisch geregelt. Für eine solche Regelung werden insbesondere bei wechselnden Belegungsdichten raumweise CO_2-Sensoren eingesetzt. Eine kostengünstigere Alternative ist der Einsatz von Bewegungsmeldern. Bei der Planung der Regelungs- und Steuerungseinheiten sollte daher immer gründlich abgewogen und projektabhängig entschieden werden.

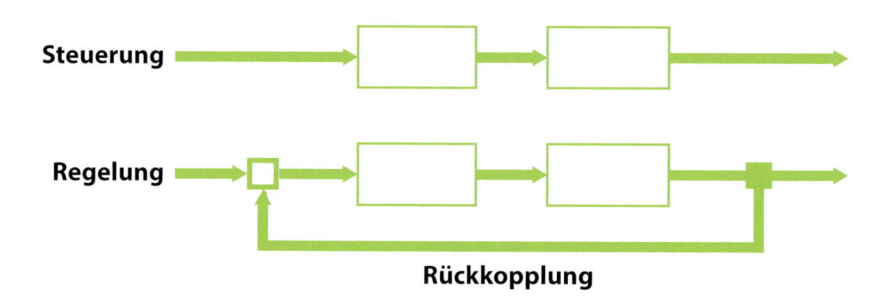

Unterschied zwischen Steuern und Regeln

Bewegungsmelder
Beleuchtungssteuerung

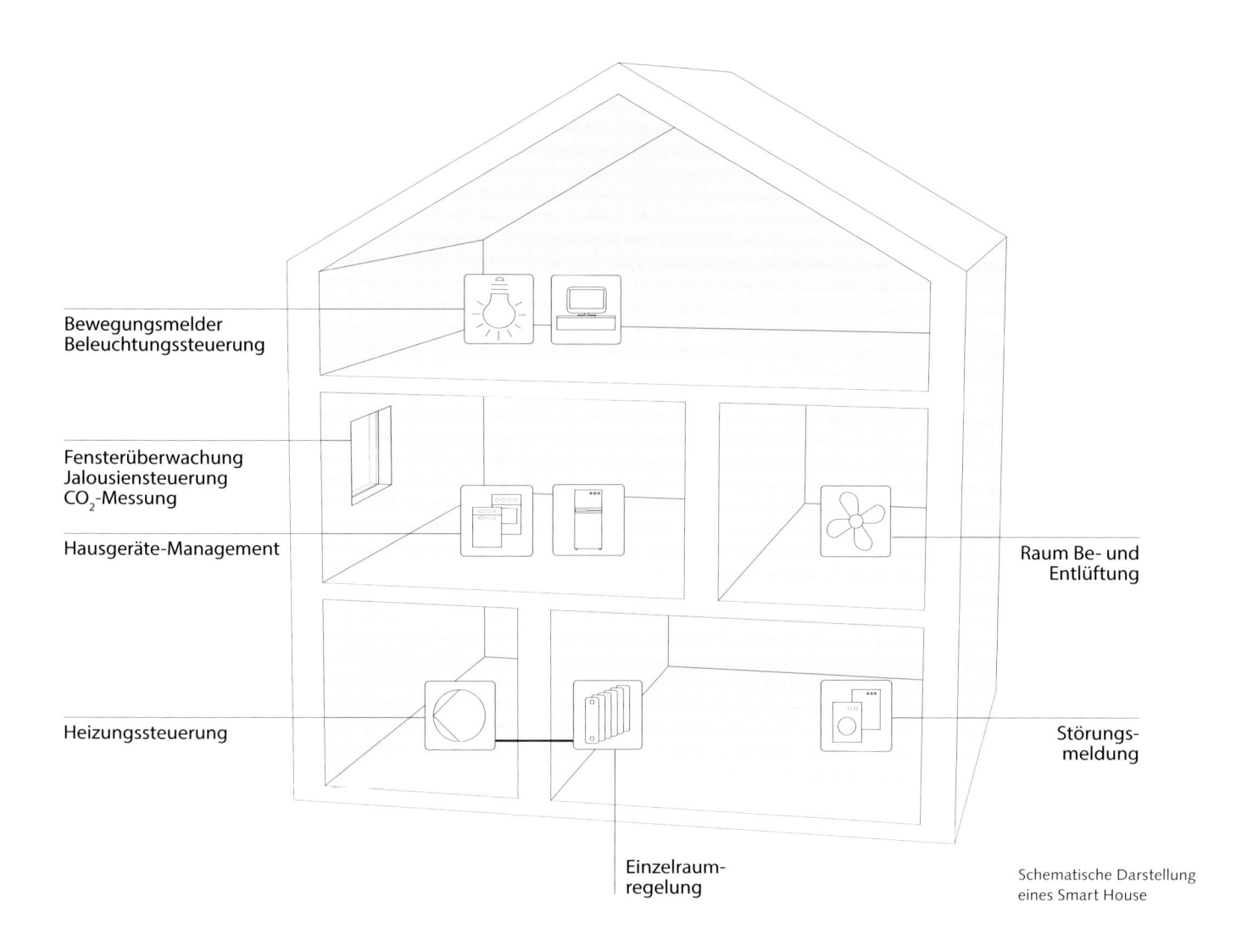

Fensterüberwachung
Jalousiensteuerung
CO_2-Messung

Hausgeräte-Management

Heizungssteuerung

Raum Be- und
Entlüftung

Störungs-
meldung

Einzelraum-
regelung

Schematische Darstellung
eines Smart House

Installationssysteme

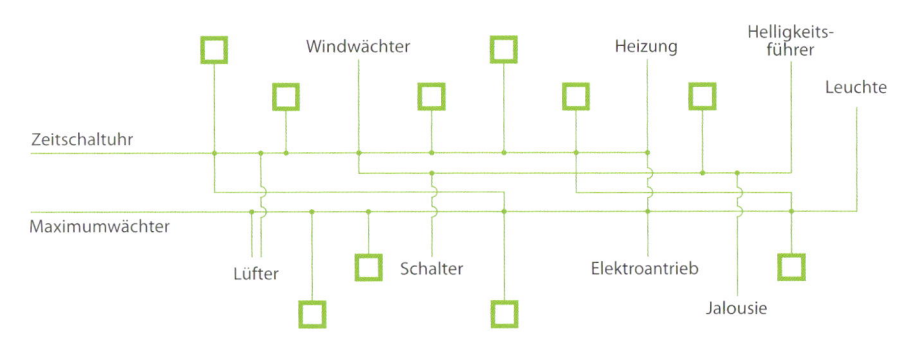

Die klassische Aufgabe der Elektroinstallation ist die Bereitstellung von elektrischem Strom. Durch Unterbrechen des Stromkreislaufs werden Verbraucher ein- oder ausgeschaltet. Aufgrund der steigenden Anforderungen und der Zunahme der Geräte stößt dieses Installationssystem an seine Grenzen. Die Leitungsführung wird aufwendig und kompliziert, die Brandlast wird erhöht, die Kosten nehmen aufgrund des Material- und Arbeitsaufwandes zu.

Alternativ hierzu kommt ein so genanntes Bussystem in Betracht. Dabei sind alle Verbraucher (Aktoren) mit sämtlichen Befehlsgebern (Sensoren) durch eine Leitung miteinander verbunden, sodass Leitungen eingespart werden. Voraussetzung für die Nutzung eines solchen Systems ist, dass die verwendeten Geräte busfähig, also mit einer programmierbaren Steuerungselektronik ausgestattet sind. Hierzu müssen sie über die gleiche Schnittstellensprache (z.B. KNX oder EIB) verfügen. Ein Bussystem ist aufgrund der steigenden Ansprüche der Nutzer an Komfort, Sicherheit, Energieeinsparung und Reduzierung der Betriebskosten häufig sinnvoll.

Ein Aktivhaus wird in der Regel mit einer Gebäudesystemtechnik ausgestattet sein. Hier werden regenerative Energiequellen in die Steuerung miteinbezogen, die Be- und Entlüftung automatisiert, das Licht tageslichtabhängig gesteuert und so neben Energie auch Kosten eingespart. Die Energiebereitstellung wird an die tatsächliche Nutzung (Belegungszustand) und das Nutzerverhalten (z.B. Fensterlüftung) angepasst.

So können mittels einer intelligenten Gebäudesteuerung elektrische Verbraucher dann gestartet werden, wenn genügend Energie durch die eigene Photovoltaik-Anlage produziert wird. Dies reduziert den Bezug von Fremdenergie aus dem Stromnetz; der Eigenanteil der Nutzung des selbst produzierten regenerativen Stroms erhöht sich, was nach dem Erneuerbaren-Energien-Gesetz gefördert wird. Durch die Einbindung intelligenter Zähler in die Gebäudeautomation können die eigenen Verbräuche dem dynamischen Strompreis des Energieversorgers nachgeführt werden.

Ein Bussystem ermöglicht auch die Steuerung des Gebäudes von außen via Internet oder Smartphone.

Schematische Darstellung einer herkömmlich Elektroinstallation

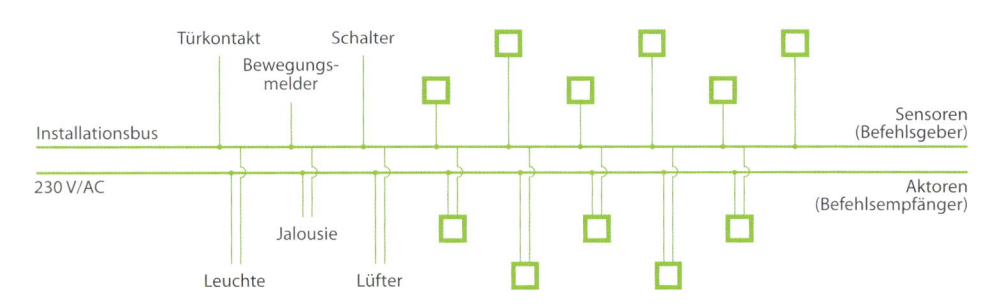

Schematische Darstellung einer Elektroinstallation mit Bussystem

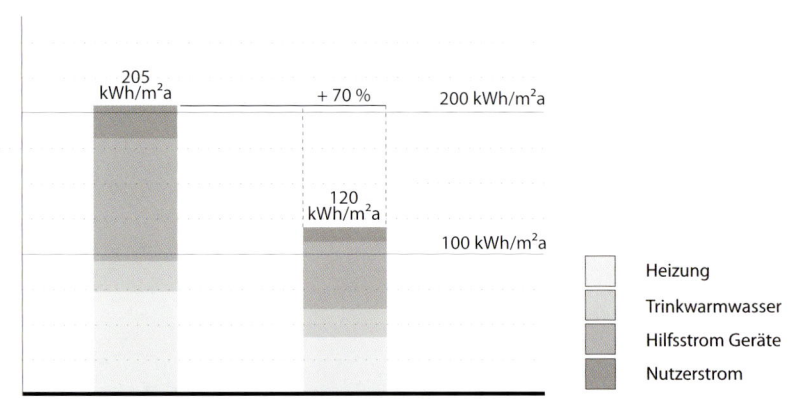

Einsparung an Jahresendenergie eines Bürogebäudes durch Gebäudeautomation

Nutzereingriffe

Das Nutzerverhalten beeinflusst den Energieverbrauch erheblich; dadurch kann der tatsächliche Verbrauch stark von den Planungswerten abweichen. Somit ist es wichtig, die Bewohner über ihr Verhalten zu informieren, aufzuklären und ihr Energiebewusstsein zu stärken. Dazu dienen Anzeigen in Form von Touchpanels oder Pads, die den Nutzer aktuell über seinen Energieverbrauch, die regenerative Energieerzeugung, sowie gegebenenfalls über den Strompreis informieren. Durch das Sichtbarmachen dieser sonst verdeckten Daten wird der Bewohner zum Energiesparen angeregt und kann sein Verhalten entsprechend anpassen. Ein einfach bedienbares Nutzerinterface bietet die Möglichkeit des spielerischen Umgangs der Bewohner mit den Themen Energie und Technik. Es findet nur dann Zustimmung, wenn es intuitiv nutzbar und entsprechend bedienerfreundlich ist. Zu empfehlen ist eine Kombination aus einem konventionellen Schaltersystem, das über manuell bedienbare, herkömmliche Taster für die Grundversorgung verfügt, mit einem Nutzerinterface. Eine leicht verständliche und grafisch ansprechende Oberfläche ist zwingend erforderlich.

Der Nutzer will in der Regel nur solche Vorgänge und Technologien steuern, die seine individuellen Bedürfnisse und sein Behaglichkeitsempfinden beeinflussen (Sonnen- bzw. Blendschutz und Raumtemperatur). Die daraus im Hintergrund resultierenden Prozesse müssen nicht steuerbar oder sichtbar sein. Der Nutzer will sich nicht bevormundet oder in seiner Lebensweise eingeschränkt fühlen.

Ein Nutzerinterface ist bisher ein Ausstattungsmerkmal, das noch nicht zur Grundausstattung einer Wohnung oder eines Büros gehört. Vermutlich wird es aber im Hinblick auf bewusstes Energieverhalten immer stärker nachgefragt. Der hierfür notwendige Strombedarf ist im Blick zu behalten.

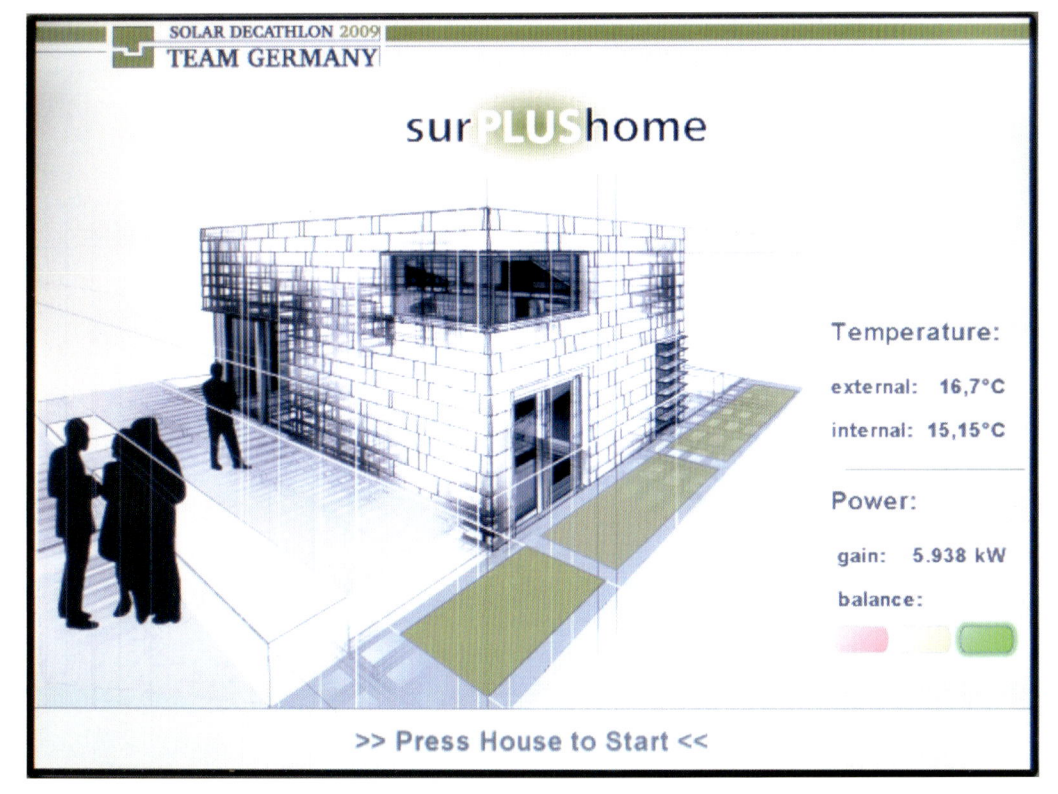

Beispiel eines Nutzerinterface mit Ampelindikator aus dem surPLUShome, Solar Decathlon 2009, TU Darmstadt

Damit ein Nutzerinterface die gewünschten Erfolge in Bezug auf Energieeinsparung erzielt, könnten folgende Daten angezeigt werden:
- Energieverbrauch getrennt nach den unterschiedlichen Energiedienstleistungen und Verbrauchern
- Energieerzeugung
- Ampelindikator, um die aktuelle Bilanz darzustellen
- Temperaturanzeige
- Verhaltensempfehlung, zum Beispiel der Nutzung verbrauchsintensiver Geräte bei hoher Eigenproduktion von regenerativem Strom
- Wetterdaten und Wetterprognose Gegebenenfalls Zugang zum Internet

Ziele des Energiemanagements durch die Gebäudeautomation und eines Benutzerinterface sind:
- Optimierung des Energieverbrauchs
- Sensibilisierung des Nutzers zum Energiesparen
- Erhöhung des Eigennutzungsanteils an selbst erzeugter, regenerativer Energie (über Empfehlungen, Gebäudeautomatisation, Lastmanagement)
- Einfaches Erfassungs- und Abrechnungssystem
- Spielerischer Umgang mit der Technik und Identifikation mit dem Haus

Instrumentarium

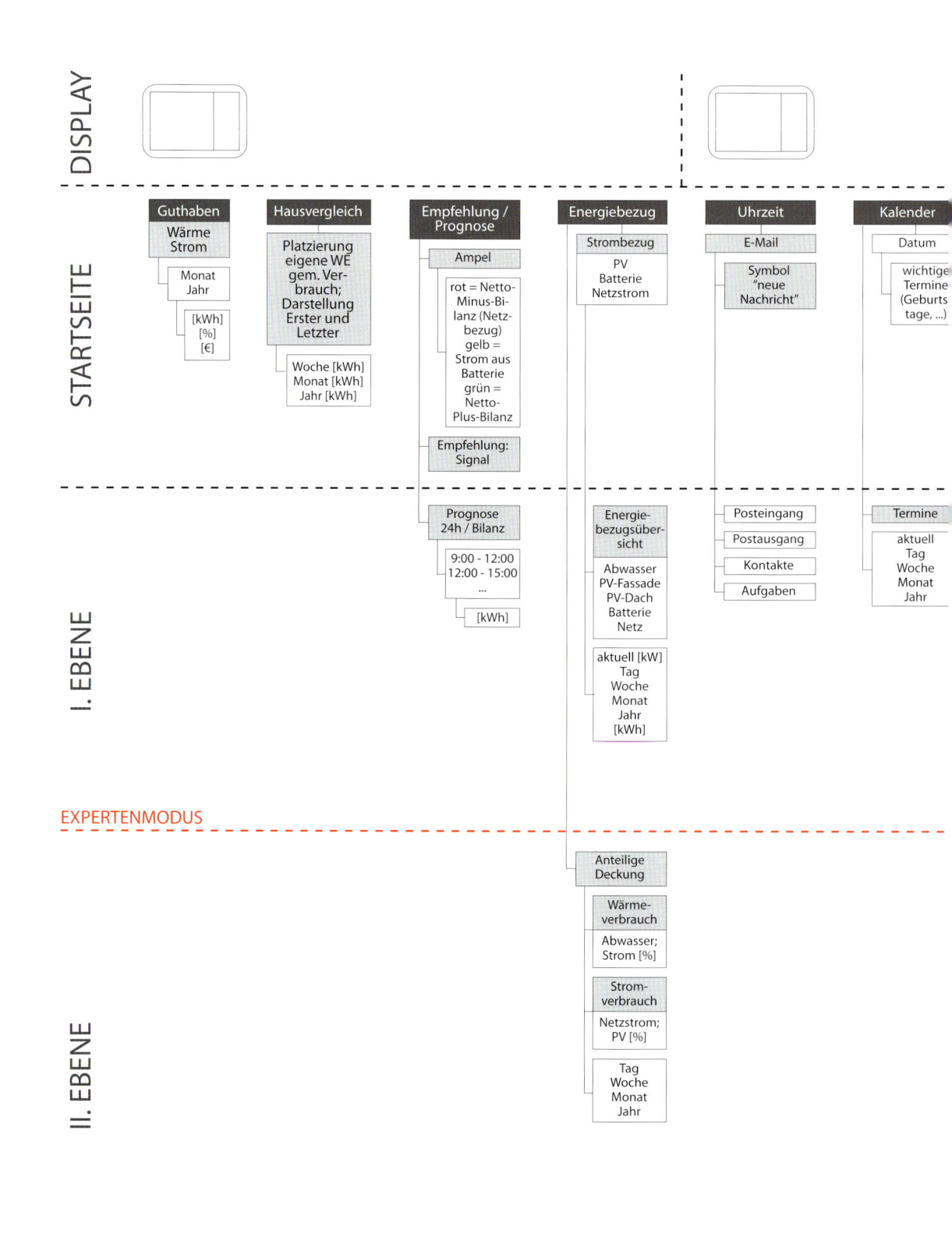

DISPLAY

STARTSEITE

Guthaben	Hausvergleich	Empfehlung / Prognose	Energiebezug	Uhrzeit	Kalender
Wärme Strom	Platzierung eigene WE gem. Verbrauch; Darstellung Erster und Letzter	Ampel	Strombezug	E-Mail	Datum
Monat Jahr		rot = Netto-Minus-Bilanz (Netzbezug) gelb = Strom aus Batterie grün = Netto-Plus-Bilanz	PV Batterie Netzstrom	Symbol "neue Nachricht"	wichtige Termine (Geburtstage, ...)
[kWh] [%] [€]	Woche [kWh] Monat [kWh] Jahr [kWh]	Empfehlung: Signal			

I. EBENE

		Prognose 24h / Bilanz	Energiebezugsübersicht	Posteingang	Termine
		9:00 - 12:00 12:00 - 15:00 ...	Abwasser PV-Fassade PV-Dach Batterie Netz	Postausgang	aktuell Tag Woche Monat Jahr
		[kWh]	aktuell [kW] Tag Woche Monat Jahr [kWh]	Kontakte Aufgaben	

EXPERTENMODUS

II. EBENE

Anteilige Deckung

Wärmeverbrauch
Abwasser; Strom [%]

Stromverbrauch
Netzstrom; PV [%]

Tag Woche Monat Jahr

QUELLE

Messwerte Verbrauch Wärme/Strom	Messwerte Verbrauch (Strom/Wärme)	Prognosetool Bilanz (Ertrag - Verbrauch)	Messwerte Ertrag/Bezug	Verknüpfung mit Outlook oder Google	Verknüpfung mit Outlook oder Google
Bilanz PHPP Grenzwerte	Ermittlung des Durchschnitts gem. Gauß-Verteilung	24h!	PV/Netz/Batterie, Abwasser + Verbrauch für Deckung		
Guthaben/ Jahr [€]					

BEZUGSGRÖSSE

| Wohneinheit | Gebäude | Gebäude | Gebäude | persönlich | persönlich |

Darstellung der unterschiedlichen Ebenen des Nutzerinterface aus dem Projekt Aktiv Stadthaus zur Untersuchung zum Energiemanagement für den Nutzer an der Schnittstelle Mensch-Technik. Eine solche Anzeige ist ein komplexes System, das mehrere Unterebenen beinhaltet. Es gibt die Möglichkeit, über die verschiedenen Ebenen verschiedene Zielgruppen zu erreichen, so werden auf der Startseite die für jeden Nutzer wichtigen und aktuellen Daten auf einen Blick dargestellt, die darunter liegende erste Ebene ermöglicht, Prognosen und Verläufe zu erkennen, in der zweiten Ebene befindet man sich im so genannten Expertenmodus. Dieser ist für Technikinteressierte geplant und gibt über verschiedene Details Auskunft.

Instrumentarium

Wetter	Raumtemp.	Verbrauch	Energiebilanz	E-Mobilität	Profile	Energiesparen
°C sonnig, wolkig, …	°C				5 WE	
heute morgen	Achtung!					
	wenn > 26 °C oder < 19 °C					
heute 3 Tage Woche	qualitative Gesamtmessung der Wohneinheit	Strom; Heizung; Warmwasser; Kaltwasser	Tag Woche Jahr	Kontingent (Guthaben)	5 Hauptprofile Kino Party Cocooning abwesend manuell	Empfehlung Stromspartipps
°C; sonnig, wolkig, …; relative Luftfeuchte; Regenwahrscheinlichkeit		aktuell [kW] Tag Woche Monat Jahr [kWh]	kWh CO_2	[km]		
				Flotte ASH		
				Reichweite [km]		
				Ladestand [kWh]		
				Größe		
				Traffic Pilot		
				Stauinfo		
				Link ÖPNV		
				Buchen		
	Einzelmessung der Zimmer	Einzelmessung der Geräte			Steuerung	
		Waschmaschine Trockner Kühlen Geschirrspüler Herd Lüftung Unterhaltung Beleuchtung			Geräte	
					Spülmaschine Waschmaschine Trockner Kühlschrank Kochen	
		Woche Monat Jahr			an/aus Save in profile Timer Smartmode …	
		kWh %			Heizung	
					Temperatur	
					Beleuchtung	
					an/aus Dimmer	
					Lüftung	
					4 Stufen	
Wetter.com oder Ähnliches	Realmessung	für Strom/Heizung/Warmwasser/Kaltwasser: Stromzähler WE, Stromzähler Nutzung + Grenzwerte/Empfehlung Bilanz PHPP	Summer Verbrauch Gebäude + Summe Ertrag Gebäude = Bilanz Gebäude	Book'n'Drive: Messdaten Autos Traffic: Google	Digitalstrom? Steuerung/KNX?	Web: Firefox App/Internet Musik: iTunes, WinAmp oder Ähnliches Festplatte
Prognosen dt. Wetterdienst						
	Wohneinheit	Wohneinheit	Gebäude	Gebäude	Wohneinheit	persönlich

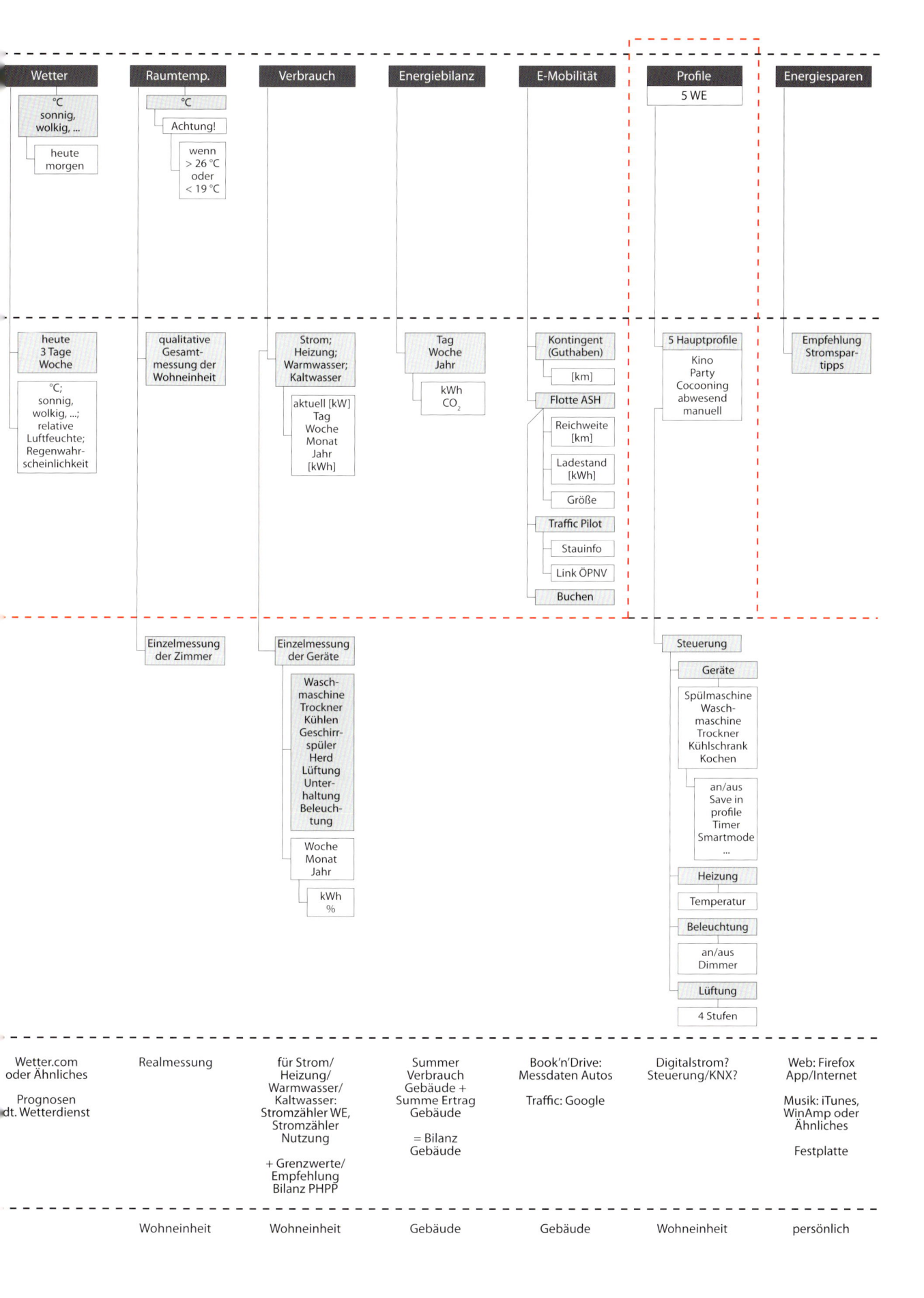

Lastmanagement, Smart Grid

Nicht nur das Gebäude an sich, sondern auch die sie bedienenden Netze bedürfen einer komplexer werdenden Regelung. Bisher wurde die Energieerzeugung an die Nachfrage angepasst, zunehmend geht es darum, die Nachfrage an die Erzeugung anzupassen. Das so genannte Lastmanagement bedeutet, dass der Verbrauch vorzugsweise dann erfolgt, wenn die meiste Energie kostengünstig zur Verfügung steht.

Energie aus erneuerbaren Quellen steht im Gegensatz zu fossil erzeugter Energie nicht ständig zur Verfügung. Um ein funktionierendes System zu erzeugen, sind intelligente Stromnetze – so genannte Smart Grid – notwendig. Sie beziehen alle Verbraucher und Energielieferanten – zentrale und dezentrale Stromerzeuger – mit ein. Durch Smart Grid können Erzeuger und Verbraucher, die nicht deckungsgleich sind, geregelt werden. Durch intelligente Netze können die Auslastung der Netze optimiert und teure Lastspitzen vermieden werden.

Kombiniert mit intelligenten Stromzählern (smart metering), die seit dem 1. Januar 2010 verpflichtend von den Energieversorgern in Neubauten einzubauen sind, ist eine sekundengenaue Messung der Verbräuche möglich. Die Strom verbrauchenden Geräte sind mit dem Netz verknüpft und kommunizieren mit ihm, sie können anhand der detaillierten Stromkostenanalyse je nach Strompreisentwicklung gesteuert werden. So erfolgen zeitunkritische Prozesse wie Waschen, Trocknen oder Geschirrspülen dann, wenn besonders viel Strom zur Verfügung steht und dementsprechend günstig ist.

Lastmanagement unterstützt ein erzeugungsorientiertes System. Es ermöglicht, dass die Energie zum selben Zeitpunkt verbraucht wie erzeugt wird und aufgrund dessen kostengünstig zur Verfügung steht. Durch eine solche zeitliche Umschichtung werden die Netze entlastet. Das Stromnetz koordiniert den Ausgleich zwischen Erzeugung und Verbrauch. Das Aktivhaus selbst wird als Energie erzeugendes Element Teil des Netzes. Schließlich können auch Speicherfunktionen des Gebäudes in dieses Gesamtsystem integriert werden.

Elektrofahrzeuge könnten in Zukunft dazu dienen, den diskontinuierlich erzeugten Strom zu speichern und zum Beispiel nachts wieder an das Netz beziehungsweise die Verbraucher abzugeben. Die Einbindung von Elektrofahrzeugen in das Energiekonzept kann so dazu führen, den Eigenanteil des selbst erzeugten Stroms zu erhöhen. Neben der Möglichkeit, als Stromspeicher zu fungieren, dienen die Fahrzeuge auch zur Stabilisierung des Netzes und erhöhen die Versorgungssicherheit, sie sind somit Teil des Lastmanagements.

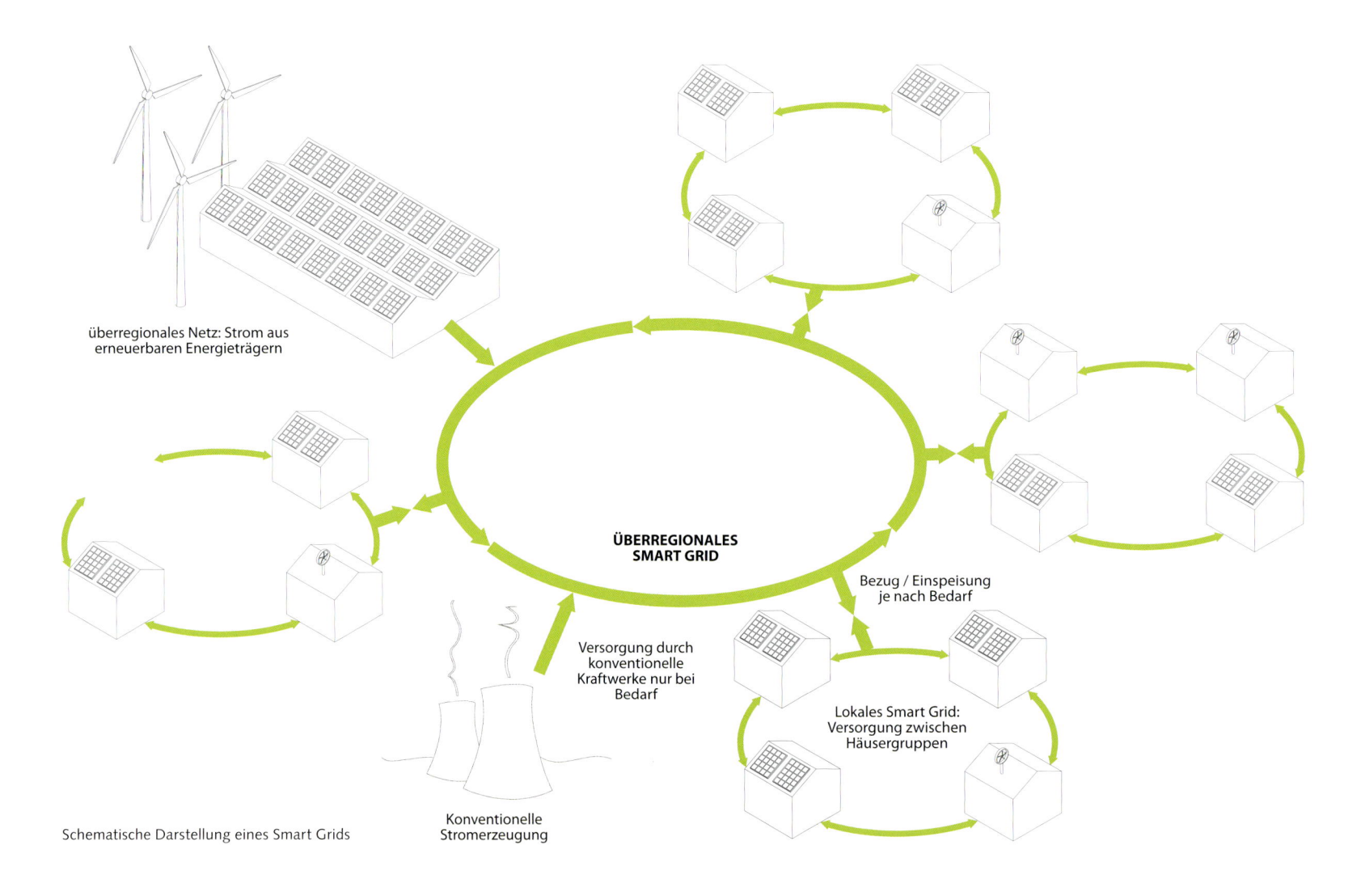

Schematische Darstellung eines Smart Grids

Instrumentarium

Monitoring

Internet

2-Wege-Kommunikation

Intelligente
Haushaltsgeräte

Elektrischer
Haushaltszähler
**Einspeisung
des Versorgers**

Intelligentes
Energie-Management

SMART GRID

SMART METERING

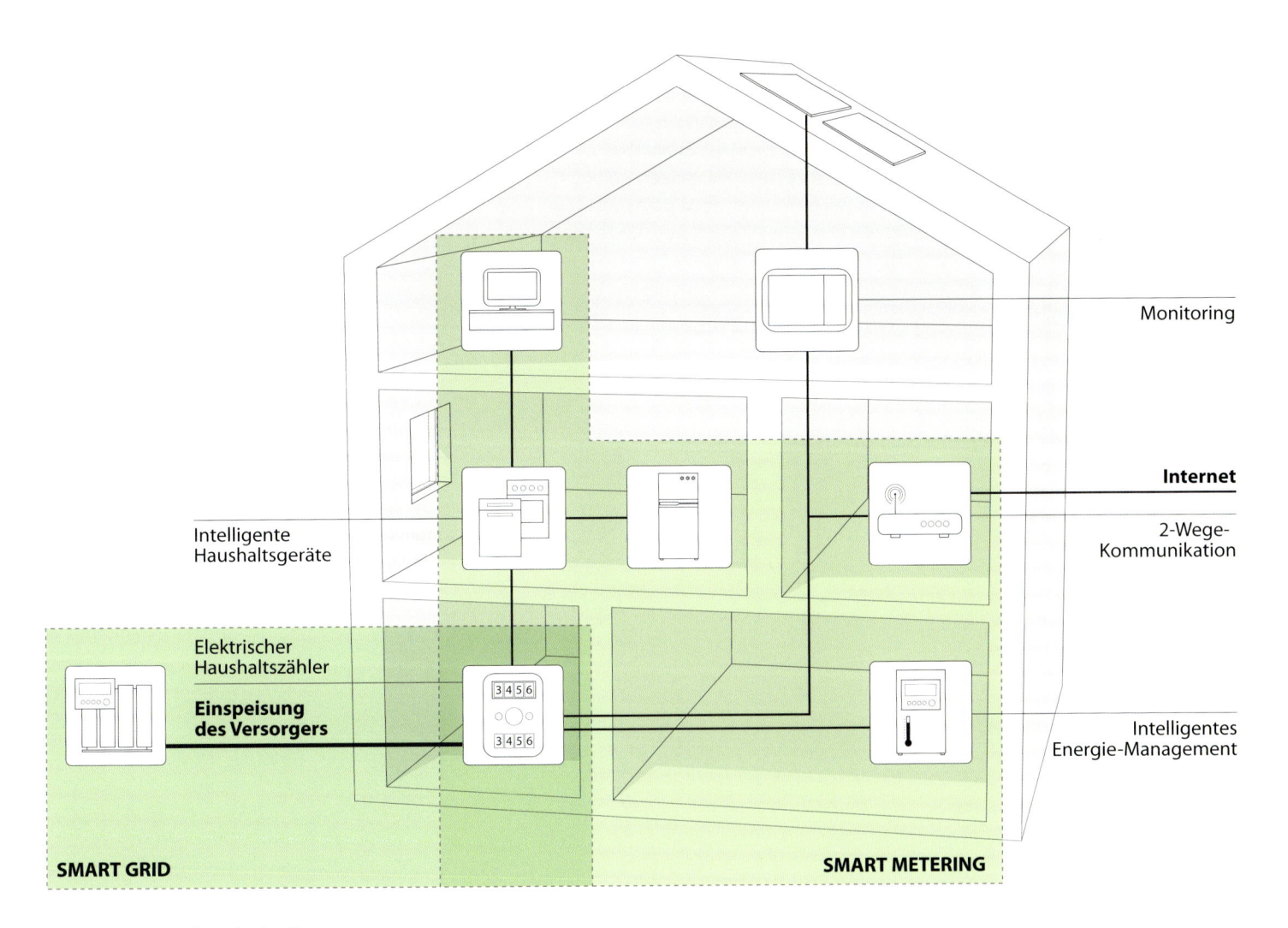

Schematische Darstellung der drei Ebenen
Smart House, Smart Metering und Smart
Grid, um den Energieverbrauch privater
Haushalte besser zu regeln.

**Probleme des Lastmanagements
durch automatisierte Vorgänge:**

- Rechtlich und versicherungstechnisch (bei Schadensfällen durch automatisch gestartete Geräte)
- Zwischenmenschlich (Lärmbelästigung, aufgrund automatisierter Vorgänge)
- Persönlich (Nutzer muss sich auf ein gewisses Maß an Fremdbestimmung einlassen)
- Datenschutzrechtlich (Verbrauchsdaten werden zur Optimierung der Netzauslastung an die Stromversorger weitergegeben und dort ausgewertet)

Vorteile des Lastmanagements:

- Energieeinsparung
- Maximierung des Eigenanteils, Strombezug aus dem Netz wird minimiert
- Energiekostenminimierung
- Transparentere, präzisere und verbrauchsfreundlichere Stromrechnung

Monitoring

Monitoring dient dazu, das Anlagensteuerungs- und Regelungskonzept zu überprüfen, es über die Planungszeit hinaus zu optimieren und zu kontrollieren, ob die getroffenen Zieldefinitionen erreicht werden. Vor dem Start des Monitorings sind die Benchmarks festzulegen, die den Soll-Zustand beschreiben. Während der Überwachung werden die Bestands- und Verbrauchsdaten in regelmäßigen Abständen erfasst, dokumentiert und schließlich durch den Vergleich mit den zuvor festgelegten Daten technisch und kaufmännisch ausgewertet. Es folgt die Interpretation dieser Daten, sodass Fehler erkannt und der Ablauf optimiert werden können. Ist die Einstellung der Gebäudetechnik erfolgreich verlaufen, wird der weitere Betrieb überwacht. Sinnvoll ist ein Monitoring, wenn es mindestens über einen Zeitraum von zwei Jahren erfolgt. Das betrachtete Gebäude muss in dieser Zeit bedarfsgerecht genutzt werden. Der Zeitraum begründet sich dadurch, dass nach dem ersten Jahr, in dem die Messdaten erfasst werden, die Einregelung erfolgt und für die Kontrollphase die Daten eines Vergleichsjahrs zur Verfügung stehen sollten. Zudem können durch ein mehrjähriges Monitoring besonders ausgeprägte jahreszeitliche Verläufe, wie ein sehr harter Winter oder ein extrem heißer Sommer, abgepuffert werden.

Bei der Entwicklung eines Energiemonitorings sind die Rahmenbedingungen des Gebäudes zu berücksichtigen. Je nach zugrunde liegendem Energie- und Messkonzept sind die notwendigen Messstellen/Sensoren zu definieren.

Durch ein Monitoring kann der Betrieb nicht nur für den Betreiber und Inhaber, sondern gegebenenfalls auch für die Nutzer und die Öffentlichkeit transparent gemacht werden. Nachdem der Nutzer sein Verhalten erkennt und versteht, kann er es energiebewusst und kostenbewusst anpassen.

Ergänzt werden können solche quantitativen Messungen und Auswertungen durch eine qualitative Evaluation. Dabei werden die Nutzer im Rahmen von regelmäßig stattfindenden Gesprächen nach ihrer Zufriedenheit und ihrem Wohlbefinden befragt. Dadurch werden Erkenntnisse über das subjektive Empfinden der Nutzer gesammelt und diese in den Zusammenhang mit dem saisonalen oder täglichen Ablauf gebracht. Ebenso sollen die Ergebnisse zeigen, ob sich ein verändertes Bewusstsein um Energie und Umwelt bildet und sich die Wohn-/Nutzerzufriedenheit sowie andere subjektive Wohnwertindikatoren verändern. Durch einen Abgleich des quantitativen mit dem qualitativen (soziologischen) Monitoring kann die Gebäudetechnik besser an das Nutzerverhalten angepasst und optimiert werden. Ein Monitoring ermöglicht zudem, die eingebaute Technik zu kontrollieren, zu justieren und in gewissem Maße zu verändern.

Vorgegebene Messstellen bei verwendeten Systemen

System	Notwendige Messstellen
Aktive Erschließung von Umweltenergie	
Erdsonden/ -kollektor/ -pfähle	Stromverbrauch (Umwälzpumpe(n)) gelieferte Wärme gelieferte Kälte
Saugbrunnen	Stromverbrauch (Umwälzpumpe(n)) gelieferte Wärme gelieferte Kälte
Erdreichwärmetauscher	Stromverbrauch (Ventilator(en)) gelieferte Wärme gelieferte Kälte
maschinelle Nachtlüftung	Stromverbrauch (Ventilator(en)) gelieferte Kälte
Rückkühler	Stromverbrauch (Umwälzpumpe(n), Ventilator, evtl. Sprühpumpen und Wannenheizung gelieferte Wärme gelieferte Kälte
Thermische Solaranlage	Solarstrahlung Stromverbrauch (Umwälzpumpe(n)) gelieferte Wärme
Photovoltaik	Solarstrahlung gelieferter Strom
KWK-Anlagen	
(Bio-)Gas-BHKW	Biogasverbrauch Wärmeerzeugung (inkl. Abgaswärmetauscher) Stromerzeugung (nach Abzug des Eigenstromverbrauchs)
(Bio-)Öl-BHKW	Bioölverbrauch Wärmeerzeugung Stromerzeugung (nach Abzug des Eigenstromverbrauchs)
Holz-BHKW	Holzverbrauch Wärmeerzeugung Stromerzeugung (nach Abzug des Eigenstromverbrauchs)
Brennstoffzelle	Biogasverbrauch Wärmeerzeugung Stromerzeugung
Wärmeerzeuger / Abwärmenutzung	
(Bio-)Gaskessel	Biogasverbrauch Stromerzeugung Wärmeerzeugung
(Bio-)Ölkessel	Bioölverbrauch Stromerzeugung Wärmeerzeugung
Holzkessel	Holzverbrauch Stromerzeugung Wärmeerzeugung
Fernwärme	Fernwärmebezug
(Bio-)Gas-WP	Biogasverbrauch Stromerzeugung (ohne Erschließung Wärmequelle*) Wärmeerzeugung
Elektrische Wärmepumpe (evtl. reversibel)	Stromverbrauch (ohne Erschließung Wärmequelle*) Wärmeerzeugung bei reversibler WP: Kälteerzeugung
Direkt Elektrische Heizung WW	Stromverbrauch Wärmeerzeugung
Kreislaufverbundsystem	Stromverbrauch (Umweltwältpumpe(n)) Wärmegewinn
Abluft-WP	Stromverbrauch (ohne Erschließung Wärmequelle*) Wärmeerzeugung
Kälteerzeuger	
Kompressions-Kältemaschine	Stromverbrauch (ohne Rückkühlung*) Kälteerzeugung
Absorptions-Kältemaschine	Stromverbrauch (ohne Rückkühlung*) Wärmeverbrauch Kälteerzeugung
(Bio-)Gas AKM	Stromverbrauch (ohne Rückkühlung*) Biogasverbrauch Kälteerzeugung
Fernkälte	Fernkältebezug
sorptive Kühler Sorptionsrad	Stromverbrauch (Umwälzpumpe(n) Heizwasser, Antrieb Sorptionsrad, Wasseraufbereitung) Wasserverbrauch Wärmeverbrauch Kälteerzeugung
sorptive Kühlung flüssig	Stromverbrauch (Umwälzpumpe(n) Heizwasser + Sole, Antrieb Ventilator Regeneration) Wasserverbrauch Wärmeverbrauch Kälteerzeugung
Speicherung (nur Wohngebäude)	
Brauchwasserspeicher	Wärme Speichereingang Wärme Speicherausgang Brauchwasser-Nutzwärme Zirkulationswärmeverluste
Pufferspeicher	Wärme Speichereingang Wärme Speicherausgang
Nutzenergie TGA	
Beleuchtung	Stromverbrauch, ggf. hilfsweise durch Betriebszeiten und Leistungsmessung trennen für exemplarische Zonen aus der Bilanzierung DIN V 18599 (z.B. Büro, Verkehrsflächen, etc.)
Pumpen Verteilung	Stromverbrauch, ggf. hilfsweise durch Betriebszeiten und Leistungsmessung
Luftförderung	Stromverbrauch, ggf. hilfsweise durch Betriebszeiten und Leistungsmessung, Luftvolumenströme, Temperatur des Luftstromes
Betriebsverhalten	
Heizung	Temperatur Heizungsvorlauf Temperatur Heizungsrücklauf Temperatur Heizkreise
Lüftung	Temperatur Zuluft Temperatur vor Wärmerückgewinnung Temperatur nach Wärmerückgewinnung Fortlufttemperatur
Kühlung	Vorlauftemperatur Rücklauftemperatur

* Energieverbrauch für Rückkühlung bzw. Erschließung der Wärmequelle wird separat erfasst.

Projekt

Projekte

Wie beschrieben, ist das Aktivhaus eine zeitgemäße Weiterentwicklung bisheriger Gebäude-Energiestandards. Es baut auf den Prinzipien der Minimierung der Energieverluste und des gebäudeinternen Energieverbrauchs sowie der passiven Nutzung der Sonneneinstrahlung auf. Hinzu kommt die aktive Nutzung regenerativer Energiequellen am Haus und auf dem Grundstück. Aktivhäuser integrieren die Nutzung regenerativer Energien wie etwa durch solar aktivierte Fassaden- und Dachflächen in die Architektur. Mit einer solchen aktiven energetischen Nutzung der Gebäudehülle entwickeln sich neue Erscheinungsbilder von Gebäuden, die letzten Endes eine neue Baukultur begründen können.

Die dargestellten Beispielbauten haben sich dieser Herausforderung gestellt. Sie zeigen den aktuellen Sachstand dieser derzeit rapide verlaufenden Entwicklung, die sich dennoch erst in einer Anfangsphase befindet.

Nicht alle vorgestellten Bauten erreichen schon den Standard eines Energieplusgebäudes. Alle sind jedoch durch eine intelligente Kombination von passiven und aktiven Maßnahmen auf dem Weg dorthin und somit als Aktivhäuser qualifiziert. Eine Sanierung bietet nicht nur die Chance, den Bestand energetisch zu optimieren, sondern auch die Möglichkeit, die Nutzbarkeit und das architektonische Erscheinungsbild zu verbessern.

Die gezeigten Projekte reichen von kleinen Einfamilienhäusern über Mehrfamilienhäuser bis hin zu Nicht-Wohngebäuden. Darunter sind Werk- und Fabrikhallen und Bürogebäude ebenso vertreten wie Bauten für die Gemeinschaft. Neben Neubauten sind auch Beispiele für Sanierungen enthalten. Sie zeigen, dass es selbst unter den Erschwernissen eines energetisch problematischen Gebäudebestands gelingen kann, einen Überschuss an Energie zu generieren.

Der Grad der Umsetzbarkeit des Aktivhaus-Konzepts unterscheidet sich je nach Bauaufgabe, Gebäudeform, baulicher Dichte und vielen anderen Faktoren. Die Bandbreite der Beispiele zeigt jedoch, dass es auch unter sehr widrigen Rahmenbedingungen möglich ist, Aktivhäuser bis hin zum Energieplus-Standard umzusetzen.

Effizienzhaus Plus P., Steinbach im Taunus
Neubau eines freistehenden Einfamilienhauses

Das Effizienzhaus Plus P. liegt am Rand des Taunus nahe Frankfurt. Die Entwicklung des Gebäudes folgte zunächst nach klassischen passiven Prinzipien: Minimierung von Energieverlusten und Optimierung von Energiegewinnen. Dazu zählen die großen Fensteröffnungen nach Süden, die Kompaktheit des Gebäudes und die hohe thermische Qualität der Hülle. Bei dem Holzrahmenbau wurde auf den Einsatz von Stahl komplett verzichtet. Neben der Wohn- und Lebensqualität hatten für den Bauherren die zukünftige Betriebs- und Versorgungssicherheit sowie die Minimierung von Umweltwirkungen und Ressourcenverbrauch Priorität.

Die Solartherme und der Wärmeentzug aus dem Erdreich decken einen Großteil der Energiebilanz des Gebäudes ab, sie stellen die gesamte benötigte Wärme zur Verfügung. Der Strombedarf (inkl. Energie für die Wärmepumpe, Haushaltsstrom und Strom für Beleuchtung) wird komplett über die Photovoltaik gedeckt, es entsteht ein Stromüberschuss über das gesamte Jahr gesehen von 85 Prozent, der in das öffentliche Stromnetz eingespeist wird.

Lageplan M 1:2000

Insgesamt verbraucht das Effizienzhaus Plus P. zirka 6000 kWh pro Jahr elektrischen Strom bei einer prognostizierten Erzeugung von fast 11 200 kWh. Über das Jahr gerechnet, wird damit ein Überschuss von zirka 5200 kWh erzielt. In den Verbrauch eingerechnet wurden neben der Erzeugung von Heizwärme und Warmwasser auch der Hilfsstrom für die technischen Anlagen sowie der Haushaltsstrom inklusiv Strom für die Beleuchtung.

Die ursprünglich berechnete Stromproduktion der Photovoltaikanlage von 11 170 kWh pro Jahr wurde bereits im ersten Betriebsjahr um 2500 kWh überschritten, so dass insgesamt 13 700 kWh Strom erzeugt wurden.

Durch die beschriebenen aktiven Maßnahmen erreicht das Gebäude Effizienzhaus Plus Standard. Wegen des selbst erzeugten Photovoltaik-Stroms und der hohen Eigenproduktion von Wärme aus regenerativen Quellen ist das Gebäude im Betrieb CO_2-neutral.

Grundriss Obergeschoss M 1:200

Längsschnitt M 1:200

Grundriss Erdgeschoss M 1:200

Wärme
Um möglichst wenig Wärmeenergie zu benötigen, wurden dreifach verglaste Holzfenster eingebaut und der gesamte Holzrahmenbau 30 cm stark mit Zellulose ausgefacht. Gezielt auf Sonneneintrag ausgerichtete Öffnungen optimieren die solaren Gewinne. Eine Lehmbauwand im Gebäudeinnern kompensiert die fehlende thermische Speichermasse. Sie puffert Temperatur und Luftfeuchtigkeit und verbessert damit das Raumklima und die Behaglichkeit.
Die Erzeugung der Heizwärme und ein Teil der Trinkwassererwärmung erfolgt über eine Sole-Wasser-Wärmepumpe, die mittels Erdsonden oberflächennahe Geothermie nutzt. Der größte Teil des jährlichen Energiebedarfs zur Trinkwassererwärmung deckt eine 6 m² große Solarthermieanlage. Die Vakuumröhrenkollektoren befinden sich auf dem Dach der Garage und erzeugen etwa 3600 kWh im Jahr.

Zur Erzeugung der Heizwärme und des restlichen Warmwassers werden zirka 3500 kWh (inkl. Hilfsstrom) elektrischer Strom pro Jahr benötigt. Die Wärmeübergabe an die Räume erfolgt über eine Fußbodenheizung. Zusätzlich kann, um die Behaglichkeit zu erhöhen, im Winter mittels eines Kaminofens geheizt werden.

Kälte
Die Erdsonden der Sole-Wasser-Wärmepumpe können im Sommer auch zur passiven Kühlung eingesetzt werden. Dafür wird die niedrige Temperatur des Erdbodens von zirka 10°C genutzt. Das gekühlte Wasser der Fußbodenheizung dient der Temperierung des Gebäudes, ohne der Wärmepumpe in Betrieb nehmen zu müssen.

Strom
Die in die südorientierte Dachfläche integrierte Photovoltaikanlage produziert mehr elektrischen Strom, als über das Jahr benötigt wird. Es sind monokristalline Zellen mit einem Wirkungsgrad von 17,7 Prozent eingesetzt. Die 56 installierten Module erzeugen jährlich einen Stromüberschuss von etwa 5000 kWh.

Luft
Neben einer natürlichen Lüftung verfügt das Haus P. über eine zentrale Zu- und Abluftanlage mit Wärmerückgewinnung. Diese minimiert nicht nur die Lüftungswärmeverluste, sondern garantiert auch gute Luftqualität. Die Anlage verbraucht im Jahr zirka 900 kWh Strom.

Licht
Die Aufteilung des Satteldaches optimiert den Tageslichteinfall von Westen. Hinzu kommt die große Fensterfläche im Süden. Da alle Ebenen der Galerien miteinander verbunden sind, sorgt sie für eine gute Belichtung. Die künstliche Beleuchtung wird über ein BUS-System gesteuert.

Darstellungsweise der Projekte

① Im oberen Bereich sind in Kurzform ① alle Projektinformationen zusammengefasst. Dazu zählen neben der Nennung von Architekten und Projektbeteiligten auch erste Kennwerte. Es werden der bilanzierte und der erreichte Standard sowie Energiebedarf und -erzeugung dargestellt, um die Projekte miteinander vergleichen zu können.

Da die gewählten Beispiele aus verschiedenen Ländern stammen, ist aufgrund unterschiedlicher Primärenergiefaktoren, Bilanzierungsmethoden, Bilanzräumen und Energiebezugsflächen ein Vergleich der eingesetzten Primärenergie nahezu unmöglich. Um dennoch eine Gegenüberstellung der Projekte zu ermöglichen, sind die absoluten endenergetischen Bedarfszahlen pro Jahr (am rechten Blattrand ③) abgebildet. Der daraus errechnete Jahresendenergiebedarf beziehungsweise die Jahresendenergieerzeugung aus erneuerbaren Energiequellen ist auf die beheizte Wohn- beziehungsweise Nutzfläche bezogen (in der Kurzinformation ①) angegeben.

② Der Bilanzraum des Projekts lässt sich aus den Piktogrammen ablesen. Je nach bilanziertem Standard und Nutzung werden unterschiedliche Energieverbräuche in die Betrachtung mit einbezogen (grün dargestellt).

③ Durch die grafische Gegenüberstellung der Endenergiebedarfe und der Endenergieerzeugung am rechten Blattrand der Einleitungsseite ③ lässt sich ein Überschuss oder Restbedarf direkt ablesen.

Dabei wird in Wärme und Strom unterschieden. Überschuss beziehungsweise Restbedarf werden zudem prozentual ausgedrückt, sodass der Deckungsgrad durch erneuerbaren Strom und erneuerbare Wärme deutlich wird.

Der erzeugte Stromüberschuss ist auch bei Projekten, die diesen nicht zum Betrieb von Elektrofahrzeugen nutzen, in Kilometer umgerechnet, um das Potential zu veranschaulichen. Es wurde mit einem Verbrauch von 14 kWh pro 100 Kilometer gerechnet.

④ Auf der zweiten Doppelseite wird das Energiekonzept detaillierter erläutert. Hierzu dient zum einen ein Diagramm ④, aus dem sich der Energiefluss von der Energiequelle zur Nutzung ablesen lässt. Zum anderen wird das Konzept, aufgeteilt in die fünf notwendigen Energiedienstleistungen Wärme, Kälte, Strom,
⑤ Luft und Licht, beschrieben ⑤.

Bilanzräume

Effizienzhäuser (EnEV)	D	
Passivhaus	D	
Effizienzhaus Plus	D	
Niedrigstenergie-/ Nullenergie-Haus	EU	
Minergie (Basisstandard)	CH	
Minergie-P	CH	
Minergie-A	CH	

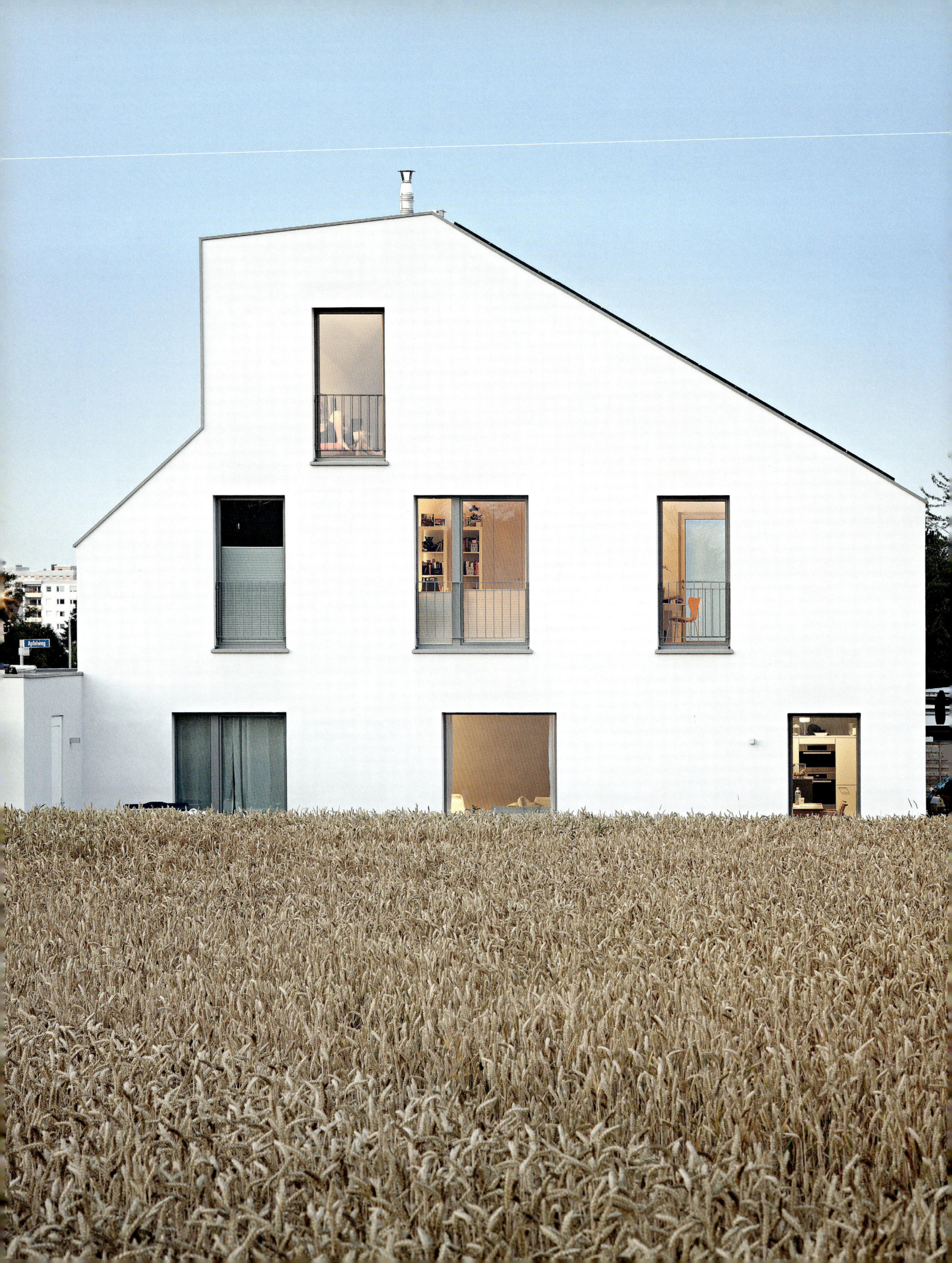

Effizienzhaus Plus P., Steinbach im Taunus

Neubau eines frei stehenden Einfamilienhauses

Projektinformationen

Architekten	ee concept GmbH, Darmstadt, Stuttgart
Projektbeteiligte / Energiekonzept	ee concept GmbH, Darmstadt, Stuttgart
Bauherr	privat
Fertigstellung	2010
Standard	Effizienzhaus Plus, CO_2-neutral im Betrieb
Wohnfläche	255 m²
Endenergiebedarf (Wärme und Strom)/m² Wohnfläche	37,79 kWh/m²a
Endenergieerzeugung (erneuerbar Wärme und Strom)/m² Wohnfläche	57,92 kWh/m²a

Bilanzraum gem. Standard

- Heizen
- Trinkwarmwasser
- Kühlen
- Hilfsenergie (Pumpen, Ventilation)
- Beleuchtung
- Geräte (Haushalt, Arbeitshilfen)
- Elektromobilität

Das Effizienzhaus Plus P. liegt am Rand des Taunus nahe Frankfurt. Die Entwicklung des Gebäudes folgte zunächst nach klassischen passiven Prinzipien: Minimierung von Energieverlusten und Optimierung von Energiegewinnen. Dazu zählen die großen Fensteröffnungen nach Süden, die Kompaktheit des Gebäudes und die hohe thermische Qualität der Hülle. Bei dem Holzrahmenbau wurde auf den Einsatz von Stahl komplett verzichtet. Neben der Wohn- und Lebensqualität hatten für den Bauherren die zukünftige Betriebs- und Versorgungssicherheit sowie die Minimierung von Umweltwirkungen und Ressourcenverbrauch Priorität.

Die Solarthermie und der Wärmeentzug aus dem Erdreich decken einen Großteil der Energiebilanz des Gebäudes ab, sie stellen die gesamte benötigte Wärme zur Verfügung. Der Strombedarf (inkl. Energie für die Wärmepumpe, Haushaltsstrom und Strom für Beleuchtung) wird komplett über die Photovoltaik gedeckt, es entsteht ein Stromüberschuss über das gesamte Jahr gesehen von 85 Prozent, der in das öffentliche Stromnetz eingespeist wird.

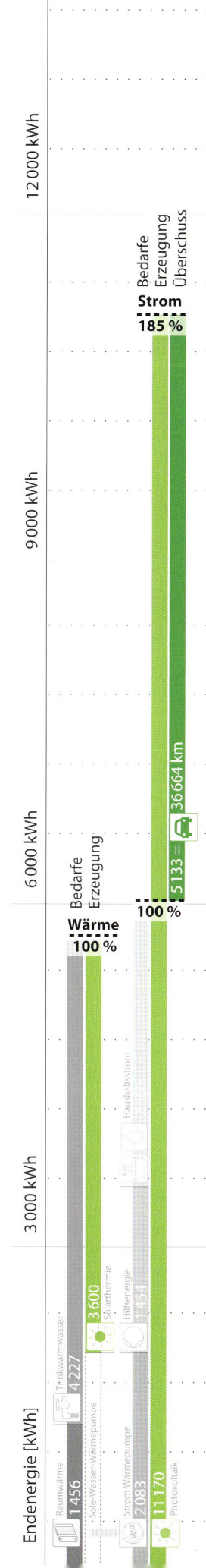

Lageplan M 1:2000

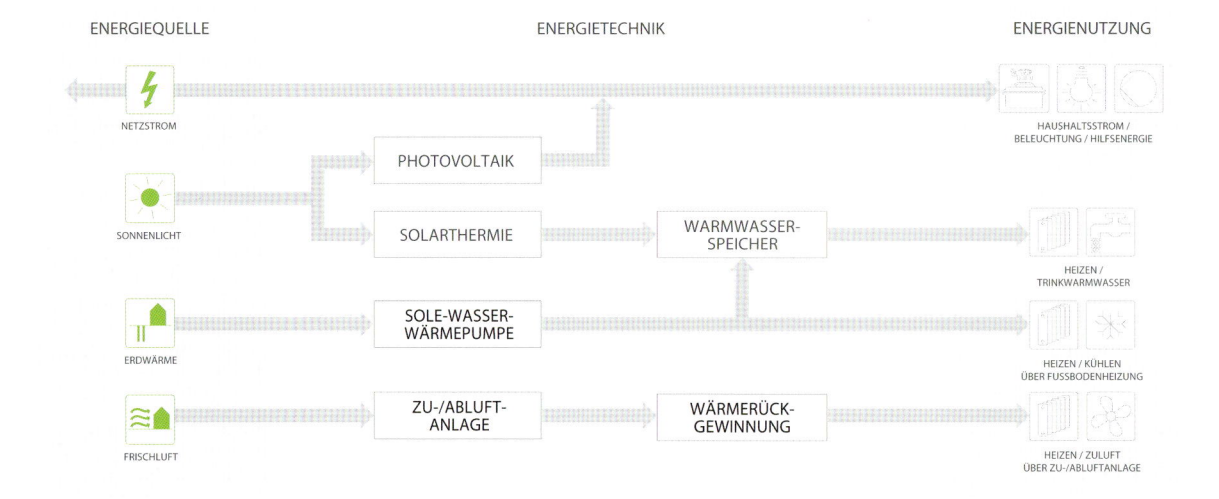

Energiequelle — Energietechnik — Energienutzung

ENERGIEQUELLE	ENERGIETECHNIK	ENERGIENUTZUNG
NETZSTROM		HAUSHALTSSTROM / BELEUCHTUNG / HILFSENERGIE
SONNENLICHT	PHOTOVOLTAIK	
	SOLARTHERMIE → WARMWASSERSPEICHER	HEIZEN / TRINKWARMWASSER
ERDWÄRME	SOLE-WASSER-WÄRMEPUMPE	HEIZEN / KÜHLEN ÜBER FUSSBODENHEIZUNG
FRISCHLUFT	ZU-/ABLUFT-ANLAGE → WÄRMERÜCKGEWINNUNG	HEIZEN / ZULUFT ÜBER ZU-/ABLUFTANLAGE

Wärme

Um möglichst wenig Wärmeenergie zu benötigen, wurden dreifach verglaste Holzfenster eingebaut und der gesamte Holzrahmenbau 30 cm stark mit Zellulose ausgefacht. Gezielt auf Sonneneintrag ausgerichtete Öffnungen optimieren die solaren Gewinne. Eine Lehmbauwand im Gebäudeinnern kompensiert die fehlende thermische Speichermasse. Sie puffert Temperatur und Luftfeuchtigkeit und verbessert damit das Raumklima und die Behaglichkeit.

Die Erzeugung der Heizwärme und ein Teil der Trinkwarmwassererwärmung erfolgt über eine Sole-Wasser-Wärmepumpe, die mittels Erdsonden oberflächennahe Geothermie nutzt. Der größte Teil des jährlichen Energiebedarfs zur Trinkwarmwassererwärmung deckt eine 6 m² große Solarthermieanlage. Die Vakuumröhrenkollektoren befinden sich auf dem Dach der Garage und erzeugen etwa 3 600 kWh im Jahr.

Zur Erzeugung der Heizwärme und des restlichen Warmwassers werden zirka 3 500 kWh (inkl. Hilfsstrom) elektrischer Strom im Jahr benötigt. Die Wärmeübergabe an die Räume erfolgt über eine Fußbodenheizung. Zusätzlich kann, um die Behaglichkeit zu erhöhen, im Winter mittels eines Kaminofens geheizt werden.

Kälte

Die Erdsonden der Sole-Wasser-Wärmepumpe können im Sommer auch zur passiven Kühlung eingesetzt werden. Dafür wird die niedrige Temperatur des Erdbodens von zirka 10 °C genutzt. Das gekühlte Wasser der Fußbodenheizung dient der Temperierung des Gebäudes, ohne die Wärmepumpe in Betrieb nehmen zu müssen.

Strom

Die in die südorientierte Dachfläche integrierte Photovoltaik-Anlage produziert mehr elektrischen Strom, als über das Jahr benötigt wird. Es sind monokristalline Zellen mit einem Wirkungsgrad von 17,7 Prozent eingesetzt. Die 56 installierten Module erzeugen jährlich einen Stromüberschuss von etwa 5 000 kWh.

Luft

Neben einer natürlichen Lüftung verfügt das Haus P. über eine zentrale Zu- und Abluftanlage mit Wärmerückgewinnung. Diese minimiert nicht nur die Lüftungswärmeverluste, sondern garantiert auch gute Luftqualität. Die Anlage verbraucht im Jahr zirka 900 kWh Strom.

Licht

Die Auffaltung des Satteldachs optimiert den Tageslichteinfall von Westen. Hinzu kommt die große Fensterfläche im Süden. Da alle Ebenen über Galerien miteinander verbunden sind, sorgt sie für eine gute Belichtung. Die künstliche Beleuchtung wird über ein BUS-System gesteuert.

Insgesamt verbraucht das Effizienzhaus Plus P. zirka 6000 kWh pro Jahr elektrischen Strom bei einer prognostizierten Erzeugung von fast 11 200 kWh. Über das Jahr gerechnet, wird damit ein Überschuss von zirka 5200 kWh erzielt. In den Verbrauch eingerechnet wurden neben der Erzeugung von Heizwärme und Warmwasser auch der Hilfsstrom für die technischen Anlagen sowie der Haushaltsstrom inklusiv Strom für die Beleuchtung.

Die ursprünglich berechnete Stromproduktion der Photovoltaik-Anlage von 11 170 kWh pro Jahr wurde bereits im ersten Betriebsjahr um 2500 kWh überschritten, sodass insgesamt 13 700 kWh Strom erzeugt wurden.

Durch die beschriebenen aktiven Maßnahmen erreicht das Gebäude Effizienzhaus Plus Standard. Wegen des selbst erzeugten Photovoltaik-Stroms und der hohen Eigenproduktion von Wärme aus regenerativen Quellen ist das Gebäude im Betrieb CO_2-neutral.

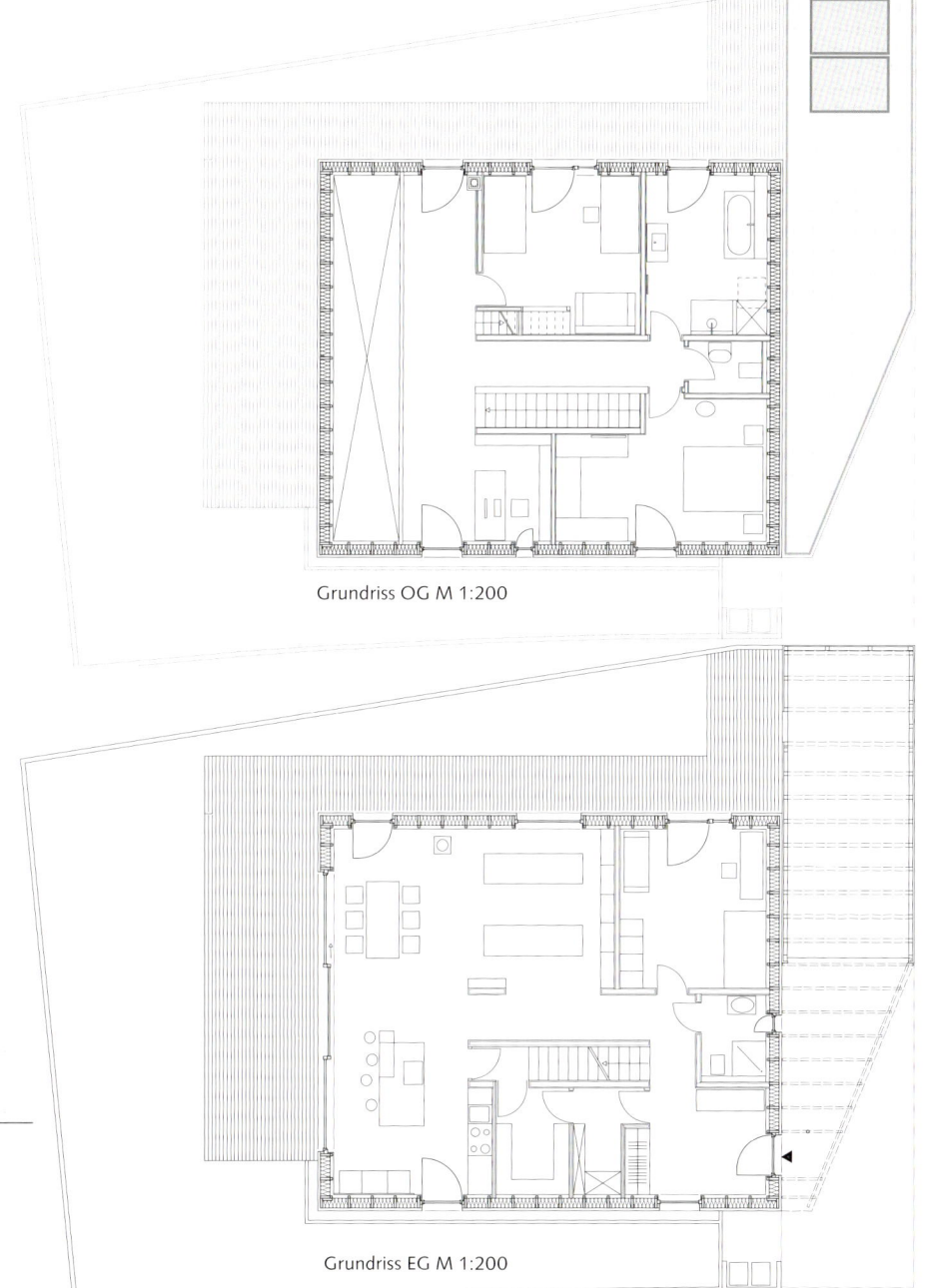

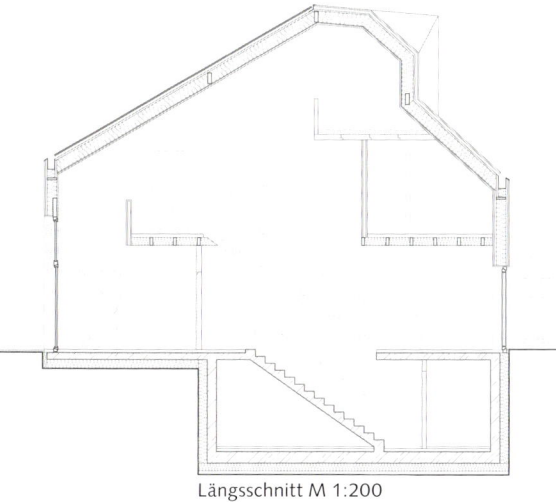

Grundriss OG M 1:200

Längsschnitt M 1:200

Grundriss EG M 1:200

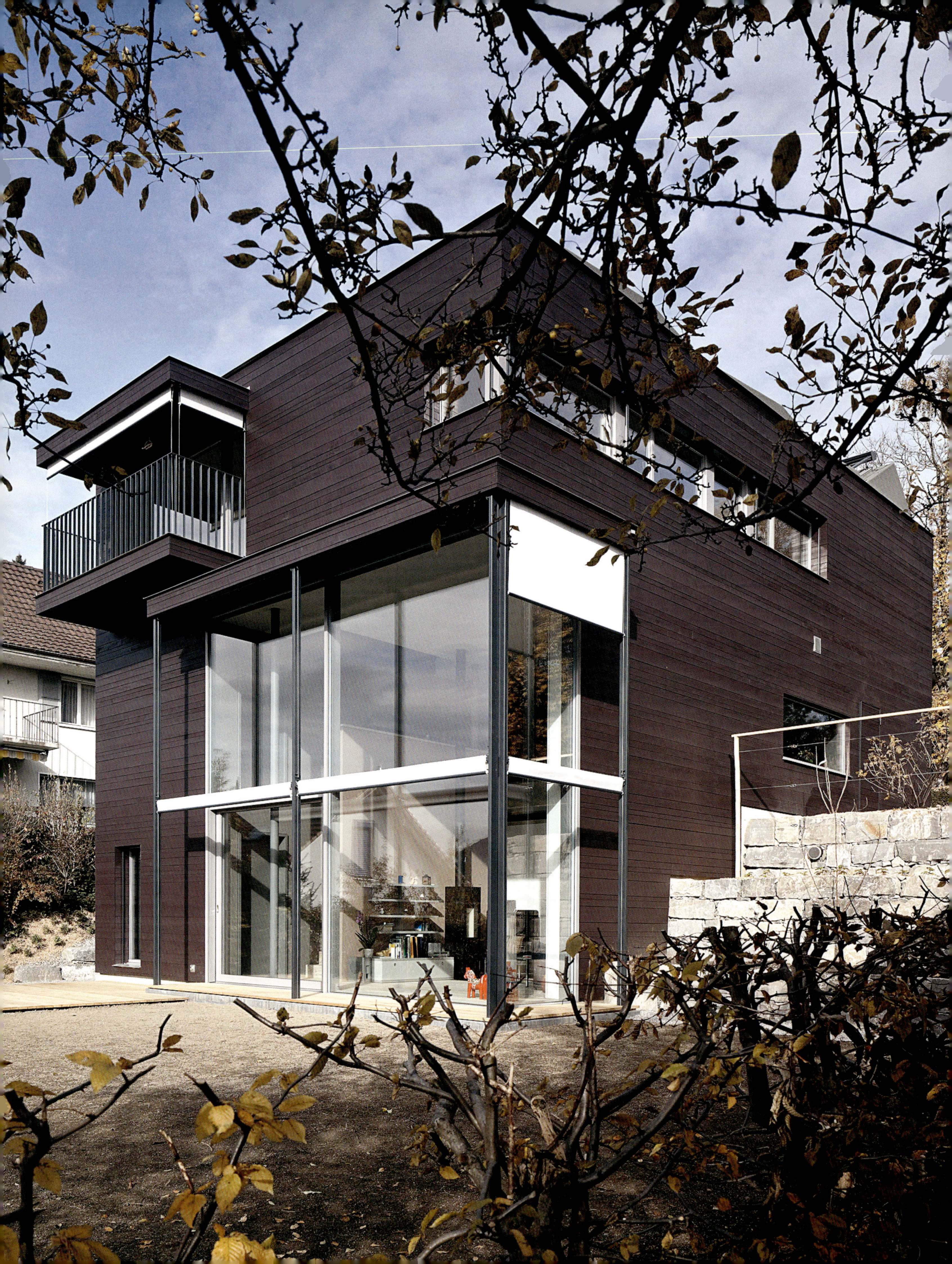

Energieplushaus Luchliweg, CH-Münsingen
Neubau eines freistehenden Einfamilienhauses zur Nachverdichtung

Projektinformationen

Architekten	dadarchitekten GmbH, CH-Bern
Projektbeteiligte / Energiekonzept	Beer Holzbau AG, CTA AG, 3S Photovoltaics, Ökobaumarkt Bern
Bauherr	privat
Fertigstellung	2010
Standard	Minergiestandard, Plusenergie, CO_2-neutral
Wohnfläche	160 m²
Endenergiebedarf (Wärme und Strom)/m² Wohnfläche	43,65 kWh/m²a
Endenergieerzeugung (erneuerbar Wärme und Strom)/m² Wohnfläche	52,50 kWh/m²a

Bilanzraum gem. Standard

- Heizen
- Trinkwarmwasser
- Kühlen
- Hilfsenergie (Pumpen, Ventilation)
- Beleuchtung
- Geräte (Haushalt, Arbeitshilfen)
- Elektromobilität

Grundanforderungen für das Einfamilienhaus im Kanton Bern waren schonender Umgang mit Boden und Rohstoffen sowie eine energiesparende Bauweise. Der größtenteils vorfabrizierte Holzbau wurde inmitten eines bestehenden Wohngebiets aus der ersten Hälfte des 20. Jahrhunderts realisiert. Aufgabe war, das Gebäude möglichst schonend in den Gebäudebestand einzupassen. Denn nachhaltiges und ökologisches Bauen bedeuten nicht nur, energieeffizient und ressourcenschonend zu wirtschaften, sondern auch behutsam mit der Umgebung umzugehen.

Eine weitere Vorgabe der Bauherren war, Wohnen und Arbeiten in einem Gebäude zu vereinen und die Räume möglichst flexibel zu halten, um sie gegebenenfalls an Nutzungsänderungen anpassen zu können. Das am Hang gebaute Einfamilienhaus ist klar gegliedert. Im oberen Geschoss befindet sich der private Bereich der Familie. Die restlichen Räume sind zueinander offen, es entstehen vielfältige Blickbezüge. Das Gebäude ist nach Südwesten ausgerichtet, die Nebenräume wie Technik- und Waschraum befinden sich im unteren Geschoss zum Hang hin orientiert.

Gemäß den Berechnungen produziert das Gebäude 24 Prozent mehr Energie als es für Heizung, Warmwasserbereitung und die gesamte Elektrizität einschließlich Hilfs- und Haushaltsstrom verbraucht. Es ist somit im Betrieb CO_2-neutral.

Die für das Heizen und die Bereitstellung von warmem Wasser benötigte Energie wird vollständig durch die Wärmepumpe und den Holzofen erzeugt.
Der benötigte Strom für Hilfsenergie, die Energie für die Wärmepumpe, die Haushaltsgeräte und die Beleuchtung wird durch die Photovoltaik-Anlage gedeckt. Es entsteht ein jährlich kalkulierter Überschuss von 24 Prozent.

Lageplan M 1:2000

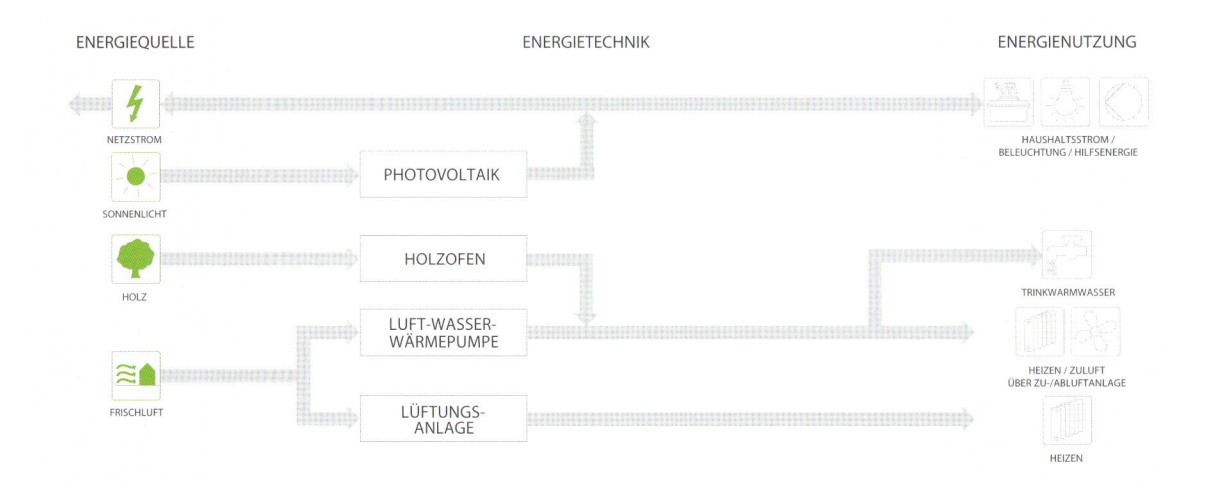

ENERGIEQUELLE	ENERGIETECHNIK	ENERGIENUTZUNG
NETZSTROM		HAUSHALTSSTROM / BELEUCHTUNG / HILFSENERGIE
SONNENLICHT	PHOTOVOLTAIK	
HOLZ	HOLZOFEN	TRINKWARMWASSER
	LUFT-WASSER-WÄRMEPUMPE	HEIZEN / ZULUFT ÜBER ZU-/ABLUFTANLAGE
FRISCHLUFT	LÜFTUNGS-ANLAGE	HEIZEN

Wärme

Die mit Schafwolle gut isolierte Gebäudehülle erreicht U-Werte von 0,12 W/m²K für die Außenwand und 0,15 W/m²K für den Dachaufbau. Die Anordnung der Fenster bietet nicht nur definierte und geschützte Ein- und Ausblicke, sondern optimiert auch die passive Nutzung der Sonneneinstrahlung. Das im Innenraum verwendete Holz und der Kalksandstein bilden die nötigen Speichermassen, um die Sonnenwärme speichern und sie zeitversetzt an die Räume abgeben zu können. Heizwärme sowie Warmwasser werden von einer mit selbst erzeugtem Solarstrom betriebenen Luft-Wasser-Wärmepumpe bereitgestellt. Ein zusätzlicher Holzofen senkt den Bedarf, der durch die Wärmepumpe gedeckt werden muss. Die Wärmeübergabe an die Räume erfolgt mittels Wandflächenheizung. Heizung und Warmwasserbereitung verbrauchen im Jahr insgesamt zirka 3 150 kWh.

Strom

Auf dem Flachdach befindet sich eine Photovoltaik-Anlage aus 59 Modulen mit monokristallinen Zellen. Die Module sind nur leicht, in einem Winkel von 5 und 10 Grad, gegeneinander geneigt. Trotz des geringen Anstellwinkels erzeugt die Photovoltaik über 95 Prozent des auf dieser Fläche maximal möglichen Energieertrags. Insgesamt werden im Jahr 7 400 kWh Strom produziert.

Luft

Eine Lüftungsanlage mit Wärmerückgewinnung reduziert die Lüftungswärmeverluste. Als Komfortlüftung stellt sie einen in hygienischer und energetischer Hinsicht optimalen Luftwechsel sicher. Die Lüftungsanlage ist mit einer Tag- und Nacht-Zonenschaltung ausgestattet: Während der Nacht werden die hauptsächlich tagsüber genutzten Bereiche weniger belüftet. Die Lüftungsanlage verbraucht im Jahr etwa 340 kWh Strom.

Licht

Auch wegen des Konzepts der fließend ineinander übergehenden Räume sind die Flächen für Wohnen, Kochen, Essen und Arbeiten offen und hell. Die große Fensterfläche an der Südwestfassade wird im Sommer durch ein Vordach und außen liegende Stores vor zu starker Sonneneinstrahlung geschützt. Die tief stehende Wintersonne hingegen strahlt weit in die Räume hinein.

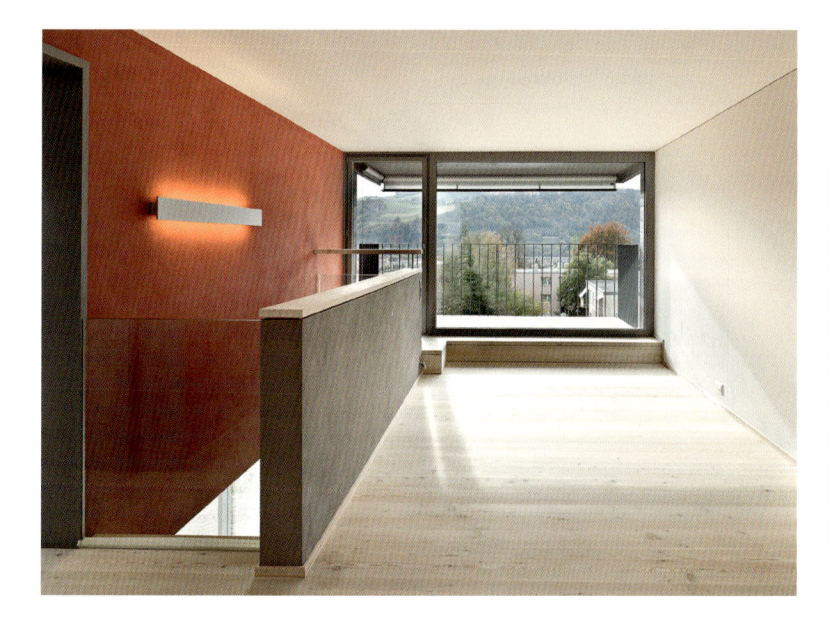

Der Einsatz natürlicher und nachwachsender Rohstoffe wie Holz, Schafwolle, Kalkputz und Lehmfarbe stellt ein besonders behagliches Raumklima sicher. Die atmungsaktive und dampfdiffusionsoffene Gebäudehülle trägt dazu bei, Temperatur- und Feuchtigkeitsgefälle auszugleichen.

Die Architekten beziffern die Mehrkosten zum Erreichen des Energieplus-Standards nur auf zirka 5 bis 10 Prozent gegenüber dem Schweizer Minergiestandard. Messungen der Energieverbräuche und der Energieerzeugung des ersten Betriebsjahrs haben aufgrund der überdurchschnittlich vielen Sonnenstunden im Jahr 2011 ergeben, dass das Energieplushaus im Luchliweg die Prognosen weit übertrifft. So wurde ein Energieüberschuss von zirka 4 100 kWh generiert. Insgesamt wurden durch die Photovoltaik über 10 000 kWh Strom erzeugt, fast 70 Prozent mehr als benötigt.

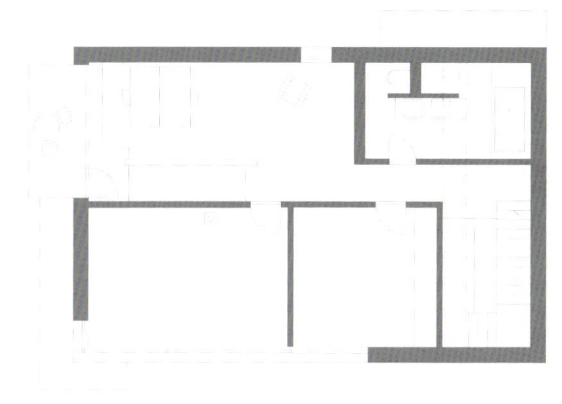

Grundriss OG M 1:200

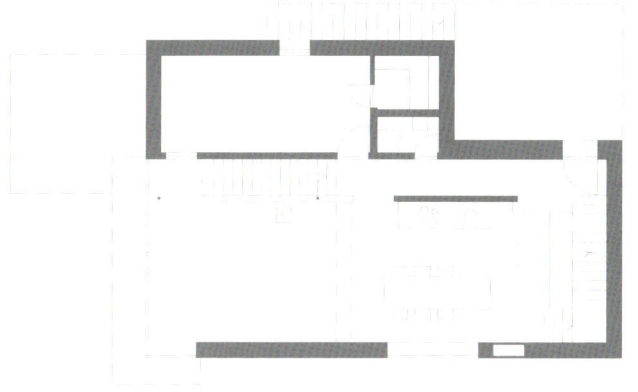

Grundriss EG M 1:200

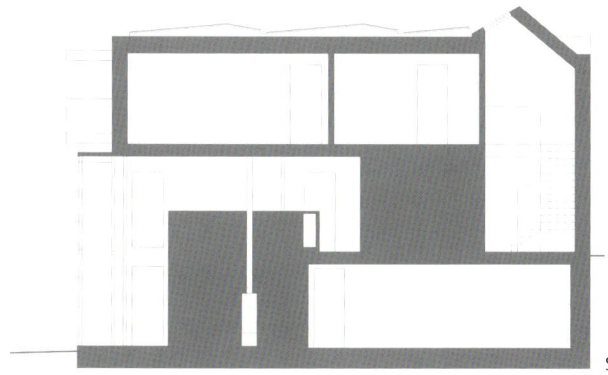

Schnitt M 1:200

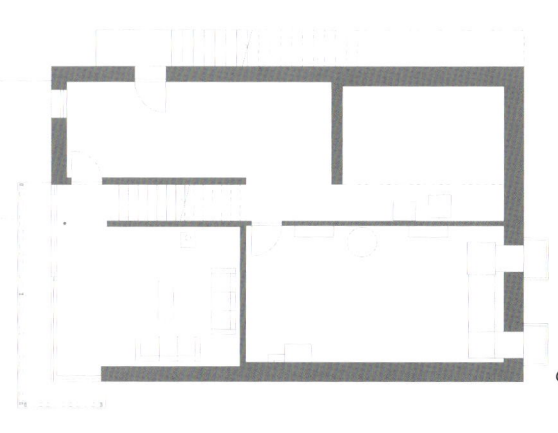

Grundriss GG M 1:200

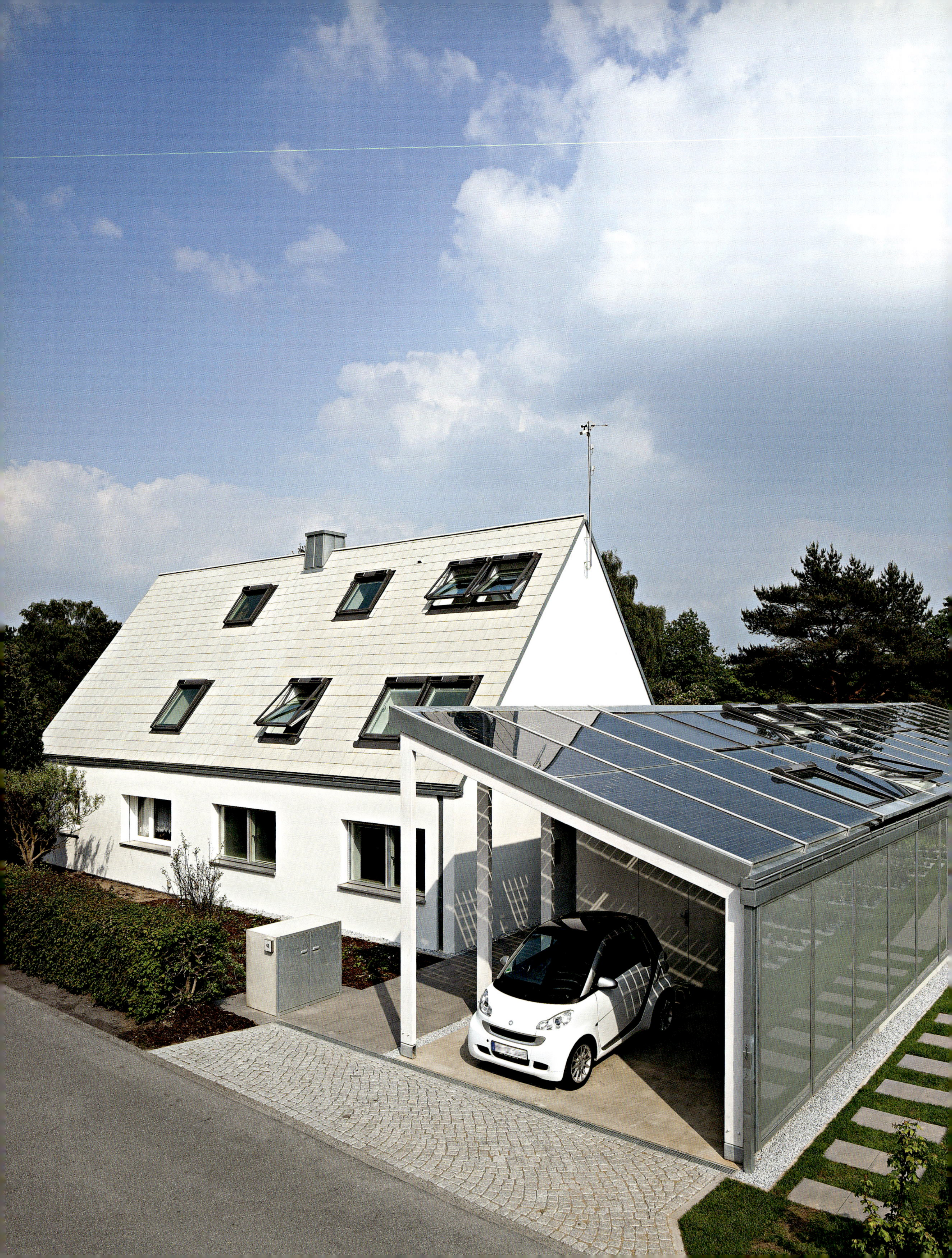

LichtAktiv Haus, Hamburg
Sanierte Doppelhaushälfte

Projektinformationen

Architekten	Technische Universität Darmstadt, Fachbereich Architektur, Fachgebiet Entwerfen und Energieeffizientes Bauen, Prof. Manfred Hegger/Katharina Fey und Ostermann Architekten, Hamburg
Lichtplaner	Prof. Peter Anders, Hamburg
Bauherr	VELUX Deutschland GmbH
Fertigstellung	1954 / 2010
Standard	Nullenergie-Haus, CO_2-neutral im Betrieb
Wohnfläche	189 m²
Endenergiebedarf (Wärme und Strom)/m² Wohnfläche	58,35 kWh/m²a
Endenergieerzeugung (erneuerbar Wärme und Strom)/m² Wohnfläche	58,87 kWh/m²a

Bilanzraum gem. Standard

- Heizen
- Trinkwarmwasser
- Kühlen
- Hilfsenergie (Pumpen, Ventilation)
- Beleuchtung
- Geräte (Haushalt, Arbeitshilfen)
- Elektromobilität

Das LichtAktiv Haus ist das Ergebnis der Modernisierung einer typischen Doppelhaushälfte aus dem Jahr 1954. Es ist Teil der Internationalen Bauausstellung Hamburg und trägt als Pilotprojekt dazu bei, dass das IBA-Gebiet auf der Elbinsel Wilhelmsburg zu einem klimaneutralen Stadtteil werden kann. Das ehemalige Siedlerhaus ist eines von sechs europaweit verteilten Experimentalhäusern im Rahmen des Programms Model Home 2020 der Firma Velux. Ziel dieses Programms ist, neue Wege des Wohnens und Arbeitens bei angenehmem Raumklima, viel Tageslicht und optimaler Energieeffizienz zu entwickeln.

Die erste Entwurfsidee stammt von Katharina Fey und entstand im Rahmen eines Studentenwettbewerbs an der Technischen Universität Darmstadt. Der Siegerentwurf war die Basis für die Weiterentwicklung des Projekts. Das ursprüngliche Gebäude entsprach, sowohl was den Komfort (Behaglichkeit) als auch den Raumbedarf betrifft, nicht mehr aktuellen Ansprüchen. Deshalb wurde das Haus gleichzeitig mit de Sanierung komplett umgebaut und durch einen Anbau erweitert. Insgesamt wuchs die Wohnfläche damit um fast 40 Prozent auf 132 m². Der neue Gebäudeteil beherbergt Wohn- und Essbereich, die Küche und den Technikraum. Die privaten Rückzugsbereiche, Bad, Kinder- und Schlafzimmer, sind im Altbau untergebracht. Zusätzlich dient der Neubau der Energiegewinnung.

Durch die Sanierung konnte der gesamte Jahresendenergiebedarf von vormals 293,6 kWh/m² auf 108,4 kWh/m² reduziert werden.[1]

[1] pro Quadratmeter Energiebezugsfläche nicht beheizter Wohnfläche

Die Energie zum Heizen und zur Bereitstellung des Trinkwarmwassers wird über die Solarthermieanlage und die Wärmepumpe geliefert.
Die Photovoltaik-Anlage deckt fast den gesamten Strombedarf für den Gebäudebetrieb (Hilfsstrom inklusiv dem Strom für die Wärmepumpe, Haushaltsstrom inkl. Beleuchtung).

Lageplan M 1:2000

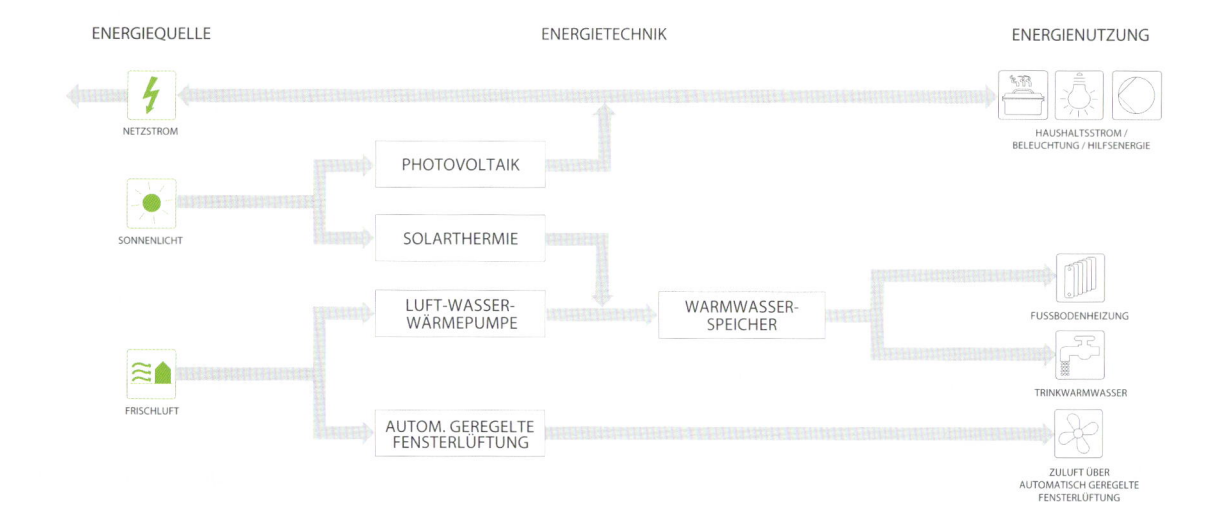

Wärme
Eine Kombination aus Solarthermie und Luft-Wasser-Wärmepumpe, die der Luft Umweltwärme entzieht, stellt die Wärmeenergie bereit. Die 21,7 m² große Kollektorfläche der Solarthermieanlage befindet sich auf dem Dach des Erweiterungsbaus. Das warme Wasser wird in einem 940-Liter-Tank gespeichert. Die Raumheizung erfolgt größtenteils über eine Fußbodenheizung.

Strom
In das Dach des Neubaus wurde eine über 75 m² große Photovoltaik-Anlage aus polykristallinen Solarzellen integriert. Sie erzeugt über 7000 kWh Strom im Jahr. Ein Teil der verwendeten Photovoltaik-Zellen sind Glas-Glas-PV-Module, die auf der Terrasse und im Autostellplatz ein schönes Licht- und Schattenspiel erzeugen. Bei einem Stromverbrauch für den Haushalt von zirka 2500 kWh im Jahr und einem Stromverbrauch zur Erzeugung der Wärme inklusive Hilfsstrom von etwa 4500 kWh deckt sie, über das Jahr gesehen, den gesamten Energiebedarf. Überschüsse werden in das lokale Netz eingespeist.

Luft
Die Lüftung erfolgt mittels automatisch geregelter Fensterlüftung, sie sorgt für eine natürliche Ventilation und gewährleistet den Mindestluftwechsel. Die Fenster öffnen sich nach Bedarf von selbst. Sensoren messen dazu die Raumtemperatur, den CO_2-Gehalt und die Luftfeuchtigkeit. Im Gegensatz zu einer mechanischen Lüftung sind hierfür keine Lüftungsschächte notwendig, deren nachträglicher Einbau im Rahmen einer Sanierung unwirtschaftlich und aufwendig sein kann.

Licht
Der Name LichtAktiv Haus ist Programm: Großzügige Fensteröffnungen und ein zentraler mehrgeschossiger Erschließungs- und Bibliotheksraum sorgen für viel Tageslicht.
Die Fensterfläche hat sich mit insgesamt 90 m² mehr als vervierfacht. Der Anteil der Fenster im Altbau verdoppelte sich, hinzu kamen fast 60 m² Fensterfläche im neu gebauten Annex. Dadurch entstanden tageslicht durchflutete Räume, sodass auch an trüben Tagen meist auf eine künstliche Beleuchtung verzichtet werden kann.

Da dunkle Oberflächen Sonnenstrahlung absorbieren und damit sich sowie die Umgebung aufheizen, wurde das Dach mit hellgrauen Faserzementplatten belegt. Die helle Farbe dient der Reflexion und verringert Hitzeinseln.

Zusätzlich wird das Regenwasser gesammelt und für die Toilettenspülung, die Gartenbewässerung und zu Reinigungszwecken genutzt.

Dank intelligenter Gebäudetechnik in Verbindung mit ausgefeilten Tageslicht-, Belüftungs- und Beschattungskonzepten sowie einer durchdachten Raumplanung, kann der gesamte Energiebedarf für Heizung, Warmwasser und Strom ganzjährig durch erneuerbare Energien mehr als ausgeglichen werden. Somit wird in der Jahresbilanz ein CO_2-neutraler Betrieb ermöglicht. Der Überschuss an regenerativ erzeugter Energie bewirkt, dass die Emissionen zur Herstellung, Instandhaltung und Entsorgung der Gebäudekonstruktion des LichtAktiv Hauses allmählich abgebaut werden. Rein rechnerisch macht das Gebäude damit die für seine Sanierung eingesetzte Energie nach zirka 26 Jahren wett und erzielt ein neutrales Treibhauspotenzial.

Während einer ersten, zwei Jahre langen Nutzungsphase durch eine Testfamilie wird der Energieverbrauch gemessen und das Raumklima überwacht und dokumentiert. Aus den Ergebnissen sollen Erkenntnisse für zukünftige Vergleichsobjekte gewonnen werden. Zusätzlich zu den quantitativen Messungen führen Soziologen auch eine qualitative Untersuchung durch: Die Bewohner beantworten Fragen zur Wohnzufriedenheit, zum Wohngefühl und zur Behaglichkeit. Damit wird einerseits festgestellt, wie stark sich das Nutzerverhalten ändert und das Energie-Bewusstsein steigt. Zum anderen zeigt sich, ob das als Nullenergiehaus konzipierte Gebäude im Betrieb tatsächlich funktioniert und die Berechnungen der Realität entsprechen.

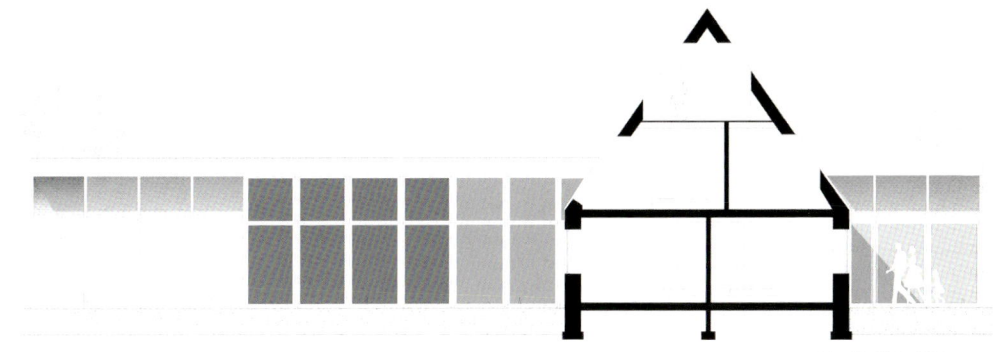

Schnitt M 1:200

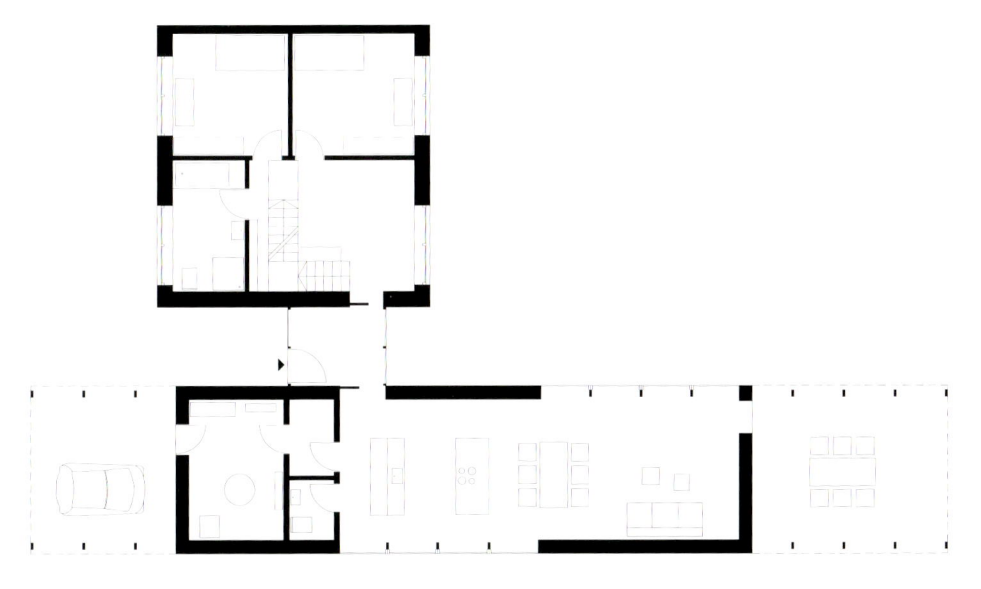

Grundriss EG M 1:200

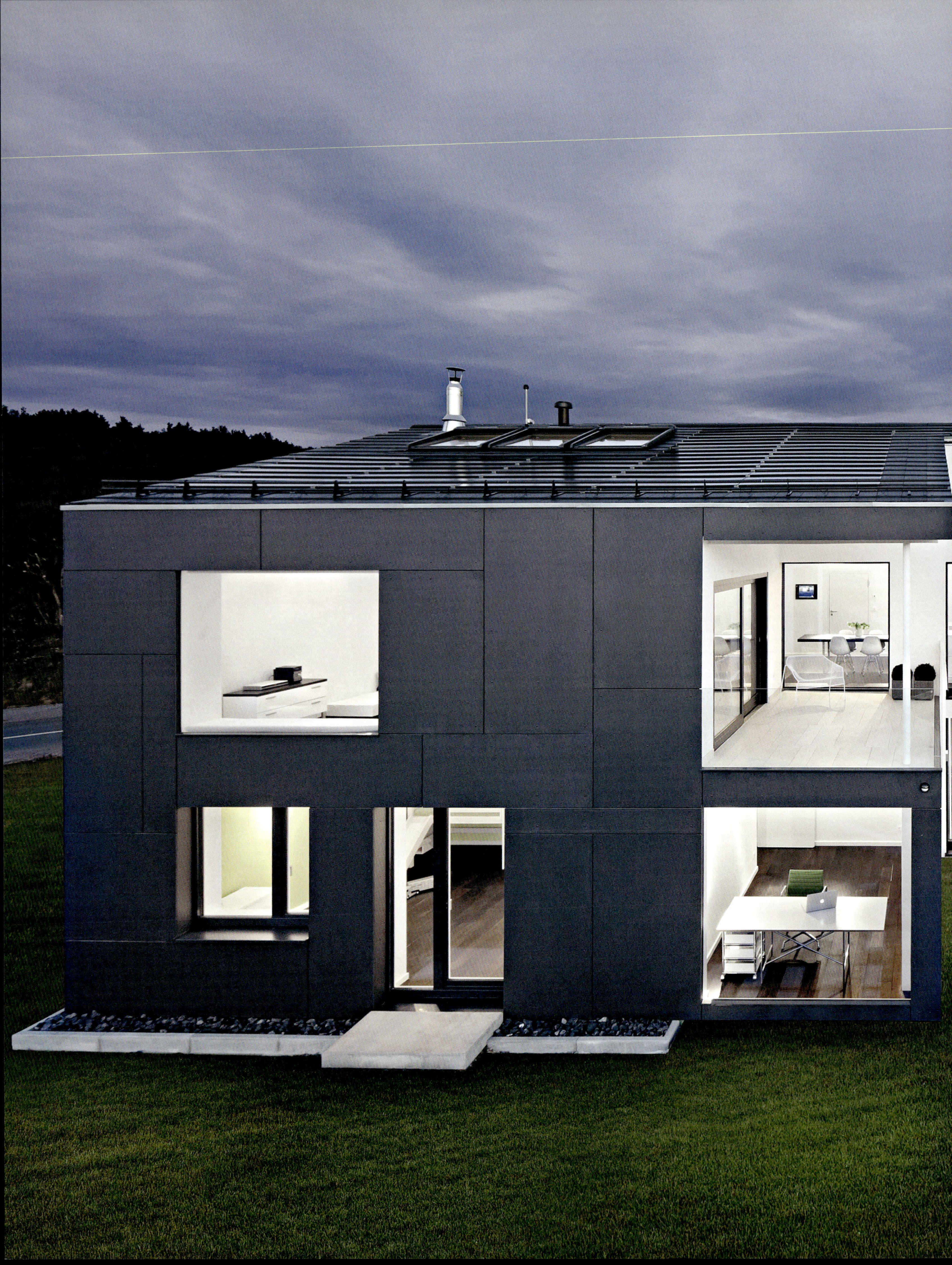

energy+Home, Darmstadt/Mühltal
Saniertes Reihenhaus

Projektinformationen

Architekten	Lang + Volkwein Architekten und Ingenieure, Dipl.-Ing. Architekt Jürgen Volkwein, Darmstadt TICHELMANN & BARILLAS INGENIEURE, TSB Ingenieurgesellschaft mbH, Dipl.-Ing. Architekt Frank Kramarcyk, Darmstadt
Projektbeteiligte	Konzeptionsentwicklung: Technische Universität Darmstadt, Fachbereich Architektur, Institut für Tragwerksentwicklung und Bauphysik, Prof. Dr.-Ing. Karsten Ulrich Tichelmann Energiekonzept: Technische Universität Darmstadt, Fachbereich Architektur, Institut für Tragwerksentwicklung und Bauphysik, Dipl.-Ing. Bastian Ziegler
Bauherr	privat
Fertigstellung	1970 / 2012
Standard	Plusenergie mit Elektromobilität, Effizienzhaus Plus
Wohnfläche	187 m²
Endenergiebedarf (Wärme und Strom)/ m² Wohnfläche	35,57 kWh/m²a
Endenergieerzeugung (erneuerbar Wärme und Strom)/ m² Wohnfläche	52,84 kWh/m²a

Bilanzraum gem. Standard

- Heizen
- Trinkwarmwasser
- Kühlen
- Hilfsenergie (Pumpen, Ventilation)
- Beleuchtung
- Geräte (Haushalt, Arbeitshilfen)
- E-Mobility

Das energy+Home ist ein Sanierungsobjekt aus dem Jahr 1970. Durch die Sanierung in den Jahren 2011 und 2012 wurde der Primärenergieverbrauch von 408 kWh/m²a auf 23,9 kWh/m²a[1] gesenkt und das Gebäude zu einem Energieplushaus. Der erwirtschaftete Überschuss wird ins Netz gespeist oder dient dazu, ein Elektroauto zu betreiben. Das Projekt ist Teil der Forschungsinitiative Zukunft Bau des Bundesinstituts für Bau-, Stadt- und Raumforschung (BBSR) des Bundesministeriums für Verkehr, Bau und Stadtentwicklung (BMVBS).

Der Umbau umfasste neben der energetischen Optimierung auch eine räumlich-architektonische Aufwertung. Das Haus wurde um einen Wintergarten erweitert. Außerdem entstand durch den Wegfall der zuvor benötigten Öltanks im Untergeschoss ein zusätzlicher Raum, sodass die Wohnfläche insgesamt von 158 m² auf 187 m² anwuchs.

[1] pro Quadratmeter Energiebezugsfläche nicht beheizter Wohnfläche

Der gesamte Energiebedarf zum Heizen, für Trinkwarmwasser, für die Beleuchtung, den Haushaltsstrom und den Hilfsstrom liefert die Photovoltaik-Anlage. Der produzierte Überschuss wird hier tatsächlich verwendet, um Elektrofahrzeuge zu betreiben.

Lageplan M 1:2 000

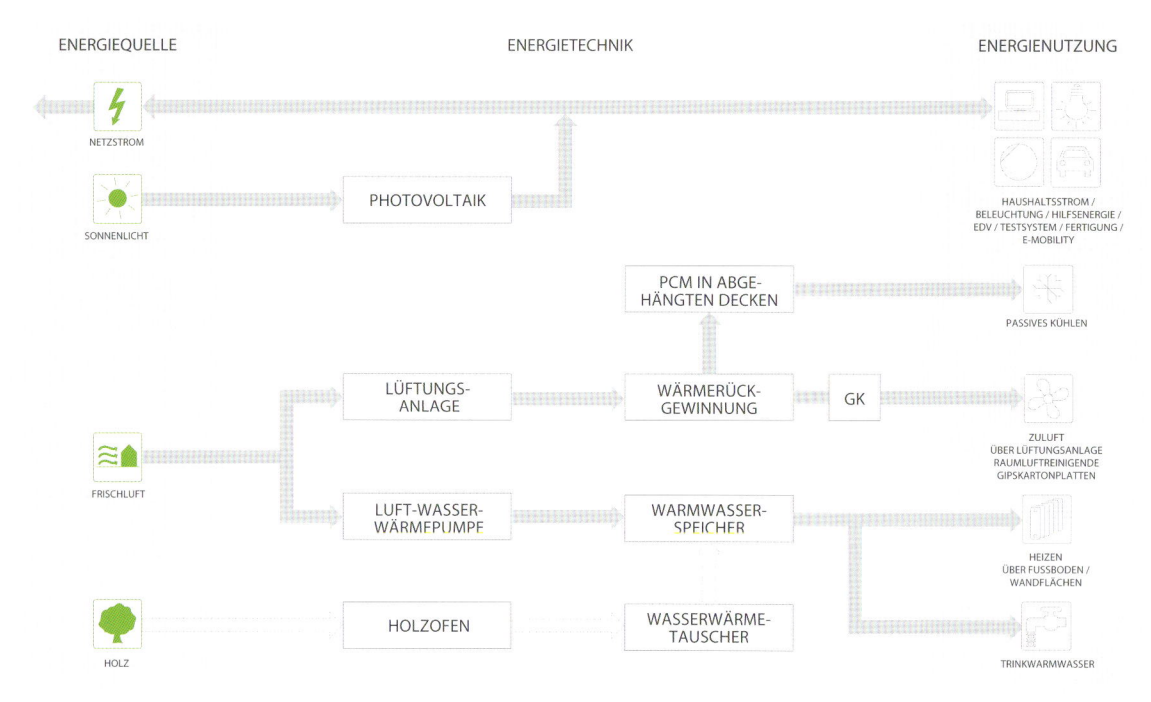

Projekte

ENERGIEQUELLE → ENERGIETECHNIK → ENERGIENUTZUNG

- NETZSTROM
- SONNENLICHT → PHOTOVOLTAIK → HAUSHALTSSTROM / BELEUCHTUNG / HILFSENERGIE / EDV / TESTSYSTEM / FERTIGUNG / E-MOBILITY
- PCM IN ABGEHÄNGTEN DECKEN → PASSIVES KÜHLEN
- FRISCHLUFT → LÜFTUNGSANLAGE → WÄRMERÜCKGEWINNUNG → GK → ZULUFT ÜBER LÜFTUNGSANLAGE RAUMLUFTREINIGENDE GIPSKARTONPLATTEN
- LUFT-WASSER-WÄRMEPUMPE → WARMWASSERSPEICHER → HEIZEN ÜBER FUSSBODEN / WANDFLÄCHEN
- HOLZ → HOLZOFEN → WASSERWÄRMETAUSCHER → TRINKWARMWASSER

Wärme

Der Energiebedarf wurde durch die neue Dämmung (U-Werte der Wände nach der Sanierung im Mittel unter 0,18 W/m²K), den Einsatz von dreifach verglasten Fenstern (U-Wert unter 0,78 W/m²K) und eine kontrollierte Be- und Entlüftung mit Wärmerückgewinnung reduziert. Der spezifische gewichtete Transmissionswärmeverlust konnte dadurch von 1,50 W/m²K auf 0,289 W/m²K gesenkt werden. Die wärmedämmenden Eigenschaften der Gebäudehülle haben sich somit um den Faktor 5 verbessert.

Die benötigte Wärme wird mittels einer Luft-Wasser-Wärmepumpe erzeugt, in einem 750-Liter-Wärmespeicher gepuffert und über eine Fußbodenheizung im Haus verteilt. Da bei sehr kalter Außenluft im Winter die Leistung der Wärmepumpe sinkt, ist vorgesehen, dass der Wirkungsgrad durch die Vorerwärmung der Luft hinter den dunklen Fassadenpaneelen gesteigert werden kann. Für dieses neue System sind alle Anschlüsse vorhanden, es ist aber derzeit nicht aktiviert. Zusätzlich ist das Gebäude mit einem Holzkaminofen ausgestattet; dieser kann optional zum Heizen und ebenso wie die Wärmepumpe zur Erzeugung des Trinkwarmwassers verwendet werden. Er dient jedoch hauptsächlich der Behaglichkeit und der Verbesserung des Wohngefühls.

Kälte

Um im Sommer eine Überhitzung des Gebäudes zu vermeiden, wurden in die abgehängten Decken (z.B. im Flur) Salzhydrat-Phasenwechselmaterialien integriert. Sie dienen der passiven Kühlung und erhöhen die Behaglichkeit im Innenraum.

Strom

Besonders energieeffiziente Haushaltsgeräte helfen, Strom zu sparen. Der gesamte Strombedarf beträgt 6650 kWh im Jahr, davon entfallen 1880 kWh auf die Raumheizung, 1080 kWh auf die Warmwasserbereitung sowie 3690 kWh auf den Haushaltsstrom inklusive Hilfsstrom. Die 95 m² große, dachflächenintegrierte Photovoltaik-Anlage aus monokristallinen Zellen mit einer Leistung von 12,6 kWpeak, erzeugt im Jahr 9880 kWh Strom. Damit wird der gesamte Jahresbedarf gedeckt und es entsteht ein Überschuss von 3230 kWh Strom pro Jahr. Mit diesem Überschuss kann ein Elektroauto bei einem Verbrauch von 14 kWh/100 km im Jahr zirka 23000 km zurücklegen.

Luft

Eine mechanische Be- und Entlüftung mit Wärmerückgewinnung minimiert die Lüftungswärmeverluste. Zur Verbesserung des Raumklimas wurden raumlufttreinigende Gipskartonplatten eingesetzt. Natürliche mineralische Inhaltsstoffe nehmen Luftschadstoffe auf und bauen sie ab.

Licht

Die Fensterfläche im Altbau war nicht groß genug, um die Räume ausreichend mit Tageslicht zu versorgen. Der Anteil der Fenster im Verhältnis zur Grundfläche wurde durch das Entfernen der Brüstungen und den Einbau bodentiefer Fenster und großflächiger Dachfenster um zirka 30 Prozent erhöht. Über die vertikale Erschließung gelangt das Licht im Treppenhaus bis ins Untergeschoss. Da sich das Gebäude an einem Hang befindet, kann das restliche Untergeschoss über die Westfassade natürlich beleuchtet werden. Zusätzlich haben alle Räume im unteren Geschoss Zugang zum Garten.

Das Gebäude ist mit einem BUS-System ausgestattet. Über ein Touchscreen lassen sich Licht, Sonnenschutz, Heizung und Lüftung steuern und je nach Bedarf verschiedene Szenarien voreinstellen. Die Bewohner können über einen Monitor jederzeit die aktuellen Energiegewinne und den Verbrauch des Hauses abrufen und überprüfen. Das sensibilisiert die Nutzer für ihr Verhalten im Umgang mit Energie.

Das energy+Home wird einem zweijährigen Monitoring unterzogen. Die wissenschaftliche Begleitung umfasst nicht nur Messungen und Analysen, sondern auch Interviews mit den Bewohnern.

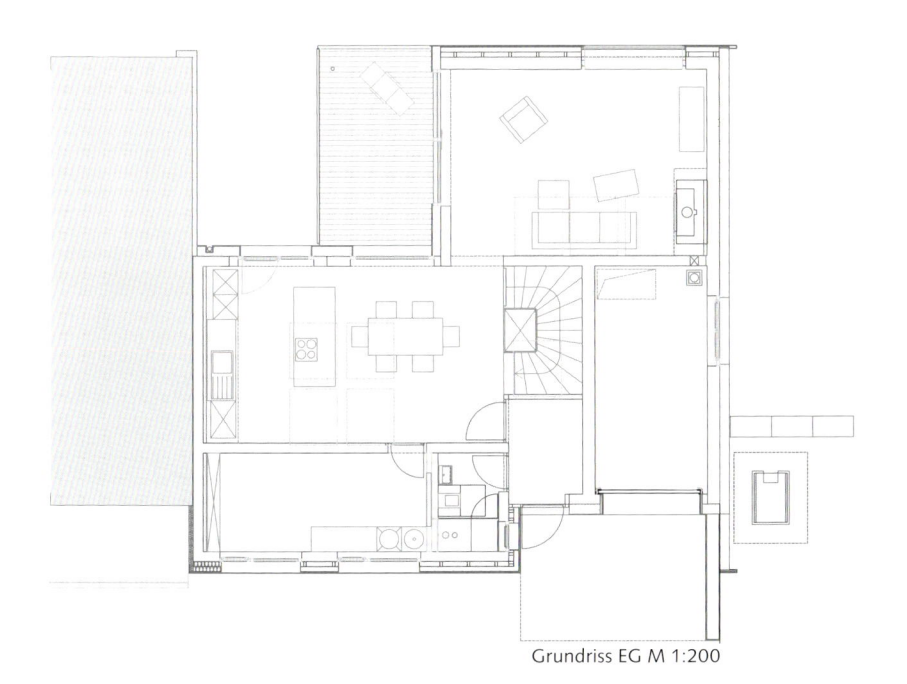

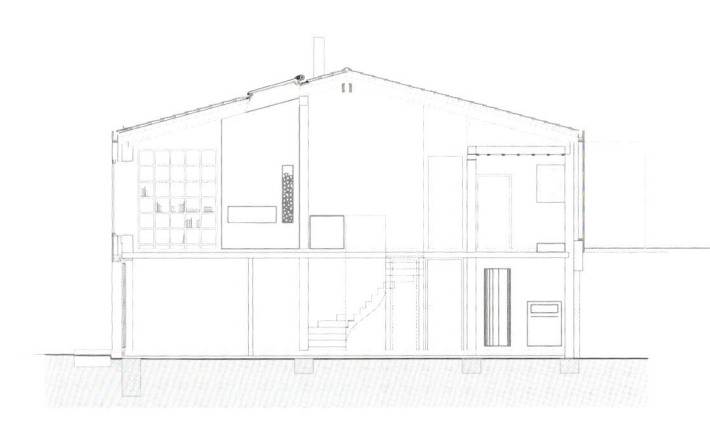

Grundriss EG M 1:200

Schnitt M 1:200

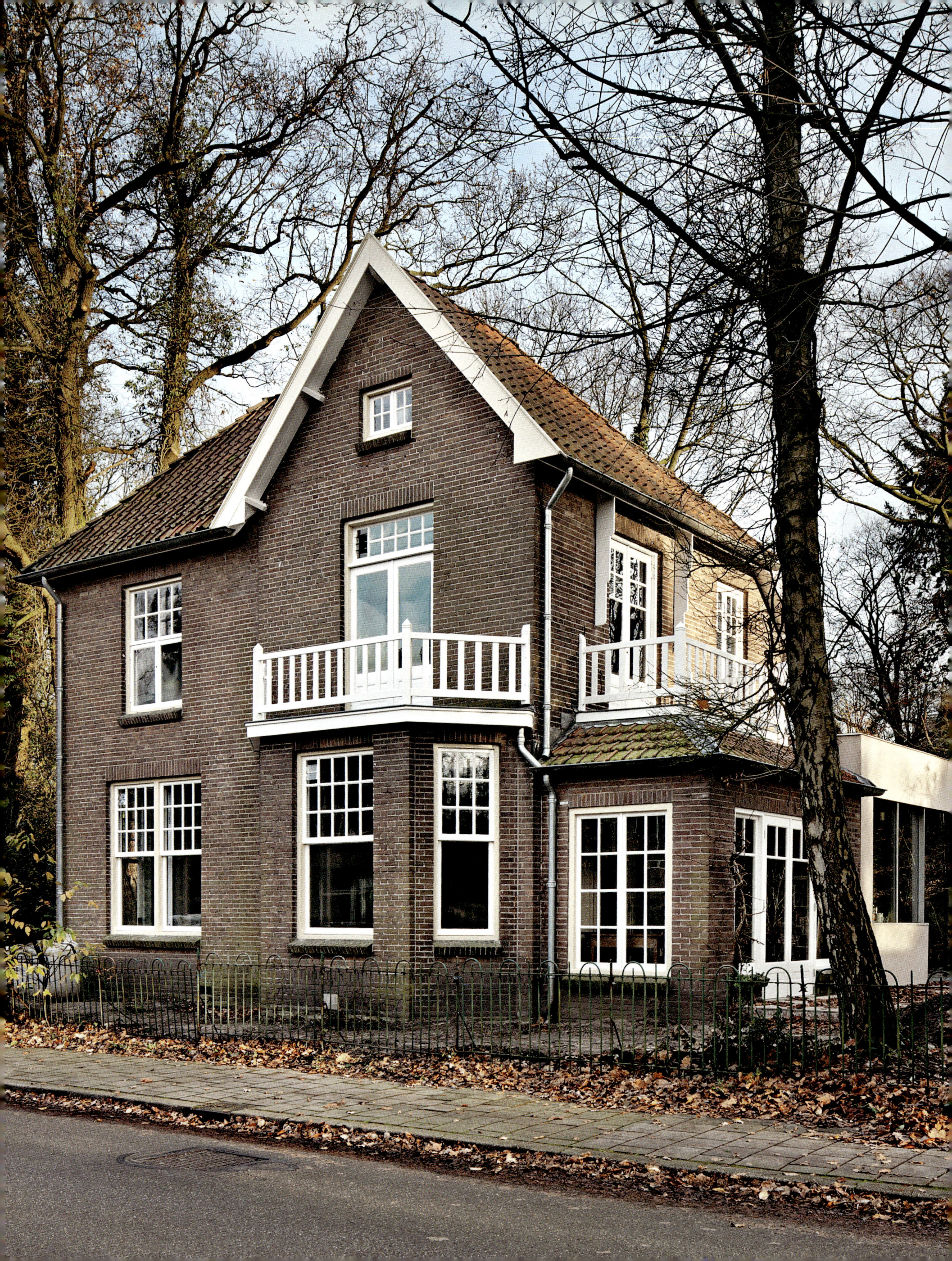

Nullenergiehaus, NL-Driebergen
Sanierung einer alten Villa in ein energieneutrales Baudenkmal

Projektinformationen

Architekten	Zecc Architekten, Utrecht
Energiekonzept	OPAi – oneplanetarchitecture institute, Amsterdam
Bauherr	privat
Fertigstellung	2010
Standort	Driebergen, Niederlande
Standard	Nullenergiehaus
Wohnfläche	150 m²
Endenergiebedarf (Wärme und Strom)/m² Wohnfläche	41,32 kWh/m²a
Endenergieerzeugung (erneuerbar Wärme und Strom)/m² Wohnfläche	39,00 kWh/m²a

Bilanzraum gem. Standard

- Heizen
- Trinkwarmwasser
- Kühlen
- Hilfsenergie (Pumpen, Ventilation)
- Beleuchtung
- Geräte
- Elektromobilität

Das aus den 1920er Jahren stammende Einfamilienhaus in der Provinz Utrecht erreicht durch eine Sanierung den Nullenergiestandard für Heizung und Warmwasserbereitung. Regenerative Quellen decken den gesamten Energiebedarf einschließlich des erforderlichen Hilfsstroms für Pumpen. So entstand das erste energieneutrale denkmalgeschützte Gebäude der Niederlande.

Die rote Klinkerfassade und die weiß gerahmten Holzfenster sind ein gewohntes Erscheinungsbild in der Region. Entsprechend behutsam wurde die Sanierung des alten Backsteinbaus durchgeführt. Die Umbaumaßnahmen zur energetischen Aufwertung sind von der Straße aus nicht zu erkennen, denn die meisten baulichen Veränderungen fanden im Innern beziehungsweise im rückwärtigen neuen Anbau statt. Über diesen Anbau und die Straßen abgewandte Dachfläche des Haupthauses wird die Backsteinvilla mit Energie versorgt. Im Keller des Neubaus befindet sich der Technikraum, auf dem Dach die Solarkollektoren zur Energiegewinnung. Die drei von der Straße aus sichtbaren Seiten wurden äußerlich nicht verändert. Der Neubau hebt sich durch sein modernes, kubisches und großflächig verglastes Erscheinungsbild vom Altbau ab. Eine Fuge trennt die beiden Gebäudeteile auf der Seite der denkmalgeschützten Fassade.

Die Heizwärme und das Trinkwarmwasser werden komplett über die Solarthermie und Wärmepumpe bereitgestellt. Der Strombedarf für die Hilfsenergie inklusive dem Energiebedarf für die Wärmepumpe wird zu 90 Prozent durch Photovoltaik gedeckt. Haushalts- und Beleuchtungsstrom werden nicht betrachtet. Es entsteht kein Überschuss.

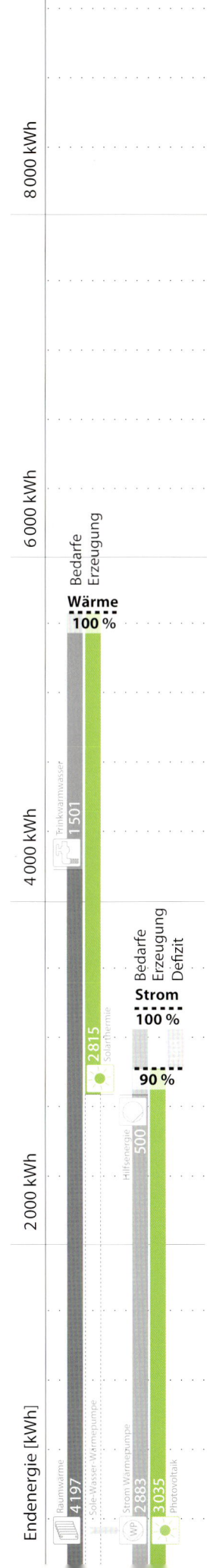

Lageplan M 1:2000

Wärme 100 %
- Raumwärme: 4197
- Sole-Wasser-Wärmepumpe
- Trinkwarmwasser: 1501
- Solarthermie: 2815

Strom 100 % / 90 %
- Strom Wärmepumpe: 2883
- Hilfsenergie: 500
- Photovoltaik: 3035

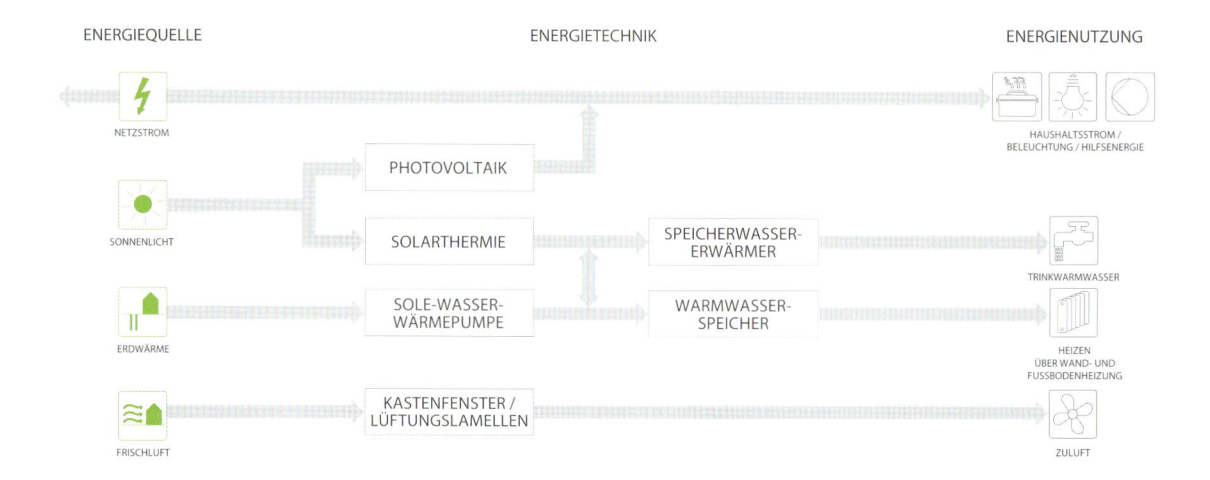

Diagramm

ENERGIEQUELLE	ENERGIETECHNIK	ENERGIENUTZUNG
NETZSTROM	PHOTOVOLTAIK	HAUSHALTSSTROM / BELEUCHTUNG / HILFSENERGIE
SONNENLICHT	SOLARTHERMIE → SPEICHERWASSERERWÄRMER	TRINKWARMWASSER
ERDWÄRME	SOLE-WASSER-WÄRMEPUMPE → WARMWASSERSPEICHER	HEIZEN ÜBER WAND- UND FUSSBODENHEIZUNG
FRISCHLUFT	KASTENFENSTER / LÜFTUNGSLAMELLEN	ZULUFT

Wärme

Zur Reduzierung der thermischen Verluste und zur Steigerung der Behaglichkeit wurden die drei Schaufassaden von innen mit Holzfaserplatten gedämmt und mit Lehmputz versehen. Um die alten Fenster und Details erhalten zu können, wurden auf der Innenseite zusätzlich neue Isolierglasscheiben vor die alten Fenster gesetzt. Ihre etwas größeren Abmessungen lassen sie wie Schaufenster wirken, durch die man die alten Details wahrnehmen kann.
Die Rückseite des Gebäudes wurde mittels einer zweiten Wand von außen isoliert. Diese ist als Holzständerkonstruktion mit Flachs zwischen den Ständern und einer zusätzlichen vor die vorhandene Außenwand gesetzten Holzweichfaserplatte gedämmt. In der zweiten Fassadenschicht wurde mit den Fenstern ähnlich wie im Innenraum verfahren. Die neu davor gesetzten Isolierglasscheiben sind so groß, dass das alte Mauerwerk und die Originalrahmen sichtbar bleiben. Das Dach wurde mit Flachs isoliert, der Kriechkeller unter dem Erdgeschoss mit nichttoxischem, recyceltem Glasgranulat verfüllt.

Im Keller des neuen Anbaus wurde die Haustechnik untergebracht. Dort befinden sich die Wärmepumpe, der Heizwasser-Pufferspeicher und der Speicher-Brauchwassererwärmer. Die Speicher werden durch zwei Wärmequellen gespeist: Im Sommer hauptsächlich durch die Solarthermie, die von unten nicht sichtbar auf dem Dach des Anbaus installiert wurde. Dort generieren drei Vakuum-Röhrenkollektoren Energie zur Versorgung des Heizwasser-Pufferspeichers und des Speicher-Brauchwassererwärmers. Die Solarthermie deckt die Hälfte der Energie zur Trinkwarmwassererwärmung und ein Fünftel des Heizenergiebedarfs. Im Winter kommt hauptsächlich das zweite System zum Einsatz: eine Sole-Wasser-Wärmepumpe. Ein Erdwärmetauscher versorgt sie mit geothermischer Energie. Die Wärmepumpe deckt den restlichen Energiebedarf zur Trinkwarmwassererwärmung sowie fast den gesamten Heizwärmebedarf. Die Wärmeübergabe an die Räume erfolgt größtenteils durch Wandheizungen und in einigen Bereichen über Fußbodenheizung.

Strom

Ohne Photovoltaik-Anlage wäre das Konzept des energieneutralen Baudenkmals nicht umsetzbar gewesen. Die PV-Anlage wurde auf dem nach Süden orientierten Dach des alten Backsteingebäudes installiert. Da es sich dabei um die Gartenseite handelt, wird die denkmalgeschützte Straßenansicht von den Modulen nicht beeinträchtigt. Insgesamt wurden 17 Module aus polykristallinen Zellen mit einer Leistung von 3,74 kWpeak installiert. Die Module haben einen Wirkungsgrad von zirka 14 Prozent. Der selbst erzeugte Strom reicht in der Jahresbilanz aus, um die Wärmepumpe zu betreiben. An sonnigen Tagen wird ein Überschuss generiert, der in das öffentliche Netz eingespeist wird. Haushalts- und Beleuchtungsstrom werden rechnerisch dem Netz entnommen.

Luft

Die doppelte Wand im Innenraum dient nicht nur dem Wärmeschutz, sondern ist auch Teil des Lüftungssystems. Frische Außenluft dringt durch Lüftungslamellen in den Fenstern zwischen alte und neue Fenster. Dort wird die kühle Luft temperiert und steigt auf. Die warme Luft strömt dann durch Lüftungsschlitze oberhalb der zweiten Fensterschicht in den Wohnraum ein. Die Abluft wird zentral über das Badezimmer abgesaugt. Vorteil dieses Prinzips gegenüber einer herkömmlichen Lüftungsanlage ist, dass Leitungsführung und Leitungslängen überschaubar bleiben und keine zusätzlichen Maßnahmen notwendig sind. An der Gartenfassade wurde dieses natürliche Belüftungssystem nicht umgesetzt.

Die Materialien zur Sanierung des alten Backsteinbaus wurden mit besonderer Sorgfalt ausgewählt. Unter Gesichtspunkten der Nachhaltigkeit wurde insbesondere auf ökologische und natürliche Aspekte sowie Recyclingfähigkeit geachtet. So wurden unbedenkliche Werkstoffe verwendet, wie zum Beispiel Flachs für die Dämmung und Lehm für den Innenputz. Der Putzzuschlag des neuen Anbaus besteht aus zerkleinerten Backsteinen des alten Anbaus, der sich zuvor an dieser Stelle befand. Um Ressourcen zu schonen, wird zusätzlich Regenwasser zur Grauwassernutzung aufbereitet.

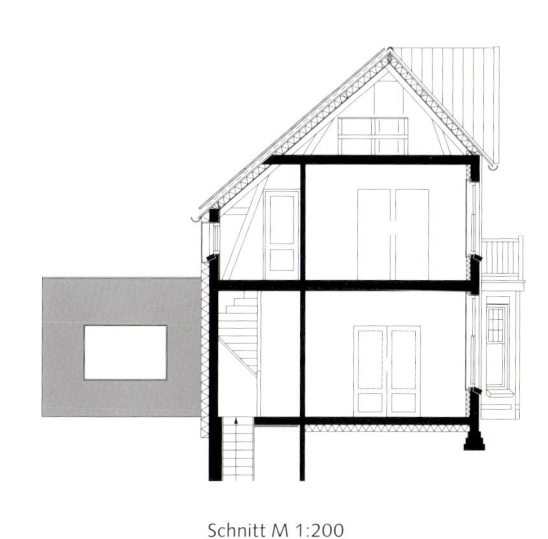

Licht
Der Koch-, Ess- und Wohnbereich im Anbau ist durch seine fast vollständige Verglasung lichtdurchflutet. Hinzu kommt, dass die verglaste Ecke des Anbaus mit Schiebetüren ausgerüstet ist, die komplett aufgeschoben werden können. So lässt sich der Essbereich bis auf die Terrasse ins Freie erweitern.

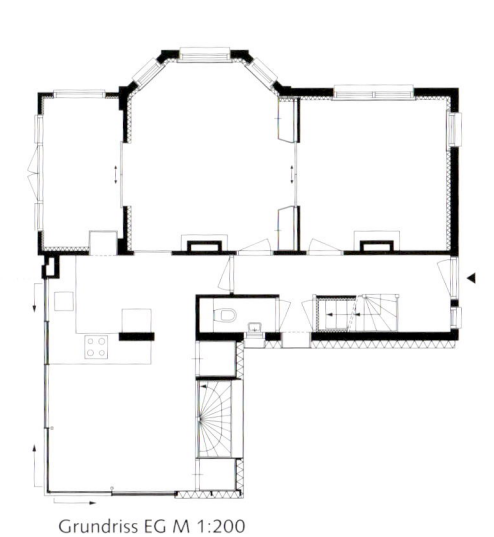

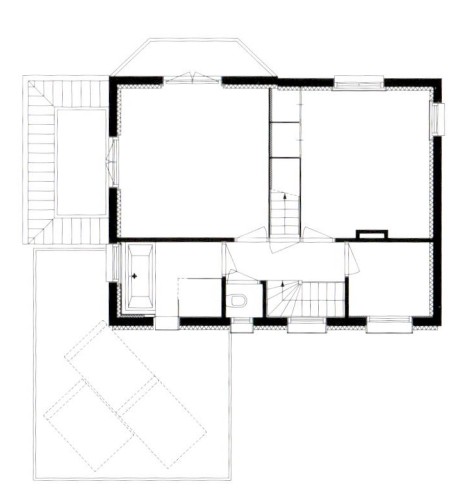

Schnitt M 1:200

Grundriss EG M 1:200

Grundriss OG M 1:200

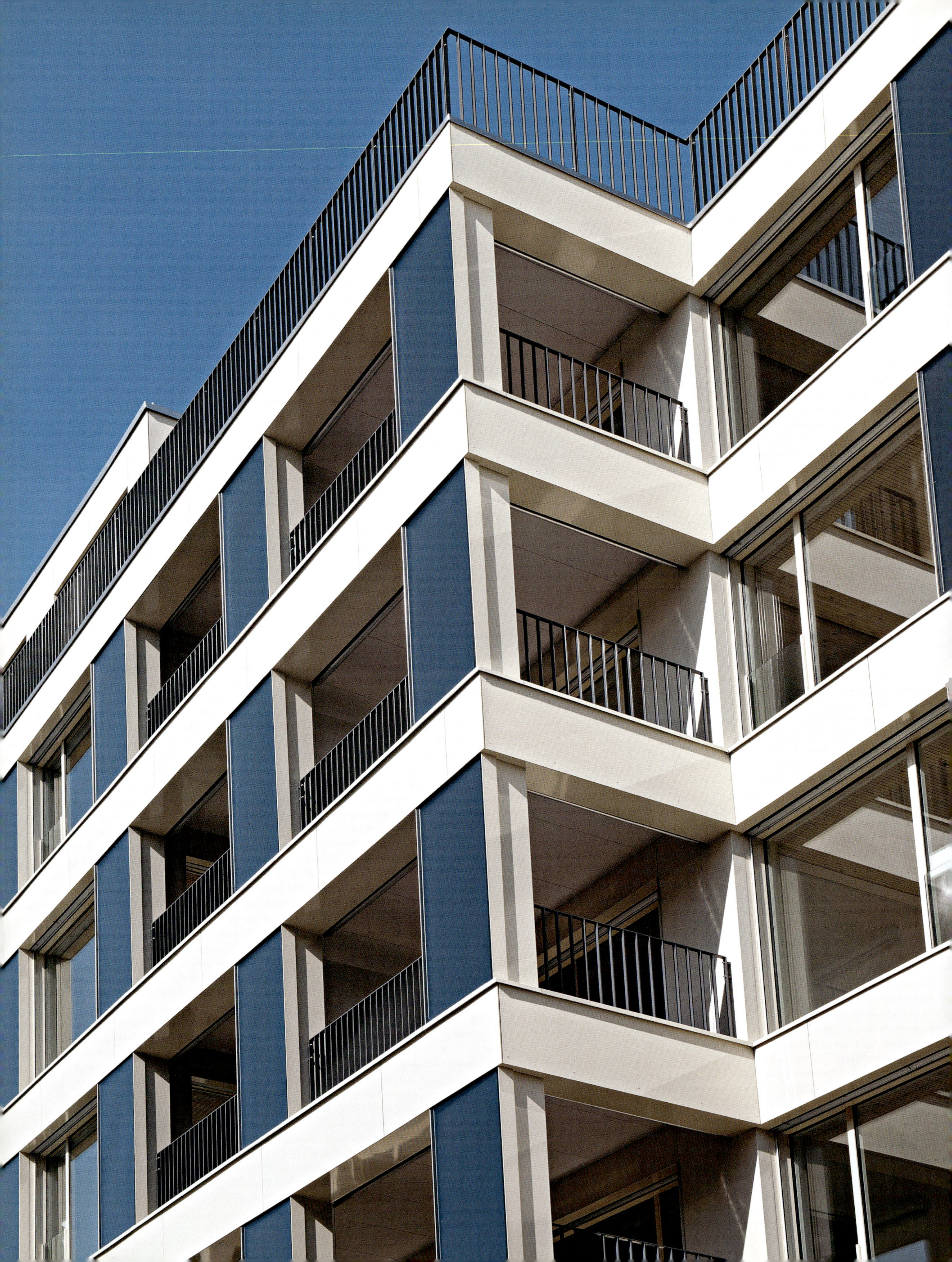

Wohn- und Geschäftshäuser, CH-Zürich

Neubau von zwei Wohn- und Gewerbegebäuden im Stadtzentrum

Projektinformationen

Architekten	kämpfen für architektur ag, CH-Zürich
Projektbeteiligte / Energiekonzept	Haustechnik: Planforum, CH-Winterthur, Bauphysik: Amstein & Walthert AG, CH-Zürich
Bauherr	privat
Fertigstellung	2012
Standard	Minergie-P-Eco
Wohnfläche	3 370 m² und 2150 m²
Endenergiebedarf (Wärme und Strom)/m² Wohnfläche	21,63 kWh/m²a
Endenergieerzeugung (erneuerbar Wärme und Strom)/m² Wohnfläche	24,73 kWh/m²a

- Heizen
- Trinkwarmwasser
- Kühlen
- Hilfsenergie (Pumpen, Ventilation)
- Beleuchtung
- Geräte
- Elektromobilität

Die beiden 5- bis 6-geschossigen Häuser befinden sich in der dicht bebauten Innenstadt von Zürich. Nach dem Abriss der vorgefundenen Bausubstanz wurde durch den Ersatzbau in der Mühlebachstraße die Baulücke gefüllt und die Blockrandbebauung durch das Gebäude in der Hufgasse ergänzt. Es entstand ein ruhiger, grüner Innenhof.

Der Neubau in der Mühlebachstraße ist ein Geschäftsgebäude, das dank seiner flexiblen Grundrisse auch zu einem Wohngebäude umnutzbar ist. Das Hinterhaus in der Hufgasse eignet sich durch seine ruhige Lage für eine reine Wohnnutzung. Insgesamt wurden 15 Wohnungen und 6 Büroeinheiten realisiert.

Die beiden Gebäude wurden in Holzbauweise errichtet, die tragenden Außenwände bestehen aus großformatigen Holzrahmenelementen mit Brettschichtholzstützen. Die Treppenhauskerne und die Kellerwände sind in Recycling-Sichtbeton ausgeführt. Die dunkle Schieferverkleidung der Straßenfassaden steht in starkem Kontrast zu den hell eingefassten Fenstern mit Schiebeläden. Fassadenintegrierte dunkle Solarkollektoren und hellgelbe Fassadenplatten prägen die Hofansicht.

Durch das Energiekonzept, das hauptsächlich auf erneuerbaren Energien basiert, sowie der ökologischen Materialwahl erreicht der gesamte Gebäudekomplex den Minergie-P-Eco-Standard.

Die Raumwärme und der Warmwasserbedarf werden über die Pellet- und Solarthermieanlage bereitgestellt. Der Strombedarf für die Hilfsenergie wird über die Photovoltaik-Anlagen mehr als doppelt gedeckt. Strom für Haushaltsgeräte und Beleuchtung wird nicht mitbetrachtet.

Lageplan M 1:2000

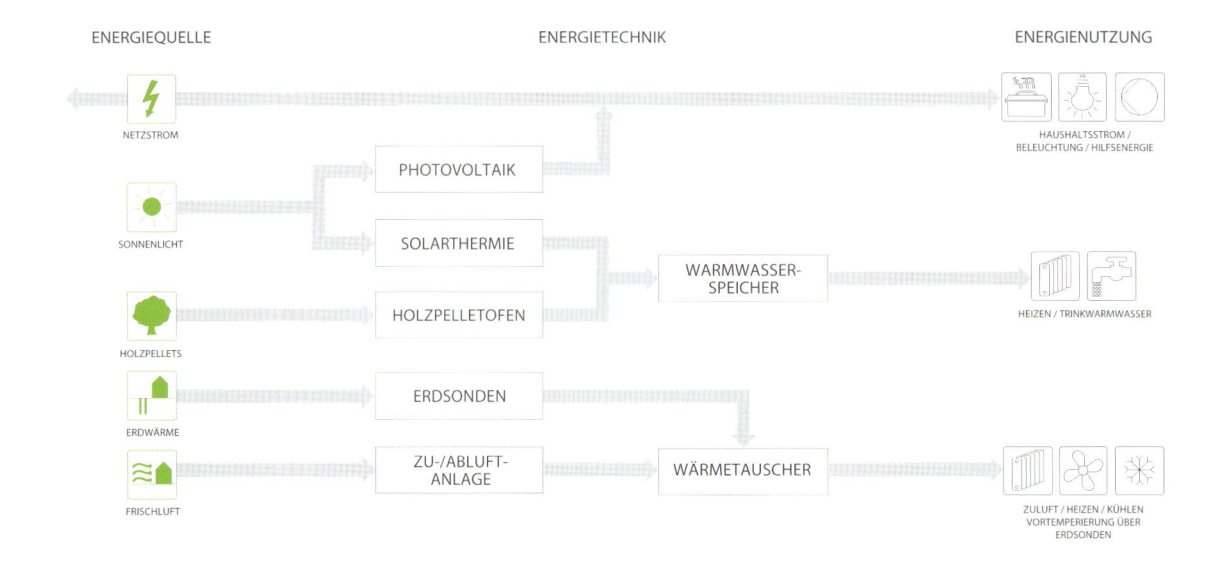

Energiequelle — Energietechnik — Energienutzung

- NETZSTROM
- SONNENLICHT
- HOLZPELLETS
- ERDWÄRME
- FRISCHLUFT

→ PHOTOVOLTAIK, SOLARTHERMIE, HOLZPELLETOFEN, ERDSONDEN, ZU-/ABLUFT-ANLAGE → WARMWASSERSPEICHER, WÄRMETAUSCHER →

- HAUSHALTSSTROM / BELEUCHTUNG / HILFSENERGIE
- HEIZEN / TRINKWARMWASSER
- ZULUFT / HEIZEN / KÜHLEN VORTEMPERIERUNG ÜBER ERDSONDEN

Wärme

Dreifach verglaste Holz-/Metallfenster ermöglichen aufgrund ihres hohen g-Werts maximale passive solare Erträge. Die Außenwände und das Dach wurden mit 24 cm Mineralwolle gedämmt. Im Bereich der Balkone und Terrassen kam hocheffiziente Vakuumisolationsdämmung zum Einsatz, um Aufbauhöhen und Wärmebrücken zu reduzieren.

Die für das Trinkwarmwasser und zum Heizen benötigte Wärme wird durch die Kombination einer Pelletanlage mit Solarkollektoren bereitgestellt. Das zweigeschossige Pelletlager befindet sich im Untergeschoss des Gewerbe- und Wohngebäudes in der Mühlebachstraße.

Es wurden zwei Kollektorensysteme eingesetzt. In die nach Südwesten orientierte Hoffassade sind 95 m² Flachkollektoren integriert. Sie fügen sich gut in das Fassadenbild ein. Auf dem Dach der Hufgasse sind weitaus effizientere Vakuum-Röhrenkollektoren aufgestellt. Die fast fünfmal so große Kollektorfläche in der Fassade erzeugt allerdings nur knapp 50 Prozent mehr Ertrag als die 20 m² Vakuum-Röhrenkollektoren auf dem Dach.

Um den Betrieb zu optimieren, sind in beiden Häusern Warmwasserspeicher installiert. Neben einem zentralen Speicher im Gebäude der Mühlebachstraße mit einem Volumen von 7 700 Litern befindet sich ein weiterer 3 000 Liter-Speicher in der Hufgasse. Die Wärmespeicher sind aufgrund der unterschiedlich benötigten Temperaturen als Schichtenspeicher ausgebildet.

Jede der beiden Solarthermieanlagen speist ihren jeweils eigenen Speicher. Von dort werden die Warmwasser-Zapfstellen und die Fußbodenheizung versorgt. Der Trinkwarmwasserbedarf ist trotz kleinerer Fläche in der Hufgasse höher als in der Mühlebachstraße. Das erklärt sich durch die unterschiedlichen Nutzungen. Die Hufgasse ist größtenteils Wohngebäude, die Mühlebachstraße Bürogebäude.

Kälte

Verschattungselemente in Form von außen liegenden Schiebeläden vermeiden eine Überhitzung der Räume im Sommer. Die Kühlung erfolgt über die Lüftungsanlage, Erdsonden temperieren die Luft im Sommer.

Strom

Um den größten Teil des benötigten Stroms selbst zu erzeugen, befinden sich auf beiden Dächern Photovoltaik-Anlagen. Jährlich werden zirka 34 000 kWh produziert, genug, um den Strombedarf für die Lüftungsanlagen und den Hilfsstrom beider Gebäude zu decken und einen Überschuss zu generieren. Beleuchtungs- und Haushaltsstrom werden über Strom aus dem öffentlichen Netz gedeckt.

Luft

Um die Regelung zu vereinfachen, erhielt jedes der beiden Häuser eine eigene Lüftungsanlage. Mittels Erdsonden und eines Wärmetauschers wird die Luft wahlweise im Winter vorgewärmt beziehungsweise im Sommer gekühlt. Die Luftmengen für die Wohn- und Büroeinheiten können gesondert reguliert werden. Mit einem Schalter wählen die Nutzer die gewünschte Lufterneuerungsmenge. Ein BUS-System regelt dann über eine Klappenöffnung den Volumenstrom.

Licht

Große Fenster in der Ostfassade und raumhohe Fenster in den Südwest-Fassaden versorgen die Räume gleichmäßig mit Tageslicht.

Von Beginn der Planung an war es Ziel, nicht nur die für den Betrieb benötigte Energie, sondern auch die mit den Baumaterialien eingebrachte graue Energie zu minimieren. Die gesamte Betriebsenergie wird durch selbst erzeugten Strom (ohne Haushalts- und Beleuchtungsstrom) und selbst erzeugte Wärme regenerativ gedeckt.

In Innenstadtlagen sind Fassaden- und Dachflächen aufgrund der engen Bebauung häufig verschattet oder durch eine geschlossene Bebauung zu klein. Dies erschwert eine ausreichende Produktion von erneuerbarer Wärme und erneuerbarem Strom. Das Bauvorhaben zeigt, dass es dennoch auch in solchen Innenstadtlagen und für mehrgeschossige Bebauungen möglich ist, den Energiebedarf von Gebäuden auf dem Grundstück und über die Gebäudehüllfläche zu decken.

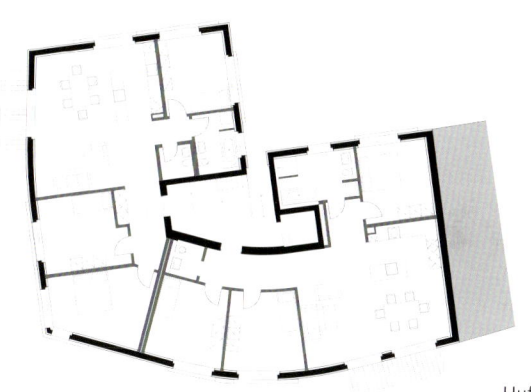

Hufgasse
Grundriss 1. OG
M 1:400

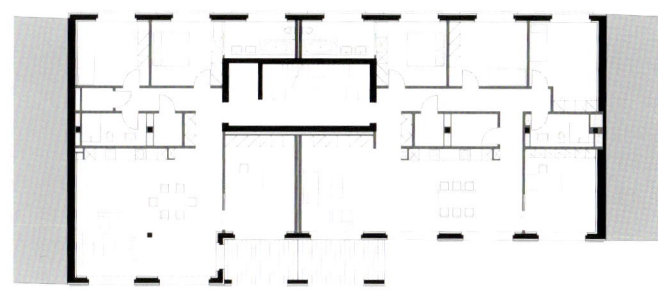

Mühlebachstraße
Grundriss 5. OG
M 1:400

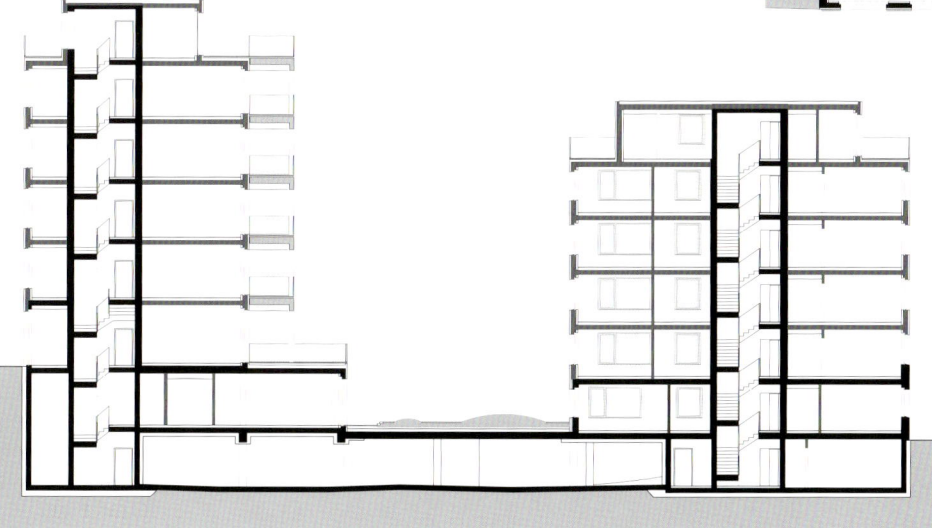

Schnitt M 1:400

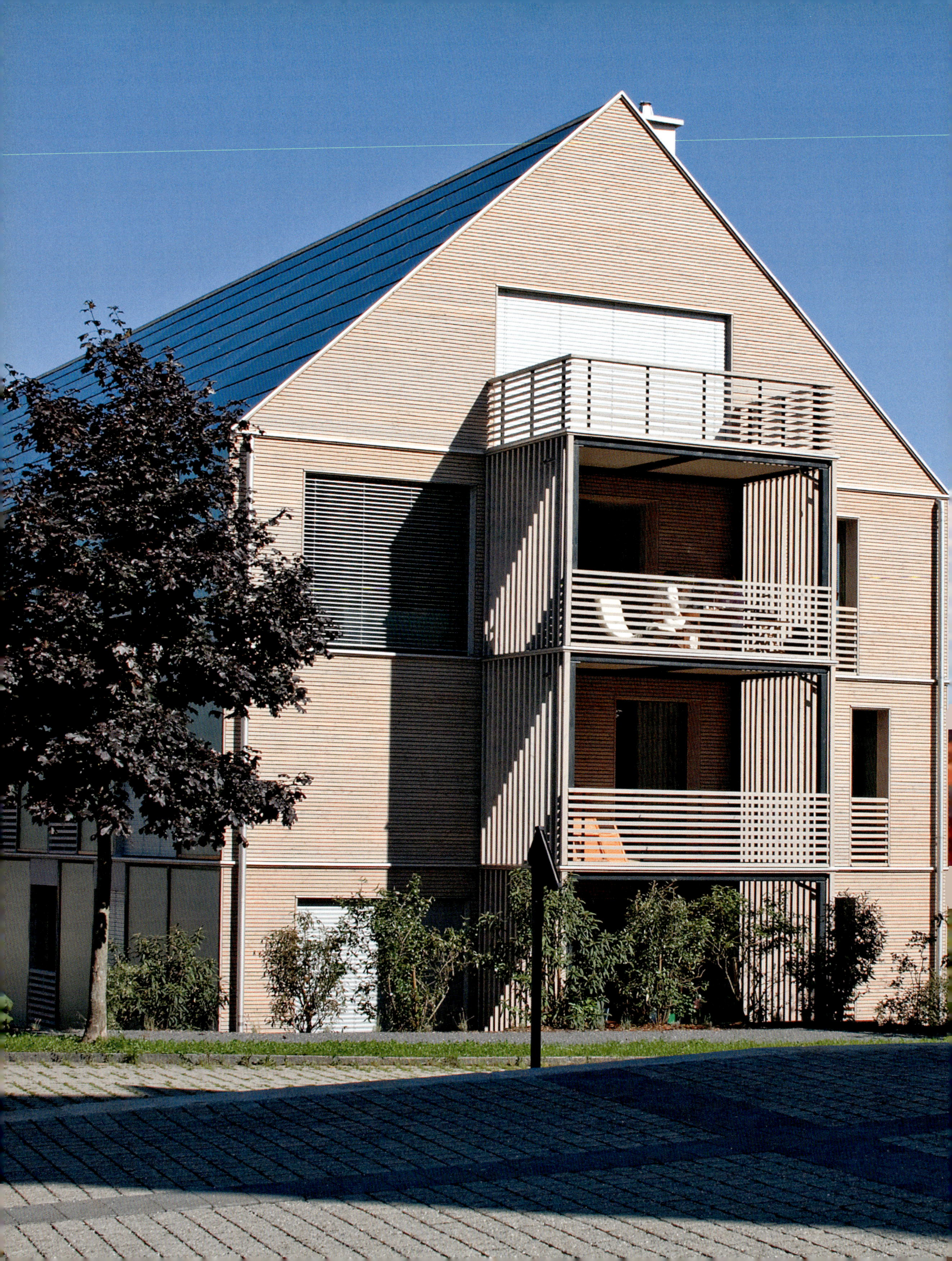

Kraftwerk B, CH-Bennau

Neubau eines Mehrfamilienhauses

Projektinformationen

Architekten	grab architekten ag, CH-Altendorf
Projektbeteiligte / Energiekonzept	HLS-Planung: Amena, CH-Winterthur,
	Haustechnik: Planforum, CH-Winterthur,
	Bauphysik: Intep, CH-Zürich
Bauherr	Sanjo Immobilien, CH-Altendorf
Fertigstellung	2009
Standard	Minergie-P-Eco
Wohnfläche	1 380 m²
Endenergiebedarf (Wärme und Strom)/m² Wohnfläche	41,67 kWh/m²a
Endenergieerzeugung (erneuerbar Wärme und Strom)/m² Wohnfläche	54,35 kWh/m²a

Bilanzraum gem. Standard

- Heizen
- Trinkwarmwasser
- Kühlen
- Hilfsenergie (Pumpen, Ventilation)
- Beleuchtung
- Geräte
- Elektromobilität

Kraftwerk B ist ein Mehrfamilienhaus mit sieben Wohneinheiten in der Nähe des Zürichsees. Es erfüllt die strengen Regeln des Schweizer Minergie-P-Eco-Standards. Der Energieverbrauch ist durch passive Maßnahmen und effiziente Technik so weit reduziert, dass mehr als der gesamte jährliche Energiebedarf durch aktive solare Systeme gedeckt werden kann. Das Kraftwerk B erzeugt im Jahresdurchschnitt fast 25 Prozent mehr Energie, als die Bewohner verbrauchen.

Der Minergie-P-Eco-Standard konnte durch eine von Anfang an integrierte Planung erreicht werden. Ausgangspunkt waren einfache planerische Maßnahmen, wie eine kompakte Bauweise und die Ausrichtung der Räume nach der Sonne. Die Wohnräume befinden sich im Südwesten, die Nebenräume wie Bäder und das Treppenhaus sind nach Nordosten orientiert. Es wurden vor allem natürliche Baustoffe und gut recycelbare Materialien ausgewählt, um den hohen Anforderungen an die ökologische Qualität zu genügen.

Beim äußeren Erscheinungsbild wurde besonderes Augenmerk auf die Integration derjenigen Bauteile gelegt, die solare Gewinne erzeugen. Zusätzlich wird in zwei 20000-Liter-Tanks Regenwasser gesammelt, um damit die Grünflächen zu bewässern und die Toilettenspülung zu versorgen.

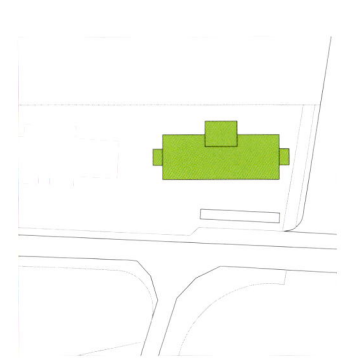

Raumwärme und Trinkwarmwasser werden über verschiedene Technologien (Holzöfen, Wärmepumpe, Abwasserwärmerückgewinnung und Solarthermieanlage) bereitgestellt. Der produzierte Überschuss (ca. 30 Prozent) wird zur Versorgung der Nachbargebäude genutzt. Auch die Photovoltaik-Anlage erzeugt im Jahr 30 Prozent mehr Strom, als für Hilfsstrom, Haushaltstrom und Beleuchtung benötigt. Der Überschuss wird in das öffentliche Stromnetz eingespeist.

Lageplan M 1:2000

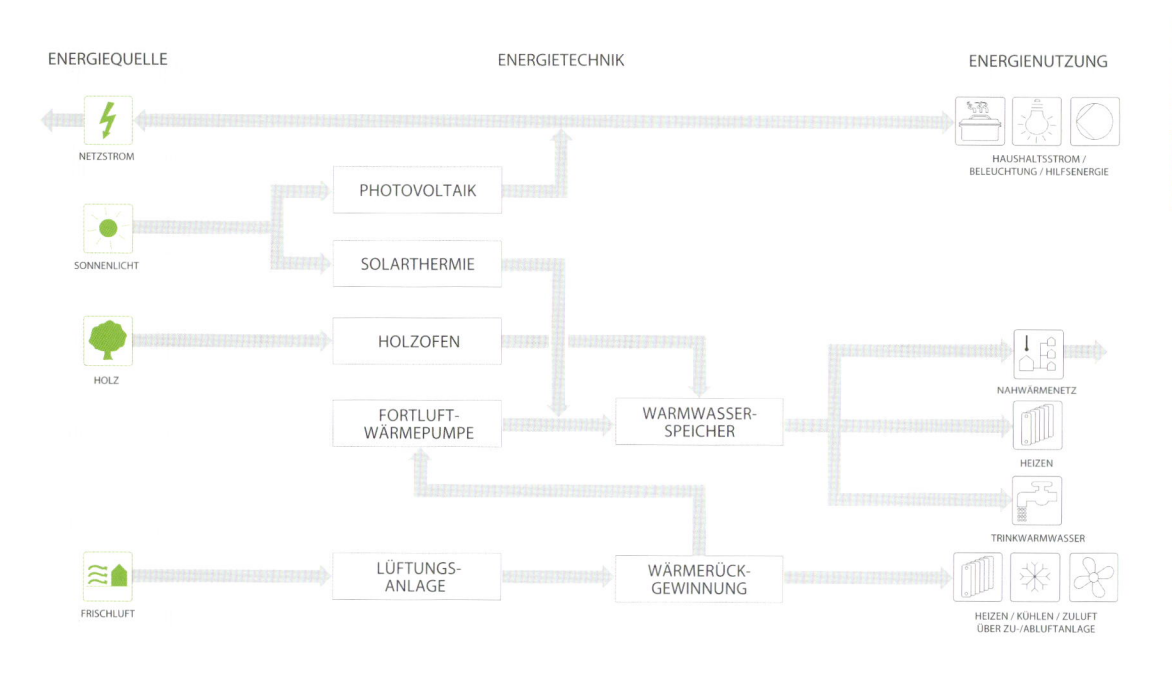

Wärme

Das Kraftwerk B wurde als Hybridbau realisiert. Die Kombination aus Holz und Beton vereint die Vorteile beider Baustoffe. Vorgefertigte und hochgedämmte Holzelemente für Fassade und Dach sind der Konstruktion aus Stahlbeton vorgehängt. Der betonierte Gebäudekern übernimmt nicht nur statische Funktionen, sondern dient zusammen mit den lehmverputzten Wänden als thermische Speichermasse. Er bildet somit einen Wärme- und Feuchtpuffer, der Raumtemperaturschwankungen und die Raumfeuchte reguliert.

Viel Wert wurde auf eine wärmebrückenfreie und luftdichte Konstruktion gelegt. Die Fassade erreicht mit einer 43 cm starken Dämmung aus Zellulose einen U-Wert von 0,11 W/(m²K). Große Öffnungen an der Südwest-Fassade sammeln solare Gewinne, während sich an der Nordost-Fassade nur kleine Fenster befinden, um die Wärmeverluste zu minimieren. Die Fenster sind dreifach verglast.
150 m² der Südwest-Fassade bestehen aus geschosshohen Flachkollektoren, die gleichzeitig Witterungsschutz bieten und sich mit raumhohen Fenstern abwechseln. Sie dienen der Wärmeerzeugung für Heizung und Warmwasser. Über das Jahr stellt die Anlage mithilfe eines 24 000 Liter fassenden, saisonalen Wärmespeichers, 60 Prozent der benötigten Wärme bereit.

Im Sommer erzeugt die Anlage hohe Überschüsse, die über eine Nahwärmeleitung an ein benachbartes Gebäude weitergegeben werden.
Für zusätzlichen Komfort sorgen holzbefeuerte Kleinspeicheröfen, in denen ein wasserdurchflossener Wärmeabsorber 50 Prozent der Wärme aus den Abgasen auskoppelt. Damit werden die Handtuchradiatoren in den Bädern versorgt, Brauchwarmwasser bereitet und ein 3000 Liter fassender Pufferspeicher gespeist. Zusätzlich wird dem Abwasser Wärme entzogen. Die Wärmepumpe, die Holzöfen und der Abwasserwärmetauscher erzeugen zusammen 15 000 kWh, die Solarthermie 30 000 kWh Wärme pro Jahr. Das ergibt einen jährlichen Überschuss an Wärmeenergie von 10 000 kWh. Die Raumheizung erfolgt über eine Fußbodenheizung. Bei einem Ausfall der Wärmeversorgung dient eine Luft-Wasser-Wärmepumpe als Backup.

Kälte

Außenliegende Lamellen verschatten sämtliche Fenster und vermeiden so eine Überhitzung im Sommer. Es sind keine technischen Maßnahmen zur Kühlung vorgesehen, die vorhandenen Bauteilspeichermassen reichen aus, um ein behagliches Raumklima zu schaffen.

Strom

Auf der Südwestseite des Gebäudes wurden in Fassade, Dach und Pavillondach insgesamt 260 m² Photovoltaik-Flächen integriert. Sie bilden gleichzeitig die wasserführende Schicht. Die installierte Anlage dient der Deckung aller gebäude- und haushaltsbezogenen Strombedarfe und erzeugt im Jahr 32 000 kWh Strom. Das sind 7500 kWh mehr als benötigt. Der Überschuss wird in das öffentliche Stromnetz eingespeist. Alle Haushaltsgeräte entsprechen der Effizienzklasse A+ oder A++ und sind somit sehr stromsparend. Zudem verfügen Waschmaschine und Trockner über eine Wärmerückgewinnung. Die Spül- und Waschmaschinen sind an das Warmwassernetz angeschlossen, so dass das verwendete Warmwasser nicht über Strom, sondern effizient über die Solarkollektor-Anlage bereitgestellt wird.

Luft

Eine kontrollierte Wohnraumlüftung mit Wärmerückgewinnung reduziert den Heizwärmebedarf. Die Lüftungszentrale befindet sich im Untergeschoss, Frischluft wird über ein Erdregister vorgewärmt. Ein Gegenstromwärmetauscher minimiert die Wärmeverluste über die Abluft. Die Fenster sind ausschließlich mit Drehbeschlägen versehen, haben somit keine Kippfunktion und erlauben deshalb nur Stoßlüftung. Das reduziert die Lüftungswärmeverluste erheblich, ohne die Fensterlüftung einzuschränken.

Licht

Die oberen Wohnungen werden über große Fenster an den Giebelseiten und das in diesem Bereich komplett verglaste Treppenhaus belichtet.

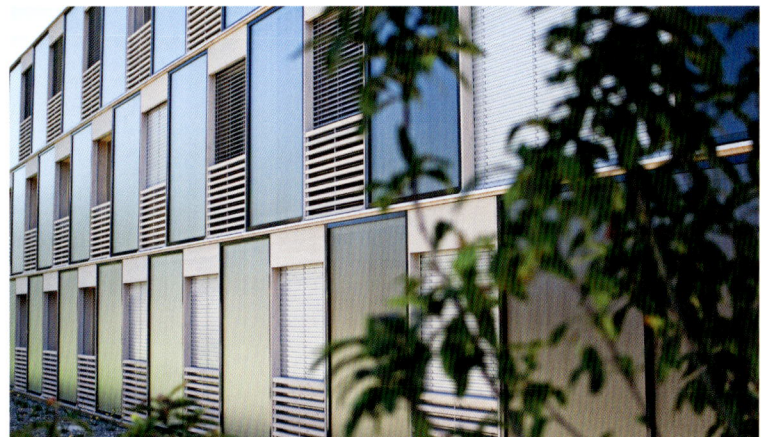

Der Erfolg eines Projekts hängt immer auch vom Nutzerverhalten der Bewohner ab. Deswegen können die Mieter des Kraftwerks B auf entsprechenden Displays ihren Energieverbrauch ständig überprüfen und steuern. Eine Bonus-Malus-Regelung stärkt durch positiven Anreiz das Energiebewusstsein der Mieter und hält sie dazu an, ihr Verhalten zu ändern.

Die einzelnen Komponenten sind so aufeinander abgestimmt, dass nicht nur der Schweizer Minergie-P-Eco-Standard erreicht wurde. Neben dem Plusenergie-Standard konnte auch eine hohe Wohnqualität und durch die anspruchsvolle Integration der Photovoltaik sowie der Solarthermie ein ansprechendes architektonisches Erscheinungsbild geschaffen werden.

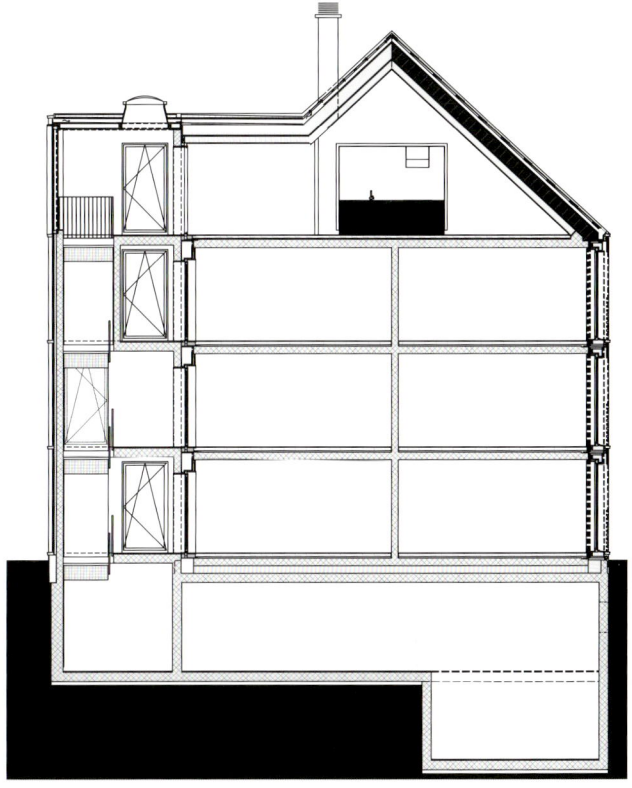

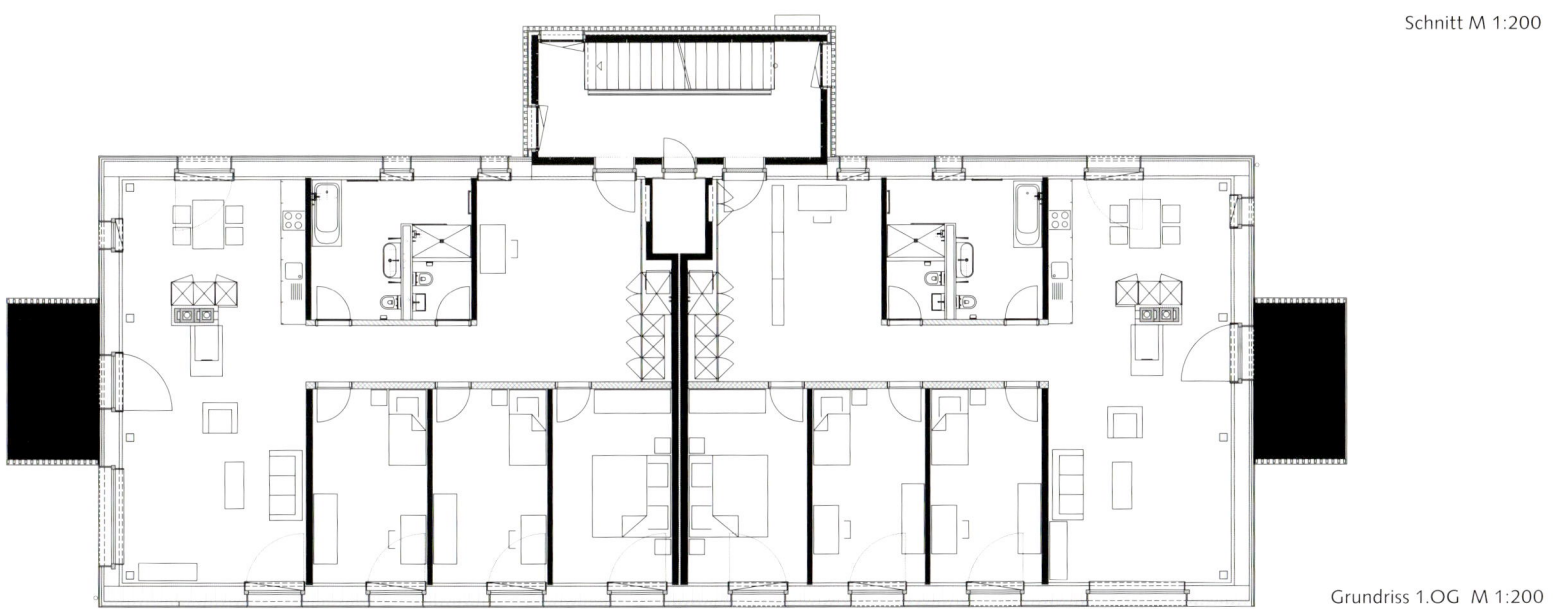

Schnitt M 1:200

Grundriss 1.OG M 1:200

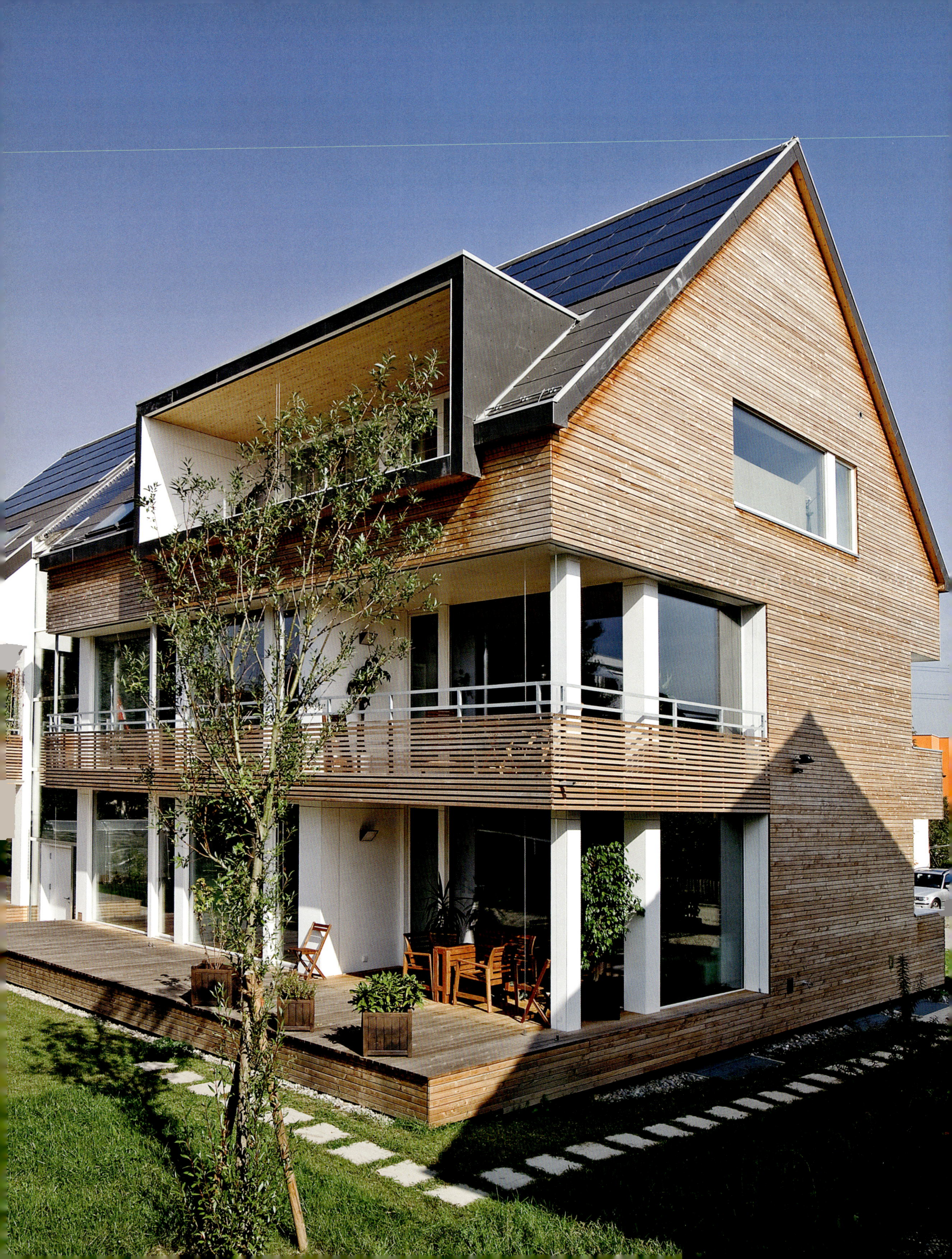

Mehrfamilienhaus, CH-Dübendorf

Neubau eines Mehrfamilienhauses

Projektinformationen

Architekten	kämpfen für architektur ag, CH-Zürich
Projektbeteiligte / Energiekonzept	Neaf Energietechnik, CH-Zürich
Bauherr	privat
Fertigstellung	2008
Standard	Nullenergie, Minergie-P-Eco
Wohnfläche	727 m²
Endenergiebedarf (Wärme und Strom)/m² Wohnfläche	53,96 kWh/m²a
Endenergieerzeugung (erneuerbar Wärme und Strom)/m² Wohnfläche	39,46 kWh/m²a

Bilanzraum gem. Standard

- Heizen
- Trinkwarmwasser
- Kühlen
- Hilfsenergie (Pumpen, Ventilation)
- Beleuchtung
- Geräte
- Elektromobilität

Das Mehrfamilienhaus in Dübendorf beherbergt sechs Wohneinheiten. Es war 2008 eines der ersten nach Schweizer Standard Minergie-P-Eco zertifizierten Gebäude im Kanton Zürich. Um diesen Minergie-P-Eco-Standard erreichen zu können, ist nicht nur der Energiebedarf auf ein Minimum zu senken, sondern auch das Material unter ökologischen Gesichtspunkten auszuwählen sowie besonders auf ein gutes Raumklima und die Wohngesundheit zu achten.

Das Gebäude öffnet sich mit großen Fensterflächen und Balkonen Richtung Süden, um passive solare Gewinne zu nutzen. Die Nebenräume orientieren sich nach Norden und zur Straße, die Fassade wirkt dort geschlossener.

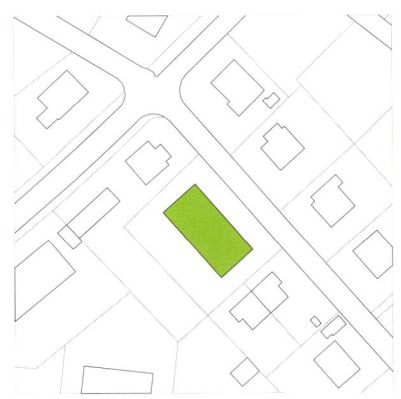

Die für das Heizen und Trinkwarmwasser benötigte Wärme wird durch die Solarthermieanlage und die Wärmepumpe bereitgestellt.
Der Strombedarf für Hilfsenergie (inklusiv der Energie der Wärmepumpe), Beleuchtung und Haushalt wird zur Hälfte über die Photovoltaik-Anlage gedeckt.

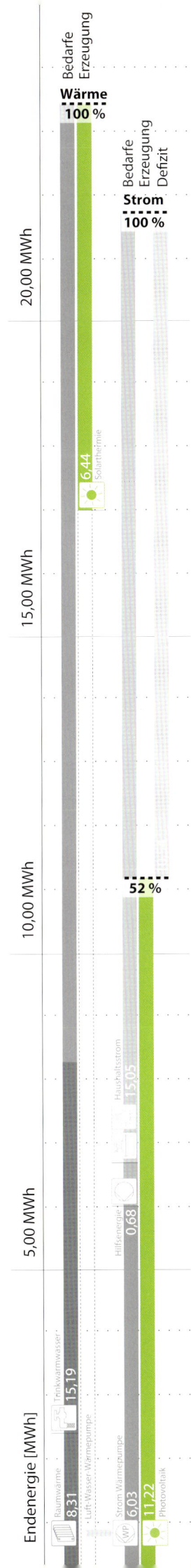

Lageplan M 1:2000

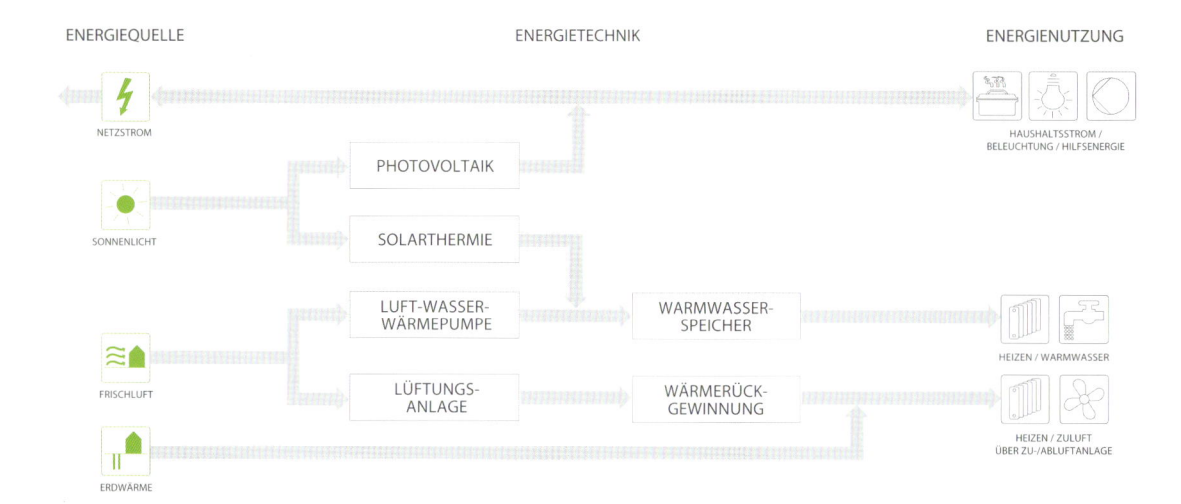

ENERGIEQUELLE

- NETZSTROM
- SONNENLICHT
- FRISCHLUFT
- ERDWÄRME

ENERGIETECHNIK

- PHOTOVOLTAIK
- SOLARTHERMIE
- LUFT-WASSER-WÄRMEPUMPE
- LÜFTUNGS-ANLAGE
- WARMWASSER-SPEICHER
- WÄRMERÜCK-GEWINNUNG

ENERGIENUTZUNG

- HAUSHALTSSTROM / BELEUCHTUNG / HILFSENERGIE
- HEIZEN / WARMWASSER
- HEIZEN / ZULUFT ÜBER ZU-/ABLUFTANLAGE

Wärme
Die Wärmeerzeugung erfolgt über eine Luft-Wasser-Wärmepumpe und über Vakuum-Röhrenkollektoren, die sich über dem Glasdach des Treppenhauses befinden. Auf 14 m² Fläche erzeugt die solarthermische Anlage über 6000 kWh pro Jahr. In Bezug auf den Antriebsstrom produziert die Wärmepumpe ein Vierfaches an Wärme. Sie hat bei einer elektrischen Leistungsaufnahme von 3,3 kW eine thermische Leistung von 11,7 kW. Vakuum-Röhrenkollektoren und Wärmepumpe speisen einen zirka 1800 Liter fassenden Warmwasserspeicher. Die Raumheizung erfolgt mittels einer Fußbodenheizung und kleinen Radiatoren in den Bädern. Das vollständig verglaste Treppenhaus unterteilt das Gebäude als Fuge in den privaten Bereich der Bauherren und die vermieteten Wohneinheiten. Es funktioniert wie ein Wintergarten. Die solarthermischen Vakuum-Röhrenkollektoren darüber erwärmen das Trinkwarmwasser und vermeiden als Verschattungselemente eine Überhitzung des Treppenhauses im Sommer. Gleichzeitig entsteht ein besonderes Licht- und Schattenspiel. Die Holz-Beton-Verbunddecken bilden zusammen mit dem Zementestrich die thermische Speichermasse des Gebäudes. Außerdem sorgen die schwarzen Naturschieferplatten für eine besonders gute Wärmeeinspeicherung. Um eine möglichst dichte und gut gedämmte Hülle zu erreichen, sind Holzfenster mit einer Dreifachverglasung und einem U-Wert von 0,7 W/m²K eingesetzt. Die Rahmen sind auf der Außenseite zusätzlich überdämmt. Es wurde auf eine wärmebrückenfreie Konstruktion geachtet und das unbeheizte Kellergeschoss thermisch von den darüber liegenden Bereichen entkoppelt.

Strom
Auf dem 45 Grad geneigten Satteldach befindet sich, nach Süden orientiert, die integrierte Photovoltaik-Anlage aus monokristallinen Solarzellen. Die 94,5 m² große Photovoltaik-Fläche erzeugt mit einer Leistung von 14 kWp im Jahr 11 220 kWh. Damit kann der Strombedarf der Wärmepumpe zur Erzeugung von Heizungswärme und Warmwasser sowie der Strombedarf der Lüftungsanlage ausgeglichen werden. Der restliche Strombedarf wird nur teilweise regenerativ gedeckt. Die Photovoltaik übernimmt als Bauelement auch die Funktionen der Gebäudehülle.

Luft
Die Lüftungsanlage ist mit Abluft-Wärmerückgewinnung und einer Zuluftvorwärmung über ein Erdregister ausgerüstet. Die frische Zuluft wird in die Wohn- und Schlafzimmer eingebracht und in Küche und Bädern abgesaugt. Die beiden Gebäudeteile haben jeweils ein separates Lüftungsgerät mit einem Wärmerückgewinnungsgrad von 90 Prozent. Durch die mechanische Lüftung werden Wärmeverluste vermieden und die Luftqualität gesteigert.

Licht
Um den Strombedarf für die Beleuchtung geringzuhalten, wurde das Treppenhaus mit Bewegungsmeldern, einer Tageslichtsteuerung und LED-Leuchten ausgestattet. Die großen Fensteröffnungen im Süden sowie die Übereckfenster bringen viel Licht ins Gebäudeinnere.

Um die Bauzeit zu verkürzen, wurden sowohl die Recycling-Betonelemente des Untergeschosses als auch die Holzkonstruktion vorgefertigt. Diese Materialien enthalten im Gegensatz zu einer vergleichbaren massiven Konstruktion sehr wenig Graue Energie.

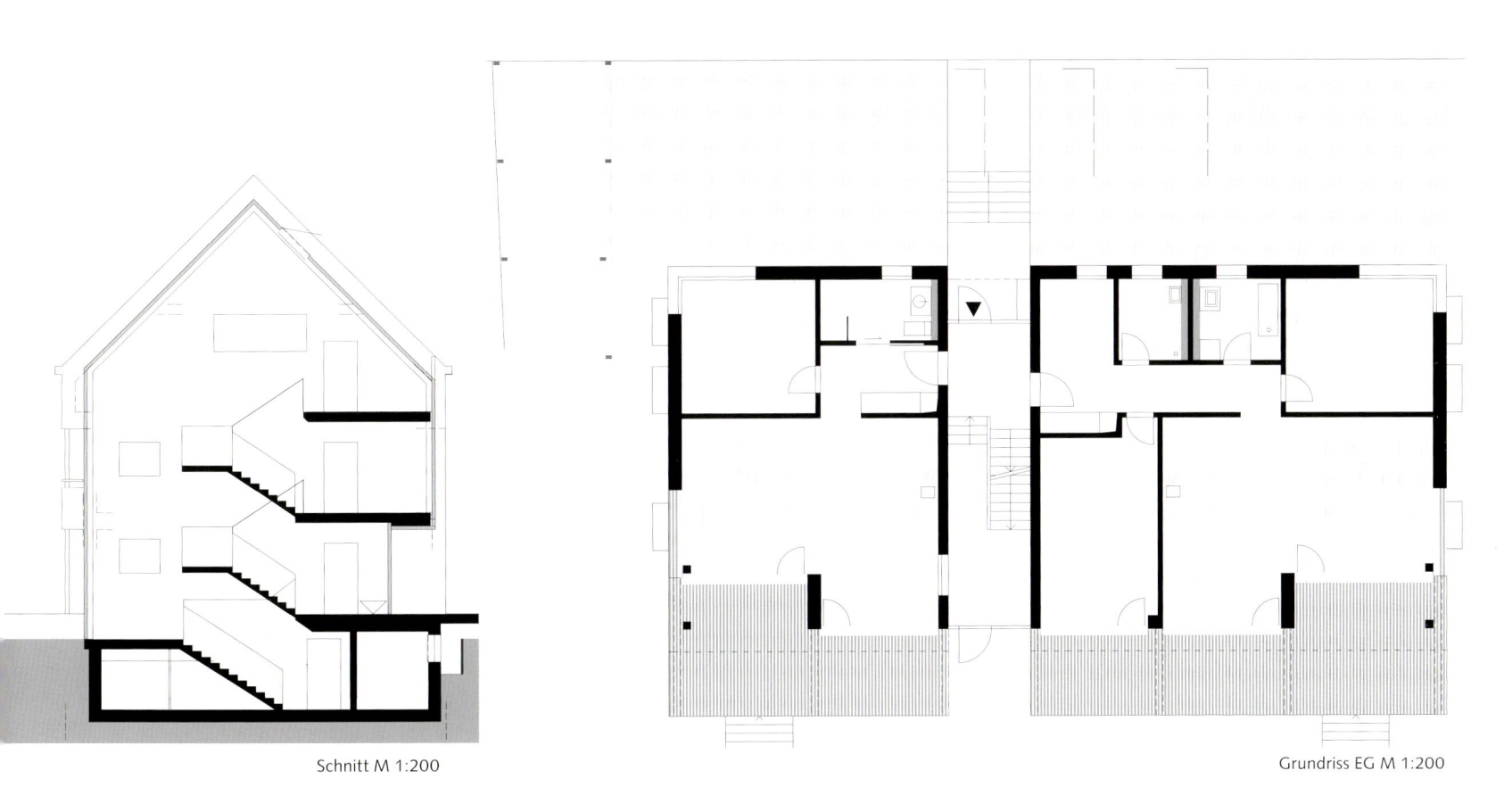

Schnitt M 1:200

Grundriss EG M 1:200

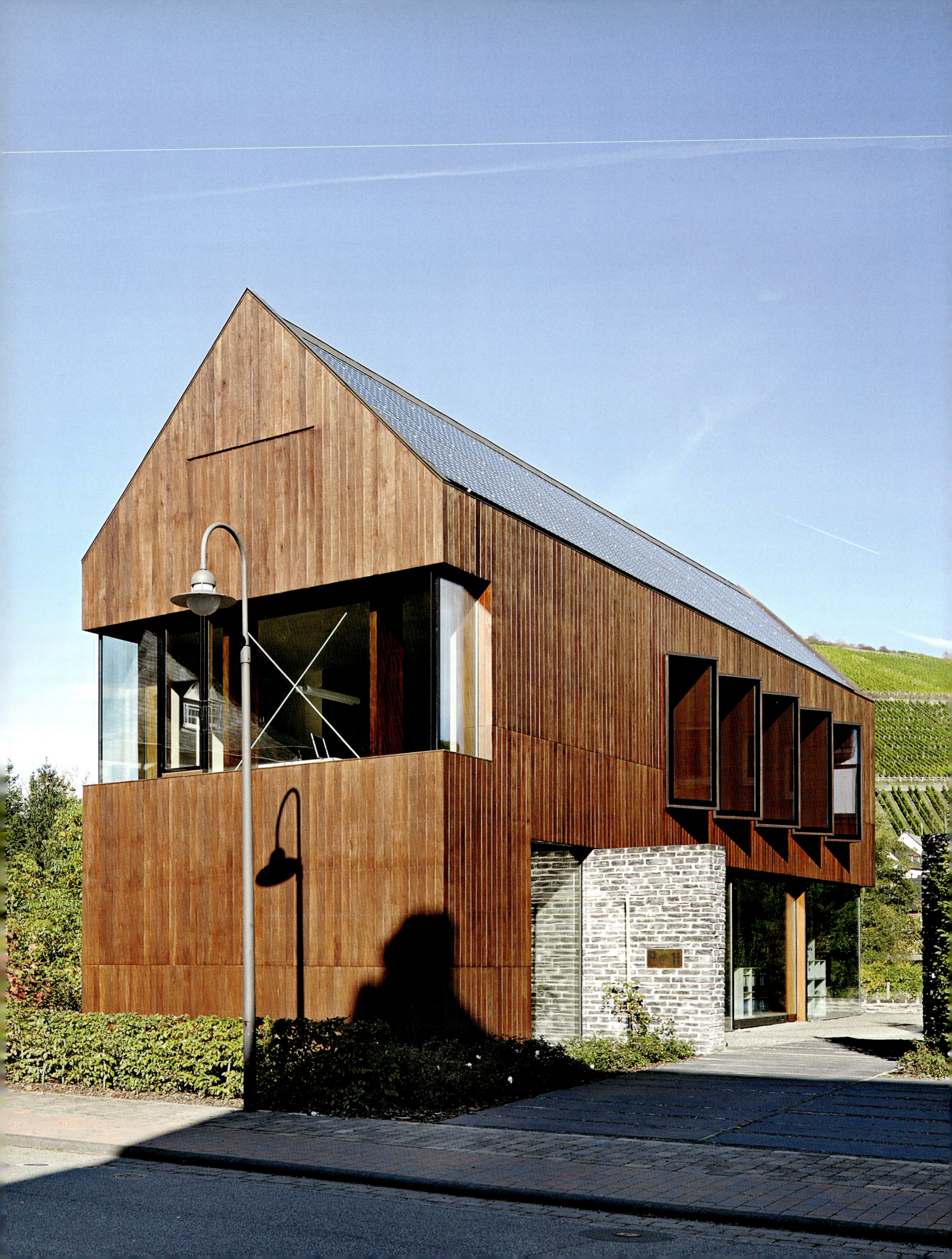

+Energiehaus, Kasel

Neubau eines Bürohauses

Projektinformationen

Architekten	Architekten Stein Hemmes Wirtz, Kasel, Frankfurt
Projektbeteiligte / Energiekonzept	Energieplaner: Architekten Stein Hemmes Wirtz, Kasel, Frankfurt
	Tragwerksplaner: Ing.-Büro Ralf Bertges, Osburg und Ing.-Büro Paul Trauden, Nittel
	Klimatechnik: Anlagenbau Brisch, Waldrach
Bauherr	privat
Fertigstellung	2009
Standard	Passivhaus, Plusenergie
Nutzfläche	227,38 m²
Endenergiebedarf (Wärme und Strom)/m² Wohnfläche	35,21 kWh/m²a
Endenergieerzeugung (erneuerbar Wärme und Strom)/m² Wohnfläche	37,38 kWh/m²a

Bilanzraum gem. Standard

- Heizen
- Trinkwarmwasser
- Kühlen
- Hilfsenergie (Pumpen, Ventilation)
- Beleuchtung
- Geräte
- Elektromobilität

Das +Energiehaus liegt nahe Trier in der Gemeinde Kasel im Ruwertal. Die Architekten hatten es sich zur Aufgabe gemacht, ihr eigenes Bürohaus zu planen und zu realisieren. Das Gebäude beherbergt derzeit Arbeitsplätze für 12 Personen. Bei Bedarf kann es mit geringem Aufwand zum Wohnhaus umgenutzt werden. Das Projekt ist als Passivhaus konzipiert. Durch die Nutzung solarer Gewinne und die eigene Stromerzeugung wird der Energieplus-Standard erreicht.

Der lang gestreckte Holzbau mit steilem Satteldach orientiert sich giebelständig zur Straße. Die klare Hausform greift ebenso Merkmale der regionalen Bauweise auf wie die verwendeten Materialien. Vor allem der gestaltprägende Schiefer ist neben der mit Eichenholz verkleideten Fassade typisch für die Region. Er stammt aus einem nur wenige Kilometer entfernten Steinbruch. Die Materialien wurden sowohl außen als auch innen verwendet. Die tragenden Holzelemente sind im Innenraum unverkleidet belassen.

Alle Bedarfe werden durch regenerativen Strom der Photovoltaik-Anlage gedeckt. So wird die Raumwärme über eine Stromdirektheizung und das warme Wasser durch Elektroboiler bereitgestellt. Die Photovoltaik produziert zusätzlich ausreichend Strom für die Hilfsenergie, den allgemeinen Strombedarf und die Beleuchtung inklusiv einem Überschuss von 6 Prozent.

Lageplan M 1:2000

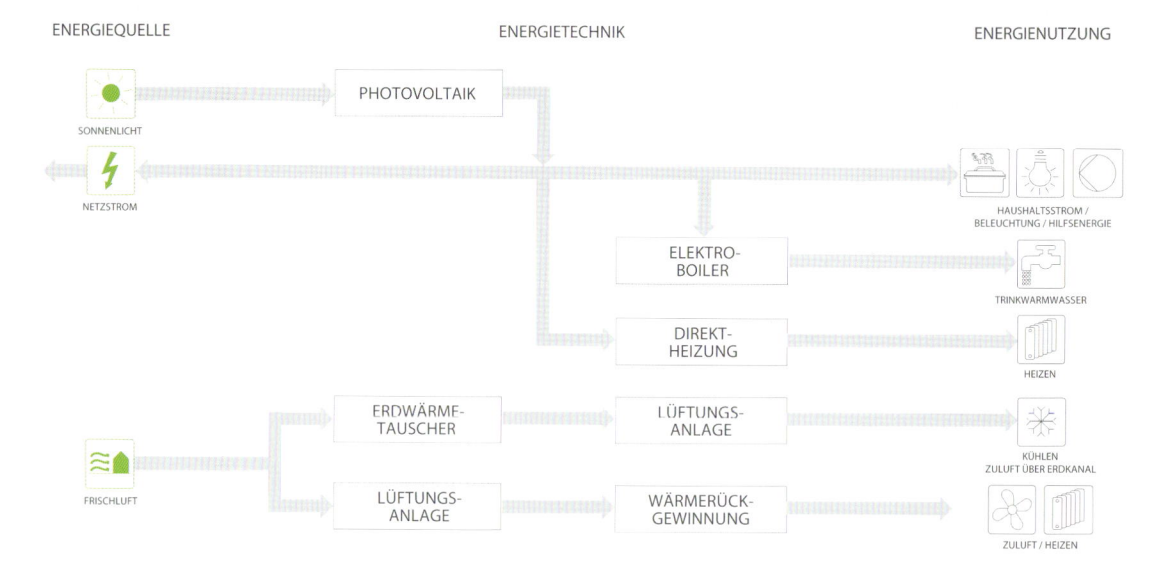

Wärme

Zu den passiven Maßnahmen gehören neben der 36 cm starken, durch Holzfaserdämmplatten ergänzten Dämmung aus Zellulose dreifach verglaste Fenster. Die U-Werte liegen zwischen 0,11 W/m²K (Außenwände, Dach, Bodenplatte) und 0,86 W/m²K (für die Fenster). Die großflächigen, überwiegend fest verglasten Fensterflächen nach Süden und Westen optimieren die solaren Erträge. Durch die Verwendung einer Glas-über-Rahmen-Konstruktion (hier greift die dritte, äußere Scheibe über den Rahmen) erscheinen die Fenster rahmenlos, zusätzlich verschwindet der Rahmen in der Konstruktionsebene.

Die Fensterlaibungen der schräg angeordneten fünf Fenster im Obergeschoss sind mit Vakuum-Isolationspaneelen gedämmt. Kleine, nach Süden orientierte Erker gliedern die Fassade und dienen teils als Sitznischen.

Das Bürohaus wurde in Holzstapelbauweise ausgeführt. So sind alle tragenden Elemente aus Massivholzplatten. Die Massivholzkonstruktion und die massive Schieferwand, die sich auch in den Innenraum zieht, bilden die thermischen Speichermassen. Sie reduzieren die Spitzentemperaturen im Sommer und tragen dazu bei, in den Übergangszeiten die Tag-/Nacht-Differenzen auszugleichen. Die Bereitstellung der Heizwärme erfolgt über eine elektrisch betriebene Direktheizung. Das Brauchwarmwasser wird dezentral mittels Elektroboilern erzeugt. Dafür werden zirka 3 000 kWh des durch die Photovoltaik-Anlage erzeugten Stroms verwendet.

Experimentiert wurde mit dezentralen Ethanol-Feuerstätten, um den Restheizwärmebedarf weiter zu senken. Neben der Funktion als Wärmequelle liefern die Ethanol-Feuerstätten eine wohlige Atmosphäre und machen „Wärme" sichtbar.

Kälte

Auf eine aktive Kühlung wurde verzichtet. Im Sommer erfolgt die Kühlung direkt über die Lüftungsanlage. Die Zuluft wird dann durch einen Erdwärmetauscher entsprechend temperiert.

Strom

Die nach Norden gerichtete Dachfläche ist mit Kupfer verkleidet, während die nach Süden orientierte Fläche komplett mit Photovoltaik belegt ist. Die fast 50 m² große Photovoltaik-Anlage besteht aus 40 Modulen mit monokristallinen Zellen mit einem Wirkungsgrad von über 18 Prozent. Insgesamt wurden 9 kWp Leistung installiert. Die Photovoltaik erzeugt jährlich zirka 8 500 kWh Strom, davon werden ungefähr ein Drittel für den tatsächlichen Strombedarf und zwei Drittel für die Bereitstellung der Wärme und des warmen Wassers (inkl. Hilfsenergie) verwendet.

Luft

Eine Lüftungsanlage mit Wärmerückgewinnung sorgt für die notwendige Luftversorgung. Dank der Zu- und Abluftanlage werden die Lüftungswärmeverluste minimiert. Zusätzlich ist über gezielt angeordnete zu öffnende Fensterflügel auch eine natürliche Lüftung möglich.

Licht

Durch die großen Fenster im Erdgeschoss entsteht ein lichtdurchfluteter Eingangsbereich. Der darüber befindliche Luftraum verbindet die beiden Bürogeschosse miteinander. Die weiteren Büroflächen profitieren von den großzügigen Öffnungen, das Licht verteilt sich gut im Gebäude. Die kleineren Erkerfenster im Obergeschoss dienen vor allem gezielten Ausblicken und prägen das Erscheinungsbild der Eingangsfassade. Zugunsten einer Einzelplatzbeleuchtung wurde auf Allgemeinbeleuchtung verzichtet. Die künstliche Beleuchtung ist für jeden Arbeitsplatz individuell zu steuern.

Da das Energiekonzept hauptsächlich auf Strom als Energiequelle basiert und ein Jahresendenergiebedarf von zirka 8500 kWh berechnet wurde, kann der gesamte Verbrauch über das Jahr gerechnet durch den selbst erzeugten Strom gedeckt werden. Ein solches Nurstrom-Konzept ist dann sinnvoll, wenn wie bei der Büronutzung der Trinkwarmwasserbedarf sowie der Heizbedarf gering sind. Der Heizbedarf ist in einem Bürogebäude im Vergleich zu einem Wohngebäude aufgrund der hohen internen Wärmegewinne aus Nutzern und Geräten wie Computern, Druckern und Kopierern sehr niedrig.

Durch die Holzstapelbauweise konnten die Montagezeiten vor Ort verkürzt und die Bauzeit gegenüber einer konventionellen Bauweise optimiert werden. Durch die Verwendung ökologischer und regionaler Baumaterialien werden Ressourcen geschont und die CO_2-Bilanz verbessert. Auch die Möglichkeit einer späteren Umnutzung ist im Sinne einer nachhaltigen Nutzung.

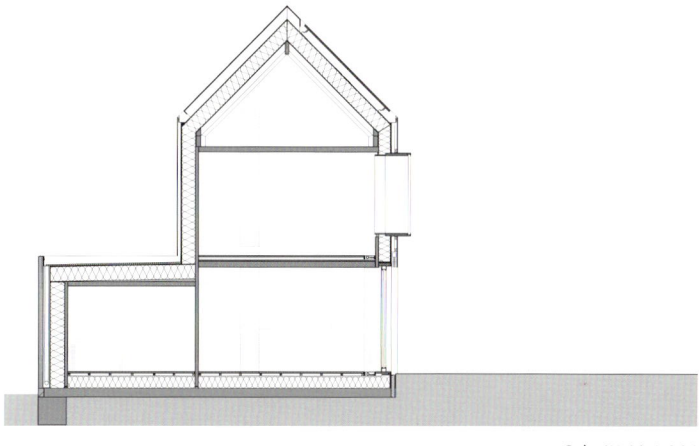

Schnitt M 1:200

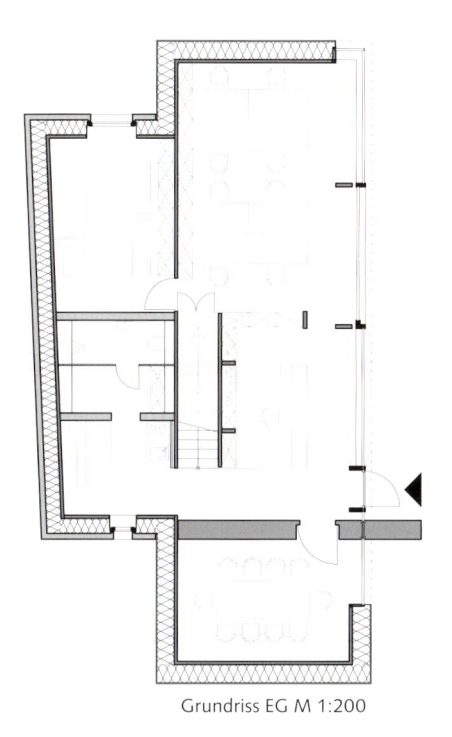

Grundriss EG M 1:200

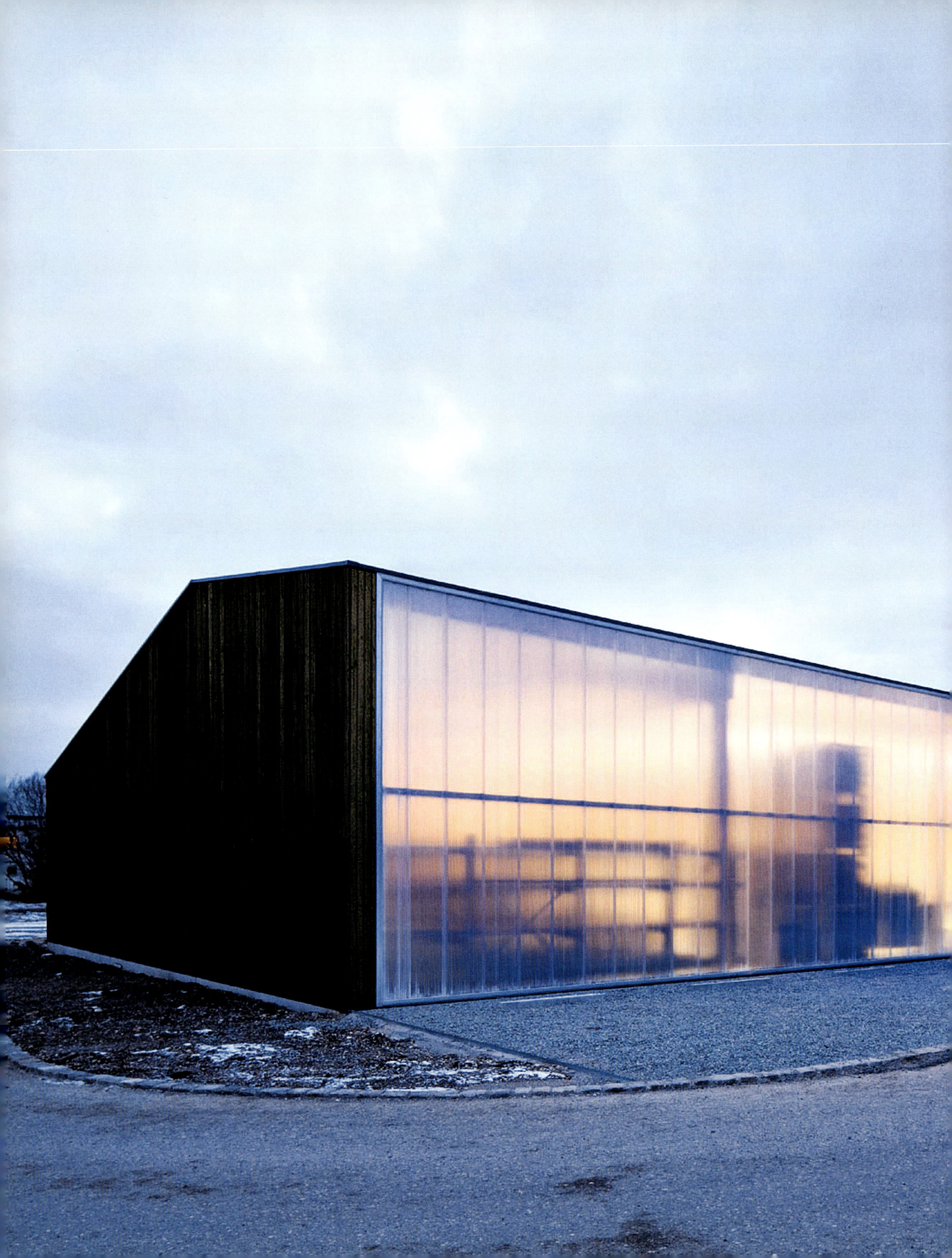

Halle design.s, Freising-Pulling

Neubau der Werkhalle einer Schreinerei

Projektinformationen

Architekten	Deppisch Architekten, Freising
Projektbeteiligte / Energiekonzept	Deppisch Architekten, Freising, gemeinsam mit Bauherr
Bauherr	Schreinerei design.s, Richard Stenzel, Pulling
Fertigstellung	2010
Standard	Nullenergie-Haus
Nutzfläche	1 128 m²
Endenergiebedarf (Wärme und Strom)/m² Wohnfläche	310,67 kWh/m²a
Endenergieerzeugung (erneuerbar Wärme und Strom)/m² Wohnfläche	313,79 kWh/m²a

Bilanzraum gem. Standard

- Heizen
- Trinkwarmwasser
- Kühlen
- Hilfsenergie (Pumpen, Ventilation)
- Beleuchtung
- Geräte
- Elektromobilität

In der Nähe des Münchner Flughafens befindet sich die Nullenergie-Werkhalle der Schreinerei design.s. Durch ihr kompaktes Volumen und die nach Osten, Süden und Westen geschlossenen Fassaden werden Wärmeverluste und sommerliche Überhitzung grundsätzlich minimiert. Die drei Seiten sind mit schwarz lasiertem Fichtenholz verkleidet, die Nordfassade besteht aus recycelten Polycarbonat-Stegplatten.

Der größte Teil des Grundrisses folgt einem offenen, flexiblen Konzept. In dieser Fläche befinden sich vor allem die Maschinen und der Bankraum. Entlang der Südfassade, im Hallenbereich mit geringeren Raumhöhen, finden sich die Lackieranlage, Büros und Lager.

Bei Planung und Ausführung hatte für den Bauherren und die Architekten die Wirtschaftlichkeit eine sehr hohe Priorität. So konnte durch die Vorfertigung der großformatigen Holzelemente sowie der Fertigteile aus Stahlbeton die Bauzeit auf nur fünf Monate verkürzt werden. Weil Bauherr und zukünftiger Nutzer identisch sind, hat die Schreinerei einen Großteil der Ausführung von Fassade, Fenstern, Toren und Innenausbau selbst übernommen.

Im Innern der Halle wurde für Konstruktion und Ausbau unbehandeltes Fichtenholz verwendet. Die Anlagentechnik ist an die Nutzung angepasst, das heißt, zur Beheizung werden Produktionsabfälle eingesetzt.

Die Raumwärme wird über eigens produzierte Holzpellets komplett gedeckt. Der sehr geringe Warmwasserbedarf wird nicht betrachtet, da er komplett über Durchlauferhitzer bereitgestellt wird. Der Verbrauch hierfür ist im Strombedarf enthalten. Die Photovoltaik-Anlage erzeugt 5 Prozent mehr Strom als benötigt.

Lageplan M 1:2 000

Endenergie [MWh]

Wärme 100 %
- Bedarfe / Erzeugung
- Raumwärme: 284,41
- Holzpellets: 284,41

Strom 105 % / 100 %
- Bedarfe / Erzeugung / Überschuss
- Hilfsen.: 4,25
- Beleuchtung
- Strom Allgemein
- Photovoltaik: 69,55
- 3,52 = 25,214 km

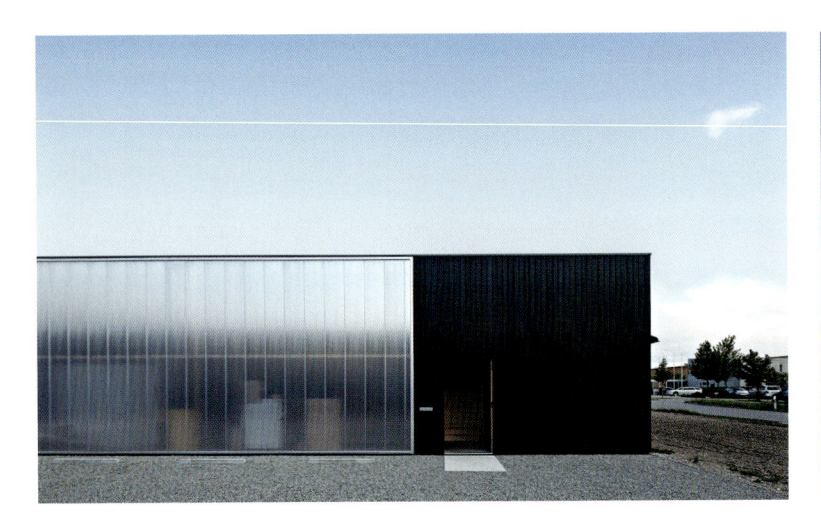

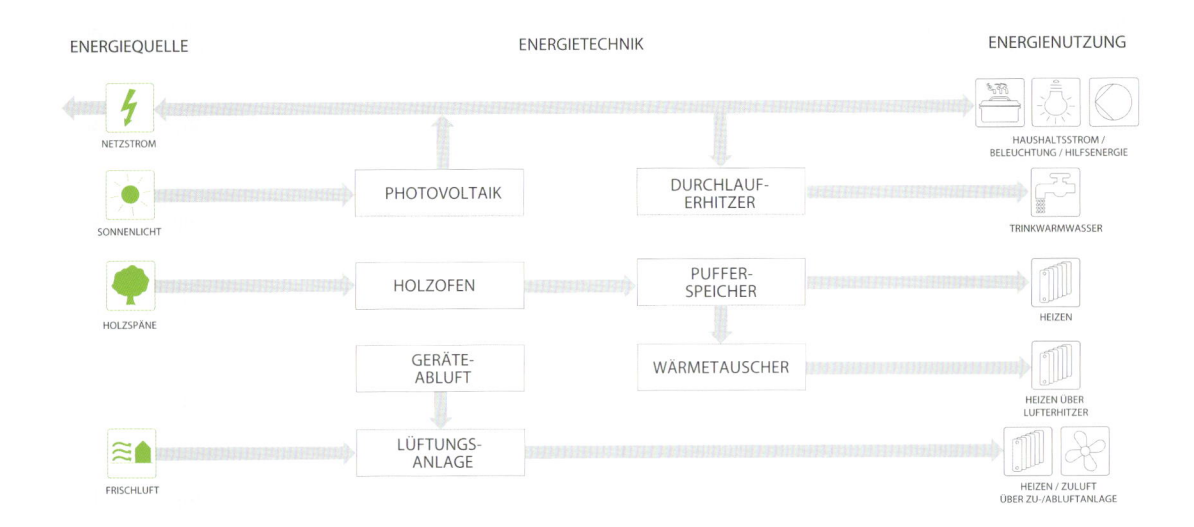

Energiequelle — Energietechnik — Energienutzung

Wärme
Die Fenster in der Süd- und Westfassade sind dreifach verglast und mit außenliegendem Sonnenschutz in Form von Hebefaltläden versehen. Aufgrund der guten Dämmung liegen die U-Werte zwischen 0,18 W/m²K für das mit Mineralwolle kerngedämmte Dach, bis hin zu 0,90 W/m²K für die Polycarbonat-verkleidete Fassade im Norden.

Die zum Heizen und für die Lackieranlage benötigte Wärme wird lokal erzeugt: Bei der Holzbearbeitung fallen Späne an. Diese werden abgesaugt, vor Ort zu Pellets gepresst und in einem 100-kW-Pelletkessel mit Pufferspeicher verfeuert. Die Raumheizung erfolgt mittels Heizkörpern und Deckenlufterhitzern. Ein Deckenlufterhitzer überträgt mittels eines Wärmetauschers die Energie des warmen Wassers auf die Luft. Ein Gebläse verteilt die Warmluft im Raum. Den sehr geringen Warmwasserbedarf stellt ein elektrisch betriebener Durchlauferhitzer bereit.

Strom
Das flach geneigte Satteldach des west-ost-orientierten Baukörpers ist komplett, das heißt bündig bis zu den Traufen und Ortgängen, ausschließlich der Durchdringungen, mit Photovoltaik belegt. Durch die Verschiebung des Firsts nach Norden entsteht ein asymmetrisches Dach, dessen größere Dachfläche sich Richtung Süden orientiert. So wird der Stromertrag optimiert. Die dadurch entstehende homogene dunkle Dachfläche harmoniert mit den schwarz verkleideten Fassaden und bildet eine Einheit mit ihr. Die Module sind nicht als wasserführende Schicht verlegt, darunter befindet sich noch eine Dachhaut. Das gewährleistet eine gute Belüftung der Photovoltaik, was dem Wirkungsgrad zugute kommt. Auf einer Fläche von 1035 m² erreichen die Dünnschichtmodule mit einem Wirkungsgrad von über 7 Prozent zirka 74 kWp installierte Leistung. Die Photovoltaik-Anlage erzeugt im Jahr etwa 70000 kWh Strom. Dies deckt den gesamten Strombedarf für die Beleuchtung, die Haustechnik und die Maschinen. Der Überschuss von zirka 3500 kWh wird ins Netz eingespeist.

Luft
Aus Kostengründen wurde auf eine Lüftung mit Wärmerückgewinnung verzichtet.
Die Belüftung der Werkhalle erfolgt über eine Luftrückführung der an den Maschinen abgesaugten Abluft. Die Büroräume werden natürlich über Fenster in der Süd- und Westfassade belüftet.

Licht
Polycarbonat-Stegplatten an der Nordfassade, zusätzlich kombiniert mit drei großen Glastoren zur Anlieferung, gewährleisten eine maximale Tageslichtausbeute. Zusätzlich ermöglichen sie einem Schaufenster ähnlich Einblicke, aber auch Ausblicke. Die transluzente Fassade aus lichtstreuendem Material beleuchtet das Innere der Halle gleichmäßig und blendfrei durch das indirekte Nordlicht. Die Optimierung der Tageslichtnutzung spart Energie für künstliche Beleuchtung ein.

Das anfallende Regenwasser versickert mittels Rigole und Mulde auf dem Gelände, die Grundwasserneubildung wird erhöht, Kanalisation und Kläranlage werden entlastet.

Der gesamt Wärme- und Strombedarf der Schreinerei wird über lokal erzeugte erneuerbare Energie gedeckt. Die thermische Verwertung der Holzabfälle spart nicht nur Rohstoffe ein, sie verbessert gleichzeitig die CO_2-Bilanz der Werkhalle im Betrieb.

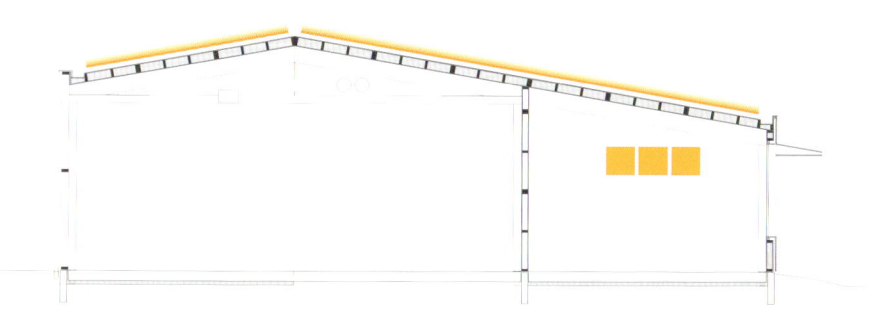

Querschnitt M 1:200

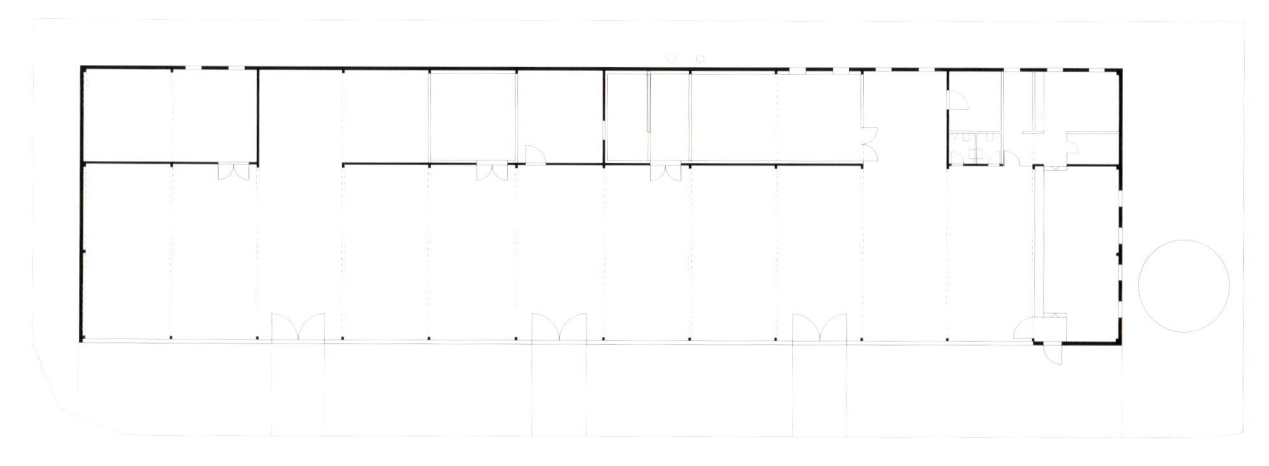

Grundriss M 1:500

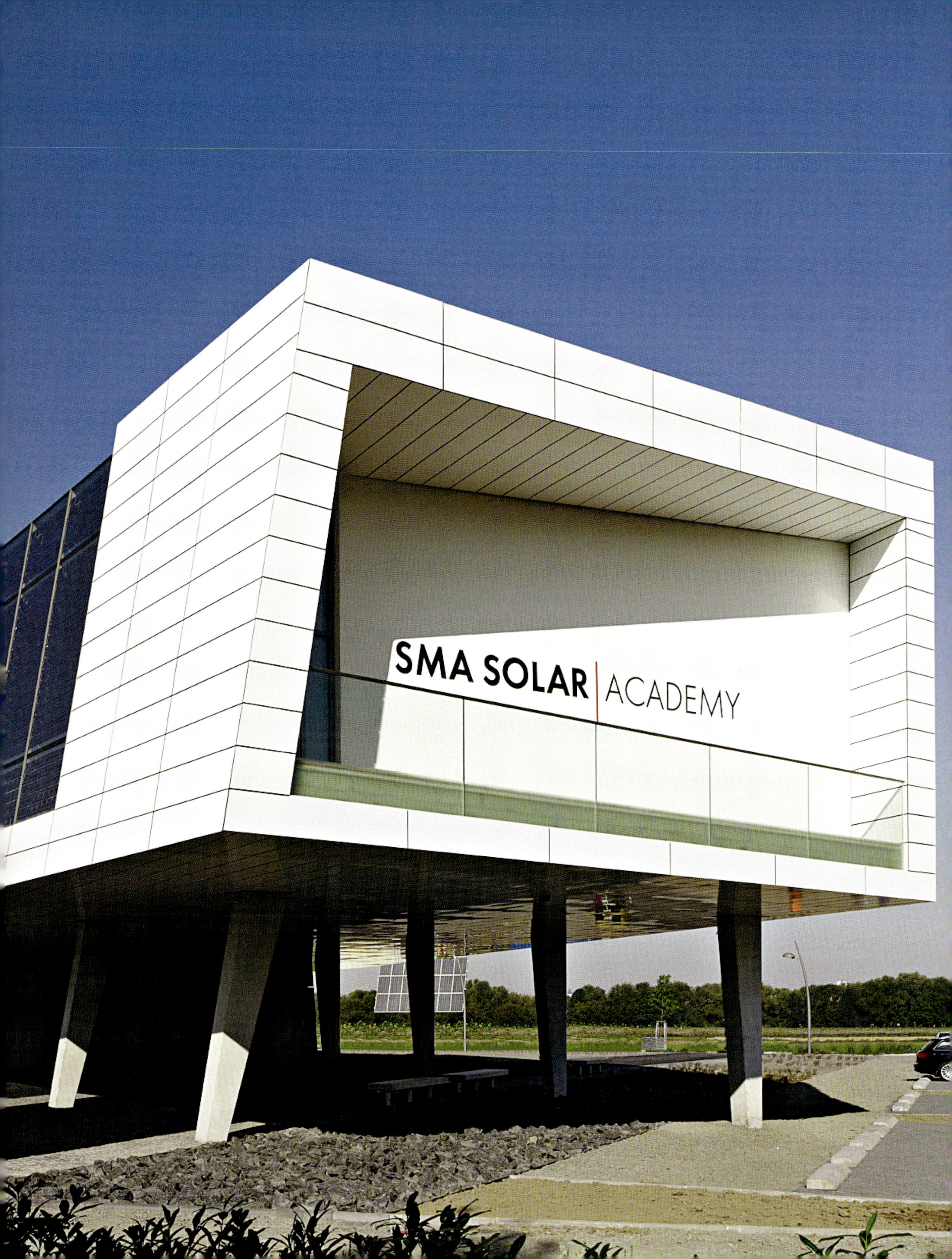
SMA SOLAR ACADEMY

Solar Academy, Niestetal

Neubau eines Seminar- und Schulungsgebäudes

Projektinformationen

Architekten	HHS Planer + Architekten, Kassel
Projektbeteiligte / Energiekonzept	IB Goldmann, Habichtswald-Ehlen Energydesign, Braunschweig
	Imtech Deutschland GmbH & Co. KG, Kassel-Waldau
Bauherr	SMA Solar Technology AG, Niestetal
Fertigstellung	2010
Standard	CO_2-neutral, Plusenergie
Nutzfläche	1400 m²
Endenergiebedarf (Wärme und Strom)/m² Wohnfläche	190,49 kWh/m²a
Endenergieerzeugung (erneuerbar Wärme und Strom)/m² Wohnfläche	249,78 kWh/m²a

Bilanzraum gem. Standard

- Heizen
- Trinkwarmwasser
- Kühlen
- Hilfsenergie (Pumpen, Ventilation)
- Beleuchtung
- Geräte
- Elektromobilität

Die Solar Academy ist eines der ersten CO_2-neutralen und energieautarken Nicht-Wohngebäude. Das bedeutet, dass sie ohne Netzstrombezug betrieben werden kann. Neben der Nutzung regenerativer Energiequellen ist die Minimierung des Technik- und Energiebedarfs ein wichtiger Ansatz dieses Energiekonzepts. Deshalb wurden bereits während der Planung die Anforderungen der Nutzer an das Gebäude im Detail geklärt. Im weiteren Planungsprozess wurden sämtliche Energieverbräuche des Schulungsgebäudes über ein Jahr hinweg simuliert und daraufhin optimiert.

Der gesamte Wärmebedarf für Raumwärme und Trinkwarmwasser sowie die Hälfte des Strombedarfs wird über die durch das biogasbetriebene Blockheizkraftwerk gedeckt. Zusätzlich erfolgt die Photovoltaik-Anlage 80 Prozent mehr Strom als benötigt, dieser wird, um den Eigenanteil an erneuerbarem Strom zu erhöhen in Batterien gespeichert.

Lageplan M 1:2000

Endenergie [MWh]

Wärme 100 % / Strom 180 %

- Raumwärme: 83,31
- BHKW Wärme: 162,83
- Trinkwarmwasser: 79,52
- Hilfsenergie: 82,20
- Strom Allgemein: 21,66
- BHKW Strom: 58,44
- Photovoltaik: 128,42
- 83,00 = 592.857 km

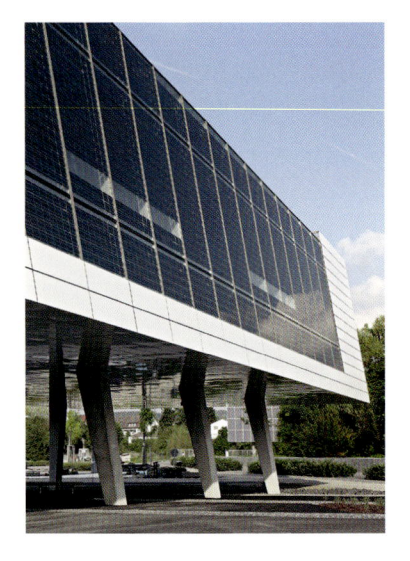

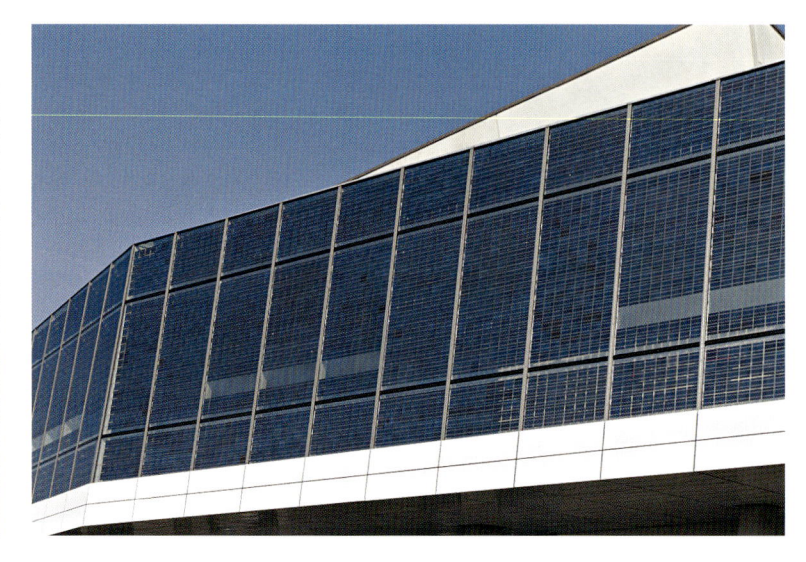

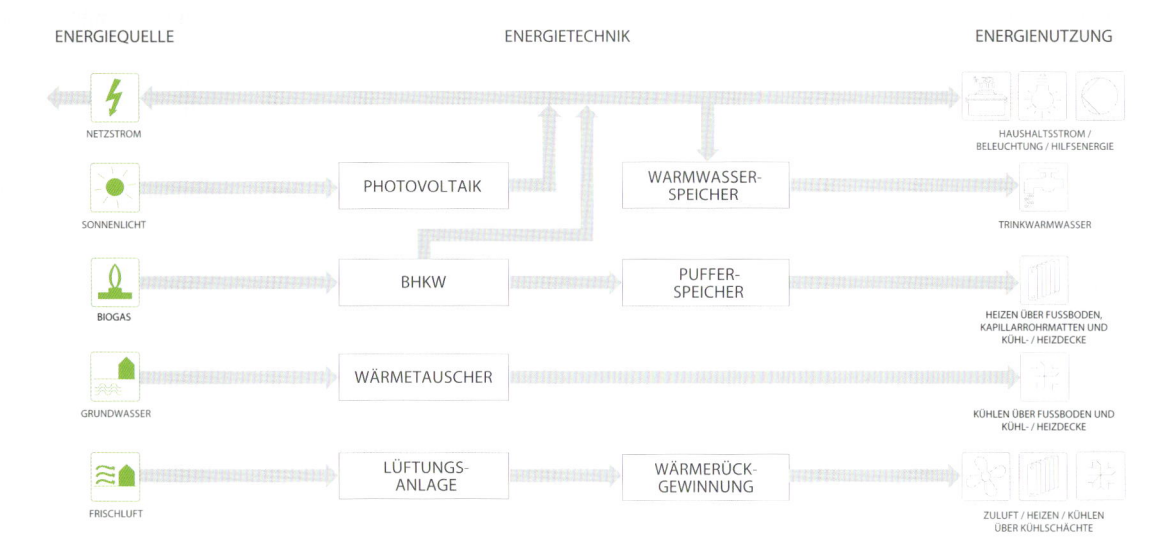

Diagramm

ENERGIEQUELLE — **ENERGIETECHNIK** — **ENERGIENUTZUNG**

- NETZSTROM → → HAUSHALTSSTROM / BELEUCHTUNG / HILFSENERGIE
- SONNENLICHT → PHOTOVOLTAIK → WARMWASSER-SPEICHER → TRINKWARMWASSER
- BIOGAS → BHKW → PUFFERSPEICHER → HEIZEN ÜBER FUSSBODEN, KAPILLARROHRMATTEN UND KÜHL- / HEIZDECKE
- GRUNDWASSER → WÄRMETAUSCHER → KÜHLEN ÜBER FUSSBODEN UND KÜHL- / HEIZDECKE
- FRISCHLUFT → LÜFTUNGSANLAGE → WÄRMERÜCKGEWINNUNG → ZULUFT / HEIZEN / KÜHLEN ÜBER KÜHLSCHÄCHTE

Wärme

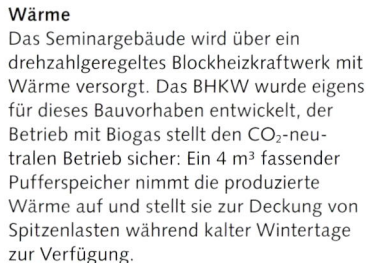

Das Seminargebäude wird über ein drehzahlgeregeltes Blockheizkraftwerk mit Wärme versorgt. Das BHKW wurde eigens für dieses Bauvorhaben entwickelt, der Betrieb mit Biogas stellt den CO_2-neutralen Betrieb sicher: Ein 4 m³ fassender Pufferspeicher nimmt die produzierte Wärme auf und stellt sie zur Deckung von Spitzenlasten während kalter Wintertage zur Verfügung.

Die Abgabe der Wärme erfolgt im Erdgeschoss über eine Deckenstrahlungsheizung. Das erste Obergeschoss wird in erster Linie über eine Fußbodenheizung beheizt, die Seminarräume zusätzlich über Heiz-/Kühlregister in den Decken. Die Technikräume werden ausschließlich über die Lüftungsanlage temperiert, ihr hoch effizienter Rotationswärmetauscher hat einen Wirkungsgrad von 83,5 Prozent. Strombetriebene Untertischspeicher gewährleisten die Trinkwarmwasserbereitstellung im Cateringbereich. An allen anderen Waschtischen gibt es kein Warmwasser.

Kälte

Eine Grundwasserkühlung aus einer 40 m tiefen Brunnenanlage versorgt das Gebäude mit Kälte. Im Gegensatz zu einer konventionellen Kältemaschine ist diese Lösung aus ökonomischer sowie ökologischer Sicht sinnvoll, da zum Betrieb nur eine geringe elektrische Leistung benötigt wird. Zur Kühlung steht eine maximale Wassermenge von 16 m³/h zur Verfügung. Das Wasser wird durch einen Wärmetauscher geführt und über die Heiz-/Kühlregister in den Böden und Decken abgegeben.

Da dieses System in Stoßzeiten zur Kühlung der Seminarräume nicht ausreicht, sind hinter den Akustikwandelementen zusätzlich Kapillarrohrmatten verlegt, die ebenfalls durch das kalte Grundwasser gespeist werden. Die Warmluft wird an der Decke angesaugt, hinter der Wandverkleidung gekühlt und dem Raum bodennah wieder zugeführt.

Strom

Eine großflächige, in Fassade und Dach integrierte Photovoltaik-Anlage ermöglicht nicht nur den energieautarken Betrieb der Solar Academy, sondern ist auch ein weithin sichtbares Gestaltungselement. In der Südfassade befinden sich monokristalline Glas-Glas-PV-Module, wohingegen das Dach größtenteils mit monokristallinen Standard-Photovoltaik-Modulen belegt ist. Insgesamt ist eine Nennleistung von 95 kWp installiert. Zusätzlich befinden sich acht nachgeführte, so genannte Solarmover (Solarbäume), mit einer Leistung von zirka 43 kWp im Außenbereich. Insgesamt steht damit auf dem Gelände eine Gesamtleistung von 138 kWp zur Verfügung. Überproduzierter Strom wird in vier Batterien gespeichert. Diese bilden zusammen einen nutzbaren Stromspeicher von insgesamt 160 kWh und stellen den Vollastbetrieb des Gebäudes für drei Stunden sicher.

Für den Fall, dass die Photovoltaik-Anlage nicht genügend Energie erzeugt, sorgt das BHKW für die nötige Stromversorgung. Sind die Batterieblöcke vollständig geladen, wird überschüssiger Strom direkt ins Netz eingespeist.

Neben der regenerativen Stromproduktion sah das Energiekonzept die Minimierung des Stromverbrauchs der gebäudeinternen Geräte vor. So wurden die Seminarräume beispielsweise mit abschaltbaren Steckdosen (Reduzierung des Standby-Verbrauchs), energiesparenden Laptops und Beamern mit Sparschaltung ausgestattet. Um zusätzlich Spitzenlasten zu reduzieren, werden, sobald der Fahrstuhl angefahren wird, ungenutzte Stromverbraucher wie zum Beispiel Laptopladegeräte oder Wasserkocher im Cateringbereich automatisch abgeschaltet. Diese Art der Automation nimmt der Nutzer nicht wahr, sie birgt somit keinen Komfortverlust.

Da die Solar Academy in einem Überflutungsgebiet liegt, musste das Gebäude aufgeständert werden. Um den Außenraum unter dem Gebäude freundlich zu gestalten, wurde die Gebäudeuntersicht wie die Fassaden weiß gestaltet. Die helle Fläche reflektiert das Tageslicht und beleuchtet den überdachten Bereich indirekt. Zusätzlich sind 300 1- bis 2-Watt-LEDs installiert, die bei Dämmerung und nachts die Außenbereiche erhellen. Um das Energiekonzept im Schulungsgebäude sichtbar und erlebbar zu machen, zeigt eine Tafel im Eingangsbereich den aktuellen Energieverbrauch sowie die Menge des eingesparten Kohlendioxids. Zusätzlich können die Technikzentrale und der Batterieraum mit den Wechselrichtern im Obergeschoss von Nutzern und Besuchern besichtigt werden.

Die Solar Academy wird seit ihrer Inbetriebnahme einem Monitoring unterzogen. Nach dem ersten Jahr wurde deutlich, dass die Simulationsergebnisse von der Realität stark abweichen und an welchen Stellen Optimierungspotentiale liegen. In der nächsten Phase sollen nicht nur die Anlagen, sondern auch der Gebäudebetrieb optimiert werden.

Luft
In den Übergangszeiten, bei Temperaturen zwischen 15 °C und 22 °C, werden die Seminarräume natürlich belüftet – unterstützt durch mechanisches Abführen der verbrauchten Luft. In allen anderen Betriebszuständen wird die Verunreinigung der Raumluft kontinuierlich mittels CO_2-Sensoren gemessen. Abhängig davon steuert die Gebäudetechnik die Lüftungsanlage entsprechend der hygienisch benötigten Luftwechselrate.
Die Anlage ist darüber hinaus mit hocheffizienten Ventilatoren und einem Rotationswärmetauscher ausgestattet. Über die Nordfassade wird Frischluft angesaugt, zweifach gefiltert, durch den Wärmetauscher geführt und je nach Bedarf gekühlt oder beheizt. Auf eine Be- und Entfeuchtung der Raumluft wird aus energetischen Gründen verzichtet. Über Kühlschächte in Höhe des Bodens wird die Zuluft mit sehr niedriger Geschwindigkeit in die Räume eingeblasen.

Licht
Die Fugen zwischen den Photovoltaik-Zellen in der Südfassade ermöglichen eine natürliche Belichtung des Foyers und erzeugen ein spannendes Licht- und Schattenspiel. Die Nordfassade, eine unregelmäßige Lochfassade, ist mit großen Fensterflächen versehen und gestattet Ausblicke ins grüne Niestetal. Im gesamten Gebäude finden ausschließlich Leuchtstoffröhren und LED-Lampen Verwendung. Die Beleuchtungsstärke wird je nach Helligkeit des Tageslichts gedimmt, um den Stromverbrauch der Leuchtmittel zu minimieren. Neben einem Präsenzmeldesystem wird die künstliche Beleuchtung zusätzlich durch eine Zeitsteuerung geregelt. Die Farbe des Kunstlichts bei Dunkelheit (Grün oder Rot) zeigt den Ladezustand des Stromspeichers: Leuchtet der Innenraum rot, sind die Batterien entladen.

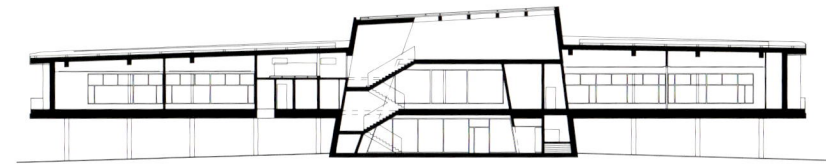

Schnitt M 1:500

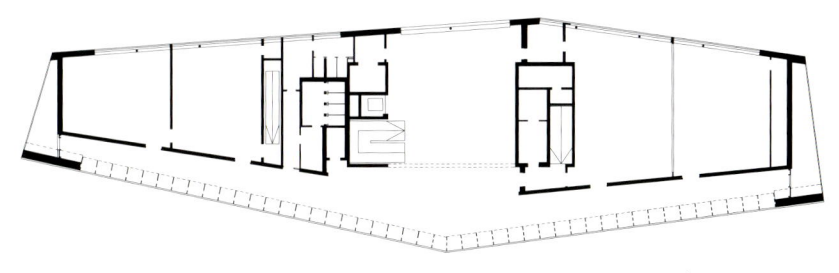

Grundriss M 1:500

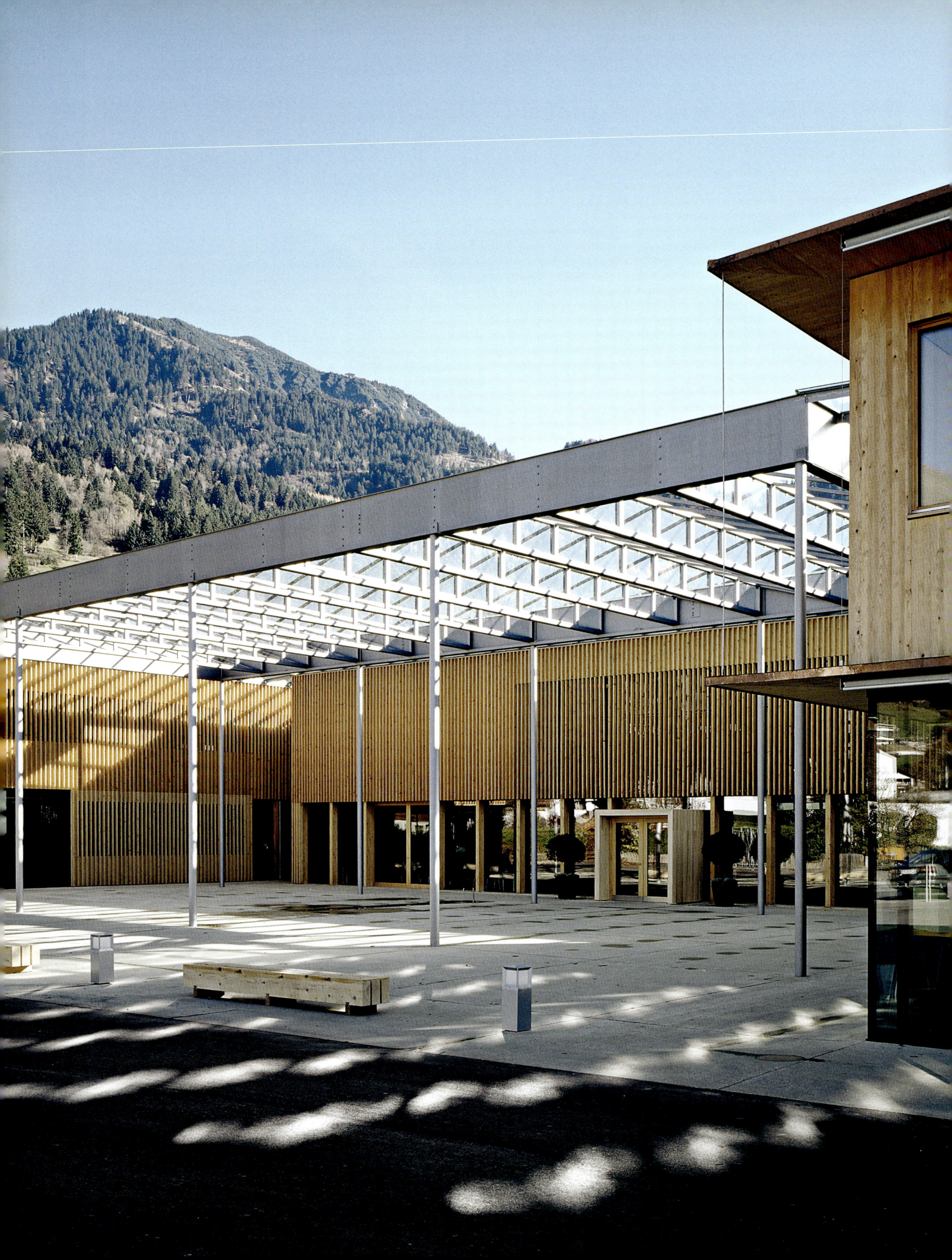

Gemeindezentrum, A-Ludesch

Neubau eines Seminar- und Schulungsgebäudes

Projektinformationen

Architekten	Architekten Hermann Kaufmann ZT GmbH, A-Schwarzach
Projektbeteiligte / Energiekonzept	Energieplanung: Synergie GmbH, A-Dornbirn, Bauphysik: DI Bernhard Weithas
	Statik: Mader - Flatz Ziviltechniker GmbH, Bregenz (Stahlbetonbau) und merz-kley-partner ZT GmbH, Dornbirn
	Elektro: DI Wilhelm Brugger, Bludesch
	Baubiologie: IBO - DI Dr. Karl Torghele
Bauherr	Gemeinde Ludesch, Immobilienverwaltungs GmbH & Co. KEG
Fertigstellung	2005
Standard	Passivhaus
Nutzfläche	3125 m²
Endenergiebedarf (Wärme und Strom)/m² Wohnfläche	77,26 kWh/m²a
Endenergieerzeugung (erneuerbar Wärme und Strom)/m² Wohnfläche	29,31 kWh/m²a

Bilanzraum gem. Standard

- Heizen
- Trinkwarmwasser
- Kühlen
- Hilfsenergie (Pumpen, Ventilation)
- Beleuchtung
- Geräte
- Elektromobilität

Der Gemeinde Ludesch in Vorarlberg fehlte bis zum Neubau des Gemeindezentrums lange eine Mitte, in der unterschiedliche Nutzungen vom Café über Veranstaltungsräume bis hin zum Wohnen kombiniert sind. Ein U-förmig umbauter, überglaster Dorfplatz schafft dieses vor Regen und Sonne geschützte neue Zentrum.

Das Gemeindezentrum in Ludesch wurde im Passivhausstandard errichtet und entsprechend thermisch optimiert. Darüber hinaus wurde auch die zur Bauherstellung nötige Primärenergie betrachtet und weitestgehend reduziert. Für den Bau sind vorwiegend heimische Hölzer aus der Region eingesetzt. Neben der Reduzierung der üblicherweise für den Transport anfallenden Energie bewirkte das auch eine deutliche Kostensenkung. Auf die Verwendung ökologischer Materialien ist ebenfalls großer Wert gelegt worden. So wurden beispielsweise Schafwolle und Zellulose als Wärmedämmung eingesetzt. Die Verbindung der Holzelemente erfolgte ohne Verleimung, um die Recyclingfähigkeit der Materialien zu gewährleisten.

Der größte Teil des Wärmebedarfs wird über Wärme aus dem gemeindeeigenen Biomasse-Fernheizwerk bereitgestellt. Die restlichen ca. 15 Prozent werden über Solarthermie-Anlage produziert. Der Strombedarf wird nur zu 10 Prozent durch die Photovoltaik gedeckt, der Restbedarf wird aus dem öffentlichen Stromnetz bezogen.

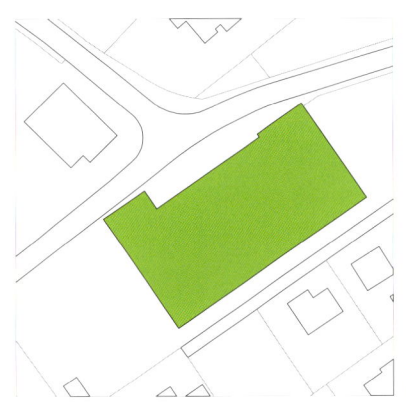

Lageplan M 1:2000

Endenergie [MWh]

Strom 100 % — Bedarfe / Erzeugung / Defizit

Wärme 100 %

- Raumwärme: 70,03
- Fernwärme: 62,73
- Trinkwarmwasser: 5,57
- Solarthermie: 12,87
- Hilfsenergie: 42,81
- Strom Allgemein: 23,04
- Photovoltaik: 16,00
- 10 %

Projekte

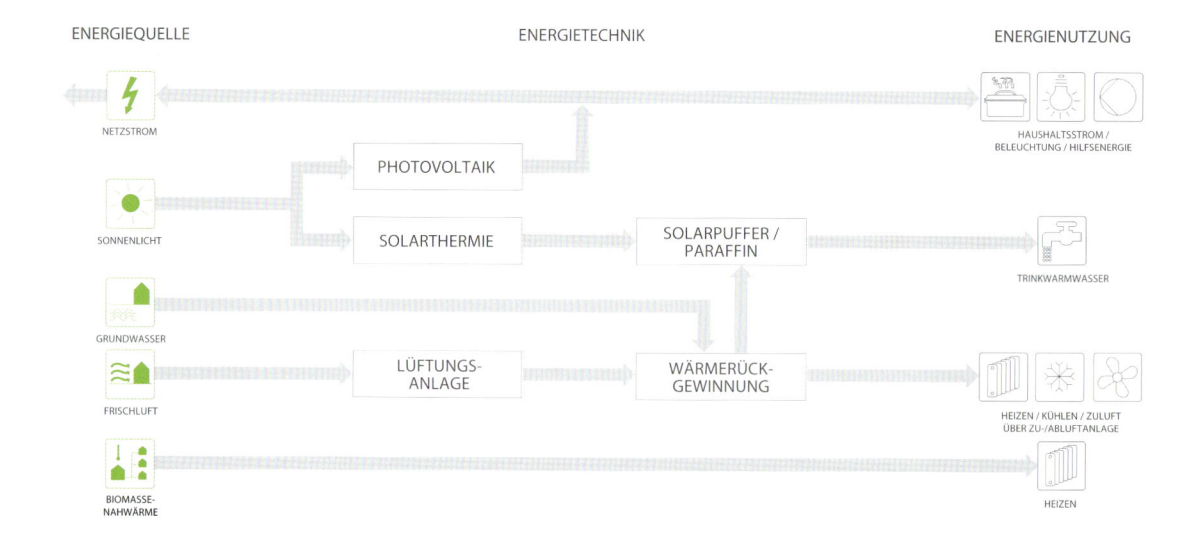

Diagramm

ENERGIEQUELLE	ENERGIETECHNIK	ENERGIENUTZUNG
NETZSTROM		HAUSHALTSSTROM / BELEUCHTUNG / HILFSENERGIE
SONNENLICHT	PHOTOVOLTAIK	
	SOLARTHERMIE → SOLARPUFFER / PARAFFIN	TRINKWARMWASSER
GRUNDWASSER		
FRISCHLUFT	LÜFTUNGSANLAGE → WÄRMERÜCKGEWINNUNG	HEIZEN / KÜHLEN / ZULUFT ÜBER ZU-/ABLUFTANLAGE
BIOMASSE-NAHWÄRME		HEIZEN

Wärme

Der geringe Heizwärmebedarf konnte durch eine gute Wärmedämmung (U-Wert Wand 0,11 W/m²K), durch dreifach verglaste Fenster, eine hohe Dichtheit der Gebäudehülle sowie den Einbau einer Lüftung mit Wärmerückgewinnung erreicht werden. Ein Grundwasserbrunnen wärmt die Außenluft im Winter aufgrund der konstanten Wassertemperatur vor.
Zur Warmwasserbereitung ist auf dem Dach eine Fläche von 30 m² mit solarthermischen Kollektoren belegt. Zusätzlich dient das warme Wasser der Solarthermie zur Vorkonditionierung der Außenluft über einen Wärmetauscher und zur Heizungsunterstützung. Dafür wird die solar erzeugte Wärme mittels eines mit Paraffin arbeitenden Latentwärmespeichers gepuffert. Die Speicherkapazität dieses Paraffinspeichers ist sehr viel höher als die eines gleich großen Wasserspeichers.
Das Gebäude wird vorrangig über die Luft beheizt. Wasserführende Heizungsleitungen sind nur im Foyer, im Erdgeschoss und im Gang des Untergeschosses sowie im Bereich der Physiotherapiepraxis zur Erhöhung der Behaglichkeit ergänzt. Falls die am Gebäude selbst produzierte Wärme nicht ausreicht, wird der Zusatzbedarf vom gemeindeeigenen Biomasse-Fernheizwerk bezogen.

Kälte

Der leichte Holzbau erfordert im Sommer Kühlung. Dafür wurde die Belüftungsanlage mit der Grundwasserpumpe verbunden. Die gleich bleibende Temperatur des Grundwassers sorgt im Sommer für eine passive Kühlung der Frischluft. Die Grundwasseranlage ist so ausgelegt, dass bei Wegfall der Biomasse-Fernheizung eine Wärmepumpe nachgerüstet werden kann, die dann die komplette Beheizung und Kühlung des Gebäudes übernimmt.
Die Größe des Gemeindezentrums entspricht ungefähr dem Volumen von 22 Einfamilienhäusern. Die zur Klimatisierung benötigte Energie jedoch ist mit dem Energieaufwand vergleichbar, den man zur Kühlung von zwei Einfamilienhäusern benötigt.

Strom

Das 350 m² große Sheddach über dem Dorfplatz besteht aus 120 transluzenten Photovoltaik-Modulen und erzeugt jährlich 16000 kWh Strom. Es sind monokristalline Solarzellen installiert. Die erzeugte Energiemenge entspricht dem Strom-Jahresbedarf von zirka 5 Einfamilienhäusern. Die Photovoltaik-Anlage übernimmt mehrere Aufgaben, so dass Kosten gespart werden konnten: die Überdachung des Platzes war von der Gemeinde gefordert worden, die integrierte Solaranlage erzeugt Strom, verschattet zugleich den Platz und bietet Witterungsschutz. Alle Versorgungsleitungen sind mit eigenen Zählern ausgestattet, die Messergebnisse sind Grundlage für eine computergesteuerte Energiebuchhaltung.

Luft

Durch die verschiedenen Nutzungen im Gebäude (Versammlungsräume, Gastronomie, Wohnungen) ergeben sich sehr unterschiedliche Frischluftbedarfe. Das Gebäude ist entsprechend in fünf Zonen aufgeteilt, die jeweils mit einem eigenen, nach dem jeweiligen Bedarf dimensionierten Lüftungsgerät mit Wärmerückgewinnung ausgestattet sind. Das erhöht den Wirkungsgrad der Anlagen. Zusätzlich wird die Abluft aus dem zentralen Serverraum zur Vorkonditionierung der Außenluft genutzt.

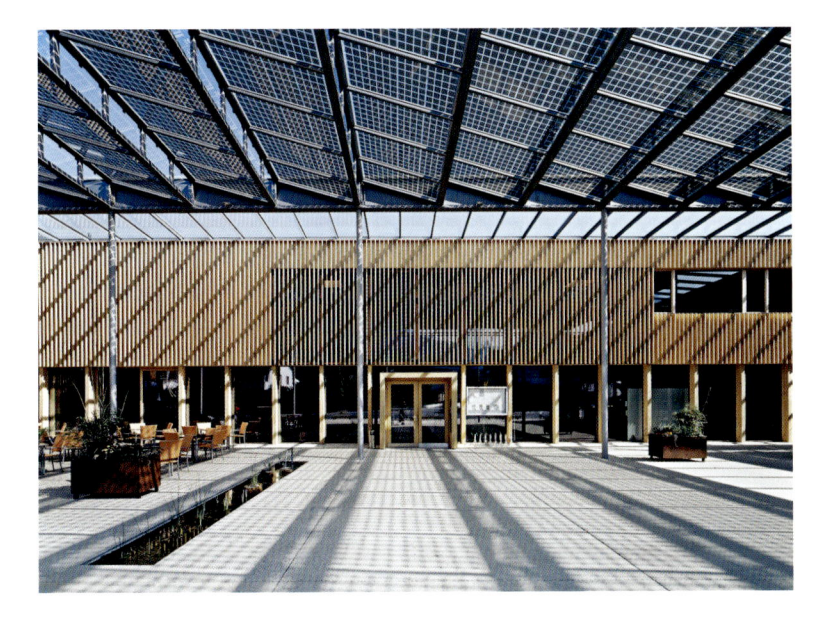

Das Projekt entstand im Rahmen des österreichischen Forschungsprogramms ‚Haus der Zukunft'. Ziel des Programms ist es, nachhaltige Gebäude zu entwickeln und zu realisieren. Gleichzeitig soll gezeigt werden, dass im Vergleich zur aktuellen, konventionellen Bauweise in Österreich bei vergleichbaren Kosten eine erhöhte Energieeffizienz hinsichtlich des gesamten Lebenszyklus, ein verstärkter Einsatz erneuerbarer Energieträger, eine erhöhte Nutzung nachwachsender Rohstoffe und effizienter Materialeinsatz unter Berücksichtigung der Nutzerbedürfnisse möglich ist [033].
Eine doppelte Ausschreibung aller Gewerke in zwei unterschiedlichen Qualitäten ermöglichte den direkten Vergleich der Kosten einer herkömmlichen Konstruktion mit den Kosten der gewünschten ökologischen Bauweise. Im Ergebnis lagen die Mehrkosten für die ökologische Materialwahl bei nur 1,9 Prozent.

Da das Augenmerk nicht nur auf ökologische Aspekte gelegt wurde, sondern durch die Betrachtung der Kosten auch ökonomische Gesichtspunkte Berücksichtigung fanden und die Bürger am Entstehungsprozess intensiv beteiligt waren, kann man von einem rundum gelungenen, nachhaltigen Projekt sprechen.

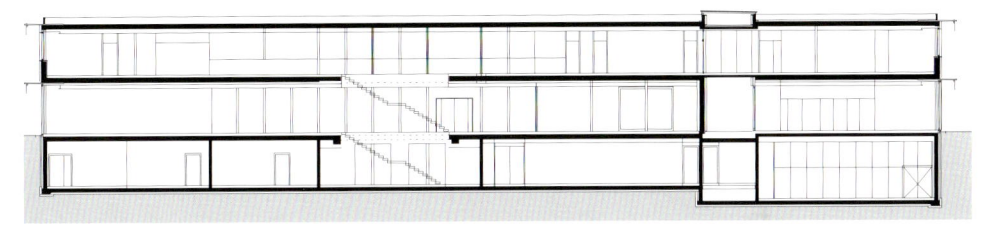

Licht
Im Untergeschoss an der Südostseite erlaubte die leichte Neigung des Geländes die Integration von Oberlichtern, sodass die dort platzierten Vereinsräume natürlich beleuchtet sind. Das Dach des Dorfplatzes besteht aus Glas, in das perforierte Photovoltaik-Zellen integriert sind. Dadurch ist der Platz verschattet, aber nicht vollständig verdunkelt.
Beleuchtung und Sonnenschutz werden mittels eines BUS-Systems automatisch über die Gebäudesteuerung überwacht und geregelt.

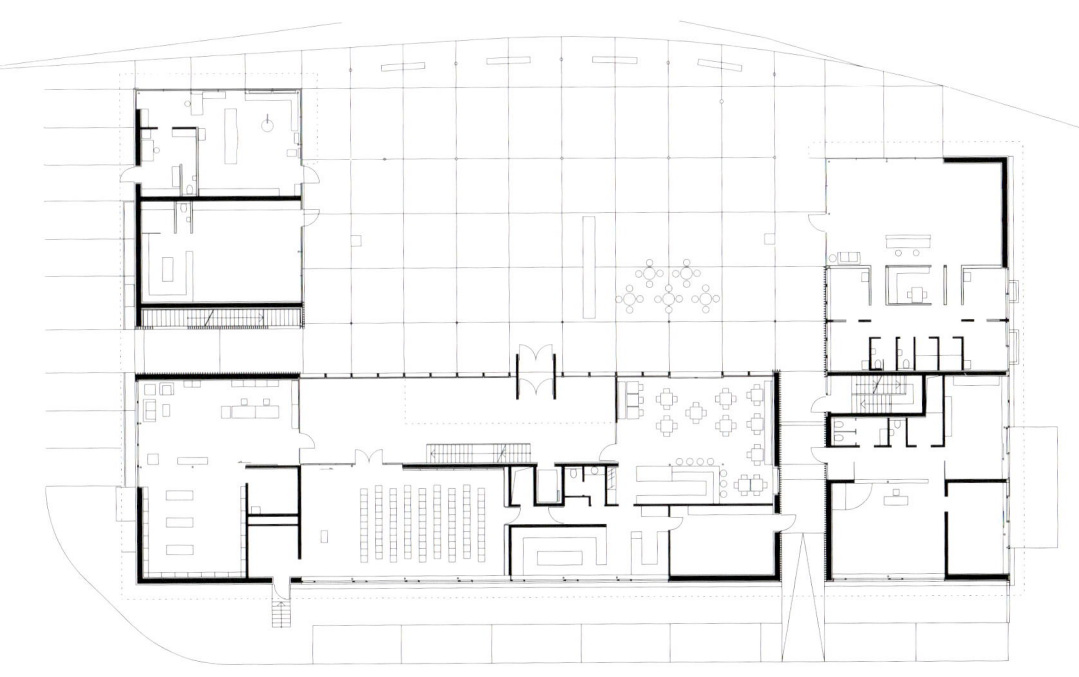

Schnitt M 1:500

Grundriss EG M 1:500

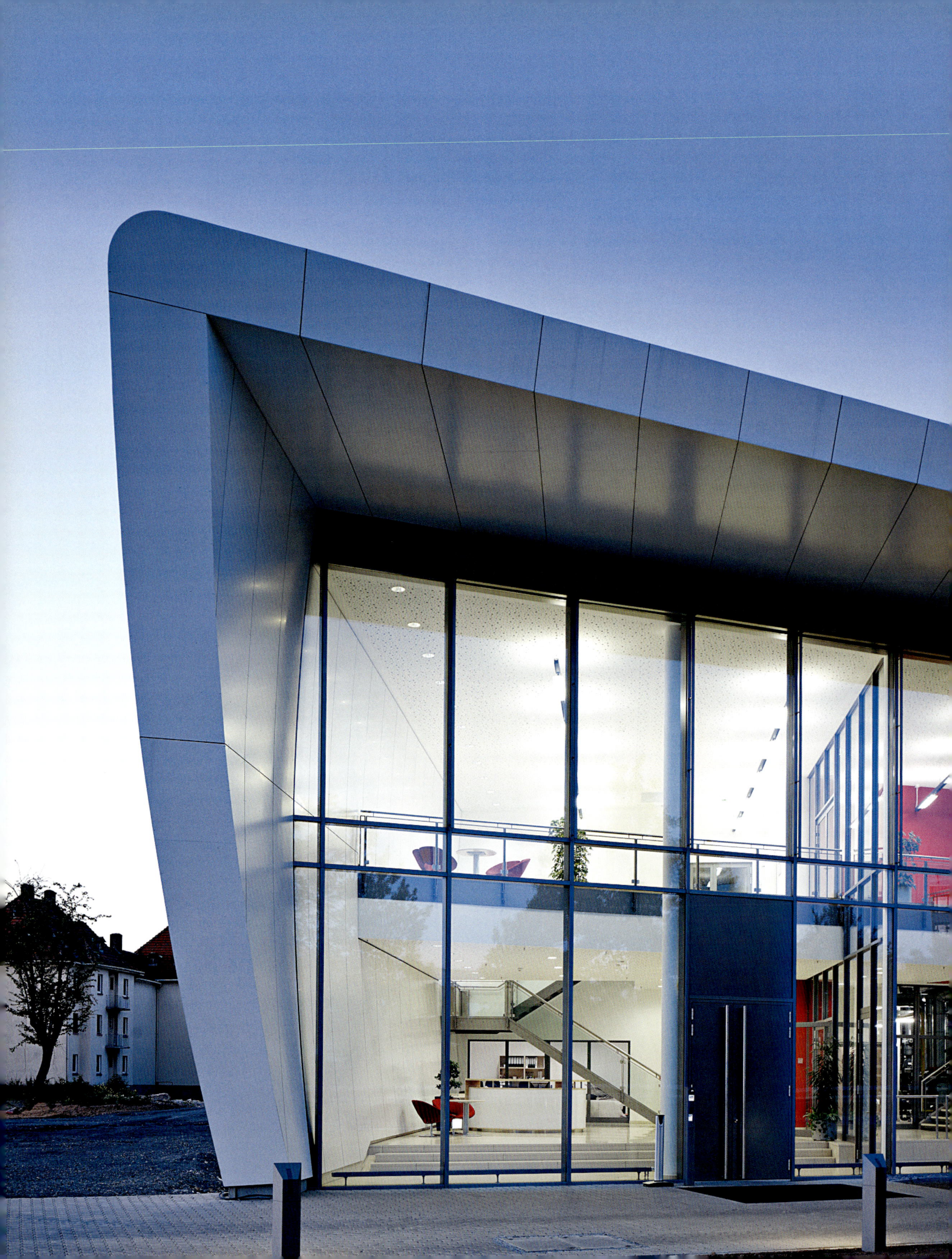

Solar-Werk 01, Kassel
Neubau einer Produktionshalle

Projektinformationen

Architekten	HHS Planer + Architekten, Kassel
Projektbeteiligte / Energiekonzept	IB Hausladen, deNETe.V., Kassel
	EGS-Plan, Stuttgart
Bauherr	SMA Solar Technology, Kassel
Fertigstellung	2009
Standard	CO_2-neutral im Betrieb
Nutzfläche	25 700 m² BGF
Endenergiebedarf (Wärme und Strom)/m² Wohnfläche	407,04 kWh/m²a
Endenergieerzeugung (erneuerbar Wärme und Strom)/m² Wohnfläche	229,07 kWh/m²a

Bilanzraum gem. Standard

- Heizen
- Trinkwarmwasser
- Kühlen
- Hilfsenergie (Pumpen, Ventilation)
- Beleuchtung
- Geräte
- Elektromobilität

Mit der Produktionshalle Solar-Werk 01 schuf SMA Solar Technology 450 Arbeitsplätze und die weltgrößte Wechselrichterfabrik – mit dem Anspruch eines CO_2-neutralen Betriebs. Im Gegensatz zu Wohngebäuden ist bei Industriebauten der Energiebedarf für Kühlung und Lüftung sehr viel größer als der Heizwärmebedarf. Gleichzeitig haben Produktionsstätten den höchsten Energieverbrauch bei elektrischem Strom. Entsprechend groß ist die Herausforderung, nicht nur die Energie für den Gebäudebetrieb, sondern auch für die Produktion CO_2-neutral zur Verfügung zu stellen.

Dazu war zunächst sowohl der Energiebedarf für den Gebäudebetrieb als auch für die Produktion auf ein Minimum zu reduzieren. Anschließend musste der Restenergiebedarf durch erneuerbare Energien gedeckt werden.

In der Umsetzung bedeutet dieses Konzept, dass die Gebäudehülle der Produktionshalle im Niedrigenergie-Standard auszuführen war. Die architektonische Form trägt dazu bei, Energieverluste zu minimieren und Energiegewinne zu optimieren.

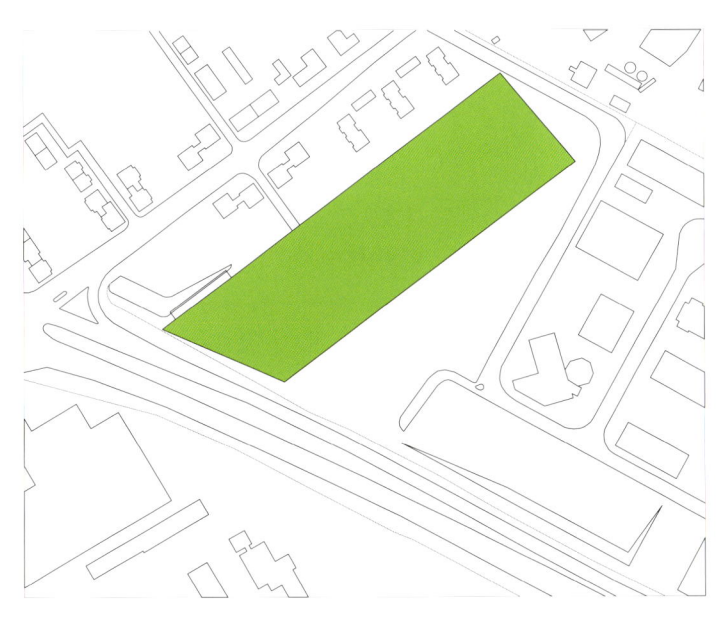

Der gesamte Bedarf für Raumwärme und Kühlung wird durch Wärme aus dem fabrikeigenen biogasbetriebenen Blockheizkraftwerk bereitgestellt, der Restbedarf wird durch Fernwärme gedeckt. Die Photovoltaik-Anlage und das Blockheizkraftwerk erzeugen 36 Prozent des gesamten Stroms. Für den restlichen Strombedarf wird Ökostrom bezogen.

Lageplan M 1:5000

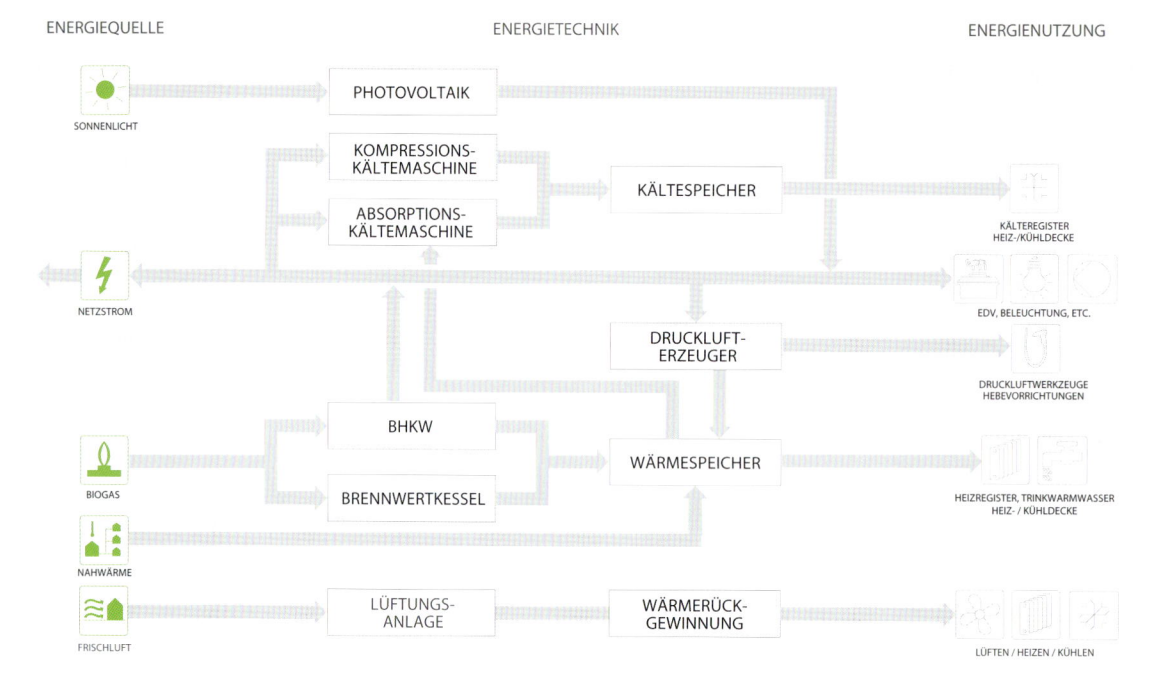

Projekte

ENERGIEQUELLE **ENERGIETECHNIK** **ENERGIENUTZUNG**

Wärme
Die Gebäudehülle erreicht im Mittel einen U-Wert von 0,42 W/(m²K). Der Endenergiebedarf des Büro- und Fertigungsgebäudes liegt bei zirka 410 kWh/m²a. Gegenüber einer vergleichbaren konventionellen Fabrikhalle konnte der Verbrauch durch die konsequente Nutzung der Abwärme aus Druckluft, Abluft und Testschränken um 2 300 000 kWh/a verringert werden. Ein eigens für die Produktionshalle mit Biogas betriebenes Blockheizkraftwerk produziert mit 2795 MWh den größten Teil der benötigten Wärme. Muss das Kraftwerk gewartet werden, übernimmt ein ebenfalls mit Biogas arbeitender Brennwertkessel diese Aufgabe. Der restliche Wärmebedarf von 423 MWh wird mit Fernwärme gedeckt. Um konstant Wärmeenergie zur Verfügung stellen zu können, sind alle Wärmequellen an einen Wasserspeicher angeschlossen. So können Engpässe überwunden, Erzeugungsspitzen später genutzt sowie die Laufzeit des BHKW erhöht werden.

Kälte
Eine Absorptionskältemaschine zur Gebäudeklimatisierung speist einen Pufferspeicher. Sie wird mit Wärme des Blockheizkraftwerks betrieben. Bei zusätzlichem Bedarf unterstützt eine strombetriebene Kompressionskältemaschine, die ebenfalls an den Pufferspeicher angeschlossen ist. Heiz-Kühlsegel geben die erzeugte Wärme beziehungsweise Kälte in die Büros ab.

Strom
Der Gesamtstromverbrauch von Produktion und Gebäudebetrieb liegt bei 7243 MWh pro Jahr, 1133 MWh/a konnten durch den Einsatz innovativer Technologien vorab eingespart werden. Um den Strombedarf zu decken, wurde das Gebäude mit mehreren Photovoltaik-Anlagen aus polykristallinen Zellen ausgestattet. Diese sind zum Teil in das Dach integriert, zum Teil als Aufdach-Systeme montiert. Insgesamt erzeugen die Anlagen 937 MWh pro Jahr.
Die in die Oberlichter der Fabrikhalle integrierten Glas-Glas-Photovoltaik-Module erzeugen nicht nur Strom, sondern dienen bei gleichzeitiger Verschattung auch der Belichtung der Halle. Die Überdachung des Logistikhofs und die Vordächer bestehen ebenfalls aus Glas-Glas-Modulen. Neben ihrer Funktion als Wetterschutz produzieren sie gleichzeitig Strom.
Der regenerativ erzeugte Strom wird direkt in das öffentliche Stromnetz eingespeist und wirkt sich somit positiv auf die CO_2-Bilanz der Fabrik aus. Das mit Biogas betriebene Blockheizkraftwerk liefert neben Wärme auch 24 Prozent des benötigten Stroms. Für den Restbedarf von zirka 4500 kWh wird Ökostrom aus Wasserkraft von den örtlichen Stadtwerken bezogen.

Luft
Die in mehrere Zonen aufgeteilte Halle ist mit Zu- und Abluftgeräten ausgestattet. Sie bereiten die Außenluft auf und dienen zum Heizen, Kühlen und Mischen von Luftströmen. Der Luftvolumenstrom lässt sich bedarfsabhängig regulieren. Zusätzlich zur mechanischen Lüftung sind die Büros über kippbare Fenster natürlich belüftbar.

Das gute Zusammenspiel aller Komponenten durch den Verbund verschiedener regenerativer Energieträger erfüllt sämtliche aus der industriellen Fertigung rührenden Bedarfe an Wärme, Kälte, Druckluft und Strom. Sie können bedarfsgerecht gesteuert, und Synergien können genutzt werden. Im Ergebnis ist ein CO_2-neutraler Betrieb möglich und der Standard nach EnEV 2007 (Neubau) um 36 % unterschritten.

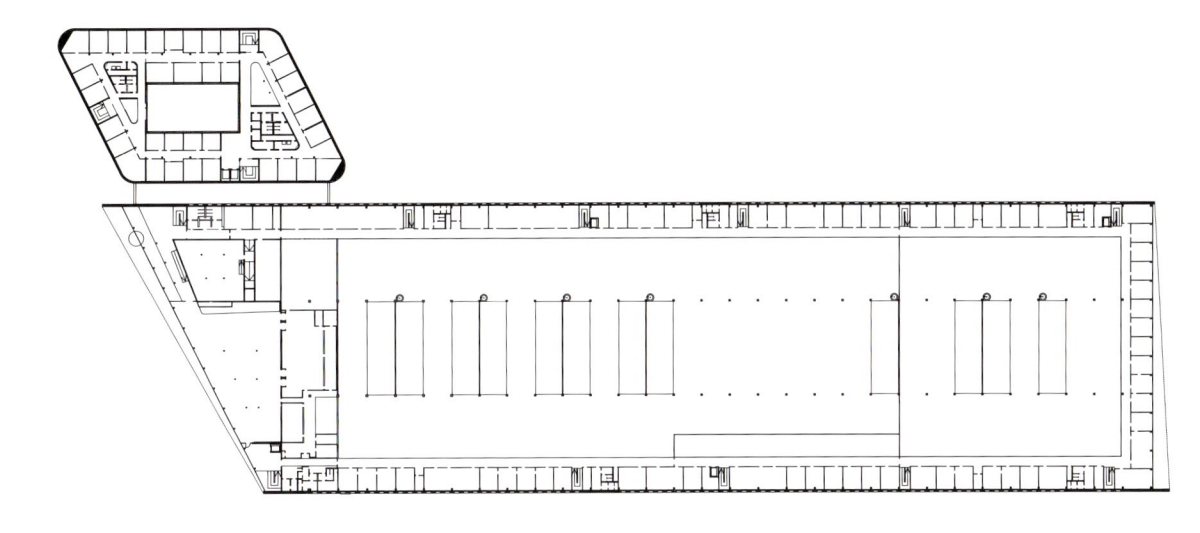

Licht
Für die Fertigung von Elektronik-Bauteilen ist eine hohe Beleuchtungsstärke von 1000 Lux notwendig. Leuchten mit hohem Wirkungsgrad und der flächendeckende Einsatz von Tageslicht minimiert auch hier den Strombedarf. Einfache Maßnahmen wie Oberlichter im Hallendach und raumhohe Fenster in den Büros minimieren den Bedarf an künstlicher Beleuchtung. Das Kunstlicht-Beleuchtungskonzept sieht in den EIB/KNX-Bus eingebundene Leuchten vor. Dadurch sind sie hoch effizient über Präsenzmelder regelbar.

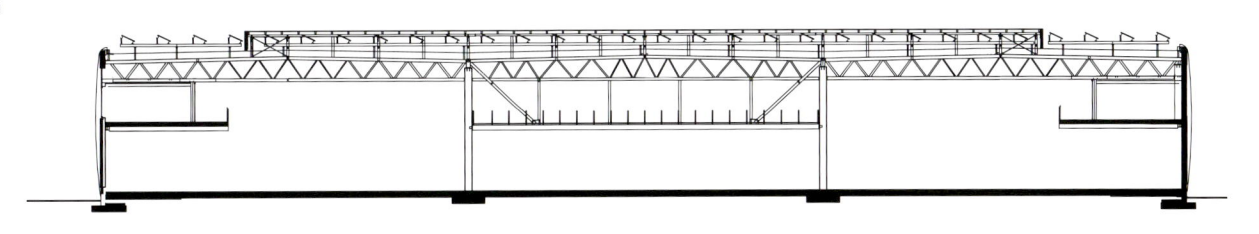

Grundriss M 1:2000

Querschnitt M 1:500

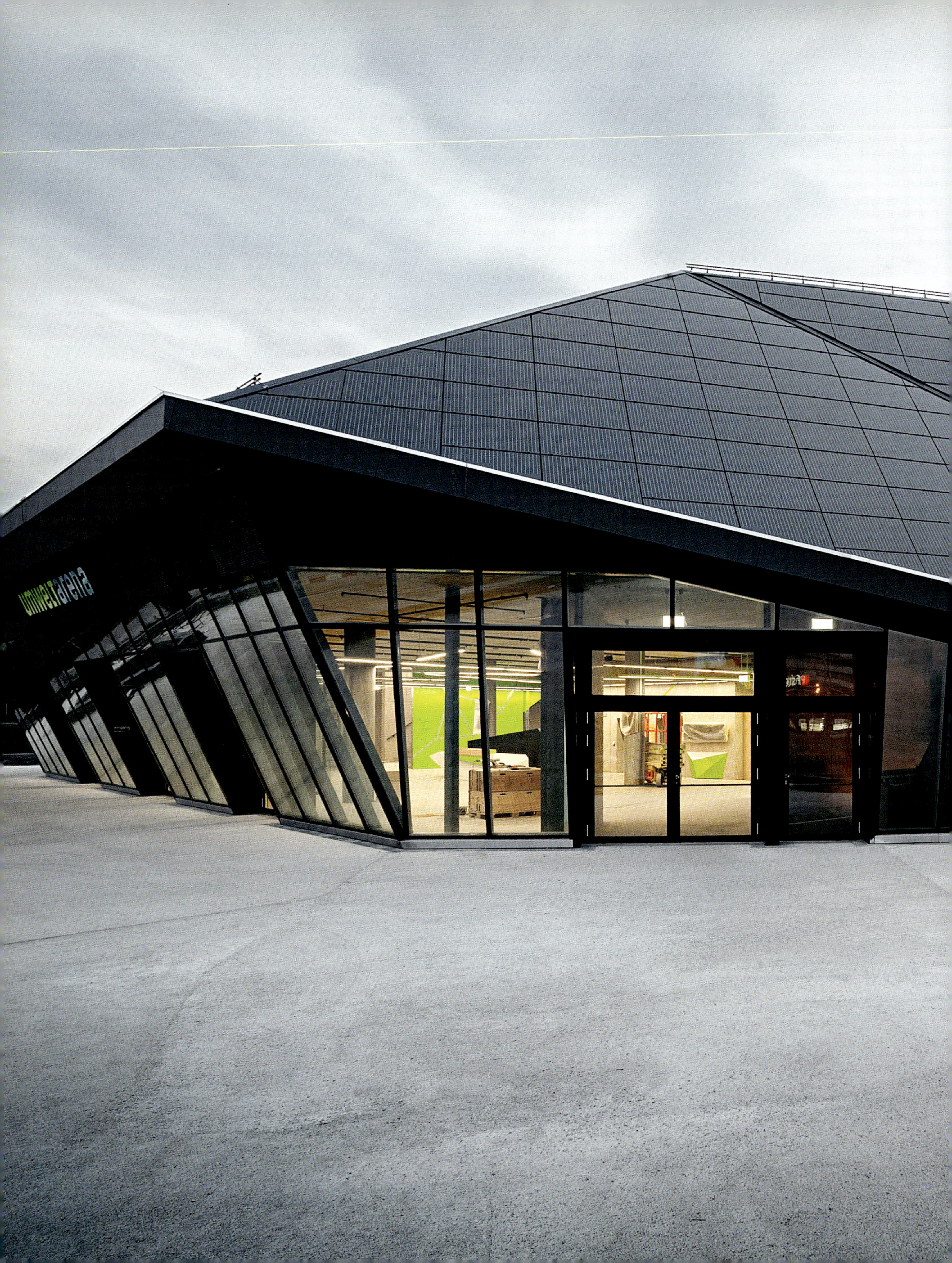
umweltarena

Umwelt Arena, CH-Spreitenbach

Neubau einer Ausstellungshalle

Projektinformationen

Architekten	René Schmid Architekten, CH-Zürich
Projektbeteiligte / Energiekonzept	Umwelttechnik: W. Schmid AG, CH-Glattbrugg, Gebäudeautomation: Cofely AG, CH-Rohr, Lüftungsingenieur: Biasca Engineering AG, CH-Spreitenbach, Bauphysiker: Zender + Kälin AG, CH-Winterthur, Heizungsingenieur: HLS Engineering GmbH, CH-Zürich
Bauherr	Umwelt Arena AG
Fertigstellung	2012
Standard	Minergie-P, CO_2-neutral im Betrieb, Plusenergie
Nutzfläche	11 000 m²
Endenergiebedarf (Wärme und Strom)/m² Wohnfläche	41,61 kWh/m²a
Endenergieerzeugung (erneuerbar Wärme und Strom)/m² Wohnfläche	76,50 kWh/m²a

Bilanzraum gem. Standard

- Heizen
- Trinkwarmwasser
- Kühlen
- Hilfsenergie (Pumpen, Ventilation)
- Beleuchtung
- Geräte
- Elektromobilität

An der Hauptstraße nach Zürich entstand in Spreitenbach als Solitär eine große Ausstellungshalle: die Umwelt Arena. Sie ist gleichzeitig Veranstaltungsort und Präsentationsobjekt für innovative Technologien. Unternehmen aus der Umweltbranche stellen dort ihre Produkte vor. Zusätzlich befinden sich in dem Gebäude Seminarräume, ein Restaurant und ein Shop. Die Ausstellungsflächen des viergeschossigen Baukörpers liegen ringförmig um eine bis zu 4000 Personen fassende, dreigeschossige Arena. Zusammen mit Partnern werden Dauer- und Wechselausstellungen zu den Themen Natur und Leben, Energie und Mobilität, Bauen und Modernisieren sowie Erneuerbare Energien veranstaltet. Die ausgestellten Technologien sind Teil des Energiekonzepts und versorgen das gesamte Gebäude mit selbsterzeugtem Strom und erneuerbarer Wärme.

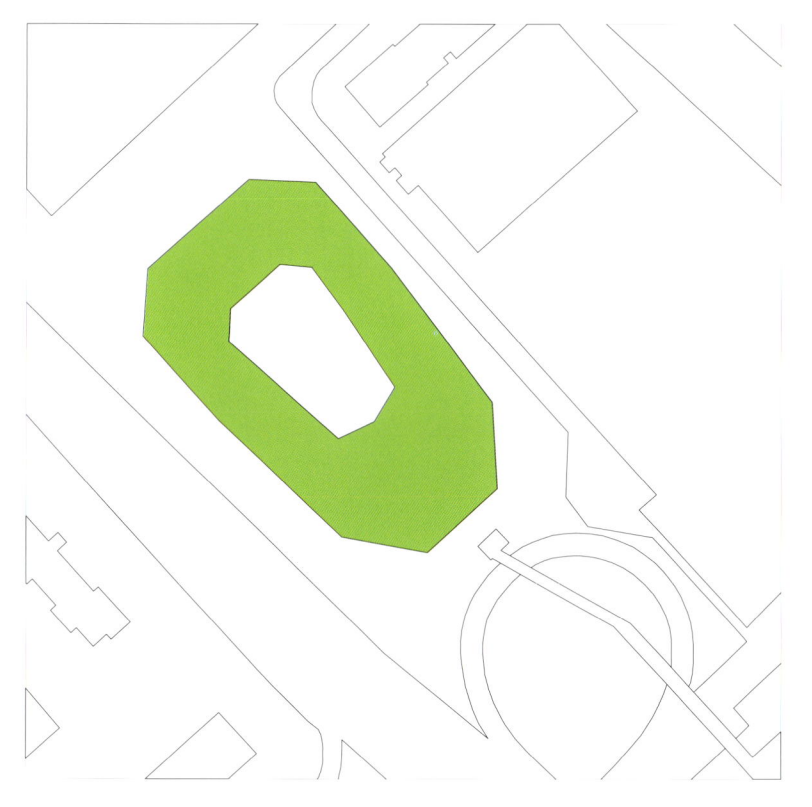

Durch die Kombination von vielen Technologien wird ein Wärmeüberschuss von 48 Prozent erzeugt. Der Wärmeüberschuss wird in das Nahwärmenetz eingespeist. Der Strombedarf wird durch den Strom aus dem Biogas betriebenen Blockheizkraftwerk die Photovoltaikanlage mehr als zweieinhalb Mal gedeckt.

Lageplan M 1:2000

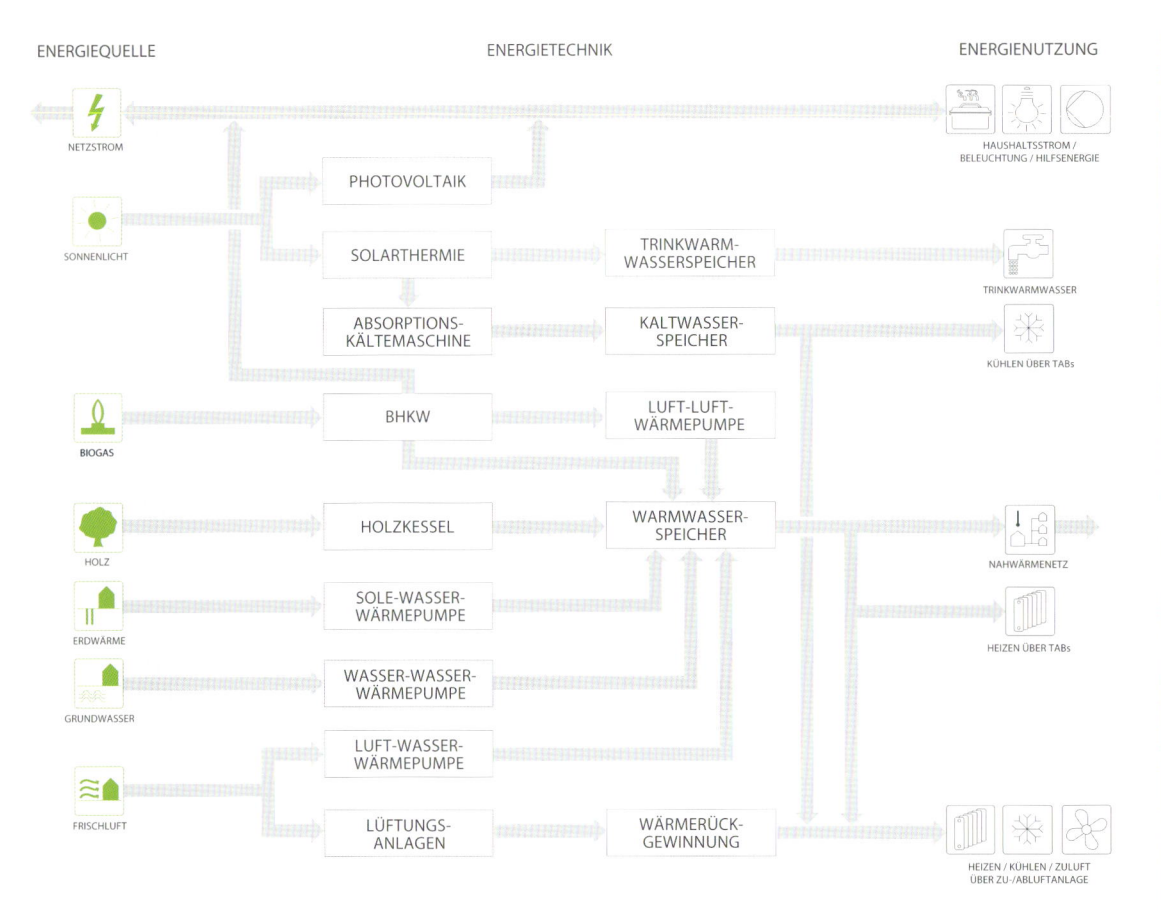

ENERGIEQUELLE	ENERGIETECHNIK	ENERGIENUTZUNG
NETZSTROM	PHOTOVOLTAIK	HAUSHALTSSTROM / BELEUCHTUNG / HILFSENERGIE
SONNENLICHT	SOLARTHERMIE	TRINKWARMWASSER
	TRINKWARMWASSERSPEICHER	
	ABSORPTIONS-KÄLTEMASCHINE	KÜHLEN ÜBER TABS
	KALTWASSERSPEICHER	
BIOGAS	BHKW	
	LUFT-LUFT-WÄRMEPUMPE	
HOLZ	HOLZKESSEL	NAHWÄRMENETZ
	WARMWASSERSPEICHER	
ERDWÄRME	SOLE-WASSER-WÄRMEPUMPE	HEIZEN ÜBER TABS
GRUNDWASSER	WASSER-WASSER-WÄRMEPUMPE	
FRISCHLUFT	LUFT-WASSER-WÄRMEPUMPE	
	LÜFTUNGSANLAGEN	HEIZEN / KÜHLEN / ZULUFT ÜBER ZU-/ABLUFTANLAGE
	WÄRMERÜCKGEWINNUNG	

Wärme

Aufgrund der guten Dämmung von Außenwänden und Bodenplatte sowie der dreifachverglasten Fenster wird ein durchschnittlicher U-Wert von 0,26 W/m²K erreicht. Dies und die Lüftungsanlage mit Wärmerückgewinnung tragen zur Minimierung des Heizenergiebedarfs bei.
Um das Gebäude ausreichend mit Wärme zu versorgen, kommen verschiedene Systeme zum Einsatz, die gleichzeitig Ausstellungs-Exponate sind. So wird ein Teil der Heizwärme von einem mit Biogas betriebenen Blockheizkraftwerk erzeugt. Den Restbedarf decken Luft-Wasser-Wärmepumpen, Sole-Wasser-Wärmepumpen (Erdregister), zwei Wärmepumpen, die dem Grundwasser Energie entziehen und eine Wärmepumpe, die die Restwärme des BHKWs nutzt. Zusätzlich sind ein Pellet- und ein Holzschnitzelheizkessel eingebunden. Die Wärme wird in einem Wasserspeicher mit einem Volumen von 70 000 Litern und in einem Erdregister mit einer Leitungslänge von 9 Kilometern unter der Bodenplatte gespeichert.
Der Betonkern und das Fundament dienen als thermischer Speicher. 60 Kilometer Rohrleitungen durchziehen den gesamten Beton. Über diese thermoaktivierten Bauteilsysteme erfolgt die Beheizung des Gebäudes. Deren große Wärme übertragende Fläche reduziert den Heizenergiebedarf.

Das Trinkwarmwasser wird mittels einer insgesamt 22 m² großen Solarthermieanlage erwärmt. Sie besteht aus 8 m² Flach- und 10 m² Vakuumkollektoren, sowie 4 m² Hybridkollektoren, die derzeit noch nicht genutzt werden. Die Kollektorfläche erzeugt zirka 21 000 kWh Wärme pro Jahr. Wie beschrieben, wird die Wärme teilweise über die bauteilaktivierten Flächen und teilweise über die Lüftungsanlage im Gebäude verteilt. Überschüssige Wärme schlägt ein Nahwärmenetz den Nachbargebäuden zu. Insgesamt erzeugen die verschiedenen Systeme über 350 000 kWh erneuerbare Wärme.

Kälte

Die Kühlanlagen der Umwelt Arena werden mithilfe von Wetterdaten des Bundesamts für Meteorologie und Klimatologie der Schweiz und Nutzungsbelegungsdaten automatisch gesteuert. Wie bei der Heizwärme stellen verschiedene Systeme die benötigte Kälte bereit. Dazu gehören eine direkte Kühlung durch das Erdregister beziehungsweise das Grundwasser, die reversible Wärmepumpe und eine mit Sonnenwärme und Abwärme betriebene Absorptionskältemaschine.

Das so erzeugte kühle Wasser zirkuliert durch Rohre in den Betonelementen und entzieht dem Raum Wärme. Die Kälte wird, wie die Wärme, in einem zweiten Wasserspeicher mit einem Volumen von 70 000 Litern und dem Erdregister zwischengespeichert.

Strom

In die Gebäudehülle sind insgesamt 5 500 Photovoltaik-Module integriert, von denen etwa ein Fünftel aufgrund der außergewöhnlichen Dachform Sonderanfertigungen sind. Die Eindeckung des tiefgezogenen Dachs erscheint durch die Photovoltaik-Elemente homogen schwarz. Die monokristallinen Siliziumzellen haben eine Gesamtleistung von 750 kWpeak. Auf rund 5 300 m² produziert die Photovoltaikanlage nicht nur 540 000 kWh Strom im Jahr, was etwa dem Bedarf von 120 Haushalten entspricht, sondern bildet als Dachhaut gleichzeitig die wasserführende Schicht. Zusätzlich werden zirka 30 000 kWh Strom über das Blockheizkraftwerk erzeugt.

Luft

Auch für die Belüftung des insgesamt über 200 000 m³ großen Gebäudevolumens werden verschiedene Technologien eingesetzt. Sie erfolgt über mehrere dezentrale Lüftungsanlagen und zentrale sowie dezentrale Teilklimaanlagen, jeweils mit Wärmerückgewinnung. Zusätzlich ist es möglich, über Bypassklappen der Teilklimaanlagen natürlich zu belüften. Die vorkonditionierte Luft wird über eine Zuluftheizung beziehungsweise -kühlung im Gebäude verteilt.

Licht

Um für die Beleuchtung möglichst wenig Strom zu verbrauchen, wurden neben einer Zeitsteuerung und Bewegungsmeldern auch Tageslichtsensoren eingebaut. Außerdem leiten Glasfaserkabel das Sonnenlicht in dunkle Bereiche.

Eine Besonderheit des Projekts ist, dass bereits während der Bauphase großer Wert auf CO_2-Neutralität gelegt wurde. Der auf der Baustelle benötigte Strom wurde zum Teil mit Photovoltaik-Anlagen auf den Baucontainern und einem Windrad auf einem Baukran selbst erzeugt. Die Baumaschinen und Fahrzeuge liefen mit Biogas, Biodiesel oder gebrauchtem Speiseöl. Der Aushub der Baugrube erfolgte in Etappen, er wurde in einem nahegelegenen Betonwerk als Zuschlagstoff weiterverarbeitet. Die Stahlkonstruktion wurde aus Recyclingstahl hergestellt, die übrigen Materialien sind weitestgehend natürlich belassen. Um Material zu sparen, wurden möglichst wenig Abfälle produziert. So wurden beispielsweise herausgeschnittene Geländerteile als Negativform für das Geländer im Außenraum verwendet.

Die gesamte in beziehungsweise an der Umwelt Arena erzeugte regenerative Energie übersteigt den Bedarf für Heizung, Kühlung, Lüftung und Beleuchtung um mehr als das Doppelte.

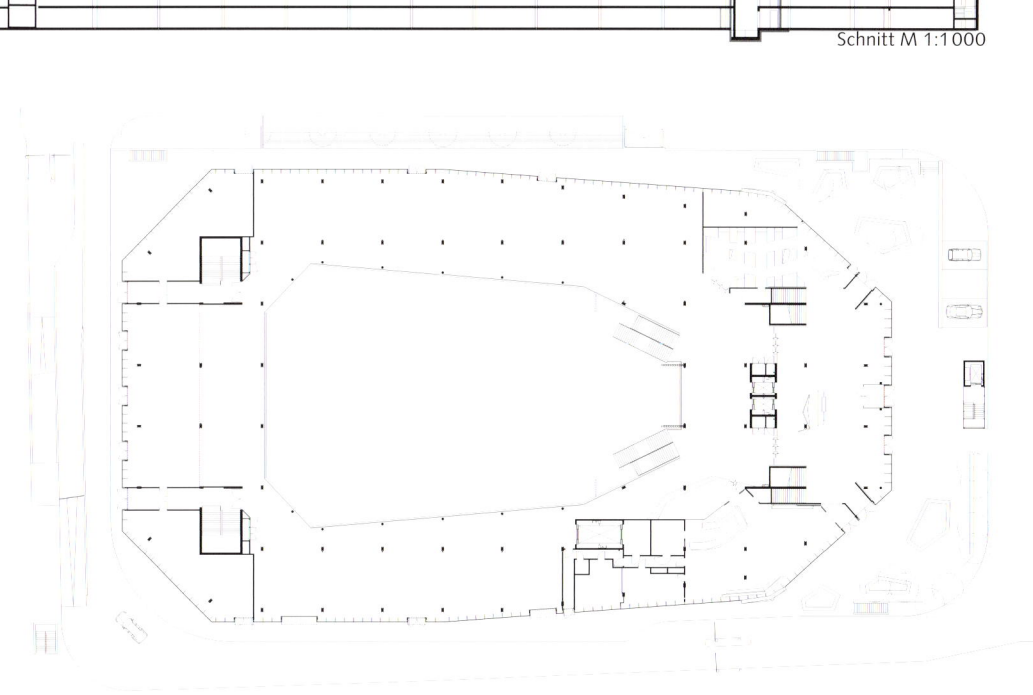

Schnitt M 1:1000

Grundriss M 1: 1000

	EINFAMILIENHÄUSER					MEHRFAMILIENHÄUSER	
	Effizienzhaus Plus P.	EPH Luchliweg	LichtAktiv Haus	energy+Home	Driebergen	Mühlebachstraße	Kraftwerk B
FLÄCHE [m² Wohn-, bzw. Nutzfläche] (entspricht 50 m²)	255	160	189	187	150	5520	1380
WÄRMEBEDARF endenergetisch [kWh pro m² und Jahr]¹ (Trinkwarmwasser / Raumwärme)	22,29	25,90	43,61	15,82	37,99	18,58	25,36
REGENERATIVE WÄRMEERZEUGUNG endenergetisch [Deckungsgrad in % bezogen auf pro m² und Jahr]	100 %	100 %	100 %	100 %	100 %	100 %	129 %
BETRACHTUNGSBEREICH							
STROMBEDARF endenergetisch [kWh pro m² und Jahr]¹	23,67	37,40	36,84	35,58	35,27	3,06	17,75
REGENERATIVE STROMERZEUGUNG endenergetisch [Deckungsgrad in % bezogen auf pro m² und Jahr]	185 %	124 %	101 %	148 %	90 %	200 %	130 %
STROMÜBERSCHUSS IN KM E-MOBILITÄT (entspricht 1 000 km)	36664	10114	700	23057	0	121429	53571
JAHRESPRIMÄR- ENERGIEBEDARF jeweils nach Regelwerk [kWh pro m² und Jahr]	27,00	38,00	167,30	23,90	keine Angabe	15,25	45,00

¹ m² Wohn-, bzw. Nutzfläche

NICHTWOHNGEBÄUDE

	Dübendorf	+Energiehaus Kasel	Halle design.s	Solar Academy	GMZ Ludesch	Solar-Werk 01	Umwelt Arena
	727	227	1 128	1 400	3 125	25 700	11 000
	32,32	13,63	252,14	116,31	24,19	125,21	21,76
	100 %	100 %	100 %	100 %	100 %	100 %	137 %
	29,93	35,27	58,53	74,19	53,07	281,83	19,84
	52 %	106 %	105 %	180 %	10 %	36 %	260 %
	0	3 511	25 214	592 857	0	0	2 501 007
	66,00	118,16	94,00	47,70	45,00	366,46	22,60

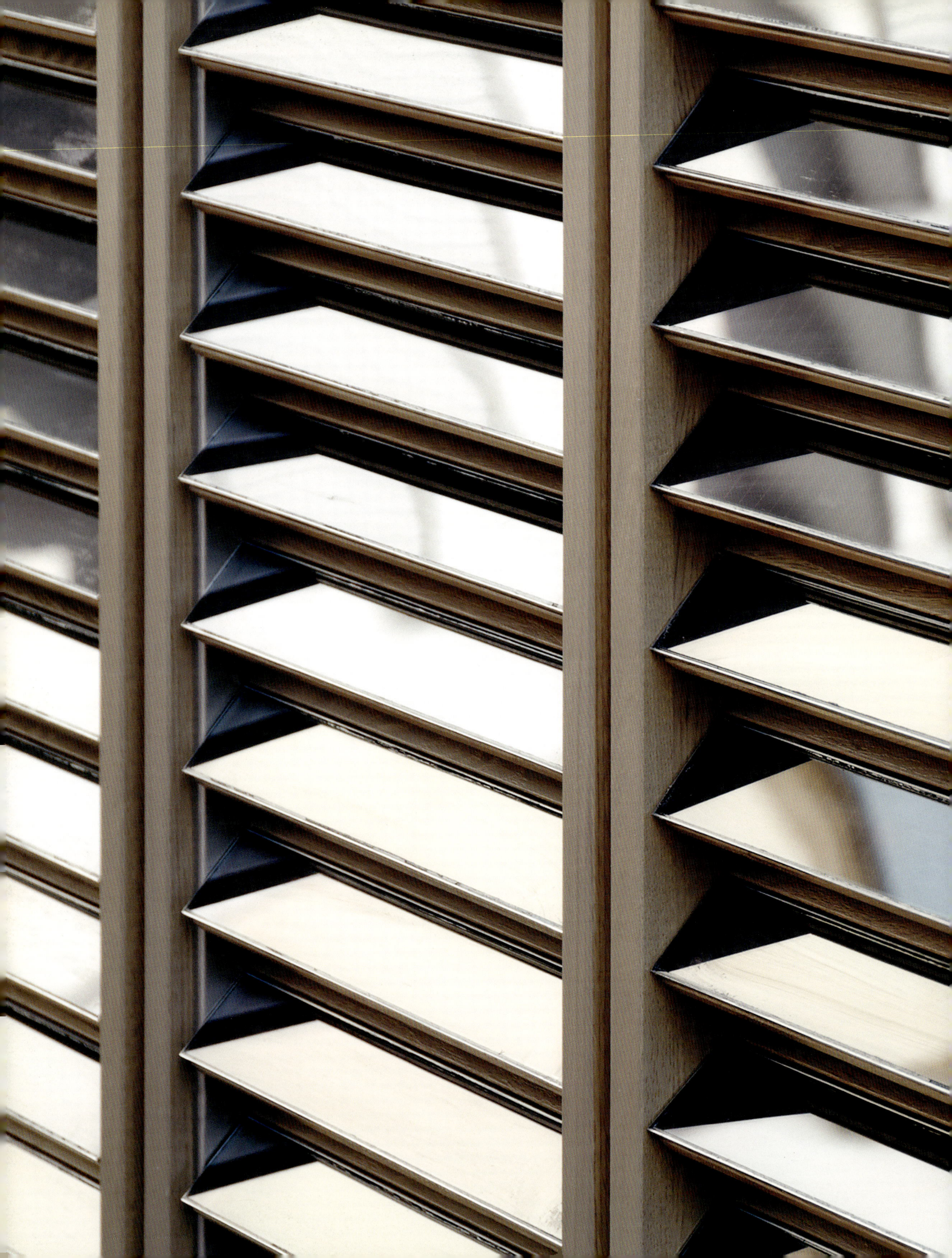

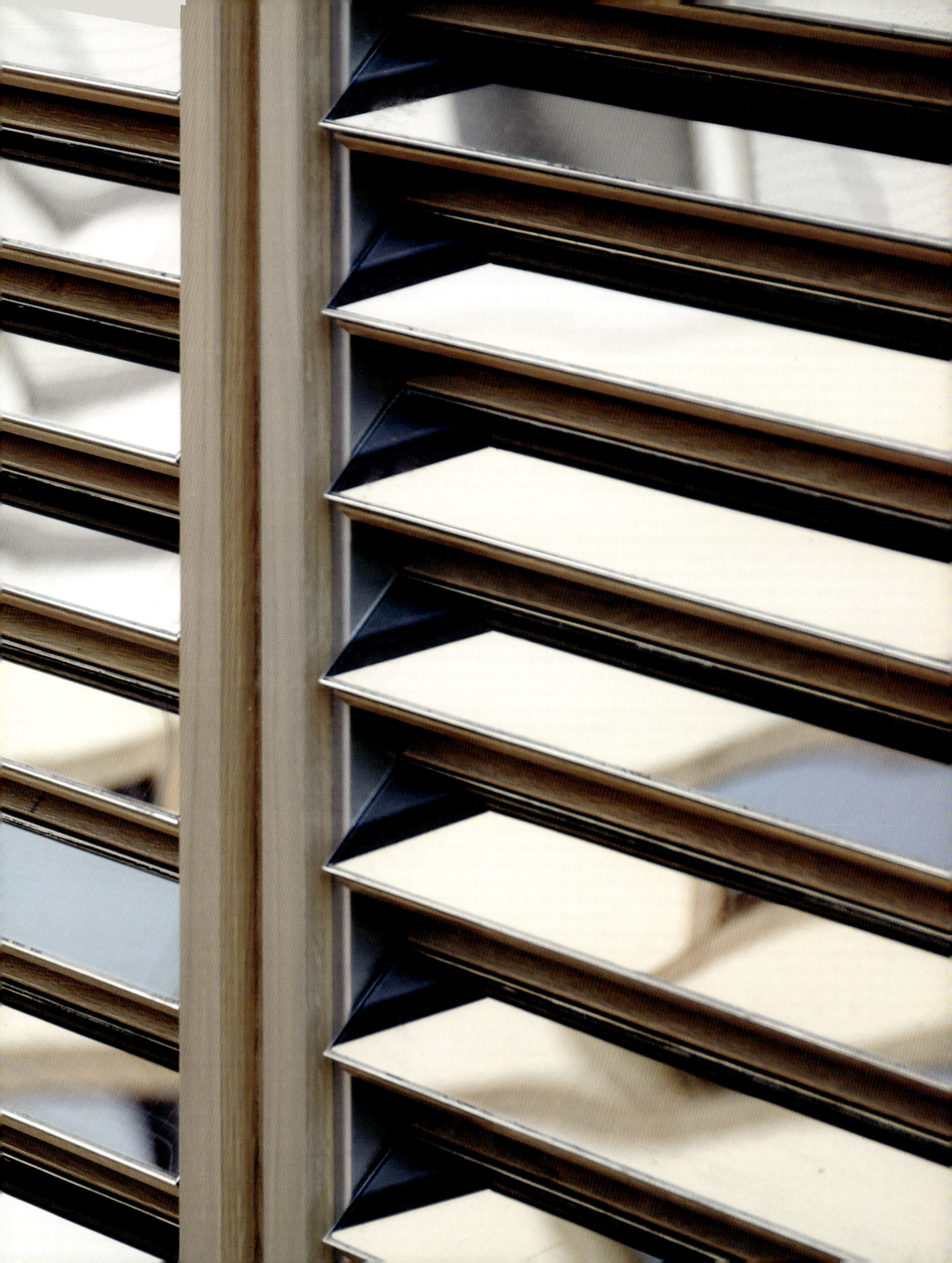

Perspektiven

Das Aktivhaus bereitet den Weg hin zum klimaneutralen Gebäude und zur nachhaltigen Stadt. Es nutzt die passiven Eigenschaften von Gebäuden, um Energie zu sparen ebenso wie die besonderen Charakteristika, die jedes Gebäude zur Energieerzeugung prädestiniert. Ein Aktivhaus spart und gewinnt: Energieverluste werden den Gewinnen gegengerechnet, die es regenerativ erzeugt.

Welche weiteren Entwicklungsmöglichkeiten verbinden sich mit dieser Strategie? Dieses abschließende Kapitel will Auskunft geben über notwendige und sinnvolle Weiterentwicklungen über das Aktivhaus, sprich das Energie gewinnende Einzelgebäude, hinaus.

Spezifischer Nutzenergiebedarf pro Jahr (kWh/m²a) - Passivhausstandard

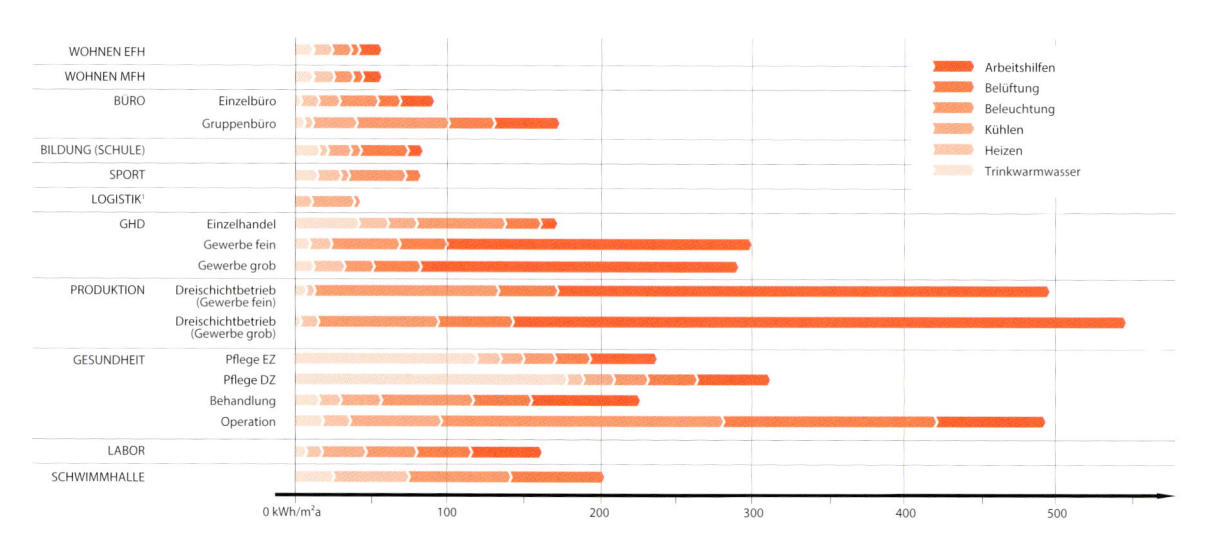

[1] ohne Kühlhäuser.

Spezifischer Primärenergiebedarf pro Jahr (kWh/m²a) - Passivhausstandard

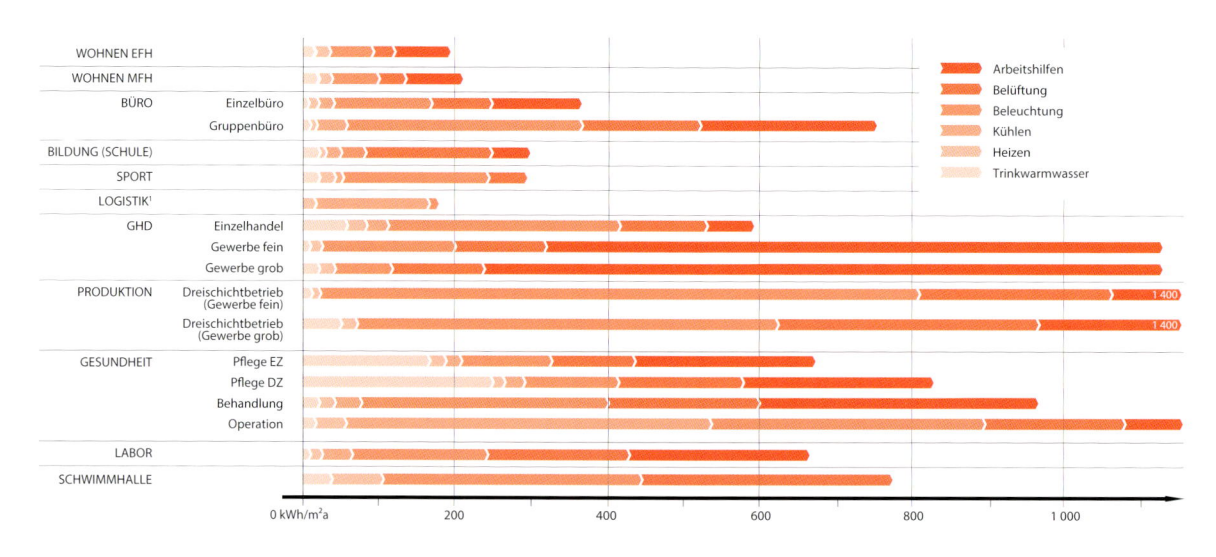

Typische Energiebedarfe ausgewählter Nutzungsarten

[1] ohne Kühlhäuser.

Performance

Anders als beim Passivhaus-Standard gibt es, wie bereits beschrieben beim Aktivhaus, keine Vorgabe, welche Qualität die Gebäudehülle haben muss oder welchen Energiebedarf das Gebäude nicht übersteigen darf. Und im Unterschied zum Energieplus-Standard gibt es keine bindende Vorgabe, dass das Gebäude in der Jahresbilanz zwingend mehr Energie zu erzeugen hat, als es verbraucht.

Es gibt mehrere Gründe für diesen Verzicht auf Standardvorgaben. Jedes Gebäude ist einzigartig. Dies gilt für seine geografische Lage, die Klimabedingungen oder die geologischen Voraussetzungen, seine Lage im Stadtraum und viele andere Kriterien, die es mehr oder weniger für die Nutzung von Umweltenergien geeignet machen. Noch bedeutsamer für seine Eignung als Energiesammler und gegebenenfalls zur Erzeugung eines Energieüberschusses sind allerdings zwei weitere Gebäudeeigenschaften: die Nutzung und die Gebäudehöhe beziehungsweise die Geschosszahl.

Die Nutzung bestimmt den Energiebedarf des Gebäudes, sei es für die Beheizung, die Kühlung und die Lüftung, für Hilfsenergien, die Beleuchtung oder alle im Gebäude betriebenen Geräte. Ebenso entscheidet die Nutzung über die inneren Lasten aus Personen und Geräten. Je nach Nutzungsart ist der spezifische Energiebedarf pro Flächeneinheit also unterschiedlich: sehr niedrig etwa bei einer Logistikhalle oder einer Turnhalle, im mittleren Bereich bei einer Schule oder einem Wohnhaus, hoch zum Beispiel bei einem Laborgebäude.

Schon der Blick auf diese wenigen Beispiele zeigt, dass ein Energiestandard sinnvollerweise nutzungsunabhängig definiert werden sollte. Dies verdeutlicht auch die Tabelle typischer Energiebedarfe ausgewählter Nutzungen (siehe S. 264).

Die Geschosszahl und damit die Gebäudehöhe bestimmen, mit welchen Oberflächen ein Gebäude aus seiner Umgebung Energie für seine Nutzung sammeln kann. So ist ein eingeschossiges Gebäude aufgrund seiner großen Hüllfläche besonders gut geeignet, Energie über seine bodenberührte Fläche, seine Dachfläche und – eingeschränkt – seine Wandflächen einzusammeln. Ein frei stehendes, ein- bis zweigeschossiges Einfamilienhaus oder eine Logistikhalle kann so ein Mehrfaches seines Energiebedarfs regenerativ erzeugen.

Ein Aktivhaus leitet seine Energie-Performance abhängig von Nutzung und Geschosszahl ab; es wird meist mehr Energie erzeugen als verbrauchen.

Ein mehrgeschossiges Gebäude weist eine geringere Hüllfläche pro Quadratmeter Nutzfläche auf. Es verfügt anteilig über weniger Dach- und mehr Wandflächen. Wandflächen tragen jedoch zur Energiesammlung aus der Umwelt weniger bei als Dachflächen. Weil vielgeschossige Gebäude vielfach auch in einem dichten urbanen Raum stehen, kann eine Verschattung der Dach- und Wandflächen die Erträge weiter mindern.

Die Aktivhaus-Performance wird neben geografischen Kriterien also immer abhängig sein von der Nutzung und der Geschosszahl / Gebäudehöhe. Viele Nutzungsarten wie etwa Schulen, Einfamilienhäuser oder Mehrfamilienwohnhäuser üblicher Gebäudehöhe, eignen sich gut für das Erreichen eines Energieplus-Standards. Dem gegenüber wird es für Nutzungen wie zum Beispiel Laborgebäude oder Bürohochhäuser schwierig oder gar unmöglich, regenerativ mehr Energie zu erzeugen als sie verbrauchen. Die Abbildung unten zeigt für einige Nutzungsarten und Gebäudehöhen auf, welche Performance für ein Aktivhaus unter heute wirtschaftlichen und technischen Voraussetzungen erreichbar sein dürfte. Performance-Vorgaben wären mit den sich weiter entwickelnden Baustoffqualitäten und den regenerativen Energieerzeugungstechnologien fortzuschreiben.

Energieplus-Standard für das Aktivhaus in Abhängigkeit von Nutzungsart und Geschosszahl

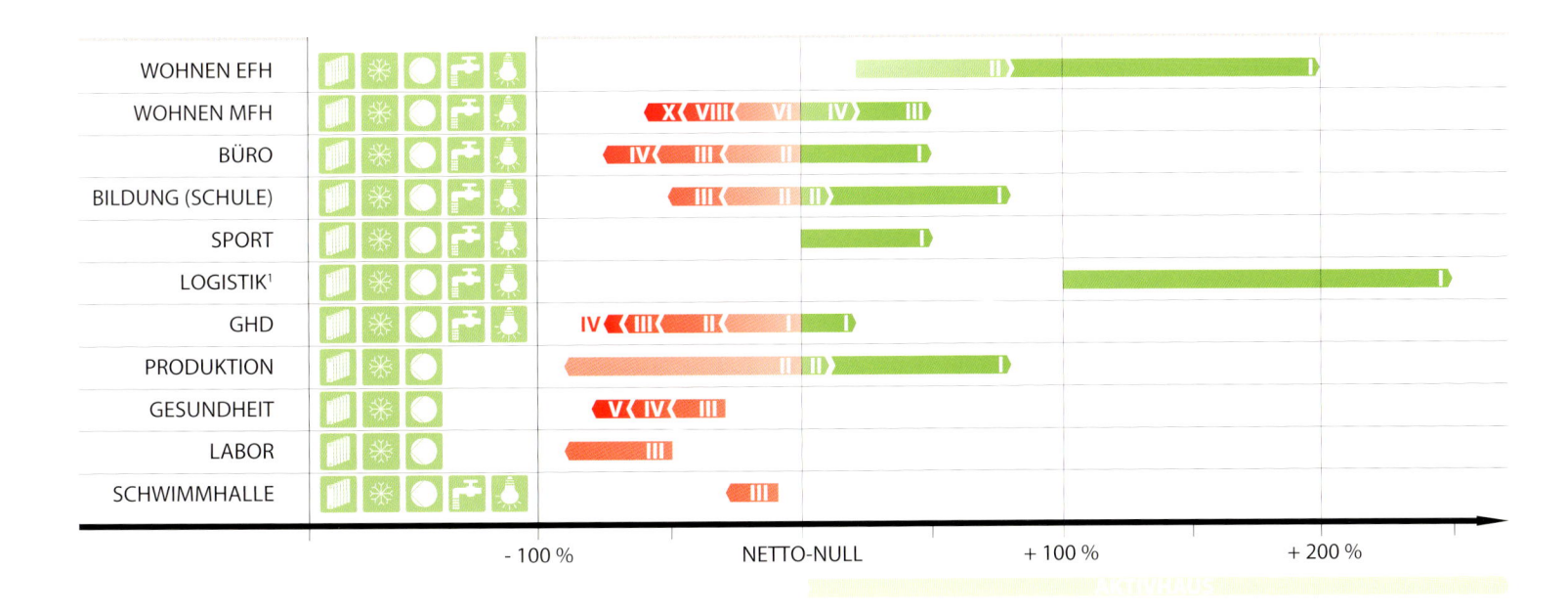

[1] ohne Kühlhäuser.

Aktiv-Stadthaus, Frankfurt
Neubau Mehrfamilienhaus

Architekten: HHS Planer + Architekten AG
Forschung / Energiekonzept:
TU Darmstadt, FG ee, Prof. Manfred Hegger und Steinbeis-Transferzentrum Energie-, Gebäude und Solartechnik (STZ), Prof. Dr.-Ing. Norbert Fisch
Bauherr: ABG FRANKFURT HOLDING Wohnungsbau- und Beteiligungsgesellschaft mbH
Fertigstellung: 2014
Standort: Frankfurt
Standard: Effizienzhaus Plus
Energiebezugsfläche nach EnEV: 8764 m²
Endenergiebedarf pro m² Energiebezugsfläche: 28,8 kWh/m²a
Endenergieangebot pro m² Energiebezugsfläche: 30,3 kWh/m²a

Bei dem Aktiv-Stadthaus handelt es sich um ein Mehrfamilienhaus mit 72 Wohneinheiten in der Frankfurter Innenstadt, das Mitte 2014 fertiggestellt werden soll. Erstmals wurde ein Wohngebäude in dieser Größenordnung entwickelt, das in der Jahresbilanz den Gesamtenergieverbrauch der Wohnungen komplett selbst erzeugt, nach den Richtlinien des BMVBS also ein Effizienzhaus Plus ist.

Die Deckung des Strombedarfs erfolgt über fassaden- und dachintegrierte Photovoltaik. Bei einem Mehrfamilienhaus verschiebt sich im Vergleich zu einem Einfamilienhaus das Verhältnis der Dachfläche zur Fassadenfläche. In der Fassade sind die Verschattung und die architektonische Integration der aktiven Technologie in das Gestaltungskonzept von besonderer Bedeutung.

Für die Fassadenintegration haben Dünnschichtmodule das Potential einer höheren Schwachlichtausnutzung, einer geringeren Empfindlichkeit gegen Temperatursteigerungen sowie den Vorteil eines homogenen Erscheinungsbildes. Das größere Energieerzeugungspotential liegt auf dem Dach, das mit hocheffizienten Photovoltaikmodulen ausgestattet wird. Zum Einsatz kommen monokristalline Hochleistungsmodule mit einem Wirkungsgrad von 19,5 Prozent.

Die Bereitstellung der Wärme erfolgt mittels einer Wärmepumpe, die mit Abwasserwärme aus einem im Straßenraum liegenden Kanal arbeitet.

Zur Erfüllung des Energieplus-Standards nach BMVBS ist für ein Gebäude eine negative Jahresenergiebilanz erforderlich. Mit dem entwickelten Energiekonzept und durch die ausgewählte Photovoltaikkonzeption wird ein Überschuss, bezogen sowohl auf End- als auch auf Primärenergie, erreicht.

Die Endenergiebilanz ergibt einen Überschuss von 13 146 kWh/a. Wenn dieser Energieüberschuss der Elektromobilität zugutekommt, können damit insgesamt 93 900 km im Jahr gefahren werden.

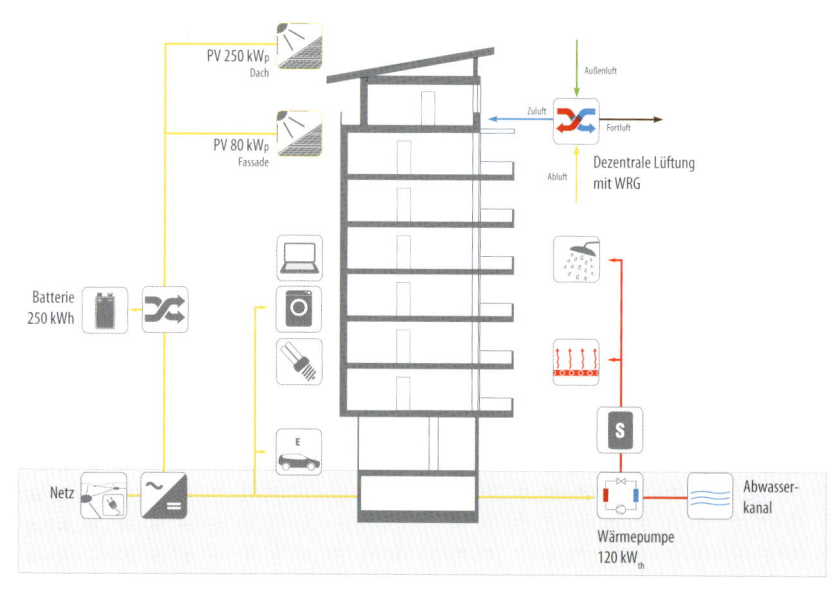

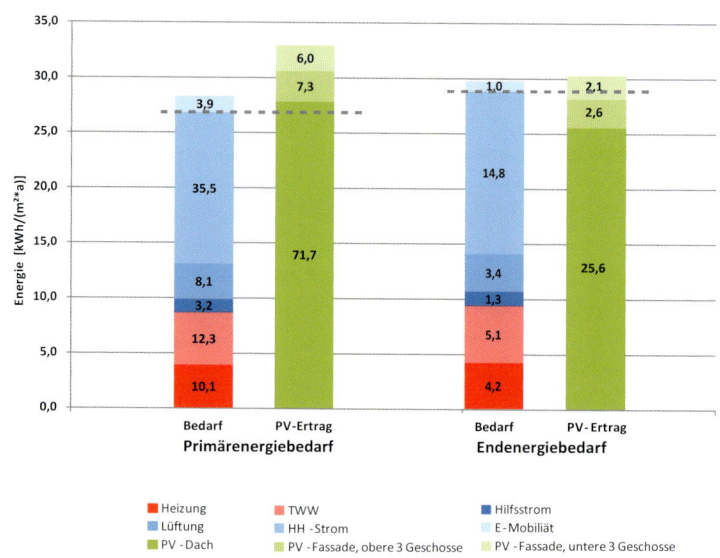

Wie weit die Möglichkeiten heute bereits entwickelt sind, ein Aktivhaus auch unter erschwerten Bedingungen zu schaffen, das heißt in einem engen urbanen Kontext, auf extrem beengtem Grundstück und mit acht Geschossen, zeigt beispielhaft die Studie für ein Wohnhaus in der Frankfurter City.

Deutlich wird, dass schon heute viele Neubauten einen erheblichen Anteil ihres Energiebedarfs regenerativ erzeugen oder gar einen Energieüberschuss erwirtschaften können. Nehmen wir die politischen Ziele der EU, der US-Regierung und vieler anderer Staaten ernst, werden ab zirka 2020 Energieplus-Gebäude die Regel sein, wobei eine Differenzierung dieses Standards entsprechend den beschriebenen Gebäudeeigenschaften erfolgen müsste. Bauherren sind in jedem Falle gut beraten, schon heute diese Standards zu verfolgen. Die lange Lebensdauer von Gebäuden würde ansonsten dazu führen, dass ihre Investitionen in weniger als zehn Jahren bereits veraltet sein werden und in ihren Werten zu korrigieren sind.

Nutzer und Betrieb

Regenerative Energien stehen nicht kontinuierlich zur Verfügung. Erzeugung und Verbrauch sind damit nicht deckungsgleich. Ein besserer Abgleich kann dadurch erfolgen, dass Energie vorzugsweise dann genutzt wird, wenn sie aus der Umwelt verfügbar ist. So genannte Nutzer-Interfaces, also interaktive Informationssysteme, können Auskunft darüber geben, wann und in welchem Umfang Umweltenergien verfügbar sind. Entsprechend können dann solche Verbraucher aktiviert werden, deren Betrieb nicht zwingend an bestimmte Zeiten gebunden ist, wie zum Beispiel Spülmaschinen, Waschmaschinen, Trockner et cetera. Dazu können manuell oder automatisiert auch Verbraucher in Betrieb gehen, die über interne Speicherfähigkeiten verfügen, wie zum Beispiel Tiefkühltruhen, Kühlschränke oder Warmwasserspeicher. Staffel-Tarifsysteme können dazu beitragen, die Nutzung regenerativ erzeugten Stroms zu belohnen.

Das Ziel solcher Nutzer-Interfaces ist, zum Energiesparen zu sensibilisieren und den Eigennutzungsanteil der vom Gebäude erzeugten Energie zu erhöhen. Sie beeinflussen Bewusstsein. Ein Zwang beziehungsweise eine Notwendigkeit zur Nutzung solcher Interfaces darf jedoch nicht bestehen. Vielmehr sollte eine solche Schnittstelle zwischen Mensch und Technik den spielerischen Umgang mit Gebäude und Energie fördern und die Identifikation des Nutzers mit seinem Gebäude und deren Leistungen verstärken.

Das Aktivhaus ist Erzeuger und Verbraucher, es sensibilisiert seine Nutzer im Umgang mit Gebäude und Energie.

Die Eigennutzung vor Ort erzeugter Energie kann durch gebäudeinterne Speicher weiter erhöht werden. Die passive Speicherfähigkeit des Gebäudes hat dabei Vorrang, denn sie ist ohne zusätzlichen baulichen und technischen Aufwand zu haben, durch den Entwurf und die Konstruktion des Gebäudes definiert. Darüber hinaus können Wärmespeicher und Batteriespeicher zum Einsatz kommen, die den Eigennutzungsanteil weiter steigern.

Beispiel für ein Nutzer-Interface zur Darstellung von Erzeugung und Verbrauch, Aktiv Stadthaus, Frankfurt, HHS Planer + Architekten AG, Kassel

Büro- und Wohnhaus in Darmstadt (ca. 1900 / 2007)
Sanierung von opus Architekten, Darmstadt

Aktivhäuser im Bestand

In den entwickelten Ländern der Welt ist die Neubaurate gering. In Deutschland beispielsweise liegt sie bei jährlich zirka 0,55 Prozent des Gebäudebestands. Der große Hebel in einer klimafreundlichen und nachhaltigen Umgestaltung unserer gebauten Umwelt liegt damit in der energetischen Sanierung unserer Gebäudebestände.

Eine Gebäudesanierung wird oft nicht die gleiche energetische Qualität erreichen können, wie sie bei einer Neubaumaßnahme möglich ist. Oft sind es unzureichende und nur mit sehr hohem Aufwand veränderbare bauliche Voraussetzungen, wie etwa nicht gedämmte Bodenplatten oder Wärmebrücken, die mit Neubauten vergleichbare Qualitäten nicht zulassen. Die Verbesserung der Hüllqualitäten des Gebäudes ist jedoch eine Grundvoraussetzung, um den Nutzerkomfort zu verbessern und den Energiebedarf zu senken.

Um Missverständnissen vorzubeugen: Ein altes Wohnhaus, dessen Dach mit Solarkollektoren belegt ist, ein mit Geothermie und Wärmepumpe nachgerüstetes Schulgebäude oder ein mit Photovoltaik-Modulen belegtes Fabrikdach ist nach unserem Verständnis ebenso wenig ein Aktivhaus wie eine mit Photovoltaik ausgestattete Feldscheune. Von einem Aktivhaus im Bestand kann erst dann die Rede sein, wenn bauliche Maßnahmen zur Qualitätssteigerung für Gebäude und Nutzung in einem ausgewogenen Verhältnis zu technischen Maßnahmen stehen, die der Energiegewinnung dienen. Es ist nicht eine verbesserte Bilanz allein, die zählt, sondern die umfassende Aufwertung des Gebäudes – auch und ganz besonders im Sinne der Nutzung und des städtischen Gefüges.

Damit eignet sich nicht von vornherein jedes Gebäude zur Umwandlung in ein Aktivhaus. Zunächst ist zu prüfen: Lohnt es den Aufwand? Ist der Standort auch in Zukunft attraktiv, ist eine Nutzung angesichts demografischer Veränderungen und Wanderungsbewegungen auf Zukunft gewährleistet? Bietet das Gebäude funktional gute Voraussetzungen, auch zukünftige Anforderungen zu erfüllen? Ist es technisch-konstruktiv in einem Zustand, der auf Sicht keine Gefährdungen erwarten lässt?

Sind diese und weitere Fragen positiv geklärt, kann eine Umgestaltung zum Aktivhaus erfolgen. Bei einem Gebäude, das nicht unter Denkmal- oder Ensembleschutz steht, das keine besonderen gestalterischen Qualitäten aufweist und in der mentalen Landkarte der Menschen keine besondere Rolle spielt, kann eine Sanierung zum Aktivhaus mutig angegangen werden. Sie kann eine Veränderung des Erscheinungsbildes bedeuten. Voraussetzung für solches Handeln muss jedoch immer sein: Jede technische Veränderung ist auch mit einer Qualitätsverbesserung für die Stadt zu verbinden unter dem Motto „Keine Veränderung ohne Verschönerung".

Werkzeile in München (1954/2009)
Sanierung von Koch+Partner Architekten
und Stadtplaner, München

Anders gestaltet sich die Aufgabe bei einem denkmalgeschützten Gebäude oder einem Haus, das in der kollektiven Erinnerung der Menschen eine besondere Rolle spielt. Hier sollten die prägenden Eigenschaften der äußeren Gestalt möglichst erhalten bleiben. Die Maßnahmen zur energetischen Aufwertung werden sich dann auf den nicht sichtbaren Bereich beschränken. Aber auch dann lässt sich eine deutliche Verbesserung erreichen. Mit Maßnahmen wie neuen Fenstern oder Kastenfenstern, Dachdämmung, gegebenenfalls Innendämmung und einer effizienten Gebäudetechnik, lässt sich für Nutzung und Bausubstanz bereits viel erreichen. Die regenerative Energiegewinnung wird sich dann unter Umständen auf geothermische Nutzung oder eine das Erscheinungsbild nicht negativ beeinträchtigende solare Nutzung konzentrieren.

Sanierung sollte immer ganzheitlich angelegt sein. Über die Energie-Performance sind Nutzbarkeit und Gestaltung zu verbessern.

Bestandsbauten können im Zuge umfassender Sanierungen erweitert beziehungsweise aufgestockt werden. Ein stimmungsvoller Kontrast und eine Korrespondenz zwischen Alt und Neu können wesentlich dazu beitragen, Geschichte wie Gegenwart zu ihrem Recht kommen zu lassen und der weit verbreiteten Verzagtheit angesichts solcher Aufgaben ein Ende zu bereiten. Konsequent zu Ende gedacht, kann die Gegenwart dann, in Gestalt der Erweiterung, ein Aktivhaus sein, das Energie auch für den benachbarten Bestand erzeugt.

Immer aber wird es darum gehen, bei der Sanierung eine hohe Qualität zu erreichen. Ein saniertes Gebäude kommt erfahrungsgemäß erst nach 30 Jahren oder mehr in die nächsten Sanierungszyklus. Halbherzige, nur den heutigen Anforderungen gerade gerecht werdende Sanierungen greifen zu kurz. Wenn wir das politische Ziel der CO_2-Neutralität bis 2050 erreichen wollen, müsste bereits heute jede Sanierung dieses Ziel erfüllen.

Vom Aktivhaus zur Aktivstadt

Wie der Name sagt: Das Aktivhaus betrachtet die Potentiale und Verbräuche des Einzelgebäudes. Das Haus spart Energie und verringert Umweltbelastungen, es gewinnt regenerativ Energie. Ziel ist eine gebäudebezogene Autonomie.

Autonomie ist dort zwingend notwendig, wo zentrale Ver- und Entsorgungssysteme fehlen oder weit entfernt sind: in abgelegenen Standorten, auf Inseln – also im so genannten Inselbetrieb. Ein solcher Inselbetrieb erfordert zwingend den Abgleich von Energieproduktion und -verbrauch auf der Ebene des Einzelgebäudes.

Gebäude in einer Nachbarschaft, in einem urbanen Umfeld, sind jedoch auf diese Form von Autonomie nicht angewiesen. Hier, erst im Verbund mit anderen

Gebäuden, kann das Aktivhaus seine Fähigkeiten voll ausspielen. Gut geplant und in der Nutzung optimiert, kann es in der Jahresbilanz mehr Energie erzeugen als verbrauchen, je nach Nutzung und Dichte gegebenenfalls auch ein Vielfaches. Über die Zeitachse betrachtet wird es jedoch immer Zeiten geben, in denen das Gebäude weniger Energie erzeugt als es verbraucht, ebenso wie Zeiten, zu denen es sich umgekehrt verhält, es also mehr Energie erzeugt als benötigt wird. Ein möglichst großer Teil davon wird durch gebäudeinterne Speicher ausgeglichen. Die Verbindung mit dem Netz ermöglicht den weiteren Ausgleich.

Indem die Bilanzgrenze des Hauses übersprungen wird, ergeben sich neue Möglichkeiten. Die Energieerzeugungs- und Speicherpotentiale erweitern sich durch Vernetzung beträchtlich. In einer Nachbarschaft, einem Stadtteil und einer Stadt lassen sich Angebot und Bedarf zudem wesentlich einfacher glätten als auf der Ebene eines Einzelgebäudes. Die Überlagerung verschiedener Lastprofile mit unterschiedlichen Nutzungsspitzen (wie von Wohnhäusern, Büros, Schulen, Einkaufszentren) trägt ganz wesentlich dazu bei. Am Tag wenig genutzte Wohnhäuser geben schon heute solar erzeugte elektrische Energie über das Netz an Büros, Schulen und andere Verbraucher weiter. Dazu können Energiesenken einer Nutzung zu Quellen für eine andere werden (wie z.B. industrielle Abwärme, Abwärme aus Kühltheken zur Erzeugung von Warmwasser für Wohnungen).

Das Aktivhaus in der Stadt ist vernetzt. Es tauscht Energien mit seinen Nachbarn aus und verbessert so seine Bilanz weiter.

An diesem Zusammenspiel können Aktivhäuser, sanierte Gebäude und unsanierte Bestandsgebäude beteiligt sein, also Gebäude als Energielieferanten ebenso wie reine Verbraucher. Dazu können urbane Freiflächen auf vielfältige Weise Energie liefern, etwa durch energe-

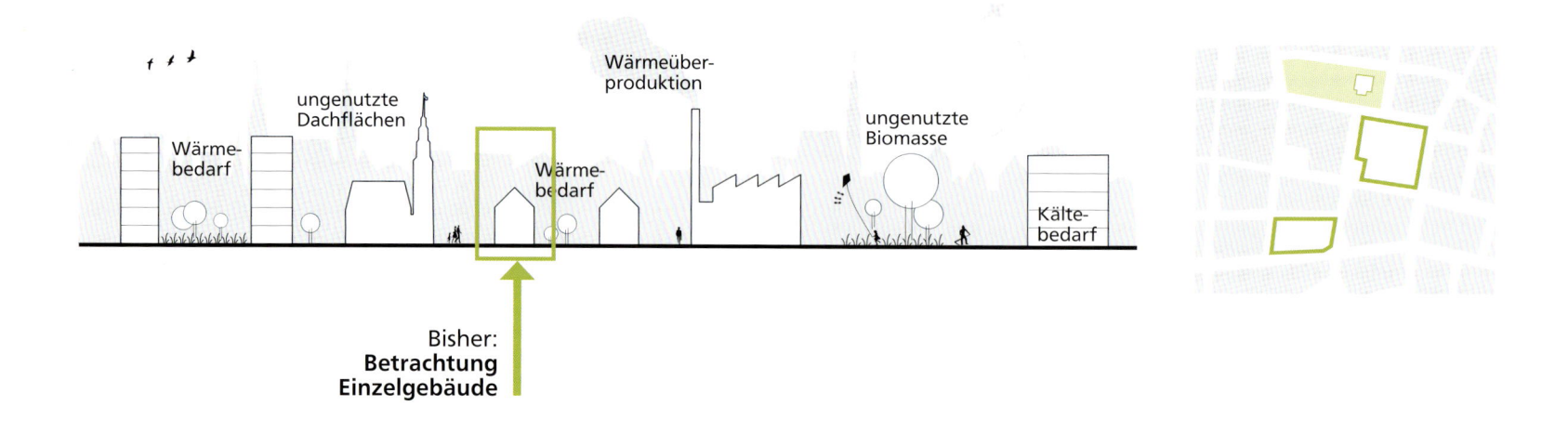

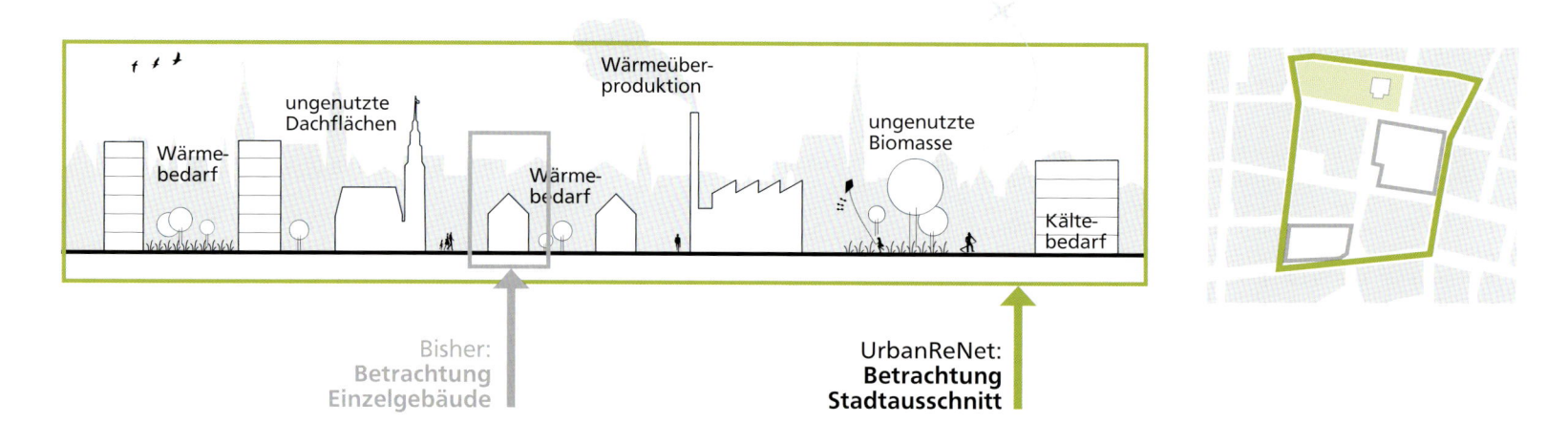

Erweiterung der Bilanzgrenze vom Gebäude auf die Nachbarschaft

tische Nutzung von Biomasse oder durch gebäudenahe geothermische Anlagen. Nimmt man das Umland der Städte und Gemeinden mit ins Blickfeld, schließt die Vernetzung die beträchtlichen regenerativen Energiepotentiale des unbebauten Raums mit ein.

Intelligent gemanagte Netze erhöhen den Eigennutzungsanteil auf Nachbarschafts-, Stadtteil- und Stadtebene beträchtlich. Die erforderlichen Micro-Grids oder Smart-Grids auf der elektrischen Seite sind vorhanden; ihre intelligente Regelung im Sinne virtueller Kraftwerke steht jedoch noch aus. Auf der Wärme- und Kälteseite kann der Ausbau kleiner Nahwärmenetze Sinn machen. Für größere Netze wird sich auf längere Sicht allerdings die Frage stellen, ob die energetische Aufrüstung der Gebäude, die sie bedienen, zu einer solch deutlichen Reduzierung des Energiebedarfs führen kann oder sollte, dass der Wärme- und oder Kältenetzausbau dann wirtschaftlich und technisch kaum noch Sinn macht.

Leitbild Nachhaltiges Bauen

Indem es die Potentiale zur Energieeinsparung wie zur umweltfreundlichen Energiegewinnung voll ausschöpft, geht das Aktivhaus einen wichtigen, weiteren Schritt in Richtung auf eine nachhaltige bauliche Entwicklung. Im Hinblick auf die Herausforderungen des Klimawandels, der weiter wachsenden Weltbevölkerung und der sich abzeichnenden Ressourcenverknappung ist jedoch ein umfassender Blick auf den Ressourcenverbrauch beim Bauen erforderlich. Er geht über den Gebäudebetrieb weit hinaus.

Materialwahl

Über eine bewusste Materialwahl können Planende die Nutzung und die Wiederverwendbarkeit von Baustoffen und Bauteilen für künftige Generationen wesentlich beeinflussen. Haben diese ein hohes Recycling-

Erweiterung der Bilanzgrenze: Der ehemalige Flakbunker in Hamburg Wilhelmsburg wird im Rahmen der Internationalen Bauausstellung Hamburg saniert und als Energiebunker umgenutzt. Es ist eine öffentliche (Museum und Café) und eine technische (Technikzentrale) Nutzung vorgesehen. Der Energiebunker wird mit einem Biomasse-Blockheizkraftwerk, einer Solarthermie- und einer Photovoltaik-Anlage sowie einem Energiespeicher zur Heizungs- und Warmwasserversorgung des angrenzenden Wohnquartiers ausgestattet, HHS Planer + Architekten AG, Kassel

potential? Sind sie besonders dauerhaft? Bestehen sie aus nachwachsenden Rohstoffen? Solche und weitere Fragen sind gerade auch angesichts der neuen, mit dem Aktivhauskonzept verbundenen Materialentscheidungen und -mehraufwendungen, schlüssig zu beantworten. Für die notwendigen Entscheidungen ist es hilfreich, die Lebensdauer und die Ökobilanzdaten der Materialien im Blick zu haben, um die Umweltbelastungen des Bauens und des Betreibens über den gesamten Lebenszyklus zusammenfassend betrachten zu können.

Konstruktion

Eine intelligente Konstruktion ist immer darauf ausgerichtet, den Materialaufwand für das Bauen zu minimieren. Eine reversible Konstruktion ohne Verklebungen und Sandwichbauteile ermöglicht eine einfache Demontage des Gebäudes am Ende seines Lebenszyklus und eine möglichst vollständige Wiederverwendung von Komponenten und Baustoffen. Wartungsfreundliche Konstruktionen ermöglichen den leichten und zerstörungsfreien Austausch von Bauteilen, ohne andere, noch funktionstüchtige Bauteile beim Austausch zu beschädigen und deren vorzeitigen Austausch zu erzwingen. Der Verzicht auf Anstriche, Lackierungen und Verkleidungen vereinfacht das sortenreine Recycling der Komponenten. Eine Dokumentation der verbauten Stoffe und Produkte erleichtert die Instandhaltung und die Entsorgung sowie die Weiterverwendung der in einem Gebäude zwischengelagerten Materialien.

Standortwahl

Die Wahl eines geeigneten Standorts ist gerade vor dem Hintergrund steigender Energiekosten, des demographischen Wandels und der zunehmenden Verstädterung bedeutsam. Hier stellen sich Fragen wie: Ist die Attraktivität des Standorts auf lange Sicht, auch bei sinkenden Bevölkerungszahlen, gegeben? Macht verkehrlicher Mehraufwand eine baubezogen günstige Energiebilanz und gegebenenfalls auch eine umweltfreundliche Ökobilanz zunichte? Ist die für einen Standort notwendige technische und soziale Infrastruktur auf lange Sicht gesichert? Viele Räume entdichten sich infolge von geringeren Haushaltsgrößen, von Wanderungsbewegungen und anderen demographischen Entwicklungen. Die hohen finanziellen und zeitlichen Aufwendungen für Mobilität stehen vielfach in Frage.

Bauprogramm

Erfolge bei mehr Energieeffizienz und Nachhaltigkeit werden, wie der im Kapitel „Grundlagen" (siehe S. 64 ff) beschriebene Reboundeffekt zeigt, durch steigende Flächenansprüche wieder eingeholt. Dies gilt insbesondere für das Wohnen; hier hat sich der Flächenbedarf pro Person in den vergangenen 50 Jahren nahezu verdreifacht. Faktoren wie Flächenökonomie bei guter Raumqualität, eine kluge Bauform und Zonierung, anpassungsfähige und nutzungsneutrale Grundrisse können hier einen weiteren Anstieg der Flächenansprüche wirksam abwenden. Dies legt auch nahe, den Energie- und Ressourcenbedarf in Zukunft auf die Person zu beziehen, wie dies im Modell der 2000-Watt-Gesellschaft der Schweiz der Fall ist.

Das Aktivhaus fördert Denken über Energiefragen hinaus. Nachhaltigkeit ist das Ziel. Eine wirksame Ressourcenschonung gelingt über die personenbezogene Betrachtung.

Entwurf und Gestaltung

Im Bestand wie im Neubau stellt sich immer wieder die Frage nach einer gelungenen Integration von aktiven Energiegewinnungssystemen in die Architektur. Die fehlende landschaftliche Einbettung mancher Windparks, die Verschandelung landwirtschaftlich genutzter Räume mit nachlässig solar gedeckten Scheunen, wie auch die Überformung von Schulgebäuden und Industriebauten mit geneigten Scharen von Photovoltaik-Elementen haben der Akzeptanz der erneuerbaren Energien geschadet. Dies gilt im Übrigen auch für viele frühe Bemühungen einer architektonischen Integration. Es braucht Zeit und viel Feinarbeit, zu überzeugenden und nachahmenswerten Lösungen zu kommen. Es ist gründliche Detailarbeit notwendig, die neuen Bauteile und Systeme in die Architektur zu integrieren, veränderte Anforderungen und neue Technologien in einer guten Form zu verdichten.

Hier sind intensive Entwicklungsarbeit und integrierte Planung notwendig. Zunächst geht es darum, klassische Entwurfsfaktoren im Sinne des nachhaltigen und energieeffizienten Bauens klug einzusetzen, wie etwa eine für den Stadtraum, die Nutzung und die Energieeffizienz geeignete Bauform, eine kluge Befensterung, ein sinnvolles Verhältnis von Masse und Transparenz, Wärme und Feuchte absorbierende Materialien. Der Entwurfsprozess wird darüber hinaus immer auch mit neuen Anforderungen konfrontiert. In der unbefangenen Auseinandersetzung mit dem Ungewohnten liegen aber auch die Chancen, Neues zu entwickeln. Es sind neue Ausdrucksformen der Architektur zu finden, die den Zielen des nachhaltigen und energieeffizienten Bauens dienen, neue Materialien einzusetzen oder in ungewöhnliche Zusammenhänge zu bringen, neue Formen aus dem intelligenten Einsatz neuer Technologien zu schaffen.

Die Energiewende wird dann gelingen, wenn Aktivhäuser gut gestaltet sind, wenn Produktdesign und Architektur der Nachhaltigkeit faszinieren.

Die gute Gestaltung energieeffizienter und nachhaltiger Gebäude ist für Architekten und andere Planende die große Herausforderung für die nächsten Jahre. Denn es geht nicht allein um Flächenökonomie und Energieeffizienz. Nur ein von der städtischen Gesellschaft und seinen Nutzern geliebtes Gebäude ist wirklich nachhaltig. Es wird nur dann dauerhaft genutzt werden. Und nur dann wird sich der Aufwand zur Steigerung der Energieeffizienz und zum Einsatz dauerhafter Materialien wirklich lohnen, wenn sich Gemeinschaften und Individuen leidenschaftlich mit ihrer gebauten Umwelt identifizieren. Dies, und nicht weniger, müssen Aktivhäuser leisten.

Zum Schluss

Die genannten Perspektiven zeigen, dass die Entwicklung des Aktivhauses und der Aktivstadt große Potentiale aufweist. Die bevorstehenden Aufgaben sind benannt. Sie werden nur in enger Zusammenarbeit aller Beteiligter, der Architekten und Ingenieure, der Immobilienwirtschaft, der Behörden und staatlichen Einrichtungen, der Banken und der Nutzer von Gebäuden zu bewältigen sein. Sie erfordern Bereitschaft zur Annahme der durch Ressourcenknappheit und Energiewende vor uns stehenden Herausforderungen. Viel Kreativität wird einzusetzen sein, um neue, technisch wie gestalterisch überzeugende Lösungen zu schaffen. Wir sind der Überzeugung: Die Voraussetzungen dazu sind gegeben. Nutzen wir sie, wird dies die Chance zu einem Wandel sein, der gesellschaftlich gewünscht und global überfällig ist.

An

Anhang

Glossar

A

A/V-Verhältnis
Das Verhältnis der den Warmraum abschließenden Hüllfläche A zum gesamten Gebäudevolumen V. Das A/V-Verhältnis stellt die Kompaktheit des Gebäudes dar. Ein A/V-Wert von 1,00 bedeutet, dass jedem Kubikmeter Volumen 1 Quadratmeter Hüllfläche gegenüber steht. Bei Einfamilienhäusern liegt in der Regel ein A/V-Verhältnis von 0,60 bis 1,20 vor, Reihenhäuser liegen bei 0,50 bis 1,00, mehrgeschossige, kompakte Wohngebäude können ihr A/V-Verhältnis bis auf 0,30 reduzieren.

Absolute Luftfeuchte [g/m³]
Die absolute Luftfeuchtigkeit ist die Menge / Masse Wasserdampf, die ein bestimmtes Luftvolumen aufnehmen kann. Sie wird in Gramm Wasser pro Kubikmeter Luft angegeben. Nach oben wird dieser Wert begrenzt durch die maximale Feuchte, die das Luftvolumen aufnehmen kann.
Dabei ist die absolute Luftfeuchtigkeit ein direktes Maß für die in einem Luftvolumen enthaltene Wasserdampfmenge. Sie gibt an, wie viel Kondensat / Feuchtigkeit maximal ausfallen kann.

Absorber
Der Absorber ist ein Teil des Solarkollektors und nimmt einfallende Sonnenstrahlung über eine Trägerflüssigkeit (Wasser + Frostschutzmittel) auf. Ein hoher Wirkungsgrad wird durch die Verwendung schwarzer Absorber, oder noch besser, durch selektive Beschichtungen erreicht.

Absorption
Bei Absorption nimmt ein Material z.B. Wärme oder Feuchtigkeit auf. Es absorbiert sie (z.B. Absorptionskältemaschinen, etc.).

Adiabate Kühlung
Die Adiabate Kühlung oder Verdunstungskühlung ist ein Verfahren, um mit Verdunstungskälte Räume zu klimatisieren. Dabei wird nicht der zu kühlende Luftstrom direkt, sondern ein zweiter Luftstrom befeuchtet. Es handelt sich also um ein indirektes Verfahren. Bei Verdunstungskühlung werden zur Kälteerzeugung nur Luft und Wasser als Quellen, also erneuerbare Energie eingesetzt. Verdunstungskühlung ist prinzipiell mit dem Vorgang des Schwitzens zu vergleichen. Beim Schwitzen verdunstet Wasser, wodurch dem Körper Wärme entzogen wird.

Amortisationszeit [a]
Amortisationszeit ist der Zeitraum der vergehen muss, bis eine getätigte Investition sich durch Einsparungen im Betrieb refinanziert hat.
Die energetische Amortisationszeit beschreibt die Zeit, über die zum Beispiel eine Energieerzeugungsanlage betrieben werden muss, bis die für ihre Herstellung aufgewendete Energie wieder erzeugt worden ist. Während Anlagen, die mit erneuerbaren Energien betrieben werden, energetische Amortisationszeiten von einigen Monaten oder Jahren haben, können konventionelle Kraftwerke nach dieser Definition nie einen Punkt der energetischen Amortisation erreichen, da zum Betrieb kontinuierlich weitere Primärenergie zugeführt werden muss. Somit ist die Angabe einer energetischen Amortisation bei diesen Kraftwerken nicht sinnvoll.

Anergie, Exergie [kWh]
Als Anergie bezeichnet man die nicht mehr arbeitsfähige Energie, also Energie, welche für einen Arbeitsprozess nicht mehr direkt nutzbar ist, wie zum Beispiel Umweltwärme. Sie muss durch den Einsatz von Exergie aktiviert werden.
Anergie gibt an, wie viel mechanische Arbeit maximal gewonnen werden könnte, wenn man ein System, das mit der vorhandenen Umgebung im thermodynamischen Gleichgewicht steht, in ein neues Gleichgewicht mit einer absolut kalten Umgebung (T=0K) bringen würde. Da diese Umgebung aber nicht zur Verfügung steht, ist die Anergie nicht nutzbar (nicht arbeitsfähig).
Der Gegensatz zur Anergie ist die Exergie, welche angibt, wie viel mechanische Energie maximal unter Beteiligung der Umgebung gewonnen werden kann, wenn das System ins thermodynamische Gleichgewicht mit der Umgebung kommt.
Ein System, das sich im Gleichgewicht mit der Umgebung befindet, ist also nicht ohne Energie, sondern ohne Exergie und enthält immer noch seine Anergie.
Für Systeme, die sich oberhalb der Umgebungstemperatur und des Umgebungsdrucks befinden gilt:
Anergie + Exergie = Energie

Arbeitszahl [-]
Die Arbeitszahl (oder Jahresarbeitszahl) beschreibt die Energieeffizienz von Wärmepumpen. Dividiert man die Wärmeabgabe durch die aufgewendete elektrische Energie, ergibt sich die Jahresarbeitszahl. Sie gibt somit das Verhältnis von Ertrag und Aufwand, also den Wirkungsgrad an.

B

Bauteilbezogener mittlerer Wärmedurchgangskoeffizient [W/m²K]
Der bauteilbezogene mittlere Wärmedurchgangskoeffizient gibt den durchschnittlichen Wärmedurchgangskoeffizienten für einzelne Bauteilgruppen an. Dieser durchschnittliche U-Wert der einzelnen Bauteile ist der Quotient aus der Summe der Wärmedurchgangsverluste der Bauteile durch die jeweilige Bauteilfläche. In der EnEV werden Höchstwerte der Wärmedurchgangskoeffizienten bezogen auf den Mittelwert der jeweiligen Bauteile gefordert, so werden beispielsweise opake und transparente Bauteile in ihren Anforderungen unterschieden.

Beleuchtung
Die Ausleuchtung und Erhellung eines Raums oder Objekts mit Kunstlicht wird als Beleuchtung bezeichnet. Erfolgt diese anstatt durch Kunstlicht durch Sonnenlicht, spricht man nur dann von Beleuchtung, wenn technische Hilfsmittel, beispielsweise Spiegel eingesetzt werden, um das Licht zu lenken.

Beleuchtungsstärke [lx]
Die Beleuchtungsstärke E in lx ist der Lichtstrom auf ein Flächenelement dividiert durch die Fläche dieses Elements.

Bio-Methan-Herstellung
Bei der Produktion von Bio-Methan wird Wasserstoff mit CO_2 thermochemisch synthetisiert (methanisiert). Das so erzeugte Bio-Methan kann gespeichert und in das Gasnetz eingespeist werden, um bei Bedarf in Wärme umgewandelt zu werden. Der Wirkungsgrad bei der Umwandlung von Strom zu Methan beträgt 60 Prozent, das heißt aus 1,0 Kilowattstunden Strom lassen sich 0,6 Kilowattstunden des Energieträgers Methan herstellen.

Blower-Door-Test/ Differenzdruckmessverfahren
Der Blower-Door-Test ist eine Dichtigkeitsprüfung der Gebäudehülle. Die Dichtigkeit eines Gebäudes ist eine wichtige Forderung der Energieeinsparverordnung. Ein Blower-Door-Test wird nicht gefordert. Wird jedoch mittels Blower-Door-Test die Mindestanforderung bezüglich der Winddichtigkeit nachgewiesen, können im Berechnungsverfahren des Wärmebedarfs geringere Mindestluftwechsel und damit geringere Lüftungsverluste angesetzt werden.

Break-Even-Point
Der Break-Even-Point ist in der Wirtschaftswissenschaft der Punkt, an dem Gewinn und Kosten einer Produktion (oder eines Produkts) gleich hoch sind und somit weder Verlust noch Gewinn entsteht. Wird der Break-Even-Point überschritten, macht man Gewinne, wird er unterschritten, macht man Verluste.

C

CIS-Zellen CIS, CIGS, CIGSSe
CIGS (auch CIGSSe oder CIS) ist eine Dünnschichttechnologie für Solarzellen und steht als Abkürzung für die verwendeten Elemente Kupfer (Cu), Indium (In), Gallium (Ga), Schwefel (S) und Selen (Se) (engl. copper, indium, gallium, sulfur, and selenium). In der Anwendung werden verschiedene Kombinationen dieser Elemente verwendet: Die wichtigsten Beispiele sind $Cu(InGa)Se_2$ (Kupfer-Indium-Gallium-Diselenid) oder $CuInS_2$ (Kupfer-Indium-Disulfid).

CO_2-Speicher
Als CO_2-Speicher werden nachwachsende Rohstoffe bezeichnet, da sie während ihres Wachstums mittels Photosynthese Kohlenstoffdioxid in Biomasse umsetzen. Bei der thermischen Verwertung/Verbrennung wird das bis dahin gebundene, klimaschädliche CO_2 wieder freigesetzt.

D

Diffuse Strahlung
Bei diffuser Strahlung handelt es sich um die Solarstrahlung, die uns aus allen Richtungen – nach Streuung des Sonnenlichts an Wolken, Nebel, Bergen, Gebäuden et cetera – erreicht.

Diffusion	Diffusion ist die Mischung zweier Stoffe ohne äußere Kräfte, im Bauwesen ein Wasserdampftransport. Ähnlich wie Wärme immer von der warmen zur kalten Seite wandert, findet zwischen Bereichen unterschiedlicher Luftfeuchte eine Wasserdampfwanderung statt (Wasserdampfdiffusion). Temperatur, Luftdruck und relative Luftfeuchte beeinflussen die Geschwindigkeit der Diffusion und damit die Mengen des diffundierenden Dampfs.
Direkte Strahlung	Solarstrahlung, die direkt von der Sonne auf den Kollektor trifft. Sie ist intensiver als die diffuse Strahlung; übers Jahr trifft jedoch etwa gleich viel diffuse wie direkte Strahlung auf den Kollektor.
Dynamische Gebäudesimulation	Zur Ermittlung von internen und solaren Wärmelasten im Sommerfall werden gerade bei Nichtwohngebäuden oft dynamische Simulationen durchgeführt. Hierbei werden Wetter- und Ablaufszenarien programmiert, um den Einsatz von passiven und aktiven Kühlleistungen zu überprüfen.

E

Endenergie [kWh]	Jede Umwandlung und jeder Transport von Energie geschieht unter Verlusten. Endenergie bezeichnet die Energiemenge inklusive der Anlagen- und Verteilungsverluste oder eben die an die Hausgrenze gelieferte Menge eines Energieträgers vor der Umwandlung.
Energie [J] / [Wh]	Energie ist eine physikalische Zustandsgröße und beschreibt die in einem vorher zu definierenden System gespeicherte Arbeit beziehungsweise die Fähigkeit eben dieses Systems, Arbeit zu verrichten. Gemessen wird Energie im Allgemeinen in Joule [J] oder Wattstunden [Wh]. Energie kann weder erzeugt noch vernichtet, sondern nur von einer Energieform in eine andere umgewandelt werden. In einem geschlossenen System gilt daher das Energieerhaltungssatz. Es wird zwischen den folgenden Energieformen unterschieden: Mechanische Energie, Thermische Energie, Elektrische und Magnetische Energie, Elektromagnetische Schwingungsenergie, Chemische Energie, Nukleare Energie. Energie ist die Summe aus Anergie und Exergie.
Energiebedarf/ Endenergiebedarf [kWh/m²a]	Der Energiebedarf eines Gebäudes ist in Bezug auf die Erstellung eines Energieausweises oder EnEV-Nachweises der unter Normbedingungen berechnete Wert, wie viel Endenergie ein Gebäude benötigt. Er dient dem Vergleich des Dämmstandards und der Anlagentechnik von Gebäuden.
Energiebezugsfläche (EBF) [m²]	Bei der Bilanzierung von Nichtwohngebäuden wird mit einem anderen Flächenbezug gerechnet. Zur Ermittlung der Energiebezugsfläche EBF wird die Nutzfläche nach DIN 277 bewertet. Haupt- und Nebennutzflächen (HNF + NNF) sind zu 100 Prozent, Verkehrs- und Funktionsflächen (VF + NF) zu 60 Prozent, Treppen und Schächte sowie unbeheizte Flächen gar nicht anzurechnen.
Energiebilanz	Summe aller Energiegewinne und -verluste eines Gebäudes.
Energieeffizienz	Energieeffizienz ist die Bewertung der energetischen Qualität von Gebäuden durch den Vergleich der Energiebedarfskennwerte mit Referenzwerten (z. B. die Anforderungen der EnEV) oder der Energieverbrauchskennwerte mit Vergleichswerten (zum Beispiel Mittelwert der Gebäude gleicher Nutzung).
Energieinhalt	Der Energieinhalt ist die Wärmemenge, die bei voller Verbrennung aus einer Menge eines Brennstoffs gewonnen werden kann.
Energieeinsparverordnungen 2002, 2004, 2007, 2009 (EnEV)	Verordnung zur Energieeinsparung von beheizten Gebäuden. Die Hauptanforderungsgröße der EnEV ist der Jahresprimärenergiebedarf Q_p in Abhängigkeit von der Kompaktheit A/V des Gebäudes. Die Erweiterung des bisherigen Bilanzierungsrahmens erfolgt durch die Zusammenführung von Heizungsanlagenverordnung und Wärmeschutzverordnung.
Energieverbrauch [kWh/a]	Der Energieverbrauch ist eine gemessene Größe, die den realen Verbrauch eines Gebäudes angibt.
Entropie	Die Entropie ist eine thermodynamische Größe, mit der Wärmeübertragungen und irreversible Vorgänge in thermodynamischen Prozessen rechnerisch erfasst und anschaulich dargestellt werden können.
Erneuerbare Energien	Erneuerbare Energien sind Energien aus Quellen, die nicht im Laufe der Existenz der Menschheit verbraucht werden. Zu ihnen gehören die Solarenergie in Form von thermischen Kollektoren, Photovoltaik und Tageslichtbeleuchtung sowie Wind-, Wasser- und Bioenergie.
Erneuerbare-Energien-Gesetz (EEG)	Im Jahr 2000 wurde das Stromeinspeisungsgesetz durch das Erneuerbare-Energien-Gesetz (EEG) ersetzt. Mit dem EEG wird die vorrangige Abnahme, Übertragung und Vergütung von Strom aus erneuerbaren Energien geregelt.
Erneuerbare-Energien-Wärmegesetz (EEWärmeG)	Ziel des Gesetzes zur Förderung Erneuerbarer Energien im Wärmebereich, kurz Erneuerbare-Energien-Wärmegesetz (EE-WärmeG) ist es, den Anteil erneuerbarer Energien für Heizung, Warmwasser, Kühlung und Prozesswärme bis zum Jahr 2020 auf 14 Prozent zu erhöhen. Um das festgelegte Ziel zu erreichen legt das Gesetz fest, dass Neubauten (Bauantrag ab dem 1.1.2009) ab 50 m² Nutzfläche einen Teil ihrer Wärmeenergie über erneuerbare Energieträger, also Solarwärme, Biomasse, Umweltwärme oder Geothermie, decken müssen.
EU-Gebäuderichtlinie 2010/31/EU	Vor dem Hintergrund eines 40-prozentigen Gesamtenergiegebrauchs für den Gebäudesektor in der EU und den Verpflichtungen aus dem Kyoto-Protokoll der Vereinten Nationen über Klimaänderungen entstand auf europäischer Ebene die EU-Gebäuderichtlinie zum Erreichen der gesteckten Ziele. Die EU-Gebäuderichtlinie 2010/31/EU über die Gesamtenergieeffizienz von Gebäuden (EPBD 2010, European Directive Energy Performance of Buildings) ist die Novellierung der EU-Gebäuderichtline 2002/91/EG, herausgegeben durch das Europäische Parlament.
Eutrophierung (Überdüngung)	Unter Überdüngung beziehungsweise Eutrophierung (Eutrophication Potential) [kg PO43-Äquivalent] versteht man die Anreicherung von Nährstoffen. In überdüngten Gewässern kann es zu Fischsterben bis hin zum Umkippen, das heißt zum biologischen Tod des Gewässers kommen. Pflanzen auf eutrophierten Böden weisen eine Schwächung des Gewebes und eine geringere Resistenz gegen Umwelteinflüsse auf. Ein hoher Nährstoffeintrag führt weiterhin zur Nitratanreicherung im Grund- und Trinkwasser, wo es zu humantoxischem Nitrat reagieren kann. Das Überdüngungspotenzial fasst Substanzen im Vergleich zur Wirkung von PO43 zusammen.
Exergie	siehe Anergie

F

Freie Enthalpie	Freie Enthalpie (G) ist die Triebkraft sämtlicher chemischer, biologischer und biochemischer Prozesse. Sie gibt Auskunft darüber, ob ein Prozess, bei dem ein Austausch von Energie zwischen System und Umgebung stattfindet, reversibel oder irreversibel ist. G ist die maximal nutzbare Arbeit eines Prozesses bei konstantem Druck und konstanter Temperatur.
Fossile Energieträger	Fossile Energie entstammt Energieträgern, deren Energiegehalt vor langer Zeit in eine konzentrierte Form überführt wurde und sich nach menschlichen Zeitmaßstäben nicht erneuert. Fossile Energieträger sind durch biologische und physikalische Vorgänge wie Veränderungen des Erdinneren und der Erdoberfläche über große Zeiträume natürlich entstanden. Erdgas, Erdöl, Braun- und Steinkohle basieren auf organischen Kohlenstoffverbindungen. Bei der Verbrennung wird daher nicht nur Energie in Form von Wärme frei, je nach Zusammensetzung und Reinheit des fossilen Brennstoffs werden weitere Verbrennungsprodukte wie Kohlendioxid, Stickoxide, Ruß sowie andere chemische Verbindungen freigesetzt. Nach wie vor ist Erdöl der wichtigste Energielieferant der Welt. Rund 40 Prozent der von uns benötigten Energie beziehen wir aus Erdöl. Fossile Energieträger sind endlich.

Funktionsäquivalent	Das Funktionsäquivalent bezeichnet Materialschichtdicken gleicher funktionaler Leistungsfähigkeit. Erst beim Einhalten eines Funktionsäquivalents können Umweltwirkungen von Baustoffen direkt miteinander verglichen werden.	Heizwärmebedarf (pro m²) [kWh/m²a]	Der Heizwärmebedarf (HWB) ist die errechnete Energiemenge, die einem Gebäude innerhalb der Heizperiode zuzuführen ist, um die gewünschte Innentemperatur aufrechtzuerhalten (z.B. durch Heizkörper).

G

Gegenstrom-Wärmetauscher	Das Gegenstromprinzip ist ein grundlegendes Prinzip in der Wärmeübertragung. Hierbei werden zwei unterschiedlich temperierte Stoffe, in der Regel Wasser oder Luft, aus entgegengesetzten Richtungen aneinander vorbeigeleitet, sodass die Wärme von der einen auf die andere Flussrichtung/Stofflichkeit abgegeben wird.	Heizwärmebedarf [kWh/a]	Die Wärmemenge, die pro Jahr für die Raumheizung eingesetzt werden muss. Diese wird unter Normbedingungen berechnet und stellt eine Nutzenergie dar.
		Hilfsenergie [kWh/a]	Die Hilfsenergie ist die Energie, die für den Betrieb von Pumpen, Ventilatoren, Regelung usw. der Heizungs-, Kühl- und Trinkwarmwassersysteme et cetera benötigt wird.

I

Gesamtenergiedurchlassgrad (g-Wert)	Der Gesamtenergiedurchlassgrad (in Prozent) einer Glasscheibe beschreibt den solaren Eintrag (Nutzen). Bei einem Fenster (Scheibe) mit einem g-Wert von 0,56 können maximal 56 Prozent der solaren Einstrahlung (Energie) genutzt werden.	Infrarot-Thermografie	Bei der Thermografie wird mittels einer Spezialkamera (Wärmebildkamera) die abgestrahlte thermische Energie eines Bauwerks beziehungsweise Objekts sichtbar gemacht. Um dieses Verfahren zu verstehen, ist es wichtig zu wissen, dass jedes Objekt, dessen Temperatur über dem absoluten Nullpunkt liegt, im Infrarotbereich Wärme abstrahlt. Das führt dazu, dass sogar von kalten Objekten, wie zum Beispiel Eis, infrarote Strahlung ausgeht. Es gilt auch: Je höher die Temperatur, desto intensiver die abgegebene Infrarotstrahlung, desto roter wird der Bereich auf dem Wärmebild dargestellt (blau = kalt, rot = warm).
Globalstrahlung	ist die auf eine horizontale Fläche fallende solare Strahlung. Sie setzt sich aus direkter und diffuser Strahlung zusammen und ist abhängig vom geografischen Breitengrad, der Jahreszeit sowie der Bewölkung und Partikeln. Je größer der Auftreffwinkel, desto größer die Strahlungsdichte. Bei bewölktem Himmel trifft nur diffuse Strahlung auf die Erdoberfläche, weshalb die Globalstrahlung dann in Mittteleuropa unter 100 W/m² beträgt. An klaren Sommertagen hingegen erreicht sie zirka 700 W/m². Die Jahressumme der Globalstrahlung liegt in Deutschland zwischen 900 und 1200 kWh/(m²)		
		Interne Wärmegewinne	Durch die Nutzung von Elektrogeräten, Computern, künstlicher Beleuchtung, aber auch durch Personen und z.B. beim Kochen entsteht Wärme, die in den Raum abgegeben wird und diesen erwärmt. Diese so genannten internen Wärmegewinne werden als Energiebeitrag bei der Planung von Passivhäusern berücksichtigt.
Graue Energie	Die graue Energie bezeichnet die Energiemenge, die zur Her- oder Bereitstellung eines Produkts oder einer Dienstleistung direkt und indirekt aufgewendet werden muss. Sie bezieht sich auf einen spezifischen Produktions- und Bereitstellungsort. Bei der grauen Energie wird definitionsgemäß nach erneuerbarer und nicht erneuerbarer Energie unterschieden.	Isothermen	Als Isothermen bezeichnet man berechnete Linien, die Orte mit gleicher Temperatur in einem Bauteil verbinden. Sie dienen der Sichtbarmachung und verdeutlichen thermische Zustände.

H

J

Heizenergiebedarf [kWh/m²a]	Nach Definition der Energieeinsparverordnung ist der Jahres-Heizenergiebedarf Q diejenige Energiemenge, die einem Gebäude nach dem EnEV-Berechnungsverfahren zum Zwecke der Beheizung, Lüftung und Warmwasserbereitung jährlich zugeführt werden muss. Er wird in kWh/(m²a) beziehungsweise in kWh/(m³a) angegeben.	Jahresarbeitszahl	Das Verhältnis der über ein Jahr bereitgestellten Wärme in kWh zu dem für den Antrieb des Verdichters, für Hilfsaggregate und für die Erschließung der Wärmequellen eingesetzten Stroms in kWh. Je höher die Jahresarbeitszahl, umso geringer ist der energetische Aufwand für die Nutzung der Umweltenergie und umso wirtschaftlicher ist der Betrieb der Wärmepumpe (siehe auch Arbeitszahl).
Heizgradstunde [kKh]	siehe Heizgradtage, genauere Bilanzierung stunden- statt tagesabhängig		
Heizgradtag [Kd/a]	Ein Heizgradtag wird anhand der Heizgrenztemperatur von 15 °C (festgelegt in der VDI-Richtlinie 2067/DIN 4108 T6) und der Innenraumtemperatur von 20 °C ermittelt. Im Passivhaus liegt die Heizgrenze durch die Trägheit des Gebäudes bei 9,5 bis 11 °C. Im PHPP werden bei einer Bilanzierung nach Standard-Klima 84 kKh/a Heizgradtage bilanziert (Heizperiodenverfahren ~ April bis September).	Jahresnutzungsgrad	Der Jahresnutzungsgrad gibt an, wie stark eine Heizanlage ausgelastet ist. Ein gut eingestelltes und dimensioniertes System arbeitet wirtschaftlich, schlechte Jahresnutzungsgrade entstehen beispielsweise durch Überdimensionierung.
		Jahres-Heizenergiebedarf [kWh/m²a]	Der Jahres-Heizenergiebedarf ist die Menge an Energie, die dem Gebäude zur Beheizung und zur Bereitstellung von warmem Wasser zugeführt werden muss. Dabei werden auch die Verluste, die durch die Heizanlagentechnik entstehen, beachtet.
Heizkurve	Der Zusammenhang zwischen der Außentemperatur und der für die Erwärmung der zu beheizenden Fläche jeweils notwendigen Vorlauftemperatur wird durch die Heizkurve beschrieben. Die Heizkurve hängt vom Gebäude ab und wird im Regelfall durch Probieren während des Betriebs ermittelt. Die Einstellung geschieht in der Regelung an der Heizung und bestimmt unter Einbeziehung der Außentemperatur die Vorlauftemperatur.	Jahres-Heizwärmebedarf [kWh/m²a]	Der Jahres-Heizwärmebedarf ist die Menge an Wärme, die jährlich zur Beheizung des gesamten Gebäudes (ohne Betrachtung der Wärmemenge für die Warmwasserbereitstellung) benötigt wird.
		Jahres-Primärenergiebedarf [kWh/a]	Der Jahres-Primärenergiebedarf Q_p [kWh/a] ist die Menge an Primärenergie, die im Laufe eines Jahres zum Heizen, Lüften und zur Bereitstellung von Warmwasser benötigt wird. Es werden alle Energiegewinne und -verluste betrachtet.
Heizlast [kW]	Die Heizlast ist die maximal über einen Wärmeerzeuger bereitzustellende Heizleistung. Die kältesten Tage im Jahr, meist im Januar und Februar, bestimmen die maximale Heizlast. Dies ist die Leistung, die zur Aufrechterhaltung behaglicher Innenraumtemperaturen bereitstehen muss.		

K

		Kapillarwirkung	Als Kapillarwirkung wird die treibende Kraft bezeichnet, die dafür sorgt, dass ein Flüssigkeitstransport in Baustoffen mit Poren stattfindet.
Heizleistung [kW]	Die Heizleistung ist die von einem Wärmeerzeuger in einer bestimmten Zeit (z.B. einer Stunde) abgegebene nutzbare Heizwärme. Sie wird angegeben in kW (Kilowatt). Die Heizleistung muss mindestens der Heizlast entsprechen.	Kaskadenspeicher	Mehrstufiges Speichersystem, das, z.B. einen Speicher für den Tagesbedarf lädt und Überschüsse in einen zweiten Speicher abgibt, der bei Bedarf zugeschaltet werden kann.
		Kompaktheit des Gebäudes (A/V) [m²/m³]	siehe A/V-Verhältnis

Kondensationskraftwerk	Ein Kondensationskraftwerk ist ein herkömmliches thermisches Kraftwerk, in dem Wärme in Strom umgewandelt wird. Es dient ausschließlich der Erzeugung elektrischen Stroms und nutzt die dabei entstehende Restwärme nicht weiter, sondern gibt sie über den Kondensator oder den Kühlturm an die Umwelt ab. Mithilfe von Kühleinrichtungen wird der die Kondensationsturbine verlassende Dampf, der nur noch geringen Druck und geringe Temperatur hat, kondensiert. Der Wirkungsgrad dieser Kraftwerke liegt zwischen 40 und 60 Prozent. Das Gegenstück zum Kondensationskraftwerk ist das Kraftwerk mit Kraft-Wärme-Kopplung.	Luftkollektoren	Solarkollektor, der Luft als Wärmeträger nutzt.
		Lüftungswärmeverluste [kWh/m²a]	Lüftungswärmeverluste beschreiben die Verluste, die durch die Belüftung eines Gebäudes entstehen: Warme Innenluft wird durch kühlere Außenluft ersetzt und muss auf Raumtemperatur erwärmt werden. Zählt man die Transmissionswärmeverluste hinzu, so ergibt sich der notwendige Heizwärmebedarf.
		Luftwechsel [1/h]	Der Luftwechsel ist der Luftvolumenstrom je Volumeneinheit. Ein 3-facher Luftwechsel bedeutet zum Beispiel, dass das Raumvolumen dreimal in der Stunde ausgetauscht wird.
Konzentratorzelle	Bei Konzentratorzellen wird mit der Bündelung der einfallenden Sonnenstrahlen (Reflexion, Spiegelung) auf eine kleinere Mehrschicht-Zelle (Tandem/Tripel) ein sehr hoher Wirkungsgrad von momentan bis zu 40,7 Prozent erreicht.	Luftwechselrate [1/h]	Die Luftwechselrate in der Einheit [1/h] ist eine Zahl, welche angibt, wie oft das Raumvolumen/Gebäudevolumen in einer Stunde ausgetauscht wird. Sie spielt bei der Lüftung von Gebäuden eine Rolle. Beispiel: Luftwechselrate = 15/h: Das 15fache Raum-/Gebäudevolumen wird in einer Stunde ausgetauscht.
Kühllast	Die Kühllast ist eine aus einem Raum konvektiv abzuführende Wärmelast, die notwendig ist, um einen vorgegebenen Raumluftzustand zu erreichen oder zu erhalten. Sie teilt sich nach VDI 2078 in Äußere Kühllasten und Innere Kühllasten ein.		
		M	
Kunstlicht	Kunstlicht ist im Gegensatz zu Tageslicht durch künstliche Lichtquellen erzeugtes Licht.	Mikroklima	Das Mikroklima ist das Klima der bodennahen Luftschichten bis etwa 2 Meter Höhe beziehungsweise das Klima, das sich in einem kleinen, klar umrissenen Bereich (zum Beispiel zwischen Gebäuden in einer Stadt) bildet.
kWh	Abkürzung für Kilowattstunde Energie oder physikalischer Arbeit. 1 kWh = 1000 Watt über den Zeitraum von 1 Stunde.	Mindestluftwechsel	Der Mindestluftwechsel gibt an, welches Zuluftvolumen dem Gebäudenettovolumen hygienisch mindestens zugeführt werden sollte. Der Mindestluftwechsel bei Wohngebäuden ist weiterhin anhand der DIN 1946-6 zu ermitteln. Bei Nichtwohngebäuden wird die DIN EN 13779 zu Rate gezogen.
L			
Langzeitspeicher	Langzeitspeicher sind Speicher, die Wärme aufnehmen und über mehrere Wochen bis Monate speichern. Entsprechend geringe Ladezyklen pro Jahr werden erzielt.		
		N	
Latentwärmespeicher	Sie verändern beim Lade- oder Entladevorgang nicht ihre fühlbare Temperatur, stattdessen wechselt das Wärme-Speichermedium seinen Aggregatzustand. Meistens wird hierbei der Übergang von fest zu flüssig (bzw. umgekehrt) genutzt, da kaum eine Volumenänderung eintritt. Das Speichermedium kann über seine Latentwärmekapazität hinaus be- oder entladen werden, erst dann führt der Energiestrom zu einer Temperaturerhöhung. Latentwärmespeicher kombinieren also sensible und latente Wärmespeicherung.	Nahwärmenetz	Nahwärme bezeichnet die Übertragung/Weiterleitung von Wärme zwischen Gebäuden zu Heizzwecken. Im Gegenteil zu Fernwärme erfolgt diese nur über relativ kurze Strecken. Nahwärmenetze werden von der Politik gefördert, da sie eine Möglichkeit bieten, dezentral erzeugte Wärmeenergie zum Nutzer zu transportieren. Dadurch ist ein Energieerzeugungssystem mit insgesamt hoher Energieeffizienz bei hoher Wertschöpfung in den Regionen möglich.
Lebenszyklusanalyse (LCA)	Das Mittel zur Analyse des Ressourcenverbrauchs und der Umweltauswirkungen eines Materials über den Lebenszyklus ist die Lebenszyklusanalyse (Life Cycle Assessment – LCA). Sie bilanziert den Lebensweg eines Baustoffs über die Stadien der Rohstoffgewinnung, Herstellung, Verarbeitung; gegebenenfalls werden auch Transport, Nutzung, Nachnutzung und Entsorgung berücksichtigt. Die Bilanzgrenze ist maßgeblich für die Informationen, die aus einer Lebenszyklusanalyse gewonnen werden können.	Kalte Nahwärme	Das Prinzip der kalten Nahwärme besteht darin, oberflächennahes Grundwasser zu fördern, diesem dann mittels Wärmepumpen Wärme zu entziehen (zum Heizen) oder zuzuführen (zum Kühlen) und es danach wieder ins Grundwasser einzuleiten.
		Netto-Stromerzeugung	An den Generatorklemmen gemessene Stromerzeugung einer Anlage abzüglich des für ihren Betrieb erforderlichen Eigenverbrauchs.
Lebenszykluskosten	Die Lebenszykluskosten beschreiben die Kosten, die bei einem Produkt von der Idee bis zur Rücknahme vom Markt entstehen. Dabei werden nur die Investitionen und Ausgaben, nicht jedoch die positiven Rückläufe in Form von Erlösen betrachtet.	Nutzenergie [kWh]	Jede Umwandlung und jeder Transport von Energie geschieht unter Verlusten. Nutzenergie bezeichnet die Energiemenge exklusive der Anlagen- und Verteilungsverluste, also die am Ort des Energiebedarfs zur Verfügung stehende Energie, z.B. Raumwärme.
Leistungszahl (COP)	Die Leistungszahl oder COP (Coefficient of performance) für Wärmepumpen ist der Quotient aus Wärmeabgabe am Verflüssiger in kW zu Stromeinsatz des Kompressorantriebs in kW. Sie gibt somit den Wirkungsgrad an. Mit zunehmender Differenz zwischen den Temperaturniveaus am Verdampfer und Verflüssiger erhöht sich die elektrische Antriebsleistung, da stärker verdichtet werden muss.	Nutzenergiebedarf	Nutzenergiebedarf wird als Heizwärme- und Kühlbedarf bezeichnet. Er ist der rechnerisch ermittelte Wärme- beziehungsweise Kühlbedarf zur Aufrechterhaltung der festgelegten thermischen Raumkonditionen innerhalb einer Gebäudezone. Des Weiteren gibt es den Nutzenergiebedarf für Beleuchtung. Er entspricht dem nach der benötigten Beleuchtungsqualität rechnerisch ermittelten Energiebedarf eines Nutzungsprofils. Zusätzlich gibt es den Nutzenergiebedarf für Trinkwarmwasser. Dies ist der rechnerisch ermittelte Energiebedarf zur Bereitstellung des entsprechend dem Nutzungsprofil für jede Gebäudezone benötigten Trinkwarmwassers.
Luftfeuchtigkeit [%]	Die Luftfeuchtigkeit, oder kurz Luftfeuchte, bezeichnet den Anteil des Wasserdampfs am Gasgemisch der Erdatmosphäre. Bezieht sich der Wasserdampfanteil am Gasgemisch auf einen Raum, so spricht man von Raumluftfeuchte. Die absolute Luftfeuchtigkeit ist die in 1 Kubikmeter Luft tatsächlich enthaltene Wasserdampfmenge in g/m³. Sie wird allerdings oft in Prozent als relative Luftfeuchtigkeit angegeben. Diese bezeichnet das Verhältnis des momentanen Wasserdampfgehalts zum maximal möglichen Wasserdampfgehalt bei derselben Temperatur und demselben Druck.		

Nutzungsgrad	Der Nutzungsgrad einer Anlage oder eines Geräts setzt die in einer bestimmten Zeit nutzbar gemachte Energie zur zugeführten Energie ins Verhältnis. In den betrachteten Zeiträumen können Pausen-, Leerlauf-, Anfahr- und Abfahrzeiten enthalten sein. Bei Anlagen zur Stromerzeugung mit Kraft-Wärme-Kopplung bezeichnet man mit Nutzungsgrad oder Gesamtnutzungsgrad das Verhältnis der gesamten genutzten Energieabgabe (Summe von Strom- und Wärmeabgabe) zum Energieeinsatz, in Abgrenzung zum (elektrischen) Wirkungsgrad, bei dem nur die Stromabgabe berücksichtigt ist. Da der Nutzungsgrad auch durch den Wärmebedarf mitbestimmt wird und damit stark jahreszeitlich schwanken kann, wird zur Bewertung von Anlagen in der Regel der Jahresnutzungsgrad herangezogen. Zu beachten ist, dass der Nutzungsgrad für die Warmwasserbereitung mit fossilen Energieträgern besonders niedrig ist. Gerade bei gut gedämmten Häusern, bei denen der Heizenergieanteil niedriger ist, kann deshalb der Jahresnutzungsgrad sinken und lässt eine solare Warmwasserbereitung sinnvoll erscheinen.
Nutzwärme [kWh]	Wärme, die für eine Nutzung bereitsteht. Der Anteil der Endenergie, die nach allen Verlusten der Erzeugung, Speicherung, Verteilung und Übergabe im Raum zur Verfügung steht.

O

Ökobilanz	Die Ökobilanzierung rechnet auf Basis der Materialaufwendungen die Herstellung und Produktionsprozesse eines Produkts in Auswirkungen (z.B. Emissionen) um. Sie bezieht sich nicht nur auf Bauprodukte, sondern ist ein allgemeingültiges Verfahren. Sie kann auf jeden Prozess, zum Beispiel auf Dienstleistungen, Produktionsverläufe oder eine gesamte Wirtschaftseinheit wie ein Unternehmen, angewendet werden.
Ozonbildungspotential (POCP) [kg C_2H_4-Äquivalent]	Das Ozonbildungspotenzial POCP (Photochemical Ozone Creation Potential) [kg C_2H_4-Äquivalent] ist eine Größe zur Abschätzung der bodennahen Ozonbildung und wird auf die Wirkung von Ethen (C_2H_4) bezogen.

P

Peak-Oil	Das weltweite Ölfördermaximum – der so genannte Peak-Oil – bezeichnet den Scheitelpunkt, an dem die Hälfte aller konventionell förderbaren Erdölvorkommen erschöpft sein werden.
Phase Changing Material (PCM)	Phase Change Materials (Phasenwechselmaterialien) sind Materialien, die aufgrund von äußeren Einflüssen (Licht, Druck, Wasser oder Temperatur,...) ihren Aggregatzustand reversibel verändern können. Sie verfügen über die Eigenschaft, durch Kristallisation ihren Zustand von flüssig zu fest zu verändern und eine zuvor bei höherer Temperatur aufgenommene und gespeicherte Menge an Wärmeenergie wieder frei setzen zu können. PCM dient somit als Latentwärmespeicher.
Photovoltaik (PV)	Photovoltaik bezeichnet die direkte Umwandlung von Strahlungsenergie – vornehmlich Sonnenenergie – in elektrische Energie, also Strom.
Primärenergie [kWh]	Primärenergie beschreibt die Energie, die mit den natürlich vorkommenden Energieformen oder Energieträgern zur Verfügung steht.
Primärenergiebedarf [kWh/m²a]	Der Primärenergiebedarf benennt zusätzlich zu dem eigentlichen Energiebedarf des Systems den Energiebedarf der durch die vorgelagerte Prozessketten außerhalb der Systemgrenze bei der Gewinnung, Umwandlung und Verteilung des Energieträgers entsteht (Primärenergie). Er beschreibt die Energieeffizienz und den ressourcenschonenden Umgang der Energienutzung. Zur Ermittlung der Energiebilanz wird der entsprechende Energiebedarf unter Berücksichtigung der beteiligten Energieträger mit einem Primärenergiefaktor multipliziert.
Primärenergiefaktor	Die durch Gewinnung, Umwandlung und Transport eines Energieträgers entstehenden Verluste werden mittels eines Primärenergiefaktors erfasst und bei einer primärenergetischen Bewertung aufgeschlagen. Die Primärenergiefaktoren sind je nach Bilanzierungssystem und Land unterschiedlich.
Primärenergieinhalt (PEI) [MJ] beziehungsweise [kWh]	Der Primärenergieinhalt (PEI) eines Baustoffs beschreibt den zur Herstellung und Nutzung des Materials notwendigen Aufwand an Energieträgern (Ressourcen). Dabei wird zwischen nicht erneuerbarer Primärenergie (Braunkohle, Steinkohle, Erdgas, Erdöl, Uran etc.) und erneuerbarer Primärenergie (Wasserkraft, Windkraft, Sonnennutzung durch Solarenergie oder Biomasse etc.) unterschieden.
Prozesswärme	Prozesswärme ist die Wärme, die für technische Prozesse und Verfahren genutzt wird. Prozesswärme entsteht normalerweise durch Verbrennungsprozesse oder elektrischen Strom; bestenfalls kann man Abwärme als Prozesswärme nutzen.
Pufferspeicher	Pufferspeicher dienen der kurzzeitigen Zwischenspeicherung von Wärmeenergie zur Überbrückung des ungleichen Tagesgangs des Wärmebedarfs oder der Wärmeerzeugung.

R

Reboundeffekt	Mit Rebound (englisch für Abprall) wird in der Energieökonomie der Umstand bezeichnet, dass das Einsparpotenzial von Effizienzsteigerungen nicht oder nur teilweise verwirklicht wird. Führt die Effizienzsteigerung gar zu erhöhtem Verbrauch (das heißt zu einem Reboundeffekt von über 100 Prozent), spricht man von Backfire.
Referenzgebäudeverfahren	Seit der EnEV 2009 werden die maximal zulässigen Höchstwerte anhand des Referenzgebäudeverfahrens festgelegt. Dieses Verfahren orientiert sich mit seinen maximalen Kennwerten an einem Gebäude gleicher Bauart (Geometrie, Ausrichtung, Nutzfläche, standardisierte Bauteile und Anlagentechnik). Der bisherige Nachweis in Anhängigkeit vom A/V_e-Verhältnis des Gebäudes entfällt.
Relative Luftfeuchtigkeit	Die relative Luftfeuchtigkeit wird in Prozent angegeben und bezeichnet das Verhältnis des momentanen Wasserdampfgehalts in einem System (Raum) zum maximal möglichen Wasserdampfgehalt.
Ressourcen	Ressourcen sind materielles oder immaterielles Gut. Im Bausektor sind meist diejenigen Mengen eines Rohstoffs gemeint, die mit den derzeitigen technischen Möglichkeiten gewonnen werden können.
Rohdichte [t/m³ bzw. kg/dm³]	Die Dichte eines Stoffs ist der Quotient aus der Masse und dem Volumen und wird in t/m³ beziehungsweise kg/dm³ angegeben. Die Rohdichte ist die Dichte von porigen Stoffen einschließlich des Porenvolumens (z.B. Porenbeton).

S

Schadstoffe	Schadstoffe sind Stoffe, die sich schädlich auf die Umwelt (Menschen, Tiere und Pflanzen) auswirken. Dazu zählen u.a. Kohlendioxid, Schwefeldioxid und Stickoxide. Kohlendioxid ist ein geruchs- und farbloses Gas, das bei jeder Verbrennung entsteht und für den Treibhauseffekt mitverantwortlich ist. Es kann ausschließlich durch Verringerung des eingesetzten Brennstoffs reduziert werden. Schwefeldioxid ist ein übelriechendes, hautreizendes und giftiges Gas. Es entsteht bei der Verbrennung schwefelhaltiger Brennstoffe (Kohle, Holz etc.). Es ist mitverantwortlich für den sauren Regen (Waldsterben). Stickstoffdioxide sind Atemgifte und Verursacher des sauren Regens.
Schwimmbadkollektoren	Einfache Absorber zur Wassererwärmung, zum Beispiel schwarze Schläuche ohne Abdeckung.

Sekundärenergie [kWh]	Sekundärenergie ist die nach der Umwandlung der Primärenergieträger in so genannte Nutzenergieträger verbleibende Energieform. Sekundärenergie zeichnet sich meist durch eine der folgenden Eigenschaften aus: - gute Lagerfähigkeit (z.B. Koks, raffinierte Öle) - gute Transportfähigkeit (z.B. elektrische Energie) - hohe Energiedichte (z.B. Koks) - einfache/billige Herstellung (Briketts). Eine dieser Eigenschaften wird im Normalfall bevorzugt, abhängig von Ort und Verwendungszweck. Oft sind die Nebenprodukte der Herstellung von Sekundärenergie ebenso nutzbare Sekundärenergie (z.B. ist Gas bei der Benzinherstellung oder Wärme bei der Herstellung elektrischer Energie ein Nebenprodukt, das als Prozessgas oder Fernwärme weitergenutzt werden kann). Diese Nebenprodukte werden allerdings nicht immer genutzt.
Smart Grid	Der Begriff Smart Grid (intelligentes Stromnetz) umfasst die Vernetzung und Steuerung von Stromerzeugern (zentrale und dezentrale), Energielieferanten, Speichern und elektrischen Verbrauchern. Es ist einerseits durch einen zeitlich und räumlich einheitlicheren Verbrauch geprägt und steuert andererseits Erzeuger und Verbraucher, die nicht deckungsgleich sind. Durch intelligente Netze kann die Auslastung der Netze optimiert und teure Lastspitzen können vermieden werden. Ziel ist die Sicherstellung der Energieversorgung auf Basis eines effizienten und zuverlässigen Systembetriebs.
Solare Kühlung	Von einer solaren Kühlung wird gesprochen, wenn die Antriebswärme der Sorptionskältemaschine hauptsächlich durch den Einsatz solarthermischer Systeme erzeugt wird.
Solare Wärmegewinne [kWh/m²a]	Durch transparente Bauteile wie Fenster gelangt kurzwellige Sonnenstrahlung in das Gebäude, wird beim Auftreffen auf den Boden absorbiert und in langwellige Strahlung umgewandelt. Diese bleibt im Gebäude gefangen, da Glas für dieses Wellenspektrum undurchlässig ist (vergleiche Treibhauseffekt). Richtet sich nach Größe und Ausrichtung, dem Energiedurchlassgrad sowie der Verschattung und Verschmutzung der Fenster.
Solarer Deckungsanteil [%]	Prozentualer Anteil der vom Solarsystem nutzbar abgegebenen Energie am gesamten Wärmeenergiebedarf eines Gebäudes.
Solarkollektor	Hinter einer Glasscheibe befindet sich ein Absorber, bestehend aus dunkel beschichteten Metallblechen. Er absorbiert die Sonnenstrahlung und wandelt sie in langwellige Wärmestrahlung um. Damit diese nicht verloren geht, wird der Kollektor seitlich und unten gut gedämmt (Flachkollektor) oder in ein Vakuum gegeben (Vakuumröhrenkollektor). Die Wärme wird durch eine Flüssigkeit (frostbeständige Sole) in kleinen Röhrchen weitergeleitet, um schließlich mittels eines Wärmetauschers an einen Wasserspeicher abgegeben zu werden.
Solarspeicher	Speicher, der durch Sonnenenergie gespeist wird. Dient der Überbrückung von Schlechtwetterperioden und des Tagesgangs des Energiebedarfs.
Solarthermie	Umwandlung der Sonnenstrahlung in nutzbare Wärmeenergie. Solare Wärme wird durch einen Sonnenkollektor aufgenommen und zur Wassererwärmung beziehungsweise zur Unterstützung der Heizung in Gebäuden genutzt.
Sole	Salz-Wasser-Lösung, welche als Wärmeträger, z.B. in Wärmepumpen, zum Einsatz kommt.
Sorptionskältesysteme	Sorptionskältesysteme zählen zu den aktiven Kälteerzeugern. Sie nutzen das System der thermischen Kühlung, die meist solar erzeugt wird. Sorptionskältemaschinen bauen auf dem Prinzip der Verdunstungskühlung auf. Ein Kältemittel, das in einem geschlossenen Kreislauf zirkuliert, wird unter extremem Unterdruck bei niedriger Temperatur zum Verdampfen gebracht (Verdampfer).
sorptiv -> Sorption	Durch Sorption ist ein Baustoff in der Lage, Feuchtigkeit aus der Luft an seiner Oberfläche anzulagern. Die Aufnahme und Abgabe der Feuchtigkeit erfolgt in Abhängigkeit von der Luftfeuchte.
Speicherkollektoren	Flachkollektoren mit integriertem Warmwasserspeicher.
Spezifische Wärmekapazität [J/kgK]	Die stoffspezifische Eigenschaft gibt die Energiemenge an, die benötigt wird, um 1 kg eines Stoffs um 1K zu erwärmen. Die spezifische Wärmekapazität gibt das Speichervermögen eines Baustoffs an. Aufgrund ihres geringen Gewichts verfügen Dämmstoffe meist nur über eine geringe Wärmespeicherfähigkeit. Schwere Dämmstoffe wie Holzfaserdämmplatten (Rohdichte > 100 kg/m³) können in Bereichen, die zur Überhitzung neigen (z.B. ausgebaute Dachräume), durch ihr höheres Speichervermögen den sommerlichen Wärmeschutz verbessern.
Spezifischer Transmissionswärmeverlust	Zur Berechnung des spezifischen Transmissionswärmeverlusts wird die Summe der Wärmedurchgangsverluste aller Bauteile der Gebäudehülle gebildet. Hierfür wird der jeweilige U-Wert des Bauteils mit der am Gebäude verbauten Fläche und dem Temperaturkorrekturfaktor multipliziert. Wird diese Summe wiederum durch die Gesamthüllfläche dividiert, liegt als Ergebnis der durchschnittliche U-Wert des Gebäudes vor. Dieser Wert könnte damit auch als gewichteter U-Wert der gesamten Gebäudehülle bezeichnet werden. Die offizielle Bezeichnung lautet „spezifischer, auf die wärmeübertragende Umfassungsfläche bezogener Transmissionswärmeverlust". Bei Altbauten liegt dieser Wert oft über 1,00 W/m²K. Bei Neubauten muss je nach A/V-Verhältnis ein bestimmter Wert unterschritten werden, dieser liegt im Regelfall zwischen 0,50 und 0,60 W/m²K für frei stehende Häuser und Doppel-/Reihenhäuser.
Standortklima	Bei Energieberechnungen besteht die Möglichkeit, den Standort des Gebäudes auf unterschiedliche Weise mit einzubeziehen. Für EnEV-Normberechnungen muss aus Gründen der Vergleichbarkeit als Standortklima Deutschland angegeben werden. Für eine individuelle Optimierung jedoch kann oftmals der genaue Standort und damit die Klimaeinflüsse angegeben werden.
Suffizienz	Suffizienz bezeichnet ein Maß für den energie- und ressourcenbewussten Konsum, dabei ersetzen einzelne Personen energieintensive Dienstleistungen durch solche mit geringem Energiebedarf und optimieren so ihr Konsumverhalten, zum Beispiel durch Videokonferenzen statt Flugreisen oder die Reduzierung der Wohnfläche pro Person.

T

Tageslicht	Tageslicht ist das – sichtbare – Licht der Sonne, also das natürliche Licht.
Tageslichtquotient	Der Tageslichtquotient ist ein Hilfsmittel zur Bewertung der Qualität der Tageslichtversorgung im Raum. Gesetzlich ist die Berechnung zur Energiebilanzierung nicht notwendig (Anforderungen an die Raumnutzungen kann man den Arbeitsstättenrichtlinien und der DIN 5034 entnehmen). Allerdings kann eine Berechnung von Vorteil sein, um die Energieeffizienz des Gebäudes zu steigern. Der Tageslichtquotient ist immer abhängig von der verfügbaren Beleuchtungsstärke im Außenraum und der tatsächlich verfügbaren Beleuchtungsstärke im Innenraum.
Tandem- bzw. Tripel-Zellen	Diese Solarzellen bestehen aus zwei, beziehungsweise drei Dünnschichten, die übereinander auf das Substrat aufgebracht werden. Jede Schicht ist für ein bestimmtes Lichtspektrum optimiert.
Thermische Energie [J]	Thermische Energie ist die Energie, die in der ungeordneten Bewegung der Atome oder Moleküle eines Stoffs gespeichert ist. Sie ist eine Zustandsgröße und Teil der inneren Energie. Die thermische Energie wird im SI-Einheitensystem in Joule (Einheitenzeichen: J) gemessen. Umgangssprachlich wird die thermische Energie etwas ungenau als Wärme oder Wärmeenergie bezeichnet oder auch mit der Temperatur verwechselt. Eine Wärmezufuhr steigert die mittlere kinetische Energie der Moleküle und damit die thermische Energie, eine Wärmeabfuhr verringert sie. Kommen zwei Systeme mit unterschiedlichen Temperaturen zusammen, so gleichen sich ihre Temperaturen durch Wärmeaustausch an. Dabei fließt jedoch ohne zusätzliche Hilfe niemals thermische Energie vom System niedrigerer Temperatur in das System höherer Temperatur.

Anhang

Thermografie	Durch eine Thermografie werden Temperaturverteilungen sichtbar gemacht. Ursprünglich handelte es sich um eine Kontakttechnik, bei der sich Thermopapier durch Berührung mit warmen Flächen verfärbte. Heute wird der Begriff meistens für die Infrarot-Thermografie gebraucht. Siehe auch Infrarot-Thermografie.
Tiefengeothermie	Tiefengeothermie beginnt bei einer Tiefe von mehr als 400 m und einer Temperatur von über 20 °C. Von Tiefengeothermie im eigentlichen Sinn sollte man jedoch erst bei Tiefen von über 1000 m und Temperaturen höher als 60 °C sprechen.
Transmission	Transmission bezeichnet den Wärmedurchgang durch ein Bauteil durch Strahlung und Konvektion an den Oberflächen. Er wird aus dem U-Wert und der Fläche des Gebäudes errechnet.
Transmissionswärmeverluste Ht´ [kWh/a]	Transmissionswärmeverluste werden auch Wärmedurchgangsverluste genannt. Sie umfassen die Menge an Energie, die durch den Temperaturunterschied von innen nach außen durch die gesamte Gebäudehülle transmittiert. Das Bauteil setzt dabei dem Wärmedurchgang einen Widerstand entgegen. Diese Fähigkeit wird mit dem Wärmedurchgangskoeffizienten oder kurz U-Wert des Bauteils ausgedrückt.
Treibhauseffekt	Der Treibhauseffekt bewirkt umgangssprachlich die Erwärmung eines Planeten durch Treibhausgase und Wasserdampf in der Atmosphäre. Ursprünglich wurde der Begriff verwendet, um den Effekt zu beschreiben, durch den hinter Glasscheiben oder im Innenraum eines verglasten Gewächshauses die Temperaturen ansteigen, solange die Sonne darauf scheint. Heute fasst man den Begriff viel weiter und bezeichnet den atmosphärischen Wärmestau der von der Sonne beschienenen Erde als atmosphärischen Treibhauseffekt, da die physikalischen Grundlagen beider Vorgänge ähnlich sind.
Treibhauspotential (GWP)	Das Treibhauspotential beschreibt die Emission von Gasen, die zum Treibhauseffekt beitragen. Durch sie wird die von der Erde abgestrahlte Infrarotstrahlung reflektiert und teilweise zur Erdoberfläche zurückgestrahlt. Dieser auch natürlich stattfindende Prozess wird durch die Anreicherung dieser Gase in der Troposphäre verstärkt, die für die globale Erwärmung verantwortlich sind. Das Treibhauspotenzial fasst alle Gase im Verhältnis der Wirkung von Kohlendioxid zusammen. Da die Verweildauer der Gase in der Troposphäre je nach Gas unterschiedlich ist, wird der betrachtete Zeithorizont mit angegeben. Dieser ist üblicherweise 100 Jahre, kann aber auch 50 oder 20 Jahre betragen. Das (relative) Treibhauspotenzial (engl: Global Warming Potential, Greenhouse Warming Potential oder GWP) oder auch CO_2-Äquivalent (als Vergleichswert dient immer CO_2) gibt an, wie viel eine festgelegte Menge eines Treibhausgases zum Treibhauseffekt beisteuert.

U

U-Wert [W/m²K]	Der U-Wert ist der Wärmedurchgangskoeffizient (früher: k-Wert). Der U-Wert bezeichnet eine stoff- und bauteilspezifische Eigenschaft, er ist das Maß für die Wärmedämmfähigkeit eines Bauteils und gibt an, welche Wärmemenge durch 1m² Wandfläche strömt, wenn sich die Lufttemperatur auf den beiden Wandseiten um 1 Kelvin unterscheidet. Die Einheit des U-Werts ist demnach W/m²K. Je kleiner der U-Wert, desto niedriger die Wärmeleitung und desto besser der Wärmeschutz. Unterschiedliche Konstruktionen lassen sich so hinsichtlich ihrer Wärmedämmeigenschaften direkt vergleichen. In der EnEV werden Mindest-U-Werte für Außenbauteile von Gebäuden festgesetzt.

V

Vakuum-Isolations-Paneel (VIP)	Bei einem Vakuum-Isolations-Paneel handelt es sich um eine hoch effiziente Wärmedämmung. Das Prinzip ähnelt dem einer Thermoskanne, durch das Vakuum im Innern des Paneels wurde das wärmeleitende Medium Luft entfernt und so der Wärmetransport in Form von Konvektion und Wärmeleitung drastisch reduziert. VIPs bestehen im Kern aus offenporigen Materialien (z.B. Kieselsäure). Die wärmedämmenden Eigenschaften sind im Vergleich zu herkömmlichen Dämmstoffen zirka 5–10-mal besser. Nachteil ist der erhöhte Planungsaufwand, um die Paneele möglichst passgenau vorzufertigen, eine Anpassung vor Ort ist nicht möglich.
Vakuumröhrenkollektoren	Vakuumröhrenkollektoren sind Teil einer solarthermischen Anlage und dienen zur Bereitstellung von warmem Wasser. Sie bestehen aus nebeneinander liegenden Glasröhren mit einem Durchmesser von je 65 bis 100 mm, die selektiv beschichtete Absorber beinhalten.
Versauerung	Versauerung (Acidification Potential) [kg SO_2-Äquivalent] entsteht überwiegend durch die Umwandlung von Luftschadstoffen in Säuren. Daraus resultiert eine Verringerung des pH-Werts von Niederschlag.
Versauerungspotential	Das Versauerungspotenzial ist einer der wichtigsten Umweltindikatoren. Durch die Verringerung des pH-Werts im Niederschlag nehmen Boden, Gewässer, Lebewesen und Gebäude Schaden. Das Versauerungspotenzial wird in Schwefeldioxid-Äquivalenten angegeben. Sekundäre Effekte, die sauren Regen an Gebäuden sichtbar machen, sind unter anderem erhöhte Korrosion an Metallen oder die Zersetzung von Naturstein.
Virtuelles Kraftwerk	Das virtuelle Kraftwerk beschreibt den Zusammenschluss von kleinen, dezentralen Kraftwerken, wie beispielsweise von Photovoltaik-Anlagen, Kleinwasserkraftwerken und Biogasanlagen, kleinen Windenergieanlagen und Blockheizkraftwerken kleinerer Leistung zu einem gemeinsam steuerbaren Verbund.
Volumenstrom V [m³/h]	Volumenstrom ist die Bezeichnung für die Menge eines Volumens, welches in einer Zeiteinheit strömt, z.B. ein Luftvolumenstrom einer Lüftungsanlage. Er sollte optimalerweise nach dem hygienischen Minimum ausgelegt werden.
Vorlauftemperatur	Temperatur des warmwasserführenden Rohrs eines Heizkreises.

W

Warmwasserspeicher (WWS)	Es gibt verschiedene Arten von Warmwasserspeichern (z.B. Schichtladespeicher). Ihnen allen gemeinsam ist, dass sie ständig (im Gegensatz zum Durchlauferhitzer) warmes Wasser vorhalten.
Wärmebrücken [W/m²K]	Wärmebrücken stellen lokale Schwächungen des Wärmeschutzes des Regelaufbaus eines Bauteils dar und können punktuell, linienförmig oder flächig sein. Man unterscheidet geometrische (Außenecken), konstruktive (Durchdringungen wie eingebundene Balkonkragplatten, Bauteilstöße) und stoffliche Wärmebrücken.
Wärmebrückenfreies Konstruieren	Um den Berechnungsaufwand gering zu halten, wurde für das Passivhaus das vereinfachte Kriterium des wärmebrückenfreien Konstruierens eingeführt, bei dem die Wärmebrückenverluste UWB ≤ 0,01 W/m²K in der Berechnung nicht beachtet werden müssen. Dies verlangt allerdings von vorneherein eine Berücksichtigung und Lösung möglicher Wärmebrücken. Bereits während der Planung müssen Wärmebrücken erkannt und betrachtet werden. Eine nachträgliche Änderung im fertiggestellten Gebäude ist zwar technisch möglich, aber meist sehr aufwendig und teuer.
Wärmedämm-Verbundsystem (WDVS)	Ein Wärmedämm-Verbundsystem ist mehrschichtig aufgebaut und dient der Dämmung von Außenwänden. Der Dämmstoff, der an der Wand befestigt wird, ist bereits mit speziellen Putzaufbauten kombiniert. Wärmedämm-Verbundsysteme eignen sich insbesonders für die Sanierung bestehender Gebäude mit vorhandenen Putz- oder Betonfassaden.

Wärmedurchgangskoeffizient [W/m²K]	siehe U-Wert
Wärmedurchlasswiderstand [m²K/W]	Der Wärmedurchlasswiderstand ist der Kehrwert des U-Werts. Er gibt den Widerstand an, den ein Bauteil dem Wärmestrom bei einer Temperaturdifferenz von 1 Kelvin auf einer Fläche von 1 m² entgegensetzt. Je größer der Wärmedurchlasswiderstand, desto besser sind die wärmedämmenden Eigenschaften des betrachteten Bauteils.
Wärmekapazität	siehe spezifische Wärmekapazität
Wärmeleitfähigkeit [W/mK]	Die Wärmeleitfähigkeit, auch Wärmeleitzahl, ist eine Stoffeigenschaft. Die Wärmeleitfähigkeit eines Stoffs gibt an, welche Wärmemenge in der Zeit t und bei einem Temperaturunterschied T durch die Fläche A strömt.
Wärmequellen	Jedes Objekt, das in einer Form (Strahlung, Konvektion) Wärme abgeben kann, nennt man Wärmequelle. Dies kann sich im Winter positiv als Wärmegewinn oder aber auch im Sommer negativ als Wärmelast auswirken.
Wärmerückgewinnung	Wärmerückgewinnung (WRG) ist ein Sammelbegriff für Verfahren zur Wiedernutzbarmachung der thermischen Energie eines den Prozess verlassenden Massenstromes. Grundsätzliches Ziel der Wärmerückgewinnung ist die Minimierung des Primärenergieverbrauchs. Dabei stehen neben den energiewirtschaftlichen Bedürfnissen auch ökologische Forderungen im Vordergrund. Die Wärmerückgewinnung hat die Eigenschaft einer regenerativen Energie.
Wärmerückgewinnungsgrad	Der Wärmerückgewinnungsgrad gibt die Effizienz des Wärmetauschers, zum Beispiel in einer Lüftungsanlage mit Wärmerückgewinnung an. Er ist als Wirkungsgrad ein wichtiger Parameter bei der energetischen Betrachtung der gesamten Haustechnik.
Wärmeschutzverglasung (WSVG)	Bei Wärmeschutzverglasung, auch Isolierverglasung oder Wärmedämmverglasung genannt, handelt es sich um mindestens zweifach verglaste Fenster. Der Scheibenzwischenraum ist, um die Wärmedämmung zu verbessern, mit einem Edelgas – meist Argon oder Krypton – gefüllt. Des Weiteren gibt es Verglasung mit Zusatzeigenschaften, z.B. Sonnenschutzglas, Schallschutzglas et cetera.
Wärmeschutzverordnung 1977 | 1984 | 1995 (bis 2002) (WSchV)	Verordnung über einen energiesparenden Wärmeschutz im Bereich der Gebäudehülle. Zielsetzung war vor dem Hintergrund steigender Energiepreise die Reduzierung des Energieverbrauchs durch bauliche Maßnahmen, zuerst im Neubau, dann auch im Bestand. Die WSchV galt zunächst im Zusammenhang mit der Heizungsanlagenverordnung. 2002 wurde sie durch die Energieeinsparverordnung (EnEV) abgelöst.
Wärmeträger	Flüssigkeiten oder Luft, die die Aufgabe haben, Wärme vom Kollektor zum Speicher zu transportieren, werden als Wärmeträger bezeichnet. In Solaranlagen kommt meist ein Gemisch aus Wasser und Frostschutzmittel zum Einsatz, damit der Kollektor im Winter nicht einfriert.
Wärmeübergangskoeffizient [W/m²K]	Der Wärmeübergangskoeffizient, auch Wärmeübergangszahl oder Wärmeübertragungskoeffizient genannt, ist ein Proportionalitätsfaktor, der die Intensität des Wärmeübergangs an einer Grenzfläche bestimmt. Der Wärmeübergangskoeffizient in W/(m²K) ist eine spezifische Kennzahl der Anordnung eines Materials zu einer Umgebung. Je höher der Wärmeübergangskoeffizient, desto schlechter ist die Wärmedämmeigenschaft der Stoffgrenze. Sein Kehrwert ist der Wärmeübergangswiderstand RS in (m²K)/W.
Wärmeübergangswiderstand [m²K/W]	Der Wärmeübergangswiderstand R_s in (m²K)/W ist der Kehrwert des Wärmeübergangskoeffizienten. Je höher der Wärmeübergangswiderstand, desto besser ist die Wärmedämmeigenschaft. Der Wärmeübergangswiderstand wird je einmal für die Innen- und Außenseite eines Bauteils angegeben. Diese Kennwerte ergeben zusammen mit den Wärmedurchlasswiderständen der einzelnen Bauteilschichten den Wärmedurchgangswiderstand.
Watt (peak) [kWp]	Peak bedeutet Spitzenleistung. Mit Watt (peak) wird die Spitzenleistung von Photovoltaik-Modulen beschrieben. Hierfür wird unter genormten Bedingungen das Photovoltaik-Paneel einer senkrecht auftreffenden Strahlung von 1000 Watt ausgesetzt. Die dann als Strom gelieferte Leistung des Paneels wird als dessen Norm-Leistung festgehalten und als Watt (peak) oder eben W_p bezeichnet. Die Summe aller Paneele einer Anlage ergibt so eine Normleistung der gesamten Anlage, diese liegt im Bereich des Wohnungsbaus meist bei einigen kW_p. Für 1 kW_p müssen zirka 8 m² Photovoltaik verlegt werden (bei einem Wirkungsgrad von 12,5 Prozent). Die Spitzenleistung sagt noch nichts über den Ertrag der Anlage aus. Pro kWp können im Rhein-Main-Gebiet 800 bis 850 kWh Ertrag erwartet werden, im Breisgau über 1 000 kWh, in Gebieten mit Hochnebel et cetera auch unter 600 kWh.
Wirkungsbilanz	Auf die Sachbilanz folgt in der Ökobilanz die Aufstellung der Wirkungsbilanz. Sie weist allen Stoff- und Energieumwandlungsprozessen der Sachbilanz einzelne Emissionen zu. Zur besseren Auswertung werden die verschiedenen Emissionsarten zu Gruppen ökologischer Wirkungskategorien (z.B. Beitrag zum Treibhauseffekt) zusammengefasst. Darüber werden so genannte Äquivalente ermittelt, die im Verhältnis zu einem Leitschadstoff die Wirkung aller beteiligten Schadstoffe ausweisen. Es stehen dabei über 30 verschiedene Leitschadstoffe als Bezugspunkte zur Verfügung. Sind aus der Sachbilanz keine prozessspezifischen Daten verfügbar, so kann der Bilanzierende auf vergleichbare Prozesse aus Datenbanken zurückgreifen. Solche Austauschprozesse sind im Sinne der Nachvollziehbarkeit der Ökobilanz auszuweisen.
Wirkungsgrad [%]	Wirkungsgrad gibt das Verhältnis von abgegebener Leistung zu zugeführter Leistung im optimalen Betriebszustand an. Als Wirkungsgrad eines Umwandlungsprozesses, z.B. in Kraftwerken oder Heizanlagen, bezeichnet man das Verhältnis der erzielten nutzbaren Energien zu der für den Umwandlungsprozess eingesetzten Energien.
Wirkungsgrad einer Solarzelle bzw. eines Moduls	Der Wirkungsgrad gibt an, wie viel Prozent der eingestrahlten Lichtmenge in nutzbare elektrische Energie umgewandelt werden.
Wohngebäude (WG)	Als Wohngebäude definiert man alle Gebäude mit einer Hauptwohnnutzung (z.B. Einfamilien-, Mehrfamilienhaus) – Hotels werden nicht darüber definiert.

Z

Zuluftkühlung	Genauso, wie ein Gebäude über die Zuluft geheizt werden kann, kann es auch, z.B. über eine Kompressionskältemaschine, im Sommer über die Zuluft gekühlt werden.
Zonierung	Die frühe, sinnvolle Zonierung eines Grundrisses hat ein hohes Energie- und Kosteneinsparpotenzial. So sollte man nicht nur auf die jeweilige Funktion, sondern auch auf Brand-, Schallschutz-, Temperatur- und Lüftungseigenschaft achten.

Literatur- und Abbildungsnachweis

[001] Die Grenzen des Wachstums. Bericht des Club of Rome zur Lage der Menschheit. Aus dem Amerikanischen von Hans-Dieter Heck. Stuttgart: Deutsche Verlags-Anstalt, 1972.

[002] Blaser, Werner; Heinlein, Frank: R 128 by Werner Sobek. Architektur für das 21. Jahrhundert. Basel: Birkhäuser, 2002.

[003] Arch + 157 (9/2001) (Sondernummer über Haus R 128).

[004] Braungart, Michael; McDonough, William: Cradle to Cradle. Re-Making the Way We Make Things. London: Vintage, 2009.

[005] Michaely, Petra; Schroth, Jürgen; Schuster, Heide; Sobek, Werner; Thümmler, Thomas: F87: Mein Haus – mein Auto – meine Tankstelle. greenbuilding 6/2012S, 19-23.

[006] Sobek, Werner; Brenner, Valentin; Michaely, Petra: Das Gebäude als Ressourcenspeicher: Recyclinggerechtes Bauen in der Praxis. DETAILGreen 1/2012, 48-52.

[007] Brown, Lester R.: Plan B 4.0. Mobilizing to Save Civilization. New York: Norton, 2009.

[008] Scheer, Hermann: Energy Autonomy. The Economic, Social and Technological Case for Renewable Energy. London: Earthscan, 2006.

[009] Droege, Peter (ed): Urban Energy Transition. From Fossil Fuels to Renewable Power. Oxford: Elsevier, 2008.

[010] Moewes, Guenther: Weder Hütten noch Paläste. Architektur und Ökologie in der Arbeitsgesellschaft. Basel: Birkhäuser, 1995.

[011] Girardet, Herbert: Creating Sustainable Cities. Green Books. UK: Totnes, 1999.

[012] Lehmann, Steffen: Low-to-no carbon city: Lessons from western urban projects for the rapid transformation of Shanghai. Habitat International, Issue "Low Carbon City". Oxford: Elsevier, 2012, 1-9.

[013] Deloitte Touche Tohmatsu (DTT): Report for the World Economic Forum 2011, Risks Report: The Consumption Dilemma: Leverage Points for Accelerating Sustainable Growth. Davos, April 2011.

[014] Lehmann, Steffen; Crocker, Robert: Designing for Zero Waste. Consumption, Technologies and the Built Environment. Earthscan Book Series. London: Routledge, 2012b.

[015] Head, Peter/Arup: Entering the Ecological Age: The Engineer's Role, based on The Brunel Lecture Series. London, 2008.

[016] Lehmann, Steffen: The Principles of Green Urbanism. Transforming the City for Sustainability. London: Earthscan, 2010.

[017] Hegger, M; Fuchs, M; Stark, T; Zeumer, M: Energie Atlas. Basel: Birkhäuser Verlag/Edition Detail, 2007.

[018] Gibler, K. & S. Nelson 2003. Consumer behavior applications to real estate education. Journal of Real Estate Practice and Education 6, 63-83.

[019] Jansen, S.T., H.C. Coolen & R. W. Goetgeluk (Hg.) 2011. The Measurement of Housing Preferences and Choice. Heidelberg: Springer.

[020] Richter, P.G. (Hg.) 2004. Architekturpsychologie. Eine Einführung. 2. Aufl. Lengerich: Pabst Science Publ.
[021] Bär, P. 2008. Architekturpsychologie: Psychosoziale Aspekte des Wohnens. Gießen: Psychosozial-Verlag.

[022] Daniels, K. 1996. Technologie des ökologischen Bauens. Grundlagen und Maßnahmen, Beispiele und Ideen. Basel: Birkhäuser.
Daniels, K. 2000. Low Tech – Light Tech – High Tech: Building in the Information Age. Basel: Birkhäuser.

[023] Silbermann, A. 1966. Vom Wohnen der Deutschen. Eine soziologische Studie über das Wohnerlebnis. Frankfurt: Fischer.
[024] Silbermann, A. 1991. Neues vom Wohnen der Deutschen (West). Köln: Verlag Wissenschaft und Politik.

[025] Silbermann, A. 1993. Das Wohnerlebnis in Ostdeutschland. Eine soziologische Studie. Köln: Verlag Wissenschaft und Politik.

[026] Harth, A. & G. Scheller 2012. Das Wohnerlebnis in Deutschland. Eine Wiederholungsstudie nach 20 Jahren. Wiesbaden: Springer.

[027] Stevens, S.S. 1975. Psychophysics. Introduction to its Perceptual, Neural and Social Perspectives. New York: Wiley.

[028] Wegener, B. (Hg.) 1982. Social Attitudes and Psychophysical Measurement. Hillsdale: Erlbaum.

[029] Jasso, G. & B. Wegener 1997. Methods for empirical justice analysis: framework, models, and quantities. Social Justice Research 10: 393-430.

[030] Keeney, R.L. & H. Raiffa 1976. Decisions with Multiple Objectives: Preferences and Value Tradeoffs. New York: Wiley.

[031] Arrow, K.J. 1963. Social Choice and Individual Values. 2. Aufl. New Haven: Yale University Press.

[032] Gylling, G., M.-A. Knudstrup, P.K. Heiselberg & E.K. Hansen 2011. Holistic evaluation of sustainable buildings through a symbiosis of quantitative and qualitative assessment methods. Pp. 11-16 in M. Bodart & A. Evrard (eds.), Architecture and Sustainable Developement. Proceedings 27th International Conference on Passive and Low Energy Architecture, vol. 2. Louvain: Presses univ. de Louvain.

[033] Wehinger, R.; Torghele K.; Mötzl G.; Bertsch, G.; Weithas, B.; Gludovatz, M.; Studer, F.; al.: Neubau ökologisches Gemeindezentrum Ludesch; Berichte aus Energie- und Umweltforschung; 51/2006

Allgemeine Literatur- und Quellenangaben

Active House-Allianz, „Active House – Ein Pflichtenheft. Gebäude, die mehr geben, als sie nehmen".

Daniels, Klaus. Low Tech - Light Tech - High Tech. Bauen in der Informationsgesellschaft. Basel, 1998

EnergieSchweiz für Gemeinden, Stadt Zürich, SIA Schweizerischer Ingenieur- und Architektenverein, „2000-Watt-Gesellschaft – Bilanzierungskonzept", März 2012.

EU-Gebäuderichtlinie 2010/31/EU, Bundesministerium für Verkehr, Bau und Stadtentwicklung, „Wege zum Effizienzhaus Plus", Berlin, 2011.

Hausladen, Gerhard u.a.: ClimaDesign. Lösungen für Gebäude, die mit weniger Technik mehr können. Callwey, 2005#

Hausladen, Gerhard u.a.: ClimaSkin. Konzepte für Gebäudehüllen, die mit weniger Energie mehr leisten. Callwey, 2006

Hegger, Manfred u.a.: Energie Atlas. Nachhaltige Architektur. Detail, 2007
Herzog, Thomas u.a.: Fassaden Atlas. Detail, 2004

Hegger, Manfred u.a.: Wärmen und Kühlen. Energiekonzepte, Prinzipien, Anlagen. Birkhäuser, 2012

Lenz, Bernhard u.a.: Nachhaltige Gebäudetechnik. Grundlagen, Systeme, Konzepte. Detail Green Books, 2010

Lüling, Claudia: Energizing Architecture. Design and Photovoltaics. Jovis, 2009

Voss, Karsten u.a.: Nullenergiegebäude. Klimaneutrales Wohnen und Arbeiten im internationalen Vergleich. Detail Green Books, 2011

www.agenziacasaclima.it
www. minergie.ch
www.passiv.de

Fotograf	Seite
Sebastian Schels	Vorsatzpapier, 1
Amparo Garrido	29, 30
A. T. Schaefer	17 unten rechts
Alex Buschor	259 unten rechts
Allreal Generalunternehmung AG	42 oben links und rechts
Andreas Schöttke	46 unten
Anett-Maud Joppien	32, 33 oben links und rechts
BMVBS	155 1. Reihe links
BMVBS, Frank Ossenbrink	14 unten
Bruno Helbing	258, 259 oben rechts und unten links
Bruno Klomfar	85, 107, 248, 250, 251
Christel Derksen	147 unten, 220, 222, 223
Christoph Vohler	262-263
Cida de Aragon	39
CLAYTEC	158
Constantin Meyer	147 Mitte, 149 Mitte, 149 unten, 155 1. Reihe rechts und 2. Reihe links, 161, 244, 246, 247 oben links und rechts, 252, 254, 255
dadarchitekten GmbH, bern	147 oben, 149 oben, 208, 210, 211
Department of Energy, SD, Kaye Evans Lutherodt	130
diephotodesigner.de	216, 218, 219
Dieter Leistner	18
Eibe Soennecken	33 unten, 90, 107 links, 204, 206, 207
Gerd Aumeier	9, 285 1. und 3. Foto
Getty Images	169
Hannes Guddat	137 unten rechts
HHS Planer+Architekten, Kassel	247 unten links
HOCHTIEF Solutions AG	55
ina Planungsgesellschaft mbH	285 4. Bild
Jens Willebrand	168
Johannes Hegger	155 2. Reihe rechts, 3. Reihe links und rechts, 155 4. Reihe links bis 155 5. Reihe
kämpfen für architektur ag, Zürich	88, 224, 226, 227, 232, 234, 235
Koch+Partner Architekten und Stadtplaner, München	269
Linda Blatzek	236, 238, 239
Loomilux 2012 - 3D-Visualierung für die Möckernkiez eG	26
Magistrat der Stadt Linz	20 links
Matthias Koslick	16 oben
Michael Egloff	256, 259 oben links
o5 architekten bda	138 oben links
opus Architekten, Darmstadt	268
Peter Bartenbach	19
Peter Bonfig	21, 22 unten
Peter Keil Photography	31
privat	42 unten, 285 2. Bild
Roland Halbe	16 unten
Rolf Disch SolarArchitektur, Freiburg	23, 24, 25, 28
Ruben Lang	14 oben links
Sanjo Group, Altendorf	94, 228, 230,231
Sebastian Schels	144, 240, 242, 243
SMA Solar Technology AG	184
Stefan Moses	22 oben
Thomas Ott	6-7, 125, 127, 157, 173
TU Darmstadt, FGee, Leon Schmidt	82, 126, 128, 129, 132 links, 132-133, 135 unten, 137 unten links
TU Darmstadt, FG ee, Simon Schetter	134, 135 oben
Ulrich Schwarz	12, 13
Velux	43-46 oben, 49, 92, 212, 215 unten links
VELUX /Adam Mørk	47, 107 Mitte, 214, 215 oben links, 215 rechts
Verband Privater Bauherren (VPB)-Regionalbüro Emsland/ Johannes Deeters	156
Verena Herzog-Loibl	20 rechts
Viessmann	50, 51
Walter Unterrainer	167 oben
Zooey Braun	15

Anhang

Quelle	Seite
Active House Alliance	93
Architekten Hermann Kaufmann ZT GmbH, A-Schwarzach	251
Architekten Stein Hemmes Wirtz, Kasel/ Frankfurt	239
Bundesanstalt für Geowissenschaften und Rohstoffe 2007; BMWi Arbeitsgruppe Energierohstoffe 2006	61
Bundesministerium für Wirtschaft und Technologie	62
Collaborative Future, Adelaide	39
dadarchitekten GmbH, CH-Bern	211
Daniels, Klaus. Technologie des ökologischen Bauens. Grundlagen und Maßnahmen, Beispiele und Ideen, 2. erweiterte Auflage, Birkhäuser Verlag, 1999	105 rechts
Deppisch Architekten, Freising	243
DGNB Deutsche Gesellschaft für Nachhaltiges Bauen	101
ee concept GmbH, Darmstadt/ Stuttgart	207
Katharina Fey, Entwurfsverfasserin/ VELUX Deutschland GmbH	215
grab architekten ag, CH-Altendorf	231
Hegger, Manfred u.a.: Energie Atlas. Nachhaltige Architektur. Detail, 2007.	106, 116, 119
Hegger, Manfred u.a.: Energie Atlas. Nachhaltige Architektur. Detail, 2007. nach: Pistohl, Wolfram: Handbuch der Gebäudetechnik. Planungsgrundlagen und Beispiele. Düsseldorf, 2007	121 unten
Hegger, Manfred u.a.: Energie Atlas. Nachhaltige Architektur. Detail, 2007. nach: Behling, Sophia u.a.: Sol power. Die Evolution der solaren Architektur. München, 1996	104 links
Hegger, Manfred u.a.: Energie Atlas. Nachhaltige Architektur. Detail, 2007. nach: BINE Informationsdienst: Basis Energie 21. Kraft und Wärme koppeln. Bonn, 2006	178
Hegger, Manfred u.a.: Energie Atlas. Nachhaltige Architektur. Detail, 2007. nach: Daniels, Klaus. Low Tech - Light Tech - High Tech. Bauen in der Informationsgesellschaft. Basel, 1998	108, 113 oben
Hegger, Manfred u.a.: Energie Atlas. Nachhaltige Architektur. Detail, 2007. nach: Stark, Thomas: Untersuchungen zur aktiven Nutzung erneuerbarer Energie am Bespiel eines Wohn- und eines Bürogebäudes. Stuttgart, 2004	164 unten
Hegger, Manfred u.a.: Energie Atlas. Nachhaltige Architektur. Detail, 2007. nach: Stark, Thomas. Wirtschaftsministerium Baden-Württemberg (Hrsg.): Architektonische Integration von Photovoltaik-Anlagen. Stuttgart, 2005	121 oben, 164 oben
Hegger, Manfred u.a.: Wärmen und Kühlen. Energiekonzepte, Prinzipien, Anlagen. 2012	264
HHS Planer + Architekten AG, Kassel	67, 247, 255, 266 oben links und rechts
HHS Planer + Architekten AG, TU Darmstadt FG ee	162, 184
HOCHTIEF Solutions AG	52, 53, 54, 55
IBA Hamburg / bloomimages	271
ina Planungsgesellschaft mbH	74, 76, 77, 78, 79, 80, 81 oben, 83, 84, 85, 87, 89, 91, 100, 102, 110-111, 112, 117, 118, 120, 140, 141 unten und rechts
ina Planungsgesellschaft mbH. TU Darmstasdt, FG ee. eigene Darstellung auf Basis von Daten des Statistischen Bundesamtes	99
ina Planungsgesellschaft mbH. TU Darmstadt, FG ee. Nach: Staubli/OeJ	95
ina Planungsgesellschaft mbH. TU Darmstadt, FG ee. Nach: Staubli/OeJ	96, 97
IPCC Expert Meeting Report: Towards New Scenarios (2007)	60 unten
kämpfen für architektur ag, CH-Zürich	227, 235
Lang + Volkwein Architekten und Ingenieure, Darmstadt	219
Leitfaden für das Monitoring der Demonstrationsbauten im Förderkonzept EnBau und EnSan	199
Lend Lease, Sydney	34-35, 36, 37
Lenz, Bernhard u.a.: Nachhaltige Gebäudetechnik. Grundlagen, Systeme, Konzepte. 2010	192 Mitte und unten
Lenz, Bernhard u.a.: Nachhaltige Gebäudetechnik. Grundlagen, Systeme, Konzepte. 2010. nach Wolfgang Rönspieß, Berlin	192 oben
Lüling, Claudia: Energizing Architecture. Design and Photovoltaics. Jovis, 2009	165, 166 unten
o5 architekten bda - raab hafke lang	14, 138 Mitte und unten, 139
Prof. Dr. Lutz Katzschner, Universität Kassel, Stadt- und Regionalplanung. nach: Welsch 1985	115 unten
Projektgruppe Stadtklima Osnabrück 1998, S. 52	122
René Schmid Architekten, CH-Zürich	259
Rolf Disch SolarArchitektur, Freiburg	27, 28 oben

Quelle	Seite
Steinbeis Transfer Zentrum EGS Stuttgart; TU Darmstadt, FG ee	266 unten
TU Darmstadt, FG ee. ina Planungsgesellschaft mbH	66, 103, 107, 113 unten
TU Darmstadt, FG ee. Ina Planungsgesellschaft mbH. nach: Adolf-W. Sommer, Passivhäuser – Planung-Grundlagen-Details-Beispiele, Verlagsgesellschaft Rudolf Müller GmbH & Co. KG, Köln 2008	86
TU Darmstadt, FG ee. nach: Datenreport 2011 der Stiftung Weltbevölkerung	59 unten
TU Darmstadt, FG ee. nach: Hauser, Gerd. Zertifizierungssysteme für Gebäude. Der aktuelle Stand der internationalen Gebäudezertifizierung. Detail Green Books, 2010	64
TU Darmstadt, FG ee. nach: Hegger, Manfred u.a.: Energie Atlas. Nachhaltige Architektur. Detail, 2007.	143, 145, 159 unten
TU Darmstadt, FG ee. nach: Hegger, Manfred u.a.: Energie Atlas. Nachhaltige Architektur. Detail, 2007. nach: Stark, Thomas. Wirtschaftsministerium Baden-Württemberg (Hrsg.): Architektonische Integration von Photovoltaik-Anlagen. Stuttgart, 2005	160
TU Darmstadt, FG ee. nach: Institut für Energiewirtschaft und Rationale Energieanwendung (IFR); Universität Stuttgart; Bundesverband Solarwirtschaft; U.S. Solar Photovoltaic Manufacturing: Industry Trends, Global Competition, Federal Support	63
TU Darmstadt, FG ee. nach: Intergovernmental Panel on Climate Change; Jean Robert Petit, Jean Jouzel, et al.: «Climate and atmospheric history of the past 420.000 years from the Vostok ice core in Antarctica»	60 oben
TU Darmstadt, FG ee. nach: Statistisches Bundesamt	59 Mitte
TU Darmstadt, FG ee. nach: Statistisches Bundesamt, Statistisches Jahrbuch 2011; et al.	59 oben
TU Darmstadt, FG ee. nach: Stiebel Eltron aus «Energie für den täglichen Bedarf gewinnen»	176 links
TU Darmstadt, FG ee. nach: Vaillant Deutschland GmbH & Co.KG	166 oben links und rechts
TU Darmstadt, FG ee. nach: www.chemie-am-auto.de/brennstoffzelle, 20.01.2013	181
TU Darmstadt, FG ee. Nach: www.erdoelzeitalter.de	115 oben
TU Darmstadt, FG ee. Nach: www.umweltbewusstheizen.de	123
TU Darmstasdt, Fgee. nach: http://www.oocities.org/peterfette/histo.htm, 20.01.2013	179
US Department of Energy	114
Velux	48 , 49
Vereinigte Nationen, World Population Prospects: The 2010 Revision, 2011; Statista 2012; Murck, Environmental Science; Energy Watch Group	58
Werner Sobek	17
www.2000watt.ch	40, 41, 42
Zee Architekten, NL-Utrecht	223

Alle Pläne im Kapitel „Projekte" wurden von den jeweiligen Architekturbüros zur Verfügung gestellt. Die Lagepläne in diesem Kapitel sind auf Grundlage dieser Unterlagen von Jens Schiewe / Nürnberg erstellt worden.

Alle nicht aufgeführten Grafiken wurden von Patrick Pick / TU Darmstadt eigens für diese Publikation erstellt. Die zugrunde liegenden Quellen sind im Abbildungsverzeichnis aufgeführt.

Stichwortverzeichnis

A

A/V-Verhältnis 72, 119, 144
Absorptionskältemaschine 168, 180
Abwasserwärme 161, 177, 266
Active House 47, 92
Außendämmung 145, 163
Außenluft 86, 105, 136, 141, 145, 161, 168, 170
Autochthones Bauen 109

B

Batteriespeicher 141, 178, 184,
Baukörperentwicklung 119, 124, 126, 140
Bauteilaktivierung 133, 176, 185
Behaglichkeit 103
Bevölkerungswachstum 61
Bilanzgrenze 80
Bilanzintervall 81
Bilanzkriterium 78
Bilanzraum 76
Bilanzregelwerk 83
Blockheizkraftwerk 178
Bodenbeschaffenheit 112, 115
Brennstoffzelle 180

D

Dämmung 128, 130, 145, 156, 163, 166, 269
Deckensegel 186, 187
Dezentrale Lüftung 189
Dreifach-Verglasung 150

E

Effizienz 58, 68
Effizienzhäuser 84
Effizienzhaus Plus 90
Elektrodirektheizung 187
Energieeinsparverordnung 74, 87
Energiereserven 61

F

Fassade 75, 121, 142, 156, 161, 174, 188, 266
Fensterlüftung 157, 172, 192
Fenster 58, 71, 72, 104, 119, 130, 150
Flachkollektor 136, 166
Flora und Fauna 115
Fußbodenheizung 136

G

Gebäudeautomation 190, 192
Gebäudeenergiekonzeption 103
Geothermie 161, 164, 170, 176, 180, 268
Globalstrahlung 113, 121

H

Hackschnitzel 169
Heiz-Kühldecke 187
Holzpellets 169
Hüllflächenentwicklung 122, 128, 140
Hybridkollektor 167

I

Industrielle Revolution 59
Innendämmung 145, 146, 148, 269

J

Jahresarbeitszahl 176

K

Kerndämmung 146
KfW-Effizienzhäuser 65, 66, 84, 87
KlimaHaus 65
Klimazonen 71, 86, 108, 112, 142, 144, 145
Komfortlüftungsanlage 189
Kompaktheit 162, 183
Konsistenz 58, 68
Konvektor 185
Kraft-Wärme-Kälte-Kopplung 180
Kraft-Wärme-Kopplung 178, 181
Kreuzwärmetauscher 175
Kurzzeitspeicher 182

L

Langzeitspeicher 182
Lastmanagement 196
Latentwärmespeicher 131, 182
Lebenszyklusbetrachtung 98
Leistungszahl 176
Leuchtdioden 162
Luftdichtheit 157
Luftfeuchte 105
Luftkollektor 168
Lüftungsanlage 71, 157, 168, 172, 174, 185

M

Mikroklima 108, 112, 115, 122, 144
Minergie 65, 94
Mischlüftung 188
Monitoring 75, 81, 90, 198

N

Niederschlagsmenge 108, 113
Nullenergie-Haus 88
Nutzer-Interface 193, 267
Nutzerkomfort 126, 157, 190, 268
Nutzerverhalten 98, 106, 192, 193, 198

O

Oberflächennahe Geothermie 161, 170
Ökobilanz 98, 140, 141, 272

P

Passivhaus-Standard 65, 265
Phase Change Material 131, 158
Photovoltaik 134, 160, 164, 268

Q

Quelllüftung 188

R

Radiator 166, 185
Raumtemperatur 104
Reboundeffekt 64, 272

S

Sanierung 138
Smart Grid 196, 271
Solarstrahlung 75, 108, 112, 113, 128, 164
Solarthermie 126, 160, 166, 180
Sonnenschutzverglasung 152, 154
Stirlingmotor 178, 179
Suffizienz 58, 68, 71

T

Tageslicht 113, 161, 190
Tiefen-Geothermie 170

V

Vakuumisolationspaneel 128, 148
Vakuum-Röhrenkollektor 167
Verglasung 150
Vierfachverglasung 128

W

Wärmebrücken 128, 146, 148, 152, 156, 157, 268
Wärmedämmverbundsystem 146
Wärmedurchlasswiderstand 144
Wärmepumpe 161, 170, 175
Wärmerückgewinnung 71, 174, 175, 177, 188
Wärmeschutzverglasung 150
Warmwasserspeicher 136, 160, 166, 267
Windkraftanlage 171

Autoren

Die Publikation entstand im Fachgebiet Entwerfen und Energieeffizientes Bauen der Technischen Universität Darmstadt und im Büro HHS Planer + Architekten AG. Diese Zusammenarbeit hat sich für das behandelte Thema, das Theorie und Praxis gleichermaßen anspricht, als unerlässlich erwiesen.

Das Fachgebiet Entwerfen und Energieeffizientes Bauen wurde 2001 gegründet, um sich mit den Themen des nachhaltigen und energieeffizienten Bauens auseinanderzusetzen und die Grundlagen hierfür in die Ausbildung der Architekten zu integrieren.

Seit 1980 besteht das Büro HHS Planer + Architekten AG. Ihre Projekte entwickeln sich aus einem ausgeprägten Umweltbewusstsein und den lokalen, kulturellen und klimatischen Besonderheiten der Orte.

Fachgebiet und Büro werden von Professor Manfred Hegger geleitet. Beide Einrichtungen verfolgen nachhaltiges Bauen als ihre Leitidee. Die damit verbundene, ganzheitliche Perspektive zeigt neue Wege in Bautechnik und Architektur auf.

Wir danken…

… den Essayisten für Ihre spannenden Beiträge
… den Interviewpartnern für die aufschlussreichen und interessanten Gespräche
… den Architekten und Bauherren für das Bereitstellen der ausführlichen Unterlagen, die –insbesondere unsere sehr speziellen Fragen die Energieperformance betreffend – nicht immer leicht zu ermitteln waren
… den Kolleginnen und Kollegen des Fachgebiets Entwerfen und Energieeffizientes Bauen für Ihre kompetente Zuarbeit
… Patrick Pick für seine unermüdliche und hervorragende Grafikbearbeitung
… dem Verlag für die gute und professionelle Zusammenarbeit
… Ulrich Frieß für das umsichtige und routinierte Lektorat
… Martin Fräulin für die gute Satzarbeit

Die Autoren

Manfred Hegger ist Professor für Entwerfen und Energieeffizientes Bauen am Fachbereich Architektur der TU Darmstadt, Architekt und Autor. Er leitet ein interdisziplinäres Forschungs- und Entwicklungsteam aus Architekten, Stadtplanern und Energieberatern.

Caroline Fafflok studierte Architektur an der TU Darmstadt und ArchitekturMediaManagement an der Hochschule Bochum. Nach ihrer Arbeit in verschiedenen Museen und in der Presse- und Öffentlichkeitsarbeit ist sie seit 2008 als wissenschaftliche Mitarbeiterin am Fachgebiet Entwerfen und Energieeffizientes Bauen an der TU Darmstadt tätig.

Johannes Hegger beendete nach mehreren Auslandsaufenthalten 2009 sein Architekturstudium an der Universität Stuttgart. Seitdem ist er als Architekt bei HHS Architekten in Kassel tätig.

Isabell Passig studierte bis 2006 Architektur an der TU Darmstadt. Im Anschluss war sie bis 2011 als wissenschaftliche Mitarbeiterin am Fachgebiet Entwerfen und Energieeffizientes Bauen tätig. Seit 2011 ist sie geschäftsführende Gesellschafterin der ina Planungsgesellschaft mbH.

Impressum

© 2013 Verlag Georg D.W. Callwey GmbH & Co. KG
Streitfeldstraße 35, 81673 München
www.callwey.de
E-Mail: buch@callwey.de

Bibliografische Information der Deutschen Nationalbibliothek:
Die Deutsche Nationalbibliothek verzeichnet diese Publikation
in der Deutschen Nationalbibliografie; detaillierte bibliografische
Daten sind im Internet über <http://dnb.d-nb.de> abrufbar.

ISBN 978-3-7667-1902-7

Das Werk einschließlich aller seiner Teile ist urheberrechtlich
geschützt. Jede Verwertung außerhalb der engen Grenzen
des Urheberrechtsgesetzes ist ohne Zustimmung des Verlages
unzulässig und strafbar. Das gilt insbesondere für Vervielfältigungen,
Übersetzungen, Mikroverfilmungen und die Einspeicherung
und Verarbeitung in elektronischen Systemen.

Projektleitung: Bettina Springer
Lektorat: Ulrich Frieß, München
Umschlaggestaltung: Anzinger | Wüschner | Rasp – Agentur
für Kommunikation GmbH, München
Satz und Layout: Martin Fräulin, Dachau
Grafiken: Patrick Pick, TU Darmstadt
Lagepläne: Jens Schiewe, Nürnberg
Druck und Bindung: Kastner & Callwey Medien GmbH, Forstinning

Printed in Germany